全国高等农林院校教材

资源昆虫学

李孟楼 主编

中国林业出版社

内容简介

本书除绪论外共 11 章。第 1 章讲述了工业原料昆虫；第 2 章为药用昆虫及药用昆虫有效成分的提取和加工；第 3 章讲述了食用和饲用昆虫及虫源脂肪、蛋白及几丁质的开发和利用；第 4 章在鉴赏昆虫中介绍了鉴赏昆虫的主要类群及其工艺品的加工技术；第 5 章为传粉昆虫，主要介绍了传粉昆虫的主要类群及其传粉作用和利用方式；第 6 章为天敌昆虫，讲述了捕食性和寄生性天敌的主要类群和繁育技术；第 7 章为环境监测型资源昆虫，主要论述了该类昆虫在环境监测中的利用方式和意义；第 8 章为生物技术研究用资源昆虫，分别介绍了昆虫在仿生学、遗传研究、杀虫剂毒理研究、医学与法医鉴定及分子生物学中的用途。鉴于蜜蜂和家蚕是昆虫资源利用中的典范，因此在第 9、10 章分别介绍了蜜蜂的放养和家蚕的饲养技术；第 11 章主要介绍了害虫资源化管理的概念和害虫资源化利用的方式与途径。本教材附插图 110 幅，内容既体现了高等农林教育的特色，也反映了当前资源昆虫的最新研究成果，整体结构力求理论与应用相结合。

本书适合高等农林院校本科生使用，也可作为从事昆虫工作的研究生、农业科技人员及农林养殖者的参考书。

图书在版编目（CIP）数据

资源昆虫学/李孟楼主编. —北京：中国林业出版社，2004.10（2020.9 重印）
全国高等农林院校教材
ISBN 978-7-5038-3882-8-02

Ⅰ. 资… Ⅱ. 李… Ⅲ. 经济昆虫—高等学校—教材 Ⅳ. Q969.9

中国版本图书馆 CIP 数据核字（2004）第 106256 号

国家林业局生态文明教材及林业高校教材建设项目

中国林业出版社·教材建设与出版管理中心
电　　话：83143555　　传　　真：83143561

出版	中国林业出版社（100009　北京西城区刘海胡同 7 号） E-mail: jiaocaipublic@163.com　电话：(010) 83143500 http://www.lycb.forestry.gov.cn
发行	新华书店北京发行所
印刷	中农印务有限公司
版次	2005 年 4 月第 1 版
印次	2020 年 9 月第 5 次
开本	850mm×1168mm　1/16
印张	27.25
字数	573 千字
定价	66.00 元

凡本书出现缺页、倒页、脱页等质量问题，请向出版社发行部调换。

版权所有　侵权必究

全国高等农林院校"十五"规划教材

《资源昆虫学》编写人员

主　编　李孟楼
副主编　严善春　杨　伟
编　者　（按姓氏笔画排序）
　　　　文礼章（湖南农业大学）
　　　　王桂清（沈阳农业大学）
　　　　王　敦（西北农林科技大学）
　　　　刘玉升（山东农业大学）
　　　　刘贤谦（山西农业大学）
　　　　刘高强（中南林业科技大学）
　　　　严善春（东北林业大学）
　　　　张　皓（西北农林科技大学）
　　　　李孟楼（西北农林科技大学）
　　　　杨莲芳（南京农业大学）
　　　　杨　伟（四川农业大学）
　　　　陈　力（西南农业大学）
　　　　陈崇羔（福建农林大学）
　　　　钱范俊（南京林业大学）
　　　　黄大庄（河北农业大学）
　　　　付荣恕（山东师范大学）
　　　　魏美才（中南林业科技大学）
　　　　魏　琮（西北农林科技大学）

前言

资源昆虫学是高等院校农林类专业的一门专业课，其主要任务是开发和利用昆虫资源，研究各类资源昆虫的人工养殖、加工利用技术；学会并掌握根据实际情况选择、研究、养殖、利用昆虫资源的方法和技术，了解各类资源昆虫的生物学习性、饲养条件与要求，明确保护和利用昆虫资源的关系，进而能根据社会和生产的需要掌握开发和利用昆虫资源的原理和方法。

我国的资源昆虫学科起步较晚，但发展较快。自1984年中国科学院资源昆虫学编写组出版了我国首部《资源昆虫》科普书籍后，1990年张传溪等出版了第二部《资源昆虫》，1995年葛春花等出版了《实用商品资源昆虫》，1996年胡萃出版了第一部高等农业院校教材《资源昆虫及其利用》，1998年杨冠煌等出版了《中国昆虫资源利用和产业化》，2001年严善春编著了新的《资源昆虫学》教材，王音等则于2002年出版了《资源昆虫大全》，后5部资源昆虫基本沿用了张传溪的方法，将资源昆虫分为7类，但其内容更为丰富和全面。此外，有关资源昆虫中的药用昆虫、食用昆虫、工业原料昆虫（绢丝、五倍子、白蜡虫等）、鉴赏昆虫、传粉昆虫等方面的专著和出版物，现也已多达25种。

资源昆虫学最初是农林院校应用昆虫学的内容之一。20世纪80年代后期，随着我国社会经济体制的改革和发展，社会对专门从事昆虫资源研究和应用技术人才的特殊需要，以及我国对昆虫资源的研究及利用层次和水平的提高，昆虫资源从利用学发展成为了一门新兴的学科——资源昆虫学。资源昆虫学是在现代科学技术和生产力条件下诞生的年轻学科，在历经20多年的发展和不断改革之后，已建立了结构较为齐全的课程体系。原有的资源昆虫学教材也已在高等农林院校培养专门人才方面发挥了其应有的作用。但随着资源昆虫学教学手段的提高、国内外新成果的涌现、所涵盖内容的扩大，过去的教材在编写方式、知识体系结构的完整性、容纳和反映的信息等方面所存在的时代缺陷，已影响了资源昆虫学整体教学效果和学科的发展。

随着生物科学技术的发展和人类对所有生物资源的重新认识，昆虫这一生物资源也受到了人们的广泛注意和发掘，一些昆虫在治疗人类的疑难疾病中显示了相当的功效，有些昆虫体内所含的特殊营养物质得到了利用，部分昆虫及其产物用于工业品的加工和生产，还有一些昆虫在进行环境质量的生物监测方面具有其他生物不可替代的功能。现代的资源昆虫已不再是只包括野蚕、五倍子、白蜡虫、药用昆虫等为数不多的种类，而是包括了一切人类在生产和生活活动中能加以利用的所有昆虫资源。因此，高等农林院校的资源昆虫学教学，已迫切需要一本内容更为丰富和全面的教材。

本书作为全国高等农林院校"十五"规划教材，集全国高等院校资源昆虫学教学和研究领域的专家和学者联合编写。全书在调整原教材大纲及编写形式的基础上对其知识体系的结构进行了优化组合，最大限度地吸纳了近年来昆虫资源研究与利用方面的新成就，将昆虫资源划分为工业原料昆虫、药用昆虫、食用和饲用昆虫、鉴赏昆虫、传粉昆虫、天敌昆虫、环境监测型及生物技术研究用资源昆虫8类，从而使新编的《资源昆虫学》充分展现了该领域的最新理论和技术，其体系和结构上更符合高等院校课程教学以及学生学习的要求，其基本理论与其他系列课程间的配合更趋合理，适合高等院校资源昆虫学的教学需要。

此外，在应用昆虫学的发展过程中，产丝昆虫独立为桑蚕学，产蜜昆虫发展为养蜂学，天敌昆虫也已经成为生物防治学科的基本内容之一。过去狭义的资源昆虫的研究范围主要指工业原料昆虫、药用昆虫、食用昆虫、授粉昆虫、观赏昆虫和环保昆虫。近年来为了使高等院校的课程设置、人才培养适应国民经济发展和社会的需求，原来分离出去的学科内容又重新整合进了资源昆虫学，所以本教材将养蚕学、养蜂学、天敌昆虫分别作为一个独立的章节。因此，本教材不仅适合高等农林院校本科生作为教材使用，也可作为从事昆虫研究的科技工作者和管理人员参考使用。

本教材由西北农林科技大学李孟楼担任主编，东北林业大学严善春和四川农业大学杨伟担任副主编。各章的编写分工如下：西北农林科技大学李孟楼编写绪论，西南农业大学陈力和河北农业大学黄大庄编写第1章，湖南农业大学文礼章和东北林业大学严善春编写第2章，山东农业大学刘玉升和四川农业大学杨伟编写第3章，沈阳农业大学王桂清和南京农业大学钱范俊编写第4章，山西农业大学刘贤谦编写第5章，西北农林科技大学魏琮编写第6章，南京农业大学杨莲芳和山东师范大学傅荣茹编写第7章，西北农林科技大学张皓编写第8章，福建农业大学陈崇羔编写第9章，第10章由黄大庄编写，中南林学院魏美才和刘高强编写第11章，西北农林科技大学的王敦和李孟楼分别编写了第2、3章中药用昆虫有效成分的提取和虫源脂肪、蛋白的开发，书中的所有插图均由李孟楼参照相关的文献并绘制成电子版图。全书由主编李孟楼统稿，副主编严善春、杨伟修改。

本教材在编写过程中，西北农林科技大学冯纪年教授、苏超副研究员及杜军宝同志给予了大力支持，书中引用了国内未能参加本教材编写的同行如雷朝亮、杨冠煌、胡萃、葛春华、张传溪、蔡青年、樊瑛、周伟儒等10多位专家和学者及大量文献中的研究成果及观点，编写组对此表示谢意。

鉴于编者水平所限，书中内容难免有疏漏和错误，敬请同行和读者批评斧正。

编 者

2004年5月

PREFACE

Resource entomology is a professional course for the colleges related to agriculture and forestry. It is focused on the development and utilization of a variety of insect source, studying the technologies for insect culture and insect products processing, studying and making a full use of the knowledge and technologies based on factual condition, realizing the biological characteristics and breeding technique for different resource insects, understanding the relationship between protection and utilization of resource insect, so as to gain the principles and methods for the development and utilization of resource insect according to the requirements.

Resource entomology in China wins a rapid development although it occurred late. Following the first book of Resource entomology, *Resource Insect* was written and published by the Resource entomology compiling group of Chinese Academy of Science in 1984, several books in this field were published and they are *Resource Insect* written by Zhang Chuan-xi in 1990, *Practical Resource Insect for Commerce* written by Ge Chun-hua in 1995, *Resource Insect and Its Utilization* (which was the first text book for agriculture and forestry college) written by Hu Cui in 1996, *Utilization and Industrialization of Insect Resource in China* written by Yang Guan-huang in 1998, *Resource entomology* (which was the second text book) written by Yan Shan-chun in 2001, *Collection of Resource Insect* written by Wang Ying in 2002. The last five books are followed the outline of *Resource Insect* (Zhang, 1990), they divided resource insects into seven groups but the contents are more abundant. Furthermore, 25 books were published that the subjects on the resource entomology, such as medical insect, industry insects (such as silkworm, gallnut and Pe-la), edible and feed insects, enjoyable insects and pollination insects etc.

Originally, resource entomology is for teaching in the college of agriculture and forestry. It develops as a new subject due to the reform and development of economic system in China, the requirement of professional staff with the skill of research and applying for insect resource and advances in research and utilization of insect resource in China. Resource entomology is a young subject occurred under the background of modern productivity, science and technology. It had gained great progress by the 20 years development and reforming, and had built a completed structure for courses system. The primary textbook of Resource entomology had fulfilled its function for cultivating professional person in colleges of agriculture and forestry. However, the primary textbook has its age limitation in the format of editing, integrality of knowledge structure and the volume of information, and this limitation affects the result of teaching and subject development for Resource entomology as advancing in the approaches of teaching, new research results and mass information of Resource entomology.

Following the development of biological science and technology and the revaluation on all bio-resource, insect has been paid more attention and been utilized in a wide range, such as the obvious effects while using insect as medicine for some low curability diseases of human, utilization of special nutritional ingredients from insects, using some insects and their products as industrial materials and irreplaceable function for monitoring the quality of environment and biological detection. Modern resource insect includes not only several species, such as wild silkworm, gallnut, Pe-la and medicine use insect, but also all of the utilizable insects in life and production. Therefore, it is necessary to carry out a new textbook that contains much abundant information and with rational system for the teaching of Resource entomology in colleges of agriculture and forestry.

This is the targeted textbook of 'Tenth Five Years Plan of China' for the colleges teaching of agriculture and forestry. It is written by collaboration of the specialists and scholars whose study and teaching field is resource entomology after an inviting public bidding. This textbook takes the optimal combination of contents system and takes a full use of new research results in recent years, and the insect resource in this textbook is divided into eight groups according to their purpose: industry material insects, medical insects, natural enemy insects, edible and feed insects, enjoyable insects, pollination insects, environment monitoring insects and insects for biotechnology research. Thus, this textbook has notable features, such as exhibiting the latest new theories and technologies of Resource entomology, practical system for the teaching and studying in colleges and the rational relationship between its basic theories and other relative courses, and it could be satisfied with the demands of resource entomology teaching in colleges in 21 century.

In the development of applying entomology, the silk insects became silkworm entomology, the honeybee became apiculture and the natural enemy insects also became a basic content of biological control. In the past, the research field of resource insects was limited in industry material insects, medical insects, edible and feed insects, pollination insects, enjoyable insects and environment inspecting insects. In recent years, courses settings of the colleges are adapted to development of national economy construction, and the training of person with ability also are adapted to society requirement so that the subjects separated formerly are affiliated to resource entomology renewedly, and we edit the silkworm, the apiculture and natural enemy insects as independent chapters in the textbook. The textbook is suitable not only for undergraduate of agriculture and forestry colleges, but also for entomology science and technology researchers and managers.

The editor in chief of the textbook is Professor Li Meng-lou of *North-West Science & Technology University of Agriculture and Forestry*, and the vice editors in chief are professor Yan Shan-chun of *North-East Forestry University* and associate professor Yang Wei of *Sichuan Agriculture University*. The editors of all chapters respectively are Professor Li Meng-lou of *North-West Science & Technology University of Agriculture and Forestry* (the preface), Chen Li of *South-West Agriculture University and* Huang Da-zhuang of *Hebei Agriculture University* (chapter 1), Wen Li-zhang of *Hunan Agriculture University* and Yan Shan-chun of *North-East Forestry University* (chapter 2), Liu Yu-sheng of *Shandong Agriculture University* and Yang Wei of *Sichuan Agriculture University* (chapter 3), Wang Gui-qing of *Shenyang Agriculture University* and Qian Fan-jun of *Nanjing Agriculture University* (chapter 4); Liu Xian-qian of *Shanxi Agriculture University* (chapter 5); Wei Zong of *North-West Science & Technology University of Agriculture and Forestry* (chapter 6), Yang Lian-fang of *Nanjing Agriculture University* and Fu Rong-ru of *Shandong Normal University* (chapter 7), Zhang Hao of *North-West Science & Technology University of Agriculture and Forestry* (chapter 8), Chen Chong-gao of *Fujian Agriculture University* (chapter 9), Huang Da-zhuang of *Hebei Agriculture University* (chapter 10) and Wei Mei-cai and Liu Gao-qiang of *Central South Forestry University* (chapter 11). The extraction methods of medical ingredients from insects and the isolation technology of fatty acids and protein from insects are edited by Wang Dun and Li Meng-lou of *North-West Science & Technology University of Agriculture and Forestry*. The illustrations in this textbook are converted to electronic edition by Professor Li Meng-lou. All the chapters of the textbook are reviewed by Professor Li Meng-lou and revised by professor Yan Shan-chun and associate professor Yang Wei.

The compilation of this textbook is given generous help by professor Feng ji-nian, associate professor Su Chao and Du Jun-bao of *North-West Science & Technology University of Agriculture and Forestry*. We sincerely thank these experts, Lei Chao-liang, Yang Guan-huang, Hu Cui, Ge Chun-hua, Zhang Chuan-xi, Cai Qing-nian, Fan Ying and Zhou Wei-ru for their research results that cited in this book, also thank China Forestry Publishing House for their helpful work.

Editor
May 2004

目 录

前 言

绪 论 ………………………………………………………………… (1)

第1章 工业原料昆虫 ………………………………………………… (9)
 1.1 工业原料昆虫及其产物 ………………………………………… (9)
 1.2 产丝昆虫 ………………………………………………………… (11)
  1.2.1 家蚕 ……………………………………………………… (11)
  1.2.2 天蚕类 …………………………………………………… (11)
  1.2.3 其他产丝昆虫 …………………………………………… (23)
 1.3 产胶、产蜡资源昆虫 …………………………………………… (26)
  1.3.1 紫胶虫 …………………………………………………… (26)
  1.3.2 白蜡虫 …………………………………………………… (30)
  1.3.3 其他产胶、产蜡昆虫 …………………………………… (36)
 1.4 单宁、色素类资源昆虫 ………………………………………… (38)
  1.4.1 五倍子蚜虫 ……………………………………………… (38)
  1.4.2 胭脂蚧 …………………………………………………… (44)
  1.4.3 珠蚧科的胭脂虫及其他产瘿昆虫 ……………………… (47)

第2章 药用昆虫 ……………………………………………………… (50)
 2.1 昆虫的药用价值及可入药的昆虫资源 ………………………… (50)
 2.2 滋补、食疗昆虫 ………………………………………………… (53)
  2.2.1 虫草类 …………………………………………………… (53)
  2.2.2 蚂蚁 ……………………………………………………… (61)
  2.2.3 蜜蜂 ……………………………………………………… (66)
  2.2.4 其他滋补、食疗昆虫 …………………………………… (71)
 2.3 产毒药用昆虫 …………………………………………………… (75)
  2.3.1 斑蝥 ……………………………………………………… (75)
  2.3.2 斑衣蜡蝉 ………………………………………………… (78)

2.3.3　蚁狮 ………………………………………………………………… (79)
　　2.3.4　东亚钳蝎 ………………………………………………………… (82)
　　2.3.5　蜂毒类 …………………………………………………………… (88)
2.4　解毒、攻毒药用昆虫 ………………………………………………………… (89)
　　2.4.1　蝇蛆类 …………………………………………………………… (89)
　　2.4.2　虫茶 ……………………………………………………………… (91)
　　2.4.3　蛞蝓 ……………………………………………………………… (92)
　　2.4.4　其他蛾类 ………………………………………………………… (95)
2.5　特种入药昆虫 ………………………………………………………………… (98)
　　2.5.1　地鳖虫 …………………………………………………………… (98)
　　2.5.2　洋虫 ……………………………………………………………… (104)
　　2.5.3　九香虫 …………………………………………………………… (106)
　　2.5.4　其他入药昆虫 …………………………………………………… (108)
2.6　药用昆虫有效成分的提取和加工 …………………………………………… (115)
　　2.6.1　斑蝥素的提取 …………………………………………………… (115)
　　2.6.2　蜂毒的生产 ……………………………………………………… (116)

第3章　食用和饲用昆虫 …………………………………………………………… (119)

3.1　食用和饲用昆虫的营养价值 ………………………………………………… (119)
　　3.1.1　常见的食用和饲用昆虫 ………………………………………… (119)
　　3.1.2　食用和饲用昆虫的营养 ………………………………………… (120)
3.2　养殖型食用与饲用昆虫 ……………………………………………………… (124)
　　3.2.1　黄粉虫 …………………………………………………………… (124)
　　3.2.2　家蝇 ……………………………………………………………… (131)
3.3　资源型食用与饲用昆虫 ……………………………………………………… (138)
　　3.3.1　豆天蛾 …………………………………………………………… (138)
　　3.3.2　蚱蝉 ……………………………………………………………… (141)
3.4　其他食用、饲用昆虫 ………………………………………………………… (143)
　　3.4.1　虫蛹 ……………………………………………………………… (143)
　　3.4.2　大蜡螟 …………………………………………………………… (145)
　　3.4.3　大蟋蟀 …………………………………………………………… (146)
3.5　虫源脂肪和蛋白的提取 ……………………………………………………… (147)
　　3.5.1　原形昆虫食品的加工 ……………………………………………… (147)
　　3.5.2　虫源蛋白的提取 …………………………………………………… (148)
　　3.5.3　虫源脂肪的提取和加工 …………………………………………… (150)
　　3.5.4　几丁质的提取 ……………………………………………………… (152)

第4章　鉴赏昆虫 ……………………………………………………………………… (154)

4.1 昆虫的鉴赏价值 (154)
4.1.1 昆虫的观赏价值 (154)
4.1.2 观赏昆虫的开发与生物多样性保护 (157)
4.2 观赏资源昆虫 (159)
4.2.1 观赏蝴蝶 (159)
4.2.2 观赏蛾类 (173)
4.2.3 观赏甲虫 (182)
4.2.4 其他观赏昆虫 (186)
4.3 鸣虫资源昆虫 (187)
4.3.1 蟋蟀 (188)
4.3.2 螽斯 (191)
4.3.3 鸣虫的捕捉、喂养和管理 (193)
4.4 嬉戏资源昆虫 (195)
4.4.1 斗蟋 (195)
4.4.2 甲虫 (196)
4.5 鉴赏昆虫的工艺品加工 (198)
4.5.1 虫草画制作技术 (198)
4.5.2 密封与塑封技术 (200)
4.5.3 树脂包埋技术 (200)

第5章 传粉昆虫 (203)
5.1 昆虫传粉的价值 (203)
5.1.1 传粉昆虫的种类 (203)
5.1.2 昆虫传粉的意义 (204)
5.1.3 昆虫传粉的增产机理 (205)
5.2 蜜蜂类 (206)
5.2.1 蜜蜂种类 (206)
5.2.2 传粉作用 (207)
5.3 壁蜂类 (209)
5.3.1 种类与生物学 (209)
5.3.2 饲养管理 (212)
5.3.3 传粉作用 (217)
5.4 切叶蜂类 (219)
5.4.1 种类与分布 (219)
5.4.2 苜蓿切叶蜂的形态与生物学 (220)
5.4.3 苜蓿切叶蜂的饲养与管理 (221)
5.4.4 苜蓿切叶蜂的传粉作用和利用技术 (223)
5.5 熊蜂类 (224)

5.5.1　种类、形态与生物学 ………………………………………… (224)
　　5.5.2　饲养管理 …………………………………………………… (227)
　　5.5.3　授粉特点及效果 …………………………………………… (227)
5.6　其他传粉昆虫 ………………………………………………………… (229)

第6章　天敌昆虫 …………………………………………………………… (232)
6.1　人类利用天敌的历史 ………………………………………………… (232)
6.2　捕食性天敌昆虫资源 ………………………………………………… (234)
　　6.2.1　捕食性天敌昆虫的概念 …………………………………… (234)
　　6.2.2　捕食性天敌昆虫资源的主要类群 ………………………… (234)
6.3　寄生性天敌昆虫资源 ………………………………………………… (238)
　　6.3.1　寄生性天敌昆虫的概念 …………………………………… (238)
　　6.3.2　寄生性天敌昆虫的主要类群 ……………………………… (238)
6.4　天敌昆虫的保护和繁育技术 ………………………………………… (242)
　　6.4.1　增加天敌昆虫种类和数量的基本方法 …………………… (242)
　　6.4.2　天敌昆虫的人工繁殖技术 ………………………………… (244)

第7章　环境监测型资源昆虫 …………………………………………… (248)
7.1　利用昆虫资源监测环境质量的原理 ………………………………… (248)
　　7.1.1　生物监测中的生物及其特点 ……………………………… (248)
　　7.1.2　污染的生物效应及生物监测的依据 ……………………… (250)
7.2　水生昆虫与水环境的监测 …………………………………………… (252)
　　7.2.1　水质生物监测 ………………………………………………… (252)
　　7.2.2　水生昆虫和大型底栖无脊椎动物 ………………………… (254)
　　7.2.3　水质生物监测中底栖动物的采样方法 …………………… (255)
　　7.2.4　水质生物监测的评价方法 ………………………………… (257)
7.3　土栖昆虫与土壤环境的监测 ………………………………………… (261)
　　7.3.1　土壤生物监测的原理 ……………………………………… (262)
　　7.3.2　土壤昆虫对污染的反应特点 ……………………………… (262)
　　7.3.3　土壤生物监测的方法 ……………………………………… (264)
　　7.3.4　农药污染与生物监测 ……………………………………… (266)
　　7.3.5　重金属污染与生物监测 …………………………………… (267)
　　7.3.6　放射性污染与生物监测 …………………………………… (267)
7.4　土壤昆虫与有机物质的分解 ………………………………………… (268)
　　7.4.1　影响有机物质生物分解过程的因素 ……………………… (268)
　　7.4.2　土壤昆虫在有机物质分解过程中的作用 ………………… (269)
　　7.4.3　常用的研究方法 …………………………………………… (270)

第8章 生物技术研究用资源昆虫 (273)

8.1 昆虫仿生学 (273)
8.1.1 昆虫与仿生学 (273)
8.1.2 昆虫仿生学的研究内容 (274)
8.1.3 昆虫仿生研究的一般步骤 (275)
8.1.4 昆虫仿生的研究与应用 (275)
8.1.5 昆虫仿生学的发展趋势 (278)

8.2 遗传研究用昆虫 (278)
8.2.1 昆虫在遗传学研究中的优势 (279)
8.2.2 昆虫在遗传学研究中的利用 (280)
8.2.3 黑腹果蝇 (281)

8.3 杀虫剂毒理研究及实验用昆虫 (282)
8.3.1 昆虫与杀虫剂毒理研究的关系 (283)
8.3.2 杀虫剂毒理研究的主要方法 (284)
8.3.3 杀虫剂毒理研究中的主要昆虫 (284)

8.4 法医昆虫与医学研究用昆虫 (287)
8.4.1 昆虫与法医鉴定 (287)
8.4.2 医学研究用昆虫 (290)

8.5 分子生物学研究用昆虫 (291)
8.5.1 昆虫杆状病毒表达系统的研究与利用 (291)
8.5.2 转基因昆虫与昆虫转基因技术的利用 (294)
8.5.3 昆虫在分子生物学其他研究方面的利用 (295)

第9章 蜜蜂产业 (299)

9.1 我国的蜂业概况 (299)
9.1.1 我国的养蜂历史及蜜蜂产业的发展 (299)
9.1.2 我国蜜源植物的分布及地理区划 (301)
9.1.3 我国蜜蜂的主要经济品种 (301)

9.2 蜜蜂的形态特征与生物学习性 (303)
9.2.1 形态特征 (303)
9.2.2 生物学习性 (307)
9.2.3 蜜蜂的采集及信息传递行为 (311)
9.2.4 自然因素对蜂群的影响 (313)

9.3 蜜蜂的饲养管理 (314)
9.3.1 养蜂的基本装备 (314)
9.3.2 养蜂的场地选择 (318)
9.3.3 养蜂的基本技术 (318)
9.3.4 繁殖阶段的管理 (327)

9.3.5 越夏与越冬的管理 …………………………………………… (330)
9.4 蜂产品的生产和管理 ………………………………………… (333)
9.4.1 蜂蜜 ……………………………………………………… (333)
9.4.2 蜂王浆 …………………………………………………… (336)
9.4.3 蜂花粉 …………………………………………………… (338)
9.4.4 蜜蜂虫蛹 ………………………………………………… (339)
9.4.5 蜂蜡 ……………………………………………………… (340)
9.4.6 蜂胶 ……………………………………………………… (341)
9.5 蜜蜂病敌害的防治 …………………………………………… (342)
9.5.1 蜜蜂幼虫病害及防治 …………………………………… (342)
9.5.2 成年蜂病及防治 ………………………………………… (345)
9.5.3 蜜蜂螨害及防治 ………………………………………… (348)
9.5.4 蜜蜂敌害的防治 ………………………………………… (350)

第10章 家 蚕 ……………………………………………………… (352)
10.1 蚕桑产业及其历史 …………………………………………… (352)
10.1.1 我国的养蚕历史与现代的蚕桑产业状况 ……………… (352)
10.1.2 蚕桑产业的地理区划 …………………………………… (355)
10.1.3 家蚕的主要生产用品种 ………………………………… (356)
10.1.4 我国桑树资源的地理区划及桑园的培育 ……………… (360)
10.2 家蚕的形态特征与生物学习性 ……………………………… (363)
10.2.1 形态特征 ………………………………………………… (363)
10.2.2 家蚕的生活史 …………………………………………… (364)
10.2.3 发育与环境的关系 ……………………………………… (365)
10.3 饲养技术 ……………………………………………………… (367)
10.3.1 催青技术 ………………………………………………… (367)
10.3.2 收蚁技术 ………………………………………………… (369)
10.3.3 小蚕与大蚕的饲养 ……………………………………… (369)
10.4 蚕种繁育 ……………………………………………………… (373)
10.4.1 蚕的育种和品种繁育 …………………………………… (373)
10.4.2 近年来我国蚕种生产的新技术 ………………………… (375)
10.5 蚕病的防治 …………………………………………………… (376)
10.5.1 病毒病的识别和防治 …………………………………… (376)
10.5.2 真菌病的识别和防治 …………………………………… (377)
10.5.3 细菌病的识别和防治 …………………………………… (379)
10.5.4 原虫病 …………………………………………………… (381)
10.5.5 寄生虫 …………………………………………………… (381)
10.5.6 中毒症和预防 …………………………………………… (383)

10.6 蚕丝及蚕副产品的加工利用 (384)
- 10.6.1 缫丝技术的发展及茧丝的用途 (384)
- 10.6.2 蚕蛹的利用 (386)
- 10.6.3 蚕蛾的利用 (387)
- 10.6.4 蚕沙综合利用 (388)
- 10.6.5 丝胶制备氨基酸 (389)

第11章 害虫资源开发及资源化管理 (392)
11.1 害虫及资源化管理 (392)
11.2 松毛虫资源开发及资源化管理 (393)
- 11.2.1 松毛虫的主要种类 (394)
- 11.2.2 松毛虫的生活习性 (397)
- 11.2.3 松毛虫资源的营养 (399)
- 11.2.4 松毛虫资源的利用途径 (402)

11.3 蝗虫资源的开发利用 (406)
- 11.3.1 蝗虫的主要种类 (406)
- 11.3.2 蝗虫的营养价值 (408)
- 11.3.3 蝗虫的开发利用 (410)

参考文献 (412)

CONTENTS

Preface

Introduction ··· (1)

Chapter 1　Insects as Industry Material ································ (9)
　1.1　Insects as industry material and its products ················· (9)
　1.2　Insects for silk product ·· (11)
　1.3　Insects for glue and wax products ······························ (26)
　1.4　Insects for tannin and pigment products ····················· (38)

Chapter 2　Medical Insects ·· (50)
　2.1　Medical values of insects and medical insects resource ··· (50)
　2.2　Restorative and edible medical insects ························ (53)
　2.3　Medical insects for toxin ··· (75)
　2.4　Medical insects for human therapy ····························· (89)
　2.5　Other medical insects ··· (98)
　2.6　Isolation and processing of availably ingredients from medical insects
　　　··· (115)

Chapter 3　Edible and Feed Insects ···································· (119)
　3.1　Nutrition values of edible and feed insects ·················· (119)
　3.2　Breeded edible and feed insects ································ (124)
　3.3　Natural edible and feed insects ································· (138)
　3.4　Other edible and feed insects ··································· (143)
　3.5　Exploitation of fatty acids and proteins from insects ······ (147)

Chapter 4　Enjoyable Insects ··· (154)
　4.1　Enjoyable values of insects ······································ (154)
　4.2　Insects with beautiful appearances ····························· (159)
　4.3　Singing insects ·· (187)

4.4	Insects as playing resource	(195)
4.5	Process of insect craftworks	(198)

Chapter 5 Pollination Insects (203)

5.1	Values of pollination insects	(203)
5.2	Honeybees	(206)
5.3	Mason bees	(209)
5.4	Megachilid	(219)
5.5	Bombus bees	(224)
5.6	Other pollination insects	(229)

Chapter 6 Natural Enemy Insects (232)

6.1	Utilization history of natural enemy insects	(232)
6.2	Predacity insect resource	(234)
6.3	Parasite insect resource	(238)
6.4	Protection and breeding of natural enemy insect	(242)

Chapter 7 Environment Monitoring Insects (248)

7.1	The Principles of applying insects to monitor environment quality	(248)
7.2	Aquatic insects and aquatic environment monitoring	(252)
7.3	Soil insects and soil environment inspecting	(261)
7.4	Soil insects and organic substance degradation	(268)

Chapter 8 Resource Insects for Biological Research (273)

8.1	Insect for bionics	(273)
8.2	Insect for genetic research	(278)
8.3	Insects for pesticide toxicology research	(282)
8.4	Forensic insect and insects for medical research	(287)
8.5	Insects for molecular biology research	(291)

Chapter 9 Apiculture Industry (299)

9.1	General situation of Chinese apiculture industry	(299)
9.2	Honeybee morphology and biology	(303)
9.3	Management of honeybee breeding	(314)
9.4	Process and management of honey product	(333)
9.5	Disease and natural enemy control of honeybees	(342)

Chapter 10 Silkworm (352)
    10.1 Sericulture industry and its history (352)
    10.2 Morphology and biology of silkworm (363)
    10.3 Technology of silkworm breeding (367)
    10.4 Breeding of silkworm seeds (373)
    10.5 Disease control of silkworm (376)
    10.6 Process and utilization of silk and its byproducts (384)

Chapter 11 Exploitation and Management of Pest as a Bio-resource (392)
    11.1 Pest and pest management as a bio-resource (392)
    11.2 Exploitation and management of the pine caterpillars (393)
    11.3 Exploitation and management of locust (406)

Reference (412)

绪 论

全世界已记录了 115 万种昆虫，其中有害昆虫 8 万余种，但能真正造成危害的不过 3 000 余种，在同一个地区能造成严重危害的昆虫也不过几十种。昆虫的世代短暂、繁殖迅速、食物转化率高，不仅是世界上种类最多的动物类群，也是地球上蕴藏量最大的生物资源。但由于种种原因和传统习惯，人类现在所利用的只是其中那些最早被认识、数量很少的种类，如家蚕、蜜蜂、黄粉虫、五倍子、胭脂虫等。随着科学技术的进步和人类对昆虫研究与认识的深入，众多的有益昆虫或变害为益的种类，已经成为能造福于人类的可管理的自然资源。

资源昆虫是指其产物如分泌物、排泄物、内含物等，或虫体本身可为人类所利用，有一定的经济或社会价值，种群数量具有资源特征的一类昆虫。其应用领域涉及到化工、军工、电子、服饰、食品、医药、农业、林业、环保和民族文化等多种学科。

我国昆虫种类繁多，资源丰富，已知昆虫种类 20 多万种，有许多种类是可以利用的可贵资源。在全世界已确定出的 3 650 多种可供食用的昆虫中，我国约有 177 种，隶属 11 目 54 科 96 属。1979 年及 1982 年的《中国药用动物志》已记述药用昆虫 145 种，我国药用昆虫有 300 余种，分属 14 目 63 科约 70 属。这些研究成果为昆虫资源的开发和利用奠定了坚实基础。现代科学和技术的应用，使资源昆虫的开发和利用、养殖与加工，在国民经济建设中发挥出了显著的社会和经济效益。

1 我国资源昆虫利用的历史

我国是利用昆虫资源最早的国家，已有 5 000 多年的历史。从公元前一二世纪的《神农本草经》开始，关于昆虫资源的研究和利用已有大量文字记载，家蚕、蜜蜂、五倍子、紫胶虫等是中国昆虫研究利用成就的象征。

在距今 300 万年至 12 000 年人类以采集和渔猎为生的时代，一些昆虫如野生蜜蜂的蜂蜜和蜂子（卵、幼虫、蛹）就是当时人类的食物来源之一。我国食用昆虫的文字记载最早见于 3 200 年前，如《礼记·内则》中就有记载。现在各民族已经形成了各自的食虫文化，如吃虫节、特色昆虫菜谱等。

我们的祖先早在 7 000 年前就已经利用蚕丝作为织物的原料，5 200 年前的炎黄时期家蚕在我国已实现了家养（图 1）。我国养蜂的历史可能要早于养蚕，公元前 2 世纪的《尔雅》中就有关于蜜蜂的记载，公元 25~220 年的东汉时期

图1 嫘祖缫丝图

人工养蜂已较为普遍，养蜂已初步专业化，到宋、元朝时期养蜂技术得到了充分的发展和完善，在《小畜记·蜂》、《尔雅翼·蜜蜂》、《农书》等多部文献中都有蜜蜂养殖技术的记述。

以昆虫作为观赏娱乐和业余消遣的对象在我国也约有2 000年以上的历史。一些昆虫具有多姿多彩的美丽颜色、奇特的形态、特殊的行为，可以给人类带来美的享受和乐趣，甚至影响人类的文化。蝴蝶的观赏价值和美学价值世人皆知，在我国文学艺术诗歌、绘画、服饰中处处可见蝴蝶的影子。1 700年前车胤收集萤火虫作光源夜读。1 500年前的晋代蝉和蟋蟀等已被饲养用来娱乐，蟋蟀作为一种古老的赏玩昆虫在中国民间就一直沿袭了下来。1 200年前吉丁虫被用作装饰品。自古以来人类对蝴蝶有独到的称颂和鉴赏，我国历代的文人墨客为其留下不少脍炙人口的诗篇和书画。如唐代诗人李商隐在《锦瑟》中引用庄周梦蝶的典故，以"庄生晓梦迷蝴蝶"表达了对亡友的追思；李白在《长干行》中以"八月蝴蝶黄，双飞西园草"抒发悲欢离合的情怀；杜甫在《曲江二首》中以"穿花蛱蝶深深见，点水蜻蜓款款飞"，将蝴蝶在花丛中飞舞觅食、交配和蜻蜓点水产卵、一触即飞之状，描绘得栩栩如生。再如北宋谢逸在《咏蝴蝶》中以"狂随柳絮有时见，舞入梨花何处寻"，南宋杨万里在《宿新市徐公店二首》中以"儿童急走追黄蝶，飞入菜花无处寻"等词句，分别描述了菜粉蝶在白色的梨花中飞舞和黄粉蝶在黄色的油菜花中飞舞的情景。

我国以昆虫入药的历史也很早，如早在《周记》和《诗经》中就有用昆虫与其他中药材配伍制作中药的记载，《神农本草》中已记载药用昆虫21种，李时珍的《本草纲目》中记载药用昆虫73种，《本草纲目拾遗》中记载有25种，现代的《中药大药典》等文献记载我国的药用昆虫有300余种。

我国农耕生产距今约有6 000年的历史，害虫防治的记载则始于3 000年前。用天敌昆虫防治害虫的历史已有1 700年，如公元304年《南方草木志》中记载广东人以黄猄蚁防治柑橘害虫。

人类利用和开发昆虫资源的历史已很长，已从中饲养驯化出了如家蚕、蜜蜂等为人类带来巨大利益的家养种类。随着对昆虫资源利用水平的提高，资源昆虫给予人类的利益将会更大。

2 资源昆虫的利用现状和前景

昆虫生物总量可能要比陆地上所有其他动物的总和还要大，它们是极其丰富的生物资源。人类早已开始开发和利用昆虫资源，但在食用、医药、饲用、害虫防治、环境保护、仿生技术、观赏等方面还有许多新用途需要研究和开发。

资源昆虫产品如中国的丝绸、蜂蜜、巴西的昆虫食品以及中国台湾的观赏昆虫等虽然享誉世界，但与其他现代产业比较，除少数种类外，其产业化总体水平尚在初始阶段。如五倍子、紫胶、白蜡等尽管已经在工业、医药行业有较多的研究和应用，但它们大多还停留在手工操作或野外手工采集原料的水平上，产量和质量受自然因素影响较大，加工利用的技术方法也有待改进；蜂毒、抗菌肽、虫源生物碱等的研究开发也刚刚起步，还远未达到产业化的水平。昆虫资源的开发和利用要真正步入产业化轨道，必须实现工厂化大量繁殖生产，降低生产成本，能在短时间内稳定地获得大量的昆虫群体，以保障产品开发与生产的需要。

昆虫的种类很多，因开发利用的目的不同所选择的种类不同；种类不同其使用途径也不同。人类经过数千年的利用实践和世界各国的开发研究表明，昆虫作为资源具有下述 5 个属性。

昆虫是材料资源 昆虫产物及昆虫体作为工业原料和生物材料有广泛的用途。如紫胶、白蜡、五倍子、胭脂虫等，可应用于军工、化工、医药、食品工业等行业；昆虫体壁中的主要结构成分是几丁质-糖蛋白，几丁质可作为人造皮肤等生物材料；昆虫体内所含的脂肪类物质可用于高级化妆品、高级润滑油；虫体内的特殊酶、激素、色素、蛋白质等都可能以生物技术为基础，使用细胞离体培育、克隆技术、基因导入等，生产出医学或其他特殊用途的目标产物，如日本已通过基因工程，将荧火虫的发光基因导入了家蚕体内。

昆虫是药物资源 人类使用的药物绝大多数来自植物、动物和微生物。为了寻求新医药资源，人类已对植物和微生物的药物筛选做了大量的工作，而昆虫占自然界中生物种类总数的 4/5 以上，远远超过植物和微生物种类数之和。许多昆虫体内含有独特的医药成分，如蝇蛆体内就含有抑菌能力很强的抗菌蛋白等。昆虫毒素也是有特殊疗效的药物，现已发现有毒素的昆虫种类达 700 多种，昆虫毒素达 60 多种，如斑蝥含有对癌症有疗效的斑蝥素，蜂毒可用于治疗风湿性关节炎、红斑狼疮、脉管炎、高血压等疾病。人类有可能利用转基因工程将这些产生抗菌物质的基因导入植物培育抗病虫品种；或利用细胞工程通过发酵，工厂化生产出虫源性抗菌物质。研究昆虫毒素的成分、结构和药理，可以进行仿生合成生产出新的医药。

昆虫是蛋白资源 昆虫体内含有丰富的蛋白质、氨基酸、维生素类、微量元素等，营养十分丰富，不少为食用珍品。昆虫除可供人类食用外，作为动物饲料或饲料添加剂其效果完全可以与鱼粉等饲料添加剂媲美。以养殖场饲养珍贵的食用昆虫或饲料昆虫，其效益将可能不亚于饲养家禽和家畜；对那些有特殊营养的昆虫，可以采用生物技术与生物化学方法进行提取和利用。

昆虫是控制害虫的资源 昆虫中的害虫给农林业生产造成了极大的危害。化学农药防治害虫虽然有较好的效果，但有残留，污染环境，使害虫产生抗药性，给人类健康带来危害等，如利用天敌昆虫资源控制害虫则不会有上述弊端。天敌昆虫是一种特殊的生产资料资源。在发达国家，天敌昆虫的研究与利用已产业化，利用现代化的设备和条件大批量生产天敌昆虫已成为新兴的产业。我国已在赤眼蜂、管氏肿腿蜂、啮小蜂等天敌昆虫的研究和应用上取得了成功。

昆虫是仿生研究资源 昆虫的种类、结构与功能千差万别，昆虫的精巧结构是仿生学的良好模板，模仿昆虫的结构和功能可以创造出奇妙的高科技产品。通过对昆虫的触角、眼、翅等结构与功能的研究，可仿制出有特殊功能的机器人、昆虫生物传感器、生物反应器等产品。

总之，资源昆虫具有特殊的利用价值和经济价值。我国有不少特殊的资源昆虫，我们的祖先首先实现了家蚕和蜜蜂饲养的产业化，更好地开发和利用我国的昆虫资源，将会进一步促进我国国民经济及人民生活水平的提高。我国的资源昆虫主要分布在贫困山区，在已知的约500种可利用的资源昆虫当中，也有严重危害农作物的蝗虫、蟋蟀、金龟子、吉丁虫、蝉、蝼蛄以及多种蝶、蛾类（幼虫）等。因此要发展资源昆虫就必须植树种草为它们提供食物，资源昆虫产业的发展不只可以带动地方经济的发展，带动植树造林、绿化荒山，也能变害为益。

3 资源昆虫及其利用方式

昆虫资源研究与利用应坚持物种保护、择优利用和综合利用开发的原则，那些已有历史记述、已被充分研究和被公认具有利用价值的种类应优先列为利用的对象。

(1) 利用方式

资源昆虫是一类特殊的动物资源，除其体躯外还具有行为及产生各类代谢物或分泌物的特性。因此，利用的基本方式包括对资源昆虫的本体、行为、代谢物及其他产物的利用。

①**本体利用** 主要是指对虫体、体细胞及其基因的直接或间接利用，包括作高蛋白饲料的昆虫、食用昆虫、药用昆虫、观赏昆虫、教学科研材料用昆虫等。如全世界以食用昆虫所开发的食品达2万多个品种，德国年产昆虫罐头逾8 000t，日本年销售来自中国的稻蝗罐头达1 000t。

②**行为利用** 昆虫的取食、飞翔、爬行等对人类直接或间接有益的行为活动均可利用，包括如利用昆虫传粉、天敌昆虫防治害虫、昆虫行为的仿生、环境清洁与监测、法医鉴定等。利用昆虫传粉可达到增产效果，如使用蜜蜂传粉可提高农林栽培植物的产量和质量，在美国现饲养的400多万群蜜蜂中，每年都有超过100万群被农场主租用去为上百种农作物授粉，产生的增产价值达200亿美元，是其蜂产品的143倍。

利用天敌昆虫的捕食和寄生行为控制害虫既有益于环境，也可降低农林产品的生产成本，已有许多国家实现了天敌昆虫商品化、规模化生产。美国有70余家天敌昆虫公司，生产销售40多种天敌昆虫；英国也有10多家天敌昆虫公司，其中英国作物生物保护有限公司（BCP）可生产25种天敌昆虫，年营业额达104万英镑。

③产物利用　昆虫在生活过程中产生的分泌物及代谢产物很多，类型较复杂，包括家蚕丝、紫胶虫所产的紫胶、倍蚜形成的倍子、白蜡虫分泌的虫蜡等，有药用和食用价值的如蜂蜜、蜂王浆、虫茶等，各类昆虫所产生的用于治疗疾病的毒素如蜂毒、蜣螂毒素、斑蝥毒素及从昆虫体内提取的用于杀菌的抗菌肽（蛋白）、凝聚素、溶菌酶等。昆虫生命过程中产生的代谢产物常有特殊的利用价值，如从家蝇幼虫分泌物中提取的一种抗菌蛋白，在万分之一浓度时就可杀死多种细菌及肿瘤细胞。

同一种昆虫的利用方式常是多方面的，如螳螂既是十分重要的天敌又是高档食品，地鳖虫既是虫源药材也可用其加工食品、药酒或作为饲料添加剂，黄粉虫和蝇蛆既是家养动物的高蛋白动物饲料也可加工成高蛋白食品。因此，常按对资源昆虫的应用方式将其分为3级：第一级资源昆虫包括虫体本身或其产物能生产出满足人们物质或精神需要的昆虫种类，如工业原料昆虫、药用昆虫、食用及饲料昆虫、鉴赏或文化昆虫等；第二级资源昆虫即必须通过作用于其他生物才能对人类产生利益的种类，如天敌昆虫、传粉昆虫等；第三级资源昆虫（特殊资源昆虫）包括教学和科研材料、仿生对象、环境保护、生物工程基因库等特殊用途的昆虫种类。狭义的"资源昆虫"主要指第一级资源昆虫和第二级的传粉昆虫。

（2）应用领域

本教材根据资源昆虫的应用领域，将其划分为授粉昆虫、药用昆虫、食用与饲用昆虫、鉴赏昆虫、生物技术昆虫、工业原料昆虫、天敌昆虫、环境监测昆虫等8类。

①**工业原料用昆虫**　虫体及其产品主要作为工业原料的昆虫约有40余种，这些昆虫在生活中产生的分泌物、丝、蜡等物质可作为工业原料进行加工或生产，如产丝昆虫家蚕、天蚕，产胶产蜡昆虫紫胶虫、白蜡虫，产单宁及色素昆虫，五倍子蚜、胭脂虫等。传统产业有家蚕类绢丝昆虫产业及紫胶虫生产紫胶、白蜡虫生产虫蜡、五倍子蚜生产单宁的虫源化工产业。待开发的产业有从昆虫内提取工业用酶素，从萤火虫中提取萤光素酶用于医疗器械的检测，从白蚁中提取纤维素水解酶用于轻工及食品加工等。

②**饲用、食用昆虫**　该类型即以昆虫虫体或其产物作为动物、家畜饲料或者人类食品的昆虫，如蜂、蚱蝉及蚕蛹，黄粉虫、豆天蛾、家蝇、玉米螟等幼虫，蝗虫、蠡斯、蟋蟀、蝼蛄、竹节虫、螳螂、龙虱、蜻蜓、地鳖虫等。昆虫体内含有很高的蛋白质、多种氨基酸、微量元素、几丁质、辅酶Q等，可从中提取蛋白质作为食品添加剂加强营养成分，提取几丁质用于食品、药物制造、保健品、

化妆品及临床医疗用品。

除少数有剧毒的昆虫种类外，昆虫都可经收集、加工后作为家禽家畜的饲料或饲料的添加剂。如在夏、秋季用灯光诱虫养鸡，可使雏鸡增重30%、产蛋率提高25%。在野生状态下即使那些营养价值很高的昆虫也难以成为家养动物的大宗饲料来源，采集野生昆虫供食用时易引起中毒及过敏，许多有价值的食用和饲料昆虫的大规模饲养仍有相当大的难度，如果单从自然界采集，常难以满足需要，还有可能对生态系统的稳定性构成潜在的危害。因此，批量饲养是开发利用食用和饲用昆虫的最好途径。人工饲养时还可在其饲料中添加一些特殊物质，使其在幼虫体内转化为活性物质如富硒、富铁等，而制成有特殊营养价值的保健食品。

③**药用昆虫**　以虫体或其产物直接用于治疗疾病或兼具药效的保健食品的昆虫即药用昆虫。昆虫药用有的是利用其体内的活性激素，或是利用其所含氨基酸、毒素、嘌呤、生物碱、石灰质、蛋白及脂肪等。

原虫或昆虫产物入药　我国传统中药中使用不少昆虫作为配方直接入药，如冬虫夏草、斑蝥、芫菁、萤蠊、地鳖虫、僵蚕、洋虫、胡蜂、蝉蜕、虻虫、螳螂、蟋蟀、蝼蛄、蚂蚁、桑螵蛸、虫茶、蚕沙等。

有效成分提取及开发新药剂　如利用蜂毒等治疗风湿和类风湿等多种疾病，用源于芫菁科昆虫的斑蝥素、源于独角仙科昆虫的蜣螂毒素、源于蝴蝶的异黄嘌呤等治疗癌症，从蝇类幼虫提取的抗菌肽治疗病毒性疾病、毒杀肿瘤细胞及原虫。也可利用药用昆虫生产保健药品，如用蚂蚁生产的乙肝宁、玄驹酒、蚁宝茶、神驹茶、大力神口服液、蚁王精，用虫草生产的金水宝，用柞蚕雄蚕蛾生产的延生护宝液、延生护宝胶囊，用家蚕生产的蛮龙精。

④**传粉昆虫**　凡在采蜜的过程中对异花授粉的植物有传粉作用的昆虫即传粉昆虫。现已知传粉昆虫达300余种，如蜜蜂、壁蜂、切叶蜂、熊蜂等。显花植物中有85%是虫媒授粉、10%是风媒授粉、5%是自花授粉。昆虫传粉不仅推动了被子植物的起源和发展，也对农林业生产及野生的显花植物的繁殖有重要意义。不同的植物其传粉昆虫常不同，一种植物可能有多种能够传粉的昆虫，如能为主要牧草即红车轴草传粉的蜂类昆虫多达6科20属72种之多。国外许多国家已有专门的授粉昆虫公司为农户提供授粉昆虫，我国许多地方已利用授粉昆虫提高果园、大棚蔬菜、瓜果、大田作物的产量，改善农产品的质量，改良种子以提高后代的活力。

⑤**鉴赏昆虫**　鉴赏昆虫或称文化昆虫是指能够以其虫体、工艺品美化人们生活的昆虫。我国可利用的工艺、观赏昆虫达400多种，常见如蝴蝶、鸣虫类、甲虫类等。该类昆虫是历代诗人墨客吟诗作画的题材，或是人们制作装饰品及休闲取乐的宠物。如可利用蝶、蛾绚丽多彩的双翅制作贴画，利用甲虫的翅镶嵌妇钗耳环，用昆虫制造人工琥珀；也可养蟋观斗，饲养蝈蝈听鸣，或以漂亮的昆虫图案装饰各类印刷物及织物。还可以鉴赏昆虫为题材发展旅游业。我国已有以各类昆虫博物馆、蝴蝶馆为基础发展的特色旅游项目达10多个。

⑥**天敌昆虫** 寄生或捕食其他昆虫的昆虫即天敌昆虫。它们是控制农林害虫的自然力量。害虫的天敌昆虫约有1 000余种，隶属7目70余科，常见如瓢虫、螳螂、草蛉、赤眼蜂、茧蜂、胡蜂、寄蝇等。虽然可以用来防治害虫的天敌昆虫种类很多，但有产业开发价值的并不多，可以工厂化生产出售的仅约40种，主要是草蛉、瓢虫、食虫蝽象、钝螨、姬蜂、小蜂及赤眼蜂。

我国天敌昆虫的扩繁与利用取得了显著的成效，如利用赤眼蜂防治甘蔗螟、玉米螟、稻纵卷叶螟、棉铃虫、松毛虫；利用草蛉、七星瓢虫、食蚜瘿蚊防治蚜虫；用平腹小蜂防治荔枝蝽等；用管氏肿腿蜂和川硬皮肿腿蜂等防治天牛；引进日光蜂防治苹果绵蚜，澳洲瓢虫和孟氏隐唇瓢虫防治吹绵蚧，丽蚜小蜂防治温室白粉虱；西方盲走螨防治李始叶螨，智利小植绥螨防治二斑叶螨，花角蚜小蜂防治松突圆蚧等。20世纪70年代以来我国在天敌人工大量饲养方面进行了许多研究，但现在能真正投入大规模生产的仅有赤眼蜂、平腹小蜂；我国建成的人造卵赤眼蜂生产线，每小时可制造人造卵卡600张约8.4万粒，日产5 000张，可繁殖赤眼蜂2 000万头，供130hm^{2}农田使用。

⑦**环境监测用昆虫** 某些能够在监测环境质量变化过程中作为指示生物的昆虫即环境监测昆虫。而那些能清除环境中腐殖质、垃圾及动物尸体的腐食性及肉食性昆虫则属于生物垃圾清理昆虫。世界各国主要以昆虫作为水体环境监测的指示生物，涉及的昆虫类群包括蜉蝣目、襀翅目、蜻蜓目、毛翅目、广翅目及部分双翅目、鞘翅目、膜翅目、半翅目、鳞翅目、弹尾目、直翅目等。

生物垃圾清理昆虫则可以作为土壤环境监测的指示生物，该类昆虫约有100余种，常见的有埋葬虫、阎魔虫、隐翅虫、皮蠹、蜣螂、粪金龟、多种蝇蛆等。这类昆虫或以动物尸体为食，或嗜腐殖物、人畜及家禽粪便，它们可以净化环境、加速其所在生态系统的物质循环。如20世纪中期澳大利亚发达的畜牧业，导致太多的家畜粪便覆盖了草场，严重影响了牧草生长，从我国引进粪蜣才清除了这些草场的污染物。

⑧**生物技术研究用昆虫** 作为生物材料或生物指示材料进行生物技术研究的昆虫即该类昆虫，包括那些用来进行仿生、遗传研究、杀虫剂效果测定研究，通过细胞工程或基因技术生产特种制剂，及作为医学研究或法医鉴定等用途的昆虫。如果蝇等可用于遗传研究，黄粉虫、蚜虫、棉铃虫、粘虫等可用于测定杀虫剂的药效，某些昆虫体细胞经过培养后可作为生物反应器增殖昆虫病毒、生产生物农药，某些尸食性或腐食性昆虫可作为法医鉴定中的依据，某些昆虫干细胞可用于外源基因表达的载体而替代大肠杆菌。

4 资源昆虫学的学科特点及与相关学科的关系

资源昆虫学是研究资源昆虫生命活动规律及其保护、养殖、利用技术的一门昆虫学的分支学科。其研究内容包括工业原料昆虫、药用昆虫、食用和饲用昆虫、鉴赏昆虫、传粉昆虫、天敌昆虫、环境监测昆虫、生物技术研究用昆虫，已经产业化、饲养历史很长的蜜蜂和家蚕的养殖，以及害虫的资源化开发与管理。

本学科是昆虫学中的应用学科之一，其基础学科包括昆虫形态学 Insect morphology、昆虫分类学 Insect taxonomy、昆虫生理学 Insect physiology、昆虫生物学 Insect biology、昆虫生态学 Insect ecology、植物化学保护 Chemical protection of plants、昆虫病理学 Insect pathology、昆虫技术学 Insect technology 等。

昆虫学、生物化学、营养学、药剂学、生物技术等学科和现代科学技术的进步，为资源昆虫学的发展、昆虫资源的精细开发和利用提供了条件，而昆虫资源的开发和资源昆虫学的发展对昆虫学的其他学科又产生了相当大的促进作用。

虽然我国利用资源昆虫的历史悠久，在家蚕、蜜蜂、黄粉虫、部分天敌昆虫的利用方面取得了显著成效，近年来对其他资源昆虫的开发和研究为昆虫资源的利用提供了基础，但真正产业化的种类并不多，许多能够产业化的如鉴赏昆虫、天敌昆虫还没有受到社会的关注，需要解决的问题还很多。我国已经对部分资源昆虫如鉴赏昆虫的保护制定了相关的方针、政策和法令。我国科学技术和经济实力的提高，资源昆虫学方面专门人才的培养，都将对进一步推动资源昆虫学在我国的发展和我国对昆虫资源利用水平的提高。

本章推荐阅读书目

中国蜂业简史. 乔延昆. 中国医药科技出版社，1993
蚕业史话. 周匡明. 上海科学技术出版社，1983
药用食用昆虫养殖. 蔡青年. 中国农业大学出版社，2001
中国昆虫资源利用和产业化. 杨冠煌. 中国农业出版社，1998
中国昆虫学史. 邹树文. 科学出版社，1982

第1章 工业原料昆虫

【本章提要】 本章在阐述工业原料昆虫类型的基础上,重点介绍了柞蚕和蓖麻蚕等产丝昆虫、紫胶虫与白蜡虫等产胶与产蜡昆虫、五倍子和胭脂虫等产单宁与色素昆虫的饲养和利用技术,以及其他可开发利用的产丝、产胶与产蜡、产单宁与色素类昆虫的种类。

在人类历史进入文明社会以后,人们的生活用品不再是直接从自然界索取,而是通过对自然物种的驯化实现家养或栽培,以满足社会及人类生活的各种需要。与那些现在已驯化的动植物一样,家蚕、五倍子、蜜蜂等的产物也成为了供工厂加工和生产的大宗原料。工业原料昆虫系指那些已大批量地进行工厂化产品加工的原料昆虫、或是其产物可进行大批量工厂化产品加工的昆虫。对于工业原料昆虫类型的区分方式很多,但无论怎样划分,这类昆虫均泛指产丝昆虫(绢丝昆虫)、产胶、产蜡昆虫及产单宁、色素类昆虫。

1.1 工业原料昆虫及其产物

利用昆虫及其产物生产人类所需要的产品,因每个国家历史上的农耕发展进程、产地昆虫资源及其产量差别较大,其发展历史和利用规模在各个国家有所不同。

(1) 产丝昆虫

自然界能吐丝结茧的昆虫很多,除了以蚕类为首的鳞翅目昆虫外,其他如鞘翅目、膜翅目的有些昆虫也能吐丝结茧,不过后者结的茧一般不能抽丝用作纺织原料。因此,将能够吐丝结茧,且茧可被人类用于缫丝织绸的昆虫称为产丝昆虫。它们包括鳞翅目蚕蛾科的家蚕,大蚕蛾科的柞蚕、天蚕、蓖麻蚕、樗蚕、樟蚕、塔色蚕、琥珀蚕、乌桕蚕等。这类昆虫的主要产物为蚕茧及由蚕茧缫制而成的生丝。

我国养蚕业的历史可以上溯到5 000多年前。自古以来养蚕业在国民经济中占有相当重要地位,我国蚕茧产量及产品的出口量居世界第一。除家蚕外人类利用其他产丝昆虫也有相当长的历史,如我国饲养的柞蚕、印度养殖的琥珀蚕等,1987年我国柞蚕茧产量约达30 000t。利用产丝昆虫生产蚕丝不仅为人类提供了比棉丝更优良的衣着原料,对蚕丝及养蚕的副产物进行深加工还可提供众多的医药、化工、食品原料和产品。

(2) 产胶、产蜡昆虫

某些昆虫在生长发育过程中，成、若虫能分泌胶质或蜡质产物，这些产物也是工业原料之一，这类昆虫就称为产胶、产蜡昆虫。它们包括同翅目胶蚧科的紫胶虫，蚧科的白蜡虫，膜翅目蜜蜂科的蜜蜂等。其主要产物有紫胶虫雌成虫分泌的紫胶、白蜡虫雄若虫分泌的白蜡及蜜蜂工蜂分泌的蜂蜡、蜂胶等。

紫胶虫 我国紫胶原胶总产量仅次于泰国和印度而居世界第三位，1951年为10.26t，1962年为281t，1994年增至3 733t，近几年产量在1 000～1 500t。紫胶原胶含有紫胶树脂、紫胶蜡、紫胶色素等。经加工而成的紫胶产品具有绝缘、防潮、防水、粘合力强、易干耐酸、表面光滑、化学性能稳定等特性，用途十分广泛，可作高级木质家具、军工产品的涂饰剂或保护剂，电器产品的绝缘材料，金属、玻璃、皮革、手表钻石等的粘合剂，可加工制作各种印刷油墨，用作药丸、药片的防潮糖衣、胶囊外壳，水果的保鲜涂料，橡胶制品的添加剂。紫胶蜡还可用于制造鞋油、复写纸、地板蜡等，紫胶色素则是食品和饮料的理想色素。

白蜡虫 白蜡是我国特产，产量居世界首位。近年全国年平均产量100～200t。具有熔点高、光泽好、理化性质稳定、能防潮、着光、润滑的特性，用途十分广泛，是军工、机械和精密仪器生产中最好的模型材料，是电子工业中电容器材料的防腐防潮剂，是纺织工业上的着光剂，是高级化妆品、上等汽车蜡、地板蜡、皮鞋油等的重要原料，在医药上常用作伤口愈合剂、止血剂、制作丸药外壳、医治跌打损伤等。

蜜蜂 我国对中华蜜蜂的饲养历史可以上溯到东汉以前，20世纪初中华蜜蜂饲养量约为20万群，1997年饲养量为650万群，蜂蜜产量约为150 000t，居世界首位。1990年起我国蜂王浆产量达到1 000t以上，占世界总产量的80%；蜂花粉约2 000t，蜂胶约250t，蜂蜡3 000t，均居世界第一位。蜂胶、蜂蜡均有重要的工业应用价值（详见第9章）。

(3) 产单宁、色素类昆虫

某些昆虫寄生在植物叶片上形成外壳富含单宁的虫瘿，而某些昆虫体内含有胭脂色素、洋红色素等，因此可将其作为工业原料提取单宁或色素等物质，这类昆虫也就称为产单宁、色素类昆虫。它们主要包括同翅目瘿绵蚜科的五倍子蚜虫、洋红蚧科的洋红蚧（胭脂蚧）等。其产物有如五倍子蚜虫寄生在漆树属 *Rhus* 植物叶片上形成的虫瘿即五倍子，从洋红蚧虫体提取的洋红色素（胭脂红）等。

五倍子蚜虫 我国利用五倍子的历史悠久，产量居世界第一。关于五倍子的记载可以上溯到2 000多年前的《山海经》，但过去的生产都是依靠野生资源，直到20世纪80年代后期，五倍子的生产方式才逐步走上了人工繁育和规模化生产的道路，90年代初全国五倍子年平均产量达5 000～7 000t，但近几年由于价格下滑等原因，年平均产量下降至约4 000t。五倍子含有60%～75%的单宁，用五倍子生产的单宁酸、没食子酸和焦性没食子酸，是多种工业的重要原料。

胭脂蚧 胭脂蚧主要分布于秘鲁、墨西哥、厄瓜多尔和智利等国家，寄主为仙人掌类植物，其产地栽培仙人掌、放养胭脂蚧和提取胭脂红色素已有悠久的历史。胭脂蚧是为数不多的天然昆虫色素资源之一，用虫体提取的胭脂红色素无毒，早已广泛应用于食品、化妆品和医药等行业，如饮料、酒、糕点、糖果、烹饪、药品着色等，在生物高新技术及生物标本制作上也有重要用途。目前全世界年产胭脂蚧干体约400t，产品一直供不应求，国际市场价高达60美元/kg。我国的胭脂红一直依赖进口，在20世纪90年代中期，从秘鲁引进胭脂蚧的寄主印榕仙人掌，繁育胭脂蚧已在云南昆明等地获得成功，因此在我国发展胭脂蚧将会有较好的前景。

随科学技术的发展，通过对"老"资源昆虫品种及其产物加工技术的改造，"新"资源昆虫及其产品的继续开发，利用资源昆虫产物生产的产品将会在工业、食品、医药、电子等领域有更为广泛的新用途。

1.2 产丝昆虫

1.2.1 家蚕 *Bombyx mori* Linnaeus

家蚕又称桑蚕，是一种以桑叶为食料的泌丝昆虫，原来是栖息在桑林中的一种野蚕，由于人们发现它的茧丝可以利用而引起了对它的注意。开始是在野外采集这种野蚕茧加以利用，随着人们对蚕丝需要量的增加和生活的定居，逐渐把这种野蚕移入室内饲养，培养驯化成为了现代的家蚕。研究证明家蚕同现在的野蚕 *Bombyx mandarina* Moore 虽然是两个种，但它们的起源是相同的。古代原始野桑蚕移入室内饲养后，由于生活条件发生了改变，其躯体及发育方式为适应新的环境所发生的变异性不断加强，加上人们世世代代有目的有计划地选择培育产丝量较高的类型，而使野蚕的丝腺逐渐发达起来。人类在家养条件下将产丝量少、茧小的原始野桑蚕培育成了今天我们所看到的有经济价值的桑蚕（详见第10章）。

1.2.2 天蚕类

1.2.2.1 柞蚕 *Antheraea pernyi* Guèrin-Méneville

分布于黑龙江、吉林、辽宁、北京、河北、山东及河南。取食柞、栎、核桃、樟、山楂、柏、蒿柳等树叶。柞蚕的经济价值仅次于桑蚕，全国可供放养柞蚕的林地约 $400 \times 10^4 hm^2$，但实际利用的仅 $60 \times 10^4 \sim 70 \times 10^4 hm^2$。我国柞蚕茧产量约占世界的80%。辽宁是柞蚕的主产区，其产量约占全国的75%，其次河南占10%，山东占6%，其他地区占9%。

(1) 形态特征与生物学习性

形态特征（图1-1）

成虫 翅展 110~130mm，雌蛾大于雄蛾，体翅黄褐色。肩板、前胸前缘、前翅前缘紫褐色，前翅杂白色鳞片。前、后翅内横线白色、其外侧紫褐色，外横线黄褐色，亚缘线紫褐色、其外侧白色，翅顶角白色；中室端1透明大眼斑，眼

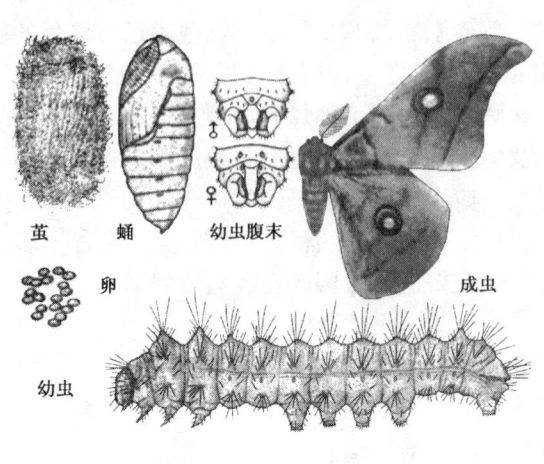

图 1-1 柞蚕

斑圈外具白、黑、紫红轮线，后翅眼斑四周黑线更显。

卵 椭圆形、略扁平；本色为淡蓝色，但因黏液涂敷卵面而呈褐色。春蚕卵重 7.8～9.8mg/粒，秋蚕卵重 6.5～8.5mg/粒。

幼虫 体躯长筒形，1 龄黑色；2 龄后体色依品种而有差异，有黄绿、绿、橙黄、天蓝、灰色等。老熟幼虫体长 7～10cm，体重 15g 以上。

蛹 纺锤形，黄褐或黑褐色，头部顶端乳白色，体表被有稀疏的刚毛；雌长 3.4～3.8cm，雄长 3.0～3.4cm。

茧 黄褐色，上部稍尖、中部大、下部具柄，春茧 4.2cm×2.1cm，秋茧 4.7cm×2.4cm。平均茧重 7～10g，茧层结构紧密、透性差、解舒困难。蚕层率 10%～12%，茧丝长 800m，纤度 5.6D，颣节比桑蚕多，解舒率 45%～55%。

生物学习性

1 年 1～2 代，以蛹在茧内越冬。东北 1 年 2 代、放养 2 次，春茧只作秋蚕的种茧用，秋蚕作缫丝原料及第二年种茧，若秋季大蚕期日照时间短则所产子代为一化性；一般 4 月下旬至 5 月上旬羽化、交配、产卵，5 月中、下旬幼虫孵化，经 4 眠 5 龄于 7 月上旬结茧、化蛹，7 月中、下旬羽化、产卵。柞蚕幼虫喜食嫩叶，有不吃残叶的习性，4 或 5 龄盛食期食量约占全龄的 60%～70%；结茧时蚕排完体内废物，吐丝连缀 2～3 片栎叶成瓮状，"拉瓮"后吐丝结成茧衣，随后自茧衣爬出在小枝上结成较长的茧蒂，再回至瓮中继续吐丝结茧。茧完成后即排出 2～3mL 主要成分为草酸钙和尿酸钙的白色乳状液体，浸润茧壳，填充茧层中的孔隙以加强茧层硬度。第二代幼虫 8 月上旬孵化，如气候不良、过于干旱、栎叶老硬则常出现 5 眠 6 龄现象，9 月下旬至 10 月上旬结茧化蛹。

河北以南 1 年 1 代、1 年放养 1 次，所结茧既作种茧又作缫丝原料；在鲁中南如放养一化性种，提早放蚕使其在 6 月 6 日前完成结茧，蛹即滞育，保持一化性；若放养二化性品种，在春季放养期要晚出蚕，在芒种后结茧即产生不滞育蛹，至伏季出蛾制种，头伏出蛾，二伏可再次出蚕，处暑后结茧得到秋季滞育蛹。

柞蚕制种要选择条件好的柞场，小蚕室内饲养、大蚕精心放养，按照品种的固有体型、体色、生长期、食性、茧质性状进行严格选择，淘汰退化、混杂、病弱个体，采用同种异地互交法留种，以保持蚕种的纯度和健壮；也可培育杂交种，去弱留强，制成生产种；对种卵要严格显微镜检查，药剂消毒，建立无毒保卵室。我国自 20 世纪 60 年代起各地已先后培育出了许多柞蚕新品种，如一化性地区的河南南召试验场培育出了化性稳定的二化性品种，1987 年辽宁丹东柞蚕研究所育成了白色茧品种；并基本明确了柞蚕的滞育有遗传（伴性复等位基因）、光照、温度、营养等诸多因子。我国主要的柞蚕品种如表 1-1。

表 1-1　我国的主要柞蚕品种

品　种	特征、特性及放养省份*
青黄一号	二化，中熟。蛾黄褐、幼青黄色。发育齐、食欲旺，强健，产量高，茧质好。辽宁
青六号	二化，中熟。蛾黄褐、幼青黄色。体比青黄一号稍小，体质较强。辽宁
克青	二化，中熟。蛾红褐、幼青黄色。气门线明显，发育不整齐。辽宁
柞早一号	二化，早熟。蛾黄褐、幼青黄色。全龄历期比青黄一号短 6~7d，茧解舒优、丝长。辽宁
黄安东	二化，早熟。蛾黄褐、幼黄色。春蚕 46~50d，秋蚕 38~42d；单粒茧重 7.69g、茧层 0.84g、茧层率 11.05%。山东
胶蓝	二化，晚熟。蛾黑色、幼蓝色。春蚕 47~52d，茧重 7.66g、茧层率 11.08%。山东
鲁青	二化。幼青黄色。春蚕 45~47d，秋蚕 39~42d，产茧比黄安东和胶蓝高 9%~12%。山东
山东一号	一化。幼黄色。全龄 50d，茧重 5.10g、茧层 0.40g、茧层率 7.84%。山东
杏黄	二化，中熟。幼杏黄色。虫体强健。山东
三三	一化。蛾淡黄、老幼虫深黄色。全龄 45d，易饲养，产量高。河南
三九	一化。蛾黄褐、幼黄色。全龄 45d，发育齐，茧质中等。河南
遵义一号	一化。蛾、幼黄褐色。全龄 45d，单茧重 5.5g、茧层率 10% 以上。贵州
小黄皮	二化，早熟。蛾、幼黄褐色。茧小，抗病力强。吉林

* 蛹均黑褐、黄褐色（据胡萃　1996）。

(2) 放养管理与放养技术

用来放养柞蚕的栎林称柞蚕场，可通过根刈或中刈及合理轮伐培养而成。中刈即在栎树的休眠期从距地面 50~70cm 处砍去顶枝，来年即自树桩萌生新枝。在温暖背风、低坡、土壤和水分条件好的地方新建栎林时，可采取株行距合理的密植方式培育高产柞场或专用的小蚕场。

①采卵　放养前一化性产区 1 个劳动力需准备种茧约 3 000 粒，二化性产区则需约 2 000 粒。种茧越冬时要平摊在室内蚕箔中，在温度 -3~3℃、湿度 50%~70% 条件下保护越冬。2 月中旬至 3 月上旬升温至 20℃、干湿球差至 3℃ 左右暖茧约 1 月，在羽化 3~4d 前用细线从茧的无蒂端将其穿缀成串，悬挂于制种架上以便发蛾；蛾多在午后羽化、傍晚盛发，将羽出后雌、雄蛾分筐保管。春季羽化期约 12d，秋季约 7d。雌雄蛾可于羽化当日午夜、次日中午合筐交配，交配室内温度 18~20℃，待其配对后将成对蛾分别从筐中提出置于芦席或塑料纱上交配 10~20h 即可拆对。拆对后选体液清亮、无病变的健康雌蛾并剪去 2/3 翅，在黑暗、温度 20℃、湿度 75%~80% 下产卵 2 夜。春季产卵约 2d 后将卵移入 7~8℃ 的保卵室保卵，待确定收蚁日期后即可开始暖卵；秋季可在自然温

湿度下保卵、暖卵直至孵化。

②**暖卵、发种** 使柞蚕卵在最适宜的温湿度下适时孵出称暖卵、催青或孵卵。自然状态下柞蚕卵期约12d，有效积温约120日度。暖卵开始期要根据当年、当地的气候，栎树发芽时间及胚子的发育情况推算，如以麻栎作饲料时待栎芽膨大、尖端绽口吐绿时为宜，以辽东栎或蒙古栎作饲料时以栎芽似雀口时为适期，即河南、安徽约在3月下旬，山东的胶东与辽东约在4月下旬。暖卵时将每500g或250g卵装入塑料纱与木料制作的孵卵盒（25cm×18cm×2cm）内，再平置于暖卵室中央搭好的暖卵架上。蚕卵进入暖卵室后（即耽籽期）应分段升温，1d升温2~3℃，3~4d升至并保持在18~20℃，湿度维持75%~85%，10~12d即出蚕。

暖卵期间，暖卵室空气要新鲜，光线均匀。炸籽（蚕卵转黑）后第3d对暖卵室或暖卵器具遮光，直至孵化引蚁时的5:00~6:00再使其感光，这样8:00~9:00整齐出蚕，且孵化率高，孵出的蚁蚕不能爬逸。引蚁时将引棵（栎树小枝）置卵盒内，引齐后转至引蚁盆发种、放养。发种前2~3h应将暖卵室温度逐渐降至与外界温度相同，中午前后当室外温度与室内温度接近时再分发。

③**放养技术** 传统的放养是用引蚁枝将孵化的蚁蚕引起，再放于向阳面已用绳索等将栎树枝结成束的枝把上，蚁蚕自行爬上树梢食叶，但蚁蚕损失较大。已改进的方法是室内饲养小蚕，即将1~3龄小蚕放入纸袋或塑料袋中，日给鲜嫩栎叶2次、温度保持在20~24℃饲养，大蚕再移进野外蚕场放养；但秋季均在野外放养，1~2龄用1、2年生幼栎放养，3~4龄用3~4年生栎林放养，5龄用3~6年生栎林放养。野外放养均要剪移多次，放养柞蚕时要根据当地的气候确定放养时间，选择适宜的放养方法，放养后适时实施管理措施，才能获得高产。

放养时期 柞蚕最适宜的发育温度为18~28℃，蚕期（幼虫期）的积温约1 245日度，蛹期320日度，卵期120日度。因而一化性生产区，早期要注意霜冻、晚期要预防高温，故尽量在"谷雨断霜"前收蚁、放养，小满（5月21日）与芒种节（6月6日）、气温为10~16℃的期间完成幼虫发育期，才能保证蛹体滞育，蚕座安全。

放养场地 蚁蚕上山时气温尚低，尤以东北、山东、河南纬度偏高地区的小蚕期最怕寒冷的北风，择地应以躲避北风为主，放养场地应选择向阳温暖背北风的南坡为主；或先利用低坡（不是涝洼地）、其次为坡度较高的林地，或由南坡逐渐向北坡放养，由矮树向高树转移放养。东南方的干热风对壮蚕期不利，择地要地势高爽、日照时间短的东面、东北坡、或气温偏低的山顶或山脊。放养前如将放养蚁蚕的栎树树冠的枝条捆绑成交叉把或躺把束即称"把场"，把场要选择当地的优势栎树2年生以上枝条所发的芽、叶，如麻栎、栓皮栎、蒙古栎。

放养方法 1~3龄的小蚕，抓附力、爬行力及抗强风力差，极易遗失，并易被害虫和害鸟所食，应绑把放养。4龄后放养时应由低坡向高坡、由南面向北面逐渐剪移，使放养面积较小蚕期扩大2~3倍。5龄期即"壮膘期"，约14~15d，如见5d内蚕体不能显著增大，应移入叶质柔软的柞场，使蚕饱食。

辽宁以北地区春秋蚕沿用老柞放养法。①二移法，又称大破稀法，全龄期只剪移2次；第1次在蚁蚕眠起后剪移至小蚕场（也称蚁场），当蚕发育至第4眠、在眠起后的4~8d，剪移、浸药杀蛆，移入窝茧场，但蚁场1m³的树冠只撒蚕10头以内，这种方法撒蚕密度小、面积大，不便照管和保护，蚕吃完顶梢嫩叶、眠起后无叶可吃，易跑坡遗失及感病。②三移法，即引蚁后撒蚕较密，头眠起齐后第1次剪移，3眠起齐后再剪移1次，至5龄眠起后第4~8d，浸药灭蛆、剪移入窝茧场。③四移法，即引蚁后，将一柞墩分绑成两把，仅其中一把撒蚕，1龄眠起后松把并墩，3、4眠前后各剪移1次，5龄浸药后剪移入结茧场。

山东春季放养柞蚕易受干旱风影响，应适时早放养、多剪勤移，使蚕能吃到嫩叶，1龄不剪移，或在眠前并把1次，2~3眠前、起后各剪移1次，4眠前、起后及盛食期再各剪移1次；5龄即剪移入茧场，如遇干旱风，蚕最易跑坡。为保障柞树有充足的嫩叶供蚕取食，可在4龄期轻疏枝、5龄期重疏枝以刺激柞树抽枝生叶。河南也受干旱风制约，采用1眠1剪的办法放养，即1~3眠用老柞，4龄用剪枝柞（冬季剪去大枝上的部分小枝后所萌生的枝），5龄入茧场后用芽棵（夏季的自然抽生枝，或剪老枝后抽生的新枝）放养。

剪移 俗称搬蚕、移蚕、翻剪子、捅蚕等，是将攀附在已吃光柞叶的柞枝上的蚕剪移至有柞叶的柞场。①剪移应在一天当中气温偏低，蚕的求食欲和活动力弱时进行；眠中蚕其附着力弱，难以抵抗外来侵袭，故不应剪移。②当每株（墩）柞树上平均有2~3头眠蚕出现时为眠前剪移适期，如因顶梢被食尽而其下部的老硬叶蚕有不愿取食时进行的剪移即中移；眠前剪移可催眠、促齐、防止晒眠蚕及跑蚕，但撒蚕时应比眠中剪移稍稀，眠起后剪移（起移）则可防止跑蚕。③不论何时剪移，难免有蚕遗漏于柞树的下部，可在剪移的翌日晨当遗落蚕转至树顶时再剪移、合并或单独催肥放养。④剪移时动作要轻、严禁抓光蚕，剪枝尽量要小，不带分枝，便于装筐和搁蚕；剪够一把后即装筐，剪把要整齐、松紧适度，避免挤损蚕体；筐中的剪枝要直立、松紧也要适度，筐中剪枝应中央高四周低以利于蚕爬向中央；筐装满后即运走，运送时要避免振动、防止日晒。⑤1筐约装2~3龄蚕2 500头，1龄1 500头，5龄800~1 000头。如以5龄期计算，1筐装蚕1 000头、8g/头，剪枝约10g/头，装蚕的荆筐4~5kg，整个蚕筐约25kg。1个劳动力所剪移的蚕按茧种计算约3 000粒、雌蛾1 200余只、卵1.5~2kg，剪移的大蚕当在200筐以上。

撒蚕 将携带蚕的剪枝置于新柞场的柞树上即撒蚕或搁蚕，撒蚕前可将柞树冠用藤、葛或草绳稍加捆绑、收拢；蚕筐运到新柞场后应置于阴凉处，再小心抽出柞把，分别稳插于柞树上或捆绳上，插把位置应偏下以便于柞蚕上爬、均匀散布。每棵柞树插把多少应根据其鲜嫩树叶的多少确定，每棵树的蚕、叶要平衡。搁蚕1~2h，当蚕上树后，应将剪枝如数抽出，并将其集中、竖立、散围于另一柞墩周围，使剪枝中的眠蚕、小蚕集于该树上，再收集合并。

匀蚕　每次剪移结束后，为防止因蚕密而欠食跑坡或因蚕稀而造成饲料浪费现象，凡虫害严重、柞叶残缺、柞树发育不良及近地面泥土处柞叶上的蚕都宜匀出。不分时间、不管气温高低、不管蚕体大小随时可匀，惟眠蚕不能匀。匀蚕时手持小筐箩等将带蚕的叶或小枝折下集中，再撒蚕使其饱食。

促使蚕齐　蚕发育不齐，就眠有早晚、眠起有先后，应剪移促齐。在大批蚕就眠前将其剪移至新树，再将迟蚕匀出、另柞放养，促食、催眠促齐即"提青"。若在眠前剪移时将少数早眠蚕、未眠起的迟蚕从剪枝上撤出，集中另柞放养即"撤眠蚕"。如在每次移蚕时先将剪枝集中地搁在柞树上，待行动快的大蚕上树后，再将剪枝撤出搁于另一柞树，又使较大的蚕上树，然后再将剪枝撤出搁在第三棵柞树上，即可将一批发育不齐的蚕分为早、中、晚三批。在大批剪移 4～5 龄蚕的前 2～3d，将迟蚕撒上芽柞催肥促齐，即"倒撒芽棵"；当大批蚕已进入窝茧场结茧后，对少数活动求食的蚕集中另柞放养催熟，即"剔迟熟"。对移至茧场在 2 昼夜后也不拉瓮结茧的蚕，要剪移、催熟，待见其结茧时再移至茧场，其中二化性种则需另起一树结茧，一化性种可与前批合并同树结茧。

④大蚕不剪移放养法　只有具备省力化放养的柞林才能实施本法。该林地为宽、窄行等高密植林带，这类柞林中枝条相互穿插交错，林带的两端及林中每隔一定距离还有由供蚕过行的柞树"桥"相连。

1～2 龄蚕室内养，3 眠前后即可在该柞林的向阳温暖处密撒放养，放养后蚕可自上而下取食，逐渐向地势渐高处、两侧转进蔓延，吃完一行自行过桥；如蚕赶食嫩叶、过树太快，可用绳索将林带交叉枝及桥树的枝互相攀离，待蚕食叶适宜时解绳使蚕过树。只要食料充足、可口，无高温和敌害干扰，蚕可基本稳定在嫩叶丰富处吃食，当吃去树冠 70% 的叶后才爬行寻食，整个树冠下部的残留叶约为其总叶量的 30%，且中、上部被吃尽叶片的枝条在 5d 内即可萌芽生叶。

该林地应每年疏枝一次，3～5 年轮伐更新一次。疏枝和轮伐要统筹规划，以利养蚕。该法的优点是密植柞林载蚕量大，不用剪移，病弱劣蚕难以过树寻食、留在原地自行淘汰。如对柞林管理得当，1 年可连放养春、秋两季蚕，或 2 年放养 3 次，同时也可实现机械化防病与消毒。

(3) 窝茧与采茧

窝茧（结茧）　春蚕结茧时正直夏季，应选择高燥、通风、凉爽的北坡或东北坡树势较高、发育茂盛的老柞林做茧场，茧场选定后应及时撒一次毒饵药杀害虫。老蚕剪移入茧场早，蚕食叶不足，易结薄皮茧，偏晚则蚕在二把场结茧过多而分散，损失亦多。熟蚕附着力较小，多在较大枝条上攀附摄食，因此应尽量抓光蚕入茧场，如采用剪移法则对柞树的损伤不次于夏伐。

窝茧适期熟蚕的特征为体驱缩短、色鲜光亮、油润光滑、行动缓慢、不食叶；手捏蚕体时弹力大，轻捏尾部时肛门内已无坚硬粪粒，或仅排出 1 粒软粪、液体、胶状体（俗称"控沙"），随后可见吐丝拉瓮。在茧场撒光蚕时一定要在柞树上搭铺垫物后再撒蚕，以免蚕从树上坠落受伤。撒蚕密度以蚕能吃去枝条上 2/5 叶片时为宜，即每出薪柴 2kg 的柞树约撒蚕 30 头。

茧场管理 在茧场不结茧蚕或可疑蚕应及时抓下另加处理，对病蚕应将其深埋入土，对敌害则必须及时清除。当蚕结茧量约达80%时，应将仍吃叶不结茧的蚕移至芽棵上催熟。

采茧 采茧是放蚕的收获工序，在二化区还意味着放养秋蚕的开始。当85%的蚕结茧第7d后，可备好采茧用具贮茧室采茧。采茧时按结茧顺序，于每天晨露干燥、茧层硬实后先采摘早结茧者，若茧层潮湿采时容易捏瘪而造成蛹体受伤。

茧筐内采装有1/3时倒于树荫下摊凉，待摘够运输量时再装筐运输，以免其在筐内生热。要边摘边运，以傍晚凉爽时运输为宜。油烂茧、薄皮茧、蛆茧不可与好茧同筐装运，以免污染。茧运至茧室后应马上倒出摊于室内通风处，不能堆积，并尽快剥去茧外包叶。种茧应在摘下的当日剥包叶，当日运输，当日穿挂，晾茧时要避免太阳直射以免高温伤热。

（4）柞蚕病虫害防治

柞蚕病害的防治 柞蚕脓病主要是由于卵面或1~2龄蚕感染病毒所致；柞蚕细菌病（空胴病）是母蛾体内的病原菌感染卵面而使子代感病；柞蚕微粒子病是由患微粒子的病雌蛾通过胚种传染而使子代感病；柞蚕败血病则是蚕室蚕具及伤口传染和感染所致。①卵面消毒是防治柞蚕脓病、柞蚕空胴病的重要方法，同时也可防止病害在放养期扩大传染。在卵产出3~5d后或在孵化前1~2d，先用1%NaOH溶液洗卵1min，洗掉卵表面的黏液，再用清水冲净卵面上的碱液，然后用5%硫酸溶液（或10%盐酸溶液）消毒10min，最后以清水冲洗卵面；秋蚕纸上产卵，可采用3%福尔马林浴卵、后用福尔马林气体或烟剂进行卵面消毒。②蚕室、蚕具严格消毒以消灭柞蚕败血病等病原，可用3%福尔马林喷雾，或用毒消散或福尔马林气体消毒1h，或用沸水煮蚕具5min。③采用单蛾制种，严格镜检，淘汰病蛾卵，选留健康蛾卵饲养是防治微粒子病的有效措施。④建立原种无毒区，选用前代放养中管理精细、蚕儿发育健壮的蚕做种茧，使用抗病强的良种及杂交种，不能随意乱购种茧；制种要严格，及时淘汰和处理病蚕、病弱蛾和不育蛾，尤其要注意淘汰排泄灰色蛾尿和背血管两侧有双线的感病蛾，蚕蛾随出随抓；原种或普通种采用混育时，在3龄后要及时剔出弱小蚕，对病蚕则要连同该树的健康蚕一起移出做丝茧育，不得用其制种；种蚕进窝茧场后更要及时剔出弱小蚕，在结茧80%~90%时剔出未做茧蚕。⑤潮湿是诱发微粒子病的一个因素，要选择干燥的房屋保种，暖茧时相对湿度在60%~70%即可；春蚕制种后在孵卵过程中低温处理时间（耽籽）不超过30d，并严防过于干燥。⑥春蚕散卵收蚁时卵盒装卵不宜过多，蚁蚕随出随收；加强放养管理，使蚕良叶饱食，增进蚕体抗病力；春稚蚕期选择背风向阳蚕场放养，并应选用1~2年生嫩叶饲养，放养密度要适当，秋期撒蚕不得过密；雨天、露天、高温时及眠中不移蚕；移蚕时装筐要松，防止伤蚕导致伤口传染；天气干旱时要及时剪移换树，严防蚕串枝、滑树、跑坡、饥饿；及时淘汰病蚕，并予以深埋或火烧处理，防止扩大传染。⑦栎林的下层栎叶特别是根刈芽棵栎树极易被地面泥土污染而增加蚕感病机会，同时也不易发挥阳光的消毒作用，所以宜用中刈方法将其砍除；放养要稀放勤匀，防止蚕食底层柞叶而感病。⑧彻底消灭蚕场中的柞树害虫，防止野外携带微粒子病的昆虫与柞蚕的交叉感染。

柞蚕饰腹寄蝇病防治方法 ①将一份20%的"灭蚕蝇三号"乳油兑水800倍，配置成有效成分为0.025%的药液浸蚕灭蛆；如浸蚕遇高温干旱天气时，为避免蚕中毒可兑水1 000倍，即有效成分为0.02%。②用25%的"灭蚕蝇"乳油1份，兑300~400倍水喷叶喷蚕灭蛆。

柞蚕寄生蜂（窝额腿蜂、金小蜂）等防治方法 ①在柞蚕结茧后3~5d即尚未化蛹前采茧，可避免寄生蜂寄生。②在寄生蜂羽化前用手摇茧，凡沉闷、无响亮清脆声音者即为被寄生死亡的蛹茧，可剔除之。③采用暗室保护种茧，窗上只留1~2个外罩纱网的小透光口，羽化的寄生蜂因趋光而集于纱网上，捕杀之。④50%敌敌畏乳油0.3~0.5mL或80%乳油0.2~0.3mL加水10~20倍，用多个棉球等吸附后分挂于保种室内，可熏杀陆续羽化的成蜂，其中窝额腿蜂经32~37min、金小蜂经22~45min即被熏死；该药效可维持7~10d，一般施药1次即可，必要时可再施药1次。另外在放养时要注意防除虫、鸟害，对马蜂等应捕捉或用药杀除。

(5) 缫丝

柞蚕丝为淡黄色，光泽柔和，具有耐酸、耐碱、耐热、绝缘等特性，织造出的中厚丝织品坚韧、轻软。但柞蚕茧的缫丝不如蚕茧那样容易，加工工艺比较落后。缫丝工序为选茧—煮茧—漂茧—缫丝—检验—整理包装。

选茧 目的使同批原料的工艺性能保持一致。根据茧大小、茧层厚度及茧色选择。

煮茧 用热水及药剂的混合液在煮茧机中溶去茧层的杂质、胶和污染物，使茧膨润以便于漂洗和解舒。

漂茧 在一定的温度和时间内用一定浓度的解舒剂，用人工或机器除去煮茧时未除掉的茧层中的杂质、色素、软化及溶解丝胶，便于缫丝。

缫丝 用18绪水缫机将茧缫成柞蚕丝，再经复摇制成一定规格的丝绞。

检验 经重量检验，和眼、机器等品质检验，核定柞蚕丝的等级。

整理 即按等级将柞蚕丝绞扎捆、入箱。

1.2.2.2 蓖麻蚕 *Samia cynthia ricina*（Donovan）

由国外引进的种类，全国各地都曾饲养。在国外分布印度、意大利、菲律宾、埃及、英国、日本及朝鲜。重要饲料植物为蓖麻，木薯叶、马桑叶也可饲养，亦食乌桕、臭椿等叶。因蓖麻的种植面积急剧减少，该蚕丝质量较差，养殖量也锐减。

(1) 形态特征与生物学习性

形态特征（图1-2）

成虫 翅展95~110mm，棕褐色，肩板四周白色，胸部末端淡黄色，腹部黄褐色、节间灰白色。前翅内横线自中室处折向翅基后缘，外横线白色、其外侧灰黄色，缘线灰黑色，外横线和缘线间的横带褐色；中室端1半透明条纹、其外下侧黄色，四周轮廓深褐色；顶角红褐色、具白色闪电细纹，顶角下方1向内弯的大弧纹，弧纹内侧1黑斑、斑上方1白色月牙横纹。后翅色与前翅相同，内线及外线在前缘处接近，端线双行波纹状，中室端透明斑弯曲。

卵　椭圆形，2.5mm×1.9mm，500~600粒/g，白色血系的卵淡绿色，黄血系的卵淡黄色。

图1-2　蓖麻蚕成虫

幼虫　蚁蚕黑褐色转黄色，2龄期青白色、出现白色粉末，4龄后表现出品种固有的体色，如黄白、纯黄、纯蓝、纯绿、纯白、花黄、花蓝、花绿等；体液白或黄色，分有斑纹和无斑纹两型，有斑蚕又有大花斑和小花斑之分；斑点黑褐色至黑色，其位置、形状、数目等因个体和龄期不同而有变化。胸腹部背侧具疣突，其顶端及附近生刚毛。5龄体重9~11g。

蛹　与柞蚕蛹相似，深褐色。茧纺锤形，头端有一羽化孔，但无茧柄；茧色多纯白色，部分灰黄色、米黄色，有樗蚕血统时粉红色。茧丝纤度细，约1.7D，其丝的强度和摩擦系数较差，织物的光泽也较差。

生物学习性

无滞育、多化性，幼虫4眠5龄，1年可完成4~7代。在广东、广西1年6~7代，夏秋季世代历期45~50d，冬季55~60d，蛹期需人工保种越冬。生长发育快慢受外界环境温度的影响很大，在22℃完成一个世代需62~66d，26℃需40~50d。在23~28℃范围内，卵8~10d孵化，蚕期16~18d；5龄食叶5~6d后食欲渐减乃至停止，随即排出大量软粪和污液，蚕体缩小、透明发育成熟，随后即经2~3d完成吐丝结茧，约在第4~5d开始化蛹，17~18d蛹羽化。蚕蛾善飞，白天静伏不动，傍晚后开始飞翔求偶，寿命7~10d，每雌蛾产卵400~500粒。生长发育的快慢因饲料的种类不同而异，在其他条件相同时食蓖麻叶的幼虫要比食其他饲料的快1~2d。

无论卵、幼虫、成虫均喜高湿环境，以80%~90%为宜，气候干燥时喜食带水叶片。1~2龄小蚕喜在光线不强的叶背成群排列取食，收蚁时需用叶片引去；3龄以后才稍为分散；熟蚕则喜在偏暗地方吐丝结茧。蓖麻蚕足的附着力较家蚕强。

(2) 饲养技术

卵期及收蚁　制种技术见柞蚕。该蚕产卵后胚胎就开始发育，因此以保护在温度约25℃、相对湿度90%、自然阴暗条件为宜。在保护催青期间每天摇卵1~2次以其使感温均匀，卵的运送应根据用种单位距离的远近和胚胎发育情况确定最适运输时间。

卵的孵化多在5:00~8:00，9:00左右就可以收蚁，收蚁有叶引法和纸收法两种。叶引法即将附有蚁蚕的卵袋或包卵纸撕开，用羽毛轻轻扫下卵壳，然后将附着有蚁蚕的卵袋或包卵纸平铺在蚕匾内，再将切成小片的叶撒于蚕体上。纸收法即在蚕卵转青后，将蚕卵倒在铺有纸的蚕匾内的小绳圈中，卵面上覆盖1张棉纸，再在棉纸上放几片嫩叶保湿，待蚁蚕爬至棉纸底面时去叶、将棉纸上翻，移入蚕箔内给叶。

饲料叶的采贮　应根据饲料的来源、种类、季节以及用量，安排采叶量。大量用叶时上午、下午都需采叶，上午采叶应在10：00以前，下午以16：00以后为好，原则上小蚕采用嫩叶，眠起蚕用适熟偏嫩叶，大蚕用成熟叶。采叶时最好用通气性良好的箩筐，随采随松装，快运不积压，以免发热及降低水分含量。在室内贮叶时必须保持其新鲜、不变质。

小蚕饲养　小蚕喜高温多湿，温度以25~28℃、湿度85%~90%为宜，因此多采用薄塑料膜覆盖育或塑料帐育，易保温保湿。每天给叶3次。但因蚕体小、食叶量少，要选择适熟偏嫩叶饲养，如用蓖麻叶则以顶穗下第3~4片叶为好，应供给切碎至蚕体长2~3倍的碎叶以方便其取食，以不给湿叶或少给湿叶为好。当大部分眠蚕已蜕皮、开始爬动觅寻食时即为起眠给叶（饷食）适期，收蚁叶和眠起叶以撒一薄层为度，饷食期过后可适当增加给叶量，在给叶间隙要经常注意翻叶和补叶。

采用薄膜覆盖育每次给叶前0.5h应掀起薄膜换气，眠蚕或雨天多湿时不覆盖以保持蚕座干燥。在春末和秋季如遇气温较低时，蚕室应烧炭升温、加水补湿，以保证蚕室温、湿度利于其生长发育。若蚕室温度在20℃以下时，蚕发育缓慢、不齐、易减产；遇高温、多湿时则要通风排湿降温。

大蚕饲养　大蚕期要选择成熟的新鲜叶，每天给叶3~4次。大蚕期食量大、排泄量也大，温度23~25℃、湿度80%~85%为适宜。为保持蚕室空气新鲜，尤其在夏、秋季节，应设法换气、降温、补湿，及时除沙。如可在地面洒水，或在蚕架上挂湿布，降低饲养密度，给湿叶，或地面育，以减轻高温对蚕的影响。

地面育时先将室内地面清理，消毒，撒上一层石灰粉，用树枝、麦秆平铺成宽1.3~1.5m的畦状蚕座（蚕取食和活动的场所）后放蚕，也可直接将蚕放于地面。5龄眠起给叶2~3次或4龄眠起后第2天即可移蚕落地，4龄下地后应在5龄眠起时除沙一次，5龄下地育则可不除沙。此外，5龄蚕在熟前因排出大量的软粪和污液，蚕座很湿，因此熟前应给带柄叶或带枝叶，在70%~80%见熟时应在蚕座上撒一层干燥的短稻草或木屑等材料吸湿，若发现个别熟蚕因气门污染被堵而闷晕时，应及时拾出用清水冲洗干净，待恢复正常后再上蔟。

扩座除沙　蓖麻蚕生长发育迅速，到5龄盛食期时蚕体体重与蚁蚕比较已增长了6 000~7 000倍，蚕座面积一般要比蚕体所占的面积大2~3倍。因此应随着蚕龄的增长及时扩座匀座、勤除沙，以满足其生长发育所需要的生活空间。如果扩座匀座不及时，蚕与蚕之间相互挤压，取食和活动艰难，进食不均，发育不齐，严重时会降低产量，甚至导致发病。

眠起处理　各龄蚕（除5龄外），盛食期过后食欲渐减、活动缓慢、体躯缩短、皮肤紧张，开始进入就眠蜕皮阶段。蓖麻蚕就眠迅速、减食期很短，如果就眠、停食后蚕座上还有少数未眠蚕爬动取食，应及时提青分批。

眠中相对湿度80%~85%为宜，眠中后期湿度为85%~90%有利于蜕皮。同时眠中应避免阳光直射、强风吹袭，防止高温闷热，否则易暴发蚕病，产生起缩蚕、半蜕皮或不蜕皮蚕，造成大量死亡。眠期中移动蚕体、调换蚕室、改变环境、湿度过低等，都会影响蜕皮和易感染病菌发病。为防止起蚕爬散，可在蚕座四周撒些焦糠。蚕就眠后经过10h以上即开始蜕皮，一般同时蜕皮的蚕可达90%以上。蜕皮后5~6h即可给叶、进食；如发育不齐，应分批饲食。

采茧 熟蚕上蔟（上蔟材料见第10章）后约经4~5d完成结茧并化蛹，待蛹体变棕黄色较硬时便可采茧。采茧时要轻采、轻放，取掉茧壳外的杂物，区别等级，分开放置。采茧完毕后用细尖剪刀，从茧的小孔处剪破（剪口不超过茧的一半）茧取出蛹出售茧皮，或出售鲜茧。若以制种为目的，最好早采茧。采茧时应按上蔟批次、区号、品种、日期、上茧、下茧，分采放置，上茧平铺在原来编号的匾内以备选茧蛹及制种，下茧可作丝茧出售。种茧要及时摊开、不能堆积，以免影响蛹体正常发育或造成蛹体死亡。

(3) 蓖麻蚕病害防治

除养蚕前对蚕室、蚕具彻底消毒外，采叶、切叶、给叶前要洗手，入室换鞋，适时对蚕体蚕座消毒。各龄换出蚕箔（匾）、蚕网、薄膜等都应用漂白粉液浸漂半小时，清洗、消毒、晒干后才能再用。给叶时应及时整座、匀座，防止蚕座过密，对病弱小蚕要坚决捡出放于石灰缸内，不能随处乱丢以防病原扩散。在蚕发育不齐时要严格提青分批，以防大小蚕混养、发生病害。还应及时除沙，保持蚕座干燥清洁。

蓖麻蚕微粒子病、血液型脓病的防治见柞蚕及家蚕病害的防治。蓖麻蚕软化（细菌）病的防治除添食氯霉素或大蒜汁以增强蚕体抗性外，其余方法见柞蚕及家蚕病害的防治。

1.2.2.3 天蚕 *Antheraea yamamai* Guèrin-Méneville

又名半目大蚕蛾、日本柞蚕。分布于我国黑龙江、吉林、辽宁、河南、安徽、广西、云南、四川等地以及日本、朝鲜。幼虫食栎、忍冬等叶。该虫为近年来正在被开发利用的大型绢丝昆虫，日本长野县生产技术较先进，我国东北曾进行驯化饲养，原浙江农业大学进行过全面研究。其丝为天然宝石绿色，无皱纹，强度优于家蚕，较名贵。

(1) 形态特征与生物学习性

形态特征（图1-3）

成虫 翅展130~140mm，橙黄色，颈板白色。前翅前缘粉黄色，内线白色，中、外线不显，亚缘线3线（自顶角内侧斜达后缘中部）、中线紫红色、两侧线白色，顶角处三角斑粉紫色；中室基部1白色月牙斑，中室端部圆斑外镶细黑线、圆斑基部具蝌蚪形黑斑。后翅与前翅相同，但中室端圆斑内的黑斑为月牙形，月牙斑外具透明缝。

卵 短椭圆形，褐或黑色，卵面有黑或灰黑色斑点，2.88mm×2.50mm×

图 1-3 天蚕成虫

1.88mm，卵重 6.8~8.7mg/粒。

幼虫 蚁蚕头部红褐色、后暗红绿色，4 龄草绿色，5 龄绿色；蚁蚕胸腹部花斑 5 条，2 龄起花斑消失、体水绿色，5 龄体深绿色；亚背线疣突外侧多有银色辉点。

蛹 黑褐色，3.4~4.0cm×1.7~2.0cm，重 4.0~5.5g/头。茧长椭圆形，具草酸钙粉末，有蒂，绿色或黄绿色，3.8~4.60cm×1.9~2.3cm。

生物学习性

一化或二化性，以卵越冬。在我国南方 1 年 2 代，成虫 4、5 月及 7、8 月发生。在东北越冬卵于 4 月下旬至 5 月上旬孵化，幼虫 7 月上、中旬结茧化蛹，幼虫食叶期 50~60d，蛹期约 20~30d，成蛾 7 月下旬至 8 月上旬羽化、产卵，寿命 3~8d。卵经 10~14d 完成胚胎发育，以蚁蚕隐蔽于卵壳中滞育、越冬、越夏，卵期约 270d。

该蚕卵孵化高峰多在 6：00~8：00，初孵幼虫不立即取食或 1 天后才取食；多 4 眠 5 龄，部分 3 眠或 5 眠。在 20℃下各龄历期分别为 7d、7d、11d、12d、17d。小蚕趋光，但不喜阳光直射，此后趋光性渐减，至 5 龄变为负趋性；喜分散，具饮水习性，4、5 龄盛食期该习性更明显。幼虫较耐低温，但耐热性弱，1~2 龄适宜温度为 29℃、3 龄 27℃、4~5 龄 25℃；适宜湿度，1~2 龄为 80%、3~4 龄 70%、5 龄 60%。小蚕喜食嫩叶，大蚕喜食成叶，5 龄期食量占幼期总量的 70% 以上，老熟结茧前排湿粪，约 1d 即完成结茧。5 龄感受光强为 4 000lx 时茧呈绿色，400lx 时黄绿色，40lx 时为黄色。成虫多在 19：00~21：00、5：00~6：00 时羽化，羽化当天 19：00 至次日 3：00 交配，持续约 1~4h。每雌产卵约 170 粒。

(2) 天蚕饲养

天蚕饲育分为室外栎林饲养，1~3 龄室内育和 4~5 龄在室外育（参见柞蚕部分）。蚕室、蚕具的准备参见柞蚕部分。

制种 结茧后 10d 将收获的种茧穿成串挂于室内通风处，羽化后雌雄按 1.1：2 置于笼内，或剪去翅的 2/3 进行交配、产卵，或用细线拴雌蛾于栎树距地面 1.5~2.0m 处，释放雄蛾，黎明前收回雌蛾产卵。天蚕卵应保持在 0~5℃下，待栎叶生长至 3cm×2cm 时再取出暖卵。

栎林（饲料）准备 一般 1 万粒天蚕卵约需栎林 0.2hm^2，天蚕喜食偏嫩的栎叶，宜用适熟偏嫩的栎树放蚕或采叶饲养。

收蚁 暖卵宜在 20~25℃、70%~75% 湿度下进行，4~5d 卵孵化后即可收蚁。天蚕蚁蚕善爬动，孵化后应及时收蚁。可用栎叶引蚁蚕送到栎林放养，或用毛笔移入容器中饲养。也可把产卵纸或卵袋挂在适龄的枝叶间，蚁蚕孵出即自行上树。挂卵时可全墩挂卵，如局部挂卵则1树挂1~2处卵纸为适。

室内饲育　可单头育、插枝育、箱育和人工饲料育。小蚕室内育利于提高其成活率，使其健康发育，当养至3龄时再移至栎林放养。

放养　将1~3龄蚕放养于栎林时，应选避风向阳栎林的避日晒、背阴、新鲜偏嫩的小枝叶等处放蚕。目前天蚕的放养量少，常不剪移，匀蚕移蚕多采用拉枝使新枝靠近旧枝，蚕即自行爬至叶质鲜嫩的枝叶上就食。小蚕放养中极易受风害或遭受蚂蚁、蜘蛛、蜂类、瓢虫、蝽象和鸟、鼠等食害，遗失多而结茧率低。为防止敌害和自然灾害，可采用塑料膜、塑料纱或网罩覆盖保护育。随蚕龄增进、食叶量的增多，单靠拉枝（靠枝）过蚕较费工，可应用柞蚕的剪移技术将其移到新栎树上取食适熟叶。其他匀蚕、移蚕等处理与管理技术可参照柞蚕放养技术。

窝茧和采茧　5龄末期，蚕体收缩排粪然后吐丝将2~3片叶缀合在一起，开始营茧。营茧中应防鼠等食害蚕蛹，营茧后约10d便可开始采茧，先结的茧先摘。为保持茧柄完整应带叶采下。茧宜放在阴凉处摊晾，并拣出油烂薄皮等不良茧，以免污染优质茧。

(3) 天蚕病敌害及其防治

蚕室、蚕具消毒参见柞蚕部分。暖卵前用3%甲醛溶液消毒30~60min，然后用清水漂净、晾干。室内饲养中注意填食氯霉素液，适时进行体表消毒。微粒子病的防治可参考柞蚕的防治方法。饲料树消毒，防除栎刺蚜和蚂蚁，或3龄后再放养，对防治核型多角体病毒病害有一定作用，也可培养对核多角体病毒有抗性的抗病品种。

(4) 缫丝

用热风干燥机烘茧杀蛹7~8h（初期115℃、末期60℃），剔除污染茧、死笼茧、薄皮茧、畸形茧等。在110℃下先用0.05%~0.1% NaH_2SO_2 的煮茧汤预煮1~2min以处理茧层中的丝胶，再用0.02%的马赛尔皂液煮茧以提高解舒率。采用座缫机缫丝时温度控制在90℃、卷丝速度30~50m/min，立缫机缫丝时汤温则控制于50℃±2℃。

1.2.3　其他产丝昆虫

1.2.3.1　种类及利用

(1) 樗蚕 Samia cynthia cynthia（Drurvy）（图1-4）

又名小柏天蚕、臭椿蚕。分布于山东、江苏、浙江、安徽、福建、江西、四川、广西、台湾、辽宁、吉林、黑龙江、河北等地，国外分布于日本、朝鲜半岛、印度、印度尼西亚、柬埔寨、意大利、美国和法国等。山东一带曾有历史悠久的人工饲养史，后被意大利、美国和法国引种。取食臭椿（樗）、乌桕、女贞、含笑、泡桐、枫杨、樟、重阳木、枣、芸香、花椒、三黄、黄檗、蓖麻等植物的叶。该蚕现未见人工饲养。

该茧丝质量较差，不能缫丝，只能纺丝。农民采用土法煮茧取丝，即将去蛹后的茧壳先用清水浸透，晾至半干时，移入温热的碱液中使茧壳变软，随即放入锅中加水煮沸，每隔约 1h 翻茧一次，约经 4h 煮到用手易把丝拉出时为止；然后用清水漂洗脱碱，晾干贮藏，待农闲时纺丝织绸，织物称椿绸，坚牢耐用。

(2) 樟蚕 Eriogyna pyretorum (Westwood)（图 1-4）

又名枫蚕、天蚕、渔丝蚕。国外分布越南、缅甸、印度、马来西亚和俄罗斯等国。我国主要樟蚕丝产地是海南，分布于东北、华北一带以蛹越冬的亚种为 E. pyretorum pyretorum Westwood，分布于华东、江西一带以蛹或卵越冬的亚种为 E. pyretorum cognate Jordan，分布于四川以卵越冬的亚种为 E. pyretorum lucifera Jordan。寄主有樟树、枫、柜柳（元宝枫）、野蔷薇、沙梨、番石榴、紫壳木、柯树、枫香等。

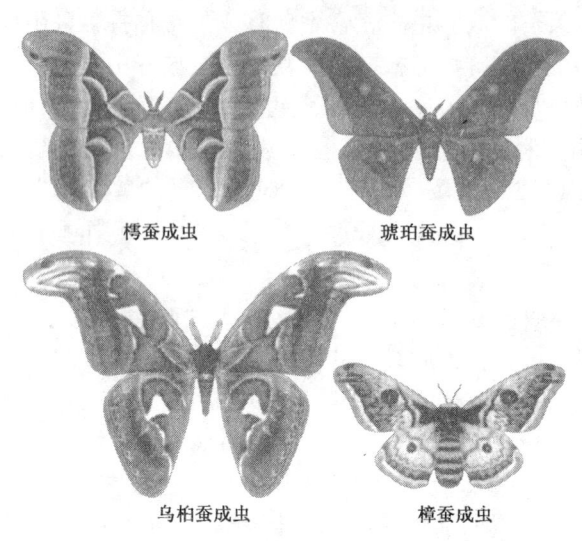

图 1-4　4 种野蚕成虫

世界上只有中国生产樟蚕丝，该蚕食樟叶者丝质最优，食枫叶者丝质较差。待幼虫老熟时收取熟蚕后，先将其在水中浸 12h，取出浸死的熟蚕，撕破体壁取出 2 条丝腺，在食用醋或 2.5% 冰醋酸中浸 5~7min，便可拉丝，一般可拉长到约 200cm。拉丝经水浸后光滑透明、坚韧耐水，1 000 头蚕可制丝 500g。樟蚕丝精制后可供外科缝合伤口，或钓鱼用。

(3) 栗蚕 Dictyoploca japonica Moore（图 1-5）

又名银杏天蚕、白果蚕、核桃楸天蚕、樟蚕（日）。分布于东北、华北、华东、华中、华南、西南、陕西；日本、朝鲜、俄罗斯。取食银杏、核桃、漆树、枫杨、板栗、栎、楸、榛、榆、樟、柳、柿、李、梨、苹果、枫香等树叶。

栗蚕茧网目状，由网状茧丝及羽毛状细茧丝构

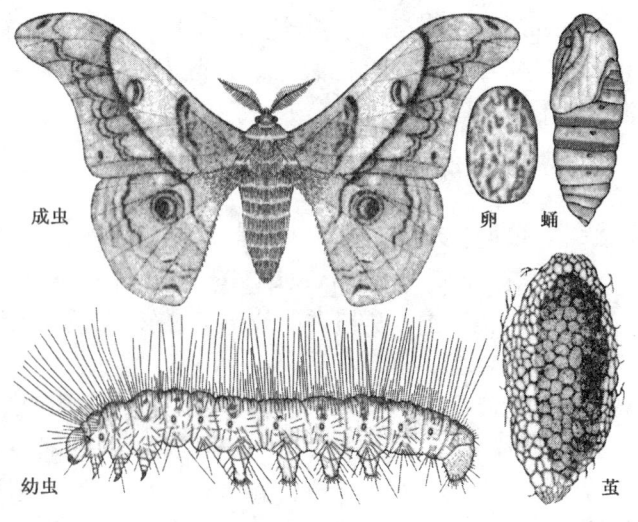

图 1-5　栗　蚕

成，丝质优良。网状茧丝的网孔直径为 0.7~2.2mm，由 14~20 根单纤维构成，单纤维散乱、曲折；经煮茧、精练后单纤维直径 40~50mm。延长煮茧时间，茧丝的强力及伸度会下降。羽毛状茧丝由直径 30~50mm 和其上的黏性物质构成的。栗蚕绢丝含有苯氧化酶和鞣剂，即 N-3, 4-二羟基苯乳酰（DOPA），染色性能特别好，有鲜艳的光泽，可作绢纺原料、绣花装饰用丝，织物美丽、坚实、耐用。也可将熟蚕丝腺取出，浸醋后拉丝做钓鱼丝等用。

(4) 乌桕蚕 *Attacus atlas* (Linnaeus)（图1-4）

又名大山蚕、大乌桕蚕等。分布于我国广东、广西、福建、江西、四川、云南、台湾等地，以及印度、日本、缅甸、越南、新加坡、印度尼西亚等国。主要取食珊瑚树、乌桕树及牛耳枫、冬青、樟、杨、柳、沙梨、臭椿、枫香、千金榆、小米木、白桦、黑桦等树的叶。

茧经水煮脱胶后易纺丝捻线，作绢纺原料，丝质优良，强力、伸度均好。织成的绸称"水绸"，很耐用。

(5) 琥珀蚕 *Antheraea assamensis* Helfer（图1-4）

又名钩翅大蚕蛾、姆珈蚕、阿萨姆蚕，为珍稀种。主产印度东北部和阿萨姆邦的雨林里，我国主要自然分布于云南省的西双版纳等地，公元前 1662 年的印度文献中就有关于姆珈蚕的记载。主要取食樟科楠木属的润楠 *Machilus bombycina* King ex Hook.、木姜子属的多花木姜子 *Litsea polyantha* Juss. 以及茜草科、虎刺科含笑属等植物的叶。

该蚕以秋蚕的产量最高，质量最好，适于缫丝。丝用的茧，应立即杀蛹，晒干后贮藏保管。在碱液中煮茧 1h 便可缫丝，丝质坚韧、琥珀色，称琥珀蚕丝。该丝在印度多用来织遮阳布、腰布、束带、莎丽，其丝织绸耐洗、不易褪色、光泽奇妙，是印度独占世界市场的名优产品。

琥珀蚕茧产量很少、以粒计价，1 粒茧的价格曾高达 16 美元。印度饲养的琥珀蚕已是半驯化的多化性种。我国的琥珀蚕濒临灭绝，亟待研究、保护与开发利用。

1.2.3.2 野蚕的经济价值

野蚕丝绸在出口中占有重要的比例，有"金丝"、"丝绸之冠"的美称。如天蚕丝绸丝质坚韧、弹性强、纤度细、柔软、光泽好，织成的丝绸细致、柔和、美观大方，色泽之美更是各种纤维无法比拟的，因而多以克论价，价格约是家蚕丝的 14 倍，琥珀蚕丝的价格则高于天蚕十余倍。

野蚕蛹体肥大、营养丰富，可作为食品及动物的饲料，还可制成新型食品、营养品和药品，其蛋白质含量达 55%~65%、脂肪含量达 25%~30%；具有 18 种与人体内相一致的氨基酸，其中有 8 种氨基酸的含量高于牛肉、羊肉、猪肉、鸡蛋、牛奶、黄花鱼、豆制品等，而赖氨酸、苏氨酸、亮氨酸、异亮氨酸、蛋氨酸、丙氨酸、色氨酸、缬氨酸等则是人体所必需的；此外还含有钾、钠、钙、磷、镁、铁、铜、锰、锌、硒等多种人体需要的矿质元素及多种维生素如 V_E 等。

野蚕的利用途径包括：加工食品的原料与饲料，配制营养药品与保健药品的生物药品原料；提取如对肿瘤癌细胞有明显的抑制作用的抗菌肽（抗菌蛋白）；用蚕蛹蛋白可制备蛹酪素、水解蛋白、脱氧核苷酸、雷米邦 A 等，培养具有滋补强身及抗癌功能的蚕蛹虫草；提取蛹油制作辅助治疗心血管病及软骨病的磺化油、肝脉乐、环氧蛹油丁脂、土耳其红油油酸乙酯、二酸蛹油磷酯等营养药物，还可制造酱油、味精及肥皂；蛹壳可提取在医药上作为人造皮肤、外伤护膜、手术缝合线等的几丁糖。

另外以雄蚕蛾为原料可制备多种强壮剂和保健剂，柞蚕、蓖麻蚕卵是培养赤眼蜂的优良中间寄主；从熟蚕丝腺中取出的液状丝素可制成结晶状态的有透气性的丝素皮膜、隐形眼镜、人工角膜等，还可用于化学、食品及发酵工业等领域。

1.3 产胶、产蜡资源昆虫

1.3.1 紫胶虫 *Laccifer*（*Kerria*）*lacca*（Kerr.）

紫胶虫属胶蚧科 Lacciferidae，其分泌物紫胶又名火漆，是一种重要的工业原料，广泛地应用于化工、军工、食品、医药、机电、轻工等行业。

1.3.1.1 种类与分布

全世界有 18 种紫胶虫，我国的 7 种是紫胶虫 *Laccifer*（*Kerria*）*lacca*（Kerr.）、中华紫胶虫 *L. chinensis*（Mahdihassan）、云南紫胶虫 *Kerria yunnanensis* Ou et Hong、田胶虫 *L. ruralis*（Wang et al.）、榕树紫胶虫 *K. ficia*（Green）、格氏紫胶虫 *K. greeni*（Chamberlin）、信德紫胶虫 *K. sindica* Mahdihassan。

世界紫胶产地分布于南亚和东南亚，以印度的产量最高，泰国次之，我国占第三位。紫胶虫在我国原产云南，现主要分布于广东、广西、海南、四川、贵州、湖南、江西、福建、台湾等地。在我国紫胶虫的寄主植物分属于 31 目 46 科 140 多属、达 320 多种，生产上常用的约 40 种，其中产胶性能好、适应性强、野生数量较多的优良寄主约 10 多种，如蝶形花科 Papilionaceae 的钝叶黄檀（牛肋巴）*Dalbergia obtusifolia* Prain、南岭黄檀 *D. balansae* Prain、思茅黄檀（秧青、紫梗树）*D. szemaoensis* Prain、木豆 *Cajanus cajan*（L.）、瓦氏葛藤（马鹿花）*Pueraria wallichii* DC.、大叶千斤拔 *Moghania macrophylla* Willd 等，含羞草科 Mimosaceae 的蒙自合欢 *Albizzia bracteata* Dunn、光叶合欢 *A. meyeri*（Steude）、苏门答腊金合欢 *Acacia suma* Buch-Ham. ex Wall 等，桑科 Moraceae 的聚果榕 *Ficus racemosa* L.、偏叶榕 *F. cunia* Ham. 等，梧桐科 Sterculiaceae 的泡火绳 *Eriolaena spectabilis*（DC.）等。

1.3.1.2 形态特征与生物学习性

形态特征（图 1-6）

成虫　雌虫为渐变态，雄虫为过渐变态。雌虫无翅，体呈球形、纺锤形、长囊形等，头很小，触角短，2 节；胸部占虫体绝大部分，其后侧的 1 对管状突间

1根角质化背刺（雌虫的主要鉴别特征），无足；腹部短管状，第6~8节演化成肛锥，肛环刺10根，肛环上有许多蜡腺，其分泌的蜡丝称肛板蜡丝。无翅型雄虫型略小于有翅型，两型均紫红色，触角线状，9~10节，单眼4个，腹末端1根角质化的阳茎鞘和1对细长蜡丝。

若虫 雌若虫3龄，雄若虫2龄。初孵若虫紫红色，头、胸、腹分段明显，触角6节，足发达。2龄体分段不甚明显，触角和足已退化；雌虫体较粗短、腹部第3节有背突1个，雄虫体长筒形、无背突。雌虫3龄期更肥大。

卵 圆形，紫红色，长0.4~0.6mm，卵壳薄而透明。

前蛹和蛹 雄虫属过渐变态，其第2龄和拟蛹期分别被称为"前蛹"和"蛹"。前蛹口器退化，触角和足又出现，腹末有一阳茎鞘突，有翅型的中胸具1对透明翅芽。蛹的触角和足显著较前蛹为长，分节明显，阳茎鞘突淡褐色，有翅型翅芽伸及腹部。

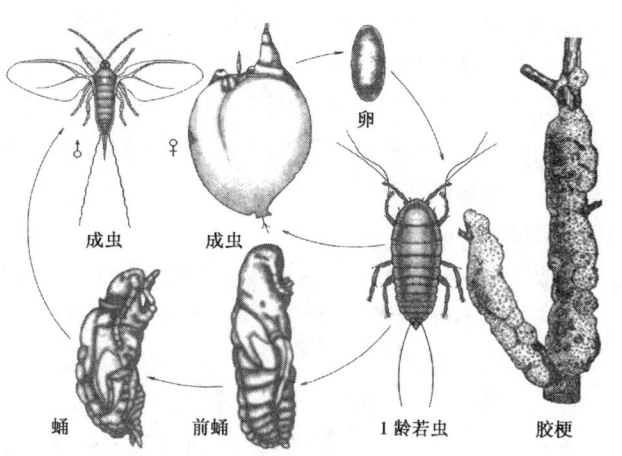

图1-6 紫胶虫

生物学习性

1年2代。在云南，第1代在4月下旬至5月上旬放养，9月下旬至10月上旬收胶，称为夏代；第2代9月下旬至10月上旬放养，翌年4月下旬至5月上旬收胶，称为冬代。福建夏代在6月上、中旬放养，11月上、中旬收胶，冬代在11月上、中旬放养，翌年6月上、中旬收胶。雄虫交配后不久即死亡，寿命仅12~30h。雌虫交配后继续取食，受精卵在母体内发育成熟，卵自母体产出后仅10~30min即孵化。在云南景东寄生于木豆上时夏代雌虫1、2、3龄若虫和成虫历期分别为18d、16d、10d和85d，冬代分别为30d、24d、58d和110d；雄虫1、2龄若虫和前蛹、蛹的历期夏代为18d、21d、4d、6d，冬代为30d、77d、12d、11d；但若在泡火绳上寄生时夏代雌虫世代历期139d，冬代213d。雌性若虫和成虫的发育起点温度分别为8.8℃和18.1℃，有效积温分别为694.2日度和304.9日度。

涌散 若虫孵化后爬出母体胶壳四处扩散觅食的现象称为涌散。从第1头若虫爬出胶壳到最后一头若虫离开胶壳所经历的时间称为涌散期。在紫胶生产上为了工作方便，习惯将当代若虫开始涌散至下一代若虫涌散作为一个世代。夏代涌散期一般14~22d，冬代26~35d。涌散的最适温度为21~24℃，夏代若低于17℃、冬代低于15℃时若虫不涌散，涌散的若虫可爬行1~3m，少数5~10m，如果涌散后 5 天内找不到合适的枝条固定取食则会引起若虫的大量死亡。涌散期是紫胶虫迁移扩散期，也是人工繁殖的放养期。

固定　涌散后的若虫选择适宜的枝条，插入口针，定居取食，不再移动称为固定。该若虫喜在阳光充足、通风透气的树冠中上部 2~3 年生、直径 1~3cm 的枝条下侧群居固定，若放养量大，夏代固定密度可达 120~220 头/cm^2，冬代 160~240 头/cm^2。

泌胶　夏代多在固定后 7d、冬代在固定后 14d 即由胶腺泌胶。随雌虫的长大，泌胶量不断增多，直到覆盖虫体形成胶室。许多胶室相连成则保护虫体的胶被。雌成虫期是主要泌胶期，夏代每头泌胶达 20.07mg，冬代 8.83mg。雄若虫期也能少量泌胶，但前蛹期以后就不再泌胶。

泌蜡　虫体上蜡腺分泌的蜡质呈丝、粉、片状，起疏水作用，可防止虫体的呼吸和排泄孔口被胶所堵塞，蜡丝常是紫胶虫生长良好的重要标志。

排泄蜜露　紫胶虫在吸食、生长过程中将多余的水分和糖分等从肛门排出则称为"蜜露"，如果蜜露积在寄主枝叶上易诱发煤污病，若积在紫胶虫的胶壳上会堵塞呼吸和排泄孔，严重时可导致胶虫死亡。蚂蚁、蝇类、蜂类、蝶类等取食蜜露，对及时清除蜜露具有一定的意义。

交配和产卵　雄虫羽化出壳后即在胶被上四处爬行、寻找雌虫，并多在 8：00~12：00 交配，雄虫一生可交配多次；该虫也可孤雌生殖，产生雌雄两性后代。产卵及卵孵化多集中在白天，产卵前雌虫胸腹下方的体壁收缩，形成产卵和孵化的孵化腔。

1.3.1.3　放养技术

紫胶虫爬行距离有限，若任其自然繁殖和寄生，会使其在局部树枝上固定密度过高，而其他枝上则太少，不利于高产稳产。只有选择优良的虫种、进行人工放养和管理，才能均匀利用寄主树枝提高产胶量。

选择适宜的放养基地　影响紫胶虫繁殖和越冬的主要气候因素是霜冻和寒潮。应根据该虫对温度要求较高的特点，选择东西走向的河谷地带、或北面有高山屏障的开阔地等日照时间长、冬暖无霜或仅有轻霜的小环境作为冬代生产基地；夏代生产基地则应选择气候凉爽的迎风背阴山坡或海拔较高处，做到"冬放暖，夏放凉"。

选择适宜的寄主　以种胶生产为主的冬代寄主包括钝叶黄檀、南岭黄檀、思茅黄檀、木豆等，以原胶生产为主的夏代寄主还有泡火绳、瓦氏葛藤、大叶千斤拔、聚果榕等。选择好树种后，要精心育苗和造林，灌木与乔木寄主树混交种植可提高土地的利用率和林地肥力，林地管理中要修剪和培养大量的同龄宜胶枝。如 667m^2（1 亩）定植 40~70 株南岭黄檀时，当枝径为 1~3cm 的宜胶有效枝单株平均总长度达 20m 以上时，就可放养紫胶虫了。为稳产高产和方便管理，可将林地分区，每 2~3 年轮放 1 次。

适时采种　应选择胶被厚、胶虫完全成熟、连片丰满而无病虫害的胶枝作种胶。采种胶要适时，过早则卵粒未发育成熟、不能孵化或孵化率很低，影响放养后夏胶的产量；过迟则若虫已大量涌散、损失种源。如果就地采种放养，或在运输不超过3d的地方放养，种胶寄主树上若虫开始涌散时为采收适期，此时用砍枝法将胶枝伐下、放养，但应注意使切口平滑，以免撕破树皮。

适时放养 在灼热的中午放养时胶被易软化、若虫不易爬出，应在阴天或清晨或傍晚进行放养；放养即将伐下的种胶枝绑于放养基地的寄主上，要尽量绑于若虫易于固定的有效枝条附近，夏代应尽量选择背阴面的枝条，而冬代应在向阳面的枝条绑种，种胶的需要量时应根据宜胶枝条的长度来确定。如果寄主为黄檀一类乔木应在1~3年生枝条的下方绑种，如寄主为木豆等灌木时则应绑在离地30cm的枝条上。

管理 放养2~3d后，应全面检查种胶枝有无松脱，固定虫量是否适宜等。一般以整株树上2~3年生、直径为1~3cm枝条总长度的20%~70%有虫固定为宜，且生长势好的乔木、大树、夏代可多些，生长差的灌木、小树、冬代则要少。如钝叶黄檀固虫量夏代70%、冬代60%，木豆固虫量夏代30%~40%、冬代20%，南岭黄檀、思茅黄檀及泡火绳均在50%~60%。如固虫量已足够时应及时除去种胶，若偏少则要补足，过量时则可抹去一部分，以免造成养虫过多引起树势衰弱。若虫涌散期结束后要及时收回种胶枝，加强对寄主树的施肥、松土、修剪、除草、灌溉，控制危害紫胶虫和寄主树的病虫害等。

原胶采收和处理 采收原胶与采收种胶可同时进行，一般在若虫快要涌散或者开始涌散时用砍枝法采收。如果有胶的枝条不多，且胶被零散，可采用铲胶器或直接用手工剥胶，以便重新利用该片寄主林。采下的胶枝应及时剥下胶被，清除其中的杂物，在室内阴凉通风处摊晾厚约5cm，勤翻动，至原胶完全干燥后，即可分级包装出售。

1.3.1.4 病虫害防治

紫胶虫主要害虫有紫胶白虫 *Eublemma amabilis* Ashmead、紫胶黑虫 *Holcocera pulverea* Meyr.、黄胸跳小蜂 *Tachardiaephagus tachardiae* Ashmead、红眼啮小蜂 *Terastichus purpureus* Cameron 等。其中以夜蛾科的紫胶白虫危害最大，1年3~4代，以幼虫在胶被内越冬，每条白虫一生能危害$4cm^2$胶被，取食50多只紫胶虫成虫或400余只若虫；紫胶黑虫既取食活胶虫，也取食库存紫胶，1年2~3代。黄胸跳小蜂是雌性胶虫的内寄生蜂，1年8~9代。红眼啮小蜂寄生雄虫前蛹和蛹，1年8~9代。

上述害虫的防治一是注意不用有虫害的胶枝作种胶，二是及时回收种胶枝，三是繁殖释放紫胶白虫的天敌紫胶白虫茧蜂 *Bracon greeni* Ashmead。对紫胶黑虫可在仓库贮紫胶时用药剂熏杀；对寄生蜂的危害，可在胶虫种群数量极少阶段，用80目尼龙纱笼套在刚放养的胶枝上防止小蜂寄生。

煤污病是由紫胶虫排泄的蜜露累积而诱发的，除用蚂蚁、蜜蜂等清除蜜露的生物方法外，还可用50%的甲基托布津或退菌特300~500倍液，在发病期每隔7~10d喷药1次，连喷2~3次即可。

1.3.1.5 产物及其利用

紫胶原胶含有紫胶树脂、紫胶蜡、紫胶色素、杂质、水分等。紫胶树脂是由含几个羟基的脂肪酸和倍半萜烯酸构成的聚酯混合物，占原胶的65%~80%；紫胶蜡由蜂花酸与蜂花酸酯的混合物组成，占原胶的5%~6%；紫胶色素包括溶于水的紫胶红色素和不溶于水的红紫胶素，占原胶的0.6%~3%。优质紫胶的标准是树脂含量高，杂质少，颜色浅，流动性好，光泽均匀，透明。

紫胶加工 一般是先将原胶经过破碎筛选和洗色干燥等程序，加工成含树脂87%~90%的半成品粒胶，然后再通过热滤法、酒精溶剂法或漂白等工艺将粒胶（或原胶）加工成紫胶片、脱蜡紫胶片、脱色紫胶片、脱蜡脱色紫胶片等成品。原胶若用酒精法直接加工紫胶片时其滤渣中含有30%的紫胶蜡，可用碱水煮提法或溶剂萃取法提取之。紫胶色素可从滤渣虫尸中提取，也可从加工粒胶的洗色水中提取。

紫胶的用途 ①紫胶易溶于酒精，干燥快，形成的薄膜光滑坚韧、不易脱落，因此紫胶制品是高级木器家具、炮弹、军舰、枪枝、弹壳、飞机机翼等的良好涂饰剂或保护剂。②紫胶具有很好的绝缘性、黏结力、热可塑性和抗炭化性能，可与纸、布、丝绸等制成各种绝缘材料；是优良模压绝缘器、磨蚀制品、纤维板、黄麻制品、金属、玻璃、皮革、手表钻石等的黏接或热塑胶粘剂，在天然橡胶中加适量紫胶可提高橡胶的韧性。③紫胶树脂、紫胶蜡及色素都是橡胶制品中良好的添加剂，紫胶树脂在橡胶加工中起着助剂和增塑剂的作用，紫胶蜡和色素能防止橡胶老化。④紫胶可用于巧克力等糖果的上光和防潮、水果和蛋类的保鲜涂料，紫胶色素则是无毒食品和饮料的理想色素。⑤紫胶不溶于酸而溶于碱，可用作肠溶药品包衣及药丸、药片的防潮糖衣、胶囊外壳等。⑥紫胶蜡还可用于制造鞋油、地板蜡、复写纸、油墨等。

1.3.2 白蜡虫 *Ericerus pela* Chavannes

白蜡虫属蚧科 Coccidae，其雄性若虫在生长过程中分泌的蜡质加工而成的白蜡，是多种工业原料，也是我国的传统出口商品。主要分布于东亚和东南亚，在国内广泛分布于四川、云南、贵州、西藏、广东、广西、湖南、湖北、陕西、江西、福建、安徽、江苏、上海、浙江、河南、河北、山东、辽宁、台湾等地。仅我国人工培育的白蜡虫生产白蜡，其中四川省的白蜡产量占全国的80%~90%，"中国蜡"及"川蜡"即缘于此。

白蜡虫的寄主植物包括6科9属45种，即木犀科 Oleaceae 女贞属 *Ligustrum* 18种、白蜡树属 *Franxinus* 20种（含2变种）、流苏属 *Chionanthus* 1种、丁香属 *Syringa* 1种；壳斗科 Fagaceae 苦槠属 *Castanopsis* 1种；锦葵科 Malvaceae 木槿属 *Hibiscus* 1种；马鞭草科 Verbenaceae 黄荆属 *Vitex* 1种；漆树科 Anacardiaceae 漆树属 *Rhus* 1种；冬青科 Aquifoliaceae 冬青属 *Ilex* 1种。其中主要寄主是木犀科的女贞属和白蜡树属，生产上广泛应用的只有女贞 *Ligustrum lucidum* Tunb. 和白蜡树 *Fraxinus chinensis* Roxb.，华南小蜡 *Ligustrum calleryanum* Decaisne、散生女

贞 *L. confusum* Decaisne、长叶女贞 *L. compactum* Hook. F. et Thoms. 、云南白蜡 *Fraxinus lingelsheimii* Rehder 等也是优良寄主。

虽然女贞和白蜡树既可育虫又可挂蜡，但女贞是常绿小乔木，叶片革质、叶对生，6～7 月开花，11～12 月果实成熟；适应性强，耐寒耐旱，能为越冬的雌白蜡虫提供充足的养料，且枝条纤细、健壮，所培育的种虫虫囊口较小，运输时可防虫卵外漏，因而更适于育虫。白蜡树是落叶乔木，奇数羽状复叶，小叶对生、革质，5 月开花结籽，10 月翅果成熟；因冬季落叶而不利于雌成虫越冬，但生长季节正是雄虫发育及泌蜡期，因此适于放养雄虫生产白蜡。

1.3.2.1 形态特征与生物学习性

形态特征（图 1-7）

成虫 雌成虫 1.5mm×1.3mm，胸部隆起、形似蚌壳，体背面淡红褐色、散生大小不等的淡黑色斑点，腹面黄绿色，体缘具分节的长蜡毛，背腹面生有多种腺体。触角细小、6 节，丝状口器约为体长的 1 倍；胸缘两侧各 2 个微内陷的气门陷，有气门刺 3 根，足极细弱。腹部末端的环形臀裂深，肛板 1 对，肛环刚毛细长、8～10 根、伸出肛管之外。交配后体膨大、近球形、暗褐，产卵时直径约 10～14.75mm。

雄成虫约 2mm×0.7mm，翅展 5mm，橙黄色；足和触角浅褐色，眼区深褐色、单眼 6 个，口器退化；线状触角 10 节，各节生有细毛，末节生 3 根长毛。前翅近于长方形、透明、翅脉 2 条、具虹彩闪光，平衡棒梭形。腹部倒数第 2 节上的 2 小孔分泌出的 2 根白色蜡丝长达 3mm，锥状交配器长约 2mm。

若虫 若虫 2 龄。1 龄雌虫 0.5～0.6mm×0.3～0.4mm，体黄褐色，触角 6 节，腹末 2 根白蜡丝；固定于叶片后体红褐色（俗称"红虫"），蜡丝消失；2 龄体卵形，淡黄褐色，1mm×0.6mm，定杆后灰黄绿色、体缘微紫色，渐生长而密的蜡毛。1 龄雄虫卵形，但体黄白色（俗称"白虫"）可与雌性区别；2 龄阔卵形，淡黄褐色，0.75mm×0.45mm，触角 7 节，体背、腹面均散布各种泌蜡腺。

卵 长卵形，0.4mm×0.2mm，藏于母壳之内，将孵化时雌卵红褐色，雄卵淡黄色。

前蛹和蛹 雄虫前蛹梨形，2mm×

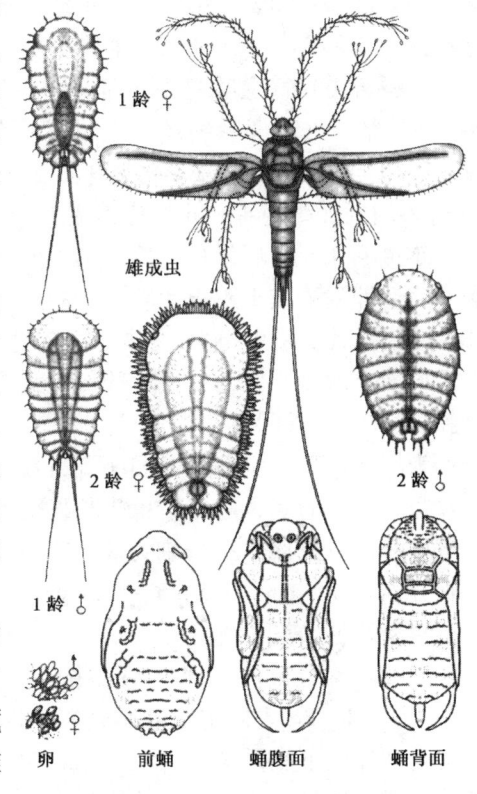

图 1-7 白蜡虫

1.2mm，乳白带黄色，触角短小，足粗短，翅芽伸达第 2 腹节。蛹长约 2.4mm×1.5mm，触角 10 节，翅芽长达第 5 腹节。

生物学习性

1 年 1 代，以受精雌成虫在寄主枝条上越冬。因各地纬度、海拔、气温的不同，来年产卵始期差异很大，在四川峨眉始于 3 月下旬至 4 月中旬，云南墨江在 2 月上旬，云南昭通在 4 月中旬，广西南宁在 11 月，福建三明在 3 月上、中旬，陕西宁强则在 5 月上、中旬。

成虫开始产卵后腹壁渐内陷，在虫体下方与寄主间形成 1 个空腔，卵则产于该空腔中，此时虫壳则较干而硬、红褐而光润；雌卵先于雄卵产出，因此雌卵在壳口，雄卵在壳底；产卵同时母体分泌白色蜡粉与卵粒混合，空腔囊口亦为一层白色蜡粉封闭，因此采收时卵粒不会外漏。产卵结束时虫壳逐渐变薄，卵则包于母壳之下，雌虫的产卵量及子代的性比因地区、海拔、品种、寄主植物种类等不同差异很大，产卵量最高的达 2 万余粒，低的仅几百粒，雌雄卵的比率为 1:6～1:0.9。

卵期约 1 个月。卵在 15℃以上开始孵化。初孵若虫因可利用其残留于卵壳的卵黄作为养料不立即取食，常在母壳内停留数日至十余日才陆续出壳。雌虫孵化出壳比雄虫早 2～11d，始见后第 5～7d 为出壳高峰，18℃以上开始出壳活动，20～25℃最盛；90% 以上的雄若虫往往集中在 1d 甚至 0.5d 之内出壳，出壳温度比雌虫高 2～3℃。无论是哪一龄期的若虫，都是在 8:00～15:00 之间活动。

初孵若虫在寄主叶片上生活，15～20d 后蜕皮为 2 龄后转到枝干上固定生活。2 龄雌若虫定杆后约经 2 个月，约在 8 月中、下旬发育成熟羽化为无翅成虫；2 龄老熟雄虫在 8 月下旬至 9 月上旬则蜕皮成为不再泌蜡的前蛹，再经 3～5d 进入蛹期，蛹经 4～8d 羽化为成虫。

雄虫羽化而出后沿枝干短暂爬行即寻找雌成虫交配，一生可交配 4～5 次，交配完后即附于枝干不再活动，寿命仅 4～5d。雌虫则继续发育，体增大为长约 3cm 的笠帽状；发育至 11 月中、下旬体变为青灰色进入越冬状态，至翌年春天暖后再恢复取食，体增大成近球形，鲜淡黄褐色，直径约 4～8mm，壳外被白色蜡膜，至 3～4 月间虫体直径可达 10mm 以上；在发育中雌虫排出的蜜露积于腹末称为"吊糖"，吊糖自 10 月下旬开始至产卵时终止，吊糖越多虫体发育越好。

寄主枝条的老嫩对白蜡虫生长发育具有明显影响。在 1、2、3、4 年生枝条上寄生时，雌虫存活率分别为 85.2%、83.5%、47.9%、1.7%，雄虫的泌蜡厚度则分别为 4.8mm、5.5mm、5.2mm、4.3mm。

特有习性（图 1-8）

定叶　雌若虫离开母壳后在枝干间往返爬行寻找向阳的叶片定栖即"游杆"，当在 1～2d 内固定于叶脉处取食即"定叶"，也有部分若虫爬到地面后再上爬至叶片或不能再爬回树上。雄若虫出壳后多数无"游杆"等现象，而是上爬并成群地聚集在离母壳最近的叶片背面"定叶"，密度可达 250～350 头/cm^2。

定杆　雄虫定叶约 15d 后蜕皮进入 2 龄，再爬至附近的 2～3 年生枝条的下侧或背阴面，头向上尾向下依次排列固定取食即"定杆"，密度约200头/cm²，在一个枝条上的定杆长度可达1~1.5m以上。雌虫则多在20d后进入2龄，在枝干爬行后头向下尾向上多在1~2年生的嫩枝条上、极少数在3年生老枝条上分散固定、终生不动。

泌蜡　1龄雄虫在定叶后1~2d体背渐泌出白色蜡丝，但蜡质薄并在蜕皮后即散落，6~7d后虫体几乎全为蜡丝包被；定杆4~5d后蜡丝结成蜡花，10d后虫体全部被蜡花包被，因腹部腹面泌

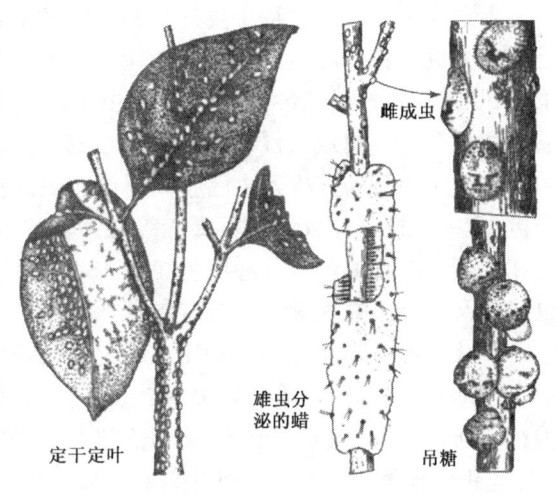

图1-8　白蜡虫的习性

蜡量多致使虫体腹部不断上举，至6~7月虫体呈斜立状，8~9月2龄末期则虫体与枝条垂直，蜡层可包裹枝条的大半部或全部，厚度可达6~7mm。雌虫仅1、2龄期分泌少量难以利用的蜡粉。

1.3.2.2　养殖技术

养殖林地的培育　应在通风向阳的开阔地带建立通风透光、利于白蜡虫发育的生产林地，育种区要与生产区间隔10km以上，以免寄生蜂和蜡象等害虫迁入育种区。选用适于育种区、产蜡区使用的优良寄主树种、粮食、经济作物等，建成林农混作型和抗病虫危害的生产效益高的产蜡园。如用白蜡树成片造林时采用2m×4m的株行距，行间可种植小麦、黄豆、玉米、花生等作物，在对树型进行3~4年的培育后即可投产。在放养蜡虫前要剪去寄主树的密生枝、下垂枝、交叉枝、徒长枝、病虫枝，使枝条分布均匀、树冠整齐，将养分集中于健枝上，同时除去树干周围杂草、小灌木、藤蔓等寄生植物使林地通风透光。为稳产高产及合理利用寄主资源，对寄主林木应实行分片轮休利用和更新。

选种　在育种林地选择颜色红润光泽、个体大、囊壳口小、壳轻、含卵多、雄卵比例高、无病虫害的个体作为种虫，或进行杂交育种，利用杂交优势生产白蜡。

种虫采收及处理　多数地区种虫的成熟期多在谷雨、立夏前后，成熟时虫壳表面红褐色，手指轻按时壳有弹性，撕开虫壳后已无浆汁、卵粒松散。熟时即可采摘。若采之过早，雌卵未产完；过迟则虫壳易破碎。采摘时应在阴天或晴天的早、晚逐只轻摘轻放。种虫采下后要及时在干燥、通风（或用排风机通风）、阴凉、清洁处摊薄晾干，并每日用竹筷轻翻3~4次以利水分蒸发，避免因湿度过高而霉变。长途调运的种虫摊晾至虫壳充分干燥、翻动时能发出响声时即可装袋，每个粗麻袋装1~1.5kg，再将袋逐层（用竹篱间隔，以免互相挤压或因温度过高而致死）放入竹筐内启运，运到目的地后应立即打开摊晾。

虫包准备 摊晾过程中要逐日检查虫卵的孵化情况，当大部分育种用雌若虫已孵化并见少数外爬出虫壳时，即用 50~60 目的尼龙纱袋分装，每袋 3~5 只。采用 50~60 目的尼龙纱袋可将白蜡虫长角象和寄生蜂等个体较大的天敌困杀，通风滤水并防止蚂蚁入侵，但不影响白蜡虫的若虫外爬。产蜡用的种虫应摊晾至 80%~90% 的黄褐色雌若虫已爬离母壳，黄白色的雄虫开始外爬时开始包虫，每袋包 15~25 只。种虫包好后要继续在室内摊晾，以促进若虫孵化。根据若虫孵化和出壳对温度的要求，应将种虫在 18℃ 以下的室内摊晾 15~20d，才能即使若虫孵化又不会出壳损失，待机挂包释放。

挂放虫包 当摊晾的育种用虫包上有褐色的雌若虫爬动，或产蜡用的虫包的雄虫大部分已孵化出壳爬到虫包内壁时，应在晴朗无风、气温为 25℃ 左右的 10:00 前挂放上树。为便于雌若虫定叶，育种用虫包要挂放在离地至少 1m 以上、2 年生枝条的距有叶片的小枝约 30cm 处，1~2cm 粗、1m 长的枝条可挂包 1 只。产蜡虫包要挂放于嫩壮枝条的分叉处，虫包要贴近枝干，易于雄若虫上叶，1~2cm 粗的枝条可挂虫包 4~6 个。虫包挂放要稳固，以免被风吹落。

挂虫后的管理 虫包上树后，应勤检查，对漏挂、重挂、吊挂或掉包的应及时补挂和纠正；当雌、雄若虫全部出包转移到树枝上后，要及时收包以消灭包内的天敌。产蜡树在挂包后 3~5d 内如直立小条上的 6 片叶或斜生枝上的 3 片叶已固定满雄虫时即应移包；如定叶过量时可在雄虫定杆前 1~2d 将过多的虫叶摘下，包于油桐等叶内挂放于定虫少的枝条上，使其定杆均匀而适量；定叶、定杆后要经常清除新萌发的嫩枝嫩芽、周围的杂草、上树的瓜藤，适时灌水施肥，保持树势旺盛。如遇长期阴雨，应剪去无蜡花的过密枝叶，改善通风透光条件，以免蜡花发霉变黑。

收蜡及处理 有翅雄虫羽化时蜡丝自腹末一小孔伸出即"放箭"，放箭后 1~3d 雄虫即由孔中羽出。放箭期的开始既表明雄虫已进入不再泌蜡的前蛹或蛹阶段，也是采收白蜡的适期，各地多在 7 月底至 9 月中旬之间。阴天、小雨天及晨露未干、湿度较大时的早晨收蜡最宜；此时蜡条湿润，易于剥下剥尽。而晴天的中、下午如不喷水，采蜡时蜡花则不易从枝条上剥下，残留较多，或易碎散脱落而损失。除留枝采蜡外，如枝条已放养过 2 次、长势已衰，可用砍枝法采蜡，促使新枝的萌生和更新。蜡花采下后应当天熬煮，如过夜后熬煮，应将其摊晾以免发热、变色、发臭，影响品质。

1.3.2.3 病虫害防治

白蜡虫的主要天敌有白蜡虫长角象（又名蜡象）、花翅跳小蜂、黑缘红瓢虫、蠹蛾及病原微生物。白蜡虫长角象 *Anthribus lajievorus* Chao 越冬成虫咬食雌蜡虫，将雌蜡虫吃成空壳，并产卵在蜡虫体内；幼虫以白蜡虫的卵为食，常可将 1 头白蜡雌虫的卵粒取食殆尽。白蜡虫的寄生蜂国内已知有 16 种（含 5 种重寄生蜂），其中优势种白蜡虫花翅跳小蜂 *Microterys ericeri* Ishii、中华花翅跳小蜂 *M. sinicus* Jiang 和蜡蚧阔柄跳小蜂 *Metaphycus tamakataigara* Tachikawa 主要危害白蜡雌虫、2 龄雄虫及卵。黑缘红瓢虫 *Chilocorus rubidus* Hope 和红点唇瓢虫 *C. ku-*

wanae Silvestri 成、幼虫均捕食定杆雄虫，尤其是前者危害严重时可将雄虫吃空，其成虫还可钻进蜡花内捕食泌蜡的雄虫并将蜡花钻落。茶蓑蛾 *Cryptothelea minuscula* Butler 和大蓑蛾 *Cryptothelea variegata* Snellen 以幼虫钻食定杆后分泌蜡花的雄虫，也常将蜡花钻脱。

害虫防治　①对上述害虫的防治，首先要选用无病虫害的优质种虫，在种虫与产蜡区设隔离带进行分隔。②在包种虫时采用50～60目的尼龙纱袋，待白蜡虫若虫爬出后，在个体较大而不能爬出的寄生蜂和蜡象因杀在袋内。对寄生蜂和蜡象的防治也可在雌蜡虫"吊糖"后期，在产卵前用50%西维因可湿性粉剂200倍液喷雾，当蜡象密度较大或发生不整齐时每隔7d喷1次，连喷2～3次；或可在种虫摊晾时用灯光诱集、浆糊粘杀，在采收蜡花炼蜡时也可煮杀大量寄生蜂。③可利用瓢虫幼虫和成虫的假死性，在蜡虫定杆后，用竹杆或木棒敲击树干和枝条，将瓢虫振落地上，再集中消灭。④结合蜡园田间管理，特别是在幼虫越冬期间，随时清除蓑蛾虫囊；或在蓑蛾初孵幼虫尚未扩散时，喷药防治。

病害防治　白蜡虫的主要病害病原包括引起褐腐病的 *Gloeosporium* sp. 和引起霉病的 *Monilochaetes* sp.。该两种病害主要危害白蜡虫雌虫，发生严重时可使大量雌成虫死亡。引种时进行严格检疫，杜绝种虫带菌是有效的预防措施；种虫培育基地应选在通风透光的山坡中部，不宜用洼地。也可用50%退菌特500倍液对种虫消毒，或在褐腐病发病时用其喷雾防治。霉病发生时可喷50%托布津或50%退菌特500倍液。

1.3.2.4　产物及利用

产物加工　传统的加工是先在干净的锅中加入25kg清水、烧开，再慢慢加入50kg蜡花，至完全熔化后即熄火，待温度降低、虫渣下沉后，将水面上的蜡液舀入蜡模中，冷却即为头蜡；还可将蒸汽通至熔蜡桶熔化蜡花，蜡液再经2层20目铁筛过滤，趁热注入蜡模内、冷却，即成为高质量的头蜡。虫渣经清水淋洗、浸漂、装入蜡袋，再熬煮、压榨即加工出二蜡、三蜡等。以上两方法制成的头蜡、二蜡、三蜡，统称为毛蜡，50kg蜡花可制毛蜡20～25kg。将毛蜡按一定比例混合、加工精制即成为市售的米心蜡和马牙蜡。

白蜡既是轻、重工业原料，也是食品和医药工业原料，所以加工工艺及白蜡产品必须符合卫生要求。白蜡也是易燃物，加工过程中要避免蜡液溅出伤人，注意安全以防引起燃烧和爆炸。

利用　虫白蜡是由高分子饱和一元酸与高分子饱和一元醇所形成的一种天然脂类化合物，其主要成分为二十六酸二十六酯。其质地坚硬而稍脆，表面光滑，光泽好，无臭无味，熔点81～83℃，理化性质稳定，不溶于水而溶于苯、二甲苯、石油醚等有机溶剂，因此能防潮、润滑、着光，广泛应用于军工、医药、食品等工业。

在精密仪器及机械零件生产中虫白蜡是铸造模型最好的材料，也是电容器材料的防潮防腐剂，丝、绸、棉织品的着光剂，高级铜版纸、蜡纸、复写纸、蜡光纸、糖果纸等的填充剂、上光剂；还是高档汽车蜡、上光蜡、地板蜡、皮鞋油和高级化妆品的重要原料,如名贵家具抛光涂上白蜡后可经久光亮、增色增美。

白蜡具有止血、生肌、止痛、续筋接骨等作用,可医治跌打损伤及治秃,是中医常用的伤口愈合剂、止血剂,也广泛用于制作药丸外壳、配制膏药,药瓶封口等的防潮、防腐剂。

白蜡无毒无味,可用于食品生产。如用白蜡做糖衣的巧克力、朱古力豆,可在热带地区保存 2 年而不变质,在加工糕点时作为蜡模等。此外,用白蜡调制的接木蜡,用于多种树木嫁接时可极大地提高成活率,熬蜡后的虫渣也是很好的畜禽饲料。

1.3.3 其他产胶、产蜡昆虫

自然界产蜡与产胶、或寄主被害后由寄主"产胶"的昆虫还很多,其中有一部分有很高的利用价值。

1.3.3.1 蚧类

(1) 日本龟蜡蚧 *Ceroplastes japonica* Green

分布于全国各地。寄主植物有枣、柿子、苹果、梨、杏、柑橘等。

形态特征(图 1-9)

成虫 雌性无翅,体椭圆形,背面隆起,呈半球形,长 2.5~5mm,紫红色,背面被白色厚蜡壳;产卵时可见体背 1 块蔷薇色中板及 8 块褐红色缘板。雄性翅 1 对、透明,体长 1.3 mm,翅展 2.2mm,棕褐色。

卵 椭圆形,初产浅橙黄色,后渐变深,孵化前为紫红色。

若虫 初孵若虫体扁平,足细小;当固定后体背上出现白色蜡点,随后蜡点相连成粗条状,虫体周缘出现白色蜡质芒线,最后体背全部被蜡,周缘有 12 个三角形蜡芒,头部有尖而长的蜡刺。若虫后期,蜡壳加厚,雄性蜡壳椭圆形、仍为星芒状;雌性则呈卵圆形至椭圆形,周缘有 7 个圆突。

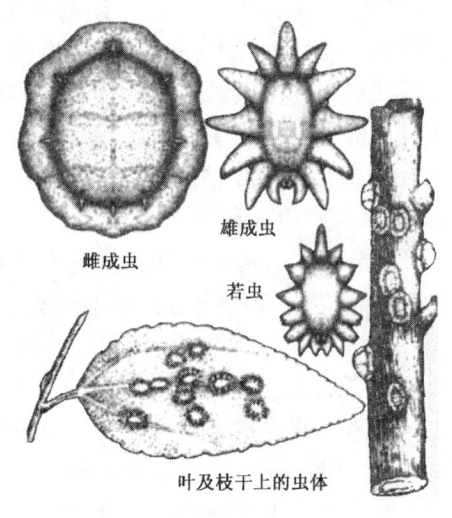

图 1-9 日本龟蜡蚧

蛹 梭形,棕褐色,翅芽色较淡,腹末有明显的交配器。

生物学习性

1 年 1 代,以受精雌成虫在枝条上越冬。翌年 3 月中、下旬恢复吸食、继续发育,5 月上、中旬至 7 月中旬产卵于体壳之下,每雌虫产卵 1 000~2 000 粒,卵期约 30d;6 月中、下旬至 7 月底若虫孵化、出壳、爬至叶片固定取食,其排泄物常污染叶片、枝梢和果实,使其呈油渍状,并引起煤污病发生;7 月底 8 月初雌、雄体形分化,8 月下旬至 9 月下旬雄性化蛹,蛹期约 20d,雄成虫于 8 月上、中旬至10月上、中旬羽化，觅雌虫交配，约2d即死去。雌虫交配后在叶上持续取食并于8月中旬到10月上旬逐渐迁移至枝条、固着，进入越冬期。

（2）吹绵蚧 *Icerya purchasi* Maskell

华北以南各地均有发生，寄主植物近200种，包括木麻黄、相思树、重阳木、油桐、油茶、刺槐、桂花、檫树和马尾松以及柑橘等果树。该虫群集吸食于叶背、枝梢或枝干，同时排出"蜜露"诱致霉菌发生。

形态特征（图1-10）

成虫　雌性椭圆形，长4~7mm，橘红色、背面褐色，腹面扁平，背面隆起，全身密生小黑毛，并被有白色蜡质；产卵时腹末附有白色蜡质卵囊，卵囊表面14~16条脊状隆起。雄性长约3mm，翅展8mm，体橘红色，触角、中胸和足褐色，前翅灰黑色，后翅钩状，腹部后端2突起。

若虫　椭圆形，橘红色，1龄雌、雄无区别；眼、触角和足黑色，触角顶端4根长毛，腹末3对长毛并列。2龄体覆薄层蜡粉，胸背中线4堆顶上为黄色的绵状蜡质，

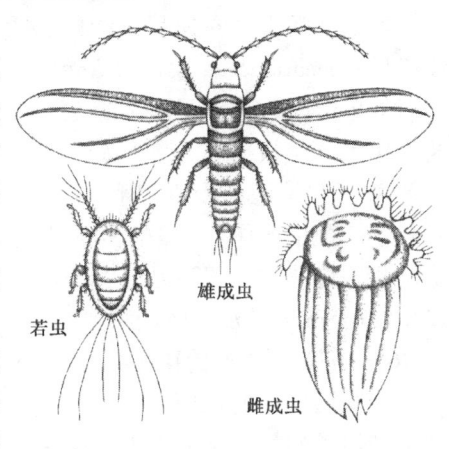

图1-10　吹绵蚧

体毛变化较多；雄虫体狭长、活泼，蜡质较少，体色较雌虫鲜亮明。

利用价值

日本龟蜡蚧、吹绵蚧虽然是多种林木、果树的害虫，但雌虫也产大量蜡质，如在对其所产蜡质进行利用方式研究的基础上，再进行资源化管理，亦可进行开发利用。

1.3.3.2　绵蚜、木虱等

绵蚜类　众多的绵蚜类昆虫具有发达的蜡腺，其无翅胎生雌蚜体被白色棉絮状蜡粉，如苹果绵蚜、女贞绵蚜等。该类昆虫危害林木、果树，在虫口量很大时，其个体虽小，但被害木树冠及地面布满蜡粉。如对其蜡质的成分和利用途径进行研究，在有开发利用价值的前提下，可进行资源化管理，予以开发利用。

木虱类　很多木虱如梧桐木虱能分泌很多蜡质，覆盖身体、污染树冠甚至树冠下的地面。常见公共绿地所植青桐的绝大多数受到梧桐木虱的危害，而且受害枝梢、叶片上的虫口密度较大。该虫以若虫、成虫在叶背或幼嫩枝干上刺吸树液、争夺营养，并分泌棉絮状蜡丝和黏性物质粘附于叶片及嫩梢上，白色蜡丝还会随风飘散，污染行人衣物和周围环境。该虫1年2代，世代不整齐，危害期较长，危害严重时造成树叶早落、枝梢枯萎。如其所产蜡质有利用途径，亦可进行开发。

"产"胶蛀干害虫　危害桃树、榆树、杏树的蛀干害虫如天牛、几丁虫、小蠹虫类，危害林木、果树的树干后，树干常在其被害处产生大量流胶。新疆的维吾尔族等少数民族利用该"胶"洗头发已有很长的历史，其洗发效果不亚于市

面上出售的高档洗发液；这类"胶"用水稀释后也可作为粘贴剂等之用。

1.4 单宁、色素类资源昆虫

1.4.1 五倍子蚜虫

五倍子蚜虫属同翅目瘿绵蚜科 Pemphigidae。五倍子是指五倍子蚜虫寄生在漆树科 Anacardiaceae 漆树属 Rhus 盐肤木类植物复叶上所形成的虫瘿。由五倍子生产的单宁酸、没食子酚和焦性没食子酸及其衍生物是医药、纺织（染料）、石油、化工（金属防腐）、食品、稀有金属提取等的重要原料。五倍子分布于我国 19 个省（自治区）及朝鲜和日本，其中贵州、四川、湖北、湖南、陕西、云南 6 省的产量占全国总产量的 90% 以上。我国五倍子的产量居世界第一位，五倍子也是我国传统的外贸商品。

1.4.1.1 五倍子及倍蚜的种类

(1) 五倍子及倍蚜的种类

我国已报道的倍蚜虫有 14 种，其在夏季寄主树（倍树）上分别形成的 14 种不同倍子的特征见表 1-2、表 1-3。根据外观形（性）状、寄主等将倍子分为下述三类。

表 1-2 五倍子特征

倍 子	致瘿蚜及寄主	倍子形状及常见位置
角倍	角倍蚜 Schlechtendalia chinensis（Bell） 寄主盐肤木 Rhus chinensis	倍子爪形至蛋形，表面有角突，117mm×65mm。位于复叶主轴及翅叶
倍蛋	倍蛋蚜 Melaphis peitan Tsai et Tang 寄主盐肤木	蛋形，无角突，62mm×40mm。位于小叶侧脉
圆角倍	圆角倍蚜 Nurudea sinica Tsai et Tang 寄主盐肤木	蛋形，具柄，角突少而钝，55mm×40mm。位于复叶主轴及翅叶
倍花	倍花蚜 N. shiraii Tsai et Tang 寄主盐肤木	树枝状分叉，叉端拳状膨大，直径 200 mm。位于复叶主轴基部
红倍花	红倍花蚜 N. rosea（Matsumura） 寄主盐肤木	枝状叉，成熟玫瑰色，叉端扁形膨大，直径 80~100mm。位于复叶主轴
枣铁倍	枣铁倍蚜* Kaburagia ensignallis Tsai et Tang 寄主红麸杨 Rhus punjabensis var. sinica	长枣形，端部多有钩状物，100mm×40mm。位于小叶侧脉或主脉
蛋铁倍	蛋铁倍蚜 kaburagia ovogallis（Tsai et Tang） 寄主红麸杨	蛋形，69mm×49mm。位于小叶侧脉
红小铁枣	红小铁枣蚜 Meitanaphis elongallis Tsai et Tang 寄主红麸杨	形似小枣，成熟时紫红色，长 40mm。位于小叶主、侧脉交界处
黄毛小铁枣	黄毛小铁枣蚜 Meitanaphis flavogallis Tang 寄主红麸杨	形似小枣，表面具黄色茸毛，长 30mm。位于小叶主、侧脉交界处

(续)

倍 子	致瘿蚜及寄主	倍子形状及常见位置
铁倍花	铁倍花蚜 Floraphis meitanensis Tsai et Tang 寄主红麸杨	菊花状，成熟时鲜色，分枝少而长，均出自基部，直径80mm。位于复叶主轴
肚倍	肚倍蚜 Kaburagia rhusicola Takagi 寄主青麸杨 Rhus potaninii	似枣铁倍，纺锤形，表面具网状脉，125mm×44mm。位于小叶基部主脉
蛋肚倍	蛋肚倍蚜 Kaburagia ovatirhusicola Xiang 寄主青麸杨	似蛋铁倍，倒卵形，基部具颈，表面具网纹，86mm×57mm。位于小叶侧脉
周氏倍花	周氏倍花蚜 Floraphis choui Xiang 寄主青麸杨	似铁倍花，小枝锥形，顶部大并具3个以上角突，直径250 mm。位于复叶主轴

* 枣铁倍蚜可寄生青麸杨（田泽君，1992；仿胡萃）。

表 1-3 五倍子爆裂口及爆裂时间

倍 子	爆裂口位置	爆裂时间（月/旬）	倍 子	爆裂口位置	爆裂时间（月/旬）
角倍	端部	9/下～11/上	红小铁枣	基部	9/上～10/中
倍蛋	端部	8/下～9/上	黄毛小铁枣	基部	7/下～8/上
圆角倍	端部	9/中	铁倍花	基部	8/中～8/下
倍花	端部	9/下～10/上	肚倍	基部	6/下～7/中
红倍花	端部	9/上	蛋肚倍	基部	7/中
枣铁倍	基部	6/下～8/下	米倍	基部	8/下～10/上
蛋铁倍	基部	7/中～8/下	周氏倍花	基部	9/下

角倍类 包括角倍、圆角倍和倍蛋，倍子表面有不规则角状突起（倍蛋无突起），寄主为盐肤木。干倍的单宁酸含量65.3%～67.9%。

肚倍类 包括枣铁倍、蛋铁倍、红小铁枣、黄毛小铁枣、肚倍、蛋肚倍和米倍，倍子表面无不规则角状突起，寄主为红麸杨或青麸杨，干倍的单宁酸含量69.8%～72.1%。

倍花类 包括倍花、红倍花、铁倍花和周氏倍花，倍子从基部即产生叉状分枝，整体呈花状。寄主为盐肤木、红麸杨或青麸杨。干倍的单宁酸含量33.9%～38.5%。

在上述14种倍子中，角倍、倍花和红倍花的分布几乎遍及国内所有五倍子分布区，而其他的分布范围较窄，圆角倍、黄毛小铁枣、周氏倍花是稀有罕见种类，其中角倍占总产量的65%～75%、肚倍和枣铁倍占20%～30%。角倍主产区在长江以南和川西部分地区，集产于巫山、峨眉山、武陵山、大凉山、大娄山和苗岭等几大山区的海拔250～1 600m，以500～600m的范围内较多。肚倍、枣铁倍的主产区在秦岭、大巴山、武当山和川西山地，集产于海拔300～2 500m，以500～800m范围内较多。

倍蚜的鉴别主要依据夏寄主、倍子形状、倍子爆裂时有翅迁移蚜的形态特征。3种主要种类的特征如表1-4及图1-11至图1-13。

表1-4　3种倍蚜的特征

角倍蚜 Schlechtendalia chinensis (Bell)	肚倍蚜 Kaburagia rhusicola Takagi	枣铁倍蚜 Kaburagia ensignallis Tsai et Tang
春季迁移蚜（性母，有翅）：体1.48mm×0.59mm。触角第3~5节上卵形或近菱形感觉器分别为52~56、18~25、27~34个。其余同秋迁蚜 秋季迁移蚜（有翅）：灰黑色、被薄蜡粉，体1.93mm×0.62mm。触角5节，第3节最长，3~5节不规则的次生感觉器分别为18~23、8~9、13~15个。前翅痣镰刀形、伸达顶端。缺腹管，尾片半圆形 性蚜（无翅）：口器退化。触角长，4节，第3、4节端部腹面各1原生感觉器。体0.53mm×0.25mm。雌蚜黄褐色、椭圆形，雄蚜墨绿色、长椭圆形、略小 干母（无翅）：成蚜近纺锤形，触角5节，第4、5节端部腹面各1原生感觉器。初产若虫体黑褐、有光泽，营瘿后体渐增大、黄褐色、触角4节 干雌（无翅）：淡黄褐色，体近纺锤形，触角5节，第4、5节近端部腹面各1圆形原生感觉器	夏秋迁蚜：1.29mm×0.42mm，黑色。触角6节，第3~6节上各1个几乎占各节表面1/2的椭圆形次生感觉板。前翅痣纺锤形、不达顶端。腹部蜡腺板多，尾片半圆形 性蚜：口器退化。雌蚜绿色至墨绿色，体0.54mm×0.32mm，椭圆形。雄蚜黑色，长椭圆形，略小 干母：椭圆形，暗褐色，触角和足暗黄褐色。触角4节，第4节最长，1~3节等长、各为第4节长的1/2。营瘿后、体色淡，与干雌难以区别。0.47mm×0.27mm 干雌：初产时长椭圆形，黄色半透明，0.32mm×0.18mm。产仔时1.73mm×1.63mm。体圆球形、色暗。触角5节，黄褐色	春迁蚜：椭圆形、暗绿色，体长1.09mm。触角6节，5、6节各1长度约为各节1/2的形次生感觉板。前翅同秋迁蚜 夏迁蚜：椭圆形、暗绿色，体长1.50~1.64mm。触角6节，3~6节各1占表面2/3的次生感觉板。前翅痣纺锤形、不达顶端。缺腹管，尾片半圆形 性蚜：口器退化，体长0.4~0.5mm。雌蚜淡褐色、卵圆形，雄蚜暗绿色、较狭长 干母：初产黑色、长椭圆形，喙和足发达。体长0.30~0.35mm 干雌：淡黄褐色，卵圆形，体长1.30mm。触角5节，第4节末端1小圆形原生感觉器

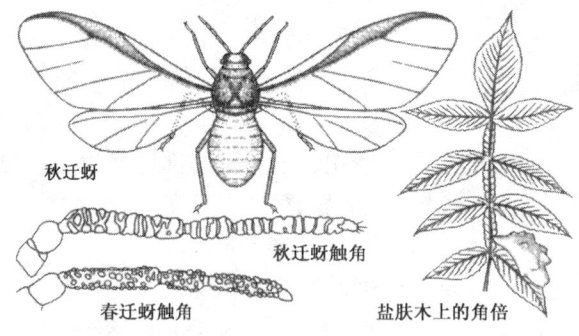

图1-11　角倍蚜

(2) 寄主植物

夏寄主　又称倍树，为落叶小乔木或灌木，即盐肤木 *Rhus chinensis*（Mill）、滨盐肤木 *R. chinensis*（Mill）var. *roxburghii*（DC.）Rehder、红麸杨 *R. punjabensis* var. *sinica*（Diels）Rehder et Wils 和青麸杨 *R. potaninii* Maxim。

冬寄主　冬寄主属于藓纲 Musci、真藓亚纲 Bryiidae 的约50多种藓类植物。该类植物以孢子繁殖，喜生于常年空气湿度较大、土壤较潮湿的地方。各地人工繁殖中大量培育的冬寄主有3种，即在各地均有分布的角倍蚜寄生率最高的优良寄主的侧枝匐灯藓（皱叶提灯藓）*Plagiomnium maximoviczii*（Lindb.）T. Kop.，分布广泛的角倍蚜的优良寄主（但在浙江不适宜）湿地匐灯藓（尖叶提灯藓）*P. acutum*（Lindb.）T. Kop.，广泛分布的肚倍蚜与枣铁倍蚜的优良寄主美灰藓（细枝赤齿藓）*Eurohypnum leptothallum* (C. Mull.) Ando.。

(3) 生物学习性

角倍蚜的年生活史属异寄主全周期型。秋末盐肤木大量落叶前，角倍爆裂，发育成熟的有翅秋迁蚜出倍飞迁移至匐灯藓类冬寄主上，产越冬若蚜。大部分越冬若蚜分化为有翅性母，第 2 年春树木萌芽时回迁至盐肤木；少部分越冬若蚜分化为无翅侨蚜并继续在冬寄主上取食、繁殖后代，但生命力弱，只有少量存活者在第 3 年春天再分化出有翅性母回迁至盐肤木。性母在盐肤木上产下雌、雄性蚜，交配后约 25d 雌性蚜产下干母。干母在幼嫩叶上取食、营瘿形成五倍子，并在虫瘿内生长，繁殖 3 代干雌。秋末第三代干雌发育成熟、羽化为有翅秋迁蚜，待倍子爆裂后又迁至冬寄主上越冬，年生活史中 5 种蚜型的习性及适宜的生活环境如下（图 1-14）。

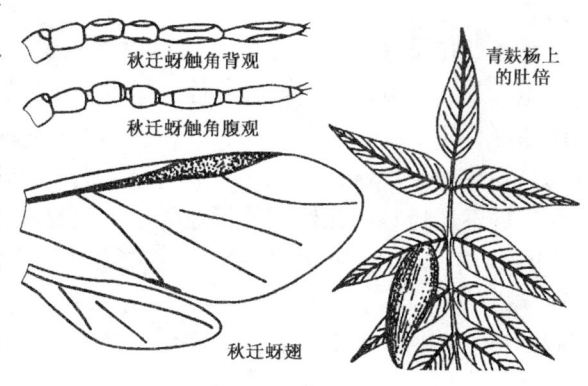

图 1-12 肚倍蚜

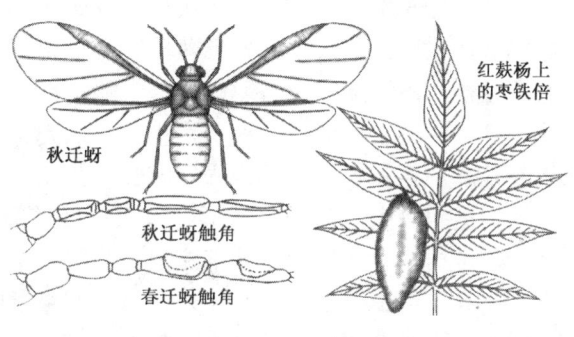

图 1-13 枣铁倍蚜

秋季迁移蚜 角倍的成熟期多在 9 月下旬至 10 月下旬，但地域不同差异常较大，同一地区海拔越高成熟越早。成熟的角倍在角状突起处爆裂，秋迁蚜即从裂口处出瘿，1 个中等大小至最大的倍子内约有 5 000 头至 1 万多头秋迁蚜。该蚜在 30℃时寿命仅 1~2d，7.5℃时 5~6d，相对湿度在 65%~93%范围内，湿度越低寿命越短；但在 5℃下并保湿、保种时存活期可达 89d。出瘿的秋迁蚜多在晴天或阴天的 10：00~16：00 先向光亮处短距离飞行，尔后迁飞。气温高于 20℃时迁飞多，13℃以下则不迁飞。在找到适宜的冬寄主藓类后即降落于上，在 1~2d 内产出越冬若蚜，每头

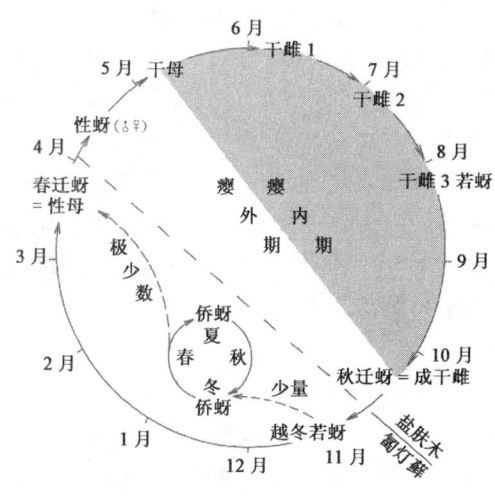

图 1-14 角倍蚜在浙江的年生活史

产出 20~30 只。

有翅春迁蚜（性母、越冬世代） 越冬若蚜不久即爬至匐灯藓较嫩的拟茎部固定、刺吸汁液、取食生长，体表蜡腺分泌的蜡丝于 7~8d 后卷裹虫体形成疏松的蜡球，蜕皮 2 次后于 12 月上、中旬以 3 龄越冬，次年 2 月上、中旬再蜕皮成为具翅芽的 4 龄蚜，3 月中、下旬至 4 月上旬则羽化为有翅春迁蚜（性母）。羽化后的春迁蚜具趋光性，静伏数天后于气温高于 9℃ 时开始迁飞，迁飞半径多在 10m 以内；相对湿度小于 80%、气温在 15℃ 以上的晴天或阴天迁飞最多，一天中多以 13：00~15：00 迁飞最盛，雨天则不迁飞。当迁至盐肤木树干的背风面时即停飞降落，于 1~2d 内先产雄蚜后产雌蚜，每头可产性蚜 3~5 头，性比约 1:1。

性蚜 性蚜被产下后即爬至树干缝隙处潜伏发育，不取食，每 1~2d 蜕皮一次，雄蚜蜕皮 3 次、雌蚜蜕皮 4 次后发育成熟、交配，雄蚜可交配多次。雌蚜交配后仍潜伏在原处，仅 1 个只有薄卵膜的受精卵在蚜体内完成胚胎发育，卵于 4 月底 5 月初产出后随即脱去薄卵膜即 1 龄干母，每雌只产 1 头干母。

干母 初产干母淡色，后变黑褐色、油光，足发达，很快沿树干、树枝爬至幼嫩复叶总轴两侧翅叶的部位固定取食，受干母取食刺激 6~10d 后于 5 月初虫体四周的组织增生隆起成圆球形、包被虫体的雏倍，1 头干母只形成 1 个虫瘿。能使干母定居取食、形成虫瘿的主要是当年新梢的第 6~11 复叶，每复叶可结虫瘿 1~12 只，但虫瘿越多，平均每只虫瘿的重量就越低。

干雌 干母在虫瘿内以孤雌生殖的方式产下无翅干雌，干雌在瘿内繁殖 3 代，第 3 代干雌若虫羽化即为有翅秋迁蚜。在雏倍形成后，随着倍内蚜量的代增加，倍子也不断增大，至 10 月中、下旬倍子成熟爆裂时体积达 15.96cm^3，最大的达 59.0cm^3。

1.4.1.2 培育技术及利用

五倍子野生野长，死亡率很高，产量低且不稳定，其主要的致死因素如 6 月梅雨过多而影响幼倍发育，7~8 月高温干旱使倍子枯萎和死亡，越冬期间持续干旱和浸水，各种原因造成倍树的自然落叶；瘿外期蚂蚁、蜘蛛等，瘿内期松鼠、鸟类、食蚜蝇、蛾类等的捕食，及白粉病、炭疽病等对倍子的危害，因此只有应用人工培育技术才能提高其产量和经济效益。从 20 世纪 80 年代开始我国倍子的生产已逐步告别了单纯依靠野生资源的产出方式，以建立生产基地、应用人工繁育技术的规模化经营使倍子的产量稳步上升。建立五倍子生产基地必须具备倍蚜、夏寄主、冬寄主及适宜的气候和土壤等条件。

(1) 林地培育及管理

选择适宜的生产基地 角倍蚜完成年生活史需要冬、夏寄主转换。夏寄主盐肤木分布广泛，对气候、土壤等适应能力强，容易栽培；冬寄主匐灯藓类则喜生于空气湿度较大、土壤基质较潮湿的地方。因此，生产基地的建立要看藓定林，应选择终年比较潮湿，冬寄主分布较多且生长良好、有天然倍树分布的山谷地带。如营造的倍林处于有树无藓的场所，也就限制了五倍子的生产。

补植夏寄主、营造倍树林　良好倍林的立体结构应是上层为倍树与其他偏湿性常绿小乔木混交，中层具有部分小灌木，下层为藓、草丛。如果所选生产基地的盐肤木太少，可适当补栽，使之与其他树木成混栽林。补栽时最好补植于近山谷溪流附近的原有林地边缘或坡地边缘，要避免营建大面积的纯倍林。新造林的种苗可用实生苗、根蘖苗或直接切根造林。采用实生苗时，可在种子成熟时采下晾干保存，次年3~4月播种、培育，成苗后移苗育林。补植和新造林后要加强管理、修剪、防治病虫害，促其快速成长，1~2年后即可投产。

培育冬寄主　角倍蚜的冬寄主较多，应根据当地实际情况尽可能选择优良的冬寄主。人工繁殖种藓时可从其他林地内将藓带土采回，分块种植，经常浇水保湿促使其生长和繁殖。然后在冬寄主少或分布不均匀的倍林内，于每年的3~5月或9~11月适温多雨、藓类生长繁殖旺盛期，补种于倍林下潮湿又不积水的地方；如春季植藓当年就可放虫利用，秋季植藓第2年才能利用。

(2) 倍蚜的繁育、管理及倍子的采收

倍蚜虫的引种　若生产基地的虫源不足，就必须从其他倍林引种。秋末当种倍林中个别倍子开始爆裂，绝大多数倍子中蚜虫已达4龄末期（翅芽呈黑色）时即可采种倍。种倍要带叶采下，放入竹箩筐或纸板箱中（厚度不超过25cm）运送，运输时要注意保湿、避免温度过高，以免影响倍内蚜虫的生长发育。

倍蚜虫的接种　将种倍置于保湿的容器中，每天捡出已爆裂的倍子后盛于开口的容器中，再将容器散置于藓地，任秋迁蚜自然迁至冬寄主上。若种倍内秋迁蚜已出完应及时收回浸烫晾干，以免霉烂损失。或利用秋迁蚜的趋光性，在室内收集秋迁蚜后将其直接接种于冬寄主上。也可用塑料薄膜遮罩藓圃上，将收集的秋迁蚜接种其上以提高寄生率；但遮罩不宜完全封闭，当若蚜产下后要揭开薄膜的两边、通风，以免温湿度过高影响倍蚜的发育或导致其发育为无翅侨蚜。倍蚜虫越冬期的死亡率较高，在匐灯藓上可按100~200g鲜倍/m^2、或20 000~40 000头/m^2接种角倍秋迁蚜。

越冬期管理　若蚜在冬寄主上形成蜡球后抗逆能力增强，但仍需在雨后及时排水，清除覆盖在藓上的枯枝落叶；如遇干旱应及时喷水，防止冬寄主干萎，引起若蚜爬移，造成死亡。

倍子生长期管理　从5月雏倍形成至秋天倍子成熟期应防止人畜破坏。如倍林受到卷叶蛾、蓑蛾、刺蛾、毒蛾、吉丁虫、天牛、金龟子等害虫危害时，要采用人工捕杀、灯光诱杀等方法防治；若害虫危害严重，最好使用微生物杀虫剂进行防治，使用化学农药时应十分谨慎以免杀伤倍蚜。

采收　采摘倍子要适时，如倍林中倍量大以5%~10%、较少则以30%~50%的倍子爆裂为采收适期，或分期采收已爆裂的倍子以保证来年的虫源。不论何时采收，每株都要留2~3只较大的虫源倍子至爆裂、秋迁蚜飞完后再采。在倍子还在生长时过早摘之，不仅影响当年的产量还会减少来年的虫源；反之当倍子爆裂后采摘易霉烂,加工后的外形畸变,且蚜虫飞逸后重量减轻。

(3) 产物及利用

加工　采收的新鲜倍子要及时处理,杀死倍蚜,防止单宁氧化和色泽加深,以保证倍子的质量。常用的处理方法是将倍子在沸水中浸烫约 1min,至倍子表面略变色即取出晒干或烘干,然后装袋出售,若存放应贮藏于通风干燥处。每 3kg 鲜倍约可得干倍 2kg,1kg 成熟的晒干角倍有 136~172 个、肚倍有 110~162 个、枣铁倍有 100~136 个。

用途　五倍子除直接作为传统中药外,以五倍子单宁酸和没食子酸为原料合成的药物达 30 余种:如用于治疗下痢、烫伤、冠心病、肝炎等疾病的鞣酸蛋白、次没食子酸铋、次没食子酸碘化铋、醋酰鞣酸、克冠卓、联苯双酯等。没食子酸还可作为许多药物的抗氧化剂,哈霉素的耐光剂及需求量很大的抗菌增效剂 TMP(甲氧苄氨嘧啶)等。TMP 是一种广谱、高效、低毒的抗菌药物,与各种磺胺类药物和部分抗生素联合应用,可使磺胺、抗生素的药效增加数倍至数十倍。

单宁酸和没食子酸是制造墨水、油墨、化妆品、药物牙膏、木材染料、复印色纸的重要原料,也是棉纺织品盐基性染料的媒染剂、锦纶丝和尼龙丝染色的固色剂;也用于制作钢铁的防腐涂料、保护涂料,印刷和照相材料方面的光敏涂料,以及钻井的泥浆稀释剂;还可配制成油脂抗氧化剂、花色素苷的耐光剂、食品调味剂、防腐剂、蛋类冷藏的保鲜剂、果酒澄清剂等用于食品加工和生产。

而单宁酸也是病毒和真菌抑制剂、植物生长调节剂等,并用于稀有金属锗的浮选和提炼及彩色显像管和半导体的制造。

1.4.2　胭脂蚧

胭脂虫属同翅目 Homoptera 蚧总科 Coccoidea,是体内可产生洋红酸的蚧虫种类的总称,这些种类隶属于胭蚧科 Dactylopidae 的洋红蚧属 *Dactylopius* 和珠蚧科 Margaroidae 的胭珠蚧属 *Porphyrophora*。胭蚧科和珠蚧科两类胭脂虫的区别列于表 1-5。目前饲养和利用的皆属洋红蚧属的种类,而对珠蚧科种类的利用正在起步阶段。胭蚧类原产于墨西哥和中美洲,寄主为仙人掌类植物;其成熟虫体内洋红酸的含量占虫体干重的 19%~24%。洋红酸是理想的天然染料,抗氧化。遇光不分解,但水溶性较差。

著名的胭脂虫 *Dactylopius coccus* Costa(墨西哥俗称 Grana fina)起源于美洲,发源中心为墨西哥(Hoffmann 1983),但该种可能是从现存野生种中经筛选、饲养或是野生种直接驯化的产物(Santibanez Woolrich 1990)。许多国家及我国虽然都对胭脂虫的引种、繁育和利用进行了研究,但世界上只有主产国秘鲁以及加纳利群岛、南非、墨西哥、智利(Brutsch & Zimmermann 1993)等少数几个国家和地区饲养胭脂虫,并将其作为重要的经济来源。这些国家的年平均气温 20~35℃,且常年保持在 0℃以上,非常适合胭脂虫生长。

表 1-5 胭蚧科和珠蚧科两类胭脂虫的区别

	胭蚧科胭脂虫	珠蚧科胭脂虫
分类地位	属胭蚧科 Dactylopidae 洋红蚧属 *Dactylopius*	属珠蚧科 Margarodidae 胭珠蚧属 *Porphyrophora*
地理分布	原产于墨西哥,后来被西班牙人传到欧洲。南美、印度、加纳利群岛、葡萄牙以及我国的云南也有分布	原产于地中海沿岸,分布广大古北地区,即自东亚的乌苏里江经中国北部、中亚、中南欧直至北非
寄主植物	仙人掌类植物,最适寄主为印榕仙人掌 *Opuntia ficus-indica* Mill	麦类、豆类、药材和牧草等植物,我国的寄主为花棒、甘草、小叶锦鸡儿等
生活习性	固定在仙人掌茎片上生活,雌虫发育经过卵、若虫、成虫;雄虫发育经过卵、若虫、预蛹、蛹、成虫	一生居于土中,吸食寄主根部汁液。雌虫发育经过卵、若虫、珠体和雌虫;雄虫发育经过卵、若虫、珠体、预蛹、蛹和成虫
利用虫态	雌成虫	珠体
经济价值	较高	较低

世界上最早使用胭脂虫色素的是墨西哥的土著印第安人,他们用野生胭脂虫提取胭脂红以满足日常需要,并用自己的方法饲养了数百年。15 世纪初西班牙人入侵新大陆时对胭脂红很感兴趣,但因从墨西哥运到欧洲的胭脂红价格昂贵,促使西班牙开始在本土及邻国栽种仙人掌饲养该虫;200 年后,胭脂虫被传往南美、印度、加纳利群岛、葡萄牙等地;19 世纪中叶该产业达到了高潮,但由于煤焦油染料的出现使胭脂红的生产一落千丈。后来由于发现煤焦油染料对人体有害,甚至有致癌作用,胭脂虫色素又受到了广泛关注。

1.4.2.1 种类

胭蚧科种类很多,Gerrn 在 1912 年将该科的所有种类都归到了 *Coccus* 属中,1974 年 De Lotto 将洋胭蚧科归结为包括 9 个种的洋红蚧属 *Dactylopius*,即 *Dactylopius tomentosus* Lamarck、*D. coccus* Costa、*D. confusus* Cockereu、*D. ceylonicus* Green、*D. opuntiae* Cockerell、*D. austrinus* De Lotto、*D. confortus* De Lotto、*D. salmianus* De Lotto、*D. zimmermanni* De Lotto。因世界范围内饲养的皆以胭蚧科洋红蚧属的胭脂虫 *D. coccus* Costa 为主,本教材也以该种为介绍对象。

1.4.2.2 形态特征与生物学习性

形态特征

卵红色椭圆形。初产 1 龄若虫 0.5mm×0.3mm。若虫深红色、卵圆形,背负白色蜡丝。成熟雌虫 4~6mm×3~4mm,球形或椭圆形,暗紫红色,背负白色絮状蜡丝,腹末较圆,触角 7 节。雄蛹红色,体节明显。雄成虫长约 3mm,红色,腹末有长蜡丝,无口器,足细长发达,具翅。

生物学习性

胭脂虫在原产地 1 年 2~4 代,卵胎生,全年均可见到各龄虫体,世代重叠明显。雌虫喜群居,雄成虫飞行能力弱。在室温 16.5~21℃,湿度 80%~86%,51~63d 即可完成 1 代,温、湿度对其发育影响较大,其他因子如风、光照、土壤、寄主种类及龄期和茎节朝向、寄主植物的病虫害对其生长发育亦有影响。初产 1 龄若虫于 20～30min 后即开始爬行，爬行速度约 2cm/min。当 1 龄若虫寻到合适位置后 2～3d 即固定并分泌蜡丝，约 15d 即蜕皮进入 2 龄。90% 以上的 2 龄若虫固定后即不再移动，其中约 98% 发育为雌成虫。受寄主及其营养的影响雌成虫怀卵量最高达 340 粒/头，平均 120 粒/头；雄成虫少见，寿命 3～4d（图 1-15）。

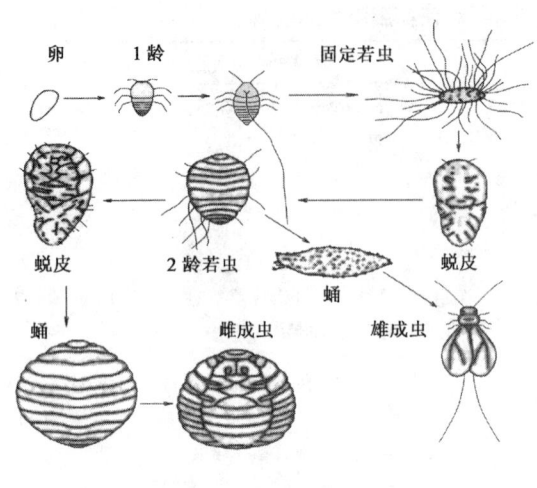

图 1-15 胭脂虫 *Dactylopius coccus* Costa

25℃以上时 1 龄若虫开始涌散，涌散高峰多出现在 10：00 后，30℃以上时涌散的 1 龄若虫在寄主上从下往上爬行活跃。适当高温可缩短胭脂虫的发育周期，低温可使成、若虫特别是 1 龄若虫大量死亡，当气温高于 38℃时 1 龄若虫不停爬动、难以固定，死亡率高达 95% 以上；1 龄若虫在寄生固定前易被雨滴冲走，或已寄生固定的也会因雨滴包被而窒息死亡 90% 以上；2 龄期间的降水亦会造成 90% 的个体死亡，2 龄后期其抗雨水致死的能力渐强，雨后采收的胭脂虫其洋红酸含量低。

胭脂虫在秘鲁的寄主达 29 种，在这些寄主上的存活率为 35%～89%、平均为 68%，但仙人掌 *Nopalea* sp. 对该虫有抗性，而 *Opuntia* sp. 则无抗性，并在印榕仙人掌 *Opuntia ficus-indica* Mill 上的生长速度比在其他种类的寄主要快，这与印榕仙人掌的气孔数目和上皮层的厚度有关。

胭脂虫的天敌种类较多，野生的胭脂虫和饲养种争夺寄主，也是饲养种的天敌之一，而捕食性的各类瓢虫、食蚜蝇、潜蝇等对胭脂虫危害更大。在秘鲁和玻利维亚，异食蚜蝇的幼虫捕食胭脂虫的 1 龄和 2 龄若虫，危害最为严重。

1.4.2.3 胭脂虫的繁养

20 世纪 80 年代前国外胭脂虫的繁养主要在野外进行，以后逐渐改为了室内繁养，为胭蚧科胭脂虫创造了更为适宜的生长发育条件，大幅度提高了繁养效果。

转接繁殖技术 胭脂虫的扩大繁殖可采用靠接法，即采取已寄生有胭脂虫的寄主茎节，将其与未被寄生的茎节相靠，让涌散的 1 龄若虫自然爬行到被转接的茎节上。也可用三角（网）袋转接法，即在每纸（网）袋中收集 10 头已掉糖、近临产的雌成虫，然后将袋用大头针固定在被转接的茎节上，雌虫产出的 1 龄若虫爬行寄生其上。

室外大田繁养 传统的方法是在野外的仙人掌植株上露地放养，但只能在雨量稀少、且分布较均匀地区进行，并不是有仙人掌生长的地方就能放养。该法每年可收 3~4 次，当雌虫成熟时用刷子刷下、收集，经干燥处理后的雌虫就可供出口或提取色素。

棚内挂放繁养 为 20 世纪 80 年代中期在南非雨量较多的开普省试验，90 年代投入使用的新方法。该法是搭一遮雨棚，将接有若虫的成熟仙人掌节片悬挂于棚内，大约经 3 个月的夏季至 5 个月的冬季雌虫即成熟，用喷气法将成熟的雌虫吹入容器，并净化虫体，然后保留一部分雌虫繁殖后代。待若虫产出后再次接种于新鲜成熟的仙人掌节片上饲养，再将剩余的及已生育过的雌虫在 60℃下干燥、加工利用。

如标准棚面积为 90m²，每公顷生长密集的仙人掌可供给 3~4 个饲养棚所需的节片，每棚年产干雌虫约 75kg，按 20 美元/kg 的国际价格计，每棚年可收入 1 500美元，每公顷仙人掌饲养胭脂虫的收入在4 500美元以上。实际上据在中美洲进行的估测表明，每公顷仙人掌放养胭脂虫的潜在总收入约为15 000美元，因此棚养法已在墨西哥等国得到了普遍使用。

1.4.2.4 开发前景

近代因发现煤焦油染料对人类健康有害，有的甚至有致癌作用，许多国家已明令禁止使用；而人工合成的胭脂红色素其化学式为 $C_{20}H_{11}O_{10}N_3S_3Na_3$，它是应用最广泛、用量最大的一种化学合成色素，虽未发现其有致癌作用，但因高剂量饲喂的雌鼠有明显的不良反应已在美国被禁止使用。

天然的胭脂红即洋红酸是一种亮红鲜艳的蒽醌类色素，分子式为 $C_{22}H_{20}O_{13}$，精制后即洋红。1987 年英国生物工业研究院对胭脂红色素进行了毒性检测，证明这种天然色素在父母代及其后三代对动物无致癌、致畸性等慢性毒性。天然胭脂红现已广泛地用于食品、化妆品、药品等多种行业，在世界上的需求量激增，国际市场价已达 530 美元/kg，但其产量仍较小，不能满足国际市场的需求，占世界总出口量80%以上的主产国秘鲁年产量仅约 800t。

我国还没有进行胭脂虫的养殖和胭脂红的生产，胭脂红一直依赖进口，年进口胭脂红约 10t 多；而我国的亚热带半干旱地区虽不适合发展农业，但却能种植仙人掌饲养胭脂虫，具有发展胭脂虫产业的基础和条件。

1.4.3 珠蚧科的胭脂虫及其他产瘿昆虫

1.4.3.1 珠蚧科的胭脂虫

珠蚧科的胭脂虫分布地中海沿岸、中亚和我国西北地区及非洲，最早记录于地中海沿岸，又名地中海洋红，在古代的寺院中多用以制染亚麻织物。

近 200 余年的研究已记录到珠蚧科的胭脂虫种类达 34 种，林奈于 1758 年记录的 *Coccus polonicus* 即为著名的波斯胭珠蚧 *Porphyrophora polonica* (Linnaeus)，已故的波兰动物学家 A. W. Jakubski 在一战后收集了 19 种。1995 年汤祊德对胭珠蚧属种类的形态进行了描述；1979 年杨集昆记录的新疆胭珠蚧 *P. xinjiangana* Yang 和宁夏胭珠蚧 *P. ningxiaana* Yang 即甘草胭珠蚧 *P. sophorae* (Arch.)（图 1-16），这是我国到目前为止仅知的种类，2000 年汤祊德认为我国还应存在波斯

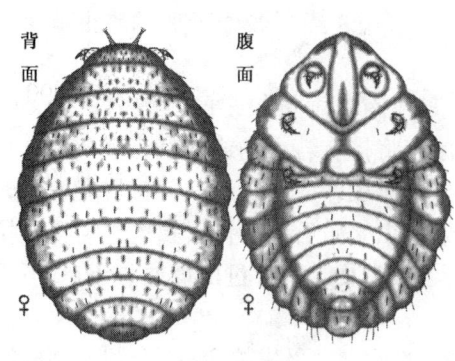

图 1-16　甘草胭珠蚧

胭珠蚧和乌苏里胭珠蚧 P. ussuriensis Borchs。

甘草胭珠蚧的形态特征

卵狭长圆形，红色，0.6mm；1龄若虫0.7mm，紫红色，触角6节；雄蛹紫红色，2.5mm。珠体皮质或硬化，球形或近球形，成熟时近紫红色。雌成虫6mm，卵圆形或梨形，胭脂红色，背面突起，体壁柔软，密生淡色细毛和蜡腺孔，触角8节，足3对，前足粗壮，开掘式。雄成虫2.5mm，暗紫红色，触角8～14节，复眼大，无喙，腹部细，末端拖一簇直而长的蜡丝。

甘草胭珠蚧的生物学习性

1年1代，一生居于土中，以1龄若虫在土中的卵囊中越冬，次年春天活动吸食。雌虫发育经过卵、若虫（1龄）、珠体（多龄）和雌成虫；雄虫经过卵、若虫（1龄）、珠体（2、3龄）、预蛹（4龄）、蛹（5龄）和成虫。5月到7月上旬为珠体期，7月20日左右雄虫羽化、雌虫出壳，出壳的雌虫爬到地面接受雄虫交配。雌虫交配后入土，分泌棉团状卵囊，8月底9月初若虫孵出并藏于卵囊中越冬。

开发利用

甘草胭珠蚧的寄主花棒、甘草、小叶锦鸡儿在我国内蒙古及西北地区广泛分布，因此可在饲养技术、利用效益研究的基础上，因地制宜，通过人工播种栽植其寄主植物，建立养殖基地进行接种、开发和利用。

1.4.3.2　其他产瘿昆虫

在产瘿昆虫中我们只开发利用了五倍子蚜，广泛分布于我国各地的许多绵蚜、球蚜、瘿蜂等在取食危害其寄主时也产生了大量的虫瘿，这些虫瘿是否也有像五倍子蚜那样含有单宁或是其他有价值的成分？这类虫瘿是否有开发和利用价值？或其价值比五倍子更大？我们还不得而知。因此，有必要加强对上述产瘿昆虫的研究，以优化利用昆虫资源。

复习思考题

1. 柞蚕放养的技术关键是什么？
2. 简述蓖麻蚕的生活习性。
3. 野蚕有哪些经济价值？
4. 根据紫胶虫主要生物学特性如何制定正确的放养技术措施？
5. 简述白蜡虫从采摘种虫到虫包上树期间的主要养殖技术和注意事项。

6. 简述角倍蚜的年生活史及各虫期的主要习性。

本章推荐阅读书目

野蚕学．苏伦安．农业出版社，1991

中国白蜡虫及白蜡生产技术．张长海，刘化琴编著．中国林业出版社，1997

五倍子加工及利用．张宗和编著．中国林业出版社，1991

白蜡虫的养殖利用．王辅主编．四川人民出版社，1978

中国珠蚧科及其他．汤祊德．中国农业科技出版社，1995

第 2 章 药用昆虫

【本章提要】 本章介绍了我国利用昆虫入药的历史，并按类型概述了主要的入药昆虫及其药性，重点介绍了滋补与食疗、产毒、解毒与攻毒和特种入药昆虫中的代表种类的养殖和利用方式，最后以蜂毒与斑蝥毒素为例介绍了虫源性药用有效成分的提取方法。

人类对虫类药的认识经过了漫长的岁月，我们的祖先在谋求生活而与自然界作斗争时，曾经"饮血茹毛"、"山居则食鸟"、"近水则食鱼鳖螺蛤"（《古史考》），在食用各种大小动物当中，自然会遇到那些有医疗疾病作用的虫类。随着对虫药认识的逐渐积累，对各类虫药的药性和功效的知识也就越来越多，可入药的昆虫在治疗疾病方面也就发挥了其应有的作用。

2.1 昆虫的药用价值及可入药的昆虫资源

昆虫药用在我国历代药书中已有很多记载，中国早有食、药同源，寓医于食的传统，许多昆虫既是食品，又是滋补和保健良药。"虫"字在古代是动物的总称，《大戴礼》"禽羽虫，兽毛虫，龟为甲虫，鱼为鳞虫，人为倮虫"，其意是指小型动物类入药即虫药，不局限于生物学概念中专指的昆虫类。

最早收录虫药的医药书籍是汉初的《神农本草经》，其中列载虫药 28 种，约占全书所载药物的 8%、占所收动物药的 43%，可见汉初已对虫类药材相当重视并在使用上已经取得了宝贵的经验。东汉时张仲景在其《伤寒杂病论》中更具体地列举了水蛭、虻虫、蜣螂、鼠妇、地鳖虫、蜘蛛、蜂房、蛴螬等多种虫类药材在治疗内科、妇科等方面疾病的使用经验，创立了以虫类药为主的抵当汤（丸）、鳖甲煎丸、大黄䗪虫丸等下瘀血汤著名的方剂。东晋的葛洪在《肘后方》中用蚯蚓治"虏黄"，用僵蚕、蚱蝉治头痛、风头眩等症。唐代的孙思邈在《千金方》、王焘在《外台秘要》中将虫类药材用于治疗内、外、妇、儿各科疾病，其中药用虫种除沿用张仲景等所用者外，还有蜥蜴、蜈蚣、芫青、斑蝥、萤虫等。宋代许叔微的《本事方》中有诸多虫药，金、元时代对虫类药的应用亦有所发展。至明代李时珍在《本草纲目》中收载虫类药达 107 种，占动物药 444 种的 24%，使虫类药材的应用得到了很大的发展。随后清代的杨栗山、叶天士、王孟英等皆广泛使用虫类药物治疗各种疾病，给后世留下了不少的宝贵经验。散落我国民间的药用昆虫资源志以及治疗疾病的虫药验方那就更多了。现已知可入药的昆虫含 13 目、至少在 200 种以上，其药用价值如下：

缨尾目 衣鱼、毛衣鱼。干燥全体入药，祛风、散结、明目、利尿。四季捕捉，置沸水中烫死，晒干备用。用 7～10 只，主治中风、惊痫、疝瘕、目翳、小便不通及血尿等。

蜻蜓目 赤蜻蛉、夏亦卒、褐顶赤卒、黄衣、马大头等。干燥成虫全体入药，补肾益精、解毒消肿、润肺止咳。夏秋季捕捉、处死、晒干或烘干（幼虫水生，可食用）。用 3～8 只，入丸散服，主治阳痿遗精、咽喉肿痛、百日咳等。我国民间常取黄衣 2～3 只置瓦上焙干，温水送服，治贫血性头痛、头晕甚验。

蜚蠊目 ①蟑螂类，包括黑胸大蠊、广纹小蠊、日本大蠊、澳洲蜚蠊、德国蜚蠊、东方蜚蠊（蟑螂）等。干燥或新鲜全体入药，活血散瘀、解毒消疳、利水消肿等。夜间于墙角、炕边、厨房、仓库等处捕捉，沸水烫死、晒干或烘干，也可鲜用。取 3～5 只，主治症瘕积聚、小儿疳积、脚气水肿、疔疮肿毒及蛇虫咬伤等，外用适量。民间常取澳洲蜚蠊 150～200 个浸入 500mL 白酒中，一周后缓慢服用，治跌打损伤。②地鳖类。以干燥雌虫全体入药（本章第 5 节）。

等翅目 ①家白蚁。干燥全体入药，滋补、强壮。夏季于黄昏在蚁群飞动时用网捕捉、或掘蚁冢拾取，沸水烫死、晒干备用。用量 3～5g，主治老年体衰、久病气血虚弱等。②土垄大白蚁 *Macrotermes annandalei*（Silvestri）。非洲等将其做成蚁饼治疗缺铁性贫血，在我国广东高州县等地则用于治疗肠胃炎、肝炎、肝硬化等疾病。

螳螂目 以卵鞘及螳螂全虫入药（本章第 2 节）。

直翅目 ①中华蚱蜢、小稻蝗、日本黄脊蝗、黄脊竹蝗。干燥全体入药，止咳平喘、定惊息风、清热解毒；晒干全虫含水 10.4%～11.1%、脂肪 5.6%～7.7%、灰分 4.2%～9.9%、蛋白质 40%～60%。夏秋季捕捉，鲜用或沸水烫死、晒干或烘干。用 5～10 只，主治支气管哮喘、百日咳、小儿惊风等；外用适量可治冻伤、中耳炎。②纺织娘。干燥或新鲜全体入药，息风、镇惊。夏秋季捕捉，用酒醉死，晒干或烘干，也可鲜用。用 1～3 个，主治小儿惊风、痉挛抽搐。③花生大蟋蟀。干燥全体入药，利水消肿、清热解毒。夏、秋季于田间杂草堆下捕捉，沸水烫死、晒干或烘干备用。主治水肿、小便不利，外用治红肿疮毒。④华北蝼蛄、非洲蝼蛄、台湾蝼蛄。干燥全体入药，利水消肿、解毒消疮。夏秋季捕捉，沸水中烫死、晒干或烘干。用 5～10 只，治水肿、小便不利、石淋、跌打损伤。

同翅目 华南蚱蝉（黄蚱蝉）、黑蚱蝉、蟪蛄等。干燥的蝉蜕入药（本章第 5 节）。

半翅目 ①稻绿蝽、荔枝蝽。干燥全体入药，活血散瘀、消肿止痛。春至秋季均可捕捉，鲜用或晒干。主治跌打损伤、瘀血肿痛。外用适量。②九香虫（蝽科）。干燥成虫全体入药，见本章第 5 节。③水黾（水黾科）。干燥全体入药，解毒、抗疟、疗痔等。夏秋雨后于水池等处抄网捕捉，沸水烫死、晒干。用 5～15 个，主治痔疮、疟疾。

脉翅目　黄足蚁蛉、蚁狮、中华东蚁蛉。干燥或新鲜幼虫入药（本章第3节）。

鳞翅目　①螟虫类，包括玉米螟、高粱条螟等。以干燥或新鲜幼虫入药，见本章第4节。②柑橘凤蝶、香蕉弄蝶等。干燥或新鲜幼虫入药（本章第5节）。③蓖麻蚕。干燥幼虫或茧入药，祛风湿、止痹病。将幼虫置沸水中略烫，取出拌以草木灰、晒干备用。用5～10g，主治风湿性关节炎。④家蚕（桑蚕）。卵即原蚕子，可治难产、热淋等。卵壳即蚕退纸，有止血凉血、解毒止痢之功，主治血风痛、喉风、牙痛等。5龄蚕制成的成品药如"五龄丸"可治疗肝炎。幼虫的蜕皮可止血凉血、祛风解毒，主治吐血、衄血、便血、崩漏、带下、痢疾、口疮等。蚕粪即蚕沙，祛风燥湿、镇痛止痒，主治皮肤风疹、腰膝酸痛、吐泻腹痛、月经过多。蚕茧可止血、止吐、消痛、止渴，主治便血、尿血、血崩、痈肿等。蛹能和脾胃、祛风湿、长阳气，主治小儿疳积、消瘦、蛔虫病，成品药有蚕蛹复合氨基酸。僵蚕、僵蛹，有祛风化痰、散结、通经止痛作用，主治中风失音、喉痹、痰热结核、齿痛等。雄蛾可补肝益智、壮涩精，主治阳痿、遗精、白浊、尿血、创伤、溃疡，成品药有蛾公酒、蚕蛾补丸、龙蛾丸等。⑤大蓑蛾。活幼虫伤断处流出的淡黄色体液入药，见本章第4节。⑥蝠蛾类。蝙蝠蛾幼虫被真菌寄生后可形成虫草（本章第2节）。⑦虫茶。米缟螟、白条谷螟、谷粗喙螟、化香夜蛾、雪疽夜蛾等幼虫的虫粪即虫茶（本章第4节）。

鞘翅目　①洋虫。干燥全体入药，见本章第5节。②柑橘星天牛、柑橘褐天牛等。干燥成虫入药（本章第5节）。③棕色金龟子、褐绒金龟子、东北大黑鳃金龟、华南大黑金龟、江南大黑金龟、阔鳃大黑金龟、浅棕大黑金龟、四川大黑金龟、暗黑大金龟、黑色金龟子、华北大黑鳃金龟、大条丽金龟、红脚绿金龟、铜绿丽金龟、白星花金龟。其幼虫即蛴螬，干燥幼虫入药，有活血破瘀、消肿止痛、平喘、去翳等功能。夏季翻土或自农家肥中捉之、洗净、沸水烫死，晒干或烘干备用。用1～3g，主治经闭腹痛、疟瘕、哮喘等。④蜣螂类。干燥成虫入药（本章第4节）。⑤竹象鼻虫（笋蛆）。干燥成虫全体入药，祛风湿、去痹痛。夏季在竹林内捕捉，沸水烫死、晒干备用。用3～5个，主治风寒腰腿疼痛；也可做酒剂用。⑥日本吉丁虫。干燥成虫入药，祛风、杀虫、止痒。夏季丛林中捕捉，每15只浸入100mL的75%酒精中，半月后浸液可用。用棉花蘸浸液外擦，主治疥癣、皮肤瘙痒、风疹斑块等。

双翅目　①虻类。干燥雌虫入药（本章第4节）。②五谷虫（丽蝇科）。干燥幼虫全体入药（本章第4节）。

膜翅目　①大胡蜂。干燥成虫全体入药，消肿解毒。夏秋季捕捉、沸水烫死、晒干、研末备用。和麻油外敷，主治痈肿疮毒、蜘蛛和蜈蚣咬伤等。②马蜂类，包括梨长足黄蜂、褐胡蜂、棕马蜂、角马蜂、陆马蜂、果马蜂、台湾黄蜂、中华胡蜂、长脚胡蜂、大黄蜂等的蜂巢。干燥蜂巢即露蜂房入药，祛风止痒、解毒杀虫。全年采收、略蒸或炒或煅、除去死蜂，晒干后备用；炒时剪成小块、炒至微黄，煅时剪碎、置罐内、盐泥封固、适度煅烧。用3～5g，主治疮疗、乳痛、瘰疬、瘾疹瘙痒、疥癣等。③螟蠃。干燥成虫全体入药，降逆止吐、清肺止咳。夏秋季捕捉、沸水烫死、晒干，或与米同炒至米黄取出、研末备用。用0.5~1g，主治呕吐、气逆、咳嗽等。④竹蜂。干燥成虫全体入药，清化热痰、定惊止抽。秋、冬季于竹孔内捕捉，晒干或盐水浸泡。用2~3个，主治小儿惊风、口疮、咽喉肿痛。⑤木蜂类。中华木蜂、灰胸木蜂、黄胸木蜂，干燥成虫全体入药，解毒、消肿、止痛。春至秋捕捉、沸水烫死，晒干备用。取10~15个，用少许盐水捣烂外敷，主治疮疖红肿作痛。⑥蜜蜂类。中华蜜蜂、西方蜜蜂、意大利蜂、小蜜蜂、排蜂、喜马排蜂的蜂蜜、蜂王浆入药（本章第2节）。⑦蚂蚁类。干燥成虫、蚁卵、新鲜幼虫入药（本章第2节）。

有毒的药用昆虫　①同翅目。黑翅红蝉（黑翅红娘子）、短翅红蝉（短翅红娘子）、褐翅红蝉（褐翅红娘子）体内含有毒物质斑蝥素 Cantharidin，可治癌。②鞘翅目。黄胸青腰（多毛隐翅虫）所含的隐翅虫素 Penderin 可治疗多种疾病，亦能引起人或动物的皮肤坏死。眼斑芫菁、大斑芫菁、锯角豆芫菁、毛角豆芫菁、中华豆芫菁、土斑蝥、长地胆（长地胆芫菁）、绿芫菁等成虫体含芫菁素（本章第3节）。大蜣螂、紫蜣螂、神农洁蜣螂成虫含有毒物质蜣螂素 Dichostatin（本章第4节）。③膜翅目。胡蜂科的大胡蜂、梨长足黄蜂、褐胡蜂、台湾黄蜂、中华胡蜂、长足胡蜂（约胡蜂）、大黄蜂、中华胡蜂等成虫含蜂毒肽 Melittin，蜂巢含有毒的挥发油；蜜蜂科的中华蜜蜂、西方蜜蜂、小蜜蜂、排蜂、喜马排蜂、竹蜂、中华木蜂、灰胸木蜂、黄胸木蜂等成虫体内含蜂毒素，其幼体和蜂蜜无毒，蜂毒素可治疗多种疾病。④鳞翅目。刺蛾科的黄刺蛾、青刺蛾、中华刺蛾、棕边刺蛾、扁刺蛾等幼虫，其毒毛能分泌毒汁伤害皮肤，其茧名为"雀翁"，可入药（本章第4节）。

2.2　滋补、食疗昆虫

2.2.1　虫草类

昆虫的幼虫、蛹、成虫被虫草属真菌 *Cordyceps* sp. 寄生产生的僵虫及其子座称为虫草，该子座或子实体形似草状。全世界有记录的虫草种类有400多种，中国约68种，寄主有鳞翅目、鞘翅目、同翅目、双翅目、直翅目、半翅目、螳螂目、蜘蛛等，其中以鳞翅目和鞘翅目居多，又以幼虫虫草常见。虫草在我国大部分地区都有报道，冬虫夏草主要分布于云南、四川、西藏、青海等地的高山、亚高山草甸区，蛹虫草主要分布于河北、吉林、广东等地，凉山虫草主要分布于四川、云南、贵州等地。我国的虫草及其寄主见表2-1。

2.2.1.1　冬虫夏草

由虫草属真菌寄生于昆虫并能产生子实体的菌、虫结合体并非都是冬虫夏草。冬虫夏草是特指仅分布于我国青藏高原及边缘地区高寒草甸中的中华虫草菌 *Cordyceps sienesis*（Berkeley）Saccardo（1878），寄生于蝠蛾属 *Hepialus* sp. 幼虫

表 2-1　我国的虫草及其寄主昆虫

虫草名	寄生菌	寄主
冬虫夏草	*Cordyceps sinensis*（Berkely）Saccardo	蝙蝠蛾 *Hepialus* sp. 幼虫
蛹虫草	*C. militaris*（L. ex Fr.）Link	舟蛾科、天蛾科等昆虫的蛹
亚香棒虫草	*C. hawkesii*（Gray）Cooke	夜蛾科、水蛾科等幼虫
蛾蛹虫草	*C. polyarthra* Moller	天蛾科、粉蝶科幼虫
大蝉虫草	*C. sobolifera*（Hill）Berk. et Br.	蟪蛄或蛹
泰山虫草	*C. taishanensis* Liu, Yuan et Cao	天蛾科幼虫
凉山虫草	*C. liangshanensis* Zang, Liu et Hu	四川蝙蝠蛾幼虫

所形成的虫、菌结合体。当蝙蝠蛾的近老熟期幼虫于冬季前后被虫草菌感染、侵入虫体后，即在虫体内吸收营养、产生菌丝，待菌丝充满虫体全身幼虫即僵硬，称为冬虫，第二年夏季死虫头顶部长出棒状、露出土面的子座即夏草。

蝙蝠蛾属于蝙蝠蛾科昆虫，我国已经定名的蝙蝠蛾种类达 41 种，冬虫夏草寄主 37 种，但虫草蝙蝠蛾 *Hepialus armoricanus* Oberthür 是冬虫夏草的主要寄主昆虫。虫草蝙蝠蛾分布于西藏、四川、云南、青海及甘肃等地海拔 4 500m 雪线以上的草甸区，幼虫主要以蓼科植物珠芽蓼的地下块茎为食。在海拔 4 500m 的地区多年生草本植物珠芽蓼高可达 10～40cm，深棕色根状茎生长粗壮，根部膨大，但在海拔 3 000m 以下块茎瘦小，不适虫草蝙蝠蛾幼虫取食，因此海拔 3 000m 以下即使有珠芽蓼植物的地区亦无该虫分布。

(1) 虫草蝙蝠蛾的形态特征与生物学习性

形态特征（图 2-1）

成虫　雄翅展 37～42mm、雌 40～45mm，体黄褐色，胸部背面色稍深，体表被灰黄色长毛。前翅前缘深褐色，S_C 脉与前缘间有银白色散斑，中室处 1 三角形大灰斑、斑上面另具不规则的黑斑；中横线成 1 断续的白色宽带，外横线灰黄色，缘线灰白，各线在各翅脉之间有不规则的黑点；后缘内侧在 Cu_{1b} 处有 1 半圆形黑褐色纹、环心白色。后翅棕褐色，基部有灰黄色长绒毛。翅面斑纹变化较大，雌性一般色暗淡、黑斑明显，雄性色鲜艳，部分个体有铜绿色光泽。

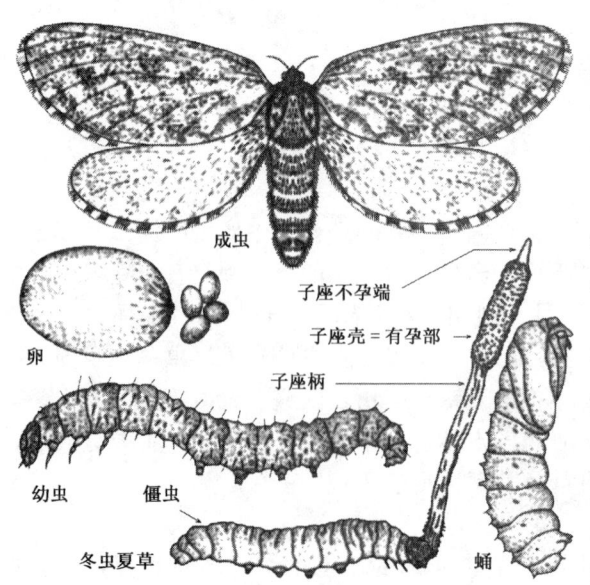

图 2-1　虫草蝙蝠蛾及冬虫夏草

2.2 滋补、食疗昆虫

卵 椭圆形，0.6~0.8mm×0.4~0.5mm，初产时浅绿色微有蓝光，孵化前灰褐色。卵壳中央具不规则的5瓣纹，其外有2层深色放射纹10~11条，各放射纹间有细纵条。

幼虫 老熟幼虫体长39~45mm，体乳白色至污白色、毛片深色。头棕褐色，宽3.8~4.3mm，额高与冠缝呈等边三角形，冠缝弯曲，上唇缺口浅，前缘刚毛6对。前胸背板乳黄色，胸部第1节不分小节，第2、3节具3小节。腹部第1~8节具5小节，第9、10节具2小节；腹足5对，趾钩圆、6~9行，臀足趾钩肾形。气门新月型，气门筛黄褐色，围气门片棕黑色。

蛹 23~31mm×6~8mm，头顶有角状瘤，胸部赭褐色、光滑。腹部正面3节明显缩短，每节有倒刺2排；第7节有瘤状突，8、9节上的生殖孔明显。

生物学习性

虫草蝙蛾在3 500~4 000m高山草甸区2年1代，多以3~5龄幼虫越冬。幼虫均生活于高山草甸和棕色、暗棕色针、阔叶林的土壤中，以植物根及根芽为食，越冬时潜于50~60cm冻土层下方5~20cm处，冬季常微见活动，来年老熟幼虫吐丝，连结土粒，筑茧室，化蛹其中。在四川康定6月中、下旬至7月上旬为发蛾期，羽化后约半小时即攀附在草茎上展翅，寻找异性交配后1~2h（最长约3d）产卵；雌蛾腹部粗大笨重，只能作跳跃式飞翔，雄蛾每次起飞也不过数米，高飞仅1~2m；雌虫寿命4~5d、雄虫约3d。每雌产卵400~500粒。卵多堆产于地表土缝中，每堆10~30粒不等；卵期约60d，9月底或延续到10月初还见有孵化，但在17.5℃条件下将卵置于玻皿中时卵期仅22~30d。幼虫耐寒性强，在-3℃时亦不会被冻死，0℃时越冬幼虫即可复苏活动；在产地的土中一年四季都能挖到幼虫，幼虫6龄，但在条件不适宜或食料短缺时虫龄有增加或减少现象；越冬迟缓发育幼虫的龄期可达210~230d，饲养于18~21℃时各龄历期分别为1龄24.6d、2龄17.8d、3~5龄19.6d、6龄25d。在14.9℃下预蛹期11.6d，蛹期33.4d。

（2）虫草蝙蝠蛾的饲养

蝙蝠蛾一生中98%的时间都在土壤内生活，仅2.5~13d的成虫期营地面生活。该虫耐低温而怕高温，发育最适温度为15~19℃、湿度为75%~85%，土壤含水量为40%~45%。所以其人工饲养和管理也是在土壤中进行的。最适宜蝙蝠蛾发育的是高山草甸土，其次是流石滩与草甸混合土，高山棕色、暗棕色林土的饲养效果较差，在其他类型的土壤中则发育不良。幼虫最喜取食圆穗蓼、株芽蓼、小大黄、胡萝卜、白薯（红薯）、黄芪、白萝卜、马铃薯、苹果等植物的嫩根、芽，也可用禾本科（如青稞、麦、谷芽等）、十字花科及莎草科的嫩根饲养。

蝙蝠蛾卵的饲养 在直径15~20cm的玻璃培养皿中垫2~3层滤纸，再放1块吸水棉保湿，每皿饲养卵200~500粒，此法利于观察，但湿度较难掌握。或在10cm×5~8cm的广口瓶、25cm×30cm的玻璃缸内置3~5cm厚的过筛细腐殖土，并种上1~2棵珠芽蓼，再将卵放养于土表至1cm深的土层中，每瓶可饲养卵300~1 000粒，只要所栽植物不枯萎即可不加水增湿。该法卵的孵化率高，但观察和移植幼虫时较困难。不论使用上述那种方法，控制好温、湿度卵才能正常孵化。

幼虫的饲养 ①在18~25cm×30~35cm深的玻璃缸中置15~25cm厚土壤，种上幼虫的饲料植物，将孵化的幼虫移入缸内，每缸可养幼虫10~30头。②用钢筋焊成长30~50cm、宽20~25cm、高3~5cm的箱架，并焊上提手以便于提动；在箱架的两侧装上玻璃，箱底和其余两侧装上16目的铜纱网，装入土壤，种植饲料植物，每箱放养幼虫20~50头；然后在较坚实的地面挖一个稍大于箱架的槽，将已处理好的养虫箱放入槽中，观察时将箱提出地面即可。③在半自然的状况下，选择一块排水好、土质疏松的场地，挖长12~15m、宽2~3m、深40cm的槽，槽底和四周铺垫16目的双层尼龙纱网后填入疏松的腐殖土，种上幼虫的饲料植物、移入幼虫，每平方米可放养30~50头。④少量饲养时可采回饲料植物，洗净，放入各类盆具，再移入幼虫，盆口覆盖一层黑布或者黑纸避光，饲养中要注意勤换饲料、清除粪便。

初孵幼虫死亡率较高，要给足细小鲜嫩、湿度不高的食物；所用土壤要筛检、除去能擦伤虫体的粗硬颗粒和杂物，并在阳光下暴晒1~2h。幼虫体壁薄而易破，饲养中除了必要的观察、换土和换食料外要尽量减少翻动，给喂的食料和更换用的土壤可用紫外灯照射杀菌15min。

蛹和成虫的饲养 将长50cm、宽50cm、高55~60cm的养虫箱用薄铁板或双层铜纱网封底，顶和四周用铁纱或尼龙纱封盖，并在一面做一扇活动纱网门，再装入10~20cm厚的土壤，种上植物，蛹和成虫即可放养其中。养蛹时压实箱内的土壤，用与蛹粗细相当的木棍捣1个略斜、深约2~3cm的土室，每室放1头蛹，蛹头部向上，再用细土封盖土室；然后将湿度、土壤含水量和温度分别控制在80%~85%、42%~45%及18~22℃。成虫喜在有杜鹃和蝙蝠蛾幼虫食料植物的环境中交配、并产卵其根旁，因此箱中应栽植相关的植物，再保持适宜的水分和温度，避免强光照射即可。

(3) 中华虫草菌的培养技术

要获得纯正的冬虫夏草菌种必须进行分离、纯化、复壮、保存等工作，分离纯化后的菌种即可用于扩大生产。

分离与培养

材料采集 用组织块分离虫草菌时，材料的最佳采集时间是10月底至11月；此时青藏高原高寒草甸的土壤才开始冻结，虫草菌感染蝙蝠蛾幼虫后进入僵虫期不久，感菌虫的头部可见0.2~0.5cm大小的子座芽，虫体内其他杂菌较少，易进行分离，如在其他月份采样时则杂菌、共生或腐生菌较多。若用子囊孢子进行分离，最好在7月中、下旬子囊孢子成熟初期采集。

培养基 ①马铃薯葡萄糖琼脂培养基（PDA）是所有虫草菌属真菌的通用培养基，但菌落长势不十分旺盛，易老化和退化，在分离筛选期可用该配方。②在加富培养基上菌落比在PDA培养基上生长迅速、旺盛，其中加富Ⅱ号又优于Ⅰ号。Ⅰ号配方为蛋白胨10g、葡萄糖50g、磷酸氢二钾1g、硫酸镁0.5g、活蚕蛹30g、生长素0.5μg、琼脂20g、水1 000mL，pH5.0。Ⅱ号配方为蛋白胨40g、葡萄糖40g、去皮鲜马铃薯100g、磷酸氢二钾1g、硫酸镁0.5g、牛肉膏10g、生长素0.5μg、磨碎蝙蝠蛾活幼虫30g、琼脂20g、高寒草甸土浸出液1 000mL，pH 5.0。

分离纯化方法 ①组织分离。分离前用水将僵虫体表面刷洗干净→无菌水清洗2~3次→0.1%~0.2%的升汞溶液进行表面消毒约3~5min→无菌水清洗数次，选取僵虫体胸部→切去表皮→取出血腔中的菌丝并切成芝麻粒大小（避开消化道）→每皿1~2粒、压入平板培养基中→置15~19℃下培养→待菌落长至0.2~0.5cm时，挑选少量菌丝在平板培养基上反复分离纯化2~4次→至无杂菌后移入试管保存和扩大培养。②子座芽分离。从僵虫头顶切下洗净的子座芽，置入0.1%升汞液中消毒2~3min，用无菌水洗净，切取子座中间部位的组织块压入培养基中，后续步骤同组织分离。③子囊孢子分离。用透明纸袋套住子囊孢子成熟的子座，子囊孢子即弹射粘贴于纸袋上→将纸袋浸入25%的葡萄糖液中，洗下孢子→置15~19℃下培养，每天镜检，用微吸管吸取已萌发的单孢滴于平板中；也可用棉纸将僵虫与子座包住、仅留子座的孕头外露，下置一片载玻片，横放于无菌室中，保持温度，每天镜检，用微吸管吸取弹射于玻片上的孢子至平皿的培养基中，后续步骤同组织分离。

扩大培养

虫草菌的扩大生产有三种方式。①在固体培养如试管斜面、三角瓶培养、米饭培养等条件下静置培养，只要掌握好温度和光照即可使菌正常生长。当菌落的分生孢子成熟后，在1~2℃的冰箱中即可保存8~14个月，或直接作为种菌用于生产。②采用液体培养时可用振荡培养，振荡设备最好选用恒温振荡培养机，使用试管固体培养的菌种即可。③在大规模生产菌丝和分生孢子等菌粉时常用大罐通气发酵培养，其培养基为鲜马铃薯（去皮）8%、蔗糖2%、玉米淀粉0.5%、蚕蛹粉1%、蛋白胨0.4%、硫酸铵0.2%，pH值5.5~6.0；其成品质量标准为分生孢子几乎全脱离母体孢子梗，镜检每毫升含分生孢子18×10^8~25×10^8个，残糖低于1%，氨基氮低于0.2mg/mL；其工艺流程即虫草菌分离纯化→试管斜面种菌→液体振荡培养→一级种→二级种→通气发酵种罐培养、浓缩→喷粉干燥→成品菌粉；工艺条件为温度20~25℃，罐压392.3~686.5kPa（0.4~0.7kg/cm^2）、通气量为0.5~1.0VVm/min（1VVm/min的通气量相当于向罐内灌装的液体量），注入发酵罐中的液体培养基为罐容的65%~75%，接种量为10%，搅拌速度为180 r/min，培养时间72~96h。

培养要求及菌落生长特性

冬虫夏草菌喜在偏低温度下生长，在0~4℃时能缓慢生长，5~8℃时生长速度加快，10~19℃生长势较好，最佳生长温度为15~19℃，20℃以上时菌丝猛长、菌落由白变灰黑或棕黄色，变异明显。该菌是一种偏酸性真菌，最适pH值为5.0~6.0，pH值在该范围之外时生长则不良。该菌的子囊孢子萌发和菌丝生长初期适应于弱光和短光照，后期则适应于较强光照，菌丝、分生孢子和子座等生长具明显的趋光性，向阳面生长多而密，背光面则稀疏，全黑暗下各种菌态纤弱、细长而稀疏。

冬虫夏草菌对碳源要求不严格，但以葡萄糖和麦芽糖合用时生长最快，单用葡萄糖时也能良好地生长，次之是马铃薯等淀粉，再次之是蔗糖；同样也能利用多种有机氮，对无机氮利用性较差，氮源以活虫体最佳，蛋白胨与酵母膏合用时生长理想，二者单独使用次之，再次之是牛肉膏等；该菌对无机元素有一定的需求，在有微量的硫酸镁、磷酸氢二钾的培养基中生长旺盛，次之是磷酸二氢钾，其他如钠、钙、铁、铜等无机盐也可利用。

(4) 虫草菌的回接与冬虫夏草的培养

将有性型或无性型的虫草菌孢子回接至寄主虫体上，既可实现冬虫夏草的人工培养，又可复壮无性型菌种。回接时间应在寄主昆虫的蜕皮期、幼虫活动与取食性强的摩擦损伤率较高期等抗菌薄弱阶段期进行。回接方法包括喷雾法及自然接触法两种。

喷雾法 在蝙蝠蛾幼虫的4~6龄阶段如有1/3以上蜕皮时，用5%~10%的葡萄糖子囊孢子或分生孢子菌液喷撒其食物；或集中所饲养的幼虫将菌液喷于虫体。喷雾接种后（约30min）待虫体上的菌液略干时，再将幼虫放回原来的土壤中取食、活动。喷雾法感染率高，但幼虫不易从土中取出集中，且集中后的幼虫常互相残杀。如虫体被咬伤，易感杂菌而死，虫体虽含虫草菌丝但不能形成僵虫（菌核）。

自然接触法 对大面积半自然土壤中饲养的蝠蛾幼虫，在回接适期可用菌液浸泡待种植的饲料植物，或将菌种拌入细土后均匀撒入养虫的地表上，然后喷水使孢子渗入土中，幼虫活动、取食时即接触感染。此法感染率低，但一经感染即可产生长势良好的冬虫夏草，且未感病的蝠蛾幼虫也能正常生长，繁殖后代。

(5) 冬虫夏草的采收和处理

采收季节是否妥当与所采冬虫夏草的质量有着直接关系。海拔3 800~4 500m地带5月中旬至6月中旬采收较佳，4 500m以上可于6月中旬至7月初采收。采收适期的冬虫夏草子座出土2.0~4.0cm、其孕头部还未发育膨大处于尖细期，地下僵虫部坚硬、金黄或黄色，地上部子座在潮湿时棕红色、土内子座乳白至乳黄色，干燥后子座深黄色。如子座饱满、僵虫体略软时采收质量次之，若僵虫体已空瘪、色灰褐、子座膨大呈黑色时，多已无药用价值。

用小条锄或约3cm宽的铁铲或其他挖采工具，自5~10cm深的土中挖出冬虫夏草后，剥净其外被的菌膜，露出僵虫体，仔细清除子座上的杂物，晾晒至半干后用45°~50°的食用酒喷软、整理平直、扎成小把，再晾干或在约60℃的烘箱中烤干、保存。量少时可密封保存在玻璃瓶等器皿中，量大时可用纸封包或用除氧保鲜技术包装后装入木箱，箱内置木炭、藏红花、花椒粒、丹皮等防虫、防霉。存放的库房应通风、避光、凉爽、干燥，温度在23~25℃，1~2个月定期用硫磺熏蒸库房一次，如见有虫害、霉害时则要用氯化苦熏蒸。

(6) 冬虫夏草的质量鉴定

优等的冬虫夏草虫体坚硬饱满，子座粗而不长、完整无残缺、无虫害、金黄色至米黄色，2 400~3 200条/kg。只要采收适时，西藏的那曲和昌都、青海的玉树、云南的迪庆和丽江、四川的甘孜等地海拔4 300 m以上产区的冬虫夏草在质量上无显著区别；但低海拔区的体则较小、色灰暗、质量较差。

性状 僵虫体似蚕，长2.5~5 cm，直径0.3~0.6 mm，金黄色至深黄色，每体节3~5个小环节，足完整，生于头顶的子座多单生，极少2~4个；棒形子座微弯，长3~6 cm（极少10 cm以上），直径1.5~4.2 mm，灰棕色并有细纵纹，子座上部有不孕尖端和较膨大的有孕部（图2-1），膨大部生许多突起的子囊孢子壳；嗅之微腥，味微苦。

组织结构 子座有孕部横切面的卵形子囊壳近表生，基部稍陷于子座内，子囊顶端中央具乳状突。僵虫体脆，横切面的外层黄至棕色，具长12~25 μm的三角形鳞毛，内层至中心充满粉白色菌丝，肠腔组织清晰可见。

粉末特征 粉末黄或棕色，虫皮碎片为多角形，可见体表细毛及刚毛；子座碎块由排列紧密的菌丝组成，菌髓菌丝常成束，间隙较大；子囊壳、子囊及孢子粉末黄色、半透明，壳壁细胞形态不明显，子囊细长，常断裂成节。

理化反应 其酸性乙醇提取液（1:7）在荧光灯下显淡蓝色荧光，水浸渍液（1:10）则显黄蓝色荧光，1 mL酸性乙醇提取液加1~2滴1%的三氯化铁乙醇液后呈黄色。

(7) 冬虫夏草的用途

冬虫夏草是我国药用昆虫中的珍品，具有很好的食疗价值，是与人参、鹿茸齐名的三大传统补品之一，其研究最为深入，应用历史最长，药用和食疗价值最高。我国食用冬虫夏草有很悠久的历史，1757年吴道程在《草本从新》中就记载了"冬虫夏草甘平，保肺益肾，止血化痰，已劳嗽"等功效，1765年赵学敏在《本草纲目拾遗》等著作中的记载则更为详细。

国内外对冬虫夏草的营养成分、微量元素、维生素、氨基酸、蛋白质和其他内含物进行了多方面的分析和研究。其中含25%~30%的粗蛋白，10%~15%的粗脂肪，约25%的总糖，在含有的18种氨基酸中人体必需氨基酸占其总量的38.77%，还含有D-甘露醇、麦角甾醇等10余种有益化学物质，所含的虫草素具有抑菌、抗病毒、抗癌等功效。

冬虫夏草具有滋补肺肾、止咳化痰、收敛止血、镇静等功效，主治病后衰弱、虚劳咳血、阳痿遗精、神经衰弱、慢性咳喘等，还能提高机体免疫系统的功能，对细胞的分裂有抑制作用，具有强心作用和抗癌活性。虫草大都是通过与其他肉类共炖食用而产生疗效的，我国民间食用冬虫夏草的方法很多。

2.2.1.2 蛹虫草

常见的人工蛹虫草是柞蚕和桑蚕蛹虫草。柞蚕的蛹虫草生长旺盛，子座丛生、多达10~20个，仅少数单生；子座长2~10 cm，直径1.2~4.5 mm，橙黄色，顶端外露有许多乳头状突起的子囊壳，鲜重3~7.5 g/个，干重1~2.8 g/个。

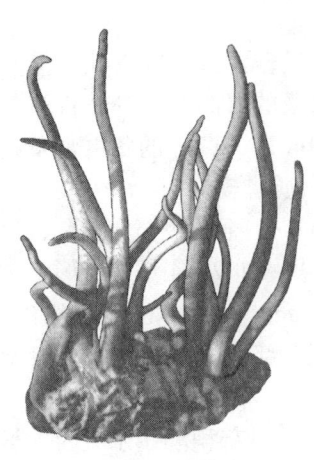

图 2-2 蛹虫草

家蚕的蛹虫草亦是子座丛生，少数单生，子座长 2～5cm，直径 0.5～0.9mm，鲜重 0.8～1.3g/个，干重 0.28～3.2g/个（图 2-2）。

蛹虫草的寄生菌是 Cordyceps militaris (L. ex Fr.) Link。该菌丝体是蛹虫草菌的主体，菌丝呈管状，无色、透明，有隔膜或无，具细胞壁及核，分生孢子可萌发成单核和双核菌丝；具子囊壳的子实体统称为子座，子实体是延伸于寄主体外由菌丝反复纽结形成的有性繁殖器官，子囊壳内的每个子囊常有 8 个子囊孢子，子囊孢子呈线状。

自然状态下蛹虫草菌寄生于表土层中的多种昆虫蛹和幼虫，但以鳞翅目为主，也可寄生直翅目（蟋蟀虫草）、鞘翅目（金龟子虫草）、膜翅目（蜂虫草，蚁虫草）、半翅目（蝽象虫草）、双翅目（蝇虫草）等昆虫。

(1) 蛹虫草菌的侵染循环

蛹虫草菌的子囊孢子借风力传到寄主昆虫体上，孢子萌发长出芽管，侵入体内发育成白色棉絮状菌丝，破坏其体内组织，再蔓延生出一对短小椭圆形尖端有突起的分生孢子梗，顶端产生无色、卵形的分生孢子。分生孢子又传到其他虫体上重复感染。当孢子梗不再产生孢子时，虫体内的菌丝则继续生长，发育成一个坚硬的黑褐色菌核，菌核落地越冬，次春菌核又萌发成子实体。子实体中埋生于寄主组织内的孔口外露的子囊壳产生子囊，借风力再传播，如此循环侵染。

蛹虫草在东北长白山系较多，一般在 6～9 月子座长出地面，在西南地区气候温和地带 5～10 月均可见发生。

(2) 蚕蛹虫草培养技术

蛹虫草菌的采集要在适宜的季节、在产生蛹虫草生境的草丛中，伏地仔细寻找，发现后用小铲精心地沿其四周向下挖掘，把整个虫草菌体连同附近的土壤一块放于饭盒内、填好标签，带回保存于 0～5℃ 冰箱内备用。分离菌株时选择生长正常、健壮、无病虫的蛹虫草子实体、菌核作菌株源，在无菌条件下操作、分离。具体方法如下。

组织分离法　在无菌室接种箱内或超净工作台上切取蛹虫草顶端的子实体，切块大小为 0.2～0.4cm；将切块组织表面用清水洗净，0.1%～0.2% 的升汞水消毒处理 1～2min，再用无菌水浸洗两次，接种于培养基上。

琼脂平板分离法　配置适当的培养基，倒于直径 9cm 的培养皿中，冷却，用划横线接种法将子囊孢子稀释液接种于培养皿中，在 15～19℃ 下培养。一般于第 4 天即开始形成菌落，第 22 天（528h）菌落直径可达 5.01cm，生长率可达 2.71cm/h。

分离获得菌种后即可扩繁菌种，然后选择适宜寄主的蛹，用喷雾法接种。接种后在 15～19℃ 下保湿培养即可。应注意的是所选择的寄主蛹必须健康、干净。

(3) 蚕蛹虫草的经济价值

蚕蛹虫草中糖、脂肪、蛋白质三大营养元素的总含量高达 63.45%，亦含有 18 种氨基酸、30 多种微量元素（包括硒）及甘露醇和虫草素等成分，其中"虫草素"含量是冬虫夏草的 3~5 倍；蚕蛹虫草不仅具有同冬虫夏草一致的化学成分和药理作用，还具有独特的香味和色泽。我国已对人工培养的蚕蛹虫草进行了药化、药理、毒理（急性、亚急性、长期毒性及"三致"即致畸、致癌、致突变试验）及临床试验研究。该虫草除可入药外，也可作为保健食品。

2003 年冬虫夏草的国内价格约 1 万元/kg，国外则更高。如用 4×10^4 kg 柞蚕蛹，培养干蚕蛹虫草 2 000kg，按 4 000 元/kg 计算，可获纯利 240 万元。因此培养蛹虫草具有较大的经济效益。

2.2.2 蚂蚁

蚂蚁属膜翅目 Hymenoptera 蚁科 Formicidae 昆虫，分布广泛。现代研究认为服用蚁制品有恢复疲劳、改善睡眠、增进食欲、提高免疫功能等保健功能；古人则视蚂蚁为食物中的珍品，如《周礼》（公元前 240 年）就有用"蚁子酱"供天子或贵人食用的记载，公元 1765 年赵学敏著的《本草纲目拾遗》"山蚂蚁子"篇中就有"广人美味有蚁子酱，于山间收蚁卵，淘净滓垢，卤以为酱，诧为珍品，则其子亦无毒矣"。

全世界已报道的蚂蚁有 11 亚科 8 800 多种，我国已知 7 亚科 70 属 800 种以上。但并不是各种蚂蚁都可供食用或药用，开发利用蚂蚁时必须科学选择和准确鉴定蚁种。可入药的种类包括鼎突多刺蚁（拟黑多刺蚁）、赤胸多刺蚁、梅氏多刺蚁、血红蚁、黄猄蚁、红蚂蚁、大黑蚂蚁、双齿多刺蚁、巨头多刺蚁、黄蚂蚁等，本节主要介绍鼎突多刺蚁的养殖及利用方法。

2.2.2.1 主要种类

一般认为肉食性的高等蚁种，如多刺蚁属 Polyrhachis、织叶蚁属 Oecophylla 及蚁属 Formica 种类其螫刺和毒腺已退化，食用安全性较可靠；而猛蚁类（猛蚁亚科 Ponerinae）、臭蚁类（臭蚁亚科 Dolichoderinae）误食后会出现不同程度的中毒现象。

织叶蚁属 Oecophylla 工蚁分为大小二型；头近方形，下颚须 5 节，下唇须 4 节，触角柄节约为头长的 2 倍；胸部、足细长，前方成细颈状，中胸背板缢缩；腹柄结细长，中间稍膨大；腹部短，卵形。常见的食、药用种类如黄猄蚁（黄柑蚁、红树蚁）O. smaragdina（Fabricius）。黄猄蚁分布于福建（闽南）、广东、海南、广西、云南（河口），栖居在柑橘树上，由幼虫吐丝织叶营巢，早在公元 304 年（西晋末年）就记载了我国利用该蚁防治柑橘害虫的史实，公元 889~903 年刘恂在其所著的《岭表录异》中记载更细："岭南蚁类极多，有席袋贮蚁子巢，鬻于市者；蚁巢如薄絮囊。皆连带枝叶，蚁在其中，和窠而卖，有黄色大于常蚁而脚长者云，南中柑子树无蚁者实多蛀，故人竞买之，以养柑子也"（图 2-3）。

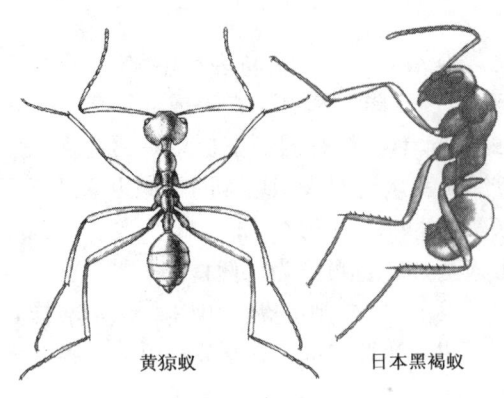

图 2-3　2 种蚂蚁

蚁属 *Formica*　工蚁单形；头三角形或卵圆形，下颚须 6 节，下唇须 4 节；触角柄节或多或少超过头顶长；胸不细长，足中等长；腹柄结呈鳞片状或具长刺。工蚁头略呈三角形，额区小，其上方有 3 个单眼，腹较短、球形。常见的食、药用种类有日本黑褐蚁 *F. japonica* Motschulsky、血红蚁（血红林蚁）*F. sanguinea* Latreille。血红蚁常巢居于有少量枯枝落叶的岩石块下、树桩内，有翅成虫常在 6~7 月间出现，在林区常以小型昆虫为食。

多刺蚁属 *Polyrhachis*　工蚁单形；头三角形或卵圆形，下颚须 6 节，下唇须 4 节；触角柄节或多或少超过头顶长；胸部细长，足中等长；腹柄结呈鳞片状或具长刺。工蚁头部多少呈圆形，额区小，缺单眼，胸部及腹柄结多有背刺；腹部短、球形。常见的食、药用种类有鼎突多刺蚁（拟黑多刺蚁）*P. diver* Smith、赤胸多刺蚁 *P. lamellidens* Smith、梅氏多刺蚁 *P. illaudata* Walker。赤胸多刺蚁蚁巢常筑在腐朽的原木中或地下，有翅成虫 7 月底出现，10 月底到 11 月初分群；梅氏多刺蚁筑巢于水库堤坝附近及低山丘陵处的树根中、树洞内或沟渠与土石洞内，蚁巢亦呈牛皮纸状。

2.2.2.2　鼎突多刺蚁的形态特征与生物学习性

形态特征（图 2-4）

卵　0.9~1.0mm×0.4~0.5mm。初产卵椭圆形、粉红色，后卵体变长，渐成乳白色。

幼虫　初孵幼虫 1.0~1.2mm×0.8mm，长椭圆形至长圆锥形，被刚毛，体壁透明、隐约可见细长的黑色消化道，体前端尖细、弯曲成钩状。老熟幼虫 7~10mm×2.0~2.5mm。

蛹　裸蛹，5~6mm×2mm，复眼红色，初期乳白色，后渐呈黑色。雌蚁茧较大，雄蚁和工蚁的茧较小。

成虫　成虫分雌蚁（蚁后）、雄蚁（蚁王）和工蚁（雌性）三型。①工蚁无翅，体较粗壮，体长 5.5~6.5mm；头部短而阔、具

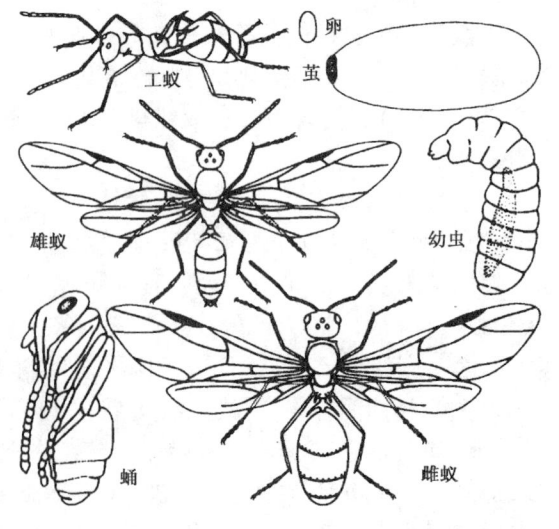

图 2-4　鼎突多刺蚁

细皱纹,触角12节;胸部相对较小、圆而凸起,前胸刺向前外方下弯、并胸腹节刺无钩;腹部第1节长于第2节,柄腹结节高、前面平截、后面凸出,其左右侧角各1刺、刺随腹体弯曲,两刺中央3个钝齿排成鼎足状;足细长,腿节内方具1列短刺。②有翅雌蚁,体粗壮,长7.5~8.5mm,触角13节;胸部特别发达,前胸背板并胸腹节及柄腹结节各1对刺突、较小;初羽化时翅2对,交尾后翅脱落。③有翅雄蚁,体较纤细,长6~7mm,触角14节;胸部发达,前胸背板无刺突;腹部末端较尖,并胸腹节背刺突略见,柄腹结节1对背刺突,翅不脱落。

生物学习性

年生活史 鼎突多刺蚁生活在山区、丘陵地带,多营巢于灌木丛中,蚁群由工蚁和有翅雌、雄蚁及幼虫组成。长江流域1年1代,以雌蚁、雄蚁、工蚁、幼虫和卵越冬。① 翌年春卵和幼虫开始发育,5月工蚁开始化蛹,至11月蛹期结束,6月、8月至10月分别为化蛹高峰期;5~11月工蚁羽化,雄蚁8~11月羽化、寿命约6~9个月,雌蚁10月羽化,终年可见但以10月最多;雌雄蚁多在10月中、下旬分群,在空中交尾后落地,雄蚁于数月后即死去;落地雌蚁各自建立小巢室,8~10d开始产卵,第1批产卵约300~500粒,幼虫孵化后约14d蜕皮,蜕皮数次后即成小工蚁。自此巢穴逐步扩大,新蚁群逐步建立。蚁卵、幼虫全年可见,卵粒、小幼虫常数十个聚集成疏松的球状体,5~6月和8~10月各有一个卵量高峰期,6~12月幼虫较多,其中8~9月最多。室内观察8℃以下休眠,卵期23.0d±2.5d(26℃),幼虫期2.4d±4.4d(26℃),蛹期19.8d±5.5d(27℃)。②来年4月越冬成蚁由地下越冬状态回到地上,多在树上部枝叉间筑分巢,每个群体可筑几个至10个分巢。

蚂蚁以窝为"家庭",每窝约2 000~7 000只,最多达万只以上。自然条件下一群蚁年繁殖约5巢,其繁殖数量与气候、食物、栖地环境有很大关系。人工养殖时只要温、湿度适宜并能仔细饲养,理论上每窝1年可循环繁殖200窝以上。

取食、活动与迁栖 该蚁为日出性昆虫,夜间不出巢穴,阴雨天少活动,抗寒能力强,气温在0℃时不会冻死;生长、繁殖最适温度为20~35℃,自然条件下只在4~9月交配,若年平均气温在25℃以上时全年均可交配;工蚁的适宜温度范围为14~30℃,最适温度约在25℃,适宜的相对湿度为40%~100%。因此蚁群多栖息于黄土丘陵、红黄壤偏酸性土壤、pH6~7、表土含水约20%的马尾松林地,近水源、活地被物相对茂密、蜜源植物较多处蚁巢较多,土表覆盖的死地被物较多、土壤肥力较好利于蚁群栖息。

其食物主要为活的或死的昆虫,在我国南方该蚁也是松毛虫小龄幼虫的主要捕食性天敌,有时也能取食蜘蛛及其他脊椎动物如鸟类、鼠类等的尸体,工蚁特别喜食蚜虫和蚧虫分泌的"蜜露"及植物腺体分泌的甜汁和动物的粪便,因此蚁巢较多的马尾松林,松蚜也较多。

在气温低于20℃的冬天及早春,蚁群常选择光照充足、遮荫度小的禾本科茅草地巢穴栖息；11月至来年4月当气温在10℃以下时蚁群常深入蚁巢最下层、成堆聚集于小室及隧道内，入土深度10～30cm；5～10月气温高于20℃时，蚁群即迁栖灌木丛等处筑新巢，且大部分栖息于近土表的巢中，入土深度2～4cm。筑巢活动于雨后初晴时常见，筑一新巢约需3～6d；6～8月气温超过30℃时，蚁群多放弃草地上的老巢，迁居到遮荫度较大、气温较适宜的树林中或上树在距地面1～3m处筑巢栖息，建巢于石缝中者少；9月以后当气候渐转凉时，蚁群又开始从树林迁入草地筑巢；11月以后即不再筑巢，逐渐进入越冬期。因此人为移巢时，巢位不当蚁群常会舍之而另筑新巢。

该蚁具受惊即外逃出巢、后又归返原巢的习性。但整个蚁群全部搬入新巢为移巢；蚁群中部分雌蚁、工蚁和幼蚁从老巢搬至新巢为分巢。分巢后新巢与老巢间的蚁群常进行工蚁、幼体、食物交换等。蚁巢结构不规则，巢长×宽×高为(25.5±8.1)cm×(20.1±6.3)cm×(10.6±13.4)cm，巢质地坚固、松软，外表由工蚁咬住幼虫使其吐丝粘结植物残体、虫尸、泥沙等覆盖，出入孔数个；巢壁呈牛皮纸状，杂以枯枝落叶及排泄物，巢内皮质状层次很多，小室与孔道交错，卵、幼虫、蛹、工蚁、雌蚁和雄蚁各居其位。

2.2.2.3　鼎突多刺蚁养殖技术

浙江、江苏、河南等地已进行了鼎突多刺蚁的人工养殖试验，但人工养殖技术还未达成熟阶段，所取得的经验如下。

(1) 采种与引种

人工养殖时直接从南方林区连同蚁群和巢穴一并采取作为蚁种。引放鼎突多刺蚁的最佳季节是春末及夏初，此时气候适宜、食料丰富，蚁群易定居、繁殖和分巢。蚁多、窝大的老巢做蚁种质量较好，而新巢和小巢其巢体薄、蚁少、运输时易损坏、引放效果差。最好在阴有小雨天蚁群不外出时取巢，取时可先轻轻剪除巢体周围的障碍物再套上布袋剪下蚁巢，或先砍下巢体、并放于原处约5min，待出逃蚁归巢后再装袋。所采蚁巢如需长途运输应放于用尼龙纱封口的笼、箱内，容器底部要放少许湿土，并投入少许活体昆虫、稀蜜水等食物；蚁巢不能堆、压和日晒雨淋，应尽快运达目的地。

(2) 养蚁方法

蚁群栖息地的环境污染、或栖地土壤中有害物质对蚁干的质量影响较大，如来自部分地区的鼎突多刺蚁的蚁干中常含有微量的重金属铅、砷，部分含铅量超过2mg/kg，大于国家的食品卫生标准，因此饲养蚂蚁时要选择合适的场所。

水沟阻隔养殖　该法适于繁种、保种及实验观察。选一较空旷、无污染的露地作为养蚁区，将养蚁区划成约2m×2m的小区即蚁岛，四周开沟，沟深15～

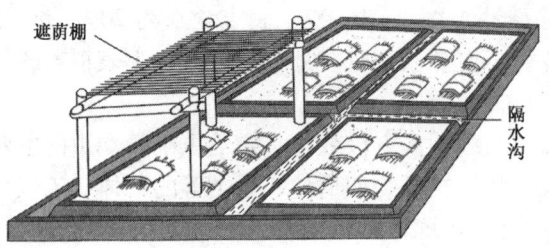

图2-5　养蚁岛

20cm，宽约20cm，沟内常年灌水以防蚁群逃逸；蚁岛内填放红黄壤土，摆好蚁巢后以少许土覆盖，再加盖瓦片、秸秆等；一蚁岛可放1群蚁或同一群蚁的2~3个蚁巢（图2-5）。

林地放蚁养殖 适宜于在范围较大的向阳小山坡，郁闭度适宜，地被物特别是蜜源植物较多、较阴湿的红黄壤马尾松林地养蚁，林地中蚜虫与蚧虫等昆虫亦较多利于其觅食，林地至少在0.3 hm²以上，便于蚁群扩散；1hm²放蚁巢应在300个以内，巢间相距要在5m以上。放养后林地应封山育林。安放蚁巢时：①将蚁巢直接放进林地的茅草丛、灌木丛基部，雨季则或挂或绑于树杈上；②将蚁巢适当撕碎后再放入林内以促进蚁群分巢；③放蚁初期若能补充一些饲料、糖水，可有助于引放效果。放巢点可插上竹竿等做标记以便于观察。

室内养殖 按鼎突多刺蚁的生物学特性，采用笼养、箱养等封闭式饲养时成功率很低。如要在室内饲养，可选清洁、无杂物、无农药污染、无螨、蝇、蟑螂、鼠、蛇、害虫侵扰，远离闹市、公路，背风向阳、空气流通、保温容易的房间作饲养室，饲养室的门、窗都要配纱窗、纱门以防通风时天敌入侵。然后在室内用薄膜搭4m×3m×2m的巨型箱式密封棚（棚可大可小），在密封棚对着房门的一侧留一用塑料薄膜做成的卷帘门。密封棚内立4根高1.7m的柱子，利用柱子搭层间距约为30cm层架，架面铺一层薄膜，再撒一薄层细土；然后环绕柱子四周用砖砌深10cm、宽20cm的水槽，并灌上水，水槽外要留人行道以便观察。将蚁巢放于层架后，投放饲料，并将当年生直径约7cm、长约20cm的竹节排放在蚁巢四周，供蚂蚁栖息；每2~3个月换土一次，换入的新土要经暴晒、烫、炒及过筛。

(3) 管理技术

投食 麸皮、玉米面、花生饼、果核、蚕蛹、地鳖虫、黄粉虫、家蝇、蚯蚓、蜘蛛、家畜家禽肉渣和骨头、鱼粉、饼干、剩饭、米粒等都可作为蚂蚁的食物，但所用食物均不能有毒物接触。蚂蚁食量很小，10万只1d食用量约100g。因此投放饲料要新鲜，不断变换饲料品种，少喂勤添，以吃光为度，并及时清除腐烂变质的食物。在投放蜜糖等液体饲料时要稀释，投点要多而分散，投量要少，以免淹死蚂蚁。

温、湿度控制 南方蚁巢在露地越冬时需加盖稻草、麦秆及尼龙薄膜保暖，北方地区需移入温室或塑料大棚内保暖越冬。室内养殖时室温、空气湿度、土壤含水量应分别控制在15~30℃、90%~95%、10%~15%，只要饲养室内适当保湿并防止敌害侵入就能安全越冬，并且如果冬季能够将温度保持在25℃左右也可进行饲养和繁殖。水沟阻隔养殖时蚁岛上需用打通竹节的毛竹搭建低架棚，以供蚁群栖息、筑巢，在高温季节棚架上需加盖树枝、遮阳网等遮荫、降温，如在棚下种植瓜类等使其藤蔓上架既可招引蚜虫又可降温。此外，要保持岛式及室内养殖中阻隔水沟的清洁、维持一定的水位，干旱时蚁岛上要适当洒水保湿。

青蛙、鼠类、家禽等都会对蚁群造成危害，要防止其侵扰，养蚁场及周围不能喷洒杀虫剂以免杀伤蚁群。

2.2.2.4 采收

蚁体内含物变化较大,如干燥蚁体重7月以后逐渐增加,12月达最大,后又逐渐下降,至翌年7月下降至最低,因此要掌握季节适时采收。

食物引诱 采收人工饲养的蚂蚁时先让其饥饿3~5d,然后在牛皮纸或塑料布上撒上蜜糖、瓜皮、骨头等物诱蚁,当蚁群聚集取食时用毛刷迅速扫入小簸箕里,再装在塑料袋内,扎紧袋口,窒息、日晒、水蒸或泥坛闷死,晒干即可(千万不能炒、煮或洒农药)。林地散养蚁也可用此法采集。

捕捉 一般9~10月散养或野生蚁群多集中于巢中,可将直接采取蚁巢,装入袋中,待蚁群受惊出巢后收集杀死。在养蚁场捕捉采蚁时应在蚁巢中留下一定数量的后代,再将蚁巢放回原址做种蚁。

清除所采蚁干与干蚁卵中的杂物,含水量不超过8%,即可分别装袋,存阴凉干燥处或出售。蚁卵、幼虫、蛹不易晒干,易变质,最好在食用酒精中浸泡保存或放入盐、糖,加工成蚁酱保存。

2.2.2.5 产品加工

以干燥成虫、蚁卵与新鲜幼虫入药,有抗炎、镇静、护肝、平喘、解痉等作用,主治风湿性关节炎、类风湿性关节炎、肝炎、失眠、胃痛等症。鼎突多刺蚁蚁干可加工多种保健食品及中药制剂,其初级加工品有蚁粉、蚁粉胶囊、蚁粉袋泡茶、蚁酒等,精加工品有口服液、饮料、冲剂、片剂等。但无论是加工何种销售产品均必须按照国家食品、药品生产法规,以科学的质量标准、技术工艺进行生产加工。产品须经食品卫生、药品监督检验机构进行质量检验、核发生产许可证,方可投放市场。

蚁粉 将干燥的蚁干直接粉碎至细度为80~100目即纯蚁粉,其主要工艺包括蚁干清洗去杂、晒干、烘干(80℃,10min)、打粉、过筛、塑袋包装灭菌(Co^{60}辐照)、质检(卫生指标)、成品出厂。

蚁酒 用30~50g洁净的蚁干,60%(即60°)的白酒1L,冷浸15~20d取上清液即为家庭自饮蚁酒。也可将人参、枸杞、红枣等与蚁干一起浸泡成自饮药酒。

2.2.3 蜜蜂

饲养蜜蜂、利用野生蜜蜂,其主要目的在于获得蜂蜜、有药用价值的产品如蜂毒等,或利用蜜蜂为植物授粉。

蜜蜂的种类繁多,南美洲是世界上蜜蜂种类最多的地方,我国境内饲养的蜜蜂主要有中华蜜蜂、意大利蜂、东北黑蜂和新疆黑蜂等,野生蜂种主要有排蜂(大蜜蜂)、黑大蜜蜂、小蜜蜂和黑小蜜蜂。本节重点介绍排蜂和东北黑蜂,其余蜜蜂见第9章。

2.2.3.1 排蜂 *Megaois dorsata* Fabricius

排蜂又名马岔蜂、大蜜蜂、崖蜂、大挂蜂、牛脾蜂、石蜂,分布于我国的云南(南部)、广西(南部)、海南和台湾等地及南亚、东南亚,既是热带地区的产蜜蜂种也是药用植物砂仁的理想授粉昆虫。该蜂巢穴悬挂于崖下或树干下，全群生活在一片大巢脾上，且多群集居、成排，故得此名。另一种即大排蜂 *M. binghami* Ckll. 分布于云南、西藏。

(1) 形态特征与生物学习性

形态特征（图2-6）

工蜂 体细长，纺锤形，黑色，体长16～26.6mm，头被浅黄色绒毛，胸部绒毛多黄褐色。触角基节及口器黄褐色，上唇、下唇及足栗褐色，前翅黑褐色并

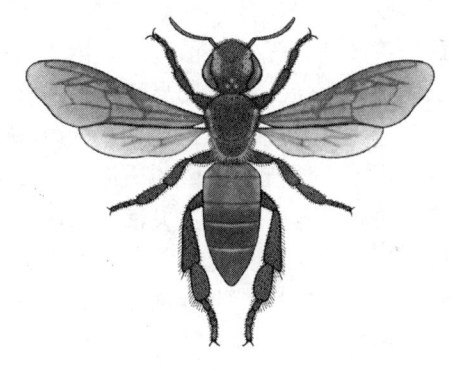

图2-6 排 蜂

具紫光、前缘室及亚前缘室色最深。唇基点刻稀，触角长5mm、12节，3个单眼呈三角形排于头顶，吻长7mm、软舌尖如勺；前翅长14.8mm，后翅长10.5mm、有翅钩27个；前足跗节黑色毛刷排列整齐，中足具花粉铲，后足腿节和跗节具12排整齐的黑色刺毛刷。腹部第2～4节具银白色环带，第2～5节各1对蜡板，螫针长3.5mm、刺针三片。

巢脾 85cm×70cm，悬挂于崖面下。巢脾系单一大片，但分为三圈，最外圈系空巢房，中圈系幼虫房，内圈为蛹房、面积最大，脾头为蜜房、其下为粉房；在一个有20 345个巢房的巢脾中卵、未封盖的幼虫、蛹、空巢房分别占45.8%（当日产的卵3.5%）、2.5%、39.8%、11.9%。因巢脾中间的温湿度最适宜于繁殖，蛹又多于幼虫，处于各发育阶段的虫态区别明显，即蜂王产卵是由内向外逐渐扩展、产卵速度逐渐下降，同时受外界温度及蜜源的影响，其产卵有间歇性的变化规律。

巢房 小巢房五角形，对边宽6mm、对角宽7mm，深1.9～2.0cm。巢房盖外层由黄色花粉和蜡的混合物组成，结构较疏松，小孔很多，中层为乳白色丝状物，内层为淡黄色半透明茧衣。

生物学习性

生境 排蜂多生活于年均气温约20℃、降水量1 100～1 700mm、相对湿度60%～80%、少风霜的亚热带高寒山区；在其栖息的平坝地区4～5月和9～10月平均气温约11℃和18℃，因而适于该蜂生活的温度应大于11℃而小于18℃。因山地和山间平坝地区四季温差较大，为寻求气温及蜜源条件适宜的生活场所，该蜂1年具有2次季节性的迁移或越冬和度夏习性，往返于山崖和平坝之间，迁移的最大距离达20km。

迁移 一般9～10月气候转冷时蜂群由山崖下迁平坝，蜂巢坐东朝西悬于马栗树临坡的主干上，巢下具茂密的植被可遮挡阳光使其不能直射蜂巢，巢之四周具大面积的扫把花等蜜源植物。当气温降至12℃以下时蜂群就开始结团如"舌"形，左右排成环、上下成链、内外叠结层伏于巢脾上。结团不仅便于防御敌害，也更有利于提高群体的温度、减少饲料的消耗，团内的温度要比外界温度高约

10℃以上、保持在24～32℃之间。在11月至次年2月越冬阶段，蜂群停止活动，蜂王不产卵，工蜂也不造脾；因工蜂蜜囊特大，贮蜜较多，在较长时间内不采蜜仍能维持生命，来年春当气温达14℃以上时则解团、活动。到4～5月当平坝气候渐热又复上迁山崖，在山崖上单脾蜂巢多挂在向阳避风、四周植被及蜜源丰富、崖下有溪流的陡崖的岩面下。

趋性　排蜂的嗅觉灵敏，能区别人的气息，喂以红糖水时反应迟钝，而饲以蜂蜜时则很快可见混乱争食，当受到烟熏时能迅速逃避并发出与受惊时相同的声音。趋光性明显，野生蜂如被收捕入箱时则密集于箱内两面透光的纱窗处，并常从蜂箱逆光的缝隙处外逃，在黑暗处常多次直扑灯火。具有向上性，活动或结团静止时一致上爬排列、甚至爬至箱顶，无处上爬时则跌落，从不掉转头下爬。该蜂体躯较大，行动迟钝，跌落在地上时也难于翻身，但在抵御敌害时能迅速起飞。

采蜜和繁殖　自5月开始排蜂进入繁殖期，6～7月巢脾的面积最大，繁殖的速度最快，7月以后气温下降、蜜源渐少、繁殖的速度也下降，8月份繁殖期结束。经过10月的扫把花、尤其是2月流蜜最涌的蜜糖花及接着的竹栗花的养育，蜂群得以壮大、进入分群期，同时3～4月的竹栗花期气候也较炎热干旱、便于分群。分群前先在巢脾的下边缘修造状如大姆指头大小的王台5～6个，当王台快要成熟时老蜂王即带领部分蜂分出；由于王台的修造时间不同，新王的出房时间也就不同，因而连续分群一直延续到剩下最后一个新王时为止；每年先后分群约5～6次，新群先在岩石上结团，然后再修脾营巢。

抵御敌害　当蜂群受到敌害干扰、高温的影响或剧烈的震动时，全群立刻震动、紧缩蜂团，由上而下如波浪状往复涌动、分泌毒液及类似"狐臭"的气味，并发出阵阵"沙沙……"声，有少数则离群起飞围绕敌害盘旋示威，并迅速扑向敌害，先咬后螫进行攻击，此后渐恢复正常。一旦被捉，尾刺和上颚剧烈摆动，发出"吱吱……"声，一般不主动攻击人畜，如一蜂螫人，其他则即能"闻风"而来加入攻击行列，但伤痛很快即消失（也有报道，海南的排蜂凶猛异常，时见螫伤人畜）。

(2) 排蜂的利用

驯化　排蜂的吻长，蜜囊较意大利蜂和中华蜜蜂约大1倍，吸足蜜时容积达90mm^{3}以上。耐饥性也强，静止12d后大部分仍能正常生活。不仅一次能采集多种花蜜，且能对深花冠植物起到良好的授粉作用，有驯化家养作为特种作物授粉昆虫的特殊意义。排蜂群居、恋巢与觅巢性很强，即使棒击巢脾仍不弃巢逃亡，将原巢之蜂收捕入箱后，漏收之蜂可于第2日飞寻至百米之外的新蜂箱栖之，如将散蜂收之入箱亦不逃亡。收于蜂箱之排蜂开始不知从巢门进入，必须逐个捉入，经过1～2d后即能认清出入巢门，因此容易驯化。

扩大蜂巢　早春蜂群处于恢复期，平均每只越冬蜂要哺育1头以上的幼虫；春季对蜂群饲管的主要目的是增强蜂群对不利气候的抵抗力，繁殖出第1代新蜂，将蜂群从恢复期推进到增殖期。因此在对蜂巢进行整理后于新蜂接替老蜂之前一般不能加脾扩巢。如因整理蜂巢时去脾较多，或者越冬蜂健壮、群势下降幅度低，或工蜂偏多等原因使群势偏强，尽管在巢脾中子脾所占面积达到70%以上、封盖的子脾又占子脾1/2以上，但还是蜂多巢脾少时可增加第一张产卵脾。加脾时选具有蜜房的2年深色脾，按照大小进行削切整理、再喷蜜水，傍晚将其加于蜂巢的子脾外侧，待蜂王产卵其上后再移入子脾中间。

取蜜　排蜂的蜜汁较稀薄，质地粗糙，一般略带绿色，3~4月的则略带青色、有腥味、稍有毒性、服后致腹泻。在3~4月流蜜季节其采蜜能力特强，所采蜜贮于脾头，使蜜房向两边扩张状如花冠，厚达27~41cm，高出中部子房1倍以上，一次可取蜜25~50kg。旧法取蜜是在蜂脾下的地面点火熏烟、驱蜂离脾后，用竹竿直捣蜂脾，蜜汁自脾上的破损处沿竹竿流入盛具内；对高悬之脾，也可用箭射等方式破巢取蜜；驯化家养排蜂的取蜜可参考蜜蜂的取蜜方法。

巢蜡　排蜂建巢能力强、速度快，有弃旧巢建新巢、不栖息旧巢的习性，巢脾所含蜡质纯度大，熔点为65~70℃，质量优良，产量高，且可治小儿破伤风等疾病。

2.2.3.2　东北黑蜂 *Apis mellifera* ssp.

又名中国黑蜂、乌苏里黑蜂，分布于黑龙江饶河、虎林、宝清等县。该蜂较接近卡尼鄂拉蜂，并带有欧洲黑蜂的血统，是意大利蜂的另一生物宗。19世纪末至20世纪初，由俄罗斯引进我国黑龙江与吉林两省山区，经长期自然选择和人工培育而成；1978年由中国北京养蜂研究所标定为"东北黑蜂"，是世界优良蜂种之一。与世界四大著名的西方蜂种相比，具有其特殊形态特征、生物学特性和稳定的遗传性，体大、黑色、耐寒、越冬安全，性情温顺，抗逆性强，节省饲料，死亡率低，早春繁殖快，繁殖力强、群势旺，群势发展与当地主要蜜源泌蜜规律一致，勤奋、采集力强，产蜜量高、蜜质好。较抗幼虫病，易感染麻痹病和孢子虫病。既能利用椴树等大宗蜜源，也能充分利用零星蜜源；年群产蜜可达90kg，高的超过350kg。东北黑蜂对蜜源变化的反应敏感，泌浆量波动较大，在饶河县6月中旬至8月中旬群产蜂王浆最高记录为750g。

(1) 形态特征与生物学习性

形态特征

蜂王约1/3为黑色、2/3为褐色，腹部背板有深棕色环带；工蜂亦分黑、褐两型，体壁黑色，绒毛淡褐色、少数的灰色，少数第2~3腹节背板两侧有淡褐色小斑；雄蜂黑色。其余特征似蜜蜂（参见图9-1）。

生物学习性

性情温顺，定向力强，不易迷巢；抗逆性强，耐寒，能安全越冬，节省饲料，死亡率低，能维持大群，适合寒冷地区饲养，与意大利蜂杂交后能够产生较强的杂种优势。较抗幼虫病，易感染麻痹病和孢子虫病。

蜂王产卵力强，早春繁殖快，分群性中等，群势发展与当地主要蜜源泌蜜规律一致。采集力强，单群年均产蜜95.7~200kg，最高达500kg以上，毛水苏单流蜜期群产蜜可达350kg。东北黑蜂泌浆量对蜜源变化的反应敏感，在蜂王浆生产期即 6 月中旬至 8 月中旬群产最高记录为 750g。

(2) 饲养与管理

东北黑蜂地处四季分明的高纬度地带，其蜂群的饲养和管理也应有季节差别。

春季管理 春季管理主要是扩大蜂群的群势，一般 3 月中旬左右选择晴朗无风的天气，进行早春排蜜、调整蜂巢、加入粉脾以补充饲料、对巢进行保温，同时利用春季蜜源适时加脾扩大蜂巢。

夏季管理 主要目的是适时适度分群、培养采蜜强群，因此应早养王、早分蜂、加速繁殖，预防自然分群过多、削弱群势。在以椴树为主要蜜源的地区，采蜜群于 6 月末每巢要达到 15~20 框蜂，椴树流蜜期结束后应及时将蜂群转入秋季蜜源场地。

秋季管理 要及时培育适龄越冬蜂，使每巢群势达到 5~8 框；同时整顿蜂巢，准备越冬场所，使每框蜂贮有 2.5kg 以上越冬饲料蜜。

冬季管理 采用室内越冬的蜂群，11 月中、下旬当背阴处冰雪已不融化时，即将蜂群搬入越冬室；采用室外越冬的蜂群，从 11 月下旬开始应分期进行保温包装，但也要防止伤热，并注意遮光、防鼠。

(3) 开发与利用

保护措施 为了加强该蜂种的保护和选育工作，成立了饶河县东北黑蜂保护监察站和饶河县东北黑蜂原种场。1980 年黑龙江省划定饶河、虎林、宝清三县为东北黑蜂保护区及两块面积分别为 $800km^2$ 和 $1\,000km^2$ 的中心繁殖区，还在饶河县设立东北黑蜂保护监察站和东北黑蜂原种场。1998 年保护区升格为国家级保护区，保护面积扩大为 $6\,765km^2$，加上周边防护带保护区总面积 $12\,108km^2$，可载蜂 30 000 群，按丰歉年平均单群蜂产 40kg 计，年均产蜜总量可达 1 200t，最大年产量可达 1 800t。

生产特点 东北黑蜂的生产特点一是以定地和短途转地饲养为主；二是栖地气候寒冷，越冬时间长，以强群为主；三是蜜源植物开花期相对集中，具有两个主要蜜源期；四是专业户蜂场规模大，最大养蜂 400 群。

蜂蜜及蜂产品开发 1977 年饶河县养东北黑蜂 4 310 群，至 2002 年已达 1 万群，如按其单群产蜜量计算，丰年可产蜂蜜 500t、歉年约 300t。该县现已开发出了 6 个黑蜂的蜂产品，即出口蜜、王浆蜜、硒力王浆蜜、椴树蜜、百花蜜。

杂种优势 在相同的管理条件下，无论是正交还是反交，东北黑蜂与本地意蜂的杂种一代的春繁速度和王台接受率均明显优于本地意蜂；正交群的产浆、产蜜量分别高于本地意蜂组的 15.7% 和 25.7%，反交群的则分别高于 17.1% 和 31.1%。

2.2.3.3 蜂蜜及蜂王浆的药理功效

蜂蜜又名石蜜、食蜜、石饴、白蜜、蜜糖、蜂糖沙蜜，但因蜂种、蜜源、环境等的不同质量常有很大差异。蜂蜜中含有能为人体吸收利用的多类有机物、微量元素及促进人体生长的活性物质，有促进受伤组织的复原及营养积累的作用，因而是一种强身健体的滋补剂。《神农本草经》指出久服石蜜,强志轻身,不饥不老;明代《本草纲目》中指出蜂蜜入药"清热也,补中也,解毒也,润燥也,止痛也,故可致中也,能和百药,而与甘草同功";南北朝时陶弘景谓其"养脾气、明耳目",因此蜂蜜对老年人是更为适宜的天然滋补品。

蜂蜜性甘、味平、入肺、脾、大肠经,可治疗烧伤、烫伤、消炎、除毒,现今中药的膏剂、丸剂、丹剂中多以蜂蜜做药引。蜂蜜的pH值多为3.2~4.5,对嗜酸细菌具有抑制效果,如蜂蜜可抑制 *Helicobacter pylori* 的生长和活性,有抗口腔链球菌、21种细菌(包括腹泻细菌)、2种霉菌的功能,有抵抗人体血液及组织寄生鞭毛虫 *Leishmania* sp. 的效果。蜂蜜对多种疾病有疗效,如将生姜捣烂、取汁,澄清,除去上层,取其沉淀物加入熟蜂蜜15~30g拌匀,晚饭后一次服下,卧床休息,可治慢性支气管炎;取冷开水、蜂蜜各半,充分混和,灌喂数次后即可治疗小儿发烧;饭前用冷开水冲服蜂蜜约40mL,成人每日3次,婴儿约30mL拌于稀粥、牛奶或豆浆中服喂,治痢疾。

滋补营养品蜂王浆则能改善睡眠,增进食欲,增强新陈代射、造血和免疫机能,对多种疾病特别是对老年性、慢性和衰弱性疾病有良好的疗效,成品有蜂王浆片、冷冰干粉口服液、王浆蜜、蜂王精、蜂王浆滴剂、蜂王浆脸膏等。

2.2.4 其他滋补、食疗昆虫

2.2.4.1 螳螂类

中药桑螵蛸的原昆虫是螳螂科 Mantidae 昆虫的卵鞘,包括分布于广东、广西、台湾、四川、贵州、西藏、福建、江苏、江西、浙江、湖北、安徽、河南、河北、山东、陕西、辽宁、北京等地的中华大刀螳 *Tenodera sinensis* Saussure,分布于浙江、宁夏、山东、安徽、江苏、上海、福建、湖北、广西的狭翅大刀螳 *T. angustipennis* Saussure,分布于浙江、山东、江苏、四川、贵州、云南、西藏、广东、广西、海南的枯叶大刀螳 *T. aridifolia* (Stoll),分布于云南、四川、湖南、浙江、安徽、河北、辽宁、黑龙江等地的广斧螳 *Hierodula patellifera* (Serville),分布于浙江、安徽、湖南、四川、西藏、广西的勇斧螳 *H. membranacea* (Burmeister),分布全国各地的薄翅螳螂 *Mantis religiosa* (Linnaeus),和分布于广东、福建、台湾、江苏、浙江、山东和北京等地的棕污斑螳 *Statilia maculata* (Thunberg)等。

螳螂的卵鞘种类较多,依其大小、形状、颜色和质地,将其又分为团螵蛸、长螵蛸和黑螵蛸三种。入药的螳螂全虫则为这些螳螂的干燥成虫(图2-7、图2-8)。

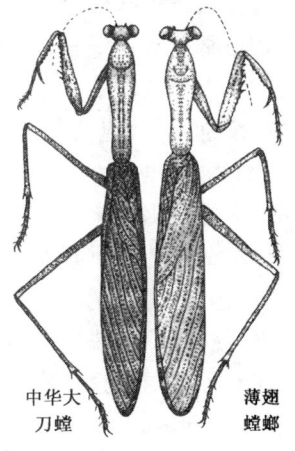

图2-7 2种螳螂

团螵蛸 由多数膜状薄层叠成,体质轻松、有韧性,色浅黄褐色,18mm×23mm×17mm;略呈圆柱

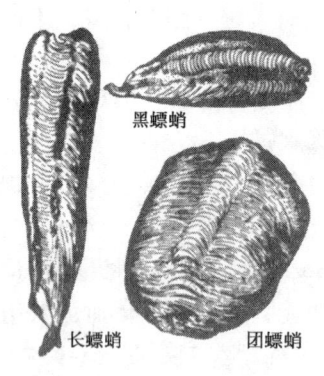

图 2-8 3 种螵蛸

形,背面带状隆不明显,底面平坦或有附着在枝条上的凹沟,断面具许多放射状排列的小室,室内各有 1 枚细小椭圆形、呈黄棕色的卵;气味腥,味微咸;多为大刀螳属如中华大刀螳、枯叶大刀螳、薄翅螳螂种类的卵鞘。

黑螵蛸 外形略呈平行四边形,质硬而韧,褐色或棕褐,常具白色蜡质粉被,30mm×14mm×14mm;表面有斜向纹理,尾端微上翘,背部呈凸面状、具 1 条带状隆;多为斧螳属、螳属如巨斧螳螂、勇斧螳螂等种类的卵鞘。

长螵蛸(硬螵蛸) 略呈长条形,质坚而脆,灰黄色、褐色或灰褐色,40mm×8mm;一端较短而另一端较细而长,表面斜纹,背部呈凸面状并有带状隆,隆带两侧各 1 浅沟,底面平坦或凹入或附有树皮;多是污斑螳属、眼斑螳属如棕污斑螳、绿污斑螳、狭翅大刀螳等种类所产。

(1) 生物学习性

生活史 上述数种螳螂在北京均 1 年 1 代,以卵越冬。一般次年 5~6 月卵孵化,雌若虫多 7~8 龄,雄若虫 6~7 龄,8 月上、中旬开始出现成虫。成虫羽化后取食约 10d 开始交配,交配至第 1 次产卵历期为中华大刀螳 23d、广腹螳螂 18d,9 月上、中旬开始产卵,9 月下旬开始死亡,个别成虫可活到 10 月底至 11 月初。螳螂也是农林害虫的重要天敌,可捕食 40 余种害虫。

习性 一般雄虫先于雌虫羽化。羽化多在早晨和上午、少数在下午,羽化后约 10d 交尾,可交配多次,在交配时常见雌虫攻击并咬食雄虫头部,但并不影响交配。雌虫可产 1~2 个卵鞘,产时先分泌一层黏液、再产卵一层,产 1 卵鞘历时 2~3h。除薄翅螳螂产卵鞘于地面石块、土缝中外,其他种均产于树木枝条、墙壁、篱笆等处。卵多在清晨至上午孵化,只有广腹螳螂在下午、夜间孵化。初孵若虫吐丝连接成群、悬于卵鞘上,然后分散活动;1~2 龄若虫行动敏捷,老龄若虫则行动迟缓。幼龄若虫死亡率很高,有自相残杀现象,虫龄越大残杀越凶,人工笼内饲养时成活率很低。广腹螳螂栖息在乔灌木上,大刀螳幼龄若虫栖息在杂草上,大龄若虫转栖在树木上,薄翅螳螂一生栖息在杂草丛中。

(2) 人工饲养

室外建 12m×6m×2m 大笼罩饲养(下雨时笼顶加盖芦席),笼内栽各种矮小树木、棉花等供螳螂栖息,减少相互接触以避免自相残杀;然后将春季采集带有枝条的螳螂卵鞘,放入湿度为 75%~85%、温度约 27℃ 的容器中孵化。初孵幼虫可群养,50 头/m²,每天投放一次食物,即将有蚜虫或其他昆虫幼虫的枝叶挂在入容器内;大龄则需分散饲养,否则自相残杀严重。较好人工饲料配方为水 100mL、鲜猪肝 40g、蚜虫粉 20g、豆粉 5g、蔗糖 20g、琼脂 3g、酵母片 1g;3 龄前饲喂糊状饲料,3 龄后饲喂糕状饲料,4~6 龄若虫可适当喂些软体昆虫以促进其正常发育。该人工饲料能完成发育并产卵,但还存在成本较高、饲料成分还不够完善，3龄若虫体弱、滞育、死亡，成虫抱卵死亡，产卵鞘数及卵粒数较少等问题。

螳螂全虫秋季捕捉，处死，晒干或烘干即可入药。秋至翌春在落叶后的灌木、小乔木及草丛上采收螳螂卵鞘，去杂，蒸30～40min，晒干或烘干即桑螵蛸。

（3）药理作用

桑螵蛸味甘、咸，性平、无毒，入肝、肾经，有补肾壮阳、助阳固精、缩尿、通五淋、利小便功能，主治男女虚损、滑精遗溺，女子血闭腰痛、白带过多、咽喉肿痛等，但肝肾有热、阴虚多火及性欲亢进者忌用。其蛋白质含量为58.5%、脂肪11.95%、糖1.6%、粗纤维20.16%、水分2.81%、钙0.4%，并含有胡萝卜素、柠檬酸钙、糖蛋白与脂蛋白、18种氨基酸（8种为人体必须氨基酸）、7种磷脂成分；药理研究证明桑螵蛸有抗尿频和收敛作用，其所含磷脂有减轻动脉粥样硬化、促进红细胞的发育及其他细胞膜合成的作用。无毒副作用。

螳螂全虫入药可滋补强壮、补肾益精、定惊止搐等，主治小儿惊风抽搐，临床应用主要是与其他药物配伍治疗风湿性关节炎和类风湿性关节炎等；用2～5g，主治体虚无力、阳痿遗精、小儿惊风抽搐、遗尿、痔疮及神经衰弱等。

2.2.4.2 龙虱类

龙虱属鞘翅目Coleoptera龙虱科Dytiscidae，水生，全世界已知约2 200种，我国记载约160种，其中台湾省记载有28种。南方各省早已作为食用种类，常见药食用的有黄缘龙虱（黄边大龙虱、日本吸盘龙虱）*Cybister japonicus* Sharp、三星龙虱（三点龙虱、东方龙虱、水龟子、泽劳、水鳖虫）*C. tripunctatus* Olivier、黄边龙虱（具缘龙虱、黄肩龙虱）*C. limbatus* Fabricius等。

（1）形态特征与生物学习性

形态特征（图2-9）

成虫体长椭圆形，长约3cm，有光泽，前胸背板、鞘翅为漆黑色，腹部黄褐色；头部略扁，复眼突出，触角丝状，前足细小，后足扁平，有长毛。

三星龙虱　雌成虫体长24～28mm，头部中央稍隆起、两侧有凹陷，复眼椭

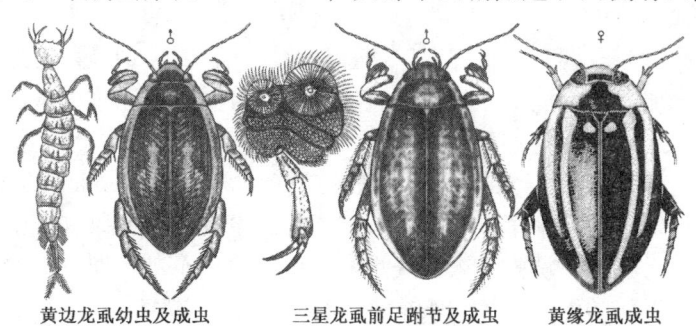

图2-9　3种龙虱

圆形、黑色，触角黄褐色、11节，上唇浅褐色、前缘中央稍内陷并具淡色短毛，上颚黑褐色，但其基部红褐色，下颚须及下唇须黄褐色；前胸背板宽大于长、有细纵沟；鞘翅黑绿色、鞘翅点状线3行，外缘黄边较宽；腹部腹面黑色、棕色或棕黄色，6~8节，第3~5腹节两侧各1横斑；胸足褐色、被金黄色长毛，后足基节外扩达翅鞘侧缘，胫节偏宽、有端距，胫节和跗节均有较长的毛。雄虫与雌虫相似，光泽度更强，前足为吸盘足，跗节基部3节膨大成盘状。幼虫体长30~50mm，圆柱形，灰黑色；头略圆，两侧各有黑色单眼6个，触角4节，上颚形如镰刀、无齿；足细长，腹部8节，后3节两侧有长毛，尾须2根、具毛。生活于池塘、水沟、水田、池沼及河湖多水草处。幼虫能捕食鱼苗。黄昏时常在空中飞翔，取食水中微小生物、有机物及茜草。本种分布于除新疆、青海、西藏外的全国各地。

黄缘龙虱　成虫体长35~40mm。身体构造及习性极似三星龙虱，但前胸及鞘翅两侧的黄边中有1黑色条纹，雌虫鞘翅上除端部及近中缝处外布满沟状刻纹。分布于黑龙江、吉林、辽宁、内蒙古、山西、北京、河北、山东、河南、江苏、浙江、江西、台湾、福建等地。

黄边龙虱　成虫体长30~36mm。身体构造、生活习性似三星龙虱，但身体两侧的黄边色偏深呈黄褐色，鞘翅肩角与胸部接触处黄边明显加宽。分布于湖北、湖南、浙江、福建、广东等地。

生物学习性

龙虱的成、幼虫均水栖，栖息于水田、池塘、水沟、小溪等淡水水域，捕食水中小动物、昆虫、小鱼、蝌蚪和其他水生小动物，追食鱼苗甚至成鱼、水中的有机物和水草。一般1~2年1代，幼虫老熟后即钻入水边的泥土中作土室，蜕皮变为乳白色的裸蛹，蛹期约半月；自7月至8月下旬均可见成虫，羽化之雄成虫追逐雌性，并爬至其背上用前足吸盘吸附雌虫进行交配，尔后即产卵于水草的茎秆组织中。

成虫腹部背面有贮气囊便于潜入水中捕食，其趋光性很强，若游至水面、见有灯光时即起飞并飞趋向光源。因龙虱成虫可捕食鱼苗、甚至追食成鱼，是池养或水田套养鱼的一害。

(2) 龙虱的饲养

在主产区广东、湖南、福建、广西、湖北等地，习惯均是采集野生龙虱，但因长期滥捕，加之其生境遭受污染和破坏，捕捉野生龙虱已难以满足需要；龙虱较易养殖，人工饲养效益甚高。

小规模饲养　可用土坑饲养，即挖坑口直径5m、深1.5m的锅形坑，坑边种植水生植物，坑内养水草，坑口罩纱网，在成虫发生盛期以灯光诱得成虫后用水桶携回、放入坑中，坑内投入红线虫、小鱼等水生小动物即可；或在养鱼缸的一端堆积高于水面的泥土、植入水草，再将成虫养于其中。

规模养殖　应在环境清净、水体无污染且水深50~100cm的水面种植水草如水浮莲等建立养殖场。养殖过程中水质要保持无恶臭，水面上要架设防飞网。

所用种苗可自对品种质量有保证的供种单位选购，这样也可得到相应的技术指导和咨询；也可在春夏之交在鱼苗溏圃中捕得幼虫、进行饲养。人工投喂的饲料可以玉米粉、米糠、麦麸和有甜味的瓜果为主，也可投喂打烂的福寿螺、猪、鸡、牛、鸭的下脚料，食料不能有毒及携带传染病，否则可能导致龙虱大量死亡或在长时间内难以繁殖。每天傍晚投喂一次，投喂量为龙虱总重量的7%~8%（每只龙虱食量约0.15g/d），不能隔日投食、以免其相互残杀；龙虱的养殖周期约8个月，前3个月以投喂肉料为主，后5个月以投喂肉类及植食类饲料按一定比例配合的混合饲料为主。目前山东省曹县王泽铺村已建起了大型龙虱养殖基地，效益较好。

(3) 药理作用及利用

采集　7月上旬至9月中旬都可用网在水草多的坑、池、塘、水沟中捕捞，或在成虫盛发期用灯光自鱼溏中诱集，不仅效果极佳、亦能减轻鱼害。采后用沸水烫死、晒干，或在40℃的干燥箱中烘干保存备用。

食用　龙虱含人体所需的多种氨基酸，丰富的钙、铁、锌及多种微量元素，含蛋白质23.8%、脂肪3.6%、灰分9.2%；因此龙虱是一种典型的高蛋白、低脂肪、低固醇的食品，营养独特，有强体滋补作用，被誉为水中人参。我国食用龙虱的历史悠久，乾隆广东《澄海县志》记载"名水龟……以盐蒸食之，土人以为味甚美"。广东、广西民间多喜食龙虱成虫，主要食用方法是将龙虱成虫用温水浸泡一段时间以排除其体内废物，然后用盐水浸渍晒干，食用时去头、足及翅，油炸后的龙虱味道鲜美爽口。

药用　其干燥成虫的入药名为水虫、水蟅虫。味甘、性平，有活血祛瘀、固肾缩尿功效。主治尿频、小儿遗尿等。常吃龙虱对降低胆固醇、防治高血压、糖尿病、肥胖症、肾炎等有良好效果。龙虱有滋补、活血、缩尿、防癌、抗癌等作用，用量10~15g可治夜尿、肾亏肾虚、脸色焦黄等疾病，特别对小儿通尿和老年人夜尿频繁，小儿疳积等疾病疗效显著。但龙虱分泌物中的有些酮类如皮质酮有毒，过量的皮质酮能严重干扰机体的钾钠离子平衡，用时必须用温水浸泡。

2.3　产毒药用昆虫

昆虫毒素在医药上已有悠久的应用历史，《本草纲目》等著作中已有记载。已知的产生毒素的昆虫700余种，毒素60余种，目前研究及应用较广的有蜂毒素、斑蝥毒素、青腰毒素、蝎毒素等。随对昆虫毒素的成分、化学结构和药理研究的深入，其在治疗人类疾病方面的应用将更加广泛。

2.3.1　斑蝥

斑蝥是鞘翅目 Coleoptera 芫菁科 Meloidae 昆虫的统称，世界已知119属2 300余种，我国已知15属130余种。其成虫以豆科植物及杂草为食，幼虫取食蝗虫卵或寄生于蜂巢。

我国是世界上应用斑蝥入药最早的国家，西方医药学也有利用。《神农本草经》《本草纲目》《日华子本草》《大观本草》等均记载了斑蝥有治疗肿瘤的作用，南宋《仁斋直指方论》明确记载斑蝥可治疗癌症。现代医学研究说明，斑蝥所含的斑蝥素对皮肤真菌有不同程度的抑制作用，并能生发、治癌、治疗头癣和秃发，为生发药水的主要成分。1985年的《中华人民共和国药典》中明确规定斑蝥素含量不低于0.35%的芫菁种类方可入药。已知斑蝥素含量超过此规定的种类已达十余种。虽然如此，随其在临床上用量的剧增，货源日渐短缺，现已是我国紧缺的动物药物之一。

2.3.1.1 主要种类（图2-10）

药用种类主要包括眼斑芫菁（斑蝥）*Mylabris cichorii* Linné、大斑芫菁 *M. phalerata* (Pallas)、毛角豆芫菁（葛上亭长）*Epicauta hirticornis* (Haag-Rutenberg)、中华豆芫菁 *E. chinensis* Laporte、土斑蝥（地胆、短翅地胆）*Meloe coarctatus* Motschulsky、绿芫菁（金绿芫菁、相思虫、青娘子）*Lytta caraganae* Pallas。其区别见表2-2。生物学习性见表2-3。

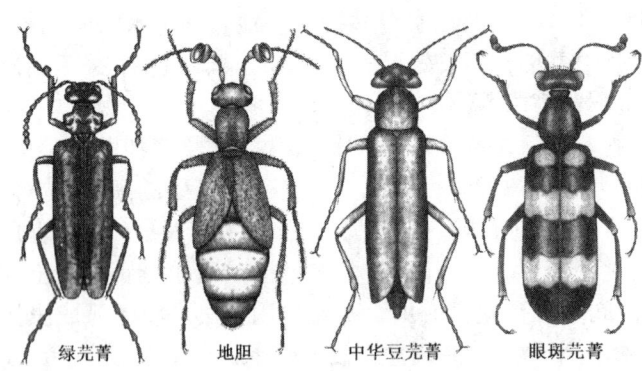

图2-10　4种芫菁

表2-2　5种芫菁的形态特征

种类	形态特征
眼斑芫菁	成虫被黑毛，头、胸、体腹面和足黑色，体长11～19mm。鞘翅黑黄两色相间，翅基1圆形黄斑、肩胛外侧1小黄斑、中部前后各1横贯全翅的黄色宽带，黑色处被黑短毛、黄色处被黄短毛。触角短，棒状，11节，末节基部与第10节端部约等宽
大斑芫菁	成虫体色、斑与眼斑芫菁相似，体长21～31mm，区别在于体较长，触角末节基部狭于第10节端部，鞘翅黑和黄色部均被黑毛，翅基1对黄斑较大、形状不规则
豆芫菁	成虫头红色，具1对光亮的黑瘤，体、足黑色，体长10.5～18.5mm；前胸背板及每鞘翅中央各1条由灰白毛构成的宽纵带，各腹节后缘1条由白毛组成的宽横纹。触角黑色、基部4节，部分红色，雄虫第3～7节扁平，锯齿状，雌虫则丝状
土斑蝥	成虫体长18～23mm，全体蓝黑、稍带紫光；雄虫触角中部膨大且稍扁平，前胸背板狭长、圆柱形；鞘翅紫黑色，短而柔软，翅端尖细，翅面多纵皱、有细刻点；腹部大部露于翅外
绿芫菁	成虫体长约11.5～17mm，体金属绿或蓝绿色，鞘翅有铜色或铜红色光泽；头部额中部1橙红色小斑，触角约为体长的1/3，5～10节念珠状；前胸背板光滑，两前侧角隆向外上方，鞘翅具细小刻点和细皱纹；雄虫前、中足第一跗节基部细，且其腹面凹入、端部膨大呈马蹄形，中足腿节基部腹面1尖齿，雌虫前足及中足无此特征

表 2-3　3 种芫菁的生物学习性

种类	生物学习性
眼斑芫菁	1 年 1 代，以卵在土中越冬，次年春孵化为幼虫，捕食蝗卵，如多头群集取食同一卵块则相互残杀；成虫喜食大豆、番茄、花生、棉花、苹果等的叶片、芽、花。受惊时迅速散开或坠地并从足节间分泌含有斑蝥素的黄色液体。豆科植物多处斑蝥也多，蝗虫密度和斑蝥的分布有关，如有蝗虫 3~6 头/m² 则必然有斑蝥分布，蝗虫低于 0.8 头/m² 时分布则少；蝗卵若低于 0.5 块/m² 时斑蝥少，蝗卵数量达 1.5~3 块/m² 时则相当多
大斑芫菁	1 年 1 代，以幼虫在土中越冬，次年 7~8 月成虫羽化，多群集取食豆科植物，羽化 3~10d 后交尾、多次交尾，而后约 7d 多在土湿润的微酸性土中挖穴产卵，每雌产 40~240 粒，卵期 21~28d，8 月下旬至 9 月卵孵化，孵化率低，仅 12%~34% 的幼虫能发育为成虫。幼虫 5 龄，食蝗卵，1 头可食 480~1 360 粒、约 12~34 个卵块
豆芫菁	在山东 1 年 1 代，江南 2 代，5 龄虫在土中越冬，次年春发育至 6 龄化蛹。第 1 代成虫期 8 月中旬至 9 月取食于茄子等蔬菜上，第 2 代及越冬代成虫期 5~6 月聚集取食早播大豆及蔬菜；羽化后 4~5d 交配，产卵于地下土穴中，每穴产卵 70~80 粒，菊花状排列，每雌产 400~500 粒；每头幼虫可食蝗虫卵 45~104 粒，如饥饿约 10d 即死，5~6 龄不取食，末龄化蛹于土中；在北京地区 1~4 龄虫期约 15~25d，5 龄 292~298d，6 龄 9~13d

2.3.1.2　人工饲养

斑蝥的幼虫为肉食性，寄居于宿主的卵袋（块）、蛹壳、蜂巢中，有互相残杀习性，1 个寄主的居室中一般仅能容留 1 个幼虫；成虫又多为植食性，对某些植物有一定的偏食性。因此现仍然是利用天然饲料饲养斑蝥，并常与蝗虫共同养殖。

池养　筑一水泥养虫池、网罩封顶，种植斑蝥、蝗虫喜食植物，先养蝗虫并使其产卵于池内土中；再向池中放养斑蝥成虫（雌雄各半），也使其产卵入土；斑蝥幼虫孵出后即觅蝗卵而定居，大斑芫菁的饲养密度以 100~120 对/m³ 最为适宜，待成虫羽化出土后及时收集。

瓶养　自野外或笼养获得蝗虫卵块，储存在 5℃ 以下的冰箱中备用。在广口瓶底铺 5~8cm、含水量 16%~20% 的细土，在斑蝥幼虫孵化盛期于每瓶置 1~2 块顶端外露土面的蝗虫卵块；接入 1~2 头所采集的斑蝥幼虫（由斑蝥卵人工孵化的初孵幼虫），再以纱网等透气物封闭瓶口、保湿、室温饲养，及时检查未被寄生卵块。

2.3.1.3　利用

采收加工　人工养殖的成虫羽化时即可采收，野生斑蝥可于夏季捕捉。将捕得的斑蝥在 40℃ 的水中（温度过高有效成分则挥发）快速烫死，捞出晾干或烘干；或采用速冻法处死，晾干。干燥的全虫要密封保存，以防受潮、霉变及虫蛀。

成分　成虫全虫含有剧毒的斑蝥素（亦称斑蝥酸酐）1.2%~2.5%，是一种倍半萜类油状剧毒物质，为成虫遇到惊吓时自足的关节处泌出的黄色物质，能刺激皮肤红肿发痒，人或动物食用约30mg有致命作用。

此外，大斑芫菁、眼斑芫菁、绿芫菁和中华豆芫菁的虫粉含蛋白质57.06%~65.06%，高于柞蚕蛹；脂肪6.78%~12.64%，远低于柞蚕蛹；不饱和脂肪酸比例大；微量元素种类丰富，其含量接近人体需求水平；氨基酸组成完全，缬氨酸和亮氨酸含量较高。

药理作用 斑蝥素味辛、性热、有剧毒，能侵蚀皮肤，入大肠、小肠、肝、肾，有消肿破瘀、解毒攻毒、消炎、利尿、抗癌、通经、杀虫、触肌疗癣等功效，主治症瘕、恶疮、闭经、疥癣、神经性皮炎、瘰疬、口眼歪斜、狂犬咬伤、疟疾及原发性肝癌、贲门癌、食道癌、消化道肿瘤等症。

药用有效成分为斑蝥素。斑蝥素最重要的作用是抗癌，入人体后首先抑制癌细胞的蛋白质合成，继而影响 RNA 和 DNA 的生物合成，最终抑制癌细胞的生长和分裂。斑蝥素的类似物去甲斑蝥素、斑蝥酸钠及羟基斑蝥胺等均具有抗癌治癌作用。去甲基斑蝥素是根据斑蝥素的化学结构去除1、2位甲基合成而得，是我国自主合成的新型抗肿瘤药物，主要用于治疗肝癌、食管癌及胃癌等，并能明显减轻斑蝥素对泌尿系统强烈的刺激性，保持较强的抗肿瘤活性，升高白细胞，保护肝细胞，调节免疫功能等。成品药物复方去甲斑蝥素是由斑蝥、人参等组成，既有直接杀伤肿瘤作用，又有活血化瘀、通络开窍、改善循环的作用。血液循环的改善能使肿瘤的乏氧成分减少，提高肿瘤放射敏感性，同时有利于正常组织在放射损伤后的恢复，起到放射保护作用。

用法 以各种干燥斑蝥全成虫入药时用量0.03~0.06g入丸、散剂，外用应适量。如滥用斑蝥、超量应用、与酒蒜同用、生用（或泡制不当）、外用面积过大、蓄积、肝肾功能不全、冲服会引起中毒，其中毒剂量为0.6g，致死剂量为1.5g；0.14μg 斑蝥素能诱发皮肤起泡，10mg 可产生严重中毒或致死。因不慎中毒时，忌用油类以减少对斑蝥素吸收，排尿有刺痛感时可加车前、黑豆、木通、泻、猪苓等；绿豆汤、豆浆、绿茶或清宁丸可解毒；用斑蝥制剂时服浓绿茶，并多饮开水。

2.3.2 斑衣蜡蝉 Lycorma delicatula (White)

斑衣蜡蝉属同翅目 Homoptera 蜡蝉科 Fulgoridae，又名斑衣、樗鸡、红娘子等。分布于陕西、辽宁、山东、山西、河南、河北、北京、江苏、四川、浙江、广东、台湾等地。吸食葡萄、苹果、海棠、山楂、桃、杏、李、花椒、臭椿、香椿、刺槐、苦楝、楸、榆、青桐、白桐、悬铃木、枫、栎、女贞、合欢、杨、黄杨、麻等汁液。

2.3.2.1 形态特征与生物学习性

形态特征（图2-11）

成虫 雄虫体长14~17mm，翅展40~45mm。雌虫体长18~22mm，翅展50~52mm。头顶向上翘起呈短角状，触角刚毛状、3节，红色，基部膨大。前翅革质，基部 2/3 淡灰褐色，散生 10~20 多个黑点，端部 1/3 近黑色，脉纹色淡。后翅基半部红色并有 6~10 个黑褐色斑点，中部有倒三角形半透明白色区，端部黑色。体翅常有粉状白蜡。

卵　长椭圆形，状似麦粒，3mm×2mm，背面两侧有凹线、中部一隆起，隆起之前半部具长卵形的盖。卵粒平行排列成卵块，上覆一层灰色土状分泌物。

若虫　初孵化时白色，后变黑色。1 龄体长 4mm，体背有白色蜡粉形成的斑点，触角黑色，具长冠毛。2 龄体长 7mm，冠毛短，体形似 1 龄。3 龄体长 10mm，触角鞭节细小，冠毛的长度与触角 3 节之和相等。4 龄体长 13mm，体背淡红色，头部最前的尖角、两侧及复眼基部黑色；体、足基色黑，布白色斑点，翅芽明显。

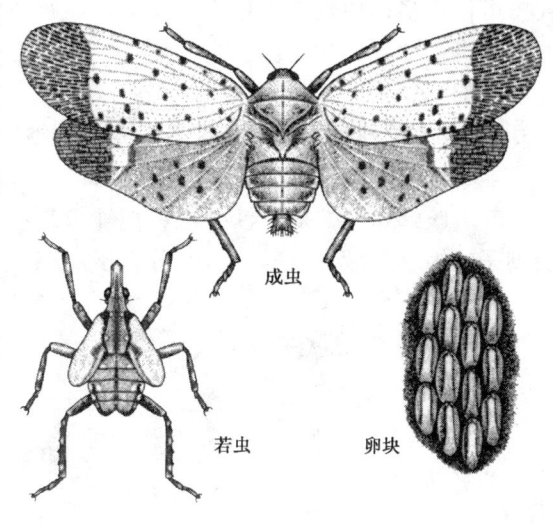

图 2-11　斑衣蜡蝉

生物学习性

在山东、陕西 1 年 1 代，以卵越冬。翌年 4 月中旬后陆续孵化，若虫喜群集嫩茎和叶背危害，受惊扰即跳跃逃避。若虫期 5 龄约 60d，6 月中旬后成虫羽化。成虫寿命长达 4 个月，白天活动，多群集嫩叶和叶柄基部，受惊即猛跃起飞，迁移距离 1~2m；8 月中旬至 10 月下旬交配产卵，卵多产在枝干分叉处的阴面，产卵时自左而右产完 1 列、覆盖蜡粉后再产第 2 列，每产 1 列需休息相当时间，产 1 个卵块需 2~3d。若 8、9 月雨量特别多、湿度高、温度低，冬天来临早，成虫寿命则缩短，常来不及产卵而早死；同时植物汁液稀薄，营养降低，影响产卵量，使翌年虫口下降；若秋季雨水少，则第 2 年易大量涌现。

2.3.2.2　药理作用

以干燥虫体入药始载于《神农本草经》，由于与蝉科的黑翅红蝉（黑翅红娘子）*Huechys sanguinea* (De Geer.) 同名而发生混淆，自清代末期后在临床上被黑翅红蝉取代而消失，有关其药理及化学成分的报道很少。

其味苦、性平，有散瘀解毒功效，主治经闭、症瘕、疥癣、疮毒、淋巴结核等，其药理作用在于全虫含有斑蝥素及多种吲哚类生物碱。以干燥成虫入药名樗鸡、灰花蛾、红娘子。

2.3.3　蚁狮

蚁狮是脉翅目 Neuroptera 蚁蛉科 Myrmeleontidae 蚁蛉的幼虫。世界已知蚁蛉约 1 300 种，我国 70 多种。其成虫和幼虫均捕食蚂蚁等小昆虫或其他小动物。因蚁狮可治疗多种病患，而且用药量小，疗效独特，尤其对现在尚未有理想特效药的骨髓炎、脉管炎和心血管病等疗效喜人，已引起研究者的广泛重视。常见入药的2种如下。

2.3.3.1 主要种类的形态特征与生物学习性

(1) 蚁蛉 *Myrmeleon formicarius* **Linnaeus**

又名咬蜻蛉、蚁狮、沙牛虫、地沙虫、沙钻虫、地牯牛、沙鸡、倒退虫、倒行狗子、缩缩、砂猴、砂王八。分布于广东、台湾。

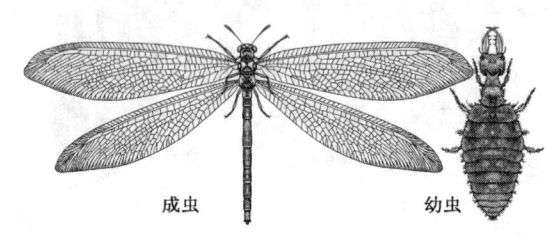

图2-12　蚁　蛉

形态特征

成虫体细长，长约35mm，黑褐色，翅黄绿色、薄膜状、脉细网状。幼虫土黄色，有黑褐色斑纹，体粗壮、背面隆起，体长约18mm；每体节两侧的毛丛黑色，体表散生许多黑色短毛；头小，前胸细而窄、呈颈状；口器特别发达，上颚长镰刀状、内侧3齿、两侧有大刚毛；腹部膨大，腹背中央1条黑色纵线、其两侧有黑色斑印；足细长、淡黄色、具很多黑色长毛（图2-12）。

生物学习性

2~3年1代。幼虫生活于无风雨侵袭的松散细沙土中，以倒退方式走动，会以上颚把沙挖起做成漏斗形的陷阱捕捉昆虫；幼虫潜藏于沙井内等待，捕捉蚂蚁等小虫后，用上颚刺入蚂蚁体内吸取体液，吸尽后尸体被抛出陷阱。陷阱与蚁狮的大小成正比，一般深约8~14mm、直径13~23mm。幼虫3龄，老熟后寻找适宜的场所在土中吐丝粘缀沙土成圆球形的茧化蛹，蛹期14~21d；茧一端较平、中央1小孔，孔口布薄丝，成虫羽化时即从此孔而出。成虫白天停在树林、草丛中，有趋光性，夜间活动，捕食鳞翅目、鞘翅目等幼虫，产卵在干燥的沙土上。

(2) 中华东蚁蛉 *Euroleon sinicus*（**Navás**）

分布于四川、河北、山西、湖北、陕西。以干燥或新鲜幼虫入药，名地牯牛、倒退虫、蚁狮、沙牛。全虫含蛋白质、肽类、氨基酸、脂类、甾类、色素等。每只雄虫可分泌橙花醇0.5μg，雌虫分泌橙花醇氧化物0.05μg。

形态特征

成虫体长24~32mm，头部黄色多黑斑，触角黑色，胸部黑褐色，前胸背板两侧及中央具黄色纵纹，后胸几乎全为黑褐色。翅透明、有许多小褐点，翅痣黄色，翅脉大部黑色间杂黄色，腹部全黑色；足基节黑色，转节黄色，腿节和胫节黄褐色具黑斑，第1节跗节黄色、余黑色。幼虫外形似蜘蛛，体长约16mm，体多毛、具斑纹，头部与胸部较小，腹部特大，口器嚼吸式，上颚强大。

2.3.3.2 人工繁殖

幼虫的饲养　用培养盘集体饲养时，铺厚约2cm的40目干沙，将幼虫分散逐头移入；幼虫有互相残杀的习性，饲养密度以每头 2 龄幼虫约占沙土面积 30cm²、3 龄 40cm² 为宜；但常因幼虫相互干扰或迁移，损失较大。用直径约 7cm、深约 8cm 的小瓷杯或塑料杯，内盛干沙，1 杯养 1 头蚁狮时损失很小。当 3 龄幼虫接近化蛹时即停止取食，沙盘养时则到处爬动寻找化蛹场所，杯养的则就地结茧化蛹。

不论用何种器具饲养，1 龄时只宜饲喂小蚂蚁或白蚁，2 龄以后可饲以多种仓库害虫如米蛾成虫、绿豆象成虫等。投喂饲料昆虫前可将其置于 10℃ 以下冷冻，抑制其活动能力以便于蚁狮捕食。每次投食后都应于次日将其遗骸取出，以防其与活猎物混淆干扰蚁狮取食。此外，饲养室应有足够的光照，或者人为控制光照每天 14~16h，室温约 25~30℃。

成虫的饲养　成虫羽化时在饲养器具内插上小树枝以便成虫出土后爬附、展翅，再用纱网封罩饲养器具以防成虫逃逸。成虫需要补充营养 1 周以上，可将饲料昆虫和 10 头蚁蛉成虫放入同一笼内任由其虫取食（半合成人工饲料喂养亦能正常取食和交尾产卵）。饲养笼为 40cm×40cm×60cm 时较适宜。

将补充营养后的成虫移入能防雨水的特大交尾产卵笼中，笼内的产卵沙盘中插植一些植物以便成虫攀附，成虫产卵、死亡后移出尸体。卵期约 10~12d，待见孵化幼虫做很小的陷阱时，即将其移入幼虫培养器具内，先喂 1 次小蚂蚁后再移之。

2.3.3.3　采收加工和利用

蚁蛉虽全年可采，但多在夏、秋季采之。采时铲其栖息处的沙土筛取，捕捉后用文火微炒至虫体膨胀为度。

蚁蛉入药味咸、辛，性温、有小毒，入肝、肾、膀胱；有利水通淋、消肿拔毒、止疟、抗血凝、平肝熄风、清热止痉、解热镇痉、祛瘀散结、通变泻下等功效。主治疟疾、肾及输尿管结石、小便不通、疔疮、瘰疬、小儿高热惊厥、癫痫、中风、跌打损伤、便秘腹泻、小儿消化不良等，抑制血栓形成；外用治痈疮肿毒、骨髓炎、中耳炎等。服用每次 0.5~1g，作热剂或煎剂服，忌食热物，外用适量。

蚁狮的药用价值在我国古今药书里记载颇多，如《本草纲目》已将其入药，《本草求原》称其为沙牛，可"通窍利水，治砂淋，炒研同白糖汤下"，《民间常用草药汇编》《陆川本草》亦有同样的记述，现代《中国药用动物志》的记载更为详细。

药理、毒理实验表明，蚁狮的醇提物和水提物都能显著抑制大鼠血栓形成，抑制率达 52.5%，还能显著延长凝血和出血时间，并具有收缩外周血管和舒张心房肌的效应，因此有可能开发并成为治疗心血管疾病的新药。用蚁狮治疗秘尿系统结石，疗效极高。蚁狮为主药对脉管炎治愈率达 87%、对骨髓炎的疗效约达 90%。

2.3.4 东亚钳蝎 *Buthus martenii* Karsch

东亚钳蝎属节肢动物门蛛形纲 Araneida 蝎目 Scorpionlda 钳形科 Buthidae，是传统的中药材。我国蝎种有 15 种，其中分布最广、人工养殖最多的是东亚钳蝎（简称蝎子），该蝎入药称为全蝎或全虫，又名马氏钳蝎、问荆蝎、荆蝎、链蝎、会蝎、剑蝎、主薄虫、蚕尾虫，自然分布多集中在河南、河北、山西、辽宁和山东等地。

2.3.4.1 形态特征与生物学习性

形态特征（图2-13）

体长 5~6cm，体重 1~1.3g、孕蝎达 2g，体背和尾部第 5 节及毒针末端黑褐色、腹面为浅黄色。分为头胸部和腹部两部分，腹部又分为前腹部和后腹部两部分，头胸部和前腹部组成呈长椭圆形的躯干，后腹部细长上跷如尾巴状（图2-13）。①头胸部又称前体，较短，前窄后宽呈梯形，由分节不十分明显的 6 节组成；背甲上密布颗粒状突起并有数条纵沟和纵脊，近中央处的眼丘上 5 对中眼，前侧角各 3 个侧眼排成一斜列。每体节 1 对附肢，即 1 对螯肢（口钳），用以撕裂和捣碎捕获物；1 对触肢（钳肢或脚须），用以捕获食物和感触；4 对步足，第 1 对最短，约2cm，第 4 对最长，约3cm；第 1、2 对步足的基节和螯肢及触肢的基节包围成一个口前腔，口前腔的底部即口，中部具唇，第 3、4 对步足基节间似五角形的脚板。②前腹部又称中体，较宽，由分节比较明显的 7 节组成。背面 3 条纵隆脊，第 1 节腹侧 2 片半圆形的生殖厣（生殖腔盖），下面为多褶的生殖孔。第 2 节腹侧各 1 短耙状且呈"八"型排列的栉状器（感触器官），雌 16~20 个、雄 19~25 个。第 3~6 节腹面的各有 1 个圆形书肺孔，第 7 节梯形，连接后腹部。③后腹部又称末体或尾部，5 节，各节呈棱柱状、细长，背、腹面有多条齿脊线，具背中沟，能向上及左右卷曲活动，但不能下弯。第 5 节最长，其腹面后方节间膜上具肛门，之后即为袋状的尾节，内具 1 对白色毒腺。毒腺后方为毒针，其末端两侧各 1 眼状毒腺口（图2-13 螯肢）。④成年雄蝎体长 4~4.5cm、宽 0.7~1cm，体细尾粗，触肢可动指（钳肢）基部的内缘有明显隆起（图2-13 钳肢），生殖厣较硬（图2-13 雌雄胸板及生殖厣）。雌蝎体长 5~6cm、宽 1~1.5cm，体宽尾细，触肢可动指基部的内缘无明显隆起，生殖厣较软。

交配时雄蝎以生殖厣寻找平整的石

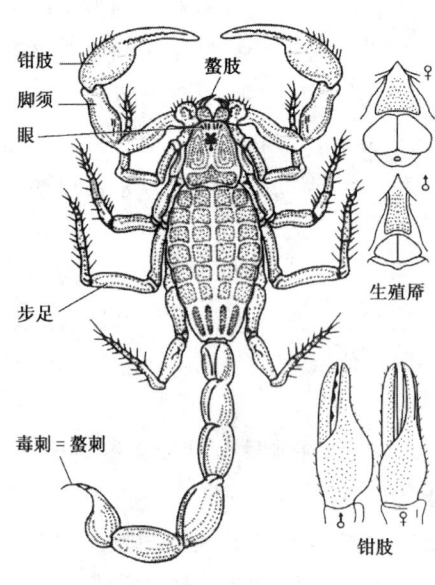

图 2-13 东亚钳蝎

片，以便排出精荚黏附在上面；雌蝎则用生殖厣探寻雄蝎排出精荚的位置，并对准后进行受精。

在一般情况下区分雌雄蝎没有太大的意义，但在引种和留种时就十分有必要。

生物学习性

生活史　蝎子为卵胎生，6月所产仔蝎约于第5天蜕皮成2龄蝎，再约7d脱离母背独立生活，1个月后蜕皮成3龄蝎，不久即冬蛰，如环境适宜则每隔约45d即蜕皮1次；第2年6月蜕皮成4龄蝎，8月蜕皮成5龄蝎；第3年6月蜕第5次皮成6龄蝎，8~9月再蜕皮成7龄即成年蝎后即可交配。第4年7月产出第一胎仔蝎，以后每年繁殖产仔一次，大致可连续繁殖5年。蝎子寿命约8~9年，长的可达13年。

栖地及趋性　蝎子喜在潮湿场所活动，栖息于干燥的窝穴，所以栖地和窝穴多在背风向阳、土质肥沃和松散的坷坎、崖畔、坡地的洞穴、砖缝和墙缝、砖瓦擦、瓦砾堆下及树皮内、树叶下。土壤母质为石灰岩、尤其是有片状岩石混杂以泥土的山地蝎子较多，而岗岩的山地则较少。窝穴多距地面20~120cm，窝穴口常见白点状蝎粪。蝎对弱光有正趋性、对强光有负趋性，夜间可用马灯吸引，见电光则逃走；轻微的声响能使交配、产仔的蝎子受惊而逃，常因争夺食物、配偶或栖地等而残杀。

食物　蝎子常不食死的食物，喜食昆虫、蜘蛛、蜈蚣等，偶尔食风化土和多汁植物。在冬眠前食入风化土，可吸收体内的游离水及消化道内多余的水分加速脱水过程；在气温偏低的早春，风化土是蝎子的主要食物。其食量小，人工喂养时喜食米蛾、玉米螟、黄粉虫、洋虫的幼虫及地鳖虫若虫，如无其他食物时勉强可食蝇蛆和家蚕。

温湿度　20~39℃是蝎子发育的适宜温度，繁殖最适温度为28~39℃。10℃以下将不食、不动、开始入蛰休眠，休眠期以0~7℃、日温差不超过5℃为宜，10~12℃时休眠的蝎子开始复苏；如在休眠期温度波动于-5~12℃之间，将使蝎子处于动静不安状态造成死亡。12~20℃时活动缓慢、发育受抑、腹胀、消化不良而死亡，雌蝎停止交配，卵在体内的孵化期延长或不孵化，或导致终身不孕。气温如降不到所需的冬眠温度，或达不到其生长发育所需的适宜温度时，常会导致新陈代谢率过高、体内养分大量消耗，在春季如遇低温、高湿气候时常大批死亡。

其发育的最适土壤湿度为5%~15%，土壤湿度过低则生长发育缓慢甚至停止，残杀加剧，蜕皮时间延长或成半蜕皮；湿度过高则卵停止发育，组织积水导致水肿，尤其易使孕蝎死亡。

2.3.4.2　饲养方法

(1) 饲养方式

无论采用何种方法饲养，均要能防止蝎子逃跑、白天能藏身、晚上能活动，能加热、散热，又便于管理。①盆壁光滑、高20cm、大小不限的塑料盆等适于小规模养殖。②用大小各异和无异味的废旧木板箱、木箱或塑料箱饲养时，其内壁上缘要贴10cm高的封口胶以防蝎子逃跑。③多建于室内的单层及多层立体的池养是较为理想的大规模养殖方式，一般池高0.5m、宽1m、长1.5m，可用砖砌或用木板钉做，池内壁上缘要镶嵌15cm高的光滑材料如玻璃条或贴上封口胶等。箱、盆或池的底部要垫厚3~5cm、pH7~8的疏松细土，土上用砖或瓦片构筑具有3~5cm缝隙的垛体，以便于蝎子钻入栖息。

(2) 饲养管理

温、湿度调控　如上所述，蝎子冬眠、发育、活动与取食，甚至对昼夜温差有较严格的要求。如能在室温为25~39℃、空气湿度为65%~80%，蝎窝内土壤湿度为10%~15%下饲养，可使其不冬眠，始终处于生长繁殖的最佳状态，生长周期则由常温下3年缩短为8~12月，年产仔由1胎增至2~3胎，成活率明显提高。

给食和供水　人工饲养一般以适应性强、易养的黄粉虫作为饲料，一般约3kg麸皮即可生产1kg黄粉虫，增重1kg蝎子需黄粉虫约3kg。一般3~4d喂1次，繁殖季节2~3d喂1次。投食时要清除未食的死虫及残骸。如湿度正常、食物供应充足则蝎子很少饮水，但在高温季节应供应饮水，可在蝎室内置一个小碟或盒盖，内放浸过清水的纱布、海绵等供其吮吸。

分龄管理　蝎子7龄，不同龄阶的管理重点有所区别。①在幼期应于2龄蝎时将仔蝎与雌蝎分开单独喂养，供给足量的3~5龄小黄粉虫幼虫，为降低死亡率、使其顺利蜕皮，进入3龄可使用蝎子蜕皮素。②对3~5龄的青年蝎应及时区分大小，分群饲养，减少残杀致死率，该阶段要供给足够的鲜活黄粉虫，以免已蜕皮的吃掉正在蜕皮或尚未恢复活动能力的蝎子。③雌蝎虽交配1次即可终生受孕，但如次年失配产仔数和质量就会下降，应按公母比1:3的自然比例进行搭配放养种蝎，密度以600~1 000头/m²为宜。④蝎子的妊娠期应维持较高的温度，在35℃时其体内的受精卵约40d可完成胚胎发育、产出仔蝎，且幼蝎成活率高；低于30℃时雌蝎有仔也不产。

2.3.4.3　蝎子与地鳖虫混养技术

蝎子养殖周期长，而单养地鳖虫时效益不高，若与蝎子混养，可节省费用，以短养长，使蝎子成为纯增利润的产品。蝎子和地鳖虫要求的适宜温度均为30~35℃、空气湿度为75%~80%、窝穴或土壤湿度为16%~20%，都适宜在阴暗环境中生长；但蝎子要求的湿度小于地鳖虫，饲养池上层湿度小，蝎子可居上层，底层湿度大、地鳖虫则潜居底层。如将蝎子与地鳖虫按一定比例投放入池，蝎子可主食地鳖虫，地鳖虫则主食麦麸等，既可避免蝎子因患大肚病或蜕皮困难、死亡率高的现象，也能在6~8个月内获得地鳖成虫，早获收益。

饲养池的底层应均匀地铺上约6cm厚的饲养土（见鳖虫养殖），再用两块砖作支架、上放1块水泥瓦，水泥瓦上用瓦片砌垛体，这样蝎子和地鳖虫能通过砖自由上下，同时又便于清洁池中的卫生和观察。饲养时可将经过盆养的2龄蝎或成蝎按2 000只/m²一次性投放入池，同时按100g/m²也将2龄地鳖虫若虫投放入池，然后在水泥瓦上放 50cm×5cm×1.2cm 的浅碟式食盆，内放与蝎子龄期相同的黄粉虫幼虫；每 3~5d，将炒香的麦麸、花生麸等混合饲料加拌青菜撒入食盆内，以维持黄粉虫的正常生存。饲养土表面则少撒施一些地鳖虫的食物，尽量避免饲料剩余而霉烂污染饲养土，如地鳖虫食料不足时可取食蝎蜕皮、黄粉虫的枯体，使环境保持清洁。

混养中的 2~6 龄幼蝎约 40d 可蜕一次皮，待其到 5 龄时将蝎窝内的蝎子按龄期大小分别集中于不同的塑料盆内，清池，用 0.3% 的高锰酸钾溶液（或百毒杀）对蝎窝、饲养池消毒、晾干再用；同时用 8 目和 1 目的筛网将饲养土中的地鳖虫分级筛出，5 龄期以上另池集中饲养至成虫后或作为种源或出售，5 龄以下的则用来喂刚分群的青年蝎；然后在池中添加新鲜饲养土，按照上述方法及蝎龄大小分池饲养。

2.3.4.4 蝎病防治

蝎池的温湿度不适宜、不卫生、空气不清新，不及时清除饲料虫尸及霉变饲料，或投食过多的管理措施不当，蝎常易感病，常见蝎病及防治措施如下。

枯尾病（慢性脱水症）　① 环境干燥，饲料含水量低或饮水供给不足而致病。② 病蝎爬行缓慢，腹部扁平，肢体干燥无光，尾梢处黄色干枯，病变渐向前扩展至腹之近端部时开始死亡。③ 增加蝎窝空气湿度、增加供水，适量饲喂含水量较高的西红柿、西瓜皮、鲜菜叶等，病蝎得到水分补充的同时病状即自然缓解。

拖尾病（半身不遂）　① 由长期饲喂高脂肪和高蛋白质食料、栖息场地潮湿所引起，2 龄蝎更易患此病。② 病蝎躯体明亮，肢节隆大，尾部下拖，爬行缓慢，口部红色似有液状脂溶性黏液泌出，5~10d 开始死亡。③ 调节环境温度和土壤湿度，停喂高脂肪饲料如蚕蛹、肥肉等，停喂 3~5d 后用大黄苏打片 3g、麸皮（炒香）50g，加水 60g 拌匀饲喂至病愈；或者改喂苹果、西红柿等。

腹胀病（大肚病）　① 多在早春和秋季阴雨低温期因消化不良所致。② 病蝎肚大，活动慢，不食，雌蝎化胎或终身不孕，发病约半月即死。③ 蝎窝温度控制在 20℃ 以上，早春 8~10d 投食 1 次，多给喂含水多而软的活昆虫或食糖拌合的熟肉酱，在蝎子活动区投放风化土供蝎采食以帮助消化；发病后立即停食停水、调高温度，用食母生 1g、长效磺胺 0.1g，加入 100g 饲料中拌匀喂即可痊愈；或用雄黄 1g、硫磺 1g、苍术 2g 共研成粉末，加到 100g 饲料内拌匀喂。

水肿病　① 环境湿度过大、土壤湿度长期在 20% 以上所致。② 蝎体组织积水、明亮，肢节隆大，后腹部下拖，活动迟缓，严重时伏卧不动终致死亡。③ 通风换气降低湿度，轻者 3~5d 即可恢复正常。

步足麻木　① 饲养密度过大、活动场地狭窄所致。② 病蝎步足收缩难以伸展，不食不动，时而翻滚挣扎，多在 2d 后死亡。③ 扩大饲养场地面积，减少蝎群密度，加高垛体，通风换气。

枯瘦病（消枯病）　① 因环境干燥、饲养土长期不换、食物不洁、严重缺水、饿后暴食所致。② 蝎体干燥无光，前腹扁平，多日不食，遇食或人为刺激时后腹极度上跷，倒退呈恐惧状，后期爬行缓慢、失去平衡，慢慢死亡。③ 清理蝎窝卫生，供足饮水并增加湿度，投放新鲜饲料及瓜果蔬菜等；用酵母 3 片、土霉素 1 片共研成粉后加水，夹住病蝎后腹部强迫其饮药水，2 次/d，3～4d 可愈。

萎缩病 ①因空气污浊、通风不良、第 1 次蜕皮时伏在雌蝎背上的仔蝎多而发此病。②病蝎日渐萎缩，随后自行脱离母背而死亡。③ 通风换气、使饲养室空气清新。

脚须黑残病 ①蝎子的脚须因被蚂蚁咬伤，逐渐变黑而干枯、断掉而成残废。②及时打扫池内蝎尸、剩余肉类饲料和昆虫残骸，并绕蝎房四周建 1 个注满水的浅水槽，槽内撒烟、蒜以驱避蚂蚁；一旦发病应立即在蝎房内放置肉骨，诱杀蚂蚁。

蝎螨病 ① 由螨虫寄生使蝎体逐渐消瘦而死亡，高温、高湿的情况下易发病。② 病蝎脚须和胸腹部出现黄褐色点状霉斑、行动困难。③ 降低温、湿度，清除变质饲料，用 0.1% 的高锰酸钾溶液喷洒消毒，或用土霉素 0.5g，或增效联磺 0.5g 拌食物 500g 喂至痊愈；取出病蝎，用小喷雾器盛水 200mL，加入 25% 杀虫脒 1mL、酒精 1mL 喷其背腹，2d 一次，4～5 次即可痊愈。

体腐病（黑肚病） ①因蝎采食腐败变质的饲料或饮用不洁净的水所引起的一种细菌性传染病，健康蝎子如吃了病蝎尸体也可发病；该病病程较短，死亡率很高。② 病蝎前腹部黑而胀，活动减少，食欲减退，白天不进窝，随后前腹部显黑色溃疡性病灶，轻挤即有浊物流出，死蝎躯体松软、组织液化。③保持饲料虫鲜活，饮水及用具洁净，清除蝎池中的饲料虫残骸及其他污染源；发病后应立即翻垛清池，喷洒 0.1% 来苏尔水或 15% 福尔马林消毒；对病蝎可用食母生 1g、红霉素 0.5g 拌配合饲料 500g 或大黄苏打片 0.5g、土霉素 0.1g 拌配合饲料 200g 隔离饲喂至病愈，治疗困难的应及时烫煮加工，死蝎则要焚烧或深埋处理以防病菌传播。

斑霉病（黑斑病） ①蝎池过于潮湿、气温较高时真菌病原侵袭蝎体所致，在阴雨时节当饲料虫过剩霉变时蝎群易感染此病。②感病初病蝎极度不安，头胸部和腹部的黄褐色、红褐色或黑褐色小点状霉斑渐向周围扩散、隆起成片，后期少动、呆滞，步足伸缩困难，后腹不能卷曲，全身柔软，拒食，几天后僵死，体表见白色菌丝。③保持养殖室空气清新，温湿度适宜，降低饲养密度，定期清除死亡饲料虫，保持用具及设施干净，用 15% 福尔马林或 0.1% 高锰酸钾喷洒消毒；及时拣出病蝎用氯霉素 0.25g 或土霉素 0.25g 加水 250mL 每日强行喂饮 2 次，4～5d 可治愈；病死蝎子应焚烧或掩埋处理，切不可加工入药。

天敌的防治 饲养中常见的天敌有壁虎、蚂蚁、老鼠、鸟类、蛙蛇类以及家猫、黄鼠狼等。①壁虎常进入蝎池的垛体，大量捕食 1～3 龄幼蝎，因此要经常注意堵塞蝎池墙壁的孔洞，严防壁虎侵入，如已侵入应及时捕捉。② 蚂蚁除抢食蝎的饲料虫外，常群集攻击、咬伤蝎子，使其致伤、致残、致死，对幼蝎、正在蜕皮或刚蜕完皮尚未恢复活动能力的蝎子危害更大。饲养土入池前上锅炒过后再放入蝎池以杀死蚂蚁或蚁卵，池土要铺平压实防止蚂蚁打穴，在蝎子入池前也可用磷化铝片密闭熏蒸蝎池;如蝎池内出现蚁群,应封堵压实其穴口,用骨头或滴有蜜糖水的馒头放入蝎池诱聚、然后杀死;也可用25g蜂蜜、25g硼砂、25g甘油、250g温水混合拌匀,放在饲养场的四周诱杀蚂蚁。③老鼠盗食蝎子饲料,破坏养蝎设施,毁坏蝎窝,咬食蝎子,常将大量蝎子的尾部咬断。应清除养蝎室内杂物、封堵所有洞穴,一旦老鼠进入养殖室可人工捕捉、布放鼠铗、投放鼠药等予以消灭。

2.3.4.5 采收与利用

取蝎毒 ①将YSD-4药理生理实验多用仪器的开关旋至连续感应电刺激挡,调到138Hz、6~10V后,用一电极夹住蝎一前螯、一金属夹夹在蝎尾第2节处,用另一电极不断接触金属夹(若蝎无反应时可用生理盐水将电极与蝎体接触处润湿),即可收集蝎毒。②用一支金属夹夹住蝎一前螯,即能自蝎尾处收得毒液。取到毒液后立即真空干燥,将灰白色的干毒保存于4℃的冰箱中。

采收 幼蝎发育为成蝎后经过20~30d的育肥期增重,至立秋后收获成蝎时封闭饲养室的窗,喷洒白酒,将蝎驱出窝外捕捉。捕捉时要备好用具、氨水(万一被螫,立即抹)并做好防护。

加工 ①将所捕蝎子去净泥土,置缸内,加入盐水(每千克活蝎用食盐300g)浸没蝎子,8~10h捞出。取缸中上清液煮沸去沫,加入捞出的蝎子煮沸5~10min(若煮沸30min以上其有效成分尽毁)捞出,晾干即为咸全蝎(若晒干全蝎表面则结盐霜,质脆易碎,影响销售)。②如先将蝎子放入水中浸泡1h除去污物及粪便后,放入沸水中用旺火煮约20min,出锅后晾干即为淡全蝎或清水蝎。

药理作用 全蝎入药味甘、辛、平,有祛风止痉、通经活络、解毒消肿功效,主治惊痫抽搐、风湿痹痛、偏正头疼、中风、半身不遂、破伤风、癫痫、瘰病、疮疡等症。蝎子含毒蛋白类蝎毒素、三甲胺、甜菜碱、牛黄酸、软脂酸、硬脂酸、胆固醇、卵磷脂等成分,因而具有抗惊厥、癫痫作用,能抑制血管运动中枢,扩张血管,降低血压,对破伤风杆菌与奥杜盎氏小芽胞癣菌有抑制作用,亦对肿瘤尤其是乳腺癌及淋巴肉瘤有抑制的功效。

蝎子的药用始载于五代《蜀本草》,其称为"主薄虫",宋代的《开宝本草》曰"蝎出青州,形紧小者良。味甘,辛……有毒。主治违风疹及中风半身不遂、口眼歪斜、语涩、手足抽搐";元·李果曰"蝎乃治风要药,俱宜为而用之";明·《本草纲目》曰"蝎形如䖡,八足而长尾,有节色青,今捕者多以盐泥含之","其毒在尾,今入药有全用者,谓之全蝎,有用尾者,谓之蝎梢,其力尤紧。……味甘、辛。性平、有毒。主治小儿惊风、疟疾、耳聋、疝气、诸风疹,女人带下阴脱";《本草经疏》载"蝎甘、辛,有毒,然密其用,应是辛多甘少,气温,入足厥阴经。";清·《本草求真》载"味辛而甘,气温有毒。色青属木,故专入肝驱风。凡小儿胎风发搐,大人半身不遂、口服歪斜、语言蹇塞、手足搐搦、疟疾寒热、耳聋带下，皆因外风内容，无不用之"。1995年《中华人民共和国药典》载"辛、平，有毒。归肝经。息风镇痉，攻毒散结。用于小儿惊风，抽搐痉挛、中风、半身不遂、破伤风、风湿顽痹、偏正头痛、疮疡、颔瘰疬"，并规定其用药量为2.5~4.5g。现用全蝎配伍的中成药达40余种，如回春再造丸、大活络丸、七珍丸、牵正散、止疼散、中风回春丸等，以蝎加工的保健食品也很多。

2.3.5 蜂毒类

蜂毒为中华蜜蜂 *Apis cerana* Fabricius、意大利蜜蜂 *Apis mellifera* Linnaeus 等工蜂螫刺腺内的有毒液体，其味辛、苦，性平，有毒。蜂毒含多种生理活性物质，抗菌（细菌和霉菌）、抗发炎、抗发热，激发血管的通透性，作用于免疫系统，抑制免疫失调，抗辐射、镇痛，能抑制多种植物及动物肿瘤组织的生长，抑制超氧自由基的产生，能祛风通络、化瘀止痛、抗过敏、降血压。蜂毒具有极强的溶血作用，无论在体内还在体外均有抗凝血作用。

药理研究表明，蜂毒中的蜂毒肽 Melittin 能诱发小鼠的脑电活动使其发生抑制性改变，进而抑制其自由探求活动，而神经毒素 Apamine 则可使小鼠对各种刺激敏感、缩短巴比妥引起的睡眠时间，大剂量可使动物死于呼吸肌麻痹。给动物注射蜂毒可使其血压长时间降低，过量注射蜂毒肽可引起家兔、猫血压立即降低至不可逆休克、窦性心动过速、心律不整和房室传导阻滞。所含的 Apamine、去甲肾上腺素和多巴胺还具有直接抑制炎症的作用，蜂毒肽等则对脑下腺——肾上腺皮质系统有明显的刺激，对革兰氏阳性菌和阴性菌均有抑制和杀灭作用。

使用蜂毒疗法 Bee Venom Therapy（BVT）治疗疾病在中国、韩国、罗马尼亚、保加利亚、苏联已有12个世纪的临床应用史。蜂毒可用于治疗风湿性关节炎、类风湿性关节炎、多发性硬化症、强质性脊椎炎、系统性硬皮病等结缔组织性疾病，以及神经系统疾病、慢性疼痛、坐骨神经痛、神经炎、退化性血管疾病、退化性脊椎病、麻痹、心脏血管疾病、高血压、脂血症、心律不齐等。

临床上可用活蜂螫人或直接使用蜂毒注射剂，或用电离子透入和蒸汽吸入，皮肤溃疡、肌肉疼痛和关节肿痛等还可用特制的软膏局部擦用。但首次注射前过敏试验中有过敏反应及次日尿中有蛋白或糖出现者以及儿童与年老体弱者慎用，肺结核、糖尿病、先天性心脏病、肝、肾疾病患者则禁用。

蜂毒的中毒反应表现为局部疼痛、起泡、灼热、浮肿等，伤害血管内皮而致内脏出血，抑制血管运动中枢、产生降压，发生阵发性痉挛及强直性痉挛，最后麻痹至呼吸停止而死亡。健康人如接受10只蜂螫、只能引起局部反应，如受200~300只蜂螫可使机体中毒、心血管功能广泛杂乱、呼吸困难、面色青紫、心跳加速、抽搐、麻痹等，如同时遭受500只蜂螫则可导致死亡。

2.4 解毒、攻毒药用昆虫

2.4.1 蝇蛆类

2.4.1.1 大头金蝇（五谷虫）*Chrysomya megacephala*（Fabricius）

五谷虫（蛆、粪蛆、水仙子）为始载于《本草纲目》的常用中药，属双翅目 Diptera 丽蝇科 Calliphoridae 的多种蝇类昆虫的干燥幼虫，但其原昆虫均系大头金蝇。主产湖北汉川、汉阳，浙江衢县、兰溪。其中以湖北产量大，浙江常山所产体轻、洁白、纯净，品质较好，名"常谷虫"。

形态特征（图2-14）

成虫　体长约1.1cm，绿蓝色。头顶部黑色，复眼红色，额中条褐红色，颜和颊部橙黄色，触角及下颚须褐色，胸、腹部绿蓝色并带有紫光，第1腹节及第2、3腹节后缘黑色。前胸气门黑色，中胸气门浅褐色，有气门鬃，腋瓣呈棕色。雄蝇复眼上部2/3小眼面明显大于下方的1/3。

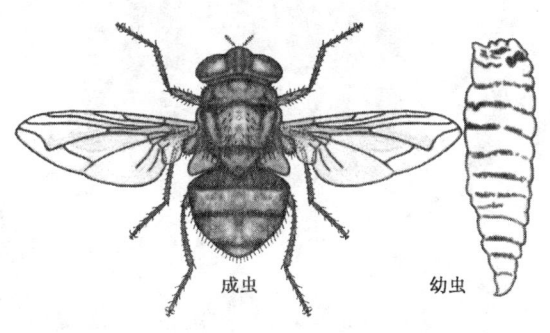

图2-14　大头金蝇

成熟幼虫　黄白色，前端尖细，后端截平，头部1节，胸部3节，腹部10节（常只见8节）；体表有黑色小棘形成棘环，后气门略高出于后表面，气门环不完全，气门间距小于气门横径，前气门具10~13个指状突。

生物学习性

成蝇在夏季发生最多，喜食甜品、瓜、果、新鲜的粪及腥臭物质等；幼虫食粪及腐烂动物，多滋生于稀的人粪、垃圾、腐败物质中，主要在茅厕或粪坑附近的土表下以蛹越冬。除内蒙古、西北大部地区、西藏东北部外，在我国大部地区都有分布。

采收及应用

采收　7~9月间（或伏期）由粪缸中捞出，装入布袋，在流水中反复冲洗，使虫体内粪渣完全排出，洗净、晒干；或拣净杂质，再入锅中用文火炒至微黄、膨胀而松脆，筛去碎屑即成。入药五谷虫体扁圆柱形，头部较尖，长1~1.5cm、宽2~3mm；黄白色或略透明，全体环节14，无足；质松脆易碎，断面多空泡，气微臭；体轻、干净、淡黄白色、无粪渣杂质、无臭味者为佳。

药理及功效　五谷虫主要含蛋白质、脂肪、甲壳质，脂肪、糖类及蛋白质的分解酵素。蛋白质分解酵素为肠肽酶（Erepsin）及胰肒酶（Trypsin）。性味咸、寒，清热解毒、消积食、健脾胃，主治消化不良、脘腹胀满、体倦无力、热病神昏、毒痢作呕、小儿疳积诸症；用量1.6~3.2g，虚寒者不宜。

2.4.1.2 复带虻 *Atylotus bivitteinus* Takahasi

本品为常用中药,在《神农本草经》中的原名为蜚虻,属双翅目 Diptera 虻科 Tabanidae,其原昆虫包括姚氏虻、峨眉山虻、鰲母山虻、复带虻(双斑黄虻、牛虻)、村黄虻(黑胫黄虻)、雁虻(僻氏虻)、黄巨虻、江苏虻、华虻等,但绝大多数为复带虻 *Atylotus bivitteinus* Takahasi,其次为江苏虻 *Tabanus kiangsuensis* Kröber、华虻 *T. mandarinus* Schiner(图2-15)。虻虫主产安徽蚌埠、六安,江苏泰州、昆山、常熟、南通,山东沾化,河南南阳、信阳,陕西安康、商洛,新疆沙湾、乌苏,河北黄骅、隆化,山西阳高。复带虻分布于黑龙江、河北、江苏、浙江、陕西等地。

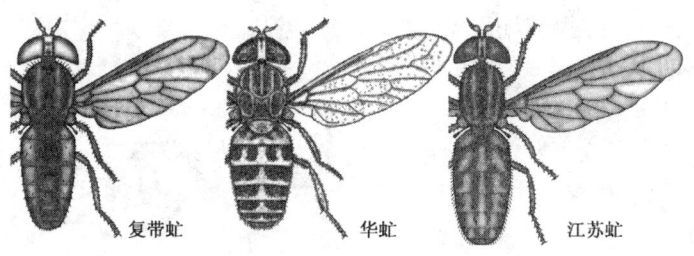

图 2-15　3 种虻

形态特征

成虫　雌虻体长 13~17mm,黄绿色,复眼无细毛、中部 1 黑色细横带。额、亚胝、触角、唇基和颊、下颚须第 2 节、翅脉、平衡棒、足及中胸黄色或黄灰色,中、后足股节基部 1/3 处灰色,前足跗节、前足胫节端部及中、后足跗节的端部黑色,腹部暗黄灰色,第 1~3 或第 4 腹节背板两侧具黄色大斑点,斑中具暗黄灰色纵带,腹面灰色、第 1~2 或第 3 腹板两侧黄色。头顶及体被短毛,下颚须被毛黑、白两色,胸部短毛黄色、杂有黑和黄灰色长毛。腹部被毛黄、黄灰、黑色。额高度约为基部宽的 4.5 倍、两侧缘约略平行,基胝圆形,中胝呈心脏形;触角第 3 节肥大、基部具有粗钝的背突。翅无斑透明,第 4 径脉(R_4)有短附枝。雄虻体长 11~12.5mm,复眼被灰色短细毛、上部 2/3 的小眼面较大。

生物学习性

复带虻 1 年约 1 代,以幼虫越冬。成虫在 6~8 月的白日活动,阴雨天及夜晚不活动,喜强烈日光;雄虻常居于草丛及树林中,只吸食植物汁液,雌虻吸食牛、马、驴等家畜血液(也叮人吸血);雌虻交配、吸血后产卵于稻叶或窄长杂草叶上,第一卵块有卵 300~500 粒。幼虫生活在水中或湿泥里,以昆虫幼虫、小甲壳动物或软体动物为食;长大后爬至岸堤,在岸堤的土下过冬。过冬幼虫 2~3 月开始活动,5 月化蛹,6 月羽化为成虫。

采收及应用

采收　6~8 月可在家畜体上捕捉,为防止虻虫腹部所吸牛血流出而降低其质量,可手捏其头部致死、晒干,或拣净杂质、文火微炒、除去足和翅即成;因雄虻不吸血,所以成品均为雌虻。干燥的雌虻体长椭圆形,长 1.5~2cm、宽 7~

10mm，头、胸部黑褐色（商品中头部多脱落），背面光亮，胸部下面黑棕色，腹部棕黄色、6节，翅长超过尾部，足3对；质松而脆、易破碎，臭气浓；个大、去头、腹部不破者为佳。苍蝇、蜜蜂外形均与虻虫相似，应注意鉴别。

药理及功效 含蛋白质、胱氨酸、胆固醇及钙、镁、磷、铁、铜等24种元素。性味苦，微寒，有毒，有破瘀血、消症结、通经、堕胎功效。主治经闭症瘕、蓄血、跌打损伤等症，适量外用治肿毒。用量1.6～3.2g。体虚弱、无瘀积及孕妇禁用。

2.4.2 虫茶

米缟螟（米黑虫）*Aglossa dimidiata* Haworth、白条谷螟、谷粗喙螟、化香夜蛾 *Hydrillodes repugnalis*（Walker）、雪疽夜蛾等昆虫幼虫的虫粪能作药茶饮用，故称其为虫茶。虫茶是热带、亚热带地区高温作业人员及华侨的重要饮料。米缟螟属鳞翅目 Lepidoptera 螟蛾科 Pyralidae 昆虫，是一种世界性仓储害虫，主要危害粮食、油料、豆类、茶叶、烟草、中药材等多种储藏物，国内分布普遍。米缟螟等取食三叶海棠 *Malus sieboldii* Rehd 叶时所产虫粪为"三叶虫茶"，化香夜蛾取食化香叶时所产虫粪即"化香虫茶"。

2.4.2.1 米缟螟的形态特征与生物学习性

形态特征（图2-16）

成虫 雌虫翅展32～34mm、雄22～26mm，黄褐色。三角形的前翅面满布紫黑色鳞片，亚基线、内横线、中线、外横线处各1淡色波状横纹，在近外缘线上排列紫黑色锯齿形斑点7个，后翅淡褐色。

卵 椭圆形，约0.58mm×0.45mm。初为乳白色，孵化前淡黄色，卵面有网状纹。

幼虫 体长0.8～20mm，幼龄幼虫米黄色，头和臀部朱红色，各体节具有许多着生刚毛的小黑点；老熟幼虫黑褐色，头褐红色。

蛹 长纺锤形，褐红色，长9～12mm。碎屑缀丝成管状茧。

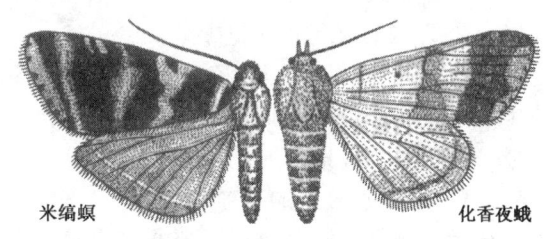

图2-16 2种产虫茶昆虫

生物学习性

1年2～3代（在湖南长沙1年2代），以幼虫在粮堆、糠灰、墙壁或食物残渣中结茧越冬，无明显停食期；世代重叠，6～9月均可见各虫态同时存在，各虫态的发育期长而不整齐（第1代化蛹期可持续47d，越冬代幼虫孵化期可持续41d），但其发生高峰期较稳定，越冬代雄蛾发生高峰期比雌蛾早11～12d，第1代雄蛾比雌蛾早8～9d。

成虫全天均可羽化，雌雄性比为1.45∶1。白天静伏，夜晚活动，多在20∶00～23∶30时交尾产卵。羽化后第2～7天产卵数占总量的85%以上，在自然条件下越冬代每雌产卵 421.9 粒、第 1 代 356.9 粒。幼虫孵出后立即爬至缝隙、叶背等阴暗处静伏；喜欢群居，吐丝连缀碎屑、食物残渣及排泄物成管状巢道，取食其中，管状巢随虫龄增大而加大；以三叶海棠叶为食的幼虫存活率最高、个体最大，食大米者次之，食米糠和面粉者存活率均在 40% 以下且老熟幼虫体长不及前者的 1/2；老熟后则吐丝封闭其两端成茧化蛹，雄幼虫常早化蛹 8～9d。

温度如高于 35℃，卵则不能孵化，幼虫不能存活至化蛹，蛹最高存活率仅 7.2%。温度偏低、湿度较高时幼虫存活率高，蛹体较大，成虫存活率高、寿命长。幼虫最适宜存活温度为 20～28℃、湿度为 85%～93%（55% 以下时存活率低于 20%），食料含水 15%～20% 时幼虫存活率最高。

温度及相对湿度分别为 22.5～30.0℃、55%～93% 时，卵期 6.9～15.8d、孵化率 97.5%～81.2%，蛹期 11.0～25.5d、存活率 68.1%～94.4%，成虫产卵前期 0.9～6.9d、寿命 3.6～12.3d、存活率 30.2%～100%；温度为 25.1～30.4℃、湿度为 75%～93% 时，每雌产卵 85～340 粒，越冬代可达 680 粒，第 1 代可达 502 粒。在相对湿度为 80% 于 2～4℃ 下保存 5d，再置于 26℃ 时对孵化率无影响，保存期超过 5d 孵化率下降，超过 10d 则孵化率仅为 10.5%。

2.4.2.2 米缟螟的饲养繁殖技术

该虫茶主要产于湖南。在湖南、贵州、四川等省的部分山区。采集三叶海棠鲜叶放入沸水浸烫、捞出，晾至八、九成干，制成茶叶；然后在竹篓或木笼中装入厚度 15～20cm 的海棠叶茶，均匀喷洒淘米水使其湿润，放置约 10d 即散发出能诱集米缟螟产卵香味，幼虫孵出后即取食三叶海棠叶茶、产生虫粪；再收集虫粪、去杂、精细加工即为虫茶。湖南农业大学在三叶虫茶中加入茶叶等调味品后开发出了新的虫茶产品即虫酿茶。

每 50kg 鲜叶可产虫茶 10～20kg，但仅靠产虫茶昆虫自然飞到茶笼内产卵繁殖生产虫茶，产量低，周期长达 1.5～3 年。如人工饲养繁殖产茶昆虫，可提高产量、缩短生产周期。

2.4.2.3 米缟螟虫茶的功效

优质三叶虫茶的特征　无霉味和杂质，每升干燥的颗粒重约 520～550g；颗粒圆柱形，2～2.5mm×1～1.5mm，两端较平齐，浅褐色至深褐色，但颗粒两端的色泽明显较浅，形体较粗糙且色泽不一；用 10～20 倍放大镜观察，颗粒表面有 3～4 条凹凸不平的环状沟。

功效　将少量虫茶颗粒投入水中，茶汁清亮、香浓味美、口感独特、营养丰富、对人体无毒，饮其茶汁有清凉去暑、解热、助消化、顺气、解表等功能，主治厌食、消化不良、腹泻、牙龈出血、慢性肠炎、胃痛和轻度高血压等。

2.4.3　蜣螂

蜣螂类是鞘翅目 Coleoptera 金龟总科 Melolonthoidea 的粪食腐食型昆虫，俗称屎壳螂，包括大蜣螂、紫蜣螂、犀蜣螂、臭蜣螂、粪金龟、双叉犀金龟等。

2.4.3.1 主要种类的形态与生物学

(1) 神农洁蜣螂 (神农蜣螂) *Catharsius molossus* (Linnaeus) (图2-17)

分布于山西、河北、山东、河南、江苏、安徽、浙江、湖北、江西、湖南、福建、广东、广西、贵州、四川、云南、西藏及台湾。除食人、猪、牛的新鲜粪便外，偶尔也食死虫及死青蛙。

形态特征

①成虫体长26～37mm、宽16～23mm，黑或黑褐色，椭圆形，背面浑圆隆起，唇基宽大似铲状、盖住口器。雄虫唇基中后部1锥型突，前胸背中部1高而尖的横脊、其两侧各1齿状突；胸下有长毛，中后足胫节端部呈喇叭形扩大，鞘翅各有7条纵线。雌虫头顶1矮锥突，前胸背板的横脊矮小、无齿状侧突。②卵初产时乳白色、后变鲜黄色，1cm×0.5cm，卵面光滑。③1龄幼虫灰白、2龄乳黄、3龄深乳黄色，头宽分别为3mm、4.5mm、5.5～6.2mm；头部色较深，冠缝延伸至额区，触角4节、长2.1mm，端节圆锥形、比其他各节细小，中后足具爪；前胸气门板最大、开口向下，腹部各节气门板大小几相等、开口向前，气门板半圆形；腹部第3、4、5节粗肥，肛上叶和肛下叶均无毛。④蛹乳白至深褐色。

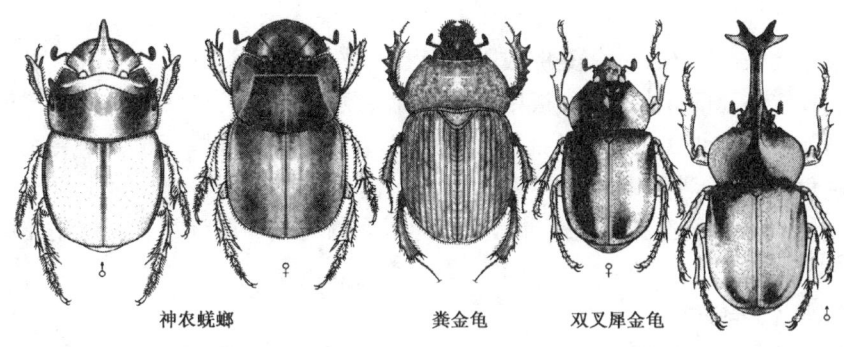

图2-17 3种蜣螂

生物学习性

1年1代，以成虫及幼虫越冬。越冬成虫于4月下旬出土活动，5月中旬开始产卵。6月下旬卵孵化，8月上旬化蛹，9月中旬成虫羽化，11月上旬进入越冬。越冬的老熟幼虫于4月下旬开始活动，6月中旬开始化蛹，7月下旬羽化，8月下旬产卵，9月上旬卵孵化为幼虫，11月上旬幼虫越冬。

成虫羽化后第18天出土，昼伏夜出，有趋光性和假死性，白天藏于土下约5.7cm处，傍晚至凌晨6：00活动。遇有食物时首先饱食，再以后退的方式将食物拖入洞内。成虫掘土极其迅速，140s即可钻入土中，190s即可钻入路面下，5min可钻至4cm深处。洞穴在距地面约20cm处有栖息室，距地面40～60cm处有育儿室及卵室。用食物制育儿球时去其渣、留精华，再将其紧缩成团，然后用分泌液将土团于其外成泥壳，上端留1产卵孔，产卵后再用些纤维物将孔封闭，封口处微隆起。育儿球3.5～6.4cm×5.1～6cm，卵室1.2cm×1.5cm。雌虫平均产卵 7.13 粒，每卵室产 1 粒，幼虫孵化后，即从卵室钻入位于其下部的育儿球内取食直至化蛹。在 21℃ 恒温时，卵期为 16d、1 龄幼虫期 6d、全幼虫期约 260d、蛹期 39～46d，越冬幼虫死亡率为 29.06%。

(2) 粪金龟（粪堆粪金龟）Geotrupes stercorarius Linnaeus（图 2-17）

分布于河北、河南、内蒙古、辽宁、吉林、黑龙江等省。成虫在畜粪堆下垂直挖洞，运粪于入洞，幼虫以粪为食。

形态特征

成虫体长约 15.5～22mm，长椭圆形。体背黑色有紫铜色闪光、腹面具铜绿色闪光。唇基前缘弧形，上颚呈镰刀状；前胸背板宽大于长，前侧角钝，后侧角呈弧圆形，小盾片三角形；前足粗壮，胫节外缘有 7 齿。雄虫胫节基都有小齿 1～2 个、外缘中点齿 1 个，雌虫胫节下方有锯齿形纵脊及毛丛。鞘翅有刻点沟 13 条。

(3) 双叉犀金龟（独角仙）Allomyrina dichotoma（Linnaeus）（图 2-17）

分布于吉林、华北、华东、中南、华南、西南及台湾。成虫取食桑、榆、无花果等树木的嫩枝、瓜类的花器，趋光性强；幼虫栖于朽木、锯屑堆、肥料堆及垃圾堆中。

形态特征

成虫体长 35～60mm，红棕或黑褐色，有光泽。雄虫头顶 1 发达的双分叉角状突、长 17～30mm，前胸背板中央 1 短壮、端部呈燕尾状分叉的角突，角突端部指向前方。雌虫头上无角突，额部横列 3 个小丘突，前胸背板无角突。

独角仙含 16 种氨基酸、钠及少量铜、镁、钙、硅；含 1% 的能溶于水、乙醇、氯仿但不溶于乙醚的蜣螂毒素，其醇提取物对人体肝癌细胞有抑制作用，有效成分主要分布在腿部。

2.4.3.2　饲养技术

粪金龟的生活周期较长，较难规模饲养，饲养时应设置两个以上的坑池，隔年交替投放或采收成虫，才不会因翻动土层而干扰幼虫的正常生活。饲养坑（池）的底部填入 50cm 深的半砂壤土、适当压实，坑沿留 50cm 高的围墙，坑内表土一端堆尚未腐熟的人畜粪便（以牛粪为主），坑或池口用纱覆盖、并能够防雨。准备好饲养坑后可于夏、秋季用灯光诱捕或牛粪堆下挖掘成虫；再将所采成虫按雄雌 1:2 的比例放于坑池内，1m² 中投放量为雄 10 只、雌 20 只。在人为控制条件下饲养，常有雄争雌或因抢夺粪料而互相格斗或追逐的现象，可在坑池中放置起阻隔作用的砖石块。

粪金龟成、幼虫均喜食新鲜粪便，一次投入的粪便厚度不能超过 10cm，待其取食或翻动成蜂窝状时可适量洒入一些清水，将粪便稀释后再供其取食，若洒水后粪便无浆液渗出则将上层约 5cm 的干粪渣轻轻取出，再补充新鲜粪便至原来的厚度。如将新鲜粪便稀释成黏液状，定期均匀地泼浇在粗糙的纤维和残渣上，即不用定期更换。

饲养时温度以20~25℃、土壤含水量15%~20%为宜,但堆放有粪便的地方应使粪堆上干、下湿成稠糊状以利于成虫取食和搓粪球,若其湿度小可以洒水增湿或用青草覆盖。

2.4.3.3 蜣螂的药理及应用

夏秋季采集成虫后,按形态特征分种、洗净,沸水速烫至死,晒干、炭火烘干,或在40℃烘箱中烘干,干燥后贮存于防虫、防鼠、干燥通风处保存。

味咸、性寒、有毒,入肝、胃、肠。有解毒消肿、通便、镇惊、破瘀通经、抗癌功效;但孕妇忌用,畏羊肉、石膏。主治疔疮肿毒、痔疮、便秘、惊痫、癫狂、噎膈反胃、腹胀、淋病、血痢等症。以干燥成虫入药,作散剂或丸剂;用1~2g,主治惊痫癫狂、小儿惊风、大便秘结、痢疾等;适量外用治痔疮、疔疮肿毒等。成虫约含1%的有毒物质蜣螂素(Dichostatin),该毒素有防癌作用,抑制家畜肠道及子宫发育,麻痹蟾蜍的神经与肌肉,用6%注射液注射小白鼠导致其呼吸困难、不安、痉挛发作而死。

2.4.4 其他蛾类

2.4.4.1 大蓑蛾 *Cryptothelea variegata* Snellen

袋蛾(蓑蛾、避债蛾、大皮虫)属鳞翅目 Lepidoptera 蓑蛾科 Psychictae,入药者为大蓑蛾活体幼虫伤断处流出的淡黄色体液。该虫危害庭园花木及林木,寄主约600种。秋末冬初成熟的蓑蛾幼虫的囊袋吊于寄主枝干上,来年雄成虫羽化后寻找终身隐居于囊袋中的雌成虫交尾,交尾后雌成虫即产卵于囊袋内;幼虫自袋中孵化后吐丝随风扩散,取食叶肉、营造囊袋(图2-18)。

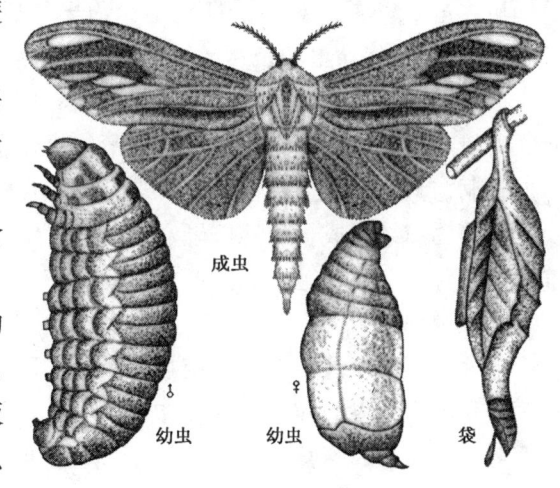

图2-18 大蓑蛾

采集该虫体液时剪开幼虫的囊袋,取出幼虫,剪去1~2足,收集够1次用完的5~10滴体液于消毒杯内备用。药用清热解毒、消肿止痛,主治化脓性感染。使用时可直接滴入疮口内,也可用注射器自虫体内取出液体,适量滴入疮口。

2.4.4.2 黄刺蛾 *Cnidocampa flavescens* (Walker)

中药雀瓮属鳞翅目刺蛾科 Eucleidae 黄刺蛾(洋辣子、毛八角、刺毛虫、天浆子等)的茧。该虫分布于华北、东北、华东、中南、西南及陕西等地,食性较杂,可取食危害梨、苹果、桃、杏、李、梅、海棠、山楂、沙果、柑橘、石榴、板栗、柿、核桃等植物。

形态特征（图2-19）

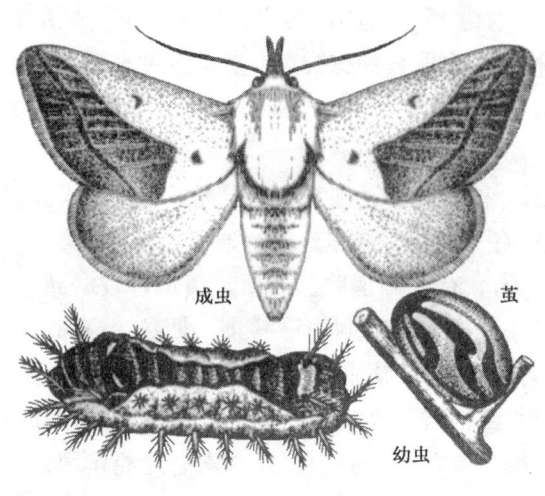

图2-19 黄刺蛾

成虫翅展30～39mm，橙黄色。前翅内半部黄色，黄褐色外半部中的2条暗褐色斜线在翅尖前汇合，呈倒"V"字形；后翅淡黄褐色。老熟幼虫体长19～25mm，黄绿色，背面有1块两端较宽而中部窄的紫褐色大斑、斑外衬有蓝边，背侧有蓝绿色纵线和蓝色小点，各体节有2对枝状刺，胸部的3对和臀节的1对特别大，体侧各节瘤状突上有丛状黄毛。胸足短小，腹足退化呈吸盘状。

生物学习性

在东北和华北1年1代，成虫于6月中旬至7月中旬出现，7、8月间幼虫发生；长江下游1年2代，成虫5月下旬和8月上旬出现，幼虫分别于6、7月和8、9月发生；在广东等地，因第1代老熟幼虫有滞育现象，1年只1代。均以老熟幼虫在茧中越冬，来年6月化蛹，约半月后成虫羽化。卵期5～9d、幼虫期22～30d，越冬代幼虫期长达8个月以上，蛹期15～19d，成虫寿命5～10d。

成虫多在傍晚交配，白天栖息在叶背；卵多单产或3～5粒产于叶背主脉两侧，每雌产卵数十粒。幼虫7龄，低龄幼虫仅食叶片的下表面和叶肉，4龄后食叶成孔洞、缺刻、甚至仅留叶脉；老熟幼虫在树木上枝杈处作茧，茧由唾液缀丝及体毛等物黏结而成，质地坚硬、形如瓮；由于雀喜食茧中的幼虫，所以又称雀瓮、雀饭碗。

采收及利用

采收加工　秋天可在寄主植物上采摘，连同枝杈一同剪下带回，用沸水烫或水蒸杀死茧内幼虫、晾干，保存在通风干燥处。

药理及药性　雀瓮又称"天浆子"，性味甘、平，无毒。有清热定惊、散风解毒功能。主治寒热结气、小儿惊风、癫痫、脐风、喉痹等症。

2.4.4.3　玉米螟（苍耳蠹虫）*Ostrinia furnacalis*（Guenée）

中药苍耳蠹虫是螟虫的幼虫，包括欧洲玉米螟 *O. nubilalis*（Hübner）、亚洲玉米螟 *O. furnacalis*（Guenée）（远东苍耳螟）和款冬螟3种，入药者以玉米螟为多。

形态与生物学（图2-20）

雌虫翅展26～30mm，前翅黄色，内外横线为褐色波状锯齿纹、其外侧黄褐色，肾状纹为1褐色短带，环状纹为1褐色点。后翅淡黄色，中央和近外缘各1条褐色带；雄虫前翅色较深。卵扁、短椭圆形，1mm×0.8mm，初产乳白色、后变黄白色，半透明。幼虫体长18~27mm，头壳深棕色，体色淡灰褐或淡红褐色；体背3条纵线，中、后胸背面各有前列4个（较大）、后列2个的横排圆形毛片，第9腹节具毛片3个（中央的较大），腹足趾钩为三序缺环。蛹体长12~17mm，纺锤形，黄褐至红褐色，体背密布横皱纹，臀棘黑褐色。

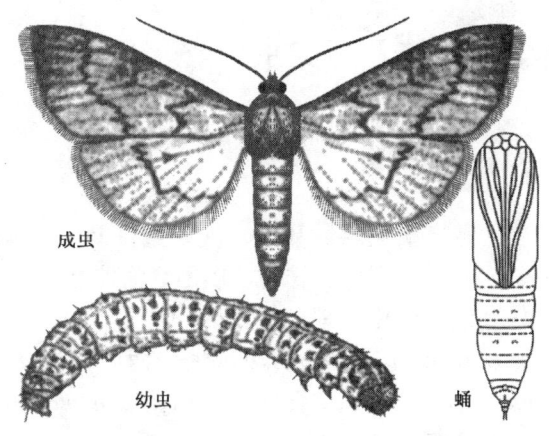

图2-20　玉米螟

成虫晚间羽化，当晚即可交配，寿命6~12d，交配后2d产卵，室内产卵时间持续5~16d，每块有卵25~45粒（个别达80粒），成不规则的鱼鳞状排列。幼虫孵化后先取食卵壳，后分散活动，初孵幼虫从叶片正、反面咬食叶肉，留下上表皮或下表皮，使叶片出现小白斑；稍大后即从叶腋处向茎秆内蛀食，形成蛀道。老熟幼虫在苍耳茎秆蛀道内越冬。来年春天再化蛹、羽化。

本种人工饲料饲养技术较成熟，详见2001蔡青年编著的《药用食用昆虫养殖》。

采收及利用

采收加工　秋季和冬前、8~9月在田间苍耳茎中采集苍耳蠹虫的老熟幼虫或室内人工饲养的老熟幼虫，除选留虫种外，平均每50mL芝麻油中加中药冰片1g浸泡该虫100条，7d后就可使用。

药理及药性　该虫以老熟幼虫入药，性味未见记载。有凉血止血、清热解毒、消散肿疡、明显降低局部皮温、解毒排脓、止痛、生长肌肉的功能，主治疔肿、恶毒、便血。其作用机制主要是增强局部的免疫力，能扩张动物角膜处的毛细血管、加速其血液循环，改善局部营养，在角膜表面形成薄薄保护层，促进角膜损伤愈合。

用时烧干、研末、附油涂之；如为麻油所浸则每次用1~3只，捣碎，敷于疔肿患处，疔肿空隙可用棉球蘸浸油的填塞，如疔肿有脓头应留1个小孔以便排脓，敷好后用无菌纱布覆盖包扎，每日换药1次，3~5d即愈；外耳道疔和鼻前庭疔治疗3次即愈。用类似方法或该虫与其他药物配伍还可治疗甲沟炎、乳腺炎、颜面疔疮、体表化脓性感染、天真疱疮、有头疽、唇疔、瘭疽等疾病。

2.5 特种入药昆虫

2.5.1 地鳖虫

地鳖虫属蜚蠊目 Blattodea 地鳖科 Polyphagidae，常供入药的种类有分布于辽宁、内蒙古、宁夏、甘肃、山西、河北、山东、江苏、浙江、四川、贵州等地的中华真地鳖（中华地鳖、地鳖、土虫、土元、地鳖虫、簸虫、接骨虫、簸箕虫等）Eupolyphaga sinensis Walker、西藏地鳖 E. thibetana Chopard、云南地鳖 E. yunnanensis Chopard、冀地鳖 Polyphaga plancyi Bolivar，分布于福建、广东、广西、台湾等地的金边地鳖（东方厚片蠊、金边土元、金边厚片蠊、地鳖虫、簸箕虫、赤边水䗪）Opisthoplatia orientalis Burmeister 等。但中华真地鳖是人工饲养的主要虫种，金边地鳖的养殖也较多。

2.5.1.1 中华真地鳖的形态特征与生物学习性

形态特征（图 2-21）

成虫　雌雄异型，体扁卵圆形，雌成虫无翅，30~35mm×25~30mm，雄成虫有翅，28~34mm×15~20mm，黑褐色或赤褐色。头小、为前胸背板所覆盖，触角丝状、细长，复眼肾形，咀嚼式口器、后口式。前胸背板宽大于长、呈三角形。雄虫前翅革质、后翅膜质，足发达、多刺毛，腹部末端有尾须 1 对。

卵块（卵鞘）　棕褐色，10mm×4mm，肾形或豆荚形，一侧有锯齿 11 个（气孔），每个卵鞘内双行排列卵 2~30 粒。

若虫　初孵及初脱皮若虫白而呈米黄色，后渐变深褐色，体形似雌成虫。雄若虫中胸、后胸背板后缘深凹，其背侧有翅芽。

生物学习性

在江苏、浙江，1.5~2 年 1 代（北方 3 年 1 代），以卵、若虫、雌成虫在土下越冬；4 月中、下旬气温上升到 9~12℃ 时越冬的成虫、若虫始出土觅食，至 11 月中旬气温降至 10℃ 时又潜入土中越冬。全年活动期约 7 个月。4 月下旬至 11 月上旬为产卵期，6~9 月为觅食、活动盛期，7~8 月份成虫羽化。在黄河流域以北 5~6 月开始活动，7~8 月为活动盛期，9 月下旬陆续开始越冬，雄成

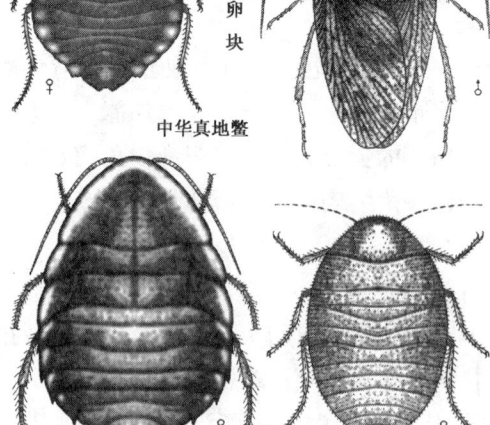

图 2-21　3 种地鳖

虫于冬前即死亡。

雄成虫夜间成群飞舞、寻找雌虫，寿命约40~60d（极少数达100d以上），雌成虫羽化3d后开始交配，1头雄虫可与6~7头雌虫交配；雌虫一生只交配1次，交配后约7d产卵，寿命约26~30个月。雌虫所产卵块排出后包裹分泌物成为卵鞘，卵鞘粘于雌体末数日，未经交配的雌虫所产卵不能孵化，约15d后即干瘪；冬前未完成最后1个卵鞘的少数雌虫则携带卵鞘越冬。多4~6d产1个卵鞘、少数长达11d以上，每雌可产卵鞘10~30多个，每卵鞘含卵约2~30粒。5月至8月中旬之前产的卵于7月上旬至11月中旬以前孵化，8月下旬至越冬前产的卵则要到次年6月下旬至7月中旬孵化，气温约25℃时卵期45d。

初孵若虫多8~13d蜕第1次皮，以后每隔20~28d蜕皮1次，无论雄虫或雌虫在环境条件不适、食料不足时蜕皮次数都可能增加或减少。雄若虫8~10龄、历期270~320d，雌若虫10~12龄、历期约500d；雄若虫发育较快，当其羽化为成虫时同时孵化的雌若虫仅至6~8龄，因而与比其早数月孵化的雌虫交配。

该虫有喜温、喜湿、畏光、昼伏夜出和假死等习性，生活于阴暗、潮湿、腐殖质丰富、稍偏碱性的疏松土壤中，或栖息于住宅、灶脚、柴草堆、禽畜舍、粮仓、面店等处；白天潜伏土中，黄昏后19：00~24：00活动觅食，在闷热的夜晚觅食者尤多。发育适温为12~35℃、最适温约30℃，气温降至10℃以下时地鳖虫即停止活动进入冬眠；要求的最适空气湿度为75%~80%，饲养土湿度为15%~20%，卵孵化要求土壤绝对含水量为25%~30%。

2.5.1.2 金边地鳖的形态特征及生物学习性

形态特征

成虫 扁椭圆形、背面稍隆起，紫褐及棕黑色有光，25~45mm×15~18mm，雌、雄成虫翅均退化成鳞片状。前胸背板宽大、近三角形，中、后胸背板宽窄相等；前胸前、侧缘有黄白色镶边，中、后胸及腹部边缘镶边金光透亮；各足腿节端部内侧端刺较粗，胫节刺端尖粗，腹部各节背板两侧后缘向后突出呈锯齿形，尾须短。雄虫腹部扁薄，尾端尖小，具刺突1对；雌虫腹部丰满厚实，无刺突。

卵鞘 长约20mm，乳白或淡黄色，形似豆荚，横纹明显。

若虫 形似成虫，老龄若虫前胸背板前缘具金边。

生物学习性

卵胎生。初孵若虫至成虫约4.5~6个月，气温不同其发育历期也有变化。雌虫交配后40d即4~9月为繁殖期，繁殖时雌虫末端伸出部分卵鞘、拖着（拖炮）爬行觅食，拖炮1d后卵鞘渐缩入腹内，约20d后卵鞘复又从雌体内伸出，孵出的若虫即爬出卵鞘，此后每隔2月孵化1次，每次出若虫30~50只，雌虫一生能孵5~6次，成虫寿命约1.5~2年；初孵若虫小如黄豆、乳白色，2d内渐变黄灰色，若虫11龄。该虫喜栖息于朽木树皮下、树木洞穴内、阴暗的砖石缝中，昼伏夜出，畏光，喜静，喜欢温暖、潮湿、清洁；有假死性、遇侵扰则全身蜷缩不动，当饲料不足时有自相残杀现象。其生长的相对湿度以60%~70%为宜，适宜温度范围为12~35℃、最适温度为20~30℃，7℃以下进入冬眠状态，在4℃以下部分幼龄若虫会被冻死。

2.5.1.3 饲养技术

(1) 饲养设施

地鳖虫的饲养多可利用家庭余房、阳台、厨房、地下室、地下防空洞以及陶瓷缸、塑料盒、木箱、饲养池、饲养房等（图2-22）。

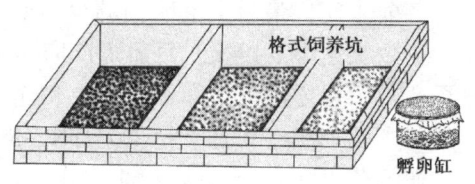

图2-22 地鳖虫饲养池

小容器饲养　适合小规模饲养或1~4龄若虫饲养及卵鞘孵化。容器内壁要光滑、洗净、消毒，其底部铺约10cm厚的小石子，石子上铺约6cm厚的湿土，整平、夯实，土中央竖直径约3cm的灌水竹筒，竹筒下垫1小块砖瓦；然后在湿土层上再铺23~25cm厚的饲养土（竹筒高出饲养土约6cm），容器盖要透气。孵化卵鞘时可在容器四周包裹干草或塑料薄膜，用干草编织封盖，并预留通气孔和温度计插孔，增温时用40W电灯泡加热（用恒温箱更好）。小容器占地少，便于管理、检查、移动及筛取若虫，预防敌害，大小相同的容器间可垫草，6~8只叠放。

饲养池饲养　适宜较大规模的饲养，小池可饲养幼、中龄若虫，大池用来饲养老龄若虫、成虫、种虫；池的大小可因地制宜，但应排列成行，行距约0.5m。饲养池应建在地势较高又比较阴湿的旧房、草舍或棚舍内；若地势干燥、地下水位低，池口可与地面平齐或高于地面，反之池底应与地面相平。池壁、池底用砖和水泥垒砌，池口处应用光滑材料衬砌5cm高，以防地鳖虫逃逸，池内铺厚10~20cm的饲养土。

立体多层饲养　适于大规模饲养。在室内四周墙壁处建造各为4~8层的长方形饲养台，层距45~50cm；每层可分成若干小池，池高45~50cm，池沿内壁粘贴5~7cm宽的玻璃条或厚塑料薄膜。这种饲养台池温度高，地鳖虫食量较大，生长发育快，年产量高。

饲养土（窝泥）　疏松、含水量15%~20%、颗粒均匀、腐殖质含量丰富、无农药污染的垃圾泥或菜园泥，以及经发酵的牛粪、猪粪等均可做饲养土。使用时用6目筛除杂物，每100kg加2kg风化石灰粉以增加钙质，再加水调节饲养土的湿度（手捏不成团、有湿润感）。池中加土，土厚度1~4龄若虫约7~10cm、5~8龄若虫16~20cm、9龄以上及成虫20~26cm，虫多、龄期大、寒冷季节时土层要稍厚，以利保温。

饲料　①精饲料均可生喂，或炒成半熟略带芳香味，包括粮食、油饼等，如碎米、大麦、高粱、玉米、小麦、麦麸、米糠、晒干的粉渣等。②青绿饲料包括各种蔬菜，农作物的茎叶，树叶，水生植物如红绿萍、水葫芦、水花生、水浮莲等。③多汁饲料宜在夏季高温季节投喂，包括各种瓜果及其废弃物。④粗饲料即经过发酵腐熟、晒干、捣碎筛过的牛粪、猪粪、鸡粪等。⑤蛋白质饲料包括去毒棉籽饼、菜籽饼、豆饼、黄豆、晒干的豆腐渣、鱼粉、蚕蛹粉、蛆粉、肉类下脚料、蚯蚓、黄粉虫等。⑥矿物质饲料如骨粉、贝壳粉、石粉、磷酸氢钙等。

(2) 饲养管理

养殖场地应无杂物、卫生，饲养池壁应无孔洞，饲养室的通气窗和通气口要安装纱窗以防有害动物侵入，在饲养室最好建一条宽20cm、深15cm的水沟并注入水以防止爬行类有害动物进入室内。场地、饲养房、饲养池、饲养用具使用前除采用日光照射消毒外，化学方法消毒时可用1%漂白粉澄清液、石灰水、1%~2%的甲醛、0.1%的新洁尔灭进行喷雾、涂刷消毒。饲养土可在阳光下暴晒2~3d或用新洁尔灭、甲醛消毒灭虫。所有经消毒处理的设施等均应散气1~2周后才能使用。

温湿度控制　室内饲养中可用火炉等增高室内温度，为保持地鳖虫昼夜活动规律不变，可用黑（黑漆涂抹、夜晚用）、白（白天用）两种不同颜色的灯泡增加坑、池的局部温度；降低温度时可采用室内地面洒水、通风，或在坑、池中增加水盆、冰盘等；如因温度高已引起死亡时，应及时将老龄若虫或部分成虫筛出作药用，以降低坑、池中的虫口密度，并减少投食量。当空气湿度低时可用喷雾、地面洒水、悬挂吸水后蒸发面大的物品等，饲养土增湿则可用喷雾器喷水，或饲喂多汁饲料；反之应通风换气，或在坑、池的角落处放置氯化钙木盒、生石灰箱以吸湿，对饲养土则可通过翻土以降低其湿度。

取卵和孵化　5~8月在地鳖虫产卵盛期，每隔约7d应将母虫饲养土过筛1次，先用2目筛筛出雌成虫，再用6目筛筛出卵鞘。卵鞘要分批、分缸孵育。孵卵时先将饲养土用新洁尔灭1 000倍液拌匀消毒、晾至其含水量约为20%；卵鞘则用高锰酸钾5 000倍液浸泡1min取出、晾干，或用1:9的3%漂白粉与石灰粉拌匀消毒；再将土与卵按比例为1:1拌匀放入小饲养器具中，在孵化期内温度以28~32℃为宜，为使卵鞘受热均匀，每天可翻动卵鞘2~3次。见有若虫孵化后应及时筛出，孵化盛期需每天或隔天筛1次。

分级饲养　地鳖虫有互相残食或吃卵鞘习性，不同龄期时对饲养环境和食物要求不同，同期孵化的若虫在发育至成虫的进程中也有1~4龄之差，故应分批分档饲养。在多数发育至7~8龄时即可过筛，分为7~8龄以下若虫、7~8龄若虫、9~10龄雌若虫，分缸、分池饲养和管理，这样便于饲养、采收、提高单位面积的产量。精细饲养时密度为1~3龄若虫6 000~10 000只/m²，4~6龄若虫3 000~5 000只/m²，7~9龄若虫1 500~2 000只/m²，10~11龄若虫约1 000只/m²，种虫400~500只/m²。

喂食　一般每隔2~3d喂食1次，夏秋气温高时每天喂食1~2次。喂食方法及投料数量要根据地鳖虫的发育状况和季节予以调整，精料和青料的比例以精料吃光、青料有余为准，见表2-4。①1~2月龄小若虫不喂青料，2月龄以后开始添加青料。②4月龄前的小若虫不善于出土觅食，可在坑土表面撒一层薄土，再将精料撒在土上，以利其取食。③5月龄以上若虫和成虫，出土觅食能力强，可在土表放置一至数块薄木板,将饲料置于板上喂食,木板要经常清洗、保持卫生。④母虫应增加多汁饲料,以防因水分不足而大量食卵。⑤选用饲料时,尽量避免饲料种类的频繁调换,以减少地鳖虫对各种饲料的适应周期。在梅雨湿热季节应注意防止饲料霉变。

表 2-4　地鳖虫各月龄饲料及其搭配　　　　　　　　　　kg

若虫（月龄）	精饲料（如米糠）	青饲料	动物性饲料
1	0.25	0.5	0.25
2	0.50	2.0	1.00
3	1.25	4.0	2.50
4	2.00	6.0	4.00
5	3.00	8.0	6.50
6	4.00	12.0	8.00
7	5.00	16.0	11.50
8	7.00	20.0	17.00
合　计	23.00	68.5	50.75

去雄　雄虫是以末龄若虫入药,雄成虫不能入药。在群体中雄虫一般占 30%～50%,而在一个饲养坑中只要健康雄成虫保持 25% 就足以确保交配。因此要在多数若虫发育至 7～8 龄时,应将多余的雄虫取出处理入药。

越冬保护　越冬前约 1 个月应适当增加精料和蛋白质饲料,使虫体能积累较多的脂肪、糖类,以增强体质、增加抗寒能力、减少越冬死亡率。冬眠前约半月要翻土 1 次、以查杀土中的害虫,同时增加饲养土的厚度以利保温。冬眠后坑面用干草覆盖。

2.5.1.4　敌害防治

(1) 动物性敌害

包括老鼠、蚂蚁、蜈蚣、蜘蛛、粉螨、蛙类以及鸡、鸭等家禽。

老鼠　能吃食饲养土表面和土深 30cm 以内的若虫和卵鞘,一只老鼠一晚能吃掉上百只小地鳖,在冬眠期还会侵入饲养坑,危害很大,必须严加防范。

蚂蚁　地鳖虫的腥气易诱引蚂蚁钻入池中,衔走小地鳖虫或同地鳖虫争食,危害很大。可在饲养室外挖水沟,或池、坑四周壁上涂一圈黏性胶体,阻隔蚂蚁侵入。如大量蚂蚁侵入饲养场所,可参照养蝎中办法诱杀;或将地鳖虫筛出、更换新饲养土。

螨类　在地鳖虫饲养场所的高温、高湿、营养丰富的条件下很易大量繁殖,寄生于地鳖虫的虫体上,危害很大。使用的饲养土要充分暴晒杀螨,精料要经日光曝晒或炒后再喂。已有粉螨危害时,白天用肉骨头、香瓜或香油拌炒香的麦麸、豆粉等连诱数天,傍晚清除;危害严重时可喷洒 20% 螨卵酯等或更换饲养土。

(2) 病害

地鳖虫一般没有严重的病害,但温度高、湿度及虫口密度大时易感染霉菌,严重的可造成大批死亡。

绿霉病（软瘟病、体腐病） 为严重危害地鳖虫的主要疾病之一。①因饲养土过湿、剩余饲料发酵霉烂使地鳖虫被真菌感染,气温高、湿度大时最易发生。②感病虫瘫软,腹部暗绿色,有斑点,六足收缩,触角下垂,行动呆滞,夜晚不觅食,白天出土死亡。③高温、高湿季节开窗排湿,饲养土含水量以20%为宜；发病时及时清除病死虫,喷洒1~2%甲醛消毒,或在饲料中添加0.1%的氯霉素、金霉素、土霉素。

卵鞘曲霉病（卵鞘白僵病） ①卵鞘存放和孵化期间,因受伤或感染而导致霉变。②发霉的卵鞘中卵粒腥臭,卵鞘口上长出白色菌丝。③卵鞘及饲养土要消毒,孵化期不喂霉变食物。

大肚子病（鼓胀病、腹胀病、肠胃病） 属生理性病害。①因池内过于潮湿、饲料含水量大,地鳖虫暴食脂肪性饲料后体内水分营养积累过多所致；多发生于4~5月、9~10月及高温多雨季节。②病虫腹部膨胀而发亮,头部变尖,便稀。③多雨季节饲养土的湿度不超过10%,并停喂青料、投喂干料；在饲料中添加氯霉素、土霉素或磺胺脒、酵母片或食母生片以及复合维生素B片粉末,每天1次,连喂3~4d。

萎缩病（湿热病） ①因饲养土干燥、虫口过密、虫体缺水或营养不良所致,常发生在7~9月份。②症状与绿霉病相似,区别为蜕皮困难、白天出土萎缩而死。③调节湿度及虫口密度,降低室温,增喂青绿多汁饲料,精料用2%的盐水拌成与饲养土相同的湿度饲喂；筛选出患病虫用2%的食盐水喷湿虫体。

2.5.1.5 采收加工

入药的地鳖虫主要是雌若虫,有1年产卵历的雌成虫和雄若虫也可采收入药。9月下旬至10月上旬,9~11龄的雌若虫干物质含量达38%~41%、7~8龄雄若虫干物质含量为30%~33%时,最宜采收。收集入药虫后洗净其污泥、热水烫死、去杂、暴晒3~4d使其干燥即可,阴雨天可在约50℃下炒干或烘干即可。羽化的活雌成虫约480只/kg,烘干约1 300只/kg；8龄后的雌若虫约1 100只/kg,烘干约2 960只/kg。

2.5.1.6 药理与功效

干燥雌全虫入药,味咸、性寒、有小毒,入心、肝、脾经。有活血、逐瘀破积、消肿止痛、通络理伤、消症瘕、止久疾功效,对黑色素瘤、胃癌、原发性肝癌有一定疗效。用5~15g,主治瘀血肿痛、血积症瘕、筋骨折伤、月经闭止、乳汁不通、产后血瘀腹痛、心腹寒热等症。孕妇、无瘀血和出血病人忌用。以地鳖虫配伍的中成药有跌打丸、治伤丸、大黄䗪虫丸、跌打回春丸、消肿膏、复方合叶片、活血丹、伤科七厘散等。

2.5.2 洋虫 *Martianus dermestoides* Chevrolat

洋虫又名九龙虫，属鞘翅目 Coleoptera 拟步甲科 Tenebrionidae，分布于江苏、浙江、福建、广东、海南等地。生活于粮仓内或人工饲养。

2.5.2.1 形态特征与生物学习性

形态特征（图 2-23）

成虫 体椭圆形，长约 6mm，暗黑色，有光泽，口器、足红褐色。头部密生刻点、其前端有横凹、两侧有小窝，触角粗短、4~10 节、宽略大于长，末节端部略呈圆形。前胸背侧略凹，小盾片散布小刻点。鞘翅条行刻点细，行间刻点密。

卵 0.8~0.87mm × 0.25~0.30mm，长圆柱形，浅乳白色。

幼虫 体长 8.1~9.3mm，黄褐色，头和臀节褐色，口器黑褐色。腹部第 10 节有臀足 1 对。

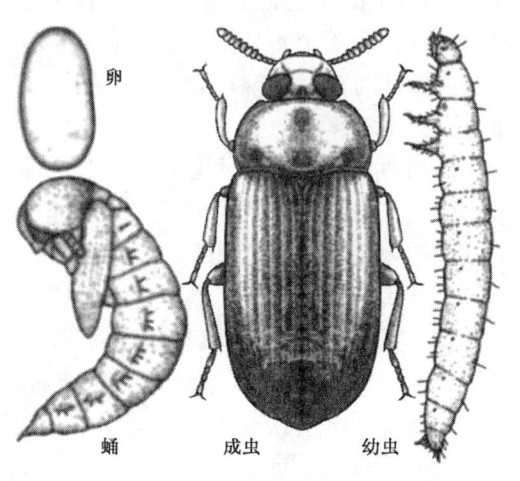

图 2-23 洋 虫

蛹 体长 5~7mm，淡褐色，复眼黑褐色，第 1~8 腹节两侧具黑褐色弧形齿状脊突，腹末节腹面雄虫具 1 对乳状突，雌虫则无。

生物学习性

在 28℃ 条件下饲养，洋虫完成一代约需 40d；各虫态历期分别为卵 2~3d、幼虫 26d 左右、蛹 5~6d、产卵前期 3~4d，成虫寿命达 4 个月；成虫羽化约 10d 后产卵，产卵期约 100d，未见越夏和越冬现象。

成、幼虫喜在温暖及弱光、黑暗下生长，对强光下有避光性。种群较密集时生长和繁殖均较旺盛，反之则活力差。适宜的温度为 25~35℃，10℃ 以下则几乎不活动和取食，成虫和高龄幼虫有食卵及小幼虫的习性，且食量较大。成虫可多次交尾，羽化后 3~4d 即可产卵，善产卵于皱折处或缝隙中，卵多聚产，1 卵块有卵十几粒至几十粒不等；羽化后 5~10d、35~45d、65~80d 有三个产卵高峰期，每峰期间隔约 1 个月。成、幼虫期的营养好坏对其产卵期和产卵量影响很大。营养好时产卵期达 100d 以上、单雌产卵高达 524 粒。该虫本为仓库害虫，食性较杂，取食大米、玉米、花生、面条、馒头、红枣、党参、槟榔等多种粮食和中药材。饲料种类不同，其生长速度、繁殖系数有较大差异。

2.5.2.2 饲养方法

《本草纲目拾遗》已载有该虫的饲养方法。该虫的饲养器具较简单，大口瓶、饭盒、木盆等均可用于放养。

饲料 洋虫各虫态可同时混养或分级饲养，但分级饲养利于管理、增加繁殖系数；分级饲养时最好成、幼虫使用不同的饲料，成虫可用玉米、大米（最好爆成米花)、花生等块状或粒状饲料,幼虫宜用谷类粉加5%酵母粉饲养以促进幼虫的生长和发育。

饲养中多用几种饲料配成复合饲料饲喂,单一饲料营养单调,效果较差;用桂圆、莲子、花生仁、龙眼、红枣、杜仲、红花、槟榔、胡桃肉等饲养,可增强洋虫的滋补气血、活血化瘀、温中理气、通络止痛及治无名肿毒作用;用红花、大枣、胡桃三种药物饲养,能增进其药效,促进人体充分吸收和利用,调解造血器官的阴阳平衡,达到补肾填精益髓、健脾益气养血、凉血清热解毒、行气活血祛瘀功效。

采卵及孵化　分级饲养时必须人工采卵。将纸折成扇形折褶、捆紧,根据饲养器大小和其中的成虫多少,可在每个成虫饲养器内放置4~8个纸折,2~3d更换1次,卵即产于纸折缝隙内;将取出的纸折集中于放置湿棉花团的器皿内保温孵化。待幼虫孵化后将初孵幼虫从纸折中掸出,用幼虫饲料饲喂即可。

疾病预防　严格保持室内及饲养器具的清洁卫生,定期用75%的酒精擦拭饲养台、架,或用1:19福尔马林液浸泡饲养器具消毒。洋虫的严重病害是微孢子虫病,其病原是怀氏微粒子虫 *Nosema whitei* Weiser。罹病成虫无食欲,翅常竖起,行动迟缓;幼虫亦无食欲,生长缓慢,蜕皮困难或不能完成蜕皮,随后死亡变黑。该病一旦发生很难治疗和防治,可致全部死亡。关键是要保持饲养室和器皿干净卫生,如见个别病、死虫,应尽早隔离或去除,以免蔓延。

采收加工　该虫可随取随用或干制备用。因此在成虫生活期内及产卵期均可采收,但以成虫羽化1个月后采收较好。采收时可将扇形纸折放入饲养器中,待成虫爬至纸上后再收集,低温烤干,瓶贮备用。

2.5.2.3　功效

以干燥全虫入药,研末或生服,或捣碎外敷。有温中散寒、温中理气、行气止痛、活血散瘀、消肿止痛功效,主治劳伤咳嗽、吐血、中风瘫痪、跌打损伤、胃脘气痛、瘀血作痛、劳伤、反胃、噎膈,抗癌,抗衰老;对治疗骨髓增生低下性贫血、续发性贫血、血小板减少、血小板功能障碍、凝血因子缺乏症等的治愈率达85%以上,对白血病则能提高白血病的缓解率、延长生存期;在治疗肿瘤时如和化疗药物配合使用,能提高机体免疫功能,降低化疗药物的毒副作用,并对化疗有一定的增效作用。如洋虫能降低广谱抗肿瘤药物环磷酰胺的毒副作用、增强其对肿瘤的抑制,对该药所致的免疫器官萎缩、白细胞减少、体重降低有显著保护功效。洋虫粪、虫皮等具有活血祛瘀、消肿止痛的作用,对治疗挫伤、扭伤所致的皮下充血、肿胀等效果显著,虫粪可作为解毒剂或治气喘。我国江苏、浙江、福建、广东一带的民间视其为滋补品,常活吞之。

洋虫的药理作用在于其体内可能含有能显著延长凝血时间的脂溶性活血化瘀成分。该虫体含大量棕榈酸、亚油酸、油酸等不饱和脂肪,不饱和脂肪酸在护肤美容、治疗高脂血症和恶性肿瘤等方面有重要作用,亚油酸是人体内合成前列腺素的前体,极微量的前列腺素就可明显调节人体的血压、促进新陈代谢。

可在体内外合成的N-亚硝基化合物是一类强致癌物质,在人体内该物质由仲、叔胺类与亚硝酸盐所生成；N-亚硝基化合物通过血液循环进入肝，破坏肝细胞，致使肝组织中的谷丙转氨酶进入血液中。而洋虫则具有明显的清除亚硝酸盐、阻断亚硝胺合成，保护四氯化碳和乙醇性肝损伤的作用，并能显著提高肝组织中超氧化物歧化酶活性，清除氧自由基，降低丙二醛的含量，而具抗衰老作用。

2.5.3 九香虫 *Aspongopus chinensis* Dallas

九香虫（黑兜虫、洒香虫）属半翅目 Hemiptera 蝽科 Pentatomidae，国内分布区北起江苏、河北，南迄广东、广西，东达浙江、福建、台湾，西至四川。以瓜类植物藤蔓的汁液为食物。

2.5.3.1 形态特征与生物学习性

形态特征（图2-24）

成虫长卵圆形，体长 16～19mm，宽 9～11mm，体密布细刻点，紫黑或黑褐色、有铜色光泽。触角黑褐色、5 节，第 5 节黄红色。前胸背板及小盾片具横皱，前胸背板前缘有一色泽较暗的眉形区。腹部腹面中区常为深红色，每节气孔下 1 条浅沟；各节侧缘黄黑相间，黄色部常狭于黑色部。足紫黑色或黑褐色。

生物学习性

在长江以南 1 年 1 代。以成虫在土块、石块下、石缝中、瓜棚的竹筒内及墙壁裂隙间越冬，越冬存活率在

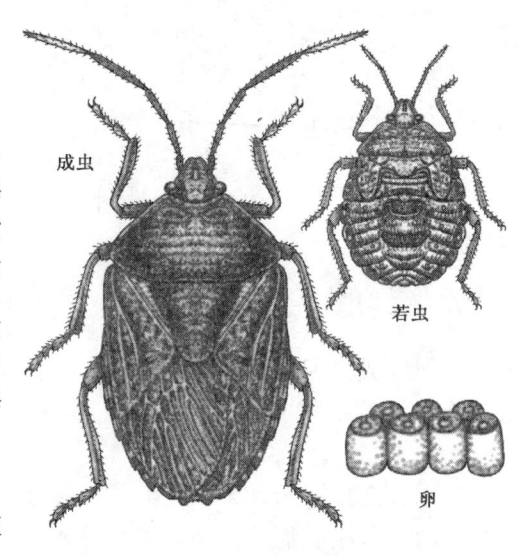

图 2-24　九香虫

98.2% 以上。在江西 5 月上、中旬当气温达 25℃时越冬成虫开始起飞，5 月中、下旬气温达 25℃以上时迁移到寄主植物上取食，6 月中旬至 8 月上旬产卵，7 月中旬至 8 月中旬陆续死亡。成虫产卵于瓜叶背面或近土表的瓜蔓基部下方（亦产于芦苇枯秆上），每隔 3～6d 产 1 次，每次产卵 18～42 粒，每雌可产卵 102～476 粒；卵粒单行排列，成虫密度高时卵粒重叠聚集。卵于 6 月底至 8 月中旬孵化，初孵若虫喜在叶背的叶脉、瓜蔓裂痕处和腋芽上取食，较大若虫常以数头至10 余头群集于瓜蔓及叶柄上取食。若虫爬行迅速，1、2 龄时易被暴风吹落、死亡率较高。成虫于 8 月中旬至 10 月上旬羽化，10 月上、下旬陆续进入越冬。卵期 10～15d，若虫期 50～65d，其中 1 龄 9～12d，2 龄 10～12d，3 龄 13～15d，成虫寿命约 11 个月。

成虫对强光有负趋性，喜在半明半暗的弱光环境中生活，昼伏夜出，白天隐

藏在枯叶、新鲜枝叶的缝隙中。成虫和若虫都有群集习性，在气温较高时遇惊动多展翅飞翔，气温较低时则假死堕落。

2.5.3.2 饲养技术

饲养场地 ①室内笼养可根据场地大小用木材或钢材做成 6m×4m×2m 的笼架，笼的 4 个侧面及顶均用尼龙纱封闭，但有一侧要开一扇小门以便于操作检查，笼内栽种瓜类植物。②田间笼养可做 20m×10m×2~3m 的笼架，笼内种植足够的瓜类植物。应注意给寄主植物增施肥料，勤于浇水，以便保证瓜藤有充足的汁液。

养殖方法 将捕捉的成虫释放于饲养笼内，让其自行吸食藤蔓汁液、交配、产卵、孵化、继续发育。该虫一般不需管理，但室外笼养时注意预防暴风，以免初孵及小若虫被吹落地而大量死亡。

越冬管理 越冬时笼内可放叠置留有缝隙的石板、水泥板、砖瓦，以便成虫越冬，同时保持笼内地面湿润、但不能淹水，入冬后可在石板等上适量加盖稻草防寒。

疾病及天敌防治 九香虫疾病很少，仅发现个别若虫被真菌感染而死亡。只要保持饲养场地清洁卫生，在成虫出蛰前对饲养场地进行 1 次彻底消毒，即可避免感病。其天敌主要是蚂蚁和蜘蛛，在若虫期应注意预防。该虫对各种农药均较敏感，饲养场地及其周围不能使用农药。

采收加工 成虫羽化后，除了留足种虫外，其余的即可捕捉、置罐内，5kg 成虫加酒 200g、闷死，或置沸水中烫死，取出晒干或烘干，保存于干燥处或石灰缸内即可。成品全虫棕红至棕黑色、油光、质脆，折断后腹内有浅棕色油状物，气如茴香，故曰"九香虫"；体大小均匀、棕褐色、油性大、无虫蛀者为佳。

2.5.3.3 药用价值

九香虫味咸、性温，入肝、脾、胃、肾经，有温中壮阳、疏肝止痛等功效，主治胸膈气滞、脾肾亏损、肝胃气痛、腰膝酸痛、阳痿、食管癌、胃癌等，对某些癌症有一定疗效。其入药始见于《本草纲目》，其记载为"气味咸温、无毒。主治膈脘滞气、脾肾亏损、壮元阳"。我国药典载其"归肝脾肾经，功能理气止痛、温中助阳、用于胃寒胀痛、脾胃气痛、肾虚阳痿、腰膝酸痛"。贵州、四川、湖北、湘西民间多用于浸酒口服壮阳，现代中医常用来治疗阳痿、尿频、遗精、胃痛、痛经等症；由其与哈蚧、鹿茸、锁阳、人参等配伍的成品如"东方魔液"能提高人体血睾水平和血红蛋白，显著提高性机能。

该虫的药理作用在于九香虫含有蛋白质、油酸、棕榈酸、硬脂酸、甲壳质等成分，Fe、Zn 含量高，对金黄色葡萄球菌、伤寒杆菌、甲型副伤寒杆菌、褐氏痢疾杆菌有较强的抗菌作用，因此有理气止痛、温中壮阳功效。每天用量 3~6g，作煎剂、丸剂、散剂。

2.5.4 其他入药昆虫

2.5.4.1 蝉蜕

蝉蜕是同翅目 Homoptera 蝉科 Cicadidae 蚱蝉的蜕皮壳（蝉蜕、蝉衣、蚱蝉壳、枯蝉、蝉壳、蝉皮），蝉蜕入药首载于《名医别录》，《药性论》亦载之。

(1) 主要种类的形态与生物学（图 2-25）

黑蚱蝉（知了、蚱蝉等）*Cryptotympana atrata* (Fabricius)

分布于河北、陕西、山东、河南、江苏、安徽、浙江、湖南、福建、台湾、广东、四川、贵州、云南。成虫体长 38～48mm，漆黑色。中胸背板中央有黄褐色"X"形隆起，翅透明；雄成虫腹部 1、2 节有发音器，鸣声很大；雌虫无鸣器，腹部第 9、10 节黄褐色，产卵器长矛形。在陕西 5 年 1 代，以卵和若虫分别在被害枝木质部和土壤中越冬，若虫 4 龄，老熟若虫 6 月底、7 月初出土羽化，7～8 月成虫数量最多，成虫 7 月中旬开始产卵，9 月产卵结束，每雌产卵 500～800 粒。越冬卵 6 月至 7 月初孵化后即钻入土中在植物根系上吸食为生，若虫在土中生活 4 年，每年 6～9 月蜕皮 1 次。成虫具群居性和群迁性，雄成虫善鸣。

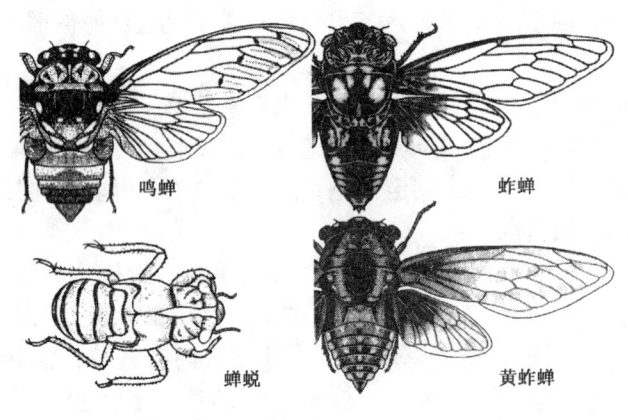

图 2-25　3 种蝉

黄蚱蝉（华南蚱蝉）*Cryptotympana mandarina* Distant

分布于四川、贵州、湖南、云南、广西、广东、福建。成虫体长 40～44mm，黑色。复眼暗褐色，单眼红棕色，头冠前缘 4 个黄色斑点，躯干腹面和足黑色，颜面侧缘、腿节环斑、后足胫节、腹部各节端缘、尾节两侧斑纹及腹瓣边缘均黄色。前翅透明、基半部黄褐色，后翅基半部暗褐色。

鸣蝉 *Oncotympana maculaticollis* Motschulsky

分布于全国大部分地区。成虫体长约 36mm，暗绿色。头冠及前胸背板绿色，复眼暗绿褐色，单眼红色。前胸背板短于中胸背板，腹部黑色，第 2 腹节背板后缘近背瓣处两栗色斑点，足绿色。前翅与后翅均透明，翅脉深褐色。

(2) 药理作用

于 6～7 月从树干上采集，洗净、晒干，用木箱或竹篓装好放在干燥处。味甘、咸，性微寒，入肝、肾、肺三经。具有辛凉解表、疏风清热、透疹止痒、退翳明目、祛风解痉、镇惊解痉、利咽消肿、抗癌、镇痛、抗惊厥、抗过敏等功效。用5~15g，主治外感风热或温病初起的感冒头痛、发热、风热感冒与喉痛、咳嗽音哑、麻疹未透、风疹瘙痒、痘疹疔疮，以及各种炎症、惊风抽搐、小儿夜啼、破伤风、目赤肿痛等。

其药理作用在于含甲壳质、蝶啶类色素、蛋白质、氨基酸、有机酸、酚类及24种微量元素等；其中游离氨基酸包括天门冬氨酸、苏氨酸、谷氨酸、丙氨酸、甘氨酸、胱氨酸、缬氨酸、异亮氨酸、亮氨酸、苯丙氨酸、赖氨酸、精氨酸，水解氨基酸除以上12种外还包括丝氨酸、蛋氨酸、酪氨酸、组氨酸、脯氨酸；人体必须元素16种有Fe、Mn、Ca、Mg、Zn、P等。现代研究表明蝉蜕具有镇痛、抗惊厥、镇静、抗肿瘤、抗过敏作用。小鼠腹腔注射蝉蜕醇提物其半数致死量达8 000mg/kg，水提物小鼠尾静脉注射则未见死亡，小鼠口服蝉蜕提取液明显减轻免疫器官胸腺和脾脏的重量及腹腔巨噬细胞的吞噬功能，其主要成分甲壳质可杀死雄鼠精子、降低雌鼠怀孕率、升高畸胎率，因此孕妇慎服蝉蜕。

2.5.4.2 柞蚕 *Antheraea pernyi* Guèrin Méneville

柞蚕属鳞翅目Lepidoptera大蚕蛾科Saturniidae（图1-1）。李时珍在《本草纲目》中记载"蚕蛾益精气，强阴道，交接不倦。亦止精。"柞蚕蛾制品具有壮阳、健阴之功效，现以柞蚕雄蚕蛾的提取物为主要原料生产的保健品有"延生护保液"。

雄蚕蛾　补肾壮阳，主治阳痿早泄、阳虚体寒、腰膝酸痛、手脚发凉、功能性贫血及抵抗衰老。药理作用在于柞蚕雄蛾的提取物中含有脑激素、昆虫蜕皮激素、保幼激素；人体衰老的主要原因是细胞再生能力降低，而脑激素可以延缓和抵制人体衰老、推迟更年期的到来，类似于人体雄性激素的蜕皮激素类则有补肾壮阳作用，能促进细胞生长，刺激真皮细胞分裂产生新的细胞和生殖细胞，保幼激素能控制特异性蛋白质合成，阻止老化。

柞蚕蛹　生津止渴、消食理气、镇惊解痉、杀菌抗癌，主治尿频、消渴、淋病、癫痫、直肠癌等，抵抗衰老。药理作用在于柞蚕蛹中的蛹油含有82.09%的不饱和脂肪酸、维生素E（413.9~451.7μg/mL），其作用可使皮肤角化层变薄、生发层和颗粒层增生活跃、真层细胞和胶原细胞原纤维代谢良好，因此有明显的润肤及一定的抗疲劳、抗衰老、延缓皮肤老化、促进毛发生长等作用。

柞蚕蛹血淋巴中有大量抗菌物质如凝集素、溶菌酶、抗菌多肽和抗菌肽。糖蛋白类的凝集素分子量约130kd，起识别外源异物及动员免疫反应的作用，但不直接杀菌。溶菌酶分子量约14kd，只能溶解数量有限的革兰氏阳性细菌，可消除经抗菌肽杀灭而余下的碎片。抗菌肽及抗菌多肽能够在体内外迅速杀死多种革兰氏阳性和阴性细菌，能抑制DNA的合成、降低胸腺嘧啶核苷的掺入率、破坏细胞的钙离子通道而使钙离子迅速逸出细胞，因此对肿瘤及体外转化细胞有选择性损伤作用，对癌症有特殊疗效，但对正常真核细胞无伤害；对直肠癌其首先破坏癌细胞膜，导致微绒毛收缩、融合，继而破坏细胞器，导致癌细胞崩解死亡。

2.5.4.3 蝶类

蝶类是鳞翅目昆虫,可入药的种类较多,其体内广泛存在蝶呤类生物碱,蝶翅含有抗癌活性成分异黄嘌呤和异鸟嘌呤。

异黄嘌呤功效为:①人体正常细胞受损时其酪氨酸蛋白激酶(PTK)的活性提高,可使正常细胞转化为失控肿瘤细胞,异黄嘌呤能抑制 PTK 的活性,从而阻止细胞的增殖、防止肿瘤细胞的增生。②拓扑异构酶Ⅱ参与 DNA 的复制,当其受到抑制时则影响细胞的分裂及增殖,异黄嘌呤则通过稳定 DNA-拓扑异构酶Ⅱ复合物的活性,导致双链或单链 DNA 断裂,从而使肿瘤细胞生长停止或死亡。③癌细胞在增殖期需要新生血管提供营养,而高浓度的异黄嘌呤能阻止人体内皮细胞增生和血管形成,断绝肿瘤组织的营养供给,使肿瘤组织死亡。④雌激素能促进细胞的分裂增殖,刺激潜在的肿瘤生长,异黄嘌呤能占据人体内雌激素的感受器,阻止雌激素与受体的结合,从而可减轻雌激素促进细胞增殖作用,降低与雌激素水平相关的乳腺癌、子宫癌、卵巢癌、前列腺癌等的发病危险。⑤异黄嘌呤能刺激性激素结合球蛋白(SHBG)的合成,进而降低有活性的游离性激素的浓度,防止前列腺癌的发生。

(1) 菜粉蝶(菜青虫、白粉蝶) *Pieris rapae* (Linnaeus)

分布全国各地。寄主为十字花科蔬菜,如油菜、甘蓝、花椰菜、白菜、萝卜等。幼虫尤其偏嗜含有芥子油糖苷、叶表光滑无毛的甘蓝和花椰菜。菜粉蝶本是一种农业害虫,但其体内含有异黄嘌呤成分,对肿瘤具有较强的抑制作用,可以用于治疗肺癌、乳腺癌、急性白血病。夏季捕捉,随用随捕或用线穿起置于通风处晾干,干燥全虫入药,消肿止痛、抗癌,主治跌打损伤、癌症。

(2) 柑橘凤蝶(花椒凤蝶) *Papilio xuthus* Linnaeus

分布于东北、华北、华东、华中、华南、西南、西北等地。寄主为花椒、柑橘等芸香科植物。在我国由北至南 1 年 1~6 代,以蛹在寄主枝条、叶柄及比较隐蔽场所越冬,幼虫发生于 5 月、6 月中旬至 7 月、8 月上旬至 9 月。夏季取幼虫置于沸水中略烫,取出,晒干。干燥或鲜幼虫入药理气止痛,主治气滞脘腹作痛等。

(3) 香蕉弄蝶 *Erionota torus* Evans

干燥幼虫或成虫入药,清热解毒、消肿止痛。夏季于香蕉、芭蕉上捕捉幼虫后置瓦钵上烘干、研末备用。主治化脓性中耳炎。外用适量。

(4) 金凤蝶(黄凤蝶) *Papilio machaon* Linnaeus

在小茴香栽培区皆有分布。主要取食伞形花科植物如茴香、胡萝卜、独活、防风、芹菜、芫荽、香根芹、蛇床等。金凤蝶的药用价值在《本草纲目》中就有记载。

形态特征

成虫翅展 76~94mm,黄色,头部至腹末具 1 黑色纵纹,腹部腹面有黑色细纵纹;前翅黄色、有黑色斑纹;后翅内半黄色、外半黑色、翅脉黑色,后中域具 1 列不明显的蓝雾斑,臀角 1 橘红圆斑,亚端斑黄色;翅尾黑色,缘毛黑黄相间。幼虫（茴香虫、茴香虎）体长约 50mm，浅绿色，有黑环、间有黄斑；受惊时前胸伸出黄色叉形翻缩腺、放出臭气御敌；初龄幼虫头黑色，胸暗黑色，第 6、7 节黄白色；自 3 龄后体变绿色，头部 2 条黑线，胸部有黑带。

生物学习性

广西 1 年 3 代，以蛹越冬。各代幼虫期分别为 5~6 月、7~8 月、9~10 月。成虫在自然界零星分布，卵产在伞形科植物叶面，每雌虫产卵近百粒。成虫期为 5~6d、卵期 5~8d、幼虫 12~19d、蛹期 12~13d，越冬蛹翌年 5 月羽化历期达 8 个月。

饲养与利用

人工饲养　金凤蝶卵的孵化率低、幼虫死亡率高是发生数量少的原因，因此如大量药用宜进行人工饲养。饲养时卵宜在室外纱笼中的寄主上孵化，待幼虫发育到 4~5 龄时再采回室内饲养。交尾纱笼大小宜为 4m×4m×2m、内栽植寄主植物，宜天气晴朗时将雌雄蝶入笼，当天或隔天即可交尾，第 2 天即见产卵；为延长其寿命，提高产卵量，可在饲养笼或室内放置吸有糖水的海绵、西瓜、甜瓜及菜叶等供其吸食；白天也可将其放入开口的纸箱中，再用纱网罩住，内放海绵糖水和瓜类等，待雌雄交配后再放出产卵。

药理作用　夏秋捕捉老熟幼虫，用酒醉死、小火焙干备用，或鲜用。干燥或鲜幼虫入药，味甘辛、性温，无毒，温中散寒、理气止痛、生津止渴，主治胃脘痛、噎膈、小肠疝气。幼虫体成分中有甲氧基桂皮醛、对甲氧基桂皮酸、对甲氧基苯甲醛、对甲基苯甲酸等。每次 1~3 条，煎汤内服，或作散剂用开水或酒冲服。

2.5.4.4　其他甲虫类

(1) 叩头虫（图 2-26）

叩头虫是鞘翅目 Coleoptera 叩甲科 Elateridae 成虫的统称，幼虫统称金针虫、铁线虫，是重要的地下害虫。常见入药的种类有分布于辽宁、河北、内蒙古、山西、河南、山东、江苏、安徽、湖北、陕西、甘肃、青海的沟叩头虫，分布于黑龙江、吉林、内蒙古、河北、山西、宁夏、甘肃、陕西、河南、山东的细胸叩头虫及褐纹叩头虫 *Melanotus fortnumi* Candeze、宽背叩头虫 *Selatosomus latus* Fabricius 等，其成虫出土后在地面活动，幼虫取食农作物、草本及林木幼苗的根茎。

沟叩头虫 Pleonomus canaliculatus（Faldermann）（图 2-26）

形态特征

成虫体长 14~18mm，体细长，体深黑褐色，密被黄色细毛。头密布刻点、有三角形凹陷，雌虫触角锯齿状、长约为前胸的 2 倍。前胸发达、密布刻点，中央有微细纵沟，后缘角稍向后方突出。纵沟不明显，后翅退化。雄虫触角丝状，长达鞘翅末端，鞘翅纵沟较明显，有后翅。

生物学习性

1122~3 年 1 代，以成虫在土中越冬。在华北地区，越冬成虫于 3 月上旬至

4月上旬活动，白天藏匿、夜晚活动，雌虫不能飞翔、行动迟缓，雄虫飞翔力较强。3月下旬至6月上旬为产卵期，卵产在土中3～7cm处，1头雌虫约产卵100余粒。卵期35～42d；幼虫在土中生活至第3年8～9月化蛹，蛹期约20d左右，9月羽化，当年不出土而越冬。

细胸叩头虫 *Agriotes subvittaus* Motschulsky（图2-26）

形态特征

成虫体长8～9mm，暗褐色，密被灰色短毛、有光泽。触角红褐色，第2节球形。前胸背板略呈圆形、长大于宽。鞘翅长约为头胸部的2倍、

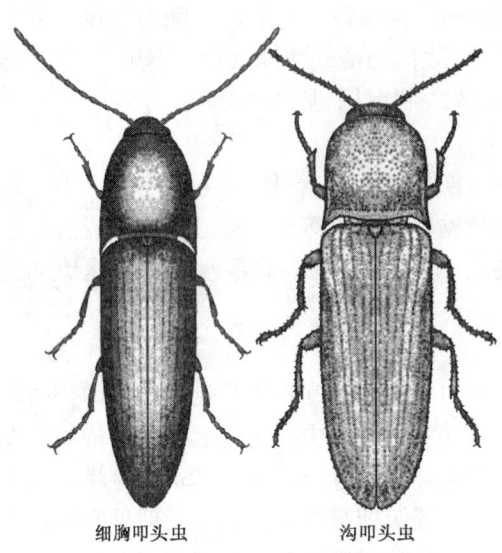

图2-26　2种叩头虫

具9条纵列刻点，足赤褐色。

生物学习性

在西北、华北、东北等地2年1代，以幼虫、成虫交替越冬。越冬的成虫于3月中、下旬出蛰，4月盛发、5月终见。产卵在土中，卵始见于4月下旬，6月中旬终见；5月下旬卵开始孵化，幼虫共10龄。以幼虫越冬者来年6月下旬至9月下旬化蛹、6月下旬开始羽化，当年以成虫越冬，翌年3月中、下旬出蛰。每头雌虫可产卵100粒。

叩头虫的药理及应用

春季和秋季采集，开水烫死，晒干。味辛、微温、无毒，有补肝和肾、健身强骨、除疟、止痛等功效，主治四肢麻痹、筋骨酸痛、疟疾，以成虫全虫入药。

（2）天牛（图2-27）

天牛属鞘翅目 Coleoptera 天牛科 Cerambycidae，幼虫钻蛀果树、林木的枝干等部位，入药者如下。

桑天牛（褐天牛、粒肩天牛）*Apriona germari*（Hope）

分布于除黑龙江、内蒙古、宁夏、青海、新疆外各地，幼虫危害桑、无花果、毛白杨、柳、刺槐、榆、朴、枫杨及蔷薇科、枇杷、柑橘等树干。

形态特征

①成虫体长26～51mm，黑褐色，密被黄褐色绒毛。头顶隆起、中央1纵沟；触角11节，雌触角较体稍长、雄则超出体长2～3节，第1、2节黑色，第3节起每节基部约1/3灰白色、端部黑褐色。前胸背面有横行皱纹，两侧中央各1刺突。鞘翅中缝及侧缘、端缘通常有1青灰色狭边，内外端角为刺状突出，基部

密生颗粒状小黑点。②老熟幼虫体长45~60mm，圆筒形、乳白色。前胸特别发达，背板后半部密生棕色颗粒小点，其中央3对尖叶状凹陷纹。气门大，椭圆形，褐色。

生物学习性

在南方1年1代，江苏、浙江等省2年1代，在北方2或3年1代，以未成熟幼虫在树干坑道中越冬。2~3年1代时，幼虫期长达2年，第2年6月初化蛹，下旬羽化，7月上、中旬开始产卵、下旬孵化。1年1代区越冬幼虫5月上旬化蛹、下旬羽化，6月上旬产卵，中旬孵化。每雌约产卵100多粒，蛹期25~30d，成虫寿命达80多天。

橘褐天牛（牵牛虫、老木虫）
Nadezhdiella cantori（Hope）

分布于陕西、河南、江苏、浙江、江西、湖南、福建、台湾、广东、广西、四川、云南，幼虫危害柑橘、柠檬、柚、橙、葡萄主干。

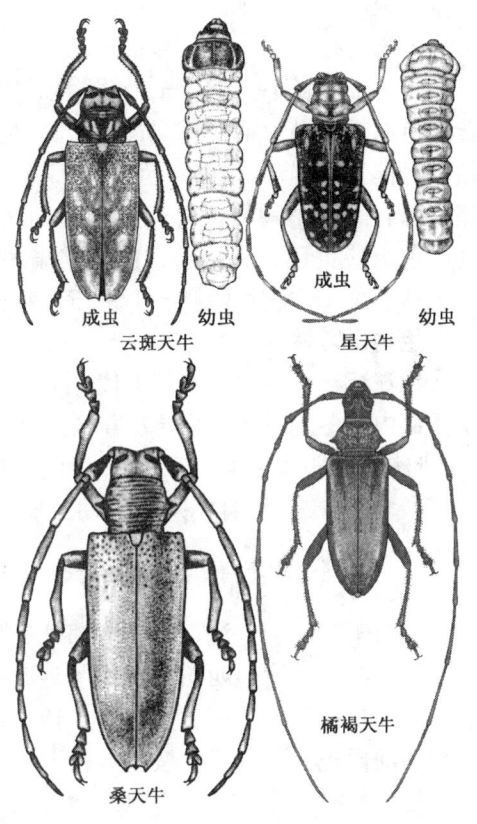

图2-27　4种天牛

形态特征

①成虫体长26~51mm，黑褐色至褐色，有光泽，被灰或灰黄色短绒毛，前胸背板绒毛较密。复眼间1深纵沟，额中央2弧形深沟，触角基瘤隆起、其上方1小瘤，雄虫触角超过体长、雌则较体略短。前胸背板宽大于长，侧刺突尖锐。鞘翅肩部隆起，两侧近于平行，末端较窄，端缘斜切，缝角尖狭，翅面刻点细密。②幼虫体长50~60mm，乳白色，扁圆筒形；前胸背板横列4个褐色长方形斑，背面的移动器呈"中"字形。

生物学习性

2年1代，7月上旬以前孵化的次年10~11月上旬羽化、以成虫越冬，第3年4月下旬成虫外出活动；8月以后孵出的幼虫要第3年5~6月化蛹，8月成虫羽化活动。

星天牛（柑橘星天牛）*Anoplophora chinensis*（Förster）

分布于浙江、上海、山西、陕西、甘肃、湖北、湖南、四川、贵州、福建、广东、广西、海南等地，幼虫危害杨、柳、榆、刺槐、核桃、桑树、红椿、楸、木麻黄、乌桕、梧桐、相思树、苦楝、悬铃木、母生、栎、柑橘及其他果树的树干基、根部。

形态特征

①成虫体长19~41mm，淡黑色、略带金属光泽。头及体腹面被银灰及部分蓝灰色细毛，触角第1、2节黑色，其他各节基部1/3有淡蓝色毛环，雌虫触角超出身体1~2节，雄虫则超出4~5节。前胸背板具中瘤，侧刺突尖锐粗大。鞘翅基部有黑色小颗粒，每翅具大小白斑约20个。②老熟幼虫体长38~60mm，乳白色至淡黄色。头褐色，前胸略扁，背板骨化区呈"凸"字形，凸纹上方2个飞鸟形纹。主腹片两侧各1密布微刺突的卵圆形区。

生物学习性

在江浙、上海地区1年1代，个别地区3年2代或2年1代，以幼虫在寄主木质部内越冬。越冬幼虫于次年3月开始活动，4月上旬开始化蛹，蛹期约20d。5月上旬成虫开始羽化，5月底6月上旬为成虫出孔高峰期。每雌虫产卵23~32粒、最多71粒，卵期9~15d，幼虫期长达10个月，成虫寿命40~50d。

云斑天牛（云斑白条天牛）*Batocera horsfieldi*（Hope）

分布于江苏、上海、浙江、河北、陕西、安徽、江西、湖南、湖北、福建、广东、广西、台湾、四川、云南等地，危害欧美杨、青杨、响叶杨、核桃、桑、麻栎、栓皮栎、柳、榆、女贞、悬铃木、泡桐、枫杨、乌桕、板栗、苹果、梨、枇杷、油橄榄、木麻黄、桉树等树干。

形态特征

①成虫体长32~65mm，黑或黑褐色，密被灰白色绒毛。触角从第2节起均具细齿，雌虫触角较体略长、雄虫则超出体长3~4节。前胸背板中央1对近肾形白或橘黄色斑，侧刺突粗大而尖。鞘翅10余个黄白或杏黄或橘红色相混杂的云状斑，翅基光亮有颗粒状瘤突。体侧由复眼后方起至末腹节各1条白色绒毛纵带。②幼虫体长70~80mm，乳白色至淡黄色，头部深褐色；前胸背板淡棕色、前沿中部稍外凸，近中线处2个小黄点，点上各生1刚毛。

生物学习性

各地均2~3年1代，以幼虫和成虫在蛀道蛹室内越冬。成虫于次年4月至5~6月间陆续飞出树干、产卵，蛹8月羽化、到翌年5月飞出树干；每雌虫产卵约40粒，卵期9~15d，成虫寿命约9个月，但在树干外仅约40d。

天牛的饲养方法

可直接从野外采集卵或捕捉成虫，创造产卵场所使其产卵，然后将新鲜卵每30~50粒放入1个刻度管内，再用另一吸管吸70%的乙醇冲洗1次、1%甲醛冲洗3~5次、杀菌水冲洗4次，再逐一吸入指形管或培养皿内在室温下或25℃下孵化，孵化将幼虫接入配置的饲料瓶中；人工饲料可用天然产物，即将寄主的韧皮部切成约3cm长的碎片，紧密填装于200mL的锥形瓶中；或配置化学半纯饲料。将幼虫接入饲养瓶中后以脱脂棉作瓶塞，放于培养箱或饲养室内在光照16h、黑暗8h及25℃条件下饲养。

天牛的药理及应用

以干燥成虫及幼虫入药名为蠐螬、桑蠹虫。成虫可于夏秋季捕捉，幼虫可在冬季从树干中挖取，用开水烫死，晒干或烘干。成虫味甘、性温、有小毒、入肝经，幼虫味甘、性平，无毒，有息风镇静、活血祛瘀功效；主治小儿惊风、跌打损伤瘀血作痛、月经闭止、崩漏带下、乳汁不下、恶疮等。

2.6 药用昆虫有效成分的提取和加工

2.6.1 斑蝥素的提取

斑蝥素 $C_{10}H_{12}O_4$ 纯品为白色晶体，倍半萜衍生物，其化学结构又属于环形酸酐类化合物，在碱性条件下易水解，在高温（120℃）条件下易升华，熔点216℃。斑蝥素的天然资源主要是芫菁科的一些昆虫。可用溶剂浸渍法和水解法提取，分离提纯可用层析法或沉淀法完成。

2.6.1.1 斑蝥素的溶剂浸渍提取法

（1）提取工艺及条件

溶剂浸渍提取工艺条件中，影响提取效果的因素主要是溶剂、浸渍时间、酸的浓度和提取温度。不同的溶剂提取效果不同，氯仿的提取效果最佳，甲醇、丙酮、二氯甲烷、乙醇的提取效果次之。斑蝥素的提取效果与浸渍时间和提取温度有关，以40℃和48h条件为最佳。在提取过程中，酸性条件是影响提取效果的重要因素。H^+ 的存在可以防止斑蝥素的降解，同时可以消解昆虫体躯组织，促进组织中斑蝥素的释放。不同 HCl 含量，提取效果不同，以 0.1% HCl 的条件下提取效果最好。工艺流程如图 2-28。

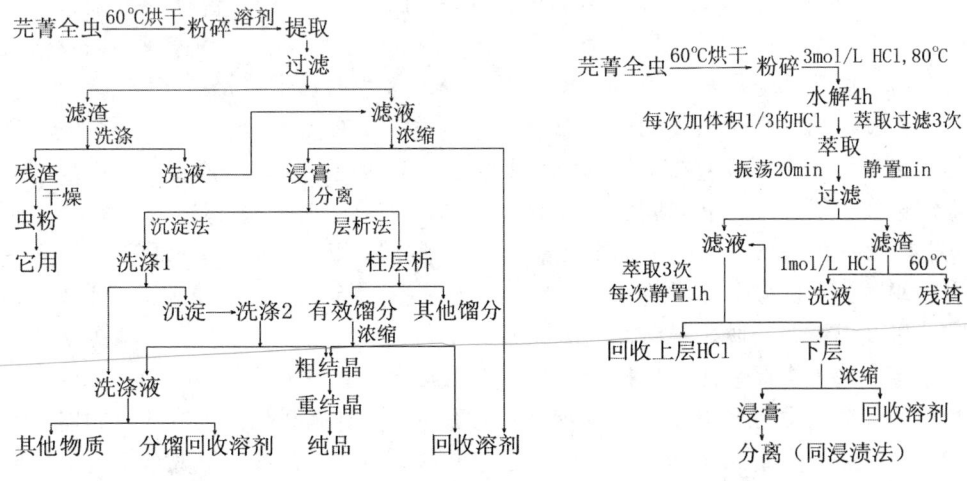

图 2-28 斑蝥素的溶剂浸渍提取法　　图 2-29 斑蝥素的水解提取法

(2) 斑蝥素的分离和纯化

斑蝥素的分离和纯化可根据采用的溶剂系统利用沉淀法或层析法完成。

沉淀结晶法提纯 将提取液置不同温度下，分段减压蒸馏，回收提取溶剂。用石油醚:乙醚:乙酸 = 90:10:1 溶液洗涤 3~5 次，离心除去上清液，再以石油醚:乙醇 = 1:2、石油醚:乙醇 = 2:1 依次冲洗后，以石油醚:乙醚:乙酸 = 90:10:1 溶剂沉淀至无色并置于 60℃下回收溶剂，即得斑蝥素粗提结晶，低温干燥后再重结晶，即可得纯度大于 99.5% 的纯品。

层析法提纯 选硅胶（程度 65-325）作吸附剂，湿法装柱，以溶剂氯仿:苯 = 1:1 洗脱，等体积回收，各流份用气相色谱仪监测，合并含有斑蝥素的流份，分段蒸馏回收溶剂，可得到斑蝥素粗结晶，再重结晶或升华可得其纯品。

2.6.1.2 斑蝥素的水解提取法

提取工艺及条件 水解法提取斑蝥素主要限制因素是酸的浓度和水解时间。根据大量实验选取 9.25% HCl 和 4h 为最佳。工艺流程如图 2-29。

2.6.2 蜂毒的生产

蜂毒是蜜蜂中工蜂的毒腺和副腺分泌的一种味苦而具芳香气味的微黄色透明液体，不用时贮藏在毒囊里，蜇刺时经蜇针排出体外。初生的工蜂毒液很少，随日龄增长毒液逐渐增加，到 15 日龄，一只工蜂的毒量为 0.3mg。

蜂毒呈酸性，pH5.0~5.5，比重 1.1313，常温下很快挥发干燥成占原液重量 30%~40% 的土黄色固体，精制后在解剖镜下呈黄色不规则的透明晶体；其精制的冻干粉在 4℃的低温条件下，活性稳定，可保存数年，高温以及消化酶和氧化酶对蜂毒的活性均有影响。

蜂毒易溶于水和酸，不溶于乙醇；其主要成分有多肽类物质、酶类物质和其他非肽类物质。①多肽类物质约占蜂毒干重的 70%~80%，包括蜂毒素、原蜂毒素、阿伯敏、MCD-多肽、赛卡品、托肽品、卡狄派品、蜂毒素 F，以及微量的普鲁卡胺、咪尼敏、多肽-M、安度半拉等；这些物质是蜂毒抗炎症、抗细菌、抗辐射和抗风湿性关节炎的有效成分。②酶类物质有 50 多种，其中透明质酸酶的含量最大，它不具直接毒性，但有很强的生物活性，能促进蜂毒成分在局部组织渗透和扩散；还含有磷脂酶 A_2、酸性磷酸酶、碱性磷酸酶、C_2 脂肪酶、C_6 脂肪酸、苷氨酸—脯氨酸芳香基酸胺酶、β-氨基葡萄糖苷酸等。③非肽类物质主要有组织胺、多巴胺、多种氨基酸、果糖、葡萄糖、脂类、胆碱、甘油、磷酸、蚁酸，以及腐胺、精脒、精胺、变应原 B 和 C 等。

生产蜂毒主要采用电取蜂毒方法。电取毒器的式样很多，但基本构造相似。其第一部分是由可调电压的直流或交流电源和一个电流断续器组成的控制器；第二部分是一个由金属丝制成的栅状电网，电网下紧贴尼龙纱，尼龙纱下衬一块玻璃板组成的取毒器。尼龙纱和玻璃板间距约 2.2mm，蜜蜂的蜇针碰不到玻璃板，只能穿过尼龙纱排毒于玻璃板上，玻璃板上的毒液很快干燥成明亮的蜂毒晶点。

生产蜂毒应选用群势较大的蜂群，取毒前适当补充子脾，使蜜粉充足，然后在20℃以上晴天的下午取毒。取毒器可放在巢门前或副盖下面，取毒时将电压调至约30V，当蜜蜂被电击时螫刺会马上排毒并发出报警气味，导致守卫蜂大量涌上电网遭受电击而排毒。控制器约每分钟断电一次，让排完毒的蜜蜂飞离后再接通电源，如此反复多次，电击7~10min后另换一群。排在玻璃板上形成的固体蜂毒，用刀片刮下，装入干净的玻璃瓶内密封保存，每群约有1 500~2 000只排毒，可收干蜂毒0.1g。

定地和转地饲养的可每隔一周取毒一次，但转地前3~4d不要取毒；取毒后的蜂群守卫能力减弱，应缩小巢门；当外勤蜂大量采蜜归巢时也不要取毒，此时电击会引起蜜蜂吐蜜、污染蜂毒，降低其质量。

蜂毒是生物药品原料，呈酸性；为了防止金属污染，采毒器电网应用不锈钢丝做电极，采集蜂毒的玻璃板事先应用酒精药棉擦净，每次采毒后，用药棉将电极上蜂毒擦净。蜂毒最忌蜜水污染，所以采毒应选择在外勤蜂空腹时进行。刚采集下来的蜂毒含水量在8%~12%，为了防止蜂毒变性，应将刚采集下来的蜂毒放在敞口瓶里，存入有干燥剂的密闭容器任其干燥，达到长期不变质的目的。蜂毒质量检测可参照国家企业标准（表2-5）。

表2-5 蜂毒的质量标准（企业标准）

	项　目	指　标
感官指标	色　泽	呈米色、乳白色、浅褐色，色泽一致
	状　态	呈松散状、晶片状
	气　味	具有蜂毒特有的刺鼻芳香味，略带腥味
	滋　味	有明显苦味，回味略鲜
理化指标	水　分	≤10%
	活性蛋白质	≥50%
	水溶物	≥70%
	磷脂酶A_2活力	≥30 单位/mg

复习思考题

1. 药用资源昆虫有哪几类？
2. 简述虫草蝙蛾的生物学习性。
3. 虫草菌、蛹虫草如何培养？
4. 简述斑蝥的人工饲养技术。
5. 简述蝎子的饲养技术。
6. 虫茶有哪些用途，如何生产？
7. 地鳖虫的饲养种类有哪些，如何饲养管理？
8. 试述斑蝥素提取和蜂毒的生产技术。

本章推荐阅读书目

药用食用昆虫养殖．蔡青年编著．中国农业大学出版社，2001
药用昆虫养殖与应用．樊瑛，丁自勉．中国农业出版社，2001
中国药用昆虫集成．蒋三俊．中国林业出版社，1999
养蝎及蝎产品加工．潘红平，黄正团主编．中国农业大学出版社，2002
全蝎图解混养新法．吴文龙编著．科学技术文献出版社，2002
谜一般的蚁蛉．周汉辉等．中国农业科技出版社，2000
药用动物养殖与加工．张含藻主编．金盾出版社，2002
中国动物药．邓明鲁主编．吉林人民出版社，1981
中国药用动物志（一）．中国药用动物志协作组．天津科学技术出版社，1979
中国药用动物志（二）．中国药用动物志协作组．天津科学技术出版社，1983

第 3 章 食用和饲用昆虫

【本章提要】 食用和饲料用昆虫种类较多，本章介绍了食用和饲料用昆虫的营养，养殖型中的黄粉虫和家蝇、资源型当中的豆天蛾和蚱蝉以及其他常见的种类，并介绍了虫源蛋白、脂肪、几丁质的提取方法。

人们饲养家禽和家畜与养殖蜜蜂和家蚕一样，其最终目标是从中获取食物及生活用品；昆虫是动物界中种类和数量最大的类群之一，其体内与家禽家畜一样也含有蛋白质、脂肪等营养物质，具有作为人类食物资源的基本特征。但是由于我们有一直从祖先延续到现在的生活习惯、民族的风俗、个人的食性偏好等，要人们像吃饭那样去嚼咽昆虫对许多人是难以接受的。因此食用昆虫并不是许多人想像的那样去直接吃原形昆虫，它们已经是或多或少进行加工后的昆虫产品；对于那些量大、容易饲养而人们又实在难以放在餐桌上昆虫，从营养角度讲它们则是家禽家畜的优质饲料资源。

我国各地均有取食昆虫的习俗，部分昆虫如黄粉虫已产业化养殖，部分地方经常可以见到名目繁多的昆虫菜肴，部分家禽家畜养殖者以昆虫作为饲料，因此开发利用食用和饲用昆虫资源不只是具有商业价值，更重要的是多样化了人类的食物资源结构，使我们看到了一个产量更高和营养更加丰富的、总体上还处于开发阶段的食物供给资源库。

3.1 食用和饲用昆虫的营养价值

昆虫是否具有可食用性和食用价值，能否作为家养动物的饲料或饲料中的一部分，只有了解其所含的营养物质以及虫源性营养与我们经常食用的优质食物间的差别后才能真正理解。本节将首先介绍部分常见的食用和饲用昆虫，然后全面论述其所含的各类营养。

3.1.1 常见的食用和饲用昆虫

人类几乎已经品尝了全部昆虫纲中各个目的昆虫，最为常见的食用昆虫多见于蜻蜓目、直翅目、鳞翅目、鞘翅目、膜翅目、双翅目、蜉蝣目、蜚蠊目、螳螂目中的部分种类也可食用或饲用。

直翅目中蝗虫类是被广泛食用的昆虫，世界许多国家都有食用蝗虫的历史。我国、日本和缅甸食用蟋蟀，我国的北方和马拉维食用螽斯，广东、广西一带食用蝼蛄。几乎所有的直翅目昆虫均可作为饲用昆虫，饲养家禽和家畜。

主产在热带地区的等翅目中的白蚁是仅次于蝗虫的可食昆虫，体大营养丰富的蚁王常在非洲被视为美味佳肴，在白蚁分飞时采集大量繁殖蚁后经油炸或用其榨油食用已是非洲、印度、东南亚及我国南方部分的习俗。养殖等翅目昆虫用以饲养家禽，则是上等的饲料。

膜翅目的蚂蚁不仅可直接入药，而且还可制成药膳食用；至于蜜蜂、胡蜂、土蜂的幼虫和蛹则更是我国南方以及美国、英国、法国、意大利、日本等国常见的食用佳品。

鳞翅目可食用的昆虫众多，家蚕及柞蚕蛹不仅可直接食用、制成药酒，也可加工蚕蛹油食用或作为工业原料，其他鳞翅目可食昆虫见表3-1。鳞翅目中能够作为饲用的昆虫更多，如常年大量发生的各类蛾类幼虫、成虫及蛹，或可直接作为饲料、或干制处理后作为饲料的成分。

表3-1 鳞翅目可食昆虫、食用方法及地区

种　类	食用虫态	食用方法及地区
豆天蛾	幼虫、蛹	炸食。山东、河北、河南、安徽、江苏等地
红铃虫	越冬幼虫	榨油、炒食。江苏、山东等
蓑蛾	越冬幼虫	酱、酱油、烘炒。江苏等
水稻螟虫、透翅蛾、木蠹蛾	幼虫	炸食。日本等
麦蛾	幼虫	炸食。缅甸
弄蝶	幼虫	罐头。墨西哥
天蚕蛾	幼虫	晒干或熏制。美国印地安人

鞘翅目中能够食用的昆虫，如中国、日本、澳大利亚等将金龟甲成虫加酱油煮食或炒后磨粉食用；广东、四川取食竹笋象甲幼虫，非洲则喜食椰棕象甲幼虫；以天牛幼虫作为食品的如中国、日本、马来西亚、澳大利亚、非洲部分国家；小蠹虫的预蛹、龙虱、蜣螂也是可食用的。该目绝大多数昆虫的幼虫、蛹、成虫均可作为饲用昆虫，但其中部分作饲用时则需要加工处理。

半翅目和同翅目中，最为熟悉的食用昆虫即蝉蛹；许多水生半翅目昆虫如田鳖、荔枝蝽、晒干的仰泳蝽卵均可食用。但除水生半翅目、同翅目中的蝉亚目可食用外，该类群中的其他昆虫则无食用价值。

3.1.2　食用和饲用昆虫的营养

昆虫体内含有丰富的蛋白质、氨基酸、脂肪、维生素、微量元素、糖类及其他物质，其中一些具有特殊的食疗成分，如冬虫夏草、蚂蚁等不仅有很高的营养价值，而且具有很高的药用保健价值。因此具有食疗保健作用的昆虫，也是人类理想的高蛋白营养源。

(1) 虫源蛋白及氨基酸资源

蛋白质是生物体的主要组成物质之一，它构成生物体内许多有生理作用的物质，如酶、激素、血红蛋白和胶原蛋白等，是体内抗体的重要组成部分，是人体内氮源的惟一来源；能够维持体内酸碱平衡、促进机体生长发育、增强细胞和组织的再生与修复，还能提供能量。在已分析了营养成分的几十种食用昆虫种类中，无论供食用的虫态是卵、幼虫、蛹或成虫，其粗蛋白质含量一般在13%～77%。如蜉蝣目幼虫粗蛋白含量为66%，蜻蜓目幼虫为46%～65%，同翅目中供食用昆虫的幼虫和卵为45%～57%，半翅目数种蝽类为42%～74%，鞘翅目数种幼虫为23%～66%，鳞翅目中食用的昆虫在14%～68%，蜂类的为13%～77%不等，蚂蚁为38%～76%（表3-2）。

表3-2 部分目食用昆虫的蛋白质和氨基酸含量   %

种类	蛋白质			氨基酸			必需氨基酸 B			B 占氨基酸的比率		
	最高	最低	平均	最高	最低	平均	最高	最低	平均	最高	最低	平均
蜉蝣目	?	?	66.26	?	?	65.97	?	?	23.18	?	?	36.09
蜻蜓目	65.45	46.37	58.83	51.70	36.10	46.03	19.08	13.04	16.41	36.91	34.05	35.69
等翅目	?	?	?	58.27	33.96	44.03	20.88	12.77	16.74	40.05	35.73	38.04
直翅目	65.39	22.80	44.10	57.51	20.23	38.87	19.92	7.98	13.95	39.45	34.64	37.05
同翅目	57.14	44.67	51.13	53.19	32.59	42.45	21.92	12.38	16.34	41.21	35.42	38.21
半翅目	73.52	42.49	55.14	59.68	38.09	48.72	22.18	14.73	18.65	42.72	34.77	38.41
鞘翅目	66.20	23.20	50.41	62.97	13.27	39.74	28.17	4.45	17.13	50.49	26.65	42.79
广翅目	?	?	56.56	?	?	53.31	?	?	19.51	?	?	36.60
鳞翅目	68.38	14.05	44.91	61.84	13.27	32.88	25.60	4.45	13.92	47.23	26.65	40.35
双翅目	?	?	59.39	?	?	?	?	?	?	?	?	?
膜翅目	76.69	12.65	47.81	81.27	21.0	45.18	33.62	8.42	16.23	46.41	30.56	35.78

蛋白质无论其分子量大小，都由20多种氨基酸组成，部分氨基酸可在人体内合成或由其他氨基酸转变而成为非必需氨基酸，部分氨基酸如赖氨酸、色氨酸、苯丙氨酸、甲硫氨酸、苏氨酸、亮氨酸、异亮氨酸、缬氨酸等人体不能合成或者合成的速度太慢不能适应机体的需要为必需氨基酸；人食入的蛋白质中各种必需氨基酸之间的比例适当，才能被充分利用。已分析的食用昆虫中必需氨基酸含量为4%～34%，必需氨基酸含量占氨基酸总量的27%～51%，且多数种类蛋白质中的氨基酸比例接近 WHO/FAO 提出的氨基酸模式。

昆虫体内的蛋白质含量明显高于一般的植物性及部分与动物性食品，如蜉蝣目幼虫含蛋白66.26%、负子蝽含73.52%，显著高于肉类、禽蛋类的粗蛋白，部分蛋白质的功效也接近优质植物蛋白。由此可见，昆虫所含的蛋白可与其他食物蛋白相互补充，为人类提供丰富的蛋白质而满足人体对必需氨基酸的需求。

(2) 虫源脂类资源

许多食用昆虫含有丰富的脂肪、含量为5%～55%（表3-3、表3-4），以幼虫和蛹的含量较高、成虫的较低，如直翅目的中华稻蝗脂肪含量仅2.2%，鳞翅

表 3-3　部分目食用昆虫的粗脂肪、总糖的含量　　　　　　　　　%

种类	粗脂肪			总糖		
	最高	最低	平均	最高	最低	平均
蜻蜓目	41.28	14.23	25.38	4.78	2.36	3.75
直翅目	?	?	2.20	?	?	1.20
同翅目	30.60	24.85	27.73	2.80	1.54	2.17
半翅目	44.30	9.730	30.43	4.37	2.04	3.23
鞘翅目	35.86	14.05	27.57	2.82	2.79	2.81
鳞翅目	49.48	5.00	24.76	16.27	3.65	8.20
双翅目	?	?	12.61	?	?	12.04
膜翅目	55.10	7.99	21.42	7.15	1.95	3.65

表 3-4　部分食用昆虫的脂肪酸含量　　　　　　　　　%

种类	饱和脂肪酸		不饱和脂肪酸		
	棕榈酸(16:0)	硬脂酸(18:0)	油酸(18:1)	亚油酸(18:2)	亚麻酸(18:3)
土垅大白蚁	18.54	9.98	51.14	13.01	0.65
大白蚁	33.00	1.40	9.50	43.10	3.00
非洲飞蝗	25.50	5.80	47.60	13.10	6.90
血黑蝗	11.00	4.00	19.00	20.00	43.00
沙漠蝗雄成虫	40.30	6.70	31.70	7.50	3.60
沙漠蝗雌成虫	34.60	5.80	37.60	10.20	6.20
棕榈红隐喙象	36.00	0.30	30.00	26.00	2.00
柞蚕蛹	2.37	27.81	24.74	24.87	?
蜡螟	39.60	3.10	47.20	6.50	?
双齿多刺蚁	21.14	2.29	62.44	1.39	1.21

目的麦蛾幼虫为 49.48%、欧洲玉米螟幼虫为 46.08%。食用昆虫的脂肪酸与一般动物的不同,动物脂肪多以脂的形式存在,饱和脂肪酸含量较高,人体必需脂肪酸即亚油酸、亚麻酸和花生四烯酸含量较少,而许多食用昆虫都含有丰富的不饱和脂肪酸,必需脂肪酸含量较高,如已被分析的昆虫幼虫和蛹的的亚油酸含量为 7%～43%,部分种类甚至高于亚油酸含量较高的芝麻油(43.7%)及花生油(37.6%),如大白蚁为 43.1%。

食用昆虫还含有类脂物质,但进行的分析和研究不多。虫卵含有较丰富的磷脂,具有很好的营养保健价值。

(3) 虫源碳水化合物资源

碳水化合物是人类食物中提供热能的主要来源,是构成机体的重要物质之一,也对机体内蛋白质的消耗起保护作用,并与机体的解毒作用有关,某些多糖类则有增强机体免疫能力的作用。如与核酸形成核糖,与蛋白质结合为糖蛋白,与脂类结合成糖脂等。食用昆虫体内的糖类含量较低,一般为 1%～16%,虫茶的含量较高,达 16.27%(表 3-3)。

几丁质(甲壳素、乙酰氨基葡萄糖)是一种天然高分子化合物,可溶性甲壳素即壳聚糖或聚氨基葡萄糖具有很高的营养保健价值。作为一种低热量食物，几丁质可作为功能食品和保健食品（有减肥等功效），并有止血、抗血栓、促进伤口愈合等功效；可用于药物制剂、药丸的粘合剂、凝结剂、缓释药剂载体、医用膜材料，还可用于化妆品等行业。昆虫体壁含有大量的几丁质，达4%～47%，但不同虫态其含量不同，如家蚕干蛹几丁质含量3.7%、脱脂蛹为5.6%，云南松毛虫蛹含7.5%、成虫含17.8%，黑蚱蝉蜕含47.1%。

（4）昆虫体内的无机盐与微量元素

无机盐和微量元素是人体的重要组成成分，是维持正常生理机能不可缺少的物质。正常食物及水中含量较多的元素有钙、镁、钾、钠、磷、硫、氯，必需的为铁、锌、铜、锰、铬、钼、钴、硒、镍、钒、氟、锡、硅等。我国的膳食中较易引起缺乏的是钙、铁和碘。钙对促进骨骼和牙齿的生长及生理活性组织的是必需的，钙也是细胞膜的成分，参与血凝过程，对肌肉的收缩有重要作用，还是许多酶的激活剂。铁则参与呼吸过程中氧的运输和交换，不足时肌体可出现贫血。碘是甲状腺素的组成成分，是维持正常新陈代谢的重要物质。其他微量元素有的为激活酶的必要成分、或者本身即为酶的成分、或参与蛋白合成等。

从已分析多种食用昆虫含有丰富的矿质元素，如钾、钠、钙、铜、铁、锌、锰、磷、硒等，许多食用昆虫钙、锌、铁等的含量均较高，因此食用昆虫可提供人体必需的矿质元素（表3-5）。

表3-5 部分食用昆虫的矿质元素含量　　　　　　　　　　　　mg/kg

种类	钾	钠	钙	镁	铜	锌	铁	锰	磷
角突箭蜓	2 620.0	590.0	4 180.0	880.0	64.3	124.8	728.9	74.8	1 470.0
舟尾丝蟌	2 930.0	2 020.0	2 160.0	970.0	64.8	147.7	1 198.0	58.9	2 470.0
红蜻	3 330.0	2 310.0	1 510.0	950.0	50.6	103.8	461.6	27.2	1 420.0
云管尾角蝉	2 120.0	610.0	280.0	4 500.0	56.9	544.3	100.0	13.6	?
白蜡虫	6 300.0	89.5	353.7	1 200.0	23.6	164.2	133.1	26.7	6 000.0
小皱蝽	4 720.0	1 680.0	480.0	1 530.0	2.4	155.8	119.7	19.9	8 200.0
暗绿巨蝽	610.0	780.0	280.0	260.0	45.4	78.0	98.3	16.3	1 520.0
长足大竹象	2 620.0	650.0	270.0	1 050.0	38.4	306.1	64.7	21.0	5 190.0
长足牡竹象	1 740.0	510.0	390.0	480.0	22.9	127.1	66.3	25.9	2 920.0
华北大黑鳃金龟	?	?	397.2	455.8	18.9	101.3	1 313.7	46.5	?
铜绿丽金龟	?	?	434.9	297.0	26.8	84.5	2 299.5	61.6	?
凸星花金龟	?	?	187.5	303.7	35.6	97.5	338.5	20.0	?
桃红颈天牛	?	?	131.6	220.5	24.0	98.8	102.5	15.5	?
黄斑星天牛	?	?	133.5	105.2	10.4	95.4	105.3	9.6	?
粒肩天牛	?	?	150.7	254.4	25.5	102.3	96.6	20.5	?
麦蛾幼虫	?	?	113.4	163.2	33.4	87.0	36.8	—	?
米蛾	?	?	148.7	156.8	17.1	78.3	264.8	6.9	?
亚洲玉米螟	?	?	140.5	184.1	14.8	91.8	70.3	4.6	?
金凤蝶	1 250.0	90.5	384.0	279.0	1.5	3.5	18.0	0.9	457.0
竹虫	2 620.0	740.0	880.0	1 060.0	11.1	109.0	57.1	41.8	1 690.0
家蝇	15 600.0	2 700.0	1 200.0	12 300.0	59.0	570.0	520.0	406.0	17 900.0
双齿多刺蚁（雌）	?	?	613.3	172.4	32.7	155.4	155.4	378.4	104.4
双齿多刺蚁（雄）	?	?	585.3	163.8	27.1	148.8	148.8	391.6	101.9
赤胸多刺蚁	?	?	306.7	208.1	37.7	137.8	412.8	98.4	?

(5) 虫源维生素

维生素分为水溶性和脂溶性两大类，均是维持人体正常生理代谢中不可缺少的物质。如维生素 A 缺乏时将引起上皮组织的改变，影响骨骼发育和正常生长；维生素 D 能促进钙、磷在肠道的吸收及骨组织的钙化；维生素 E 具有抗衰老、增强免疫力作用。水溶性维生素大多是辅酶的组成部分，如维生素 B_1 参与肌体内糖代谢，B_2 参与生物氧化酶体系，B_6 参与肌体的氨基酸代谢，维生素 C 是生物体内合成胶元和黏多糖等细胞间质所必需的物质，还具有解毒的功能。

对食用昆虫所含的维生素虽研究不多，但已报道的数种食用昆虫体内均含有维生素 A、胡萝卜素，维生素 B_1、B_2、B_6，维生素 D、E、K、C 等，如土垅大白蚁维生素 A 含量可达 2 500IU/100g、维生素 D 为 8 540IU/100g、维生素 E 为 1 116.5mg/100g，虫茶维生素 C 达 15.04mg/100g。

昆虫体内还含有其他多种成分，如对保健和治疗疾病有特殊作用的抗菌肽（抗菌蛋白）、酶、非肽含氮类化合物芳胺类及蝶啶类、激素类等。

3.2 养殖型食用与饲用昆虫

饲养技术成熟、可以批量养殖的食用和饲用昆虫包括蜜蜂、黄粉虫、虫茶、家蝇、蛹虫草等。蜜蜂的饲养是产业化利用的典范之一，第 9 章将详述，虫茶和蛹虫草已在第 2 章进行了介绍，本节只介绍黄粉虫和家蝇的养殖和利用技术。

3.2.1 黄粉虫

黄粉虫（黄粉甲，俗称面包虫、旱虾）*Tenebrio molitor* Linnaeus 属鞘翅目 Coleoptera 拟步甲科 Tenebrionidae 粉虫属。该虫本是分布于世界各地的一种仓库害虫，由于其营养价值很高，饲料来源广泛，容易进行大规模饲养，现已普遍用作食品添加成分及甲鱼、蝎、观赏鸟类和鱼类等特种经济动物的活体饵料。

3.2.1.1 形态特征与生物学习性

形态特征（图 3-1）

成虫 成虫体长约 18mm，扁平、长椭圆形，深褐色、有光泽。触角近念珠状、11 节，第 3 节短于第 1、2 节之和，最末节长宽相等、且长于前一节。前胸宽略大于长，前胸背板呈弧形，前缘凹入、前角钝、后角尖锐，表面密布刻点；鞘翅刻点密、9 列，末端圆滑。

卵 长 1.2~1.4mm，椭圆形，乳白色，有光泽。

幼虫 老熟幼虫体长 28~33mm。初孵幼虫白色，后为黄褐色，各节背面前后缘淡褐色，节间及腹面淡黄白色。内唇前缘两侧各有 6 根刚毛；触角第 2 节长为宽的 3 倍，与第 1 节近等长。足转节腹面近端部各有 2 粗刺。第 9 腹节宽大于长，背端臀突的纵轴与体背面呈直角。

蛹 体长约 18mm，淡黄褐色，各节后缘黄褐色，无毛或仅有少量微毛，有光泽。翅短，仅伸达第 3 腹节。第 3 腹节以后各节明显向腹面弯曲、背面两侧各

1侧突，腹末尖褐色肉刺1对；雌蛹腹末节腹面1对乳状突大而显著、其端部扁平稍骨化，显著外弯，雄蛹乳头状突小而基部愈合、端部伸向后方。

生物学习性

自然条件北方1年1代，很少2代，主要以幼虫越冬（越冬幼虫冬季仍缓慢生长发育），翌年4月上旬越冬幼虫开始活动，5月中、下旬开始化蛹，蛹期7d。南方1年可发生2~3代，无明显的越冬现象，冬季仍能正常生长发育。幼虫13~16龄，个体发育不整齐，成虫寿命较长，世代重叠。在23~25℃条件下卵、幼虫、蛹、历期分别为8.7d、122d、8d，从卵发育至成虫历时约133d；28~30℃时卵、幼虫及蛹期为6.3d、98d、6d，世代历期110d。

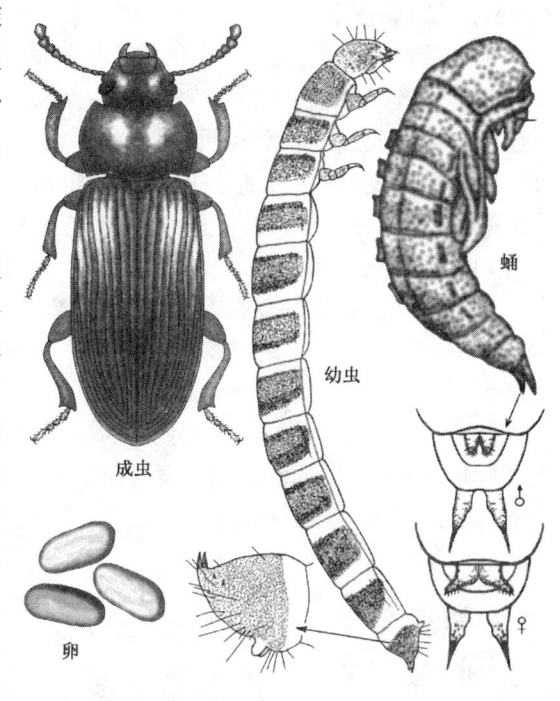

图3-1 黄粉虫

成虫全天均可羽化，条件适宜时羽化率可达100%；善爬行，不能飞翔，畏光，喜群栖，夜间十分活跃，白天常数十头聚集于阴暗、湿润的孔隙或食料中。雌雄性比约1:1，羽化2d后即可交配，但交配多在3~4d后进行，昼夜均可交配，雌、雄均多次交配，未经交配的雌虫虽有成熟卵生成但不能产出。雌虫于5~7日龄开始产卵，产卵高峰期在第10~40日龄，产卵最适温度为24~27℃，卵多产于容器的底部，少数产于饲料中，产卵历时38d。每雌虫产卵80~600粒，平均约320粒。成虫寿命最长达196d，平均50~60d，雌虫寿命略长于雄虫。

卵表面有黏液，常十余卵粘成卵块，表面粘有食料碎屑或其他杂物。卵壳薄而软，易受机械损伤。卵发育起点温度为15.34℃，卵期5~15d，未经触动的卵孵化率可达90%以上。幼虫喜群聚于潮湿、阴暗处，群聚生存较散居生长状况好，但空气湿度和饲料含水量较低的时会互相残杀；初蜕皮的幼虫体壁柔软、行动能力弱而易受攻击。幼虫发育起点温度为12.68℃，生长发育的适宜温度为23~30℃，相对湿度为50%~70%。幼虫耐饥饿，3~8龄幼虫停止喂食可存活6个月以上。老熟后停食4~5d，然后将头部倒立于饲料中，左右转动摩擦进行化蛹，蛹多集中于饲料表层；蛹的发育起点温度为13.68℃，历期5~11d。

黄粉虫是多食性昆虫，成虫和幼虫食性一致，喜食麦麸、黄豆粉、菜叶、瓜皮、果皮等，也取食豆渣、木薯渣、酒糟等。以麦麸为主饲养时每头幼虫一生平均消耗量为0.442g。在干燥的条件下，尤其喜食菜叶和瓜、果皮，以补充水分。

3.2.1.2 饲养技术

小批量饲养可在普通房屋内饲养，大规模饲养要在冬暖夏凉处修建专门的饲养场。饲养场包括成虫饲养室、低龄幼虫饲养室、大龄幼虫饲养室，饲料库房和其他辅助室。成虫饲养室和低龄幼虫饲养室与大龄幼虫饲养室面积比约为1:10~15。饲养室通风应良好，最好有温控设施以便降温和升温，门窗应安装纱网以防成虫逃逸和室外天敌入侵。

(1) 饲养用具（图3-2）

产卵箱（或成虫饲养箱） 该饲养成虫和收集卵的箱由两部分组成，内箱用0.3~0.5cm的木板制成25cm×20cm×8cm的木框，底部为30目的铁纱网，上部为1个12~16目的纱网盖；外箱底部为木板、高度比内箱少2cm。

饲养箱 用于饲养幼虫的用铁皮或木板制成60cm×40cm×10cm的箱，内壁上部应贴3~5cm高的光滑带以防幼虫爬出，叠放时如图3-2，也可以放在饲养架上。小规模饲养时可用各种盆及小木箱等。

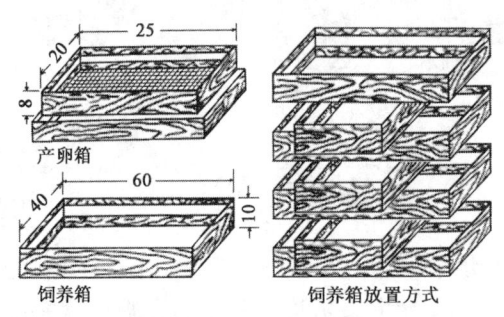

图3-2 黄粉虫饲养箱（单位：cm）

饲养架 用于放置饲养箱和产卵箱的多层饲养架，可用角铁、钢筋或木料制作，架高1.8~2m，宽30~40cm，长度依需要而定，层间距30~50cm，底层离地约20cm。

粪筛 为筛除不同虫龄的粪便，应备100目、60目、40目和普通铁窗纱4种规格的粪筛，大小可依据需要确定，内侧也应有光滑的防逃带。

(2) 饲料

黄粉虫饲养中一般以麦麸为主饲料，在不同发育阶段如适当添加一定比例的玉米粉、大豆粉、维生素和食糖等，可满足其对营养的要求。①生产性的幼虫饲养，可将70.5%的麦麸、25%的玉米粉、4%的大豆粉、0.5%的饲用复合维生素混合拌匀，用饲料颗粒机膨化成颗粒，或用16%的开水拌匀成团后再压成小饼状晾晒后使用。为降低成本，也可以用黄豆渣、木薯渣、酒糟或发酵后的秸秆与麦麸按一定比例混合作为饲料。②用于产卵期成虫的饲养时，用麦麸75%、鱼粉4.0%、玉米粉16%、食糖4%、饲用复合维生素0.8%、饲用混合盐适量。该饲料可提高产卵量，延长成虫寿命，加工方法同上。③育种饲养成虫时，用含麸纯麦粉97%、食糖2%、蜂王浆0.2%、复合维生素0.4%、饲用混合盐适量，加工方法同上。④饲养种用幼虫或成虫时，麦麸44%、玉米粉40%、豆饼15%、饲用混合维生素0.5%、饲用混合盐适量，加工方法同上。

(3) 种虫的选择与饲养管理

长期人工饲养下的种群，常会出现发育迟缓、个体小、抗病力弱、生殖力下降等现象。因此，选择好的种虫可提高繁殖系数，保证种质量，增加经济效益。

种虫的选择与饲养　种虫宜从 8~10 龄的幼虫中选取，要求虫体发育整齐，体大而健壮、体壁光亮，行动快，取食活跃，特大个体可作为选育优良品种的材料。选出的种虫应用营养丰富的饲料、并适量投喂菜叶和瓜果皮进行饲养，饲养温度控制在 24~30℃，相对湿度 60%~75%。

蛹的分离　蛹期没有行动能力，尤其在空气干燥和饲料含水量不足时易被幼虫咬伤、甚至被吃掉。因此应及时把蛹从幼虫饲养箱中拣出，剔除受伤和弱小个体，然后按所需性比分批保养在饲养箱中，雌雄性比控制于 3∶2 左右即可。

成虫分离、饲养及收卵　分离保养的蛹一旦羽化，应将成虫及时分出放入产卵箱，否则成虫会咬伤蛹。可在蛹的表面覆盖一张薄纸，羽化后的成虫大部会爬上纸面，然后将其收入产卵箱中，如此反复 2~3 次即可。饲养密度以 5 000~10 000 头/m² 为宜，温度控制在 24~27℃，并适当遮光。饲养成虫时在其饲料中如加入适量的蜂王浆可促进性腺发育，每天应喂饲适量菜叶、土豆片或瓜果皮等鲜饲料以提高产卵量，但鲜饲料投放不要过量，以免湿度过大导致饲料霉变。

成虫羽化 3~4 日龄后应开始收卵，即在产卵箱的外箱底部铺一张旧报纸，撒 5mm 厚的饲料，然后将装有成虫的内箱放入外箱内，适当抖动以使部分饲料上升到筛网之上以便成虫取食；每 2~3d 将产有卵的纸取出、更换上新的集卵纸。若饲料较潮湿或饲料中产的卵较多即应更换、并将卵筛出，再将集卵纸按收卵日期分批放入不同的饲养箱中孵化。成虫饲养达 45 日龄后，产卵高峰期已过，不宜继续饲养，应予淘汰。

(4) 幼虫的饲养管理

幼虫孵化后即取出集卵纸，将初孵幼虫仔细抖落于饲养箱中，给予幼虫饲料进行饲养。要使幼虫生长速度快、体大而健壮、死亡率小，应把握好以下几个环节。

饲料含水量　体长小于 5mm 的低龄幼虫只需投喂不加水的干主饲料。到 5mm 以上时应开始投喂适量的菜叶、瓜果皮或土豆片等干净并切成小块状的含水饲料，投放量视空气湿度和饲料含水量而定，但以 6h 内能吃完为标准，2d 投喂一次，切忌造成饲料结块发霉，化蛹前尽量少喂含水饲料。

饲养密度　黄粉虫适于高密度饲养，但密度过高会因相互摩擦而导致饲料和虫群温度过高而影响发育，甚至引起死亡，一般虫重以 3.5~6kg/m² 的密度，或虫层厚度与虫体长度相当时较为适宜。

筛粪管理　虫粪中有具保幼激素活性的法呢醇和有助于消化的肠道微生物，其存留对幼虫的生长发育有一定的促进作用，但过多的虫粪堆积会恶化饲养环境，应在适当时筛除虫粪。一般在幼虫孵化 7~15d 后第 1 次筛除虫粪，以后每 3~5d 筛 1 次；3 龄以下时用 100 目，3~8 龄用 60 目，10 龄以上用 40 目，老熟幼虫用普通窗纱筛粪。筛粪后加入主饲料，加入量以下一次筛粪时能食完为度；在高温、多湿时每次宜减少添加量、增加添料次数，以免其变质。

(5) 幼虫和蛹的收集

收获幼虫时待其成熟后将饲料和虫粪筛除即可。人工挑拣收获蛹时速度慢、工效低,只适用于种虫饲养管理;大规模收获蛹时,将饲养箱中的蛹、幼虫及饲料复合层均放入老熟幼虫能通过的大孔径筛网中过筛,再将筛放在饲养箱与饲料接近,让幼虫钻入饲料中,蛹则留在筛中。蛹期约1周,分离后的蛹应及时处理,以免羽化。

(6) 病虫害防治

病害 黄粉虫的病害已知有2种,即软腐病和干枯病。软腐病主要出现在湿度过大、粪便及饲料污染的饲养室内,有传染性。患病个体排黑便,体渐变软而变黑,最后腐烂;发现病虫后应及时清除,加强通风换气,减少含水饲料的投喂量,每箱用25g氯霉素或土霉素拌饲料投喂。患干枯病的病虫首先头部和腹末脱水而干枯,继而全部虫体干枯而死亡,发病的主要原因是气温过高、空气干燥、饲料含水量不足;发病后及时采取降温、降低饲养密度、补充含水饲料、增加空气湿度等措施。

虫害 黄粉虫的害虫多为饲料中携带传入、或从室外入侵,包括蚂蚁、蟑螂、赤拟谷盗、扁谷盗、锯谷盗、麦蛾、谷蛾及螨类,这类害虫既争食、破坏饲料(除蚂蚁外),又取食黄粉虫卵、咬伤正脱皮和初脱皮的幼虫和蛹。因此应选用不带虫的饲料,在饲料加工过程中应经日晒或膨化、消毒、灭菌以杀死害虫和病菌;饲养室应安纱门窗,必要时在饲养室喷洒杀螨剂;对蚂蚁和蟑螂可在饲料室四壁地面设水槽阻隔,或撒宽25~30cm的生石灰带以驱避,或用白糖400g、硼砂50g、水800g配合的毒饵诱杀。对捕食黄粉虫的壁虎、老鼠等应及时捕杀之。

3.2.1.3 营养价值及加工、利用技术

黄粉虫蛋白质含量高、质量好,是一种优质的动物性蛋白质源;该虫抗逆性强,饲料来源广,饲料转化率高,生产成本较低,利于进行大规模专业化饲养。作为饲料用时加工简单、营养价值高、使用安全、便于运输和管理的,特别适用于珍禽饲养、养蛙、养鳖、养蝎等特种养殖;作为食品,便于加工成丰富多样的具有良好商品性状的产品;还可以提取超氧化物歧化酶(SOD)、蛋白质、脂肪,其废料可生产甲壳素和壳聚糖,虫粪则可用作肥料。

(1) 营养价值

黄粉虫富含蛋白质、脂肪、无机盐、维生素等营养物质,既是人类理想的食品资源,也是优良的动物性蛋白饲料。

蛋白质 黄粉虫幼虫蛋白质含量为48%~59%、蛹38%~50%、成虫53%,虫态与龄期不同、饲养季节不同其蛋白质的含量有一定的变化。黄粉虫体内蛋白质的氨基酸组分较全面、比例合理,含有人体所需的8种必需氨基酸,除蛋氨酸含量稍低外其余氨基酸的比值与联合国FAO/WHO估计的人体必需比值模式相近(表3-6)。

表 3-6 数种昆虫与常见食物的 FAO 标准比较   mg/g

必需氨基酸	异亮氨酸	亮氨酸	赖氨酸	蛋氨酸+胱氨酸	苯丙氨酸+酪氨酸	苏氨酸	色氨酸	缬氨酸
FAO 标准	40.0	70.0	55.0	35.0	60.0	40.0	10.0	50.0
鸡蛋	52.4	84.1	64.9	62.7	95.5	53.9	16.2	57.6
中华稻蝗	86.3	82.9	48.7	42.9	95.0	33.7	28.0	59.8
蚱蝉	75.5	61.7	51.2	33.8	134.8	33.8	16.9	59.0
黄粉虫幼虫	69.2	82.0	51.3	19.9	117.5	37.2	9.7	60.7
黄蚂蚁	57.2	91.5	49.4	19.1	85.8	42.4	7.2	61.8
大豆	45.2	72.1	57.2	23.1	96.0	40.4	12.1	45.5
瘦猪肉	46.8	80.5	88.6	34.0	81.0	45.6	12.1	53.0
瘦鸡肉	46.8	79.8	87.5	36.1	75.0	44.8	12.0	52.5
瘦牛肉	47.6	82.6	82.5	41.7	95.4	46.4	12.1	52.5
草鱼	42.8	73.5	88.6	64.1	92.4	40.8	10.3	47.0

脂肪 黄粉虫的脂肪含量一般在 28% 以上，蛹的脂肪含量达 40% 以上；脂肪酸的含量达 66.28%，其中不饱和脂肪酸占 77.05%，P/S（不饱和脂肪酸/饱和脂肪酸）值高达 1.93。人体必需脂肪酸亚油酸（$C_{18:2}$）和亚麻酸（$C_{18:3}$）达 42% 以上，被誉为"脑黄金"的二十碳五烯酸（$C_{20:5}$）及二十二碳六烯酸（$C_{22:6}$）含量也较高。饱和脂肪酸主要是软脂酸（$C_{16:0}$），对增高人体胆固醇含量有明显作用的肉豆蔻酸（$C_{14:0}$）的含量较低（表 3-7）。

表 3-7 黄粉虫幼虫干粉中脂肪酸成分和含量（杨兆芬等 1999）

脂肪酸	含量（%）	脂肪酸	含量（%）	脂肪酸	含量（%）
$C_{12:0}$	2.84	$C_{18:0}$	0.03	$C_{22:1}$	0.12
$C_{14:0}$	0.02	$C_{18:1}$	25.21	$C_{22:6}$	0.05
$C_{15:0}$	0.12	$C_{18:2}$	41.70	单不饱和脂肪酸 MUFA	33.63
$C_{15:1}$	0.05	$C_{18:3}$	1.59	多不饱和脂肪酸 PUFA	43.42
$C_{16:0}$	19.58	$C_{19:0}$	0.02	不饱和脂肪酸 UFA	77.05
$C_{16:1}$	7.41	$C_{19:1}$	0.48	不饱和脂肪酸/饱和脂肪酸（P/S）	1.93
$C_{17:0}$	0.20	$C_{20:3}$	0.01	总脂肪酸 Total	100.00
$C_{17:1}$	0.36	$C_{20:5}$	0.06		

表 3-8 黄粉虫的无机盐含量（陈彤等 1997）   mg/kg

虫态	K	Na	Ca	P	Mg	Fe	Zn	Cu	Mn	Se
幼虫	13 700	656	1 380	6 830	1 940	65	122	25	13	0.462
蛹	14 200	632	1 250	6 910	1 850	64	119	43	15	0.475

矿物质 黄粉虫富含矿物质（表3-8），但其含量特别是部分微量元素随饲料中各种元素的含量增减而变化。因而黄粉虫是一种较好的有益微量元素生物富集的"载体"，可以通过在饲料中添加所需要富集元素的无机盐如亚硒酸钠、硫酸锌等，经其吸收而转化为有机态的锌、硒，以利于人体吸收和利用。

维生素 黄粉虫主要含有维生素 B_1、B_2、E、D 和维生素 A，幼虫干粉中维生素 B_1、B_2、E、A 的含量分别是 0.65mg/kg、5.2mg/kg、4.4~8.98mg/kg、3.37mg/kg。

(2) 黄粉虫的饲用

黄粉虫活体的利用 在珍禽养殖、养蝎、养蛙、养珍鱼等特种养殖中，黄粉虫是不需要特殊的加工处理的、优良的活体动物性蛋白饲料，只需按照所需投放量直接投喂。用3%~6%的鲜黄粉虫幼虫代替等量的国产鱼粉饲养肉鸡，增重率提高13%，饲料报酬提高23%。

黄粉虫虫粉的加工利用 将虫体与饲料分离后，经高温固化、烘干、粉碎后制成虫粉，可作为饲养家禽、家畜的高蛋白饲料添加剂，配制鱼饲料及对鱼有明显的诱食作用的钩饵。

(3) 黄粉虫的食用

黄粉虫的食用方法很多，可直接将虫体烹饪加工成数十种菜肴和小食品，也可以加工成饮料、调味品，或通过深加工生产蛋白精粉、氨基酸口服液等保健食品。

黄粉虫原形食品的加工 幼虫和蛹都可以用来加工原形食品，宜作为风味小食品、旅游特色食品或特色菜肴，较易为青少年消费者接受。由于加工过程不改变虫体的形态，蛹的形状更易被消费者接受，但蛹的分离收集难度大、加工成本较高。

脱水有烘烤和煎炸两种形式，加工后成品虫体膨松、金黄色、酥脆而香味浓郁，可调成麻辣、五香等多种不同口味。主要生产工艺流程如下：活虫排杂→清洗→固化→灭菌→脱水→炒拌→调味→烘烤→包装→成品；或活虫排杂→清洗→脱水→煎炸→调味→灭菌→包装→成品。

不脱水加工用于制作罐头和速冻。加工罐头的工艺流程为活虫排杂→清洗→固化→调味→装罐→排气→密封→灭菌→冷却→成品。速冻黄粉虫加工程序为活虫排杂→清洗→固化→调味（或不调味）→装袋→灭菌→冷却→速冻。未经调味的冷冻黄粉虫可用来烹饪菜肴，或捣碎滤渣后调配成蛋白乳饮用。

黄粉虫调味品加工 黄粉虫可加工成调味粉、酱油或虫虾酱，用于小食品加工或烹饪的调味。调味粉的加工工艺为活体排杂→清洗→固化→冷冻→脱水→烘烤→研磨→称释→配料→均质→成品。黄粉虫调味粉加入米、面类小食品如饼干、酥饼、锅巴及膨化食品中，不仅可使其营养价值成倍提高，而且风味独特。也可以直接将虫浆拌入食品生产原料中加工风味食品，如在面包生产中添加黄粉虫脱脂虫浆5%，可大幅度提高面包的蛋白质含量，生产出风味独特的虫香面包。

黄粉虫酱油的加工 将黄粉虫排杂、清洗后加水磨浆，加入蛋白酶进行酶解、灭菌、过滤、调味调色等工序制成酱油。这种酱油富含氨基酸、微量元素和维生素，味道鲜美、营养丰富，是普通酱油所不能及的。具体生产工艺为虫体排杂→清洗→固化→磨浆→酶解→灭酶→过滤→杀菌→调味调色→搅拌→过滤→分装→成品。虫虾酱的加工是将黄粉虫幼虫去杂清洗后烘干，用胶体磨加工成酱状，用食用油、大豆粉、芝麻（或花生）等辅料调配制成各种酱类。也可以将其制成月饼馅和其他点心馅。

高蛋白饮料加工 幼虫去杂清洗后，经高温固化使蛋白质变性、研磨、过滤、均质、调配，最后经干燥喷雾等工序制成乳白色粉状冲剂。其蛋白质含量在30%以上，微量元素和维生素也十分丰富，为果仁香型，可用作运动饮料、制作各种冷饮。

黄粉虫补酒的配制 选用老熟黄粉虫幼虫或蛹，经清理去杂、固化、烘干脱水后，配以枸杞、红枣放入白酒中，浸泡1~2月即成。成品酒色泽纯红、口味甘醇，具安神、养心、健脾、通络活血等功效。

黄粉虫蛋白质、脂肪的加工 黄粉虫蛋白还可以通过深加工制成纯蛋白粉、氨基酸口服液和胶囊等深加工产品。黄粉虫脂肪加工成的食用油，其营养价值高于普通动、植物性食用油。此外，用黄粉虫体壁提取甲壳素和壳聚糖，在食品加工中可用作絮凝剂、填充剂、增稠剂、脱色剂、稳定剂、防腐剂及人造肠衣、保鲜包装膜等多种用途。详见本章第5节虫源脂肪、蛋白、甲壳素的提取。

3.2.2 家蝇

家蝇 *Musca domestica* Linnaeus 属双翅目 Diptera 蝇科 Muscidae，国内除青藏高原海拔较高地区未发现外，各地均有分布。家蝇幼虫俗称蝇蛆，嗜食畜粪，多滋生于垃圾、畜禽养殖场的粪池、厕所等处；成虫活动于滋生场所、人类居室及公共场所，喜在食具、食物上舐吸和停息，能传播多种疾病，是一种重要的卫生害虫。但蝇蛆和蝇蛹都含丰富的蛋白质、抗菌物质和其他营养物质，繁殖快、易饲养，是一种生产成本低廉的优质饲料蛋白来源。

3.2.2.1 形态特征与生物学习性

形态特征（图3-3）

成虫 体长约5~8mm，灰褐色，复眼红褐色。雄蝇两复眼彼此靠近（称为合眼式），额宽为1只复眼宽度的1/4左右；雌蝇两复眼相分离（称离眼式），额宽几乎等于1只复眼的宽度。触角灰黑色，触角芒短、羽状纤毛直分布至芒尖。口器舐吸式，唇瓣发达，中喙粗。胸部背面有4条等宽黑色纵纹，前胸背板中央凹陷处具纤毛。前翅透明，脉棕黄色，前缘脉基鳞黄白色，第4纵脉末端呈角形向前上方弯曲并几乎与第3纵脉相接。足黑色至黑褐色，爪1对，爪间突刺状。腹部椭圆形，第1腹板具纤毛，腹部背面正中有1黑色宽纵纹。

卵 长椭圆形，长约1mm，乳白色；卵壳背面2条脊、脊间最薄，孵化时卵壳由此处开裂。

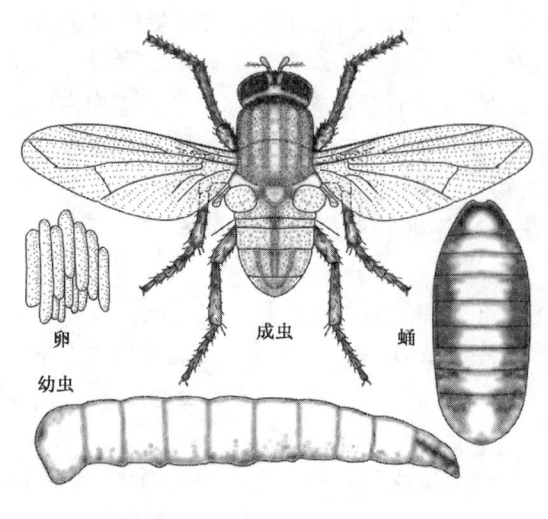

图 3-3 家 蝇

幼虫 幼虫共3龄。1龄幼虫体长1~3mm，体透明，无前气门，后气门仅1裂。2龄幼虫体长3~5mm，乳白色，有前气门，后气门2裂。3龄幼虫体长5~13mm，乳黄色，有前气门，后气门3裂，虫体圆柱形，自中部向前逐渐尖细。头小，2个口呈钩爪状，右边的1个大于左边。

蛹 围蛹，长椭圆形，长约6.5mm，初化蛹黄白色，后渐变为棕红、深褐色，有光泽，羽化前呈黑褐色，第1、2腹节间有1对气门。

生物学习性

自然状态下1年7~8代，南方可达10~20代。在冬季平均温度5℃以上的南方以成虫越冬，在温暖地区终年繁殖，而在冬季平均温度低于5℃、冬季较寒冷地区主要以蛹越冬。世代历期随温度而变化（表3-9），人工饲养时若冬季能保持适宜的饲养温度，则全年可正常繁殖24代左右。

表3-9 家蝇的发育历期和温度的关系

温度（℃）	卵期（d）	幼虫期（d）	蛹期（d）	1个世代（d）
<20	-	-	-	24~27
25~30	1~2	4~6	5~7	10~15
35	-	-	-	8~10

成蝇羽化2~24h后开始活动与取食，喜在白天有光亮处活动、趋光性弱；也喜在居室内活动，在阴暗条件或夜间，常停落在墙壁、天花板、悬挂的绳索、电灯线等物体上面；取食温血动物的排泄物、分泌物、人类的各种食物、植物汁液、垃圾及腐烂的有机物等的液汁，对干燥食物则先分泌唾液或吐出嗉囊内的部分液汁将其溶解或湿润后再取食，不取食时仅能存活2d。

成蝇飞翔能力很强，1h可飞行6~8km，但活动范围多以滋生地为中心、半径为100~200m的栖息地附近。其活动能力受温度的影响很大，4~7℃时仅能爬动，10~15℃时可爬动和起飞、不能取食、交配和产卵，20℃以上比较活跃，30~35℃时最活跃，35~40℃时静伏不动，45~47℃导致死亡。室内饲养时产卵期一般不超过30d，在相对湿度50%~80%条件下都能正常生活。

雄性羽化后18~24h、雌性30h后方能交配，绝大多数一生仅交配1次，35℃下产卵前期为1.8d、27℃时为5d、15℃时需9d、15℃以下一般不能产卵。卵产于粪便和发酵的有机物等潮湿而不淹水的幼虫可滋生的基质中稍深处（表面少见），卵多粘结成块；一般一生可产卵 4~6 次，每次产卵几十粒至一百多粒，每雌虫产卵约 600 粒。在 27℃ 条件下产卵高峰期分别出现在羽化后第 6~9d、12~18d，其产卵量分别占总卵量的 28.92% 和 44.05%。

成蝇寿命和每雌虫的产卵量因环境条件和营养状况而不同，如用奶粉、奶粉+白糖、奶粉+红糖喂饲的雌蝇可存活 50d 以上，每雌虫分别产卵 443 粒、414 粒和 516 粒；食动物内脏和畜粪饲喂的寿命短，产卵只有 114 粒和 128 粒。

在夏季卵约经 8~24h 即孵化，初孵幼虫以含水量 60%~70% 的动物粪便、腐烂或发酵的有机质为食，幼虫具负趋光性、喜欢钻入各种基质表层下群集潜伏取食，在食物充足的情况下一般不离开取食场所，其发育的适宜温度为 25~35℃。幼虫成熟后，从滋生基质中爬出、在滋生场所附近的较干燥的疏松泥土中化蛹，或在滋生基质干燥的表层中化蛹。蛹宜在含水量 40%~50% 的基质中发育，温度适宜时 5~7d 即羽化。

3.2.2.2 饲养技术

饲养房宜在离居民区稍远的地方建成坐北朝南的单列平房，房之北面建封闭式走廊，既可防成蝇外逃、冬季又可缓冲北风侵袭利于保温；各饲养室均向走廊开门、南面开窗；在饲养房中部设 1 个南北开门的操作间，该操作间即是进出饲养房的通道、并能防治成蝇逃逸；所有门、窗均设纱门和纱窗，室内备有排风扇。如全年饲养，则可设地下火道或暖气管道和其他加温设施；如在室外养蛆，可挖较大的育蛆池，上面搭设塑料薄膜棚架形成密封空间，设门和纱窗以便操作和通风。

(1) 饲养工具和设施

成蝇饲养笼　用木条、钢筋作成长方形骨架，四周用塑料窗纱、铁纱或细眼铜纱封闭而成，大小视需要而定，同时在笼侧下部装 1 个直径为 20cm 的开口布套，以便操作（图3-4）。

育蛆盘和育蛆池　小规模饲养，可用有盖的缸、盘、盆及其他塑料或者木制圆形或长方形容器作为育蛆盘。大规

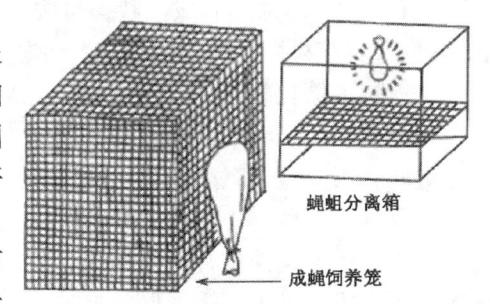

图3-4　家蝇饲养用具

模饲养时可用大规格的塑料盆，或修建育蛆池；可在饲养室的两侧靠墙处，留出人行道后用砖砌成高 30~40cm、1.2~1.5m² /池的长方形的单层育蛆池，池底、池壁用水泥抹平使之不漏水，池口设活动纱盖；建多层育蛆池时的层间距要便于操作，池面可适当小些。

饲养架　用木条或角铁做成，放置饲养盘进行立体饲养，规格参照黄粉虫的饲养架。

饮水盘、饲料盘　供成蝇饮水和取食的器具可用塑料盘、搪瓷盘等较浅的容器。

集卵罐　供成蝇产卵的集卵罐可用直径约 6cm、高约 9cm 的废弃的饮料罐、

塑料杯、搪瓷杯等，最好色暗而不透明。

蝇蛆分离箱和蝇蛆分离池　分离箱用于从养殖饲料中分离蝇蛆，由暗箱、8目或16目筛网和照明部分组成。该箱利用蝇蛆的负趋光性将其分离，其大小根据需要而定（图3-4）。大规模饲养时可在室外用砖砌一个分离池，利用太阳光进行分离。

(2) 成蝇的饲养

种蝇的来源　直接从科研单位和专业养殖场引进的优良种蝇，产卵量高、生长发育整齐、繁殖速度快、蝇蛆产量高，易成功养殖。也可诱集、捕捉自然环境中的野生家蝇做种蝇；如在家蝇活动频繁的场所鸡舍、猪圈等处，放置用水拌湿并加入万分之一碳酸铵的麦麸、米糠、酒糟（含水量60%），或腐肉或动物内脏，或笼养雏鸡的新鲜鸡粪等作产卵基质引诱家蝇产卵，孵化卵并进行人工饲养、驯化即可。

成蝇饲料　成蝇的营养状况与产卵量的多少密切相关，其饲料主要用奶粉、红糖、白糖、鱼粉、家蝇幼虫糊、糖化发酵麦麸、糖化面粉糊、蚯蚓糊等配制而成。主要配方有：①奶粉50% + 红糖50%；②鱼粉糊50% + 白糖30% + 糖化发酵麦麸20%；③蛆粉糊50% + 酒糟30% + 米糠20%；④蛆浆糊70% + 麦麸25% + 啤酒酵母5% + 蛋氨酸90mg；⑤蚯蚓糊60% + 糖化玉米糊40%；⑥糖化玉米糊80% + 蛆浆糊20%。小规模饲养或专门培育种蝇时可采用奶粉、鱼粉、红糖配制饲料，大规模生产主要以蛆浆糊、糖化面粉（玉米粉）糊为主配制成蝇饲料。蛆浆糊是用绞肉机将鲜蝇蛆绞碎而成。糖化面粉糊是将玉米粉和水按1:7的比例调匀后加热煮成糊状，再按总重的10%掺入"糖化曲"，置60℃中糖化8h而成。淀粉糖化酵母糊也是一种较好的饲料，可将麦粉、米粉、薯粉等淀粉类饲料接入糖化菌，使其降解成糖类，再接种酵母发酵而成。

饲养密度　笼养成蝇时饲养密度宜在8万~9万头/m³，春秋季在饲养室放养成蝇时宜为2万~3万头/m³，夏季为1万~2万头/m³。

蝇群结构　种群中不同日龄的个体在蝇群中的比例，直接影响到产卵量的稳定性、生产的连续性和日产鲜蛆量。控制蝇群结构的主要方法是每隔7d投放一次蛹，每次投放量为所需蝇群的1/3。

饲养管理　成蝇饲养室要有一定的光照，但要避免阳光直射，饲养室的温度和空气相对湿度分别以24~30℃、50%~80%为宜。蝇蛹放入成蝇饲养笼内或饲养室内后约3~4d即可羽化，应及时用饲料盘和饮水盘供给饲料和清水，投喂饲料量以当天能吃完为准。一般于每天上午将饲料盘和饮水盘取出清洗干净并添加新鲜饲料、更换清水，夏季高温季节宜每日上下午各喂饲1次，并防止成蝇外逃，严格卫生防疫。

蝇卵收集　成蝇羽化后3d开始产卵，应及时将装入能诱集成蝇产卵基质的集卵罐放入成蝇饲养笼（室）中，装入的基质量应为罐高的1/4~1/3，集卵罐的数量要能保证成蝇有充足的产卵空间。成蝇日产卵高峰在8:00~15:00，放置产卵罐应在上午8:00前，收取卵块应在16:00以后，也可于每天的12:00

和 16：00 收集卵块。

收取卵时先摇晃集卵罐，待其中的成蝇飞出后再取出罐，然后将卵块与产卵基质一起倒入幼虫培养室培养；将罐清洗干净后重新装入产卵基质，再放回饲养笼（室）中。成蝇产卵期约 25d，成蝇羽化后饲养约 20d 后绝大部分卵已产出，应予淘汰，更换新的种蝇。淘汰时将笼（室）中的饲料盘、饮水盘、产卵罐取出，2d 后老成蝇全部饿死即可清除；清除死蝇后要用来苏儿稀液或稀碱水浸泡蝇笼，消毒、洗清、晾干后再用。

(3) 蝇蛆的饲养

蝇蛆饲料　蝇蛆的饲料来源极为广泛，农副产品下脚料如麦麸、米糠、酒糟、豆腐渣、糠糟以及屠宰场下脚料，及经配合沤制发酵后马、猪、牛、鸡等畜禽粪便都可作为蝇蛆的饲料。用农副产品下脚料调配饲料时含水量控制在 60% 左右，接卵前应发酵 12h；若在其中加入 20% 牛瘤胃液（屠宰场下脚料）发酵 24h 后使用，可显著提高饲料的转化率。用畜禽粪便配制饲料时要求原料细致、新鲜、含水量约 70%，使用前将两种以上原料按比例混匀堆好、薄膜覆盖沤制发酵 48h 后即可用于接卵。饲料 pH 值以 6.5~7.0 为宜，pH 不适宜时可用石灰水、稀盐酸调节。

接卵和饲养管理　接卵前按 35~40kg/m^2、厚 4~6cm 的量将饲料加入育蛆池，饲料表面可高低不平以利透气。接卵时要将卵块均匀撒在饲料中，适宜的接卵量为 20 万~25 万粒/m^2，即 20~25g 卵/m^2。

蝇蛆饲养室应保持较为黑暗的条件，避免阳光直射或适当遮荫，饲料内温度应尽量保持在 25~35℃，饲养室应注意通风换气。幼蛆从卵中孵化出后即从饲料表面往下层蛀取食，至 3 龄老熟后再返回表面化蛹。用农产品下脚料饲养时要注意观察，若饲料不足时应及时补充，发霉结块时要及时处理；用畜禽粪便饲养时初有臭味，但在幼虫不断取食活动下则逐渐变成松散的海绵状残渣、臭味减少，含水量下降到约 50%，体积也大为缩小，若饲料不足时也要及时补充，以防幼虫从池中外爬。

蝇蛆的分离采收　在 24~30℃ 适宜温度下，经 4~5d 后蝇蛆个体可发育至 20~25mg、趋于老熟、停止取食，爬离原来潮湿的滋生场所寻找较干燥的化蛹场所，此时应及时利用其负趋光性进行分离采收。

小规模饲养利用分离箱采收时把蝇蛆和培养料的混合物放在筛板上，并打开光源，用笓子在培养料表面上下不断地翻动，蝇蛆则避光下钻从筛孔掉到暗箱中；初分离的蝇蛆还混杂有少量饲料及其残渣，可用 16 目筛进行振荡分离。大规模饲养利用室外分离池采收时，将培养约 5d 的幼虫及培养料倒入分离池的筛网上，按照同样方法即可分离。如需要的是蛹，可在培养料表面铺上 3cm 厚的木屑、柴屑等，待老熟幼虫化蛹其中后，再可分离采收之，也可以将分离出的幼虫放入干燥的锯木屑等基质中化蛹、采收。

(4) 病虫害防治

家蝇的生活环境充满各种病菌，蝇蛆体表附有 60 余种病菌，菌体数量达 1 700多万个，且其体内含菌量大大超过体表，但蝇蛆很少感病，人工饲养的成蝇则偶感白僵病。白僵病由白僵菌 *Beauveria bassiana* 引起，在持续低温和阴雨天气、特别是饲养室内温度低于5℃时易发病。感病初成蝇停食、衰弱和迷向，腹部逐渐膨大变白，而后逐渐死亡，死后不久体内充满菌丝、体表覆盖白色的孢子粉。病死家蝇多攀附在笼顶及四壁纱网上或饲养室墙壁上和玻璃窗上，正常死蝇则掉落地面或笼底。应保持饲养室和饲养笼的清洁，每淘汰一批成蝇后多应对饲养笼（室）进行清洗和消毒，在低温阴雨天气应注意加温和补充光照，若发病应及时隔离、淘汰感病蝇，对饲养笼彻底消毒、饲养室则喷洒杀菌剂。

此外，人工饲养家蝇时还应注意防止壁虎、老鼠等动物的捕食。

3.2.2.3 营养价值及加工、利用技术

(1) 营养价值

蝇蛆含有丰富的营养成分，鲜蛆蛋白质含量与鲜鱼接近，干蛆粉蛋白质含量与鱼粉及肉骨粉相近或略高；脂肪及碳水化合物等的含量均高于鱼粉（表3-10）。

表 3-10　蝇蛆与鲜鱼及几种饲料的营养成分比较　　%

名 称	粗蛋白	脂肪	碳水化合物	灰分	水分	粗纤维
蝇蛆原物质	15.62	1.41	0.89	1.50	72.30	0.55
蝇蛆干粉	60.88	2.60	?	?	?	?
鲜鱼	11.60~19.50	0.60~3.20	0.60~3.30	1.00~3.30	68.10~81.00	?
鱼粉	38.60~61.60	1.20	2.80	20.00	11.40~13.50	19.41
肉骨粉	50.00~60.00	12.40	7.20	9.20	5.60~8.20	?
麦麸	11.40~15.50	?	53.60	5.70	12.00	10.50

王达瑞等，1991。

表 3-11　几种营养源必需氨基酸含量比较　　%

氨基酸	蝇蛆原物质	蝇蛆干粉 A	鱼粉 B	鲜鸡肉	肉骨粉	麦麸	A:B
苏氨酸 Thr.	0.66	2.03	1.15	0.97	1.84	0.42	1.8
丙氨酸 Ala.	0.97	2.49	2.28	1.01	2.15	0.72	1.1
缬氨酸 Val.	0.64	3.23	1.58	0.90	1.77	0.58	2.0
蛋氨酸 Met.	0.80	1.25	0.46	0.51	0.90	0.11	2.7
异亮氨酸 Ile.	0.47	2.54	1.09	0.95	1.78	0.38	2.3
亮氨酸 Ley.	0.75	4.05	2.07	1.56	2.68	0.99	1.9
酪氨酸 Tyr.	0.81	3.22	1.37	0.92	1.82	0.41	2.3
苯丙氨酸 Phe.	0.72	3.51	1.19	0.92	2.07	0.55	2.9
赖氨酸 Lys.	0.94	4.30	1.64	1.78	2.43	0.51	2.6
胱氨酸 Gys.	0.16	0.67	0.23	0.27	0.33	0.55	2.9
必需氨基酸 E	5.45	24.80	10.78	8.78	15.71	4.50	2.3
E + 非必需氨基酸 N	12.36	57.27	32.07	19.04	34.81	15.20	—
E/（E+N）	44.09	43.30	33.61	46.11	45.13	29.61	—

王达瑞等，1991。A:B = 蝇蛆粉与鱼粉含量的比值。

蛋白质　蝇蛆干粉约含蛋白质61%~73%，该蛋白质中氨基酸总含量达57.27%，18种氨基酸的含量均超过鱼粉；必需氨基酸占氨基酸总量的43.30%，

是鱼粉的2.3倍；其中对家禽的生长、产蛋有重要作用的蛋氨酸、赖氨酸、苯丙氨酸的含量分别是鱼粉的2.7、2.6和2.9倍（表3-11）。

脂肪　干蝇蛆含脂肪13.0%～15.6%，成蝇、蝇蛆和蝇蛹的不饱和脂肪酸含量分别为67.67%、64.50%和62.17%，饱和脂肪酸中以软脂酸为主，不饱和脂肪酸中的油酸（$C_{18:1}$）和亚油酸（$C_{18:2}$）含量较高（表3-12）。

表3-12　家蝇油脂肪酸组成及相对含量　　　　　　　　　　%

脂肪酸	$C_{14:0}$	$C_{15:0}$	$C_{16:0}$	$C_{16:1}$	$C_{17:0}$	$C_{18:0}$	$C_{18:1}$	$C_{18:2}$	$C_{18:3}$	$C_{20:0}$	UFA	P/S
蛆油	3.61	0.90	23.64	25.99	0.60	1.96	22.98	14.85	0.68	4.58	64.50	1.83
蛹油	2.75	1.40	25.95	18.42	1.58	3.92	23.75	20.00	—	2.24	62.17	1.64
成蝇油	3.47	0.50	15.63	5.67	3.39	4.84	26.86	35.14		4.50	67.67	2.09

牛长缨等，1999。UFA表示不饱和脂肪酸总含量；P/S表示不饱和脂肪酸与饱和脂肪酸的比值。

微量元素和维生素　蝇蛆除含有较多的钾、钠、镁、磷等常量元素外，还含有较丰富的微量元素如铁、铜、锌、锰、钴、铬、镍和硒等；所含维生素以B族维生素较丰富。

（2）加工利用

鲜蛆的利用　蝇蛆分离采收后可直接用于喂养家禽、观赏鸟类、牛蛙、蝎子、特种鱼、对虾、黄鳝、貂、蛤蚧等。用蝇蛆养蝎时因蝇蛆的胱氨酸含量高（高于黄粉虫2～3倍），可解决因胱氨酸不足导致蝎子不能正常脱皮的问题。在基础饲料相同的情况下，用10g/d的量喂饲产蛋鸡时产蛋率可提高10.10%，每1.4kg鲜蛆可增产1kg鸡蛋、可节约饲料0.44kg；喂饲雏鸡时1kg鲜蛆可使雏鸡增重0.75kg，喂养稚鳖时则大大高于用鸡蛋黄饲养时的增重效果（表3-13）。

表3-13　用蝇蛆粉作蛋白添加剂饲喂不同动物的效果

饲喂蛋鸡（姚福根等，1981）	饲喂猪（黄自占等，1984）	饲喂草鱼（马建品等，1986）
在其他条件相同的情况下，用10%的蛆粉喂饲蛋鸡，产蛋率比用10%的鱼粉喂养的提高20.3%饲料报酬率提高15.8%，每只鸡增益72.3%	基础日粮相同，每头猪日加喂100g蛆粉和100g鱼粉相比，小猪体重增加7.18%，每增重1.0kg成本下降26.4%，瘦肉蛋白质含量高5%	用25%蝇蛆粉制成颗粒料喂草鱼，比用20%秘鲁粉喂养的增重率高20.8%，蛋白质效率提高16.4%，每增重1kg成本降低0.29元

纯蝇蛆蛋白质粉　将分离得到的纯净蝇蛆经高温干燥、灭菌、粉碎加工而成的蛆粉含蛋白质约60%，在许多家养动物的饲料中添加纯蛆蛋白粉明显优于添加秘鲁鱼粉的饲养效果（表3-13）。

蝇蛆蛋白复合饲料　用鸡粪及农产品下脚料饲养的蝇蛆，可不分离直接将蛆和培养料一起烘干、灭菌、粉碎，加工成蝇蛆复合蛋白饲料。按5%～10%的量加入鸡饲料中或用于养猪、养鱼，既可降低饲料成本，饲养效果也很好。

蝇蛆的其他用途　精深加工后的蝇蛆蛋白可应用于食品、医药和化工等领域。蝇蛆也是提取几丁质的原料，几丁糖对某些细菌和真菌具有明显的抑菌活性，在医药卫生和植物保护方面有一定的开发潜力。家蝇能在各种病菌滋生的环境中健康生长，具有极强的免疫抗菌能力，用蝇蛆血淋巴复合物提取制备的蝇蛆活性营养粉具有明显的调节免疫、抗疲劳、抗辐射、护肝和延缓衰老作用。

3.3 资源型食用与饲用昆虫

资源型食用与饲用昆虫包括豆天蛾、蚱蝉、蝗虫等，由于蝗虫也是农业上的重要害虫，因此将其放在第11章介绍。

3.3.1 豆天蛾

豆天蛾 Clanis bilineata tsingtauica Mell，属鳞翅目 Lepidoptera 天蛾科 Sphingidae。国内除西藏尚未查明外均有分布，国外分布于朝鲜半岛、日本、印度。主要寄主有大豆、刺槐、藤萝及葛属、黎豆属等植物。豆天蛾在部分地区是大豆的主要害虫之一，对刺槐也有一定的危害。然而在我国江苏、淮北和山东等地，民间多有食豆天蛾的习俗，将其称其为"豆参"、"豆丹"。

3.3.1.1 形态特征与生物学习性

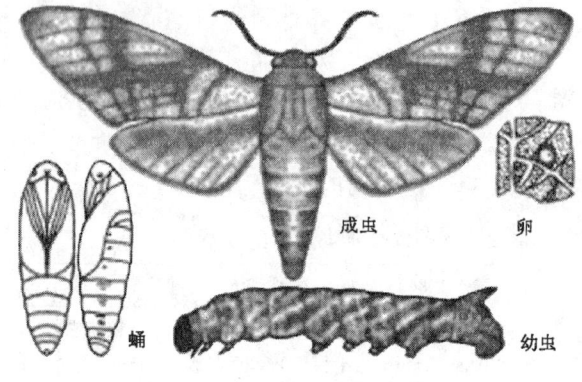

图 3-5 豆天蛾

形态特征（图 3-5）

成虫 翅展 100~120mm，体黄褐色。头及胸部有较细的暗褐色背线，腹部各节背面后缘有棕黑色横纹。前翅狭长、黄褐色，前缘近中央1较大的半圆形褐斑，中室横脉处1个淡白色小点，内横线及中横线不明显，外横线呈褐绿色波状纹，沿 R_3 的褐绿色纵带至近外缘呈扇形，顶角1条暗褐色斜纹将顶角分成2等分；后翅暗褐色，基部上方有赭色斑，臀角附近枯黄色。

幼虫 体圆筒形。每腹节有8个环纹，第1~7腹节两侧各1斜纹，前8节上有气门，腹足生于3~6节，第8腹节1尾角。1龄和5龄幼虫头呈圆形，5龄幼虫头宽比1龄约大9倍；2、3、4龄虫头呈三角形、头顶尖，头宽依次增大，4龄幼虫尾角稍弯。1~5龄幼虫体长分别为 1cm、1.4cm、2.2cm、3.6cm 和 6.8cm。

生物学习性

1年1代（河北、河南、山东、江苏、安徽）至2代（湖北武昌、江西南昌），即北纬32°以北为1代区，31°以南为2代区，均以老熟幼虫在土中8~12cm 深处作土室越冬。1代区越冬幼虫于翌年6月中旬化蛹，7月上旬为羽化盛期，7月中、下旬至8月上旬为成虫产卵盛期，7月下旬至8月下旬为幼虫发生盛期，9月上旬幼虫老熟入土越冬。2代区越冬幼虫于5月上旬化蛹和羽化，第1代幼虫发生于5月下旬至7月上旬，第2代幼虫发生于7月下旬至9月上旬，9月中旬后幼虫老熟入土越冬。幼虫共5龄，在山东各龄历期分别为5d、4.5d、5d、10d、14.5d，蛹期为10~15d。

成虫昼伏夜出、趋光性较弱，白天躲藏在茂密的高秆作物的中上部，夜间飞翔，飞翔能力很强、速度很快，迁移性大。夜间在栖息植物如刺槐、谷穗上交尾，交尾时间多在24h以上，交尾后约3h产卵，卵多单产于生长茂盛的豆田及其他寄主的顶部嫩叶的叶背，每虫雌产卵200~450粒。成虫寿命7~10d，雌蛾比例略低于雄蛾。

初孵幼虫喜吐丝悬挂，自然死亡率高。幼虫有避光及转移习性，4龄前多隐藏于叶背，5龄后转栖于枝茎上。一般夜间取食最甚，阴天则整日取食，5龄食量占一生的90%左右。在7、8月间雨水分布均匀且较多的年份，种群密度常较大；植株茂盛、地势低洼及土壤肥沃的淤地发生最多。

3.3.1.2 饲养技术

(1) 种虫采集与饲养管理

选择避风向阳、排水良好、面积适宜的田（地）块培育种虫，育种田四周围上纱网，于6月下旬在田中种植大豆。再从未施过农药的豆田中捕捉健康的2~3龄幼虫，按50~100头/m^{2}的密度放养到育种田，让其自然发育和入土越冬，或挑选人工饲养的5龄健壮幼虫放入育种田。10月割去大豆后不要翻耕。次年春在育种田密植大豆，6月下旬成虫羽化前在育种田设置网罩以免成虫逃逸。成虫产卵后，让其自然孵化，并让在育种田发育至2龄。

(2) 幼虫室内饲养管理

室内饲养便于规模化和高密度饲养，也有利于避免不良气候条件和天敌的影响。首先要规划一定面积的豆田作为饲料基地，一般667m^2（1亩）的大豆田的豆叶可供8 000头幼虫从2龄发育至5龄，大豆产量还可保持在100~150 kg/667m^2。饲养室可用通风良好的平房或大棚，室内搭设饲养架，架上放80cm×80cm的木箱作为饲养箱，箱口用纱网封罩。待育种田内幼虫发育至2龄时，摘下有虫的豆叶放入饲养箱，每箱饲养400头；然后每天采摘豆叶饲喂1~2次，当幼虫发育到4~5龄时食量激增，应勤喂料。9月中旬挑选肥大健壮5龄虫放入育种田作为种虫，9月下旬将老熟幼虫分4~5层埋入潮湿的沙土中、400~500头/m^2，供随时取出食用或销售。

也可于7月将1~2龄幼虫按10~15头/m^{2}直接放养至豆田，如天敌较多应适当提高放养密度，待老熟后采集并按上述方法贮藏。放养法每667m^{2}豆田大约可产50kg豆天蛾、损失大豆约12kg，但效益比单纯种大豆要增加1倍以上。

(3) 主要敌害与防治

豆天蛾的天敌很多，卵期的黑卵蜂和拟澳洲赤眼蜂等寄生蜂有8种，在安徽以油茶枯叶蛾黑卵蜂 *Aholcus lebedea* Chen et Tong 寄生率可达67.90%，在卵期应注意对育种田的防护。饲养幼虫时要注意防治豆天蛾核型多角体病毒病和细菌性病害，饲养室应清洁卫生，在使用前要彻底消毒，发现感病虫体后应马上清除并深埋或烧毁。

此外，不要采集有农药残留以及喷洒过苏云金杆菌等生物杀虫剂的豆叶或其他豆科植物叶片作为饲料。

3.3.1.3 营养价值及加工、利用技术

(1) 营养价值

蛋白质质量　豆天蛾幼虫鲜品含粗蛋白质15.41%、干品含65.50%。蛋白质含18种氨基酸，属于完全蛋白质；异亮氨酸、赖氨酸等8种人体必需氨基酸的比例适中，占氨基酸总量的47.23%，高于普通肉类、鱼类及植物性蛋白，且高于黄粉虫的44.75%（表3-14、表3-15）。

表3-14　豆天蛾主要营养成分含量（鲜重）

成分	水	粗灰分	粗蛋白	粗脂肪	膳食纤维	维生素B_1	维生素B_2	维生素B_{12}	维生素C	维生素E
含量	75.6	2.17	15.41	5.0	3.77	0.49	5.2	14.12	9.8	30.65

周立阳等（1998）。维生素含量单位为mg/kg；其余成分为%。

表3-15　几种昆虫蛋白质中必需氨基酸含量与其他食品蛋白质的比较　　mg/g

必需氨基酸	FAO	豆天蛾	蚱蝉	鲤鱼
异亮氨酸	40	61.6	75.5	44.4
亮氨酸	70	112.6	61.7	73.3
赖氨酸	55	64.6	51.2	76.3
蛋氨酸+胱氨酸	35	25.5	33.8	32.5
苯丙氨酸+酪氨酸	60	103.6	134.8	81.4
苏氨酸	40	42.0	33.8	43.1
色氨酸	10	11.3	16.9	11.6
缬氨酸	50	51.1	59.0	48.2
合计	360	472.3	466.3	453.7
EAA/TAA（%）		47.20	46.63	45.37

FAO表示联合国粮农组织提出必需氨基酸组成模式；EAA/TAA表示必需氨基酸/总氨基酸。

脂肪　豆天蛾幼虫鲜品含粗脂肪5%、干品含23.68%，不饱和脂肪酸占64.17%。其中，亚麻酸（$C_{18:3}$）的含量达36.53%（表3-16）。

此外豆天蛾幼虫热值为1920kJ/kg，矿物质含量也很丰富，以钙、磷、镁、铁等含量较高。在所含多种维生素中以维生素E的含量较高（表3-14）。

(2) 采收利用

豆天蛾目前主要依靠从野外采集，人工饲养尚处于起步阶段，加工利用技术还比较单一。一般在幼虫入土越冬后将越冬幼虫从土中挖出、洗净后用于烹饪。

表 3-16　豆天蛾幼虫与几种常见食物中脂肪酸含量比较（吴胜军等　2000）　　%

种类	粗脂肪	UFA	$C_{16:0}$	$C_{18:0}$	$C_{18:1}$	$C_{18:2}$	$C_{18:3}$	其他脂肪酸
豆天蛾幼虫	23.68	64.17	32.05	3.15	21.35	6.29	36.53	0.61
鸡蛋	38.65	60.80	26.40	8.00	41.70	14.20	0.10	7.40
牛奶	31.37	43.80	26.00	13.20	37.84	5.30	2.10	24.10
大豆	17.82	84.50	10.80	3.40	23.20	53.90	8.20	2.40

UFA 表示不饱和脂肪酸总含量。

江苏和安徽北部地区的食用方法是将幼虫体内的蛋白部分固化后取出，清洗干净之后，配以其他蔬菜、调料等加工，而在山东某些地区则将老熟幼虫烧烤食用。此外，利用复合风味蛋白酶对脱脂幼虫粉进行水解是豆天蛾产品深加工的一条途径。

3.3.2　蚱蝉

蚱蝉 *Cryptotympana atrata*（Fabricius），又称黑蚱，属同翅目 Homoptera 蝉科 Cicadidae。国内分布于西北、华北、华东、华中、华南及四川等地；国外分布于日本、印度尼西亚、马来西亚、菲律宾。为多食性昆虫，可取食杨、柳、榆、槐等 144 种林木和果树，喜食杨、柳、榆、悬铃木、红椿、苹果、桃、梨等。蝉蜕是一种传统的中药材，蝉的若虫和成虫则营养丰富、味道鲜美，具有较大的开发价值。

3.3.2.1　形态特征与生物学习性

形态特征（图 2-25）

成虫　雄虫体长 44~48mm、翅展 125mm，体黑色，有光泽，被金色绒毛。复眼淡赤褐色，头部中央及颊上方有红黄色斑纹。中胸背板宽大，中央有黄褐色"X"形隆起。前翅前缘淡黄褐色，亚前缘室黑色，前翅基部 1/3 黑色、具 1 淡黄褐色斑点。后翅基部 2/5 黑色，翅脉淡黄色及暗黑色。体腹面黑色，足淡黄褐色，胫节基部及端部黑色。腹部第 1、2 节有鸣器，音盖不及腹部之半。雌虫体长 38~44mm，无鸣器，有听器，音盖很不发达，产卵器显著。

卵　长椭圆形，稍弯曲，2.4mm×0.05mm，乳白色，有光泽。

若虫　末龄若虫体长约 35mm，黄褐色。前胸背板前部 2/3 处有 1 倒"M"形黑褐色纹；前足开掘足，翅芽发达。

生物学习性

4~5 年 1 代，以卵和若虫分别在树枝木质部和根际土壤中越冬。老熟若虫 6 月底 7 月初开始出土羽化，7 月中旬至 8 月中旬达盛期；成虫 7 月中旬开始产卵，8 月中、下旬为产卵盛期，9 月中、下旬为产卵末期。越冬卵于 6 月中、下旬开始孵化，7 月初结束，若虫孵化后即落地入土，发育至 11 月上旬开始越冬。

老熟若虫多于 21∶00~22∶00 出土爬至树干上羽化，羽化历时 93~147min；降雨多、土壤湿度大时羽化较多，大降雨量后常有一个羽化高峰。成虫羽化后在寄主枝干上补充营养后进行交配、可多次交配，而后即开始产卵；喜选择直径 0.41~0.85cm 的 1~2 年生枝条产卵，每雌虫产约卵 500~800 粒；产卵刻槽梭形，槽内约有卵 5~8 粒，每枝常有卵百余粒，产卵部位以上的枝梢很快枯萎。

成虫夜晚多群栖于大树上，8：00~11：00 成群向小树转移，18：00~20：00 又转至大树上栖息。白天如一蝉受惊飞离，其余大部也随之或全部也随之飞走。夜间受惊动后则趋光。雄成虫善鸣，从 6 月下旬到 10 月初都可以听到蝉的鸣声，夏季温度越高，蝉鸣越频繁，持续时间也较长。寿命约 45~60d。

若虫多在湿度较大的早晨或阴雨天孵化，孵化后吐丝下垂落地、钻入土中，以吸食根系养分为生；每年 6~9 月脱皮 1 次，共 4 龄。90% 以上的个体生活在约 20cm 深的土层中，1、2 龄若虫多居上层在须根或侧根上生活，3、4 龄若虫则附着在较大的根系上生活，以根系分叉处较多。若虫越冬、脱皮和取食都在一个四壁光滑、紧靠根系的椭圆形土室内。

3.3.2.2 饲养技术

蚱蝉的生长周期很长，人工养殖难度较大，食用蚱蝉的来源仍靠人工捕捉，人工辅助的林间饲养技术如下。

饲养场的建立 利用荒山、荒坡或平原栽植杨树或李、杏等，林地不能施用农药和化肥，要注意排水避免积水，可在树下覆草或施农家肥以促进表土层须根的生长。

采种及放养 于春末和夏初蚱蝉卵孵化前，采集有蝉产卵的枝条，每年都投放一定量的卵枝，将卵枝分散放（插）于养殖场树林靠近树干处，同时要注意保持释放地面的潮湿、以利于卵的孵化；5~6 年后，饲养场蚱蝉种群密度达到较高水平后，可不必再投放。

采收 6 月下旬开始，日平均温度达到 22℃ 以上时，老熟若虫开始出土，可在夜晚在树干周围的地面及树干基部采收，或挖开树干周围的土壤直接采收若虫。利用成虫在夜晚受惊后的趋光性，先点燃篝火、火把或汽灯，然后振动蚱蝉栖息的树木，让其飞扑光源后进行采集。采到的成、若可用浓盐水浸泡保存，也可冷冻贮藏，随时取用或销售。

3.3.2.3 营养价值及加工、利用技术

营养价值 蚱蝉含蛋白质约 72%，蛋白质中必需氨基酸组分齐全、含量高达 466.3mg/g，只略低于豆天蛾。但其必需氨基酸指数（EAAI）为 89.68，第 1、第 2 限制氨基酸（苏氨酸、蛋氨酸+胱氨酸）的含量均显著高于豆天蛾、黄粉虫等昆虫（表 3-15）。

加工利用 我国许多地区如云南、广东、福建、陕西、湖南等地，民间多有食蝉的习惯。食用方法一般是将成虫或若虫的头、足、翅和腹部去除，留下胸部供食用；除了最常见的烧烤、油炸外，还可煎、炒、烹、蒸、溜、氽、卤、爆、烩等烹制出风味各异的美味佳肴，如"红烧知了"、"溜知了"、"烤知了串"、"知了豆腐"、"知了三鲜汤"等等。蚱蝉体较大，胸部肌肉非常发达，肌纤维细嫩、鲜美，是作烹制和加工小食品的优质原料，蚱蝉食品具有良好的商品性状，

其熟食品的商品化生产具有良好的市场前景。

3.4 其他食用、饲用昆虫

还可食用和饲用的昆虫包括鳞翅目昆虫中的棉铃虫、大蜡螟等，直翅目的大蟋蟀（大头蟋蟀、土猴）、油葫芦、华北蝼蛄与非洲蝼蛄、蝈蝈等，螳螂目的中华大刀螳、广腹螳螂、薄池螳螂等，膜翅目的胡蜂等，鞘翅目的铜绿丽金龟、大黑金龟甲、暗黑金龟甲、桑天牛、桃红颈天、龙虱等的幼虫、蛹或成虫等，蜻蜓及危害竹笋的大竹象幼虫等。本节主要介绍下述几类。

3.4.1 虫蛹

可食用和饲用的虫蛹很多，常见如家蚕蛹、柞蚕蛹、蜂蛹（包括蜜蜂类、胡蜂类）、蝉蛹、黄粉虫蛹、豆天蛾蛹、松毛虫蛹等，鉴于其他虫蛹的利用已在其他章节有介绍，本节只论述柞蚕蛹的营养和利用方式。

蚕蛹主要包括家蚕蛹和柞蚕蛹。家蚕蛹食用历史悠久，已经进入传统的食谱，柞蚕蛹在辽东半岛、胶东半岛食用非常普遍。

（1）柞蚕蛹的营养成分

蛋白质　柞蚕蛹含有丰富的营养物质，其干物质中含有蛋白质52.14%，脂肪31.25%（见表3-17）。作为食用完全可以与肉、蛋、鱼相媲美（表3-18）。

表3-17　柞蚕蛹营养成分　　　　　　　　　　　　　　　%

水分	干物质			
	蛋白质	脂肪	碳水化合物	甲壳质
73~77	52.14	31.25	7.80	3.00

表3-18　柞蚕蛹与肉、蛋、鱼营养成分比较　　　　　　　%

种类	水分		蛋白质		脂肪		碳水化合物		其他	
	实数	指数	实数	指数	实数	指数	实数	指数	实数	指数
柞蚕蛹	75.10	100.00	12.98	100.00	7.78	100.00	1.94	100.00	2.19	100.00
鸡蛋	74.00	98.54	12.80	98.61	11.60	149.10	1.00	51.55	0.70	31.96
瘦猪肉	71.00	94.54	10.00	77.04	15.30	196.66	2.43	123.91	1.30	59.36
瘦牛肉	75.00	99.87	16.00	123.27	1.30	16.71	6.30	234.74	1.40	63.93
瘦羊肉	82.00	109.45	16.40	126.35	0.50	6.43	0.10	5.151	0.80	36.53
海参	83.00	110.52	14.90	114.79	0.90	11.57	0.40	20.62	0.80	36.53
鲤鱼	77.40	103.06	17.30	133.28	5.10	65.55	—	—	0.20	9.13

实数是每种食物中营养成分占总重的比例，指数是与柞蚕蛹组分的（100）比率。

柞蚕蛹中的蛋白质含量高于鸡蛋、猪肉，其蛋白质多为球蛋白和清蛋白，易于消化吸收，是理想的高蛋白营养食品；脂肪含量虽高于牛肉和羊肉，但大大低于鸡蛋和猪肉。柞蚕蛹蛋白质中含有18种氨基酸（表3-19），人体必需的赖氨

表 3-19　柞蚕蛹粉氨基酸含量　　mg/kg

名　称	含　量	名　称	含　量	名　称	含　量
天门冬氨酸	45.60	胱氨酸	10.60	苯丙氨酸	27.30
苏氨酸	23.40	缬氨酸	32.90	赖氨酸	27.70
丝氨酸	21.20	蛋氨酸	8.80	组氨酸	13.00
谷氨酸	56.50	异亮氨酸	30.90	精氨酸	30.40
甘安酸	19.20	亮氨酸	35.10	色氨酸	4.70
丙氨酸	23.10	酪氨酸	33.30	脯氨酸	21.20

酸、苏氨酸、亮氨酸、异亮氨酸、蛋氨酸、苯丙氨酸、色氨酸、缬氨酸等 8 种氨基酸含量高达 46%~50% 且均衡。

微量元素与维生素　柞蚕蛹还含有对组成人体内血红蛋白、参与体内氧与二氧化碳运送、构成血红色素有重要作用的许多微量元素铁、钾、钠等（表 3-20）。柞蚕蛹含有促进生长、增强对疾病的抵抗力、维持上皮组织正常发育、润滑皮肤的多种维生素（表 3-21）。因此，柞蚕蛹是天然鲜活类中的理想食品，也是昆虫种群中最佳的营养源之一。

表 3-20　柞蚕蛹微量元素含量　　%

项目	钾	钠	钙	镁	铁	锰	锌	硒	铜（μg/g）
蛹粉（巢）	1.1	0.032	0.095	0.33	0.009	8.8	145	0.14	16.5
蛹粉（鲜）	1.3	0.060	0.075	0.37	0.093	8.5	138	0.098	18.5

表 3-21　柞蚕蛹维生素含量　　mg/100g

项目	B_1	B_2	胡萝卜素	A（μg/g）	E
蛹粉（巢）	0.40	62.75	7.12	15.6	33.45
蛹粉（鲜）	1.05	63.92	3.28	7.5	53.42

（2）蚕蛹的加工与利用

食品　①柞蚕蛹可以加工成多种菜肴，其烹调方法除用煎、炒、烹、炸、溜等传统方法外，还可以通过精加工做成许多高级菜肴。如吉林市食品协会于 1984 年举办了以柞蚕蛹为原料的烹饪技术表演，制作的菜肴有"芙蓉蚕蛹"、"拔丝蚕宝"、"鸳鸯蚕宝"等 18 种形色各异、味香别具、适口不腻、很受欢迎的高档菜肴。②柞蚕蛹加工成的罐头食品和真空软包装火腿肠等，不破坏营养、风味独特、食用方便、保存期长。③以柞蚕蛹为原料制备的酱油比普通酱油营养高，味道好，酿造周期短，生产成本低。

复合氨基酸　柞蚕蛹可作为食品强化剂，添加于糕点、罐头、糖果、果酱、可乐、奶制品、调料等中。也可以制作冲剂、片剂服用，是补充老、弱、病、幼、孕和特殊作业人员所需氨基酸的优质营养素。

培养柞蚕虫草　柞蚕蛹还可培育与人参、鹿茸齐名的补品柞蚕蛹虫草，具有益肺补肾、疗虚生髓的功效。

生产人工 α-干扰素　干扰素是动物细胞被病毒刺激后产生的一种蛋白质，具有抗病毒、抗肿瘤和免疫调节作用。国内已利用基因工程技术高效率地生产出人工胰岛素、干扰素、兽用生长激素和乙型肝炎疫苗等生化药物。1984 年日本以家蚕 NPV 为载体，利用家蚕幼虫生产出了干扰素。以柞蚕生产干扰素，与家蚕相比柞蚕蛹有以蛹越冬、形体大、成本低、容易工厂化生产的特点。

制备水解蚕蛹蛋白　柞蚕蛹中含有人体必需的 8 种氨基酸，可经过水解得到水解蛋白。水解蛋白的含氮物中 50% 为氨基酸，是临床抢救及营养补助的注射剂，对内科严重感染、长期脱水、酸中毒、大面积烧伤、手术前后营养失调及晚期癌肿导致消瘦、血浆蛋白降低等患者，总有效率达到 93.25%，其中显效占 50.85%。

提取维生素 B_2　从柞蚕蛹中可提取的维生素 B_2 用于舌炎、结膜炎、脂溢性皮炎、阴囊炎等维生素 B_2 缺乏症的治疗，也可添加于饲料及饵料中提高其效果。

蛹酪素　从柞蚕蛹中提取酪蛋白获得的蛹酪素含粗蛋白 70%、粗脂肪 2% 以下、粗灰分 1.5%。蛹酪素主要作为工业用蛋白，可代替部分奶酪素用作粘胶剂，其粘合力可达 $20\sim22\text{kg/cm}^2$；还可用作纸浆的黏合剂、羊皮的着光剂、轧钢用的润滑剂及电镀液的保护剂等。

蛹油　柞蚕蛹的脂肪含量约为 27%、不饱和脂肪酸总量高达 82.22%，仅辽宁省即可产蛹油 3 000t。柞蚕蛹的脂肪酸含量分别为大白菜的 270 倍、鱼粉的 18 倍、牛乳的 6.8 倍、豆饼粉的 3.6 倍，牛肉的 2.6 倍、鸡蛋的 2 倍，因此有良好的应用前景。

3.4.2　大蜡螟

大蜡螟 *Galleria mellonella* Linnaeus 属于螟蛾科 Pyralidae，其幼虫又称巢虫、绵虫、隧道虫，毁害蜜蜂巢脾、伤害蜜蜂幼虫和蜂蛹，造成"白头蛹"。危害巢脾的还有小蜡螟 *Achroia grisella* Fabricius。

形态特征

翅展 20~40mm，头、胸红褐色，腹部暗褐色。前翅灰褐色，散布黑褐色鳞片、中央及外缘色淡，端部 4 条灰白色短线；后翅灰白色、暗褐色鳞片较多，翅顶处色较暗，基部及内缘色淡。

生物学习性

1 年 2~3 代，以幼虫越冬，来年春化蛹羽化，交配后雌蛾潜入蜂巢内在其内壁、缝隙产卵成块，每雌蛾产卵约 1 000 粒；幼虫 7 龄，孵出后取食巢脾，老熟后结白色茧，蛹期 20~28d，成虫寿命 7~14d，自第 1 代后世代重叠。

人工饲养

种源　可以从已经有饲养群体的单位如中国科学院动物研究所、中国农科院、山东农业大学环境生物研究所购买，也可以直接从蜂巢的巢脾中获得加以驯化。

幼虫的人工饲料 先将奶粉、麦麸、酵母干粉、豆粉各 1 份及玉米粉 0.6 份混均匀后,再加入甘油 0.6 份和蜂蜜 1 份拌匀;最后将加热熔化的 1 份蜂蜡倒入混匀,团成团状装入塑料袋内、扎紧,低温储藏备用。饲料原料也可以采用面条、旧巢脾、纯蜂蜜茧衣、纯蜂蜡。

人工饲养技术 人工饲养与在自然条件下的幼虫历期无差异,室内饲养的雌、雄成虫、蛹的发育历期均较短,自然发育的大蜡螟雌成虫产卵前期短,每雌虫产卵约 942 粒,室内饲养的每雌虫产卵约 747 粒(表 3-22)。

表 3-22 人工饲养条件下的发育历期及产卵量比较

历期	观察头数		平均		最高		最低	
	饲养	自然	饲养	自然	饲养	自然	饲养	自然
雌成虫	15	30	7.8	8.2	14	16	2	2
雄成虫	11	20	11	19.5	18	27	9	9
产卵前期	14	40	3.2	1.5	7	3	1	1
产卵期	15	—	4.1	—	10	—	1	—
幼虫期	25	120	35	34	45	47	50	15
蛹期	30	120	8	14.1	10	33	5	9
产卵粒数	15	30	747	942	1 354	1 852	39	377

如用罐头瓶饲养时,按饲料克数:体积(cm^3):接卵粒数为 1:2:4,在 300cm^3 体积的罐头瓶内,加入 100~150g 幼虫人工饲料,接入 500~600 粒产卵期一致的卵,置于 30℃、相对湿度 75% 的条件下饲养 30d,可获得 120~140 条重 0.101~0.150g、50 条重 0.150g 以上的幼虫。成虫产卵期,在罐头瓶中放入打折的纸条,成虫即产卵于打折处,但尚有部分卵产在瓶盖、瓶壁及瓶口逢处。用大容器大量饲养时,在成虫产卵期无需加入产卵折纸。

用途

大蜡螟易于人工规模化饲养,是重要的饲用、食用昆虫;也常作为昆虫病原线虫的资源调查、活体繁殖、线虫回收及其毒力测定,真菌、细菌及其他微生物研究中的试虫。重 0.101~0.150g 约 7 龄的幼虫,可用于测定线虫的侵入率,大于 0.151g 的幼虫可用于线虫活体繁殖和线虫回收,小于 0.101g 的幼虫可以用于饲料或食品。

3.4.3 大蟋蟀

大蟋蟀(大头蟋蟀、土猴)*Tarbinskiellus portentosus* (Liehtenstern) 分布于福建、江西、云南、广东、广西及台湾等地。食性杂,成、若虫取食松、杉、桉、橡胶树、木麻黄及多种农作物和果树幼苗,常咬断其茎,攀登小枝条咬食顶芽梢和种实,一头一晚能咬断拖走幼苗 10 多株。

形态特征

成虫体长 40~50mm(至翅端),暗褐色或棕褐色;头部较前胸宽,复眼间 1

"丫"字形浅沟，前胸背板1条中纵沟、其两侧各1个三角区，足胫节多刺，尾须长，雌虫产卵器较短。卵浅黄色，近圆筒形，稍弯曲，长约4.5mm。若虫外形与成虫相似，色较淡、渐加深，4龄时翅芽较为明显。

生物学习性

1年1代，以若虫在土洞中越冬，但冬季夜晚温暖时也出洞觅食。越冬若虫3月初活动，5~6月中旬成虫开始出现，7~10月产卵，8月下旬至翌年7月为若虫期，每年11月进入越冬期。

喜欢在疏松的土壤中挖洞栖居、洞口有松土一堆，除交配期及若虫刚孵化时外多独居，一洞1虫；白天静伏于洞内取食夜晚拖回的食物，傍晚后出外咬食植物幼嫩部分、并拖回洞内；每周出洞一次，以久雨初晴或闷热湿润的夜晚出洞最多，白天也见出洞。交配后雌虫产卵于洞底，卵20~50粒成一堆，卵期15~30d，初孵若虫取食贮备于洞中的食料，成长后渐出洞，另挖洞栖居、分散觅食。多发生于砂壤土、砂土，植被稀疏或裸露，阳光充足的休闲地，荒芜地；潮湿壤土或黏土则很少。

饵料诱集及利用

用炒过的麦麸、米糠、炒后捣碎的花生壳、或切碎的蔬菜残叶加水少许，拌和成豆渣状。傍晚将其在有松土的洞口附近，或直接放在苗圃的株行间诱集捕捉。大蟋蟀既可食用也可直接喂养家禽，洗净后去头、足、翅，蘸上面粉糊油炸，拌少量食糖即可食用。

3.5 虫源脂肪和蛋白的提取

多数食用和饲用昆虫在作为食物和饲料前，需要进行加工处理；对那些不能直接食用和饲用的昆虫，则可以作为提取虫源脂肪和蛋白质的原料。

3.5.1 原形昆虫食品的加工

原形昆虫食品能基本保存食用昆虫原有的形状，是最古老而最普遍的一种食用形式。许多昆虫，如蝗虫、蚱蜢、螳螂、白蚁、龙虱、蚕蛹、蜂蛹、蚂蚁等都能作为原形食品而食用，原形昆虫食品可进一步制成罐头、半干制品、冷冻制品等。其加工流程一般为，虫体→预检→清洗→配料→加工。

原形昆虫食品的食用方法多种多样，可以生吃，如日本就有生吃天牛幼虫的习俗；或如非洲人、日本人那样，在食用蝗虫、蜂蛹、二化螟幼虫、天牛幼虫、象鼻虫幼虫等时红烧或烧烤，日本人食用蝗虫时喜"佃煮"，即将收集的蝗虫置布袋中过夜、排尽粪便后，洗净入沸水中煮3~4min，冷却后除去肢、翅，按500g蝗虫加砂糖200g、酱油150g在平锅内烧煮、翻搅，待汁液熬干后起锅，密封保存2~3周、以待食用。

韩国郑继烈食用松毛虫时先将该幼虫在火上焙烤、去其毛，然后浸入水中1min、去其皮，剖开腹部取出消化道，将剩下的肉加盐或甜酱油，反复烧烤；其味道与虾和鸟肉一般鲜美。另一类常用方法是将蝗虫、蟋蟀、蜂蛹、蚕蛹、蚂蚁、白蚁、鞘翅目和鳞翅目幼虫等油炸后食用,如蝗虫可先去其内脏、晒 1d,在中等油温下炸至黄色,加调味品即成。

3.5.2 虫源蛋白的提取

3.5.2.1 昆虫蛋白质的提取

许多昆虫富含蛋白质,可提取后用于食品工业、发酵工业、皮革工业、橡胶工业等。

(1) 加速蛋白质溶解的方法

加盐法 不同溶液中的离子种类和浓度影响蛋白质的溶解度,中性盐的离子在 $0.5\sim1$ mol 的量级内能提高蛋白质的溶解度,此效应被称为"盐溶";但当中性盐的浓度大于 1mol 时,蛋白质的溶解度降低,可能导致蛋白质沉淀,这种效应称"盐析"。在浓度适宜的盐液中,离子与蛋白电荷能相互作用,同时降低相邻分子间相反电荷之间的静电相互作用。因而提取蛋白质时可加入部分 NaCl,有助于蛋白质的溶出。

加碱法 蛋白质的溶解性取决于 pH 值,大部分蛋白质,如鱼浓缩蛋白,乳清浓缩蛋白等,在碱性下溶解度大大提高,故在提取蛋白质时,也常适度碱化。

(2) 昆虫蛋白质的常规提取法

不同类别昆虫的预处理、提取、加工方法均有差异。提取鳞翅目幼虫蛋白质的工艺流程主要是杀灭→烘干→脱色→脱臭→洗涤→破碎→提取分离→烘干。若如在烘干后提取蝇蛆蛋白,其得率要比新鲜的低。直翅目昆虫预处理时需除去头和足,鞘翅目昆虫则需采用蒸汽或亚硫酸或几丁质酶软化其鞘翅。

虫体杀死后用 1% HCl 溶液浸渍 2h,以除去酸溶性物质和灰分;取沉淀物用 1% 亚硫酸(H_2SO_3)漂白 2h,经 $90\sim100$℃ 烘干磨成粉状;在 10℃ 的温水中浸 3h,弃去上清液,沉淀物经洗涤、过滤以除去几丁质、纤维素等杂质;再在滤液中加入 0.1% α-淀粉酶,pH 值调为 $6.5\sim7.0$,使其中的碳水化合物分解,澄清、沉淀后弃去上层含可溶性碳水化合物的溶液;将沉淀物再经过滤、浓缩、干燥,即可得含蛋白质 85%~90% 的制品,再用水洗反复过滤、干燥、可制得含蛋白质 95% 以上的制品。

(3) 蛋白质的分离方法

等电点法 蛋白质为两性化合物,在一定的 pH 值下,它的正电荷和负电荷相等,此时的 pH 值为蛋白质的等电点。在等电点时,蛋白质之间电荷相互排斥作用丧失,溶解度很小而凝聚沉淀。

盐析法 利用不同浓度的中性盐,可使不同组分的蛋白质分别析出。盐析主要是蛋白质的二级立体结构发生了改变,肽链并未被破坏,当除去引起变化的盐后,可使蛋白质的性状和功能恢复。

有机溶剂法 蛋白质可溶于水,主要是自由的水分子可以减弱蛋白质分子间的引力。当溶液中加入乙醇或丙醇等有机溶剂后,蛋白质和水分子间的胶体状态被破坏，从而发生沉淀。同时，溶液的介电常数降低，蛋白质的溶解度也相应降低。

透析法　利用半透膜的作用，使蛋白质和水分得以分离。

3.5.2.2　昆虫水解蛋白及氨基酸的制取

水解蛋白及氨基酸均有良好的水溶性，差别在于其水解度的不同；可用作治疗一些由于氨基酸缺乏引起的疾病的药品，也可以加工成保健食品、或食品的强化剂、或用于制造化妆品。桑蚕蛹的氨基酸提取已产业化，其方法一般都在提取蛋白后用酸法、碱法或酶法将其水解。

酸水解　采用强酸如 6mol/L 的盐酸或 4mol/L 的硫酸，在 105～110℃下水解 12～24h。酸水解速度快、彻底，几乎能完全水解，但引起消旋作用，使所得的氨基酸均为 L 型，也可使色氨酸全部破坏，含羟基的丝氨酸、酪氨酸及苏氨酸部分被破坏，生产中并会产生大量的废酸。

碱水解　常采用 20% 的 NaOH 或 $NaCO_3$，水解亦彻底。在水解过程中有一定的氧化或分子重排作用，因而对氨基酸的破坏作用也较大，如胱氨酸、半胱氨酸及甲硫氨酸在碱性下部分分解，色氨酸、酪氨酸及一些碱性氨基酸则被破坏较少；同时会形成大量的氨气，如精氨酸在碱性下水解后形成鸟氨酸及尿素，尿素可进一步分解为氨。

酶水解　常用枯草杆菌的中性和碱性蛋白酶，动物的胃蛋白酶、胰蛋白酶或糜蛋白酶，植物的木瓜蛋白酶、菠萝蛋白酶等进行水解，而工业生产上常用的是中性和碱性蛋白酶。酶水解作用温和，用量少，对水解产物不会有消旋作用，对氨基酸基本不产生破坏；由于酶的特异性很强，常需多种酶共同作用才能将一种蛋白质水解。酶水解需要的时间比酸或碱水解显著要延长、易发生腐败和变质。水解后得到的氨基酸，如要加工成混合的氨基酸产品，可进行脱色，然后喷雾干燥制成成品。如要制成单一的氨基酸，可采用离子交换树脂进行分离。

松毛虫幼虫蛋白质的提取　松毛虫蛋白质提取的基本工艺为：虫体干燥→制浆→溶剂抽提→离心分离→等电点沉淀（硫酸铵沉淀）→离心分离→含盐蛋白→透析（凝胶色谱分离）→较纯蛋白→干燥→产品蛋白。

在上述提取工艺中，溶剂提取环节可采用三种方式，即稀碱（氢氧化钠）液法、稀盐（氯化钠）液法和 Na_2HPO_4 - NaOH 缓冲液法（0.05mol/L 的 Na_2HPO_4，0.1mol/L 的 NaOH）。其中缓冲液的溶出率最高，稀碱溶液次之，稀盐溶液最低（表3-23）。

表3-23　3种抽提液对蛋白质的溶出率

	稀碱液提取	稀盐液提取	缓冲液提取
样品干重（g）	5.65	5.65	5.65
样品粗蛋白含量（%）	50.01	50.01	50.01
蛋白质溶出率（%）	50.27±2.00	37.53±0.50	60.36±1.25

采用稀碱液抽提时，原料粗细度、提取液 pH 值、温度对提取结果有显著影响，而料液比、抽提时间对提取结果无太大影响。即原料粗细度应在 40 目以上，沉淀 pH 值以 5.0、料液比以 1:20、抽提时间以 3h 为宜，温度应在不使蛋白变性的前提下尽可能提高。

用稀盐液抽提时，盐液浓度、原料粗细度、提取液 pH 值、提取液温度对提取结果有较大影响；料液比、抽提时间、沉淀温度和沉淀时间对提取结果无太大影响。即盐液浓度应选择 1%，原料粗细度应为 40 目；提取液的 pH 值和温度与蛋白产品的产量正相关，故以 pH=10 和 T=40℃ 为宜。

缓冲液法抽提时，原料粗细度、抽提时间、抽提液温度对提取结果有显较大影响；料液比等对提取结果无较大影响。因而原料粗细度应选择 40 目，温度选择 40℃，抽提时间以 3h、料液比以 1:20 为宜。

3.5.3 虫源脂肪的提取和加工

昆虫体内含有 10%~45% 的脂肪，脂肪中含多种脂肪酸，其中人体必需的油酸、亚油酸、亚麻酸等不饱和脂肪酸含量达 40%~70%。油酸具有降血压、防止动脉硬化等作用；亚油酸和亚麻酸更是人体不能合成的重要物质，是细胞膜的必要成分、合成前列腺素的前体，具有阻止血栓的形成、降低甘油三酯和胆固醇的功效，是心脑疾病的辅助治疗剂；同时亚麻酸还可防治糖尿病、延缓皮肤老化、降血脂、降血压、抗癌等功能。因此，虫源性脂肪酸在保健、医药、食品等领域有广泛的用途。

(1) 虫源性脂肪酸的测定和分析

虫源性脂肪的含量测定方法较多，如可使用二氧化碳萃取法、索氏提取法等。其脂肪酸成分的分析可采用高效液相色谱法、气相色谱法、色谱-质谱联用法、高效液相色谱-荧光检测法；如果对未知成分进行鉴定，则要进行质谱和核磁共振分析。

脂肪含量分析　经典的脂肪含量分析为索氏提取法，步骤为虫体→去杂→干燥→粉碎→加入索氏提取器→再提取器中加入溶剂（30~60℃ 石油醚或乙酸乙酯）→60℃ 恒温回流提取 12h 以上→挥溶→120℃ 干燥 2~4h→称重→计算提取率。数种昆虫的脂肪含量如表 3-24。

表 3-24　数种昆虫的脂肪含量

虫　名	虫体干粉（g）	提取的脂肪重（g）	脂肪含量（%）
草履蚧老熟若虫	47.349 8	21.319 0	45.02
油葫芦成虫	24.892 8	2.496 8	10.03
灰斑古毒蛾幼虫	29.457 6	3.948 4	13.40
烟夜蛾成虫	24.078 9	6.137 8	25.49
银纹夜蛾成虫	20.541 4	3.914 3	19.06
白薯天蛾成虫	16.535 5	3.455 1	20.90

李孟楼，2000 年。

成分测定法 每种昆虫脂肪酸的组分或相同组分的含量均有差别,个别脂肪酸的结构还未知,因此分析和研究虫源脂肪酸有一定的价值。如用日立663-30型气相色谱仪分析,其色谱条件即色谱柱为$2m \times 3mm$玻璃柱,内充6% DEGS/101白色担体。柱温195℃,汽化室温度250℃,检测器FID的温度为250℃。载气流速N为225mL/min,氢气为$1.4kgf/cm^2$,空气为$1.2kgf/cm^2$,定量方法为面积归一化法。用菜油为标定样的5种昆虫的脂肪酸成分如表3-25。

表3-25 5种昆虫的脂肪酸组成 %

组 分		油葫芦成虫	灰斑古毒蛾幼虫	烟夜蛾成虫	银纹夜蛾成虫	白薯天蛾成虫
未知	1	0.760 0	—	—	—	—
月桂酸	$C_{12:0}$	0.535 0	—	—	—	0.060 0
豆蔻酸	$C_{14:0}$	0.390 0	0.234 0	0.231 0	0.206 0	0.316 0
未知	2	—	0.252 0	—	—	—
棕榈酸	$C_{16:0}$	10.177 0	17.730 0	18.283 0	37.814 0	38.825 0
棕榈油酸	$C_{16:1}$	3.114 0	2.788 0	9.222 0	1.890 0	1.420 0
未知	3	0.285 0	0.263 0	—	—	—
硬脂酸	$C_{18:0}$	2.628 0	5.979 0	1.174 0	2.943 0	3.086 0
油酸	$C_{18:1}$	29.581 0	28.472 0	45.019 0	42.671 0	43.095 0
亚油酸	$C_{18:2}$	37.816 0	6.700 0	18.195 0	3.465 0	2.199 0
亚麻酸	$C_{18:3}$	10.115 0	32.732 0	7.872 0	11.007 0	10.877 0
未知	4	—	0.172 0	—	—	—
未知	5	0.317 0	—	—	—	—
未知	6	4.276 0	—	—	—	—
未知	7	—	—	—	—	0.119 0
未知	8	—	4.672 0	—	—	—

李孟楼,2000年。

(2) 虫源脂肪酸(油)的生产

大批量进入产业化生产的只有蚕蛹油。蚕蛹油浸出法的生产工艺流程为蚕蛹→烘干→溶剂抽提→蛹粕、油及溶剂的混合物→混合物挥溶→粗蛹油→精制→成品蛹油;压榨法生产可采用生榨法,即鲜蚕蛹→去杂→螺旋压榨机压榨→40~50℃下静置沉淀→去掉沉淀→过滤→生榨油→处理→成品油,热榨时用干燥蚕蛹→水煮1h或粉碎后蒸煮1h→压榨→粗制油→处理→成品油。

蛹油经水分解可制成脂肪酸及甘油。蛹油脂肪酸的利用比较广泛:①制取亚油酸,是生产治疗肝炎及高血脂症药物"肝脉乐"胶丸的原料,也是"脉通"、"益寿宁"的主要成分;②可制造广泛用于塑料、薄膜、电缆料、皮革等加工中的环氧化蛹油酯,并可进一步合成尼龙;③经处理的蛹油作为缫丝的解舒剂,不但渗透力强,增加抽丝量,而且生产的蚕丝弹性、柔软性、光泽均好;④以蛹油制作的肥皂用于柞绸精练,其效果比普通肥皂好;⑤蛹油在液体中发酵后可用作为消泡剂;⑥蛹油可制成高级润滑油和擦枪油;⑦蛹油可做皮鞋油、靴墨的添加剂;⑧以处理的蛹油为原料生产的化妆品能使皮肤的新陈代谢旺盛,皮肤柔软,防紫外线照射。

3.5.4　几丁质的提取

几丁质（Chitin）又叫甲壳素，产自包括昆虫在内的节肢动物，其蕴藏量仅次于纤维素。自然界每年生物合成的甲壳素达 100×10^8 t，是亟待开发利用的天然资源。壳聚糖（Chitosan）是几丁质的脱乙酰基产物，具有许多特殊的生物活性。几丁质及壳聚糖的应用范围包括从纺织、造纸、食品环保、医药、农业、林业、轻工业、生物工程等领域，如以几丁质制成的缝合线在人体内很容易被吸收。几丁质、壳聚糖的生产原料主要来自于虾蟹壳，但虾蟹壳中几丁质含量少，约为6%~14%，且灰分含量高，提取成本高。

昆虫是富含几丁质的生物之一，其含量达6%~47%，高于虾、蟹壳（表3-26）；如金龟科、天牛科等干虫体几丁质的含量多在20%以上，部分昆虫的体壁如蝉蜕则高达47%。另外，昆虫是世界上种类最多的生物类群，已知的种类超过100多万种，其总生物量超过了地球上所有动物总生物量之和，因而利用虫源几丁质资源有得天独厚的优势。

表3-26　部分常见昆虫种类甲壳素含量　　　　　　　%

昆虫种类	含量
黑蚱蝉蜕 Cryptotympana atrata（Fabricius）	47.1
黑蚱蝉 Cryptotympana atrata（Fabricius）	8.0
独角仙体壁 Allomyrina dichotoma（Linnaeus）	44.4
独角仙 Allomyrina dichotoma（Linnaeus）	20.0
白星花金龟体壁 Potosia（Liocola）brevitarsis Lewis	35.5
白星花金龟 Potosia（Liocola）brevitarsis Lewis	23.3
臭蜣螂 Copris ochus（Motschulsky）	28.7
云斑天牛 Batocera horsfieldi（Hope）	21.7
光肩星天牛 Anoplophora glabripennis（Motschulsky）	21.6
臭椿沟眶象 Eucryptorrhynchus brandti（Harold）	20.7
金星步甲 Calosoma chinense Kirby	19.7
小青花金龟 Oxycetonia jucunda（Faldermann）	18.0
水龟虫 Hydrous acuminatus Motschulsky	17.1
棕色鳃金龟 Holotrichia titanis Reitter	15.2
铜绿丽金龟 Anomala corpulenta Motschulsky	14.8
蚱蜢 Acrida cinerea Thunberg	14.4
黄粉虫 Tenebrio molitor Linnaeus	13.5
麻皮蝽 Erthesina fullo（Thunberg）	12.1
奇缘蝽 Derepteryx sp.	11.9
油葫芦 Gryllus testaceus Walker	10.8
榆黄叶甲 Pyrrhalta maculicollis（Motschulsky）	10.4
黄胸木蜂 Xylocopa appendiculata Smith	9.6
胡蜂 Vespa mandarinia Smith	9.5

(续)

昆 虫 种 类	含量
东亚飞蝗 *Locusta migratoria manilensis*（Meyen）	8.7
大红蛱蝶 *Vanessa indica*（Herbst）	7.9
家蝇 *Musca domestica* Linnaeus	7.2
家蝇幼虫体壳 *Musca domestica* Linnaeus	11.0
霜天蛾 *Psilogramma menephron*（Cramer）	6.8
类柯虻 *Tabanus subcordiger* Liu	6.7
东方巨齿蛉 *Acanthacorydalis orientalis*（McLachlan）	6.6
菜粉蝶 *Pieris rapae*（Linnaeus）	6.3

表格中的各昆虫试样，除注明的以外，均为干成虫体。

从昆虫体壁提取几丁质的方法：虫体样品经除去蛋白质、脂类、矿物质后可以获得几丁质，几丁质在高温下与浓碱反应脱去乙酰基则成为能溶解于稀酸的壳聚糖。其提取步骤如下：①在室温条件下，用3% HCl 浸泡24h 脱矿物质。②用10% NaOH，在90～100℃加热5h 脱去蛋白质，制得几丁质。③用3% $KMnO_4$ 浸泡30min→洗净→2% 草酸70℃浸泡5min→洗净，得脱色几丁质。④用40% NaOH，130℃处理3h，脱去乙酰基即得到壳聚糖成品。用上述方法提取的虫源几丁质在色泽、质量等方面均好于虾蟹壳源的商品几丁质。

复习思考题

1. 简述食用和饲用昆虫的营养价值。
2. 怎样养殖黄粉虫？
3. 试述蝇蛆的饲养技术。
4. 如何饲养豆天蛾？
5. 简述虫源蛋白质的提取技术。
6. 如何测定虫体的脂肪酸含量？
7. 试述几丁质的提取方法。

本章推荐阅读书目

食用昆虫养殖与利用．文礼章编著．中国农业出版社，2001
经济昆虫养殖与开发利用大全．魏永平主编．中国农业出版社，2001
中国食用昆虫．陈晓鸣等主编．中国科学技术出版社，1999
功能性食品（第二卷）．郑建仙主编．中国轻工业出版社，1999
食品营养学．刘志皋主编．中国轻工业出版社，1993

第 4 章 鉴赏昆虫

【本章提要】 本章主要介绍具有鉴赏价值的昆虫。首先介绍昆虫的鉴赏价值，其次介绍鉴赏昆虫的类群，最后介绍鉴赏昆虫的工艺品加工。在观赏资源昆虫类群中主要介绍蝴蝶、甲虫、发光类观赏昆虫；在嬉戏资源昆虫类群中主要介绍斗蟋、锹甲等；在鸣虫类资源昆虫类群中主要介绍蟋蟀、蝈蝈等；在介绍每一主要种类时不仅介绍了其形态、生物学特性，还介绍了其利用情况和饲养方法。

鉴赏昆虫即观赏及娱乐资源昆虫，即能以其鲜艳、美丽的色彩花纹，优美的舞姿，奇特的体态或行为，鸣声动听，好斗成性或发出闪烁荧光，而成为人们欣赏娱乐对象的昆虫的统称。如各种彩蝶、大蚕蛾、多种甲虫、蝉、螽斯、纺织娘、锐声鸣螽、蟋蟀、蜻蜓、萤火虫等。这些昆虫有的成为商品，如全世界蝴蝶的年贸易额达1亿多美元，装于小竹笼中待售的纺织娘、蝈蝈等常见于城镇街头和花鸟市场，斗蟋蟀中的优良个体价格惊人。

4.1 昆虫的鉴赏价值

4.1.1 昆虫的观赏价值

昆虫是大自然的重要组成部分，花间彩蝶飞舞，树上蝉儿高唱，夏夜萤光与群星争辉，这生机盎然的自然景观，给人们的生活增添了不少情趣。在现实生活中，形形色色的观赏性昆虫，不仅给人以娱乐，也给文学、绘画、工艺美术以及民间艺人制作玩物提供了丰富的题材，许多色彩绚丽的昆虫还可用于制成各种各样的艺术品。观赏及娱乐昆虫跻身于花鸟鱼虫行列，丰富了人们的精神生活。

(1) 丰富科学与文化生活

文化题材 蝴蝶被誉为"会飞的花朵"、"大自然的舞姬"，自古即被世人视作美好的象征。不少种类以其绚丽的色彩、婀娜的舞姿成为具观赏价值的世界名贵种，一些种类为历代文人墨客在诗歌、戏曲、画卷中赞美与吟颂。早在盛唐时期，蝴蝶成为一些文人墨客咏诗作画的好题材；如除绪论中所述外，公元885年明代苏鹗在《杜阳杂编》中记载"穆宗皇帝殿前种千叶牡丹，花始开，香气袭人……有黄白蛱蝶数万，飞集于花上……上令张网于室中，遂得百千殿内，纵嫔妃逐以取乐。"等，都是古代观赏蝴蝶的实例。

科普教育 众多的昆虫博物馆、蝴蝶园,不仅使人们感受到观赏昆虫的美,而且通过大量生动的展示、解说,使人们进一步了解到昆虫的生活史及其奇特的生物学特性,从而增进人们热爱大自然、保护生物多样性、保护环境的意识。如原南京科教蝴蝶博物馆除常年向游人开放外,还以馆为基地组织蝴蝶夏令营、开办优秀蝶翅画等各种活动,成为南京地区中、小学科普教育的活动中心之一。

科学研究 众多的昆虫爱好者及科学工作者在采集、饲养、调查研究各种观赏昆虫过程中,丰富了对这些观赏昆虫在我国的分类、区系、生物生态学、生理生化等的研究成果。如蝶蛾双翅鲜艳美丽、变幻无穷的色彩花纹,为"色彩学"研究提供了不可多得的样本;又如斑蝶等以弱小的体躯却能完成数百乃至数千公里长途迁徙,蝶蛾成虫间通讯及定向飞行本领等,所有这些均是以昆虫为对象的"仿生学"研究的题材。

(2) 经济价值

工艺美术题材与装饰 蝴蝶图案在工艺美术作品中到处可见。如唐代的铜镜,元朝雕漆果盆,明、清两代的织锦缎、刺绣、印染、花边、服饰、陶品、玉器、景泰蓝等等。古代亦有女子以真蝴蝶为饰物,如《北户录》中载"岭表有鹤子草,蔓上春生双虫,食叶,收入粉奁以叶饲之,老则蜕而为蝶,赤黄色,女子好佩之,令人媚悦,号为媚蝶"。再如北京故宫博物馆珍藏的宋代李安忠所作的《睦春蝶戏》图中所绘的十多只彩蝶,色彩鲜艳,风姿秀丽,栩栩如生,其大小比例、形态特征以及色彩斑纹等大都酷似实物;虽已时隔千年,仍然能辨明属于南宋产于国都临安(今杭州)附近的蝶种,个别种类还可明显无误地识别其雌雄。在历代艺术作品中以蝶为题材的还很多,唐代民间就有如蝴蝶发夹、玉佩、蝶纹铜镜等简单的蝴蝶形状饰物,丝织衣服上也有蝴蝶图案;在明、清两代,蝶和花构成的图案代表吉祥,蝶和花卉配合使画面生动而自然,成对的蝶代表爱情的象征,在现代织物、刺绣、邮票以及工艺品中能看到蝶的图案就更多了,利用美丽多姿的蝶翅拼贴成的蝶翅画艺术价值很高。近几十年台湾利用蝶类资源制作蝴蝶艺术品,如装饰板、镜框、有机玻璃封埋品、蝶翅剪贴画等;其中仿照名画《百骏图》制作的蝴蝶画,价值达 16 700 美元。螽斯和蟋蟀也经常出现在艺术作品中,公元前 1300~800 年的商朝和西周就有了玉制的蟋蟀和其他昆虫工艺品,近代的绘画大师们似乎也对它们特别宠爱,经常为之泼墨借以抒发情怀。在香港,人们将用象牙雕刻而成的"白菜蝈蝈"视作好运与兴旺发达的象征。

收藏与鉴赏 蝴蝶色彩、斑纹美丽,体姿特殊的甲虫和蛾类,以及稀有昆虫的工艺品和标本极具收藏和鉴赏价值。除将采集、人工饲养等获得的观赏昆虫加工成各种精美的标本及工艺品可创造出更高的经济价值外,还可以各类鉴赏昆虫作为创作工艺美术的题材。

(3) 嬉戏与业余消遣

观光旅游 昆虫历来是供业余生活消遣和娱乐的动物之一,近些年来国内外许多旅游胜地建设了各种以展示观赏昆虫为主的昆虫博物馆、蝴蝶园等,这些场馆都成为各地的观光热点，有效地提升了旅游地的文化价值，成为当地重要的旅游观光热点之一。如加拿大蒙特利尔的昆虫生态馆、尼亚加拉公园的尼亚加拉温室蝴蝶园、马来西亚槟城的槟城蝴蝶园、香港海洋公园的蝴蝶屋、上海浦东的大自然野生昆虫馆、海南三亚的亚龙湾蝴蝶园、西北农林科技大学的昆虫博物馆等。

虫鸣欣赏 夏秋季节，万花竞放、百虫低唱、虫花相映，将自然界编织成一幅美丽的风景画，夜阑人静听虫鸣则秋意快然如怀，听蟋蟀在旷野鸣叫，有一种不可名状的陶然之乐。将蟋蟀和螽蜥等作为宠物饲养、听其鸣叫始于唐代，如公元756年王仁裕在《开元天宝遗事》中记载有"宫中秋兴，妃妾辈皆以小金笼贮蟋蟀，置于枕畔，听其声，于是民间亦相效之"。

斗蟋文化 蟋蟀在世界上分布极其广泛，种类多达2 000余种。在人们发现蟋蟀好斗的习性之后，斗蟋蟀活动逐渐开展起来，已发展成为一种特殊的文化现象，并成为了我国特有的民俗之一，也是最具东方色彩的中国古文化遗产的一部分。由于统治者亦玩赏斗蟋，饲养蝈蝈和蟋蟀也就逐渐在民间盛行，并出现了这方面的许多著作。公元916~1279年出现了有关蝈蝈和蟋蟀饲养的专门知识，刘侗在《促织志》中对种类鉴定、食饵选择、生活习性、逗玩方法、伤病治疗等都进行了详尽的记述。由于我们的祖先对这貌不惊人的小虫倾注了极大的热情，在斗蟋蟀饲养和嬉戏的实践中，积累了许多宝贵的经验，使得饲养方法有着深奥微妙的内在机理和极为丰富文化的内涵。现在我国仍拥有众多的鸣虫和斗蟋蟀爱好者，并出现了蝈蝈、蟋蟀交易市场，许多地方还成立了蟋蟀协会，举办了数次蟋蟀大赛，"中国蟋蟀学"因而具有了科学性、艺术性和趣味性。

"物竞天择，适者生存"。随着时间的流逝，很多旧有的民风民俗、缺乏内涵和吸引力的游戏娱乐，随着历史的发展和人们兴趣的转变消失得无影无踪。而斗蟋蟀活动在我国历经千年而不衰，已成为我国民族文化的组成部分，其原因或许是小小的蟋蟀格斗起来的激烈场面饶有趣味。虽为微物但拚搏中进退有据、攻守有致、忽而昂首向前、忽而退后变攻为守，胜者昂首长鸣、败者落荒而逃，那种吃得起创伤、忍得住伤痛、顽强拚搏、直到战死疆场的可歌可泣的精神，以及胜利者发出的"瞿、瞿……"的凯旋之声所具有的独特魅力；到自然中去亲自捕捉蟋蟀，能够沐浴和风煦日、活动筋骨，领略捉到几条好虫的守猎丰收的喜悦，虫友相聚、论养虫之道及选蟋蟀秘诀或言格斗趣闻等，均增加了人们业余生活上的精神享受，这就是饲养蟋蟀在我国长兴不衰的根本原因。

赏萤 萤火虫的雄萤在寻觅伴侣时发出的光是一种冷光，不放出太多的热量，也不产生磁场，种类不同，光色不同。在静谧的夏夜里，常可见到星星点点或浅蓝、或橘红、或瓷黄或玉白，平和而柔美的萤光。唐代诗人杜牧的美丽诗句"银烛秋光冷画屏，轻罗小扇扑流萤"将一幅由可爱的萤火虫装点的夜景跃然纸上。

我国最早即注意到了萤火虫的观赏价值，历代诗人、文学家赞颂的诗章即可为证。隋炀帝游山时用斛装集萤虫，在酒酣兴浓时开笼放萤，霎时光照山谷，似万盏灯光久久不熄。近些年来，日本一些宾馆、舞厅等娱乐场所，集萤虫于特制的玻璃瓶中，当娱乐达到高潮时，突然断灯、释放萤虫，萤光闪闪，似流线舞动，景象别致。也有在超薄瓷瓶中盛水及萤火虫幼虫，幼虫在水中游动、忽明忽暗，更显高雅。墨西哥的青年妇女常用小丝袋盛萤并系于头发或衣服上，成为绝妙的天然饰物。有的国家则别出心裁，将萤火虫聚集的地方辟为旅游区，观其夜晚景色，令游人陶醉不已。

4.1.2 观赏昆虫的开发与生物多样性保护

我国台湾的蝴蝶产业所创造的巨额经济价值，是以长期滥捕、洗劫破坏蝶类的生境资源为代价的；我国大陆也有许多特产种类资源，如开发不当也将枯竭。如台湾的宽尾凤蝶只藏有 5 雄 1 雌标本，而该种在大陆闽浙山区为常见种；我国的常见种端红粉蝶在瑞典被视为珍稀种，大紫蛱蝶则被日本列为国家保护种，金斑喙凤蝶 *Teinopalpus aureus* Mell 在国外销价可达 2 万美元。因此，正确处理保护与利用珍贵资源的关系，才能既促进经济的发展，又能使资源不致枯竭或灭绝；其中有效保护观赏资源昆虫繁殖地生态系统及其生物多样性，则是资源持续利用的前提。

我国的蝶类及其他资源昆虫的开发和利用在总体上尚属起步阶段，应贯彻国家生物多样性保护的行动战略和行动计划，严格遵守国家的法规，利用先进的保护生物多样性的科学原理、方法和经验，研究我国的资源昆虫的多样性，采用合理的方式和速度加以利用；在利用时应有全面的规划并因地制宜，使对资源的保护与利用形成良性循环，必须防止急功近利、竭泽而渔的短期开发行为，坚持开发与保护并举的原则，才不致重蹈台湾等地的覆辙、造成资源的枯竭。

建设保护地 选择适当的保护地，栽种花草、树木，禁止使用农药，室内外饲养、展览蝴蝶及其他观赏昆虫，既保护了珍贵、濒危蝶类及昆虫，又招徕游客、普及了有关科学知识、促进了旅游事业的进一步发展。如自 1974 年起，南太平洋岛国巴布亚新几内亚在国际自然及自然资源保护联盟（IUCN）等专家的指导和帮助下，开辟了多处"蝴蝶牧场"（Butterfly farm），使两种鸟翼蝶 *Ornithoptera priamus* Linnaeus 和 *Troides oblongomaculatus* Goeze 数量激增，原来被该国禁止捕捉、贩售的 7 种濒临绝种的鸟翼蝶数量也得以增多，也使农民年平均收入自 50 美元增至 1 200 美元。不少国家或地区已开辟了"蝴蝶公园"、"蝴蝶花廊"、"赏蝶步道"等，这是值得提倡的发展方向。

濒危种类的保护 由于滥伐乱垦、大农业化、都市化、环境污染以及人们的肆意采集、捕捉和不正当的贸易，地球上包括昆虫在内的野生物种、特别是那些稀少而珍奇种类的枯竭、濒临灭绝现象日趋严重，更多的昆虫种群正在衰落，保护物种资源及那些濒危的昆虫种类已成为当今人类的重大任务之一。世界上已有不少国家对本国稀有的昆虫种类，尤其是对富有观赏价值的濒危昆虫等专门立法进行保护。我国政府历来重视野生动物的保护。1988 年 11 月 8 日中华人民共和国第七届全国人民代表大会常务委员会第四次会议通过并公布了《中华人民共和国野生动物保护法》，1989年12月林业部、农业部公布了《国家重点保护野生动物名录》；国家林业局参照国际自然与自然资源保护联盟（IUCN）《世界濒危蝴蝶》的红皮书，于2002年8月发布了《国家保护的有益的或者有重要经济、科学研究价值的野生动物名录（昆虫纲：鳞翅目）》。在我国1988年公布的国家重点保护野生动物中，昆虫有15种，其中受国家一级保护的3种，二级保护的12种；1997年及2002年调整后的野生动物保护名录中，新增昆虫8种22属，见表4-1。

表4-1 国家重点保护野生动物（昆虫纲部分）名录

名 称	等级	名 称	等级
双尾目 Diplura		虎凤蝶属 *Luehdorfia* spp.	R I
铗科 Japygidae		中华虎凤蝶 *L. chinensis huashanensis* Lee	
伟铗 *Atlasjapyx atlas* Chou et Huang	II		K II
蜻蜓目 Odonata		台湾凤蝶 *Papilio taiwanus* Rothschild	I
箭蜓科 Gomphidae		红斑美凤蝶 *Papilio rumanzovius* Eschscholtz	I
尖曦箭蜓 *Heliogomphus retroflexus* (Ris)	II	旖凤蝶 *Iphiclides podalirius* (Linnaeus)	I
宽纹北箭蜓 *Ophiogomphus spinicorne* Selys	II	曙凤蝶属 *Atrophaneura* spp.	II
缺翅目 Zoraptera		宽尾凤蝶属 *Agehana* spp.	II
缺翅虫科 Zorotypidae		燕凤蝶属 *Lamproptera* spp.	II
中华缺翅虫 *Zorotypus sinensis* Huang	II	燕凤蝶 *L. curia* (Fabricius)	II
黑脱缺翅虫 *Z. medoensis* Huang	II	绿常燕凤蝶 *L. meges* (Zinkin-Sommer)	II
蛩蠊目 Grylloblattodea		粉蝶科 Pieridae	
蛩蠊科 Grylloblattidae		眉粉蝶属 *Zegris* spp.	II
中华蛩蠊 *Galloisiana sinensis* Wang	I	蛱蝶科 Nymphalidae	
鞘翅目 Coleopera		黑紫蛱蝶 *Sasakia funebris* (Leech)	II
步甲科 Carabidae		最美紫蛱蝶 *S. pulcherrima* Chou et Li	I
艳步甲属 *Carabus* spp.	II	枯叶蛱蝶 *Kallima inachus* Doubleday	I
艳步甲 *Carabus lafossei* Feisth	II	眼蝶科 Satyridae	
硕步甲 *C. davidi* Deyrolle et Fairmaire	II	岳眼蝶属 *Orinoma* spp.	II
长臂金龟科 Euchiridae		豹眼蝶 *Nosea hainanensis* Koiwaya	II
彩臂金龟属 *Chierotonus* spp.	II	黑眼蝶 *Ethope henrici* (Holland)	II
犀金龟科 Dynastidae		环蝶科 Amathusiidae	
叉犀金龟属 *Allomyrina* spp.	II	箭环蝶属 *Stichophthalma* spp.	II
叉犀金龟 *Allomyrina davidis* (Deyrolle et Fairmaire)	II	森下交脉环蝶 *Amathuxidia morishitai* Chou et Gu	II
鳞翅目 Lepidopetera		灰蝶科 Lycaenidae	
凤蝶科 Papilionidae		陕灰蝶属 *Shaanxiana* spp.	II
喙凤蝶属 *Teinopalpus* spp.	R I	虎灰蝶 *Yamamotozephyrus kwangtungensis* (Förster)	II
金斑喙凤蝶 *Teinopalpus aureus* Mell	K I		
锤尾凤蝶 *Losaria coon* (Fabricius)	I	绢蝶科 Parnassidae（所有种）	II
尾凤蝶属 *Bhutanitis* spp.	R II	绢蝶属 *Parnassius* spp.	II
双尾褐凤蝶 *B. mansfieldi* (Riley)	II	阿波罗绢蝶 *Parnassius apollo* (Linnaeus)	R II
三尾褐凤蝶 *B. thaidina* (Blanchard)	II	弄蝶科 Hesperiidae	
三尾褐凤蝶东川亚种 *B. thaidina dongchuanensis* Lee	R II	大伞弄蝶 *Bibasis miracula* Evans	II
		同翅目 Homoptera	
双尾褐凤蝶 *B. mansfieldi* (Riley)	R II	碧蝉属 *Hea* spp.	II

(续)

名　称	等级	名　称	等级
彩蝉属 *Gallogaena* spp.	II	螳螂目 Mantodea	
琥珀蝉属 *Ambrogaena* spp.	II	怪足螳科 Amorphoscelidae	
硫磺蝉属 *Sulphogaena* spp.	II	怪螳属 *Amorphoscelis* spp.	II
拟红眼蝉属 *Paratalainga* spp.	II	竹节虫目 Phasmatodea	
笃蝉属 *Tosena* spp.	II	叶䗛科 Phylliidae	
		叶䗛属 *Phyllium* spp.	II

I、II 为保护等级。R 微微种群个体数量甚少。K 为险情不详。

适度开发和利用　自古以来人们以观赏蝴蝶、蟋蟀、蝈蝈等昆虫作为娱乐对象，但对其进行的研究并不多，能够形成产业的很少，像蝴蝶的采集加工虽曾经达到相当大的规模，如今已逐渐衰微。因此必须对观赏昆虫的开发利用方式进行研究，尽可能使利用与对资源破坏相对少的旅游业结合起来，如加工艺术品，务必力求精致、减少资源浪费；虫源艺术品的加工也要多样化，如可将某些光彩夺目的叩头虫、瓢虫等甲虫及竹节虫等加工成装饰品。在开发利用中务必要遵纪守法，致力于野生物种、特别是濒危物种的保护，维护生物多样性和生态平衡，讲求可持续利用。

4.2　观赏资源昆虫

国内外已开发利用的观赏资源昆虫包括鳞翅目中的蝶类、蛾类，鞘翅目中那些体形奇特、或色彩鲜艳、或珍稀的种类，同翅目中蜡蝉总科、蝉科中的一些种类，及竹节虫目、螳螂目、蜻蜓目、广翅目、半翅目中的奇特种类。

4.2.1　观赏蝴蝶

全世界已知蝶类分为 4 总科 17 科约 17 000 种；中国分布 12 科 1 317 种，绡蝶科、闪蝶科、袖蝶科、大弄蝶科、缰弄蝶科在我国暂无分布记载。

蝴蝶产业在国际市场上也已形成了独特商品，全世界年成交额约 1 亿美元。如素有"蝴蝶王国"之称的台湾省，20 世纪 60 年代在埔里街头昆虫商店鳞次栉比，蝴蝶加工厂随处可见，为数众多的女工夜以继日地加工蝶只；仅木生昆虫研究所所长余清金手下就有 2 000 名采集者，遍布台湾全岛，每年送往研究所的蝴蝶数量达 2 000 万只；由台湾各地运至埔里的上品蝶类及数量稀少的名贵蝶种，最后均被运往各国充当研究标本，而数量大且外形美丽的雌白黄蝶、端红蝶及斑蝶科的蝶类大部则被加工制成装饰品、蝶画。1971 年 Owen 估计台湾在 1960 年代蝶类外销 2 500 万~4 000 万只，总值年约 3 000 万美元，1981 年 Pyle 估计在蝶类外销盛期时台湾年消耗蝶类 1500 万至 5 亿只之间。1984 年 Morton 和 Collins 估计，在 1970~1980 年台湾依赖蝶类及其他昆虫标本和加工为生的约 3 万人、加工厂 30 多家，每年制作标本几百万盒。然而 1991 年杨平世报道，自 1975 年左右开始，由于多种因素的冲击，逐渐陷入困境，近年来经营规模已经很小了。

4.2.1.1 蝶类的特征

中国蝶类成虫分科特征见检索表。蝶类的卵、幼虫及蛹的主要特征如下，各科的特征见表4-2。

中国蝴蝶的分科检索表

1. 前翅径脉5支，触角端部有钩。弄蝶总科 Hesperoidea ………… 弄蝶科 Hesperiidae
1′. 前翅径脉不足5支、或基部合并成叉状，触角端部无钩……………………………… 2
2. 前足正常。凤蝶总科 Papilionoidea ……………………………………………………… 3
2′. 至少雄性的前足比中后足瘦小……………………………………………………………… 5
3. 前翅臀脉1支，后翅臀脉2条 …………………………………………… 粉蝶科 Pieridae
3′. 前翅臀脉2~3支，后翅臀脉1条 ………………………………………………………… 4
4. 前翅径脉5支，后翅有1尾状突 ……………………………… 凤蝶科 Papilionidae
4′. 前翅径脉4支，后翅无尾状突 ………………………………… 绢蝶科 Parnassiidae
5. 前翅径脉5支，雌雄前足均瘦小。蛱蝶总科 Nymphaloidea ………………………… 6
5′. 前翅径脉3~4支，仅雄性前足均瘦小、雌性正常。灰蝶总科 Lycaenoidea ……… 10
6. 后翅中室闭式 ……………………………………………………………………………… 7
6′. 后翅中室开式，或为退化的脉封闭 ……………………………………………………… 9
7. 前翅基部有几条脉膨大，雌性前足有跗节；翅面常有眼状斑 ……… 眼蝶科 Satyridae
7′. 前翅基部脉不膨大 ………………………………………………………………………… 8
8. 雌性前足末端皱缩成球，中、后足爪对称，翅正常 ……………… 斑蝶科 Danaidae
8′. 中、后足爪不对称，翅狭长、前翅显著长于后翅 ………………… 珍蝶科 Acraeidae
9. 触角棒状部细，后翅臀区大、凹陷、可容纳腹部 ……………… 环蝶科 Amathusiidae
9′. 触角端部锤状，后翅臀区正常 …………………………………… 蛱蝶科 Nymphalidae
10. 下唇须很长，达体长的1/4~1/2 ………………………………… 喙蝶科 Libytheidae
10′. 下唇须正常 ……………………………………………………………………………… 11
11. 后翅基部前缘的肩角加厚处的亚前缘脉有肩脉 ………………… 蚬蝶科 Riodinidae
11′. 后翅肩角不加厚，无肩脉。触角有白环 ………………………… 灰蝶科 Lycaenidae

表4-2 常见蝴蝶的卵、幼虫及蛹的特征

科	卵、幼虫及蛹特征
凤蝶科	①卵：近球形，表面光滑或皱纹小而不明显。散产。②幼虫：后胸高隆，体光滑或有刺或具毛。初龄似鸟粪，老龄绿、黄色，具红、蓝、黑色斑纹，受惊时前胸中央翻出红或黄色的"丫"或"V"形臭角。③蛹：缢蛹。体面粗糙，头端二分叉。以蛹越冬
绢蝶科	①卵：扁圆形，表面凹点细。②幼虫：和凤蝶科相似，也有臭角，体色暗，淡色带纹或红色斑明显。③蛹：短圆柱形，体面光滑。在砂砾缝隙中化蛹，有薄茧
粉蝶科	①卵：塔形，卵面脊线网状。单或堆产。②幼虫：胸节多横环，环上有小突。体绿或黄色，时有黄或白色纵线。③蛹：缢蛹。头部1锐突，前体段多棱角
斑蝶科	①卵：炮弹形或圆形，卵孔周围有纵脊及细横脊。②幼虫：头小，体光滑，色显著。体节具皱纹，胸、腹部各1~2对散发臭气的线状突。③蛹：悬蛹。短纺锤形，中胸背面有突起，臀棘细，体表有金或银色斑点

(续)

科	卵、幼虫及蛹特征
环蝶科	①卵：近球形，表面有雕纹。常数粒堆产。②幼虫：头部2角突，体节多横皱纹，被毛稀；尾节末端1对尖突。③蛹：悬蛹。长纺锤形，头部1对尖突起
眼蝶科	①卵：近球形或半球形，卵面皱纹或网状脊纹多角形。散产。②幼虫：纺锤形，体节有横皱纹、多毛，绿或黄色，有纵条纹。头比前胸大、2叉状或具2角突。③蛹：悬蛹。纺锤形，头部2个小突起，臀棘柱状，少数在土中作茧化蛹
蛱蝶科	①卵：半圆球、馒头、香瓜或钵形。卵面有纵、横脊，或多角形雕纹。散产或堆产。②幼虫：体面突起角状或棘刺状。部分吐丝结网、群栖。③蛹：悬蛹。头常分叉，体背有突起，时有金或银色斑点
珍蝶科	①卵：长卵形，卵面隆线10余条。②幼虫：体多刺。③蛹：悬蛹。圆锥形，头胸部背面有小突起
喙蝶科	①卵：长椭圆形，卵面纵脊约30条。②幼虫：和粉碟科的幼虫相似，头小、中后胸稍大、体毛细小。③蛹：悬蛹。圆锥形，光滑无突起、时有叶脉状纹，第2腹节1横脊线
蚬蝶科	①卵：近圆球形，表面有小突。②幼虫：蛞蝓型，体中部宽两端狭、密被细毛，与灰蝶相似。部分与蚁共栖。③蛹：缢蛹。短粗钝圆，生有短毛
灰蝶科	①卵：半圆球或扁圆形，卵面雕纹多角形。散产。②幼虫：蛞蝓型，头小、足短。体光滑、多细毛、或具小突起。第七节背板上常有背腺，与蚁共栖。以卵或幼虫越冬。③蛹：缢蛹。椭圆形，光滑或被细毛。有些种类在植物或地上结丝巢化蛹
弄蝶科	①卵：半圆球或扁圆形，卵面雕纹或纵脊与横脊不规则。多散产。②幼虫：纺锤形，光滑或有短毛，头大、前胸细瘦成颈状，色深、常附白色蜡粉。常吐丝缀叶成苞、夜间取食。③蛹：体末端尖削，表面光滑无突起。在幼虫所结苞中化蛹

成虫 体型小至大型。头部球形，无单眼；触角细长、端部不同程度膨大呈棒状或锤状等，虹吸式口器发达。部分种类前足较退化，翅面覆盖各色鳞片，构成不同的线、纹、斑、带，有的种类雄虫前翅具发香鳞区。前翅径脉3~5支或多支共柄或愈合，后翅 S_c+R_1 从中室近基部分出、肩角扩大、常有发达的短肩脉 h。前后翅均无1A；翅贴（翅抱）连锁。腹部10节。

卵 球形、半球形或瓶形等。表面光滑，或有突起，或有纵横脊纹。

幼虫 体表光滑，或具粒壮突起、毛瘤、细长毛、棘刺。部分种类头部有突起，或胸部隆起，或前胸具臭角腺。胸足3对，腹足5对。

蛹 被蛹，常裸露或少数有薄茧。体表光滑或具突起，臀棘发达、但少数退化。大部分为缢蛹或悬蛹，仅少数如皇绢蝶属 Archon、拟指蝶属 Parnaliu 在地下化蛹，云绢蝶属 Hypermnestra 在地面落叶层及砂石缝中化蛹。

4.2.1.2 生物学习性

(1) 生物学习性（表4-3）

发生世代 1年1代或多代，同种蝴蝶在南方发生世代数多、北方则少。如柑橘凤蝶 Papilio xuthus Linnaeus 在东北1年1~2代，黄河流域1年2~3代，长江流域1年3~4代。

越冬 不同种类越冬生态各不相同。如：绢蝶属 Parnassius 的大多数以卵越冬，黄粉蝶属 Gurema、白带螯蛱蝶 Charaxes bernardua (Fabricius) 等以幼虫越

表4-3 常见蝴蝶成虫的生物学习性

科	成虫活动习性
凤蝶科	①分布较广泛，全世界已知548种，中国94种。②大、中型，色彩鲜艳，多黑、黄或白色，有蓝、绿、红等斑纹。③多数在阳光下飞翔在丛林间，行动迅速；部分性二型，部分有季节变型
绢蝶科	①世界52种，中国35种。②翅面具黑、红或黄色环状斑。③耐寒力强的高山种类，行动缓慢
粉蝶科	①分布广泛，世界1 241种，中国129种。②多为白或黄色，少数为红或橙色、有黑色斑纹。③成虫喜吸食花蜜、或吸水，行动缓慢；多数种类以蛹越冬，少数以成虫越冬；不少种类有性二型及季节型
斑蝶科	①主要分布在热带，世界150种，中国25种、12亚种。②中、大型，黑色、艳丽，多为黄、黑、灰或白色，有闪光。③群栖或成群迁飞，喜在日光下缓慢飞翔；有特殊臭味，可避天敌袭击，常被其他蝴蝶所模拟
环蝶科	①主要分布热带、亚热带，世界约80种，中国15种。②中、大型，色多暗而不鲜艳，黄、灰、棕、褐或蓝色，翅面时有蓝色金属斑及大型的环纹。③生活在密林、竹丛中，早晚活动，过熟的果实可引诱
眼蝶科	①分布广泛，多产于高山区，世界约3 000种，中国264种。②小、中型，色暗而不鲜艳，灰褐、黄褐或黑褐，少数红、白色。③喜在林荫、竹丛中活动，拟似粉蝶或斑蝶；有季节性变型，旱季翅面拟似枯叶、眼纹退化
蛱蝶科	①分布广泛，全世界3 400种，中国290种。②小、中、大型，美丽。③少数为高山林区特产种，喜在日光下迅速飞翔，部分休息时不停地扇翅，常吸花蜜、积水、过熟果子的汁液、树汁或牛马粪的汁液；少数性二型，部分有季节型，极少数拟似斑蝶
珍蝶科	①分布南美及非洲、东洋区，世界约2 000种，中国1属2种。②体中型，多红或褐色，时有金属光泽。③飞翔缓慢，有迁徙及成群栖于小树习性，拟似斑蝶
喙蝶科	①主要分布东洋区，世界1属10种。②小、中型，灰褐或黑褐色、有白或红褐色斑。③某些种类能远距离飞翔，多在原始林的岩石地带及潮湿处迅速飞翔；寿命很长，终年可见，常以成虫越冬
蚬蝶科	①多分布在新北区和新热带区，世界1 354种，中国26种。②小型，美丽，与灰蝶科、喙蝶科相似。③喜在阳光下迅速飞翔，但多在原始林旁单独活动，在叶面上休息时四翅呈半展开状，"蚬"由此而来
灰蝶科	①分布广泛，世界4 500余种，中国279种。②小型，极少数中型、美丽，翅正面红、橙、蓝、绿、紫、翠、古铜色，反面灰、白、赭、褐等色；雌雄翅正面色斑不同，但反面相同。③生活在森林中，喜在日光下飞翔
弄蝶科	①分布广泛，世界3 587种，中国212种。②色较暗，不太美丽。③飞翔迅速而带跳跃，多在早晚活动于花丛中，部分幼虫是重要害虫

冬，大多数凤蝶以蛹越冬，中华枯叶蝶 Kallima inachus chinensis Swinhoe、君主斑蝶 Danaus plexippus (Linnaeus) 等以成虫越冬。

取食 大多数蝴蝶为植食性。少数种类如灰蝶科的蚜灰蝶属 Taraka、熙灰蝶属 Spalgis 等其幼虫捕食蚜虫、介壳虫。植食性种类的幼虫常取食特定的植物。

成虫飞行行为 凤蝶科中如取食樟科和兰科植物的燕凤蝶族 Lampropterini 和喙凤蝶族 Teinopalpini 等进化地位较高的种类飞行敏捷，而较原始的如取食马兜铃科的锯凤蝶亚科 Eerynthiinae 及裳凤蝶族 Troidini 则飞行低而缓慢。一般觅食和产卵时飞翔较低速度较慢，避敌和攻击行为则飞行快速，求偶与婚配时飞速介于两者之间。飞行对促进蝴蝶的性器官成熟，完成求偶、交配具有重要作用，只有广阔的空间才能满足蝶类婚飞的要求，而部分蝶类在一定地区内常常有相对固定的飞行活动范围和通道，即"蝶道"，这对观察、研究蝴蝶生态和开发观光旅游都有一定价值。

活动时间 蝶类成虫均在白天活动，一般以9：00至中午较活跃，炎热的正午很少活动，下午15：00后又有较活跃但较上午少，黄昏时仅见少数眼蝶、灰蝶等飞舞。不同地区蝶类的年发生规律各不相同，如在南京2月底即见莱粉蝶，3~4月见柑橘凤蝶、麝凤蝶、金凤蝶、中华虎凤蝶等和橙翅襟粉蝶、菜粉蝶等活动，5月见冰清绢蝶，6~8月高温季节仅有柑橘凤蝶、玉带凤蝶、碧凤蝶等少量凤蝶和黑脉蛱蝶、墨流蛱蝶等活动，9~10月青凤蝶、大红蛱蝶、美眼蛱蝶、翠蓝眼蛱蝶、美钩蛱蝶等大量出现，10月后仅有取食豆科植物的波亮灰蝶、稻弄蝶等小型种类活动，大型蝶类逐渐消失。

补充营养 除喙凤蝶属 *Teinipalpus* 等少数种类的成虫没有访花习性外，大部分蝶类成虫均需访花食蜜、或吸食植物腺体分泌物及树液补充营养以延长寿命、增大产卵量，部分如凤蝶族 Papilionini、燕凤蝶族 Lampropterini 和喙凤蝶族 Teinopalini 等刚羽出的雄蝶常在溪流、河滩湿地、水坑、树木伤口流出的树液处、甚至动物排泄物上吸食水分。不同种的蝴蝶常造访一定的蜜源植物，如蓝凤蝶 *Papilio protenor* Cramer 喜在百合科等红花植物的花中采蜜，宽带青凤蝶 *Graphium cloanthus*（Westwood）常在七叶树属 *Aesculus*、醉鱼草 *Buddleja lindleyana* Fort. 花间飞舞吸蜜，小豹蛱蝶 *Brenthis daphne*（Denis et Schiffermüller）喜造访菊科，珠灰蝶 *Iratsume orsedice*（Butler）喜在枣花上采蜜……。

拟态、保护色与自卫机制 ①一些凤蝶的幼虫形态拟似具有恶臭、有毒而为鸟类等天敌所厌恶的斑蝶类、鸡粪等。如斑凤蝶 *Chilasa clytia*（Linnaeus）♀、玉牙美凤蝶 *Popilio castor* Westwood♀的幼虫拟似幻紫斑蝶 *Euploea core*（Cramer）的幼虫，斑凤蝶异常型 *Chilasa clytia dissimilis*（Linnaeus）拟似青斑蝶 *Tirumala limniace*（Cramer），凤蝶初龄幼虫酷似鸟粪等。②一些蝴蝶则酷似周围环境如似树叶、树皮等的色彩借以逃避天敌的攻击，这种保护色常与拟态相结合以产生更好的避敌效果。如枯叶蛱蝶 *Kallima inachus* Doubleday 双翅合拢栖息在树枝上时其外形、颜色形似枯叶。③许多有毒或难以下咽的蝴蝶常有醒目的色斑，以显示其存在，并使它们在受天敌攻击前就被识别为不可食者；另有许多蝴蝶的成虫或幼虫具有眼斑或强烈而醒目的色彩，一旦遭遇天敌时立即快速显示借以惊吓天敌，即警戒色。如当凤蝶幼虫受惊时其前胸背中央的"Y"、"V"形臭角立即翻出，并散发臭味，使天敌厌弃而免受其害；多种蛱蝶幼虫体表醒目的枝刺等构造均有吓阻天敌的功能。

(2) 部分观赏蝶类的寄生植物

凤蝶科 宽尾凤蝶属 *Agehana*，木兰科、樟科、伞形花科。青凤蝶属 *Graphium*，木兰科、樟科、番荔枝科、芸香科。剑凤蝶属 *Pazala*，番荔枝科、樟科。燕凤蝶属 *Lampriptera*，莲子桐科、使君子科、樟科。麝凤蝶属 *Byasa*，防己科、马兜铃科、萝藦科。曙凤蝶属 *Atrophaneura*，胡椒科、马兜铃科。毒凤蝶属 *Phar-*

macophagus，使君子科。绿凤蝶属 *Pathysa*，番荔枝科、豆科。喙蝶属 *Teiniopalpus*，木兰科。斑凤蝶属 *Chilasa*，樟科、芸香科。钩凤蝶属 *Meandrusa*，樟科。旖凤蝶属 *Iphiclides*，蔷薇科、樟科。短角凤蝶属 *Bronia*，豆科。凤蝶属 *Papilio*，樟科、伞形花科、锦葵科、桦木科、大麻科、椴树科、木犀科、鼠李科、胡椒科、豆科、芸香科、漆树科、杨柳科。裳凤蝶属 *Troides*、锤尾凤蝶属 *Losaria*、珠凤蝶属 *Pachliopta*、丝带凤蝶属 *Sericinus*、尾凤蝶属 *Bhutanitis*、虎凤蝶属 *Luehdorfia*，马兜铃科。

粉蝶科 黄粉蝶属 *Eurema*、豆粉蝶属 *Colias*，豆科。斑粉蝶属 *Delias*，桑寄生科、檀香科。迁粉蝶属 *Catopsilia*，白花菜科、豆科。襟粉蝶属 *Anthocharis*、云粉蝶属 *Pontia*、粉蝶属 *Pieris*，十字花科。橙粉蝶属 *Ixias*、锯粉蝶属 *Prioneris*、园粉蝶属 *Cepora*、绢粉蝶属 *Aporia*、青粉蝶属 *Pareronia*、尖翅粉碟属 *Appias*、鹤顶粉蝶属 *Hebomoia*，白花菜科。

蛱蝶科 带蛱蝶属 *Athyma*、波蛱蝶属 *Ariadne*，大戟科。小豹蛱蝶属 *Brenthis*、环豹蛱蝶属 *Neptis*，蔷微科。绢蛱蝶属 *Calinaga*，桑科。锯蛱蝶属 *Cethosia*，西番莲科。孔雀蛱蝶属 *Inachis*，桑科、荨麻科。琉璃蛱蝶属 *Kaniska*，菝葜科。老豹蛱蝶属 *Argyronome*、豹蛱蝶属 *Argynnis*，萱科、蔷薇科。枯叶蛱蝶属 *Kallima*、眼蛱蝶属 *Junonia*、囊叶蛱蝶 *Doleschallia*，爵床科。襟蛱蝶属 *Cupha*、彩蛱蝶属 *Vagrans*、珐蛱蝶属 *Phalanta*、辘蛱蝶属 *Cirrochroa*，大风子科。芒蛱蝶属 *Euripus*、红蛱蝶属 *Vanessa*、麻蛱蝶属 *Aglais*、钩蛱蝶属 *Polygonia*、盛蛱属 *Symbrenthia*，荨麻科。斐豹蛱蝶属 *Argyreus*、云豹蛱蝶属 *Nephargynnis*、青豹蛱蝶属 *Damora*、斑豹蛱蝶属 *Speyeria*、福蛱蝶属 *Fabriciana*、珍蛱蝶属 *Clossiana*，堇科。

绢蝶科 云绢蝶属 *Hypermnestra*，蒺藜科。绢蝶属 *Parnassius*，景天科、罂粟科、川续断科、藜科、虎耳草科、荷仑牡丹科、马兜铃科。

斑蝶科 斑蝶属 *Danaus*，玄参科、夹竹桃科、萝藦科。青斑蝶属 *Tirumala*，豆科、萝藦科。紫斑蝶属 *Euploea*，榆科、桑科、夹竹桃科、萝藦科。帛斑蝶属 *Idea*、旖斑蝶属 *Ideopsis*、绢斑蝶属 *Parantica*，夹竹桃科。

眼蝶科 多眼蝶属 *Kirinia*、红眼蝶属 *Erebia*，莎草科、禾本科。其他多种，禾本科。锯眼蝶属 *Elymnias*，棕榈科。

蚬蝶科 紫金牛科、禾本科。

弄蝶科 椰弄蝶属 *Gangara*、素弄蝶属 *Suastus*，棕榈科。黑弄蝶属 *Daimio*，薯蓣科。银弄蝶属 *Carterocephalus*、籼弄蝶属 *Borbo*、谷弄蝶 *Pelopidas*、刺胫弄蝶属 *Baoris*、孔弄蝶属 *Polytremis*、黄室弄蝶属 *Potanthus*、赫弄蝶属 *Ochlodes*、长标弄蝶属 *Telicota*、豹弄蝶属 *Thymelicus*、旖弄蝶属 *Isoteino*，禾本科。

环碟科 方环碟属 *Discophora*、纹环蝶属 *Aemona*、箭环蝶属 *Stichophthalma*、串珠环蝶属 *Faunis*、斑环蝶属 *Thaumantis*，棕榈科、禾本科、菝葜科、芭蕉科、竹类。

灰蝶科 艳灰蝶属 *Fovonias*、诗灰蝶属 *Shirôzua*，壳斗科、豆科。玛灰蝶属 *Amahathaia*、斑灰蝶属 *Horaga*，大戟科。银线灰蝶属 *Spindasis*，薯蓣科、桃金娘科。彩灰蝶属 *Heliophorus*、灰蝶属 *Lycaena*，蓼科。朝灰蝶属 *Coreana*，木犀科。玳灰蝶属 *Deudorix*，无患子科、七叶树科。翠灰蝶属 *Neozephyrus*，桦木科。异灰蝶属 *Iraota*，桑科（无花果）。绿灰蝶属 *Artipe*，茜草科。凤灰蝶属 *Charana*、珀灰蝶属 *Pratapa*、双尾灰蝶属 *Tajuria*，桑寄生科。燕灰蝶属 *Rapala*、生灰蝶属 *Sin*，蔷薇科、鼠李科。黄灰蝶属 *Japonica*、雅灰蝶属 *Jamides*、璐灰蝶属 *Leucantigius*、金灰蝶属 *Chrysozephyrus*、轭灰蝶属 *Euaspa*、铁灰蝶属 *Teratozephyrus*，壳斗科。银灰蝶属 *Curetis*、雅灰蝶属 *Jamides*、细灰蝶属 *Leptotes*、亮灰蝶属 *Lampides*、豆灰蝶属 *Plebejus*、琉璃灰蝶属 *Celastrina*，豆科、壳斗科、桑寄生科、蔷薇科、茜草科、景天科等植物，部分种捕食蚜虫和介壳虫。

4.2.1.3 观赏蝴蝶的研究与开发

观赏蝴蝶资源开发利用，首先应对本地区的蝴蝶资源及人文、生态环境进行全面、科学的综合考察和评价。在充分掌握上述信息的基础上，兼顾教育、观光和资源的保护进行综合开发。同时遵守国家有关野生动物保护等法规法令，在不破坏自然资源的前提下，确保蝶类资源的可持续利用。

(1) 世界蝴蝶资源的开发与利用现状

1758 年 Linnaeus 在《自然系谱》中首次记述了凤蝶、灰蝶等观赏蝶类的科、属、种，20 世纪 90 年代各国昆虫分类学家先后对蝶类进行了大量的研究，到 20 世纪末全世界已记述的蝶类约达 17 000 种。

蝴蝶作为一种观赏昆虫资源加以开发利用，最初起源于巴西、台湾等地，现已有近百年的历史。最初只将标本作为一种商品，出口欧洲供研究和收藏；此后在日本收藏热的刺激下，东南亚等地也开始了该项贸易；第二次世界大战爆发后使该贸易中断。二战结束后随着国际经济的复苏和旅游业的蓬勃发展，国际蝴蝶贸易又逐渐兴旺起来，并由标本的制作向工艺化作品的方向发展，大批标本被制成了各种精美的工艺品供出口，同时也促进了当地旅游业的发展和知名度的提高。

进入 20 世纪 80 年代后，巴西、台湾等传统的老蝴蝶产业开始走下坡路，其主要原因包括各国经济转型、高科技产业逐步取代了低效率的劳动密集型昆虫产业；随工业发展、森林减少、环境污染加重，导致许多产地的生态环境恶化，数量急剧减少、甚至消亡，因而标本成本增加；东南亚等新兴蝴蝶产业的迅速发展，供应量大增、分流了买主；80~90 年代西方经济持续不景气，世界动物保护及环境保护组织和个人的抵制和反对，影响了对传统产品的需求。

在以标本出口为主的传统产业逐步衰退的同时，旅游业的发展促进了一种新型的产业即蝴蝶园在世界各地的兴起。自 20 世纪 80 年代初英国伦敦蝴蝶馆成立蝴蝶园后，世界各地相继成立了 200 多家蝴蝶园、馆；80 年代中期以后日本、新加坡、马来西亚、泰国等国陆续建成了多座颇负盛名的蝴蝶园，如日本多摩动物园的蝴蝶馆、新加坡圣淘沙岛的蝴蝶园、马来西亚槟城蝴蝶园、吉隆坡蝴蝶园等都是世界著名的蝴蝶园，美国在 90 年代初也建设了十多座现代化的蝴蝶园。大批蝴蝶园的出现，刺激了对蝴蝶工艺品、尤其是大量活蝴蝶蛹的需求，也促进了南美、东南亚、大洋洲及非洲地区等国的蝴蝶饲养业及工艺品产业的发展。

(2) 中国蝴蝶研究开发的历史与现状

我国地域辽阔，地形复杂，气候多样，植物繁茂，蝴蝶资源丰富。如前所述，我国观蝶、利用蝶类的历史较早。近代在日本统治时的台湾就出现了小规模的蝴蝶加工业，产品仅在出售日本；20世纪50年代则以埔里为中心形成了采蝶、包装、运输、加工到出口一系列流程专业化、企业化的加工业；60年代其产品出口欧美市场后，台湾的蝴蝶加工业进入全盛期，上万个职业采蝶工人每年捕杀数以千万只计，50多家加工厂，雇佣女工近2 000名，年贸易的收入达2 000万美元；70年代后随台湾经济转型、自然环境破坏加剧、狂捕滥采、岛内种类与数量急剧下降，导致该产业在台湾开始衰退，到90年代几乎已消失得无影无踪，为此台湾蝴蝶学家陈维寿先生等向全台湾发出"重整蝴蝶王国"的呼吁；90年代后台湾已先后建成了大小不等博物馆、观赏园等20多处，开放了一批赏蝶胜地，如美浓黄蝶翠谷、社顶热带雨林赏蝶步道、阳明山蝴蝶花廊等。

中国大陆地区的开发工作相对滞后。20世纪40年代前中国蝴蝶的调查、研究主要由外国人做，1758年林奈记载了欧洲博物馆的中国蝴蝶67种；之后如1893~1894年J. H. Leech在《中国、日本及朝鲜之蝶》中记述了594种，Setiz在《世界大鳞翅目》中记载了1 243种。国内学者邱虞、周尧、吴玉洲20世纪30年代曾记述过浙江、四川、广东的种类。李传隆先生自1934年开始进行蝶类研究，出版了《蝴蝶》、《云南蝴蝶》、《中国蝶图谱》等专著。1994年周尧先生联合国内外40余位专家出版了《中国蝶类志》，记叙了12科366属1 225种，其中新种与新记录种106个；1998年周尧先生在《中国蝴蝶分类与鉴定》中记叙的种达1 317个；1996年"中国昆虫学会蝴蝶分会"正式成立。随我国经济的快速发展，各地建立的博物馆、蝴蝶园达50家以上，有关的专著、地方志和科普书籍也大量出版，研究、标本收藏、工艺品的制作、欣赏及贸易更加活跃，近几年来国内贸易近千万元、出口贸易也达数百万美元。

(3) 观赏蝴蝶资源开发利用的途径

①观赏蝴蝶的资源属性

教育资源 如以蝴蝶园、馆为中心，充分利用标本、图片等展品及录相、电影等，开展面向大、中、小学和社会公众的有关自然科学、生物多样性保护和环境保护的科普教育，组织蝴蝶爱好者俱乐部、青少年夏令营、专题讲座等各种活动。加强与环保、媒体、出版社等部门的合作，进行有关的科普、成果、经验及活动的报导和论文、专著的出版；同时积极开展国内外民间的学术交流，不断提高研究和开发水平，使园、馆成为科普教育基地和研究的中心。台湾的一些做法可资借鉴。

观光资源 随着生活水平的不断提高，单纯以自然景观、人文古迹为主题的观光旅游资源已不能完全满足游客的要求。赋与旅游资源以更多的文化和科学内涵，使游客感受许多在城市中不能领略的种种特殊景观、享受大自然的乐趣外，还能获取更高的精神、文化享受等特色观光旅游已应运而生。蝴蝶能融科学性、

知识性、趣味性和相关文化艺术于一体，是再好不过的特色旅游资源。因此饲养和繁殖、开发利用或建造博物馆、蝴蝶园，已成为许多重要的旅游景点，如昆明世博会的蝴蝶园等就是最好的例证。

经济资源　蝴蝶自身也具有巨大的经济价值。蝴蝶园、馆中死亡或多余的、特别是通过养殖获取的大量蝴蝶均可加以利用，对非国家保护对象的种类可制成各种标本或加工成各种工艺品销售，全世界近亿美元的蝴蝶贸易额即是其经济价值的最好印证。

②观赏蝴蝶资源的开发方式

自然蝴蝶园或野外观蝶区　对当地特有的蝴蝶大繁殖地的生态加以保护、开发和利用，使之成为有价值的、热点景观区。对这样的地区应该划定自然保护区，禁止对生境破坏和影响的所有活动，天然林植被特别是蝴蝶寄主及蜜源植物应相对稳定；种类及自然种群要相对稳定，年发生量大且较均衡；如园区远离人口密集区，保护效果将更好。如在墨西哥君主斑蝶的越冬地保护区，可看到铺天盖地的斑蝶在松林里栖息、飞舞的奇观。

蝴蝶园　建立网室或温室蝴蝶园，是观赏蝴蝶资源开发的一个重要方式。

野外蝴蝶饲养场　在生境受到破坏的观赏价值较高的蝶类繁殖地，选择适当地段种植其寄主、进行自然繁殖，或以尼龙网等封闭寄主植物饲养幼虫以大量繁殖。该类饲养场主要是定期采蛹或成虫为其他园区、工艺品加工提供蝶源，但也能起到保护物种的良好效果。国内各大型蝴蝶园基本都建有饲养场，云南西双版纳等地也建有多处商业性的饲养场，云南、四川等地个体养蝶户也甚多，国外的南美、马来西亚、巴布亚新几内亚等国的养蝶业也较发达。

蝴蝶标本博物馆　该类博物馆对场地、设备、投资等要求的伸缩性较大，在规模、总体水平及效果上的差异亦很大，是目前国内外最常见的蝴蝶标本及工艺品的展示方式，20世纪80年代国内以展示个人收藏品为主的一批博物馆即是这种类型；但只能展示出蝶类的自然美的一个侧面，即静态美，无法显示其自然美，即动态的美。近年来国内新建的很多博物馆为增强展示效果，常将标本展览与展示活蝶生态园区相结合，二者互补、相辅相成，进而引申出更为广阔、更有深度的人文教育、研究、艺术创作、休闲娱乐、观光旅游等多位一体的意境，昆明世博会蝴蝶园、上海大自然野生昆虫馆、海南亚龙湾蝴蝶谷等均属该类型。

蝴蝶标本、工艺品巡回展览　在暂时无法建设各类博物馆或园区的地区，可与蝴蝶博物馆、园或收藏家合作，利用其标本及工艺品组织短期的巡回展览（但要注意展品标本定名的准确性和科学性），以普及相关的科普知识、丰富人们的精神生活，是另一种较可行且有意义的方式。

蝴蝶工艺品加工　对园、馆和饲养场等运行过程中死亡或多余的珍稀种类的成虫可制成标本、艺术品，对大量的常见种类则可利用色彩美丽的蝶翅制作工艺品，通过法定程序供国内、外交流、销售或研究用。国内蝴蝶工艺品主要有四种类型：一是将制作好的标本注明中名、学名、采集地、采集人、采集时间后，保存在精致的木制标本盒中（要注意密封、防霉、防蛀），供展示、教学、科研或收藏之用；如在该标本盒中配以干草、干花、或装饰画则成为效果更佳的工艺品。二是将标本用聚甲基丙烯酸甲树脂封埋，制成各种造型的饰品、镇纸板、匙挂件等小巧精美的工艺品。三是以蝶翅为材料，通过艺术构思，修剪或用原翅装裱法拼贴成各种人物小品、风景、花木、鸟兽风格的国画、水彩画、油画等，再装入高档镜框。四是根据所设计画面的需要，将蝶翅上不同色彩的鳞粉拓印在画面上，即可制成自然美观、妙趣横生、别具一格的鳞粉拓画；但制作技术要求高，同时需使用大量的蝶翅。

(4) 几种国家重点保护的蝴蝶 (图4-1)

金斑喙凤蝶 Teinopalpus aureus Mell

成虫形态

翅展 81~93mm，雌雄异型，雄性体翅黑褐色、并呈翠绿色。前翅有1条从前缘基部1/3处斜向后缘的、中部内侧黑色而外侧黄绿色的斜横带，此带内域色浓而外域色淡；翅端半部中域略见两条边缘不清的黑带，外缘2条黑带平行。后翅外缘齿状，有翠绿色月牙形斑纹、该纹内侧具金黄色斑纹，翅中域金黄色斑大、其中心1黑斑（在中室端）。前翅反面中区、中后区及亚外缘区具三条前宽窄而后端宽的黄白色带，后翅似正面。雌性前翅翠绿色较少，大致与雄性反面相似；后翅中域大斑灰白色或白色，外缘月牙形斑黄色或白色，外缘齿突长；其余似雄性。

生物学习性

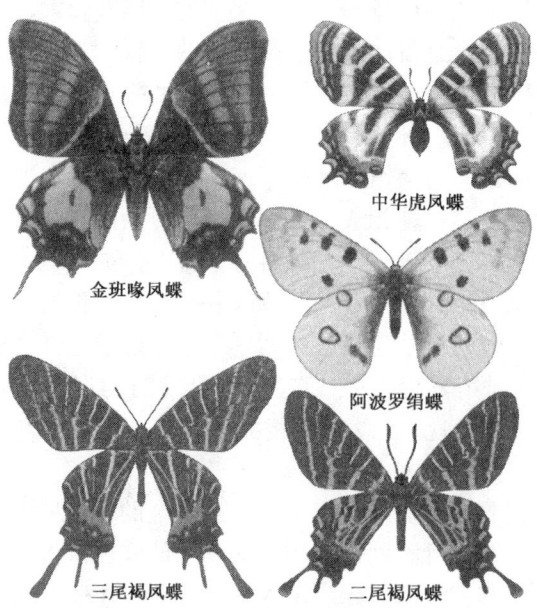

1年2代，成虫4月与8月出现。栖居于海拔1 000m以上的阔叶及常绿针叶林中。成虫飞翔迅速，常在高山木兰林顶周旋盘飞，时见急下地面访花吸水、但很快又上冲天空。

寄主　珙桐科。分布海南、广东、广西、福建、浙江、江西、湖南，及越南、老挝。

中华虎凤蝶华山亚种 Luehdorfia chinensis huashanensis Lee

成虫形态

翅展 55~65mm，翅黄色。前翅上半部有7条不规则弯曲的黑色横带，外缘区1条宽黑带直

图4-1　5种蝴蝶

达后缘、其外部内嵌 1 列黄色短条斑、内部略见 1 条黄色横线。后翅外缘锯齿状，齿凹处有弯月形黄色斑纹，斑纹的外侧镶嵌黑、黄白色边；翅上半部 3 条黑带，基部的 1 条宽而斜、自内缘直达亚臀角；中后区 1 列新月形红斑、斑外侧略见斑列；臀角有红、蓝、黑三色组成的圆斑，尾突长。翅反面与正面相似。

生物学习性

1 年 1 代，多在枝干、树皮下、地面杂物下及石块缝隙中以蛹越夏、越冬。成虫 3、4 月出现，成虫喜在阳光充足、有一定湿度的林间沟旁活动；正午在林间飞舞交尾后雌蝶腹下产生褐色平板状物。幼虫受惊时前胸翻出红色"丫"腺。本属的指名亚种 *L. chinensis chinensis* Leech 已人工繁殖成功。

寄主 马兜铃科 Aristolochiaceae 的杜衡 *Asarum forbesii* Maxim.、华细辛 *Asarum sidboldi* Miq. 等。分布陕西秦岭。

二尾褐凤蝶 *Bhutanitis mansfieldi*（Riley）

成虫形态

翅展 65~77mm，翅黑褐色。前翅上半部 7 条黄或黄白色斜横带，从基部起第 1、2 条直到后缘，第 3、4、5 条在翅中汇合成 1 条到后缘，第 6 条仅达翅中部，第 7 条在亚外缘区直达后缘。后翅黄色斑纹较散乱，中区下半部 1 条曲折的黄带和 1 条红带达后缘，外缘区 1 列黄色斑纹；外缘钝齿状；尾突 2 个，长尾突末端膨大；臀角 1 个姆指状突起。翅反面除脉纹和脉间纹清晰外，其余似正面。

生物学习性

1 年 1 代。多栖息于海拔 2 000m 以上气候温和、冬季干旱晴朗、夏季较为潮湿的高山峡谷林地中。成虫 4 月间出现，幼虫有群集性。

寄主 马兜铃科马兜铃属 *Aristolochia* 植物。分布四川及云南。

三尾褐凤蝶东川亚种 *Bhutanitis thaidina dongchuanensis* Lee

成虫形态

翅展 86~92mm。体黑色，腹面被白绒毛，翅黑色。前翅 8 条黄白色横带，从基部起第 1、2 条直达后缘，第 3、4、5 条及第 6、7 条在中部合并后至后缘，第 8 条向后角弯曲至后缘。后翅上半部 3~4 条斜横带，近基部 1 条至中室恰与 Cu_2 脉并走至近臀角处的红色横斑、该斑下 3 个蓝斑，m_1、m_2 两翅室基部各 1 小黑斑；翅中域大红斑及黄色条纹宽阔、鲜艳，外缘斑 4~5 个、数个呈弯月形；尾突 3 个。翅反面脉纹及脉间纹清晰，其余似正面。

生物学习性

1 年 1 代。成虫 5 月出现，喜在树梢追逐飞舞。雌蝶产卵于马兜铃叶背，卵粒排列较整齐。栖息于海拔 2 000m 以上的高山地区。

寄主 寄主木香马兜铃 *Aristolochia moupinensis* Franch.。分布云南（东川）。

阿波罗绢蝶 *Parnassius apollo* (Linnaeus)

成虫形态

翅展 79~92mm，翅白色或淡黄白色、半透明。前翅中室中、端部有大黑斑，中室外2黑斑，外缘部分黑褐色，亚外缘有不规则的黑褐色纹，后缘中部1黑斑。后翅基部和内缘基半部黑色，前缘及翅中部各1红斑、时有白心或围镶黑边，臀角及内侧2红斑或1红及1黑斑、并围镶黑边，亚缘黑带断裂为6黑斑。翅反面与正面相似，但翅基部有4个镶黑边的红斑，2个红色臀斑也具黑边。雌蝶色深，前翅外缘半透明带及亚缘黑带较宽而明显，后翅红斑较雄蝶大而鲜艳。

生物学习性

1年1代，以卵越冬。成虫7~8月出现，生活在海拔750~2 000m的亚高山地区，常在山地草甸上缓慢飞翔。

寄主　寄主景天属 *Sedum*。分布甘肃、内蒙古、新疆及欧洲、土耳其和蒙古。

4.2.1.4　世界主要的蝴蝶园、馆及其类型

世界蝴蝶的主要产地印尼、菲律宾、巴布亚新几内亚及南美洲等地的蝴蝶饲养业非常发达，产量稳定，已成为世界各地蝴蝶供应主要来源地。国外的蝴蝶园建设包括国家和私人投资及各种捐赠或基金赞助等形式，发展较快，设备及经营管理的水平较高。我国的蝴蝶园、馆建设总体上处于起步阶段，了解其他国家的建设类型和规模有助于推动我国对蝶类资源的保护和园、馆的建设。世界蝴蝶园、馆的类型如下。

(1) 网室蝴蝶园

该类型的蝴蝶园投资和运行成本相对较低，适合于在热带地区建设，必备的条件包括常年气温较高、热带植物种类丰富、园内具有自然溪流或水体或人造的小桥流水景观、本地蝶类资源丰富。但缺陷是受季节的影响较大，室内空间相对较小，缺少自然景观那样的规模和气势，蝴蝶在园内不能长期生存、繁殖，必须用人工繁殖补充。发展中国家多以这类网室园为主，如昆明世博会蝴蝶园、马来西亚槟城蝴蝶园等。

建设时可利用适宜的小地形、地貌，甚至小的庭院、空地等自然屏障，支柱尼龙网或钢丝网，营建适宜蝶类生存活动的半封闭型的园区。网园内还可开辟森林区、花园区、水域等不同的景观，保护或种植蝶类的寄主及蜜源植物。为提高网室内的蝴蝶密度，必须在附近开辟繁殖区以确保网室园的观赏效果，或外购活蛹、饲养羽化后补充网室园之需要。

利用天然小谷的网室蝴蝶园　如斯里兰卡科伦多动物园内的蝴蝶园是世界上历史最久的蝴蝶园，该园利用一处细长而弯曲的天然小峪建成，以钢丝联结小山谷两岸的岭线，套以纱网做顶，随山谷两岸而变化的顶网高5~8m，小山谷两端分设出、入口及水泥门。山谷两岸植物繁茂，园内放有各种蝴蝶。

人工网室蝴蝶园　如马来西亚旅游胜地槟城的槟城蝴蝶园（吴大卫1986年

建立），园内的蝴蝶密度达 1.2 只/m²，展示效果良好。该园有蝴蝶园、活体昆虫和小型动物陈列室、观赏昆虫标本展览室、纪念品售卖部和人工饲养场五个部分；其中人工饲养场养殖的蝴蝶除满足本园的需要外也是世界其他蝴蝶园所需活蝶蛹供应中心，纪念品售卖部中包括各种各样的蝴蝶、甲虫标本及工艺品和纪念品。同类型的还有该国的金马仑蝴蝶园、金马仑蝴蝶牧场、规划良好配备有一流解说系统的马门甲蝴蝶山庄、泰国的清迈蝴蝶农场（Butterfly yarm）。马门甲蝴蝶山庄内设有的许多大型立体生态模型很有特色，能使游客更直接、清楚地了解原始森林中蝴蝶的生态、自卫、避敌、觅食及变态等生物学特性。

(2) 温室型蝴蝶园

地处亚热带、温带甚至北温带的国家所建设的蝴蝶园多属该类型。园内温、湿度，甚至光照等气候条件全部能人为控制，可以较好地满足蝴蝶生存的要求；同时可配置各种热带、亚热带等地的植物和花卉，将人工繁殖或活蛹饲养羽化的成虫放入园内，形成特殊的景观。该温室园区投资大，技术要求、管理和运行成本高，仅美国、加拿大、日本、英国等发达国家和我国香港建有这类蝴蝶园。

规划良好的设施现代化的基本项目包括：①1个或多个可自动化调控气候（光、热、湿度）的展示活蝴蝶的大型玻璃温室，其高度多在 5~17m、面积多在 1 000~5 100m²，温室内种植有众多的热带植物，以及植物、假山、流水等园林造景，可创造出高温高湿的热带雨林环境，同时放置有蝴蝶吸食花蜜的供食盘；温室形状可设计为长方形、八角形、圆形等，屋顶形状如阿拉伯宫殿形、金字塔形、蘑菇形、蝴蝶状、圆形、半弧形。②本国产蝶类的培养室，或向游客展示的蝶类孵化、幼虫蜕皮生长、化蛹及成虫羽化的生活史室，温室内展示的多是进口活蛹育成的热带活蝴蝶。③昆虫展览馆或蝴蝶标本及其生活史展示室。④种植有亚热带及本地花卉、以吸引本地蝴蝶的露天花园，并有如何在庭院种花以引蝶类的解说。⑤出售昆虫标本、工艺品的专卖店，但较先进的专卖店不卖蝴蝶加工品，主要出售象征蝴蝶或利用蝴蝶图案加工的各种工艺品。⑥配备不间断播放各种蝴蝶的生物、生态习性的电视系统，或具有现代化的解说系统、放映室、学习室及演讲厅等。⑦此外，园区内也有瀑布、流水、热带或亚热带植物景区。较著名的蝴蝶园如下。

美国 美国的蝴蝶园发展相对稍迟，但已拥有了10多座规模甚大的蝴蝶园。①在欧美众多新型蝴蝶园中最有代表性的、占地 12 100m² 的加利福尼亚州旧金山湾怀立奥的蝴蝶世界（美国大陆·水陆动物世界中的蝴蝶世界 Butterfly World），该园的温室由 1.2 万块最昂贵、透光率最佳、可阻挡热线的用于太空船"热镜"的玻璃构成，园内有来自中、南美洲、菲律宾、马来西亚、中国台湾及亚洲其他地区的 80 种 2 000 多只蝴蝶，其昆虫展览馆面积约 1 400m²。②建于 1936 年、占地 810m²，栽植有来自 75 个国家的 2 000 多种植物的佛罗里达州的丝柏花园（Cypress Gardens），在 1993 年建成了 3 个各 5 100m² 的蝴蝶温室，每周放进购自厄瓜多尔及萨尔瓦多的 50 种 350~500 只蝴蝶，同时还饲养有来自南美洲、南非及亚洲的鸭子、彩色蜥蜴等多种动物。③全球最著名的建于 1985 年占地 8 100m²、具有八角形的玻璃蝴蝶温室的加利福尼亚州哥拉为花园的蝴蝶中心（The Cecil B. Day Butterfly center），室内经常有约 1 000 只来自中美、南美、马来西亚及中国台湾的蝴蝶。④ 较有名的还有由 Woody 家庭捐助约 2 000 万美元在得克萨斯州建成 Woody 花园中的 Huston Woody 蝴蝶园，高 8m、面积 2 900m² 的玻璃温室的马里兰州的蝴蝶地（The Butterfly Place），加利福尼亚州非洲航海世界的蝴蝶世界，圣地亚哥野兽院的"隐藏的森林"，印地安那州威恩堡儿童动物园中的印尼雨林蝴蝶森林等。此外，在得克萨斯州 Huston 的国家自然博物馆内、美国中南部的 Callaway 花园、新奥尔动物园、维多利亚花园、科罗拉多丹佛市附近及西佩雷斯植物园内等处也都建有多座蝴蝶园。

加拿大 著名的温室蝴蝶园及私人昆虫馆即位于世界名胜尼亚加拉瀑布畔 Botanical 花园里的尼亚加拉公园温室蝴蝶园（Niagara Parks Butterfly Conservatory），在观光季节共约放飞 2 000 多种、每天保持近 50 多种主要来自哥斯达黎加、肯尼亚、菲律宾等世界各地的蝴蝶，该园具有和温室连通的蝶蛹羽化和放飞室。

其他国家 ①英国在 20 世纪 80 年代初建成伦敦蝴蝶屋和仅春夏避暑期开放 6 个月、温室屋顶高 6~7m 的蝴蝶园卫摩斯蝴蝶牧场。英国现已建成了类似的蝴蝶园约 80 多处。②日本 1966 年建成的东京多摩动物公园昆虫园温室仅 80m²，到 1967 年已扩建成了在规模和经营管理上堪称世界第一的现代化昆虫园；位于兵库县伊丹市昆阳池公园内的昆虫馆建于 1990 年 11 月，其最大特色是具有现代化的解说系统、放映室、学习室、演讲大厅等。③澳大利亚较有名的墨尔本动物园中的蝴蝶园是完全密闭的长方形温室蝴蝶园，该园展示的绝大多数蝴蝶均系产自澳大利亚本土的热带系蝴蝶，包括珍贵的澳州特产蝶即鸟翼蝶。

4.2.1.5 我国主要的蝴蝶园、馆

我国在 20 世纪 80 年代前除一些较大的自然博物馆或标本馆外，由爱好者和研究者个人创办了不少规模较小的蝴蝶馆。如 1985 年建于上海市、迄今仍开放的陈宝财蝴蝶博物馆，1987 年建于辽宁省凤城县的白去琢蝴蝶收藏馆，1987 年建于湖北省武汉市的周世根昆虫博物馆，1987 年建于湖北省武汉市、现已停办的刘敬槐蝴蝶收藏馆，1988 年建于山西省太原市的毕继茂蝴蝶博物馆，1988 年建于陕西宁陕林区的雷氏蝴蝶馆，1990 年建于上海市的郭龙生农民蝴蝶标本馆。张抬奎夫妇 1989 年在南京市青少年宫创办了面积为 500m² 的《科教蝴蝶博物馆》，该馆由展览厅、藏品室、研究室、蝴蝶园、科普教学室及蝶友俱乐部等部分组成。我国的主要蝴蝶园、馆的如下。

西北农林科技大学昆虫博物馆 该昆虫博物馆于 1987 年建成，1989 年开馆展出时建筑面积为 1 400m²，1999 年新馆建成并正式投入使用时面积达 4 500m²；该馆分为展览、收藏和科学研究三大部分。馆内共藏有 70 万号标本，收藏量仅次于中国科学院系统，居全国第 2 位。研究部分包括 13 个实验工作室，涵盖了昆虫学的主要分支领域。资料室收藏有国内外书刊约 2.5 万册，是国内昆虫学文献资料中心之一。

世博会蝴蝶园 昆明世博会展区的网室蝴蝶园高 3m、面积约 500m²，园内

放养有柑橘凤蝶、虎斑蝶、美粉蝶和带蛱蝶等大多由本园饲养的蝴蝶。展厅陈列有各种蝴蝶标本和工艺品,并附设纪念品售品部。占地4 000m^{2}的饲养区养殖有本地蝴蝶及来自西双版纳和马来西亚等处的活蝶蛹。

上海大自然野生昆虫馆　是一家中外合资的昆虫展示馆,馆内按内容划分成蝴蝶谷、群体昆虫、繁育室、昆虫长廊、热带雨林、萤火虫区、昆虫剧场、纪念品广场及标本室、科普教室等十多个展区,动物与昆虫互动是该馆是最大特色。占地500m^{2}的蝴蝶谷中每天有来自国内外的上千只蝴蝶,昆虫长廊养殖有国内处各种奇特的昆虫;游客在昆虫剧场里可观看精彩的昆虫表演,在科普教室里将了解昆虫世界的更多秘密,还可以自己动手制作昆虫标本。

海南亚龙湾蝴蝶谷　位于海南三亚、面积1.5hm^{2}的蝴蝶文化公园,是地处热带半落叶雨林区、植被丰富、生态环境优良、生长有龙血树等360多种植物的蝴蝶谷地。该园包括1 682m^{2}的网式蝴蝶园,园内每年投放20万只、每天保持60 000只观赏蝴蝶;园区栽植有许多蝴蝶寄主及蜜源植物,吸引了大量当地蝴蝶繁衍生息;同时也有人工养殖蝴蝶的繁殖园,300m^{2}的展示国内外珍稀蝴蝶和其他昆虫的标本馆,及出售各种蝴蝶标本和工艺品的购物中心。

香港海洋公园蝴蝶屋　该园建成于1988年12月,占地300m^2,外形犹如一条大毛虫,展览室陈列着各种蝴蝶标本和介绍蝴蝶生态知识的展板,温室里放养着来自马来西亚、我国台湾等地的近60种1 000多只蝴蝶。

台湾的蝴蝶博物馆和蝴蝶园　台北成功高级中学的陈继寿先生1971年向学校捐赠了个人多年收藏的全部蝴蝶及其他昆虫标本10 000多种、10余万号,创建了台北成功高中昆虫博物馆及蝴蝶宫殿,该馆展示了600多盒、近万种昆虫标本,以及相关的照片、图片、图表、模型、艺术品和邮票等,还举办各项研习会、放映录相或电影、讲演会以及组织赏蝶活动。此外,还有台北动物园的蝴蝶馆及网室蝴蝶园、明潭孔雀园蝴蝶博物馆,阳明山国家公园生态展示厅和面尺山蝴蝶花廊、高雄的黄蝶翠谷、台中自然博物馆蝴蝶厅、埔里木生昆虫博物馆等,某些小学校也有网室蝴蝶园。

4.2.2　观赏蛾类

蛾类是鳞翅目除蝶类外其他种类的统称,全世界已知约153 000种,其中许多种类是农、林业的大害虫,也有许多是有益于人类的资源昆虫如家蚕、虫草蝙蝠蛾、化香夜蛾、米缟螟等。而众多的蛾类中的那些体态优美、色彩和斑纹非常美丽,甚至可与蝴蝶比美的种类,也常成为人们制作标本、工艺品的欣赏材料,这样的观赏蛾类主要是那些色彩鲜艳、花纹美丽、体形相对较大的种类。

4.2.2.1　主要观赏蛾类的特征

(1) **虎蛾科 Agaristidae**（图4-2）

主要观赏种类有彩虎蛾属 *Episteme* 豪虎蛾属 *Scrobigera* 的种类,如葡萄虎蛾 *Seudyra subflava* Moore、别彩虎蛾 *Episteme distincta* butler 等。

成虫小至中型,翅展13~29mm,触角常向端部渐粗、末端常有一钩,部分种类触角丝状。前翅属 Cu 四岔型，3A 和 2A 分离；后翅为 Cu 三岔型，Sc 基部游离，然后在中室中部以内与 Rs 部分接触，M_1 及 Rs 发自中室顶角或具短柄。幼虫大多鲜艳，足有鲜明斑点，头部、前胸背板及第 8 腹节背面各 1 大斑，每节有许多黑色毛片，每毛片生 1 根灰色长毛。

(2) 燕蛾科 Uraniidea（图 4-2）

世界已知 750 种，印澳及新热带区最多，欧洲无，我国分布于华南、西南。常见观赏种类有巨燕蛾 *Nyctalemon patroclus* Linnaeus、大燕蛾 *N. menoetius* Hpffr. 等。

成虫体中至大型，翅展可达 115mm，触角丝状；有的种类体形似凤蝶，色彩鲜艳。前

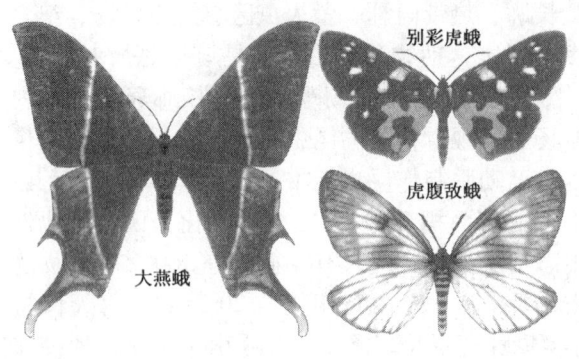

图 4-2　3 种观赏蛾类

翅 R_5 远离 R_{2-4}、常与 M_1 基部同柄，A 脉 1 条。后翅无翅缰，S_C+R_1 在中室外远离 R_S，A 脉 1 条，常有 1 个尾突或角状突。腹部具听器。

(3) 敌蛾科 Epiplemidae（图 4-2）

全世界 500 多种，我国已知近 30 种。其形似蝶，取"蝶"之谐音称为"敌蛾"；因前翅常卷起、后翅置于体躯两侧、姿态似蜘蛛，也称"蛛蛾"。主要观赏种类有斑蝶敌蛾 *Nossa nelcinna* Leechi Elwes（华南、西南、华北、克什米尔）、粉蝶敌蛾 *Thuria dividi* Oberthür（西藏、四川）、虎腹敌蛾 *N. moori* Elwes（云南、印度）、灰蝶敌蛾 *Orudiza protheclaria* Walker（广东、海南、锡金、印度、缅甸、印度尼西亚）等。

成虫小至中型，翅展 22~71mm，形似斑蝶、粉蝶或灰蝶。形似灰蝶的后翅大都有二小尾带，形似斑蝶的后翅多大于前翅；前翅 R_5 与 M_1 在基部同柄、与 R_4 完全分离；后翅有翅缰，S_C 在近基部处即与 R_S 远离。

(4) 凤蛾科 Epicopeiidae（图 4-4）

全世界不到 10 种，均分布于东南亚。我国至少有 7 种，分布在东北、华北、华南、华中及西南，寄主为榆、山胡椒等。常见观赏种类为凤蛾属 *Epicopeia* 各种，如榆凤蛾 *E. mencia* Moore、红头凤蛾 *E. caroli* Janet、福建凤蛾 *E. caroli fukienensis* Chu et Wang、粉带凤蛾 *E. albofasciata* Djakonov 等。

成虫体中、大型，翅展 58~118mm。形似凤蝶，体翅黑色有红、白色斑纹，后翅具尾状突，颇美丽。喙发达，下颚须小；触角双栉状；受惊扰时头部后方能分泌黄色黏液，以资防护。前翅中室内有 M 主干并分叉；R_5 与其他径脉分离；R_{2-4} 共柄；A 脉 1 根（2A）不分叉。后翅有翅缰或不发达，R_5 特别延长与 M_1、M_2 组成长尾带或突。前足胫节具 1 个距，中后足胫节 1 对中距，后足胫节 2 对距。幼虫全身为白色蜡粉或蜡线覆盖而呈白色。

(5) 斑蛾科 Eygaenidae（图 4-6）

全世界 1 100 多种，我国 150 多种，主要分布于华东、华南、西南、华中地区，华北、东北等地区种类少。幼虫食叶成卷叶，寄主为竹、茶、油茶、榆、栎、大叶黄杨、重杨木、桧柏、松、柑橘、梨、李、梅、苹果、樱桃等林木和果树。主要观赏种类属于锦斑蛾亚科的种类，如蓝紫锦斑蛾 *Cyclosia midamia* Herrich-Schäffer、润锦斑蛾 *Gynautocera paiplionaria* Guerin、重杨木帆锦斑蛾 *Histia rhodope* Cramer、白点帆锦斑蛾 *H. rhodope albimacula* Hampson、黄纹旭锦斑蛾 *Campylotos pratti* Leech、李拖尾锦斑蛾 *Elcysma westwoodi* Vollenhoven、华庆锦斑蛾 *Erasmia pulchella chinensis* Jordan 等。

成虫体小、中型，少数大型，翅展 19~110mm。体翅黑褐色或灰色，翅面鳞片较薄，部分色彩鲜艳、多有金属光泽。雌虫触角丝状，中、末端呈棒状，雄多为栉齿状。部分前胸红色或具明显斑点，前翅中室内 M 脉主干存在或退化，A 脉 1 支。后翅 S_C+R_1 与 R_S 在中室范围有较长一段愈合或两者接近以一横脉相连，A 脉 3 支或减少，部分后翅有尾突。成虫常白天活动，飞翔缓慢。幼虫头缩入前胸，体上常具毛瘤或毛簇，腹足趾钩单序中列式。

(6) 箩纹蛾科 Brahmaeidae（又名水蜡蛾科）（图 4-5）

全界界不到 20 种，主要分布非洲，亚洲东、南部的印度、日本、土耳其，俄罗斯等地；国内分布于河南、江苏、福建、四川、贵州、广东、云南、湖北、台湾等地。寄主有木犀料、紫丁香、水蜡树、冬青、白蜡树、女贞、枔树及油橄榄等。主要观赏种类有枯球箩纹蛾 *Brahmophthalma wallichii*（Gray）、青球箩纹蛾 *B. hearseyi*（White）、女贞箩纹蛾 *Brachmaea ledereri* Rogenhofer、漪澜箩纹蛾 *Brachygnatha diastemata* Zhang et Yang 等。

成虫体粗壮，大型，翅展 97~154mm。翅色浓厚、黑或黑灰等色，翅面密布箩筐形条纹，触角双栉形。翅宽大，前翅顶角圆；前翅 M_1 出自中室顶角处，M_2 近 M_1，R 脉 5 支、R_{2-5} 共柄，A 脉 1 支；后翅无翅缰，中室内有弱中脉，S_C+R_1 与 R_S 接近或在中室前缘由横脉相连，A 脉 2 支。幼虫粗壮，色淡而具斑纹，体上具 7 条细长弯曲的角质丝，末龄幼虫无长丝而残留丝疤。

(7) 尺蛾科 Geometridae（又名尺蠖、步曲等）（图 4-6）

全世界约 12 000 种，许多种类是林木、果树的重要害虫。主要的观赏种类有灰星尺蛾 *Arichanna jaguarinaria* Oberthür、豹尺蛾 *Dysphania militaris*（Linnaeus）、葡萄回纹尺蛾 *Lygris ludovicaria* Oberthür、艳青尺蛾 *Agathia carissima* Butler、黄辐射尺蛾 *Iotaphora iridicolor* Butler、黄颜蓝青尺蛾 *Hipparchus flavifrontaria* Guenée 等。

成虫小至中型，翅展 11~47mm。体多细弱、翅宽阔，休息时四翅平展，少数种雌虫无翅。前翅 R_{2-5} 常共柄、常有径付室，M_2 居中或近 M_1，A 脉 1 条。后翅 S_C+R_1 与 R_S 在中室近基部接近或并接、形成一小基室，翅缰发达，腹基有听器。幼虫细长，胸足 3 对，腹足 2、3、5 对，行走时呈一伸一屈状，故又名"步曲"、"造桥虫"等。

(8) 大蚕蛾科 Attacidae（图 4-3）

全世界约 5 200 种，我国 40 多种。该科成虫体型大、翅色彩鲜艳、飞翔姿态优美，誉称"凤凰蛾"；幼虫多取食木本植物，有的是著名的产丝昆虫如天蚕、蓖麻蚕、樟蚕、樗蚕等。常见观赏种类有尾蚕蛾属的红尾大蚕蛾 *Actias rhodopneuma* Rober、长尾大蚕蛾 *A. dubernardi*（Oberthür）、缘尾大蚕蛾 *A. selene ningpoana* Felder 等，巨大蚕蛾属的乌桕大蚕蛾 *Attacus atlas*（Linnaeus）、冬青大蚕蛾 *A. edwardsi* White，樗蚕蛾属的樗蚕 *Samia cynthia cynthia*（Drurvy）、蓖麻蚕 *S. cynthia ricina*（Donovan）等。

成虫体粗壮，大型或极大型，最大翅展达 250mm，触角双栉节形。前翅宽大、顶角多突出或呈钩状，中室端常有透明或半透明窗斑或眼状纹，M_2 近 M_1 或 M_1 与 M_2 共柄、并出自中室上角，R 脉 3 或 4 支；A 脉 1 条。后翅 S_C+R_1 与 R_S 在中室基部分开，或以 1 横脉相连，部分种类后翅有长尾带。幼虫中、后胸背中线两侧各 1 毛疣，腹部各节均有毛瘤 1～3 对，瘤上生枝状刺，趾钩的双序中带。茧致密而结实、粘附寄主的枝、叶，或光滑稀薄。

(9) 其他观赏蛾类

其他观赏蛾类还有缨翅蛾科 Pterothysanidae 的缨翅蛾 *Pterothysanus lacticilia lanaris* Butler 等，灯蛾科 Arctiidae 的丽灯蛾属 *Callimorpha*、斑灯蛾 *Pericallia matronula*（Linnaeus）、豹灯蛾 *Arctia caja*（Linnaeus）、砌石灯蛾 *Phragmatobia flavia*（Fuessly）、大腹灯蛾 *Eucharia festiva*（Hüfnagel）、纹散灯蛾 *Argina argus* Kollar，夜蛾科 Noctuidae 的臭椿皮蛾 *Eligma narcissus*（Cramer）、青安纽夜蛾 *Ophiusa tirhaca*（Cramer）、毛翅夜蛾 *Logoptera juno* Dalman、裳夜蛾属 *Catocala*，天蛾科 Sphingidae 的鬼脸天蛾属 *Acherontia*、茜草白腰天蛾 *Deilephila hypothous*（Cramer）、咖啡透翅天蛾 *Cephonodes hylas*（Linnaeus）等。

4.2.2.2 几种主要观赏蛾类

(1) 乌桕大蚕蛾 *Attacus atlas*（Linnaeus）

又名大乌桕蚕、大柏蚕。寄主为乌桕、樟、柳、大叶合欢、小檗、甘薯、狗尾草、苹果、冬青、桦、泡桐、海桐、小叶榕、木荷、黄梁木、油茶、桂皮、枫、石楠、千斤榆、重阳木、茶、栓皮栎等。分布于湖南、福建、广东、广西、海南、江西、云南、贵州、台湾等地，及印度、缅甸、印度尼西亚。

形态特征（图 1-4）

成虫为世界上体型最大的蛾，体长 30～55mm，翅展 90～265 mm，体翅赤褐色。前翅顶角明显突出、粉红色，其内侧近前缘 1 月牙形小黑斑，斑下的黄橙色区中具紫红色酷似蛇头的纵条纹，故又称"蛇头蛾"；前后翅中室外端部的三角形透明斑较大、斑外镶围棕黑色；翅外缘黄褐色、并具波纹状黑线，外横线黑褐或灰褐色，内横线为弯曲的内白、外黑双线。卵为半球形，直径约 2.5mm，淡红色。初孵幼虫浅褐色，周身长满棘刺，1 周后棘刺与体色变为白色，腹部第 1、6、7、8 节两侧各 1 块浅橘红色斑。老熟幼虫体长 75～120mm，绿色，各体节亚背线、气门上线及下线处各 1 棘刺，体背布满淡绿色斑，头部斑点暗绿色，臀板两侧各 1 三角形圈状红斑。蛹 48～65mm×21～64mm，红褐色。茧丝质，58～75mm×21～30mm，淡褐色，外包寄主叶片。

生物学习性

在福建 1 年 2 代，以蛹越冬，翌年 5 月上旬至 6 月上旬越冬代成虫羽化。第 1 代卵期、幼虫期、蛹期、成虫期分别为 5 月中旬至 6 月中旬、6 月上旬至 7 月下旬、7 月上旬至 8 月中旬、8 月上旬至 9 月上旬。第 2 代卵期、幼虫期分别为 8 月中旬至 9 月中旬、9 月上旬至 10 月下旬；老熟幼虫 10 月下旬在寄主枝、干上吐丝结茧化蛹越冬。成虫多在晚间羽化，晚间活动，飞翔力较强，趋光性强。成虫羽化后 3～5 天交配产卵，卵散产或 3～6 粒成堆产于叶片或树干上，每雌产卵 30～50 粒。初孵幼虫有食卵壳习性，后分散食叶，一天中以 7:00～10:00 食叶最烈，幼虫 6 龄。

(2) 绿尾大蚕蛾 Actias selene ningpoana Felder

又名水青蛾。寄主为柳、枫杨、栗、乌桕、木槿、樱桃、苹果、梨、沙果、杏、石榴、胡桃、樟、喜树、赤杨、鸭脚木、枫香、刺槐等。分布于吉林、辽宁、河北、河南、江苏、浙江、江西、湖北、湖南、福建、广东、广西、海南、四川、云南、西藏、台湾等地，及日本、印度、马来西亚、斯里兰卡、缅甸等。

形态特征（图 4-3）

成虫体长 30～45mm，翅展 59～122mm，体毛白色或略淡黄色，头灰褐色，触角土黄色、长双栉形，翅粉绿色、基部被白茸毛。前翅前缘暗紫色、混有白鳞毛，脉及 2 条与外缘平行的细线均淡褐色，外缘黄褐色；中室端 1 眼形斑、斑中 1 条透明横带，带外侧黄褐色而内侧依次为橙黄及黑色、并杂有红色月牙纹。后翅 M_3 脉处向后延伸成 40mm 长的尾带、其末端常卷折，中室端的眼形斑略小，外线单行、黄褐色或不显。足浅绿色，披长毛；雌虫色浅，翅较宽，尾带较短。卵略呈扁球形，2mm，米黄色。老熟幼虫体长 73～80mm，头部绿褐色，体黄绿色，气门线以下至腹面浓绿色，腹面黑色，臀板中央及臀足后缘有紫褐色斑；中、后胸及第 8 腹节背面毛瘤顶端黄色、基部黑色，其他部位毛瘤端部蓝色、基部棕黑色、刚毛棕褐色，其余刚毛黄白色；胸足棕褐色、尖端黑色，腹足具黑色横带、端部棕褐色。蛹赤褐色，45～50mm，额区 1 浅黄色三角斑。

生物学习性

在四川、重庆 1 年 2 代，福建 1 年 4 代，以蛹越冬。成虫发

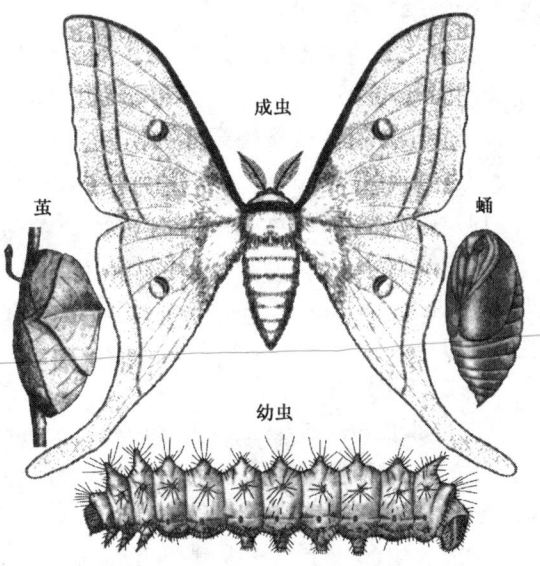

图 4-3 绿尾大蚕蛾

生期分别为4月下旬至5月下旬、8月下旬至9月上旬（重庆），3月下旬至4月中旬、5月下旬至6月中旬、7月中旬至7月中下旬、8月下旬至9月下旬（福建）。成虫多在中午前后至傍晚羽化，黄昏后开始活动，趋光性强，羽化后即可交尾，翌日堆产卵于寄主植物的叶及茎、枝或杂草等处。初龄幼虫群集取食叶片，3龄后分散取食，老熟幼虫在小枝或树干上吐丝作茧化蛹，非越冬茧多在树枝、叶柄等处，越冬茧多在树干分叉处。

(3) 榆凤蛾 Epicopeica mencia Moore

寄主为榆，分布于黑龙江、吉林、辽宁、河北、河南、广东、江苏、浙江、江西、湖北、福建等省及朝鲜。该虫因外形似凤蝶而得名"凤蛾"。

形态特征（图4-4）

成虫　体长19～22mm，翅展55～91mm，触角栉齿状，体翅黑褐色、但前翅略黄褐色，翅基片黑色、但具1红斑；后翅外缘有2行不规则红斑、雌蛾的色较浅，后角有尾状突；腹部节间雌红色、雄橙黄色。卵为圆球、黄色。老熟幼虫体长44～58mm，体被较厚的白色蜡粉、褐色斑及不规则斜斑；头黑色，体淡绿色，背浅黄色，各节末端1黑色圆点，臀板黑色，胸足棕褐色、节间黄色，腹足外侧1近三角形黑褐色斑。蛹黑褐色，外被椭圆形土茧。

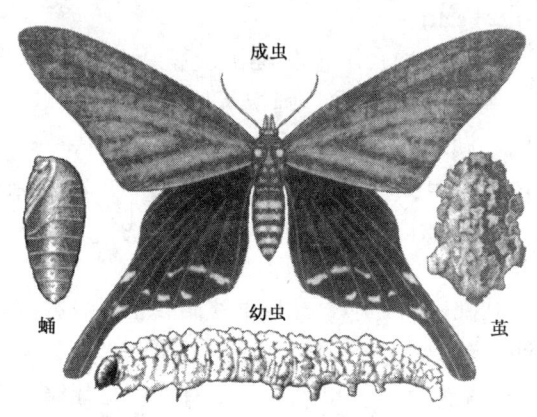

图4-4　榆凤蛾

生物学习性

在河北及山东1年1代，以蛹越冬。翌年6～7月成虫羽化，白天活动，飞翔缓慢。雌成虫产卵于叶片及枝条上。初孵幼虫黑色，2龄后即被白色蜡粉，3龄后分散，喜危害枝条端部嫩叶，7、8月为害最烈，能将叶片吃光。9月老熟幼虫入土作土茧越冬。

(4) 青球箩纹蛾 Brahmophthalma hearseyi White

寄主为木犀科女贞、桂花、卵叶小蜡、丁香和木犀等。分布于云南、贵州、四川、西藏、广东、广西、湖南、福建、江西等省区及锡金、印度、缅甸和印度尼西亚。

形态特征（图4-5）

成虫体长36～57mm，翅展103～165mm，体翅青褐色，胸部背面具长双弧黑斑纹，腹部节间横纹黑褐色；前翅中带顶部外侧内凹呈弧状、弧凹外1灰褐圆斑、斑上横行4条白色鱼鳞纹，中带下方近椭圆形纹内有3～6个黑点、外侧6～7行排成5组的箩筐纹、内侧与翅基间6纵行青黄色条纹，翅外缘7个青灰色半球形纹；后翅外缘1列半球形纹，"S"形中线内侧棕黑并具黄斑，其外侧青黄色波状条纹间有棕黑色而成9组。卵半球形，黄色，3mm。一龄幼虫体长7mm，头胸黄色，腹部有黑、黄、浅绿相间的环状花纹，臀节1对丝疣上生有黑色短毛，2～4龄幼虫丝疣上无毛；老熟幼虫体长55～150mm，体色浅蓝绿色，腹面浅绿黑色，气门上线黑色，下线浅褐黄色，每体节有1"∪"形浅黄色纹与"∩"形黑纹，无丝疣但具疣痕，第

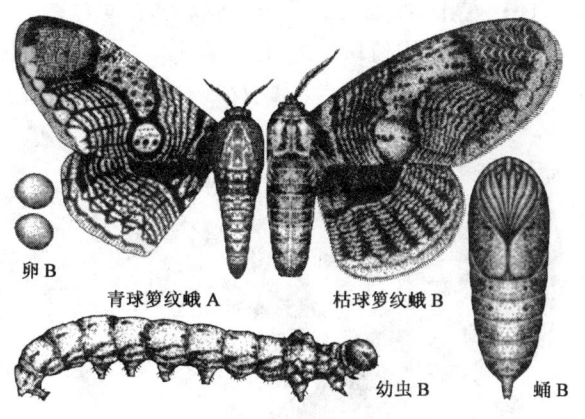

图4-5 2种箩纹蛾

11、12节背面具羊角形毛突，足黑色有青绿色条纹，化蛹前虫体呈浅橘红色。蛹深褐色，36～54mm，前胸腹面2个突起，第4、5节腹面各1对叉突。

生物学习性

在福建1年2代，以蛹越冬。翌年5月中旬成虫羽化，同旬可见第1代卵及幼虫，6月中旬化蛹，8月上旬成虫羽化；第2代卵8月上旬始见，8月中旬见幼虫，9月中旬开始化蛹越冬。成虫多于早晨羽化，晚间活动，趋光性强，受惊时能发声；羽化后第2天交配，散产卵于叶背。初孵幼虫食卵壳，初龄食嫩叶成缺刻，4～5龄可昼夜取食，吃光叶片。

（5）枯球箩纹蛾 *Brahmophthalma wallichii* (Gray)

寄主为女贞、油橄榄、卵叶小蜡、桂花等。分布于云南、四川、湖北、福建、台湾等省及印度。

形态特征（图4-5）

成虫体长45～50mm，翅展150～162mm，体翅黄褐色；前翅中带下方球状斑上1列3～6个黑斑，中带顶部外侧齿纹状、内侧及下外侧各5及9条黑褐色波状横线，顶角区枯黄但其中3脉上有许多"人"字纹，翅外缘上方2黑斑、其下方6个半球形斑；后翅中线曲折，其内侧色深而外侧具多条波状横线。卵扁圆形，2.4～2.5mm×2.1～2.2mm，初产米黄色，孵化前褐色。1龄幼虫丝疣上生黑毛，2～4龄丝疣无毛、腹部第1～7节背面具黑白相间的环带，5龄老熟幼虫无丝疣仅遗留疣痕、后胸亚背线具1对棕色斑，化蛹前虫体橘红色。蛹深褐色，49～54mm×16.2～19.9mm，后胸背中央1凹穴、其两侧具瘤状突起，腹末具端部分叉的三角形臀棘1枚。

生物学习性

在福建1年1代，以蛹越冬。翌年2月中、下旬成虫羽化，夜间活动，趋光性较强，补充营养，多单粒散产卵于嫩叶背面；3月中旬幼虫孵化，初孵幼虫食卵壳、后食嫩叶边缘呈缺刻，4～5龄整天均可取食、可食尽全叶并加害嫩梢；4月中旬后在土下的约5cm深处作土室化蛹滞育越冬，预蛹及蛹期达300～316d。

(6) 重阳木帆锦斑蛾 *Histia rhodope* Cramer

又名重扬木斑蛾，寄主为重阳木。分布于湖南、湖北、江苏、浙江、福建、广东、广西、云南、台湾，及日本、印度、缅甸和印度尼西亚。

形态特征（图4-6）

成虫体长17～24mm，翅展47～70mm，头红色但有黑斑，黑色触角双栉齿状；前胸背面褐色但前、后端中央红色，中胸背黑褐色但前端红色、近后端红斑2个或红斑连成"U"形，红色腹部有黑斑5列；黑色前翅基部1红点，自基部至中室近端部蓝绿色，反面基斑红色泛蓝光；后翅亦

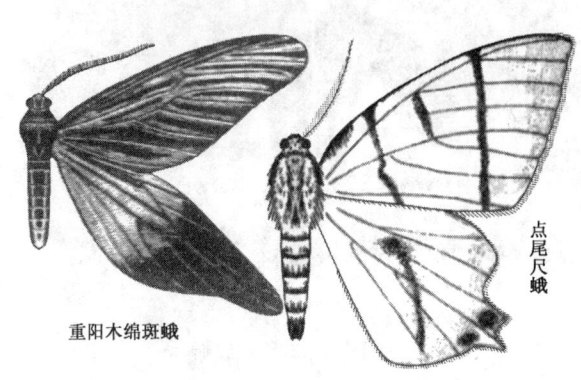

图4-6 斑蛾及尺蛾

黑色，具长尾突；雄蛾腹末截钝、凹入，雌蛾腹末尖削、黑褐色产卵器外露。卵略扁圆形，0.7～0.8mm×0.5～0.6mm，初为乳白色、后黄色，近孵化时浅灰色。幼虫头缩入前胸、蛞蝓型，体长18.8～24.0mm；枝刺在中胸及后胸各10个、第1～8腹节各6个、第9腹节4个，腹部两侧的枝刺较长呈棕黄色，背面的较短且多暗紫红色。初化蛹体黄色，腹部微呈粉红色，15.5～20.0mm；后头部暗红色，复眼、触角、胸部及足、翅黑色，桃红色腹部第1～7节背面各1大黑斑、侧面1黑斑、腹面第6及7节各并列2大黑斑。茧白色或略带淡褐色，23～28mm×7.5～9.0mm。

生物学习性

在福建和湖北1年4代，以幼虫越冬。翌年4月老熟幼虫化蛹，4月中、下旬或5月上旬至5月中、下旬成虫羽化。6月上、中旬为第1代幼虫发生盛期，6月中、下旬至7月上旬老熟幼虫下树结茧化蛹，7月上、中旬成虫羽化；6月下旬为第2代幼虫为害盛期，3、4d内能把树叶吃光；8月上、中旬老熟幼虫结茧化蛹；8月中、下旬成虫羽化、产卵，第3代幼虫开始孵化；第4代幼虫11月中旬出现，于11月下旬在树皮下、断枝切口凹陷处或吐丝粘结叶片潜伏越冬，极少数下树结茧化蛹越冬。在暖和的冬季，"越冬"幼虫仍能取食为害，无滞育现象。

(7) 点尾尺蛾 *Ourapteryx nigrociliaris* Leech

寄主为粗榧科的三尖杉、粗榧、篦状粗榧等。分布于江西、浙江等省。

形态特征（图4-6）

成虫白色，体长24～27mm，翅展37～41mm，黑色触角双栉齿状，前、中足灰黑色，后足白色；前翅3条淡黑色横线，横线中央杂黄色鳞片；后翅中室顶端1黑点、或时呈斜线状，近M_3处1尾状突、尾突1外镶黑圈的土红色小点、

近尾突处有淡黄色花纹，前、后翅的反面在近外缘外有一系列的黑色条状短斑。卵表面具纵刻纹，初产绿色之后灰白色，近孵化时灰黑色，1.2mm×0.8mm。老熟幼虫体长 45~67 mm，黄色头部较胸部为宽，头顶前上方 2 黑点，腹部的背、腹面有呈方格状的黑色纵线和横线。蛹体长 28~38mm，体色、花纹似幼虫。

生物学习性

1 年 1 代，越冬卵翌年 3 月中、下旬至 4 月上旬孵化。1~2 龄幼虫多群集食嫩叶上表皮及叶肉、被害叶呈焦灼状，3 龄后分散、能吃光叶片、啃食新梢皮层，幼虫受惊后吐丝下垂、5 龄后则弹跳；8 月上旬老熟幼虫多在叶背结茧化蛹，重害区亦在寄主附近的杂草丛中结茧；9 月上旬至下旬成虫羽化，羽化成虫夜晚或清晨活动，趋光性较弱，飞翔力很强；羽化后即成行产卵于叶背或成堆产在树皮缝、附生树干的植物如苔藓上，密度大时也产于杂草上。

4.2.2.3 观赏蛾类的标本采集

除虎蛾科、斑蛾科等少数种类白天活动外，大多观赏蛾类均在晚间活动。对白天活动的可在白天采用网捕等方法捕获成虫，对晚间活动的可利用其趋光性、趋化性用灯光或糖醋诱集等捕获之。

灯光诱集法 常见的诱虫灯的结构包括 20~40W 的黑光灯管及其配套电器，灯架，玻璃挡虫板，防雨罩，上、下口直径 50~60cm、10~15cm 的锥形集虫漏斗，集虫箱。不论用何材料制作的集虫箱其密封性要好、便于熏杀诱得昆虫，也要具有侧门以便于收集、清理其中的死虫等；集虫箱内可分层装置 2~3 层孔径大小不同的铁纱网，分离个体大小不同的昆虫；在观赏蛾盛发期每隔 0.5~1h 清理一次，以避免标本损坏；每天要检查、补充、更换熏杀农药，以保证杀死效果。一般在成虫发生期气温高时诱集的数量较多，而阴雨、低温或大风等天气则相对较少；植被良好、特定的寄主树木多、虫源丰富处，黑光灯设在林中空地或开阔地带，灯高 1.5~2m，黑光灯与白炽灯或氖灯、氯灯等双光源可提高诱虫效果。

幕布诱蛾法 在观赏蛾类盛发时的傍晚，在其发生地附近的林中空地用架设白色幕布及强光灯（氯灯、氖灯……）或煤油汽灯，等蛾类扑灯后即可用毒瓶直接在幕布上收集成虫。

糖醋诱蛾法 对有一定趋化性的蛾类，可利用其喜食的糖醋液等诱捕成虫，使用时盆中放入糖醋液等、上盖尼龙纱或铁纱，置林中后定时收集引诱与纱网上的成虫。该法若与灯光诱蛾相配合效果更好。常用的糖醋液配方包括：①红薯发酵液，即煮熟、捣烂的红薯 1.5kg，加少量酵面或干酵母保温发酵 2d，待具酸甜味时加等量水调成糊状，再加醋 0.5kg 及少量白酒。②粉浆发酵液，即用粉浆或豆浆等沉淀物加少量酵面或干酵母保温发酵。③糖醋液，即红糖 3 + 醋 4 + 酒 1 + 水 2。

4.2.2.4 观赏蛾类的饲养及利用

(1) 饲养方式

人工室内饲养 在观赏蛾类的大发生地，从林间采集茧蛹，置室内保温保湿培养，获取大量羽化的成虫，是简便易行、技术要求及成本较低的饲养方法；但缺点是茧、蛹的供给量受制于气候及目标昆虫种群变动的影响，每年可获得的成虫数量不稳定，且季节性很强，经济效率低。为弥补其不足，对某些经济价值较高的种类如乌桕大蚕蛾可林间采蛹，用室内羽化的成虫交配产卵，从卵开始室内饲养，最后取活蛹或成虫；但该法技术要求较复杂、成本相对较高，需要解决饲养工具、场地、食物及管理等一系列问题。

野外定点饲养　可参照柞蚕的饲养和管理方法进行。即在观赏蛾类的大发生地，规划一定面积的林地作为野外饲养区，加强对寄主植物的抚育管理、增强树势，合理控制虫口密度使其不影响寄主植物的长势，同时预防各种天敌对饲养种类的侵害。

网室饲养　在大型尼龙纱或铁纱网罩内栽植或围入一定数量的寄主植物，在网内人工放养观赏蛾类的卵或幼虫，待结茧化蛹后取活蛹、获得成虫。该法可以排除各种天敌的影响，获得数量相对稳定的活蛹，但仍受气候等的限制，投资相对较大。

人工饲料饲养　应用人工饲料饲养观赏蛾类的研究已取得了进展，虽无实际应用范例，但该法有可能是今后人工养殖观赏蛾类的有效办法之一。

(2) 观赏蛾类的利用途径

观赏蛾类与观赏蝴蝶一样，已被广泛应用于标本、工艺品制作，昆虫博物馆、蝴蝶园及各种展览会的标本或活体展示。具体利用途径或方法参照"观赏蝴蝶资源开发利用的途径"。

4.2.3　观赏甲虫

观赏甲虫是对具有观赏价值的鞘翅目昆虫的总称。全世界已知鞘翅目昆虫有33万种，我国达6000种以上。其中既有属于国家重点保护野生动物的珍稀种类，也有形态奇特、色彩鲜艳美丽的种类，它们都具有较高的收藏和观赏价值。

4.2.3.1　观赏甲虫的主要类群及特征

(1) 步甲科 Carabidae（图4-7）

全世界已知2.5万种，我国达1700种以上，成幼虫均捕食性，少数种类兼有植食性；分布广泛，在温带以地栖种类为多。主要观赏种类有艳步甲 *Carabus lafossei* Feisth.（江苏、浙江、福建、江西），拟大卫步甲 *C. davidis* Deyrolle et Fairmaire（浙江、福建、江西、广东，国家二级重点保护野生动物），琴虫 *Mormolyce phyllodes* Hagenb.（马来西亚）等。

成虫中至大型，体色暗或具明亮的金属光泽。头前口式、常窄于前胸，触角丝状，位于上颚基部与复眼之间，唇基两侧不超过触角基部。鞘翅表面具沟纹，树栖类后翅发达，部分土栖类鞘翅愈合、后翅退化。腹部6节、稀有8节。足胫节有距，跗节5节。幼虫体细长，无上唇，上颚发达钳状，头每侧单眼6个，胸足 5 节、爪 1~2 枚，腹部 10 节、第 9 节 1 对尾突、腹部气门 8 对。

(2) 长臂金龟科 Euchiridae（图 4-7）

主要分布于热带、亚热带林区。观赏种类有国家二级重点保护野生动物格彩臂金龟 *Cheirotonus gestroi* Pouillaude（我国云南、四川，缅甸、越南），戴褐臂金龟 *Propomacrus davidi* Deyrolle（江西）等。

成虫中、大型，体长 24~63mm，栗褐、黑色等，具绿、金绿等光泽，体翅具刻点及圆斑，色彩华丽。触角鳃叶状，前胸背板隆起、具深中纵沟、二侧有齿。雄虫前足发达、前伸长达 40~60mm，腿节前缘近中部 1 齿突，胫节近中段尖齿突 1 个；胫节端部内侧延长呈指突或刺突。

(3) 花金龟科 Cetoniidae（图 4-7）

全世界已知 2 600 多种，我国近 200 种，分布广泛。成虫多在白天活动，常啃食果树与林木的花、枝、果等，故称"花潜"；幼虫（蛴螬）为害植物根部或在蚁巢、堆肥、树洞、鸡窝等腐殖质丰富场所栖息。

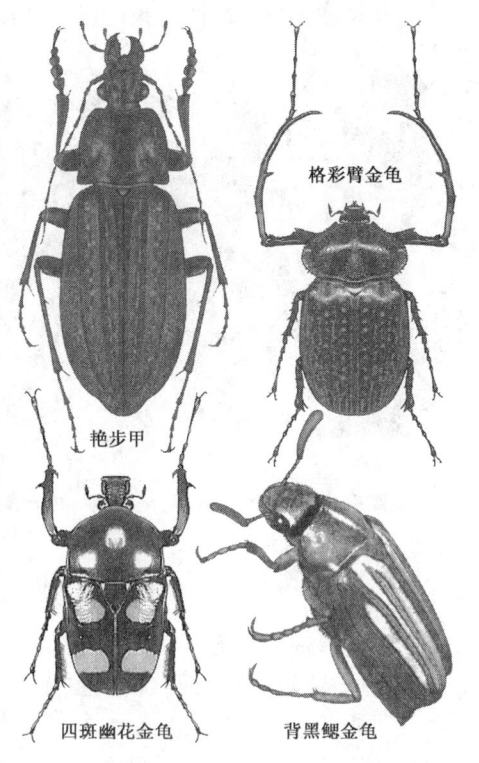

图 4-7　艳步甲及 3 种金龟

主要观赏种类有群斑带花金龟 *Taeniodera coomani*（Bourgoin）（我国江西、海南，越南），四斑幽花金龟 *Jumnos ruckeri* Saunders（我国海南，印度），褐斑背角花金龟 *Neophadimus auzouxi* Lucas（我国陕西、四川），红背臀花金龟 *Campsiura superba*（Van de Poll）（我国云南，缅甸、泰国）等。

成虫体中型，大部分种类色彩鲜艳，有斑纹、金属光泽或有粉层。体背较扁而广，气门位于腹板的背方，鞘翅侧缘近肩角处明显向内凹入，中胸腹板在中足基节间有前伸的圆形突，臀板外露。

(4) 鳃金龟科 Melolenthidae（图 4-7）

全世界已知 5 000 多种，我国 500 多种，产于热带的种类常具艳丽的色彩。成虫取食林木与果树的叶片，幼虫在地下危害植物根部。主要观赏种类有我国特产的巨角多鳃金龟 *Hecatomnus grandicornis* Fairmaire（江西、四川、贵州），背黑鳃金龟 *Malaisius melanodiscus* Zhang（贵州）等。

成虫小至大型，具黑、褐、蓝、绿等金属光泽或色暗。雄虫头部时有角状突起；触角 8~10 节，鳃状部 3~5 节；小盾片显著，鞘翅常有 4 纵脊；前足开掘足，后足接近中足而远离腹部末端，爪成对、有齿、齿大小相似，或中、后足爪无齿，后跳胫节 2 距毗连。腹板 5 节，腹末 2 节外露，鞘翅末端露出气门 1 对。

(5) 吉丁虫科 Buprestidae（图4-8）

全世界已知13 000种，我国已知400多种。成虫食叶及嫩枝、皮层，具强趋光性；幼虫是林木、果树的蛀干害虫。主要观赏种类有体长62mm、色彩艳丽的海南硕黄吉丁 *Megaloxantha hainana* Yang et Xie（海南），红缘金吉丁 *Chrysochroa vittata* Fabricius（我国云南，缅甸、泰国），缘点椭圆吉丁 *Sternocera aequisignata* Saunders（我国云南，印度、泰国、越南）等。

成虫体狭长、小至大型，有金属闪光。头嵌入前胸，触角锯齿状。前胸背板后侧角钝、腹板突平嵌在中胸腹板上，后胸腹板1横沟。鞘翅侧缘内凹、表面具纵脊，后足基节扩大成板状。幼虫无足，乳白色，细长、扁平，前胸背板发达，具"∧"形纹。

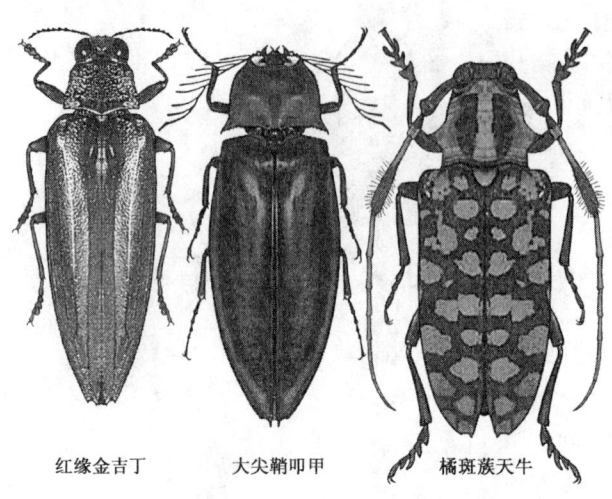

图4-8 吉丁、天牛、叩甲

（红缘金吉丁　大尖鞘叩甲　橘斑蔟天牛）

(6) 叩头甲科 Elatetidae（图4-8）

全世界已知10 000种，我国400多种。成虫为害花芽或树皮等，具趋光性，幼虫在土中生活，啃食种子、幼苗、根或块茎。主要的观赏种类有巨四叶叩甲 *Tetralobus perroti* Fleutiaux（我国湖北、江西、浙江、福建、广西、四川，越南），大尖鞘叩甲 *Oxynopterus annamensis* Fleutiaux（我国云南，越南、老挝），松丽叩甲 *Campsosternus auratus*（Drury）（长江以南及东南亚）等。

成虫体小至中型，狭长、两侧平行。触角锯齿状、栉齿状或丝状，前胸背板后侧角尖出；前胸腹板突插入中胸腹板沟内，前、中胸间具可动的关节，体仰卧时能向上弹跳，鞘翅肩部内凹、前胸背后侧片外露；后足基节扁平盖住腿节，跗节5节。幼虫金针虫型，细长柱状，黑色、黄褐色、体壁硬，胸足短小，无腹足。

(7) 天牛科 Cerambycidae（图4-8）

全世界已知近30 000种，我国约3 000种。成虫食花、嫩枝皮层、叶或菌类，幼虫是重要的蛀干害虫，为害果树、林木的韧皮部和木质部。产于热带、亚热带的大型种色彩鲜艳美丽，可作为观赏昆虫。主要的观赏种类有体长达110mm的大山锯天牛 *Callipogon relictus* Semenov（我国东北；前苏联、西伯利亚、朝鲜），大薄翅天牛 *C. armillatus* Linnaeus（南美），大棉天牛 *Diastocera wallichi*（Hope）（我国四川、云南、广东、广西，越南、缅甸、印度、尼泊尔），龟背天牛 *Aristobia testudo*（Voet）（我国福建、广东、广西、云南、海南，越南），橘斑

簇天牛 *A. approximator*（Thomson）（我国云南，印度、缅甸、老挝、越南、马来西亚）等。

成虫体小、大型，复眼围绕触角基部、肾形。触角着生在额瘤上、丝状或锯齿状，前胸背板则缘弧形或具侧刺、齿突，大多数种中胸背板具发音器，被捕获时能发出"吱、吱……"的声音；足隐4节、真5节。幼虫乳白色，长圆筒形，略扁；前胸背板发达、具颗粒状突起构成的不同花纹，胸足小或退化，无腹足，腹部前6~7节背、腹面具步泡突。

(8) 其他观赏甲虫

除上述种类外，尚有金龟子总科的金龟科 Geotrupidae、丽金龟科 Rutelidae，叶甲总科的叶甲科 Chrysomelidae，象甲总科的象甲科 Curculionidae，独角仙科（犀金龟科）Dynastidae，锹甲科 Lucanidae 等当中的一些种类也是重要的观赏资源昆虫。

另外我国对萤光的利用历史也较早，古代就有"萤光捕鱼"的记载，其方法是渔夫将萤火虫放入吹胀的羊尿囊中，缚其口系于网底，鱼群不拘大小，各奔其光，且聚而不动，使捕之必多；至于用作照明，1700年前的"车胤聚萤夜读"更是脍炙人口。随着科学的发展，萤光的应用逐渐广泛，如利用萤光检查食物中细菌的含量，含有易爆性瓦斯的矿井中利用萤光照明，弹药库中的指示灯、水下作业的发光灯无不用的是萤光。美国的生物化学家根据萤火虫的发光原理和机制，提出了电子转移反应原理以解释腐蚀现象、光合作用等，并由此发明了激光器而荣获1992年诺贝尔化学奖。

4.2.3.2 观赏甲虫的标本采集和人工饲养

(1) 标本采集方法

甲虫的采集可根据各种类的生物学特性，在其取食寄主、活动场所处，利用假死性、趋光性等，采用捕捉、灯诱等多种方法捕获。

人工捕捉 ①大部分甲虫都有补充营养习性，可在其补充营养的寄主上捕获成虫；如独角仙喜在皂荚树上栖息取食，天牛成虫嗜食的寄主，锹甲幼虫喜在腐烂的木屑、稻草等栖息。②与取食等习性有一定关系的活动场所也是捕捉之所，如锹甲成虫素在栎类等大树的树洞、树干及朽木处栖息，花金龟等成虫白天常在植物的花上取食。③金龟子、象甲等成虫常有假死性，可在其寄主树下铺设塑料薄膜，用突然振动的方法使其假死坠落，即可采集到大量的成虫。

灯光诱集 除步甲科等少数白天活动的甲虫无趋光性外，大多数观赏甲虫均具有不同程度的趋光性。可利用黑光灯诱集成虫。

食物诱集法 如独角仙喜食带甜味、水分多的瓜果类，可在林间设置西瓜、南瓜等诱捕并大量捕捉之。

(2) 人工饲养

观赏甲虫的生活周期较长，饲养技术复杂，人工饲养较困难。除少数种类如独角犀金龟等外，其他种类的人工饲养研究甚少。

4.2.4 其他观赏昆虫

(1) 竹节虫目 Phasmida

又称䗛目、枝䗛、叶䗛。全世界已知 2 500 多种，中国近百种。多分布于热带、亚热带地区，生活在生境复杂的高山密林中，具明显的拟态和保护色，有些种类是棉花和树木的害虫。主要观赏种类如硕短肛棒䗛 *Baculum arrogans*（Brunner）（我国湖南，印度），恐怖竹节虫 *E. horrida*（Ghost）（图 4-9），体形酷似叶片的叶䗛属 *Phyllium*（全世界已知 20 多种，中国 10 种，主要分布在广西、云南、海南等省区）。

(2) 螳螂目 Mantodea

全世界已知 2 000 多种，中国已知近 120 种，均为捕食性种类；等待猎物时，前足并拢前伸，故西方又称该虫为"祈祷者"。主要观赏种类有枯叶大刀螳 *Tenodera aridifolia*（Stoll）（江苏、浙江、四川、贵州、西藏、福建、广东、广西、海南、东南亚），丽眼斑螳 *Creobroter gemmata*（Stoll）（福建、广西），巨腿花螳 *Hestiasula* spp. 等。

图 4-9 恐怖竹节虫

(3) 蜻蜓目 Odonata

全世界已知 5 000 种以上，中国 300 多种。成虫、稚虫均为捕食性昆虫。主要观赏种类有巨圆臀大蜓 *Anotogaster sieboldii* Selys（雄虫腹长 70mm，后翅达 120mm；福建、浙江、湖南），赤条绿山蟌 *Sinolestes edita* Needham（浙江），红蜻 *Crocothemis servilia* Drury（河北、江苏、江西、福建、广东、广西、海南、云南）等。

(4) 广翅目 Megaloptera

全世界已知 300 种。观赏种类如东方巨齿蛉 *Acanthacorydalis orientalis*（McLachlan）（华南、西南），中华斑鱼蛉 *Neochanliodes sinensis*（Walker）（浙江、安徽、江西、湖北、湖南、福建、广东、广西、贵州）等。

(5) 半翅目 Hemiptera

又名蝽、蝽象。全世界已知 35 000 多种，中国 2 000 多种，植食、捕食性，陆生或水生，体形奇特或色彩鲜艳的观赏种类有山字宽盾蝽 *Poecilocoris sanszesignatus* Yang（四川、云南、贵州），黑匿盾猎蝽 *Panthous excellens* Stål（我国西藏，印度），体态奇特的大僻缘蝽 *Prionolomia gigas* Distant（广西），长腹缘蝽 *Pseudomictis distinctus* Hsiao（云南、广东、广西）等。

(6) 同翅目

①蜡蝉总科 Fulgoriodea，全世界已知 8 100 多种。卵产于植物组织内或表面，成、若虫刺吸植物汁液。色彩美丽的蜡蝉科 Fulgoridae 及体形奇特的象蜡蝉科 Dictyopharidae 中的常见的观赏种有斑衣蜡蝉 *Lycorma delicatula*（White）（陕西、河北、河南、山东、江苏、浙江、广东、台湾等省），龙眼蜡蝉 *Fulgora candelar-*

ia (Linnaeus)（福建、广东、东南亚），纯翅梵蜡蝉 *Aphaena decolorata* Chou et Wang（云南）等。②蝉科 Cicadidae，中国已知近 3 000 种。成虫刺吸树木枝干汁液，产卵于植物组织中，是林木与果树的害虫，其若虫脱皮即"蝉蜕"是常用的药材。该科色彩艳丽的观赏昆虫有丽蝉 *Salvazana mirablilis* Distant（广西）、褐翅拟红眼蝉 *Paratalainga fumosa* Chou et Lei（云南）、提灯蝉 *Lanternaria* sp.（中、南美洲）等及表 4-1 中的国家二级保护物种。

4.3 鸣虫资源昆虫

中国人对昆虫鸣声的注意和欣赏已有 2 000 多年的历史，最早的文字记载见于《诗经》和《尔雅》。由于大多数常见鸣虫都在夏末秋初成熟，秋天便成了各种鸣虫引亢高歌的季节，喋喋不休的鸣虫因此成了寄托人们孤独、失意、思乡、怀旧等各种情绪的悲秋之虫，无数篇吟咏鸣虫的传世诗文即可见一斑。在唐朝以前的很长一段时期，人们仅仅是欣赏各种野外昆虫优美动听的鸣声；从唐朝天宝年间开始，宫女则将其作为鸣叫宠物畜养在各种笼器内，聆听其独特的音乐、陶冶情趣，这一起典雅的爱好很快即传入民间、甚至日本。这一文化习俗能流传千年而不衰，其魅力在于人们能通过从野外捕捉或市场选购、家中喂养、聆听鸣声，享受到大自然和似通人性的小动物所给予的无穷乐趣，还可以从种类繁多、融合各种传统工艺而精工巧制的许多虫具笼器中获得的艺术享受，怡情养性。

当代畜养鸣虫不仅是一项娱乐活动，而且反映了一种返璞归真、对大自然向往和追求精神时尚。经过历代鸣虫爱好者的广泛选择，已有一批鸣声或清澈响亮，或委婉幽雅，易于喂养，便于携带的鸣虫活跃在市场上，种类达 30 余种。每到鸣虫上市季节，有专业的鸣虫收购商、批发商和零售商，穿梭于上海、北京、天津的三个主要鸣虫市场之间。在产地，如安徽的黄山、山东的德州、河北的保定等地区，更有大量的农民从事于采集鸣虫的副业，获得很好的经济效益。由于不少鸣虫已被人工繁殖成功，市场上几乎可见全年有虫出售。

鸣虫是一类能鸣叫发声的昆虫，昆虫的鸣叫与鸟类等不同，它们的声音不是由声带振动产生的，而是通过体躯上特殊器官的振动或器官之间的摩擦发声。膜翅目的蜂类、双翅目的蚊蝇类是飞行时双翅的振动产生"嗡嗡"声，同翅目的蝉类是靠腹部的鼓膜振动发出鸣声；直翅目的鸣虫则是借助翅、体上特殊构造之间的摩擦发出清脆的鸣声，如蝗虫类是由后腿与前翅摩擦发声，蟋蟀类和螽斯类是由前、后翅相互摩擦发声。但鸣蝉的鸣声较刺耳、尖锐，真正将其作为鸣虫饲养、玩赏的并不多见。

4.3.1 蟋蟀

蟋蟀属于直翅目。该类昆虫身体粗壮、色暗，头下口式，触角比身体长，产卵器细长、剑状，跗节三节，尾须长、不分节；雄虫发音器在前翅近基部，听器在前足胫节基部两侧。成虫在夏秋间盛发，多发生于低洼地、河边、沟边、杂草丛中，雄虫可昼夜鸣之。我国已知蟋蟀110种，其中斗蟋是兼具嬉戏和鸣虫两重属性的昆虫，本节不再介绍、详见第五节。

(1) 大扁头蟋 *Loxoblemmus doenitzi* Stein

雄虫又称棺材头，雌虫称猴头。分布于北京、河北、河南、陕西、安徽、江苏、上海、广西、四川等地。

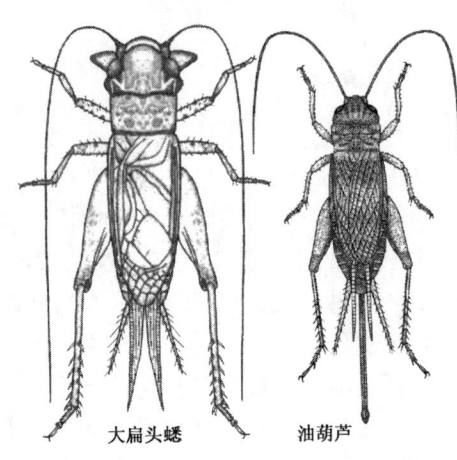

图4-10　2种蟋蟀（1）

形态特征（图4-10）

雄虫体长15～20mm，雌虫16～20mm，体中型、黑褐色。雄虫头部深栗壳色至黑色，单眼3个，头顶显著向前弧形突出、边缘黑色，边缘后1橙黄或赤褐色横带；颜面扁平倾斜、中央1黄斑，其两侧向外突出。前胸背板宽大于长，侧板前缘长、后缘短、向下缘倾斜，下缘前端1黄斑。前翅长达腹端，其侧区黑褐色、前下角及下缘淡黄色，发音镜四方形、内无横脉、斜脉2或3支；后翅细长伸出腹端如尾，但常脱落仅留痕迹。足淡黄褐色，散布黑褐色斑点。雌虫头部仅稍向前突出，面部倾斜；前翅不达腹端，其侧区亚前缘脉2个分支、纵脉6条，产卵管短于后足腿节。

生物学习性

1年1代，以卵在土内越冬。北京8月成虫出现，9月盛行，直至10月常听到其鸣声。主要栖息于砖石、垃圾堆下及菜园、苗圃、旱田，可为害各种作物如甘薯等。具微弱趋光性，常在灯下地面见到。

鸣叫特性　喜夜间鸣叫，鸣声清澈响亮，声如"噘噘噘、噘噘噘噘（Jue）……"，此虫鸣声高尖，音调短急匀称，一般以6～9音节为一音组，而以7音节为中心，故又称七音蟋。

(2) 油葫芦 *Gryllus testaceus* Walker

又称北京油葫芦。分布于华北、华东、湖南、广东、广西、台湾等地。

形态特征（图4-10）

雄虫体长26～27mm，雌虫27～28mm，黄褐色。头部两复眼内上方具黄色短条纹，前胸背板2个月牙形纹，中胸背板后缘中央凹陷如三角形；后翅发达，伸出在腹端以外；雄虫发音镜大，略呈圆形，其前框大弧形。

生物学习性

1年1代，以卵在土中越冬。其他习性同大扁头蟋。

鸣叫特性

油葫芦鸣声颤抖、委婉动听，可连续鸣叫，夜间和清晨鸣叫更欢，声如"唧呂呂呂（Ji-Lu--）……，唧呂呂呂……"，很可能因其鸣声像油倾入葫芦内所发的声音，故得油葫芦这一浑号。

(3) 其他常见种

小黄蛉蟋 *Anaxipha pallidula* Matsumura 该虫又叫小黄蛉、苏州黄蛉、麦秆黄蛉。主要分布在江苏、浙江境内。体娇小玲珑、形同瓜籽、细而狭，长约5～6mm，金黄色或麦秆色、有光泽，成龄体色渐暗；头部近圆形，前胸背板近方形、密被细毛；前翅半透明、几乎到达腹部末端，具不规则的棕色斑点，尾须细而长。善昼夜鸣叫，鸣声轻悠柔和、连续无间断、节奏较缓慢，声如"齐，齐，齐，齐（Qi）……"。

赤胸墨蛉 *Homoeoxipha lycoides* Walker 又称墨蛉、热带螽。分布江苏、浙江、安徽、台湾、海南等地。体墨黑发亮、娇小苗条、形如黑蚂蚁，体长约5mm；头小，前胸背板前狭后宽、与头部之间形成一明显"颈部"；前翅狭长、半透明，略超过腹部末端，翅面4块深色斑纹；后足腿节外侧常具1深褐色条纹，足色淡；尾须细长，色较体淡。喜在温和的夜间及多云的白天鸣叫，声调抑扬变化，每开叫一次可延续60min之久，声如"滴，滴，滴，滴（Di）……"。

双带拟蛉蟋 *Paratrigonidium bifasciatata* Shiraki 也称唧蛉子、金蛉子。分布江苏、浙江、安徽、湖南、上海等地。体形与大黄蛉相近，但明显较阔，体长约6～8mm，黄褐色；头部在两复眼之间具褐色横条纹，近方形的前胸背板前缘黑色、余散布深色斑点、每斑点生硬毛1根；前翅较宽、到达腹端、半透明，四周具深褐色条纹；前、后足腿节近端部各1暗色环纹，后足腿节外侧具宽窄不一的深褐色纵纹2条，尾须细长。喜白天鸣叫、节奏短促，常鸣叫6s、稍息2s，声如"铃，铃，铃，铃（Ling）……"（图4-11）。

斑腿针蟋 *Dianemobius fascipes*（Walker） 俗称的斑蛉（小针蟋）、花蛉。除西北地区外，东北、华北、华南各地均有分布。斑蛉体形与金蛉子相近，但体长约4～6mm，并密被细毛；头部和前胸背板背面灰黄褐色、两侧深褐色，前翅背面茶色、两侧深褐色，翅不达腹端；足的腿节和胫节及较短的尾须均具黑白相间的斑纹。栖息于田野的矮草丛及石块瓦砾下，极善跳跃，7、8月可见成虫；喜白天鸣叫，鸣声纤细，每鸣5～6s后有小息，每一声收尾时带升调，声如"吱—，吱—，吱—，吱—（Zi）……"（图4-11）。

黄须针蟋 *Dianemobius flavoantennalis* Shiraki 与斑腿针蟋的区别为：体长约5～6mm，体色较深、背面浅褐色；触角近基半部浅黄色、端半部深褐色，足不具黑白相间的斑纹，仅后足腿节具深浅相间的褐色细条纹；也喜在白天鸣叫，野外常闻成群花蛉合唱或轮唱，但难以找到虫，单只花蛉鸣声轻悠，声如"咝，咝，咝，咝（Si）……"。

凯纳奥蟋 *Ornebius kanetataki*（Matsumura） 俗称石蛉、鳞蟋。分布上海、浙江、安徽、台湾。体略扁、长约7mm，密被银白色鳞片，鳞片随虫龄增长渐脱落后通体铁锈色；头宽于前胸背板前缘，前胸背板狭长、前狭后宽、后缘弧形、具银白色镶边；前翅仅达腹部1/3，端部钝圆，翅脉不清晰；足淡黄色，布满褐色斑点；腹背密布褐色斑点，尾须超过体长之半、基部色浅。鸣声雅致、柔和，节奏短促而缓慢，声与声之间有小停顿，声如"咭一，咭一，咭一，咭一（Ji）……"。

刻点铁蟋 *Scleragryllus punctatus* Brunner Von Wattenwyl 俗称磐蛉、松蛉、铁弹子。分布于江苏、浙江、安徽和台湾。体如坚硬的小甲虫，黑色有光泽，体长约9～11mm；头部短圆，略小于前胸背板前缘之宽，头背及前胸背板布满细刻点；触角黑色，中部数节白色；前翅薄且宽、褐色半透明、到达腹端。鸣声优美，有回音、似空谷传声，声如"嘹，嘹，嘹，嘹（Liao）……"（图4-11）。

长瓣树蟋 *Oecanthus longicaudus* Matsumura 俗称竹蛉。分布东北、华北、华东及华南各地。体纤细而长，头小、翅宽，形似琵琶，体长约12～15mm；嫩绿或黄绿色，成龄渐黄色。后头具红褐色细纹；口器前伸，前胸背板狭长、前窄后宽；前翅扁、薄如轻纱、透明，翅端宽圆，略近腹端，后翅超出前翅，足细长。栖息于瓜豆等棚架作物及果树草丛中，喜夜间鸣叫，鸣声强劲有力、清脆响亮、很似蟋蟀，但节奏较慢，且不来自地面，声如"句，句，句，句（Ju）……"。

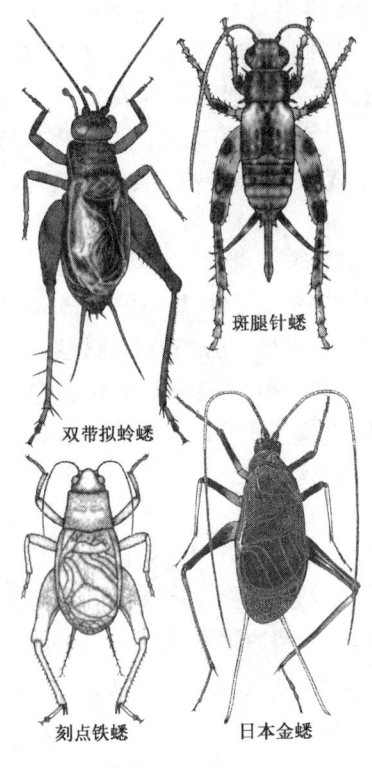

图4-11 4种蟋蟀

日本金蟋 *Homoeogryllus japonicus* De Haan 俗称马蛉（南方）、金钟（北方）。分布于华东、华北、华中及华南。体似一粒饱满的西瓜子，扁平，长约15～18mm，黑色；头部及前胸背板小，触角基部两节黑色，其余白色，近端部黑色；前翅宽大、质薄透明、脉清晰，翅端圆，其长超出腹端；足长，尾须细而几乎与后足腿节等长，浅色或白色。稍受惊动即在覆盖物下捷足转移、不易捕捉；日落开始鸣叫，但以夜间鸣叫为欢，鸣声四或五声为一组，起始音长，以后每一声起音重，收音时向上滑，犹如风吹银铃，回音绕绕，优美和谐，委婉动听，声如"音一，音一，音一，音一（Yin）……"（图4-11）。

梨片蟋 *Truljalia hibinonis*（Matsumura） 俗称（双口）金钟，在我国南方诸省均有分布。体呈梭形，长约18～20mm，草绿色；头较小、略宽于前胸背板前缘，触角黄绿色；前胸背板横宽，前狭后宽、近似扇形；雄虫后翅长于前翅，前翅宽大、近端部趋狭，两侧纵脉粗壮、中央翅脉棕褐色，长度远超过后足腿节端部，镜膜区宽大、半透明，连同头部和前胸背板的侧缘一起形成明显的草绿色侧缘。喜白天鸣叫，鸣声四声一组，第1声较长、后2～3声短促、婉转动听，可无停顿地连续鸣叫，声如"句-句句句，句-句句句（Ju）……"。近似种橙片蟋 *Truljalia forceps*（Saussure），俗称"单口金钟"，分布上海、安徽和江西。该虫鸣声短促而响亮，节奏较慢，每一声之后有4~5s的停顿，声如"句，句，句，句（Ju）……"（图4-12）。

双斑蟋蟀 *Gryllus bimaculatus* De Geer 俗称画镜，分布广东、广西、云南、海南、台湾、四川、湖北。体粗壮、光滑、有光泽，长约23~27mm。头部球形，前胸背板略呈鼓状凸起，两者均亮黑色；前翅黑或略带赤褐、宽大、超出腹端，雄虫前翅基部具1圆形黄斑，后翅端部折叠时呈须状、超出前翅和尾须，足均黑色；在人工繁育的群体中，部分个体前翅和足均为土黄色，翅基黄斑不明显。野生画镜雄虫善鸣好斗，在台湾也常上格斗擂台参赛；其鸣声清脆响亮，强劲有力、节奏匀速、连续无间断，声如"渠，渠，渠，渠（Qu）……"（图4-12）。

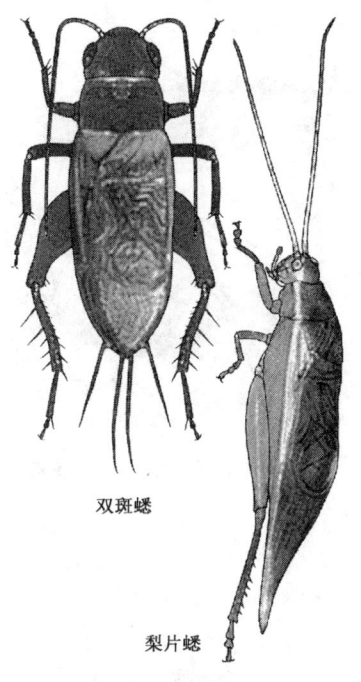

图 4-12 2种蟋蟀（2）

4.3.2 螽蟖

螽蟖科尤以蝈蝈最为著名，河北易县编笼捕蝈蝈出售已有数百年的历史，若夏秋捕自田野，价格则不高，但经人工繁殖的"冬虫"配以高档虫具，价格昂贵。

（1）锐声鸣螽 *Gampsocleis gratiosa* Brunner Von Wattenwyl

北方俗称蝈蝈，南方为哥哥，是集食用与玩赏、听音于一体的昆虫；该虫主要分布于山东、河北、河南、山西、陕西、东北、江苏等地。我国的品种包括北京铁皮蝈蝈、天津绿蝈蝈及三青蝈蝈和草白蝈蝈等。

形态特征（图4-13）

雄虫体长35~38mm，雌虫35~52mm，体翠绿、少数淡褐色。丝状触角褐色，长于虫体，约60mm。前胸背板盾状、宽大发达、盖及中后胸，其下缘黄色；胸部腹板各具1对锥状刺、后胸的最大；雄虫前翅仅达腹部1/2或2/3处，发音器发达，雌虫前翅仅能覆盖1~2腹节、无发音器；前足胫节基部具听器，后足胫节端距6个，其中背面2个、腹面4个但中间2个小；产卵管军刀状、长29.2~34.0mm。卵6.0mm×1.6×2.0mm，褐色，卵壳坚硬。

生物学习性

1年1代，以卵在表土层越冬。翌年4月卵迅速膨大后不久即孵化，其中长度增加44%~58%、宽度增加93%~126%。在河北昌黎若虫初见于4月下旬、终见于8月上旬，成虫初见于6月下旬、终见于10月上旬。但如遇天气干旱，卵期可延长至600余天，至第3年才孵化。

成虫多在上午羽化，经7~13d后交配，可交配多次，每次历时约30min。雌虫交配后13~20d产卵，怀卵后体重可增加约3倍；7月上旬开始产卵于土

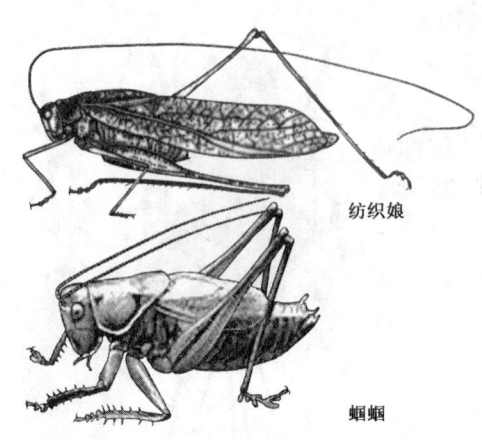

图 4-13　2 种螽蟖

内，高峰在 8 月，9 月末结束，卵散产，每雌产卵 200～444 粒，人工孵化时卵期约 90d。雌雄成虫寿命约 80～90d，9 月下旬死亡，人工饲养下可达 150～200d；若虫 5 龄，每次蜕皮历时约 65min，蜕皮后有食蜕习性，自孵化至开始鸣叫约 50 d。成虫杂食性，以捕食为主，可捕食半翅目、鳞翅目、直翅目、双翅目、同翅目、鞘翅目、螳螂目等昆虫，饥饿时自相残杀、雌性常取食雄性；也取食禾本科、十字花科、鼠李科、百合科、菊科、伞形花科、藜科，及米饭、馒头、炸饼、豆腐等。

鸣叫特性

雄虫左翅基部弧形音锉 0.4mm×0.15mm×5.43mm、每隔 0.029mm 有 1 个横突，右翅基鼓膜 3.14mm×3.46mm、其边缘脉比翅脉约厚 8 倍、但薄膜厚度仅 0.0286mm。雄虫两翅斜竖摩擦发音，以白天早晚鸣叫为主，天气越炎热鸣叫越频繁，随温度的变化鸣声在节奏和音调上也有变化，鸣声清脆、淳美响亮、节奏较快，以招引异性，声如"极-极，极-极，极-极（Ji-Ji）……"。

锐声鸣螽在我国作为一种欣赏娱乐昆虫历史悠久，城乡各地常作为夏季笼养宠物喂养已十分普遍，现已作为商品运销各地，饲养锐声鸣螽的笼子也已向美丽的工艺品发展。该虫除作为一种欣赏昆虫外，也是害虫的天敌；另外虫体内营养成分丰富，尤其是孕卵雌虫更是美味佳肴。

（2）纺织娘 *Mecopoda elongata* Linnaeus

古俗称络纬、现称络纱娘。分布于江苏、浙江、山东、陕西、福建、广东及广西等地。

形态特征（图 4-13）

体形大，成虫体长 28～40mm，从头到翅端可达 50～70mm，绿色或褐色，触角有黑环。前胸背板前狭后宽，侧叶基部黑色，背面 3 条横沟明显；前翅长而宽阔，形似扁豆荚，发音器大、约占前翅长度的 1/3，翅面常有纵列的黑色圆纹，后足甚长、腿节侧缘有刺。

生物学习性

1 年 1 代，以卵在桑、桃、柑橘等寄主植物的枝内越冬，喜食南瓜、丝瓜的花。成、若虫白天常静伏在瓜藤枝叶或草丛中，黄昏和夜间外出活动。

鸣叫特性

在华东一带，8～9 月间可听到虫鸣，其鸣声很有特色。每次开叫时，先有短促的可达 20～25 声的前奏曲，声如"轧织，轧织，轧织（Ga—Zhi）……"，犹如织女在试纺车；其后才是连续的音高韵长、时轻时重、犹如纺车转动的"织，织，织（Zhi）……"的主旋律；如遇雌虫在附近，雄虫一面鸣叫，一面转动身子，吸引雌虫的注意。

4.3.3 鸣虫的捕捉、喂养和管理

尽管花鸟鱼虫市场上几乎全年有鸣虫出售，但购买赏玩鸣虫常不及亲自去野外捕捉、喂养、管理有趣。

4.3.3.1 捕捉

捕捉原则　捕捉时要待鸣虫性成熟后再捕捉，尽可能让其在自然界留下后代；一般要捕成虫、留若虫，捕雄虫、留雌虫，对不需要的鸣虫应就地放生，不能无故致死；捕捉量要有节制，绝不可进行扫荡式的捕捉，尤其在同一地点捕捉稀有种类时要使其种群保持一定的数量；对于穴居或隐居种，尽可能不要去破坏它们的"住宅"，对捕捉过程中翻开的地面覆盖物要恢复原状，使其能尽快"重建家园"。

捕捉时间　野生鸣虫多在夏末秋初雄性成熟后便开始鸣叫，因此7～9月是捕捉鸣虫的最佳季节。对于昼行性种如多数蛉虫类、蝈蝈等以白天捕捉为宜，对于夜行性鸣虫如蟋蟀类、马蛉等则晚间捕捉为佳。

栖息场所　鸣虫的栖息场所包括地栖、草栖和树栖三类。地栖的部分蟋蟀类喜阴暗潮湿的环境，在田野的地表、杂草、作物的根部挖洞而穴居，或隐藏在村舍屋宇的墙脚、砖块瓦砾堆下，或利用现成的墙隙石缝隐居。树栖的喜通风干燥的环境，如金钟、竹蛉、蝈蝈、纺织娘等，它们常栖于较大的灌木、瓜豆等棚架作物和树木上，尤其是金钟常喜在树木的高位枝条上鸣叫。几乎所有的蛉虫类都是草栖性，它们对环境的要求介于上两者之间，常爬行于各种杂草、茅草、芦苇和灌木丛中的叶面和枝干上。

捕捉工具与方法　捕捉地栖鸣虫可用透明塑料饮料瓶制成的锥型捕虫罩或锥型网罩，罩住其穴居点后守候或用草秆、枝条及灌水的方法将虫逐出捕捉。草栖类及栖于高大树木上的种类，用捕虫网扫进网内后再用小网罩捉之。对于不善飞的金钟、竹蛉等，也可直接用手小心捉之；对有佯装习性的如蝈蝈受惊后常突然从枝干上垂直跌落于杂草下，最好采用一网捕捉、一网守候在杂草上捕捉。

4.3.3.2 喂养

(1) 虫具

市售的虫具五花八门，有些已超出作为鸣虫器具的功能而成了收藏的珍品。常用的虫具大致可分为五类。

盆或罐　泥陶盆罐主要用于喂养斗蟋、油葫芦等鸣虫。其中以陈旧的为佳，新买来的盆罐需用茶水、河水、井水或沉淀过的干净雨水浸泡，使其退去炉窑的火烧味。

盒　用纸、竹、木、有机玻璃、金属等制成，其大小要根据虫体大小来选择；面上常装透明的玻璃，侧下部装喂食小盖，四周留通气孔，玻璃外加装不透

明的盖即成暗盒。该虫具适用于大多数中小型鸣虫，不适宜喂养大型鸣虫如蝈蝈、纺织娘类。对喜夜间鸣叫的可选择暗盒饲养，或将透光的玻璃面朝下放，以诱发其鸣叫。

  管 由芦苇、竹、木所制，仅适于喂养小型鸣虫如小黄蛉、墨蛉、金蛉子等。该虫具体积小、便于携带，但鸣虫的活动面积小，不宜长时间放养。

  笼 用玉米秸、竹、木、芦苇或金属丝编结而成，通气性好、保温性差，适于夏秋季喂养蝈蝈、纺织娘、露螽、草螽等大型鸣虫，不宜于冬季在无恒温设备的室内喂养。笼的网眼要根据虫体的大小确定、以防鸣虫逃逸，口器尖利的鸣虫如小纺织娘（似织）等最好置其于铁丝笼内、以免其咬坏笼器外逃。

  葫芦 葫芦虫具透气、保温、保湿、轻巧坚固、便于携带，主要用于蓄养蝈蝈、蟋蟀、油葫芦等。市售的许多葫芦虫具经精心雕琢和装饰，用其他天然材料做成葫芦形状的虫具如红木、牛角、陶土等已成了高档艺术品。

(2) 食料

  自然界的野生鸣虫有植食、肉食、腐食及杂食性。常见的适于家养的鸣虫对食料的要求并不严格，这里介绍的仅是适于单个或少量家养鸣虫的食料，不同于大规模繁殖和群体饲养时对食料的要求。

  米饭 用水浸泡过的米饭，不仅含有足够的水分和营养，而且取材容易，便于更换和清洁，可用作大多数鸣虫的主要食料。

  豆类 常用的是毛豆或菜豆，其水分含量适中、在夏天较耐腐烂。对大型的鸣虫如蝈蝈、纺织娘等，可用完整的豆粒或取掉半个荚壳的豆荚饲养；对小型的鸣虫如黄蛉、墨蛉等，则须捣烂后喂用。

  菜类 较嫩、干净、被农药污染的机会小的大白菜和卷心菜的内层菜叶适宜作为鸣虫的饲料，水分太大、容易腐烂的叶菜类则不宜使用，如用叶菜类时一定要保证其不被农药污染、喂养时要洗净淋干。

  瓜果类 适于所有家养鸣虫的有苹果、生梨和菱肉。其中菱肉水分含量适中、含糖量低，较苹果和梨耐腐，更适于喂养食量小的蛉虫类。

  花类 丝瓜和南瓜的花蕾常用于喂养纺织娘，这是它们的天然食品。

  肉类 新鲜的或冰冻的猪肉末、活小青虫、面包虫等，是杂食性鸣虫如蝈蝈、蟋蟀和肉食性鸣虫如小纺织娘的理想食料。该类食物的饲喂量不宜太多，以防消化不良，如一只蝈蝈一天只需喂1~2条小虫或相应的肉末即可。

(3) 管理

  恰当的管理对于饲养鸣虫来说更为重要，不少鸣虫寿命不长，多不是饿死、而是渴死，或被挤压、沾黏致伤致残或逃逸而死。

  喂食 多数虫具都装有食斗，投食前如鸣虫恰在食斗及其擦板上，可轻拍虫具使其至安全位置后再喂食。投食量以装满食斗为宜，米饭2~3粒即可，瓜果切块大小以装进食斗不脱落为度。如笼养则可将豆荚、瓜果等切成较大的块，悬挂或插在笼围上；若为盆罐或葫芦虫具，喂食时要轻轻打开盖子，切不可突然开启，使鸣虫骤见亮光、受惊而蹦跳，甚至逃逸。食料应每天更换、夏天则1天换

2次，以保持食物有足够的水分；对于食量较大的蟋蟀、油葫芦等，需用小水盂盛净水供其饮用。

清洁 虫具应保持干净，每次喂食时先将鸣虫安置于一容器、再清洗食斗，如有两个虫具替换用则更方便。笼养时可在笼底垫上卫生纸，清洗时将粪便和残余食物的卫生纸卷起取出，换上新纸即可。

防暑 鸣虫活动的适宜温度为15~30℃。夏天要避免阳光直晒，在盛夏即便是笼养也应将其挂于阴凉通风处。

保暖 保暖是冬养成败的关键，冬天不宜用盆罐虫具饲养。室温低于15℃时就应保暖，也可将虫具置于装有灯泡或热水袋的容器中保暖。

4.4 嬉戏资源昆虫

人们饲养鸣虫乃是为听其鸣叫之声，与鸣虫不同的是嬉戏昆虫可供养虫者或喜好者在劳作暇余之时逗虫取乐、玩虫养性。这一类昆虫包括的种类甚多，但基本可区分为两类，一类是可供逗玩与喜斗昆虫，如著名的斗蟋等；另一类是体型或色彩特殊、个体大、便于作为宠物饲养的昆虫，如甲虫中的锹甲、独角仙、金龟甲等。

4.4.1 斗蟋 *Velarifctorus micado*（Saussure）

如上一节所述人们在畜养鸣虫的过程中，发现斗蟋不仅善鸣、而且好斗，该虫"蛮阴性妒，相遇必争斗"。至少从宋朝开始，斗蟋蟀已是相当普遍的娱乐活动，现已成了中国昆虫文化的一个象征，如美国一电台在它的"看东方"节目中，也将中国的"斗蟋"作为一个传统文化形式进行播放。

(1) 形态特征与生物学习性

形态特征（图4-14）

体中型，雄成虫体长13~16mm，雌虫14~19mm，褐色至黑褐色。头顶漆黑有反光，后头3对橙黄纵纹、其两端粗而中央缢缩呈大括弧形，单眼三角形排列、中单眼位于额脊，前胸背板横形、黑褐色。雄虫前翅伸达腹部末端、雌虫则仅略超过腹部中央或接近腹端，后翅均不发达；雄虫发音镜略长方形、具斜脉2支，其中有一横脉曲成直角、将镜分为2室；翅端网区与镜等长，后端圆。产卵器长于后足腿节。卵长圆形，两端圆，0.4mm×2.5mm，表面光滑。

该虫多与长颚蟋 *V. asperses*（Walker）混生，但长颚蟋无斗蟋那样的斗咬习性，后头横纹全长粗细均匀，颜面凹入、前面观很像猴脸，上颚长于前胸背板，产卵管约与后腿节等长。

生物学习性

在北京、南京等地1年1代，以卵越冬。8月初见若虫，下旬见成虫，9月间盛行，9月下旬至10月中产卵。每雌产卵约150~200粒，散产于土内1~1.5cm处。此虫穴居，昼伏夜出，雄虫洞穴常相对固定而雌虫无固定洞穴，雄虫善鸣以招引雌虫前来交配；其鸣声还有占据领地、警告其他雄虫不得入侵，及在两雄相斗时起壮威等作用。两雄相遇时进行殊死搏斗的目的在于争夺配偶。该虫一般生活于土壤稍潮湿的旱作田及砖石下或草丛间。

该虫有习性好斗、鸣声宽宏，音节匀称、略有苍声，可连续长鸣不已，既是一种玩赏价值很高的昆虫，也是一种杂食性危害豆、蔬菜、芝麻、谷子、甘蔗及树苗等的害虫。分布于辽宁、北京、天津、河北、山东、安徽、江苏、上海、四川、陕西、浙江、福建、广东、台湾、贵州、云南以及日本等地。

(2) 利用

斗蟋基本来自野外采集，在室内可用柔嫩的植物叶片饲养，具体方法见鸣虫的饲养和管理。

现今，我国不少主产地的大中城市都有相当规模的蟋蟀市场，上海、天津还举办过电视直播的蟋蟀大赛，惟不能玩物丧志，不能用于赌博。随人们生活水平与文化生活档次的提高，过去简单的"斗蟋"活动也向"艺术斗蟋"过渡。畜养斗蟋蟀活动

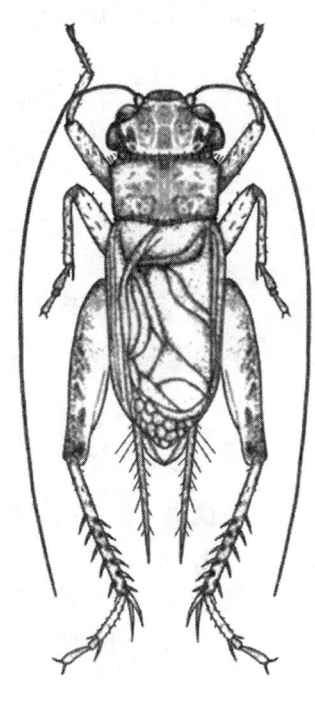

图 4-14 斗 蟋

不仅仅是一项普及的娱乐活动，而且正在成为一种时尚，一种返璞归真，对大自然的追求；人们在从野外捕捉或市场选购、家中喂养，到聆听鸣声，观赏两雄相斗等的一系列活动中，可享受到无穷的乐趣，还可从种类繁多、融合各种传统工艺而精工巧制的许多虫具笼器中获得的艺术享受，怡情养性。我国许多城市相继成立了蟋蟀协会、蟋蟀俱乐部等研究、开发、利用、观赏、娱乐性组织，"斗蟋"和蟋蟀市场在许多城市和地区也登上了大雅之堂，如 1990 年天津国际友好城市艺术节期间，和平区政府承办了蟋蟀格斗观摩赛，同一年天津凯悦饭店在国庆节期间组织蟋蟀格斗比赛以招待国外朋友等。

4.4.2 甲虫

可作为嬉戏和鉴赏的甲虫主要是锹甲和独角仙，该两类昆虫的成虫体形大、寿命长、易饲养，也可加工为工艺品。

(1) 锹甲科 Lucanidae

全世界已知约 1500 种，我国 120 多种，成虫有趋光性，植食或腐食性；幼虫生活于朽木、腐殖质中，部分成虫为害林、果树木的树皮和嫩枝。主要观赏和嬉戏种如大锹甲 *Odontolabis siva* Hope（华北、东北、华南、华东、印度），中华奥锹甲 *O. cuvera sinensis* (Westwood)（广东、广西、云南、浙江、越南），巨叉锹甲 *Lucanus planeti* Planet（云南、越南）等。

形态特征（图4-15）

成虫中至大型，体黑、黄褐色或具黑、黄色斑纹，有光泽。头前口式，触角膝状、棒状部3~6节、末端3节鳃叶状，复眼完整或分裂成上、下两部分，雄虫上颚发达、前伸，鞘翅表面无纵痕纹，足跗节5节、第5跗节最长。幼虫肥大，蛴螬型，各节背面无膨起的皱褶，气门弯曲或呈肾形。

该类昆虫体形大，体态奇特（雄虫上颚发达、前伸），且在繁殖期雄虫有争斗习性，近些年来已成为风行日本等地的新宠物和新嗜好；因为这些甲虫体翅乌黑发亮、又价格不菲，日本人把这种小宠物亲昵地称为"黑钻石"。

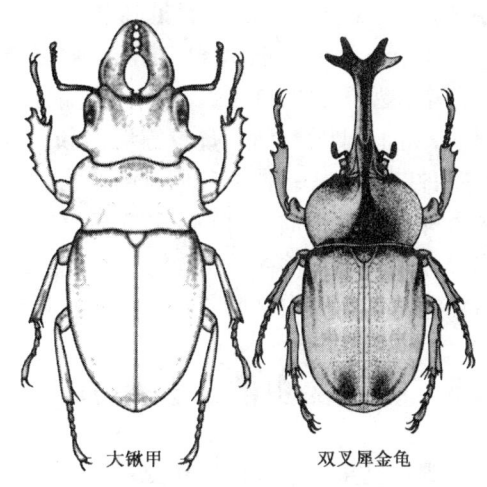

图4-15　21种嬉戏甲虫

日本每年都从东南亚、美洲、台湾等地进口大量的锹甲，东京等大城市有众多出售锹甲等各种昆虫宠物的商店，一只普通的锹甲售价约3~5美元，体形巨大、争斗性强的佳品售价则会上涨百千倍，如曾有一位甲虫癖的公司总裁甚至以数万美元买走了一只"天价甲虫"。我国昆虫馆、礼品店也已有以该类昆虫制作的树脂包埋产品及工艺品出售。

锹甲中的虫源主要来自林间的采集，但锹甲幼虫主要在朽木、腐殖质丰富的场所生活，人工饲养并不困难，人工养殖和开发具有相当的前景。

(2) 独角仙科（犀金龟科）Dynastidae

独角仙广泛分布于北起吉林，南达海南、云南，东到宝岛台湾的我国诸多省区，在林木茂盛的地区尤为常见，除可作观赏动物外，还可入药疗疾。独角仙中药名独角蜣螂虫，有镇惊、破淤止痛、攻毒及通便等功能；入药者为其雄虫，夏季捕捉，用开水烫死后晾干或烘干备用。1976年有人从独角仙中提取到了具有一定的抗癌作用的独角仙素dicotastin，对W-256实体癌瘤有很高活性，对P-388淋巴白血病有边缘活性。

该类昆虫以南、北美洲所产种类最多，其次为非洲及大洋洲，欧洲与亚洲种类较少。幼虫生活在腐殖质土、根或朽木中，成虫植食或腐食，部分为害果树和林木的树皮、嫩枝，有趋光性。主要观赏和嬉戏种类有国家二级保护野生动物叉犀金龟 *Allomyrina davidis* (Deyrolle et Fairmaire)（江西、福建、华中），双叉犀金龟 *A. dichotoma* (Linnaeus)（中国各地），细角龙犀金龟 *Eupatorus gracilicornis* Arrow（云南，越南、缅甸、印度），三角犀金龟 *E. beccarii* Gest.（新几内亚）等。

形态特征（图4-15）

成虫中至大型，平滑而有光泽，具黑、褐等色或色暗而粗糙；上颚常呈叶片状弯曲，雄虫头部有一端部分叉的长角状突起，前胸腹板1叉状小突（雌虫末端平）；前足基节横形，后足胫节2端距。幼虫肥大，蛴螬型，各体节无褶痕，胸足4节、端部有爪，气门弯曲，肛门裂"丫"形。

本类型昆虫的雄虫头部有一尖端分叉的长角状突起，在繁殖期雄虫亦有争斗习性，也已成为台湾、日本等地的新宠物，台湾甚至有人利用"斗独角仙"作为一种赌博方式；台湾岛内有的捕猎集团专门在主产地新竹县的新浦、横山等山区大肆捕猎独角仙，再高价转卖到日本等海外市场。该虫也在腐殖质土、根及朽木等场所生活，容易人工饲养，20世纪80年代末90年代初，作为药用昆虫已由江苏沿江地区农科所等单位人工批量饲养成功。

4.5　鉴赏昆虫的工艺品加工

观赏昆虫标本除可制作虫草画、树脂包埋工艺品、精致而密封的盒装标本、塑封作品等外，各类工艺品商店及昆虫园、馆还出售形形色色的仿昆虫工艺品。仿昆虫工艺品包括塑料仿真昆虫、蝴蝶风筝、虫草剪纸艺术品、刺绣工艺品、珠宝装饰品、陶瓷制品和纺织品上的虫草画纹图案，及具蝴蝶图案的邮票、信封、硬币、纹章等艺术收藏珍品。

另外在现代家庭装饰中，将观赏昆虫制成标本或其仿真品与其他装饰品灵活搭配，取材不多、简单易学，可创造出别具一格的自然气息。如将其作为插花作品中的配件即可为作品增添诗情画意的色彩，若将蜻蜓点缀于盆栽的荷花上即显"小荷才露尖尖角，早有蜻蜓立上头"的叫绝情趣等。

各种观赏昆虫如彩蝶、蛾类、蜻蜓、蝈蝈、甲虫等，因其色彩艳丽、体态优美或奇特而好看，但因其寿命及观赏期短、难以久赏，若用特殊方法将其制成永久标本，或经人为精心设计经艺术造形后加工成形似逼真、富有自然情趣的艺术品，即可延长其观赏期，为观赏资源昆虫的开发利用开辟新的途径、提高其经济价值。常见的观赏昆虫工艺品的制作方法如下。

4.5.1　虫草画制作技术

制作虫草画是开发利用观赏昆虫的提高其价值的有效方法，所用的昆虫资源包括蛾类、蝶类等，现以蝶类为例介绍如下。

蝴蝶色彩艳丽，体态轻灵，将蝴蝶的自然美经人为造型设计或艺术加工成手工艺品，则具有更高的欣赏和实用价值。利用蝴蝶标本可加工成桌垫、镜屏、书签、托盘垫子，或用树脂包埋及压膜技术制成精美的卡片；如将彩蝶的翅不作任何染色、依其不同的斑纹和颜色剪裁成片，加工拼制成维妙维肖的远看似泼墨写意、近赏却如工笔传神蝶翅画，形如《中国农业百科全书·昆虫卷》的《孔雀图》（图4-16）那样，给予观赏者一种厚重紧密、似羽毛而非羽毛、似丝绒而非丝绒的奇妙质感。

(1) 蝶翅贴图法（图4-16）

利用蝴蝶或蛾类灿烂的翅，或剪裁蝶翅上的斑点或条纹组成各种人物、仕女、山水、风景、草木、虫鱼画。其创作图案或仿国画、或仿中西名画，这类蝶翅画的艺术及经济价值很高。制成的蝶翅画可塑封成片、或用镜框装装帧作室内装饰用，其加工过程包括采集加工蝶坯、画面设计、拼制粘贴等工序。

蝶坯采集与加工 蝶坯即经过处理可直接制作蝶翅画的蝶翅。加工方法为，采后蝶类成虫后分别蝶种，将其烘干、摘下翅，再按左、右及前、后翅分别装入4只广口瓶里保存。

图4-16 蝶翅画

画面设计与试排 根据蝶坯的色彩和网纹，灵活地构思和设计出画面如花鸟、人物、风景等，然后将样稿画在白卡纸上，即可试排。试排要根据样稿选择蝶坯，进行颜色搭配，追求立体效果。

拼贴成形 拼贴是将蝶坯按试排好的画面粘贴在白卡纸上。粘贴方法随画面有所不同。例如拼贴鸟类，从尾部、身躯至头部，一层压一层，力求层次分明，繁而不乱；若拼贴仕女、人物等，从任何部位开始均可，其中除头、服饰和头饰外，其他部位如脸、手、脚乃至身躯均需用蝶坯剪成线条粘贴。

蝶画制好后，若在表面喷上清漆即可以长久不坏，若配装在镜框里，需在画纸的背面撒上些细粉状的樟脑精防虫，悬挂时应注意避开阳光直射。

蝶翅贴图作品的水平取决于作者的艺术、修养与构思，而不取决与蝴蝶品种的珍贵与否，创意的艺术家能利用很普通蝶种的蝶巧妙地拼成生动的画面；但缺乏灵感的作者则从这只蝴蝶上剪下一块色斑、那只蝴蝶上剪下一个眼点……，虽然也拼成了一张图画，但却浪费了大量的自然资源。初学者可从拼贴简单图案开始，如用蛇目蝶的前翅拼贴成猫的头部，用黑凤蝶后翅作身躯，再用其前翅作尾巴，触角作胡须，仅用数只蝴蝶就可制成一幅生意盎然的猫图；再如用黑凤蝶的2片后翅作裙子，用色彩淡雅的豆粉蝶作人物的身躯及臂膀，人物的头部用黑凤蝶翅剪成，头上还可用较鲜艳的一小片蝶翅作饰物，画面的上方再拼贴一两只作飞舞状的小灰蝶，一幅逼真的《少女扑蝶画》就完成了。

(2) 鳞粉转写法

本法可能是20世纪80年代日本人"发明"的，目前还沿用着日文的名称。其方法是用一张坚韧光滑的纸，在适当的位置根据蝶翅的形状与大小涂上一层胶水，把取下的蝶翅放在胶水的上面，再用湿布在上面轻压几次，使蝶翅紧贴纸面，并沾去了翅外多余的胶水，然后盖上一层绒布或几层吸水纸，用熨斗加压加热，使其干燥揭开纱布或吸水纸，再小心用镊子将蝶翅揭起，则蝶翅上一面的鳞粉已转贴在纸页上。然后用毛笔蘸水，也可用小刀修去纸面上多余的胶水或鳞片。最后，依照标本用彩笔补给蝴蝶的身体和触角等。

过去有人用这种方法制成蝴蝶画册，其色彩自然比人工彩绘更加逼真美丽，有很高的收藏价值与售价。但由于目前分类还用触角、下唇须、足、翅脉及雄性外生殖器等特征，因此鳞粉转写的产品已失去分类的价值。如果将鳞粉转写法制成书签、贺卡甚至画，是会有市场的。

4.5.2 密封与塑封技术

各种整体密封及塑封技术是保存观赏昆虫的又一常用方法。这类方法简单，创制作品的成本低，因而被广泛使用。

(1) 整体密封法

即将完整的蝴蝶或蛾类及其他昆虫展翅标本，装在特制的木盒或塑料盒内，也可在盒中配上花草的蜡叶标本以增加观感，以玻璃或有机玻璃作盖，再用胶密封；如再抽去了盒中的空气，可使盒中的标本能保存期更长久。江西的陶瓷加工业以制作精美的陶盆代盒，用玻璃作盖密封制成的工艺品有很高的收藏价值。

(2) 蝶翅塑封法

蝶翅塑封法在国内应用最为广泛。所用胶片的一面有胶、遇热即能溶解粘住，制作时将蝴蝶的前后翅剪下、放在有胶的一面，再将已绘好的蝶身与触角、足等的纸片剪下和翅拼在一起，然后用另一片同样大小的胶片覆盖、通过塑封机加压加温，两层胶片与蝶翅和画体即粘成两面都可见的蝶图；这种方法只要动手试制一两次，即可掌握。也可用张卡纸代替其中一张胶片，并印上词句及各种图画作成书签或贺卡；也可配上一些压制的干花草标本，增其美观。

4.5.3 树脂包埋技术

常规的干制及针插昆虫标本，不论如何保存总存在易生霉、变色或招致害虫蛀食等缺陷。而标本采用树脂包埋后，不会霉变又不会被虫蛀、透明度好、便于观察，有如化石标本那样可永久保存，同时还可加工成有较高价值的工艺品。这种保存方法尤其是对稀有、珍贵及色彩鲜艳的标本更为理想。

(1) 材料制作

聚甲基丙烯酸甲酯俗称有机玻璃，其透明度强、质量轻，是由甲基丙烯酸甲酯聚合而成。

生单体　生单体是未经过预聚合的甲基丙烯酸甲酯，为无色透明的液体，在制作标本过程中有类似有机溶剂的作用。

熟单体　熟单体是经过预聚合的甲基丙烯酸甲酯，为无色透明的黏稠状液体，颇似普通制作切片标本用的加拿大树胶；熟单体只有在低温下才能保持原来的性状，应保存在冰箱中，在高温下即渐聚合而硬化。

昆虫标本　各种昆虫标本。

工具　各种大小玻板、玻片、钟表镊子、解剖针或昆虫针。

(2) 包埋与加工

制模　选择无起毛、表面平整光滑、裁成标准方形的玻璃并将其洗涤干净，在一方格纸（最好用蜡纸）上放置玻板为模之底版，再依标本大小在底版上用4块玻片围成正四边形的模壁。然后用镊子蘸少许熟单体滴在玻片接缝处的最上方，使熟单体沿缝之外方自行下流将缝粘合，同时底版四周的缝亦用熟单体粘合；经粘合两次后即放入40℃的温箱中约半小时（夏季可不放入温箱）使熟单体聚合硬化。

取出已固定的模子后，注入厚约4~5mm的熟单体（注入量不可过多，以免将接缝处已聚合硬化的单体溶掉而致熟单体漏出），再置于40℃温箱中约12h；如模底已聚合之单体的厚度不足2~3mm，应按同样方法继续加入熟单体，注意每次加入量均不能多于4~5mm厚（后面操作中的加入量要求也与此相同）。同时，在初次倾注熟单体入模后，要放入预先写好虫名的已在生单体中浸透的标签，自生单体中取出的标签要立即放入模中使其沉入熟单体中，然后使其直立、贴于模中靠近玻片的位置即虫体后端。

包埋标本　先在制好的模子中注入熟单体，然后将整肢干燥后已在生单体中浸泡约1h的虫体取出，虫体背面向下立即放入模子中，用镊子或针调整虫体的位置，再轻移于有玻璃盖的盒中使熟单体自然聚合（不需加热聚合以免产生气泡），经1~2d或更长时间后，可用针试探熟单体是否已聚合成固体；如已聚合成固体时即可再加入熟单体，以后每隔1~2d加入1次，直至虫体全部被包埋为止；此后即将标本放置起来，等到完全聚合硬化后即可脱模。

脱模　标本完全硬化后即可进行脱模。脱模时先拆去底板，然后再拆去四边的玻片。脱模后，标本的边缘往往不够整齐，可用小剪刀加以修剪，全都制作过程即告完毕。

注意事项　制作过程应在无尘或少尘及无风的室内进行，在包埋开始后要随时观察虫体的位置并及时校正，及时排除虫体附近的气泡，标签应用中国墨汁填写，字迹要清晰。

另一法则是用尿素甲醛树脂（尿醛树脂）包埋昆虫标本。该树脂透明度好、不怕摔碰、不怕虫蛀、不发霉、便于携带和保存、原料来源方便、成本低。但该法制作较小昆虫标本时成功率高，而对较大的昆虫标本如凤蝶、天牛等的制作成功率较低、难度也较大。尿醛树脂昆虫标本的制作原理是在微碱性触媒（氢氧化钠）及弱酸性触媒（冰乙酸）的先后作用下，通过水浴加热，使1mol的尿素与1.5~2mol的甲醛合成二羟甲基尿（尿醛单体），然后加入凝固剂（如用氯化铵，用量为0.4%~0.6%；如用冰乙酸则为3%~5%），在塑料模具内包埋昆虫标本，经20多天的定型干燥，使标本变硬脱模，再经过打磨抛光，即成尿醛树脂昆虫标本成品。

复习思考题

1. 鉴赏昆虫的利用价值体现在几方面？
2. 如何对鉴赏昆虫进行保护？
3. 简述观赏蝴蝶的资源属性和开发方式。
4. 网室蝴蝶园和温室型蝴蝶园有何区别？
5. 观赏蛾类和甲虫有哪些主要类群？如何利用？
6. 重要的鸣虫和嬉戏昆虫有几种？如何饲养和管理？
7. 简述蝶翅画与观赏昆虫的树脂包埋工艺品的加工技术。

本章推荐阅读书目

中国蝴蝶原色图谱．周尧主编．河南科学技术出版社，1999
蝴蝶世界．张松奎，赵爱玲．科学出版社，1996
蝴蝶．莫容，王林瑶．中国农业出版社，1993
中国蝈蝈谱．吴继传主编．中国图书馆出版社，2001
中国珍稀昆虫图鉴．陈树椿主编．中国林业出版社，1999
中国蛾类图签（Ⅱ，Ⅲ，Ⅳ）．中国科学院动物研究所．科学出版社，1983

第 5 章　传粉昆虫

【本章提要】 本章介绍了昆虫传粉的价值及国内外对传粉昆虫的研究和应用。重点讲述了蜜蜂类、壁蜂类、切叶蜂类和熊蜂类等传粉昆虫的种类、形态特征、生活史、生活习性、饲养管理、病虫害防治、传粉作用、利用技术及资源保护等内容，并对其他传粉昆虫进行了介绍。

5.1　昆虫传粉的价值

世界上约有80%的被子植物靠虫媒受粉，这些植物包括绝大多数果树、蔬菜、牧草及农作物，它们依靠昆虫传粉而结实，同时这些植物又供给传粉昆虫赖以生存和繁衍的食物即花粉和花蜜。昆虫传粉提高了果树、蔬菜及农作物的产量和质量，给人类带来了巨大的经济、社会和生态效益。已有不少专家和学者从不同角度对昆虫传粉在农业生产及被子植物的进化和发展中的作用和价值给予了评价，随着对传粉昆虫的研究与利用技术的继续进步，该类昆虫在未来农林业可持续发展中发挥增产效益，将会节省大量的土地资源、品种资源及人力和物力资源。

5.1.1　传粉昆虫的种类

传粉昆虫种类繁多，常见于膜翅目、双翅目、鞘翅目、半翅目、鳞翅目、直翅目和缨翅目。其中膜翅目占全部传粉昆虫的43.7%，双翅目占28.4%，鞘翅目占14.1%，半翅目、鳞翅目、缨翅目和直翅目所占比例较小。

膜翅目中传粉昆虫种类最多、种群数量最大，如蜂类和蚁类。细腰亚目中的有些寄生性小蜂的传粉具有专一性，如个体小容易出入寄主花朵的榕小蜂 *Blastophaga silvestri* Grandi，它既是无花果的寄生者又是传粉者，是昆虫与寄主共生关系的典型，不同种类的无花果，都有各自专一的、高度特化了的榕小蜂为其传粉。蜜蜂总科中大部分为独栖性种类，有些蜂种为短口器型的如分舌蜂科、隧蜂科、地蜂科、准蜂科的种类，长口器型的如切叶蜂科、条蜂科、蜜蜂科的种类，及社会性生活类型如家养蜜蜂、熊蜂、排蜂、小蜜蜂和无刺蜂等，都各有不同的传粉方式和传粉植物。

在双翅目长角亚目中的很多小形种类如蕈蚊、瘿蚊、摇蚊、蚋、蠓等，被认为是原始的传粉昆虫；在短角亚目中常见的传粉昆虫是蜂虻科 Bombyliidae 的种类，它们具有很长的吻管，可吸食筒形花朵基部的蜜汁。芒角亚目中食蚜蝇科

Syrphidae 的很多成虫是喜花昆虫，具有明显的传粉作用；吻管较长的眼蝇科 Conopidae 和花蝇科 Anthomyiidae 等昆虫，善于取食花粉花蜜，并以花粉作为蛋白质的来源。多数膜翅目和双翅目的传粉昆虫体表多毛，有助于携带和传递花粉，对植物花朵的颜色选择能力很强，跗节具有化学感受器官，对含糖的液汁敏感；吻能分泌涎液，涎液中的酶可稀释糊状花蜜，以便吸食。

鞘翅目昆虫是最古老的传粉类群之一。常见的多属于叩头虫科 Elateridae、花金龟科 Cetoniiidae、郭公虫科 Cleridae、露尾甲科 Nitidulidae、叶甲科 Chrysomelidae、隐翅甲科 Staphylinidae、芫菁科 Meloidae、花蚤科 Mordellidae 和天牛科 Cerambycidae。这些甲虫为植物花朵所散发出的特有的气味所吸引，而前往访花传粉。它们的共同特征是前胸和颈部延长、前口式，能在取食的同时起到传粉作用，如芍药花常由甲虫类昆虫传粉。

鳞翅目中的蛾、蝶类昆虫虽吮吸一些其他液汁但多以花蜜为食，白天蝶类借着花朵的颜色和香味趋寻花朵，夜间蛾类则在颜色浅淡和香味浓郁的花朵上吸食花蜜、携带和传播花粉。

在不完全变态的昆虫种类中，也有不少种类是喜花昆虫、具有传粉作用，例如缨翅目中的多种蓟马，它们具有适于取食花粉的不对称口器，并对杜鹃科 Ericaceae、菊科 Compositae 等植物有传粉作用。半翅目中的姬蝽科 Nabidae、盲蝽科 Miridae、长蝽科 Lygaeidae、缘蝽科 Coreidae 和蝽科 Pentatomidae 等昆虫也喜在菊科、伞形科 Umbelliferae 植物上活动，也有一定的传粉作用。

综上所述，昆虫的访花传粉，不仅使昆虫获得了花粉、花蜜等食物，也使异花受粉植物得以授粉和结实。但能够在生产上有明显传粉效果的包括膜翅目的蜜蜂类、胡蜂类、榕小蜂类及双翅目的食蚜蝇类。除少数几种家养蜜蜂外，野生蜜蜂在世界上约 2.5 万种，我国已知近千种，它们分布广、适应性强，在某些条件下其传粉和授粉作用远超过家养蜜蜂。

5.1.2 昆虫传粉的意义

昆虫传粉可以使植物得到受粉的机会，提高果实和种子的产量和质量，并能增进植物种子的生活力。因此，在农林业生产中利用昆虫传粉可产生相当的经济和社会效益，降低生产成本。

(1) 昆虫传粉的经济效益

人类栽培的约 3 000 种植物绝大多数为显花植物，据前苏联报道蜜蜂的授粉可使荞麦增产 35%～40%、棉花 20%～25%、向日葵 40%～45%、温室番茄 22%～40%、温室黄瓜 50%，我国研究表明油菜可增产 30%～60%、向日葵 30%～50%、荞麦 25%～60%、柑橘 25%～35%、苹果 20%～47%、梨 30%～50%、棉花为 5%～12%。美国 1980 年统计表明蜜蜂为农作物授粉的价值接近 200 亿美元，其中果品和瓜类为 33 亿多美元、种子和纤维类为 25 亿多美元、茶类和苜蓿草为 60 亿美元，因蜜蜂传粉而使乳牛和牛奶增值 70 多亿美元，但蜂蜜和蜂蜡等的总价值仅为 1.4 亿美元，农作物的增产值要比当年的蜂值高出

143 倍。

1960 年美国的 Eckert 和 Shaw 认为，传粉昆虫授粉创造的经济效益 80% 是由家养蜜蜂带来的，虽然该观点已被否定，但由此可见包括家养蜜蜂、野生蜜蜂和其他传粉昆虫在内的传粉昆虫创造的价值是难以估量的。20 世纪 70 年代后，苜蓿切叶蜂在美国、前苏联、中国等地被用于苜蓿授粉，使苜蓿种子产量由 100～200kg/hm^2 上升到 2 000kg/hm^2；角额壁蜂、蓝壁蜂、红壁蜂及凹唇壁蜂在日本、美国、俄罗斯及中国等国家用于苹果、扁桃、梨、樱桃等果树的授粉，大大的提高了其果品的产量和质量，利用舌蜂为油菜传粉使其增产约 30%。

(2) 昆虫传粉的生态效益

昆虫传粉在显花植物的繁衍过程中起着重要的作用。人类的生存环境及生物进化的自然环境因人类活动影响发生了改变，即生态平衡的破坏使其承载力降低了，进一步的生产成本增大了；因此在农林业生产中利用昆虫传粉具有增加生态承载力、改善和恢复生态环境的效益。

昆虫传粉能够增加农林植物的产量、节省土地资源　昆虫传粉增加了果树、蔬菜、牧草、农作物单位土地面积的产量，提高作物种子的质量，产量的增加使人类能够减少土地的开垦量，使用更多的土地植草种树、改善环境质量。

昆虫传粉能够减少农林生产过程中化学物质的使用量　在生产过程中使用农药、化肥等的目的是增加产量，大面积的使用昆虫传粉技术，既然可提高作物的坐果率、结实率、产量和质量，也必然会降低农药、化肥等的使用频率，使这些化学物质对环境及农林产品的污染减少，从而保护了生态环境。

昆虫传粉能够保持物种多样性的稳定性　昆虫的传粉在植物繁衍中起着重要作用。一方面，这种传粉方式更加准确、可靠和高效，在自然界使许多植物不会因不能授粉而绝灭，如管状花植物、尤其是三叶草类的授粉者熊蜂及许多国家级保护植物若没有昆虫授粉则不能结实。另一方面，传粉昆虫在频繁的访花过程中能携带远距离植株的花粉进行异花受粉，使授粉植株的遗传多样性及基因型的复杂程度得以提高，保障了结实的质量，进而维持生物群落的多样性和稳定性。

现代规模化和产业化的农林业生产，在一定区域内导致了授粉昆虫数量的相对不足，不能满足作物开花结实的需要，从而在一定程度上限制了作物产量和质量的提高。所以生产者不得不采用人工授粉、增加授粉树种、增施肥料、增加灌溉量、改进耕作措施等增产技术，但任何其他人工授粉的方法与昆虫授粉的效率都是无法相比的，更不能对昆虫的授粉作用进行替代；利用昆虫授粉还能使这些增产措施发挥更大作用，所以在绿色食品生产和农林业可持续发展中利用昆虫传粉和授粉具有重要的意义。

5.1.3　昆虫传粉的增产机理

昆虫传粉的增产机理主要是昆虫在访花时携带花粉，使植物适时和较好地实现异花授粉，丰富了其遗传基础，提高了适应能力和抗逆性，从而提高了产量，改善了产品的品质。

在最佳时间授粉 昆虫授粉之所以比人工授粉和自然授粉效果好,是因为植物多在开花初期柱头的活力最强,昆虫不断在田间频繁访花活动,总会在柱头活力最强的最佳时间传授花粉、使植物实现受精,如中蜂和意蜂访花频率为 5~10 朵/min,壁蜂为 10~20 朵/min。而人工授粉每天常只能进行一次、速度慢,很容易错过柱头活力最强的授粉时间,造成受精效果不良,从而影响到果实和种子的产量和质量。

授粉充分 昆虫授粉后柱头上的花粉量要比人工授粉量多几倍到几十倍,且昆虫传授于柱头上的大量花粉其发育成熟度差异较大,便于雌蕊有选择地受精和提早受精,多花粉粒的群体效应对花粉管的提前萌发和生长十分有利,能加快受精速度,促使果实早形成、早成熟。

受精完全、提高果实和种子的品质 昆虫授粉使柱头上的花粉多而且及时,使子房中的所有胚珠都能得到精子,不会导致某个胚珠因未受精而影响整个果实的形成和发育,从而减少畸形果、提高果实的商品质量。

异花授粉提高作物的产量 许多植物有自交不亲合性,采用昆虫传粉,将异花花粉及其携带的基因带到柱头上,花粉容易萌发、完成受精过程及果实的生长过程,从而提高产量。

使植株生长进入兴奋状态 昆虫授粉能使植物提早受精,受精后合子生成,合子中生长激素的合成速度加快、数量增多,刺激营养物质向子房运输,促进了果实和种子发育。由于植株向幼果输送营养物质的作用增强,避免了因营养不良导致的大量落果,提高了坐果率和结实率。

充分利用有效花 衰弱花泌蜜及散发引诱昆虫的挥发物少,昆虫访花时能够识别健壮花,可对其进行充分的传粉和受精、使其结实。

5.2 蜜蜂类

蜜蜂是最好的授粉昆虫之一,其种群数量占授粉昆虫总量的 85% 以上。利用蜜蜂授粉已是许多国家重视的一项农业增产措施,也是我国对蜂产业在运输等过程中给予特殊政策的原因。现代农林产业集约化、大规模地种植同一种作物、保护地栽培及大量使用农药等造成了授粉昆虫不足,而使用人工授粉除不现实外,也加大了生产成本。利用蜜蜂本身的授粉性、可产业经营性及其蜂饲料的可贮存性,不仅可获得蜂产品,而且能使面积很大的作物由蜜蜂授粉、获得增产效益,这一切都决定了蜜蜂是一种最理想的可经营型授粉昆虫。

5.2.1 蜜蜂种类

我国蜜蜂有 7 种,即家养的西方蜜蜂 *Apis mellifera* Linnaeus、中华蜜蜂 *Apis cerana* Fabricius、排蜂 *Megapis dorsata* Fabricius、大排蜂 *M. binghami* Ckll.、黑色大排蜂 *M. laboriosa* Smith、小蜜蜂 *Micrapis florea* Fabricius 和黑色小蜜蜂 *M. andreniformis* Smith。东方蜜蜂有原产于我国的中华蜜蜂、印度蜂 *A. cerana indica*

Fabricius、南亚蜂 *A. cerana javana* Enderlein、日本蜂 *A. cerana japonica* Radoszkowski 等品种,西方蜜蜂有欧洲黑蜂 *Apis mellifera mellifera* L.、卡尼鄂拉蜂 *A. mellifera carnica* Pollmann、高加索蜂 *A. mellifera callcasica* Gorb.、意大利蜂 *A. mellifera* L. 四大品种;此外还有安纳托利亚蜜蜂、叙利亚蜜蜂、突尼斯蜜蜂、埃及蜜蜂、塞内加尔蜜蜂、东非蜜蜂、波斯蜜蜂等品种。过去我国东北、内蒙古、新疆等北方以饲养意蜂为主,四川、云南、贵州、广东、广西、福建等地以饲养中蜂为主。由于我国采取了扶持蜂产业的特殊政策,因意蜂具有群势强、产蜜量大等特点,我国现在产业化经营的蜜蜂主要是意蜂。

5.2.2 传粉作用

包括我国在内的许多国家已将饲养和保护蜜蜂传粉列为农林业的一项增产措施,并制定有相应的扶持政策和法规。蜜蜂传粉的增产效果及提高传粉效率的技术如下。

(1) 蜜蜂传粉的增产效果

我国在瓜菜、果树、油料、牧草等多种作物上进行了蜜蜂传粉的实验研究,其增产效果明显(图5-1)。

图5-1 蜜蜂访花

瓜菜类 ①西瓜为雌雄同株异花,雌花量为雄花的1/4,雄花粉黏重、不易人工授粉。1991年北京市顺义县小店乡用蜜蜂授粉,使西瓜提早5~7d上市、含糖量增加、产量提高11.4%。温室栽培的西瓜坐果率可提高到41.2%~95%。②在大棚温室草莓则坐果率提高、增产38%,并且果实个体大、畸形果少、色泽好、生长快、成熟早、味道好。③黄花菜(金针菜)自然授粉结实率仅为0.5%~2%,1990年申晋山等人用意大利蜂对三个品种进行授粉,其结实率提高4~10.9倍。④西葫芦为雌雄同株异花、花期仅一天,若当天不授粉、花则退化,使用2,4-D生长激素进行生产极易造成污染。1999年邵有全用蜜蜂传粉后增产13.4%~34.9%,畸形瓜下降33%。⑤黄瓜为雌雄异花、雄花簇生、雌花单生,用蜜蜂授粉后单性结果的津杂2号、北京叶儿三、长春蜜刺和新泰蜜刺产量分别提高39.2%、20.8%、31.4%和35.02%,劣质瓜率较原来的17.6%减少为9.95%,坐瓜率提高了20.21%,同叶位结双瓜率提高64.07%。

果树类 ①大多数苹果品种只接受不同品种的花粉才能结实,每个苹果10胚珠中有8粒以上形成种子时果实才不会成畸形果。20世纪70年代初旅大地区连续5年利用蜜蜂为低产果园传粉,使产量成倍增加;1999年鹿明芳用蜜蜂授粉后红富士增产26.2%、乔纳金增产31%、新红星增产31.7%,且畸果率明显减少。②柑橘为单性结实,1988年陈胜录用蜜蜂授粉后坐果率提高54.24%、产量提高38.55%,但蜜蜂授粉不改变其品质;温州蜜橘则增产6.3%、单果增重

10.9%、种子形成率仅 0.45%。③锦橙是我国柑橘优良品种之一，也是出口的主要品种，但开花多、坐果率低；1988 年吴海之用蜜蜂授粉使坐果率由 1.6% 提高到 31.2%，单果重由 96.6g 提高到 107.7g。④梨多数自花不育，人工授粉可使产量提高 2~3 倍；1984 年吴美根用蜜蜂为砀山酥梨授粉，使坐果率达 44.5%~45.9%、单株产量提高 15% 以上、含糖量提高 31%；1995 年邵家祥用蜜蜂为香梨授粉后坐果率提高 25%、增产达 32% 以上，商品率由 50% 提高到 90% 以上。⑤2002 年李晓峰用蜜蜂为猕猴桃授粉，坐果率由 66.1% 增加到 90.6%，畸形果由 39% 下降到 14.5%，一级果由 48% 增加到 69.2%，产量增加 10.5%；1977 年匡邦郁等人对东方蜜蜂传粉等进行了研究，蜜蜂授粉组花期为 10.2d，而无蜜蜂授粉的对照组花期为 12.7d。⑥柿子用蜜蜂授粉后坐果率由自花授粉的 4.22% 提高到 7.31%，成果率由 12.35% 上升到 66.55%，产量提高 40%。

油料类　①向日葵花期有昆虫 3 科 9 属 17 种，其中中华蜜蜂和意大利蜂占全部授粉昆虫总数的 86%，蜜蜂授粉可使向日葵增产 34%~46%，籽饱满率由 14.2% 增加到 85.2%。②油菜用蜜蜂授粉后有效荚果由 34% 提高到 63%，每荚果籽粒数增加了 35%，千粒重提高 0.43g，出油率提高 10.7%；吴建华研究证实，用蜜蜂授粉荠菜型、甘蓝型、白菜型、蓝花子油菜分别增产 24.4%~31%、34.14%、120.1% 及 183.33%。③自花不育的油茶花粉粒大、重而黏，平均产量仅 37.5~45kg/hm^2；1987 年赵尚武用蜜蜂授粉后坐果率达 80% 以上，结实率提高 1 倍以上，总经济效益提高 5~7 倍。

农作物类　大部分农作物都是风媒或自花授粉结实的植物，一般情况下蜜蜂授粉对某些作物产量和质量影响不是很大。但采用蜜蜂授粉后水稻杂优品种增产 330kg/hm^2，产量、千粒重、结实率分别提高 5.66%、2.94% 及 3.9%；棉花结铃率增加 39%、皮棉增产 38%、棉绒长度增加 8.6%，所获得的品种内杂种早出苗 3~7d，孕蕾、开花期和成熟期提早 6~10d，第三代落铃数减少 15%~27%；苜蓿种子产量由 22kg/hm^2 提高到 33.4kg/hm^2；三叶草种子产量增加 15.9%~48.6%、发芽率提高 34%~61.5%；粗饲料豆授粉后每株平均结荚数增多 37.9%、蛋白质含量也明显提高。

(2) 提高传粉效果的技术措施

时间选择　利用蜜蜂授粉时应在天气较好时将蜜蜂运到授粉场地，花期较短的应在开花前运蜂、反之则在开花时送蜂授粉，对蜜蜂吸引力不强的如梨树应在其开花达 25% 时送蜂，苜蓿应在始花后 10 天先送蜂群的 1/2、1 周后再送另 1/2，向日葵、柑橘、桃、杏等蜜蜂喜食植物开花后即可送蜂授粉。

蜂群的配置　使用蜜蜂授粉配置的蜜蜂量取决于作物面积、分布状况、长势、花量以及蜂群的群势等。由于还要兼顾蜂产品的生产，每 1 强势蜂群可承担的传粉面积大致为 2 000~4 000m^2。

喷施盐水　钙、钠离子有利于一些植物花粉管的生长，在授粉植物开花期喷施钙盐、钠盐等可以提高授粉效果。1995 年杨锐在甘蓝、大白菜花期上午 9：00 喷施 3% 氯化钠，使自交不亲和系的结实率显著提高。

改花期喷药为花前喷药 花期施药不仅影响蜜蜂采蜜、授粉，而且还使花器产生药害而减产。如油菜花前比花期喷药每公顷增产9.7%、龙头病较花前减少50%、后期蚜虫为害株率由23%降低到2%，盛花期喷施40%乐果乳剂、50%马拉硫磷乳剂600倍液时结荚率降低0.5%、单荚结子数减少3.03~8.46粒。棉花在花期喷药减产2%、霜前产量下降8%、坐果率下降6%。意大利的巴·达格林尼对果树花粉的发芽力也进行了花期喷药和不喷药测试，结果表明喷洒农药降低花粉的萌发力、减少花中的子房数。

蜜蜂训练 当蜜蜂授粉区域出现一种流蜜多、花粉充足、引诱力超过目标授粉作物的植物时，可用具有目标作物花香的糖浆对其进行训练，强化蜜蜂访花的专一性、提高授粉效果。具体方法是：从初花期至花末期，每天用浸泡过该花瓣的糖浆饲喂蜂群，以使蜜蜂尽快建立起采集这种植物花的条件反射。法国进行的研究证实，如以这种方式饲喂蜜蜂幼虫，群蜂就会建立永久记忆，长久保持对这种植物的采集力、直到死亡；前苏联进行的相同实验使蜜蜂在目标植物上的访花次数提高4.7倍，我国的吴美根建立的梨树花提取物饲喂蜂群其访花数较对照提高了1.49倍。

温室传粉 蜜蜂已被广泛地用于温室传粉。温室传粉的蜂群可放温室内不过热的地方，也可放在室外将一巢门通往室内、另一个巢门通向室外，再根据需要打开巢门进行授粉。刚搬入温室的蜂群，由于外勤蜂不适应温室环境、多飞向棚顶，如利用幼蜂和在温室内羽化的蜂群则较少出现这种情况。此外，如蜂群置于温室，巢内要有充足的饲料，以保证蜂群的正常繁殖。

5.3 壁蜂类

壁蜂隶属于蜜蜂总科 Apoidea 切叶蜂科 Megachilidae 壁蜂属 *Osmia*，是众多的野生蜜蜂中被广泛用于栽培植物传粉的重要类群之一。20世纪50年代末日本首先研究利用当地的角额壁蜂 *Osmia conifrons* (Racloszkowski) 为作物传粉，并成功地将其开发为苹果、李的商业性传粉昆虫。因意大利蜜蜂蜂群下降，为满足对苹果树传粉用蜜蜂的需要，1970年前后美国农业部从本国的野生蜜蜂中寻找到了适合于商业化饲养的传粉昆虫，即能够对苹果和李属植物进行有效传粉的蓝果园壁蜂 *O. lignaria propinqua* Cresson，同时也对角额壁蜂进行了相应的利用研究。1987年中国农业科学院生物防治研究所从日本引进，并在河北省和山东省应用了角额壁蜂，同时也从当地发现了凹唇壁蜂 *O. excavatu* Alfken 和紫壁蜂 *O. jacoti* Cockerell。

5.3.1 种类与生物学

壁蜂种类较多，分布范围广，除澳大利亚和热带地区尚未发现外，在世界各地均有分布。在我国能为果树授粉的壁蜂有5种，即角额壁蜂、凹唇壁蜂、紫壁蜂、叉壁蜂 *O. pedicornis* Cockerell 和壮壁蜂 *O. taurus* Smith，应用最广泛的主要

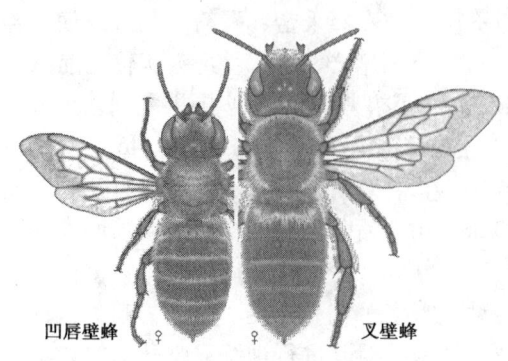

图5-2　2种壁蜂

为前3种，而怪唇壁蜂 O. satoi Yasumatsu et Hirashima 的习性及访花植物还不清。壁蜂野生、独栖，其形态构造（图5-2）与花器构造、不同种的活动期与果树的花期互相适应，是多种落叶果树的重要传粉昆虫。

（1）角额壁蜂 Osmia conifrons (Racloszkowski)

分布于北京、河北、山东、陕西、甘肃等地及日本、美国等。

形态特征

成虫　雌体长11～12mm、雄10～11mm。雌黑色具铜色光泽，密被灰黄色长毛，头长略大于宽，颅顶几平直，颊最宽处为复眼宽的2倍，唇基光滑，端缘中央呈三角形突起，唇基两侧角各具较长的角状突、突起顶端平、两尖角相对且间距近、外侧稍凹陷，唇基中央平坦、前缘1三角形小突，上颚有4齿、端齿长而尖；腹部长筒形，腹面采粉器官即腹毛刷橘黄色。雄性复眼内、外侧各1～2排黑色长毛，唇基和颜面1束白灰色长毛；头胸及腹部第1～6节背板被毛灰白或灰黄色，第7腹节背板端缘弧形，无腹毛刷。

卵　长椭圆形，长约2mm。白色半透明。

幼虫　老熟幼虫粗壮，C形，乳白色、半透明状。体长10～15mm。

蛹　前蛹期乳白色，头、胸较小，腹部肥大弯曲。化蛹初黄白色，后色渐深。茧椭圆形、暗红黄色、顶端具乳突，茧壳坚硬、由3层构成；外层为白色丝膜，顶端丝膜略黄白色、较厚，中层的胶质茧壳较厚且坚硬、暗褐色，内层胶质膜极薄且柔软、茶褐色。茧5～7mm×8～12mm。

生物学习性

生活史　独栖，以石缝或木质建筑的孔洞为巢穴，人工驯化的喜以芦苇管或纸管为巢穴。1年1代，穴居生活约300余天，卵期8～13d，幼虫期19～22d。巢内幼虫孵出、食完花粉团后调转身体使头部朝向巢管口，静止1～2d后在2.3d内完成吐丝、结茧，再以前蛹状态在茧内经过约60d，7月下旬至8月上旬化蛹，蛹期25～30d，8月上旬或中旬羽化为成蜂，以成蜂在茧内滞育越冬，约190d，至翌年的2月下旬出蛰活动，成蜂出茧后活动约35～40d即死亡。

习性　成蜂多在晴天出巢活动，低温阴雨或4级以上大风时出巢少，晴天气温达以上14℃、阴天达16℃以上时即出巢访花采粉及花蜜和营巢，活动时间集中在8:00～18:00，以11:00～15:00最活跃。访花植物包括杏、李、樱桃、桃、梨、苹果、山楂、萝卜、白菜、油菜及菊科等，飞翔距离约700m，但主要在距巢穴60m范围内活动。

该蜂喜在内径0.6～0.65cm、长15～17cm的巢管内营巢和繁殖后代。交配后的雌蜂定巢后即清理巢管、采土、在巢管基部构建 1 个小室，然后采粉及花蜜在小室内作 1 粒 1~1.1cm 大小的花粉团，并在其表面产卵 1 粒，以土壁封闭小室；再在前 1 个小室外筑室、建花粉团、产卵，一般在 15cm 长的巢管内筑建小室 6~11 个，最后在管口 4~5cm 处作 2~3 道土壁封严巢管，以保持巢内湿度并防止天敌入侵。巢室大小不一，近管口的小，向内渐大。较小的巢室花粉团小、其卵发育为雄蜂，反之卵则发育为雌蜂。雌雄比在国内约为 1:2，但日本报道为 1:1.4。

(2) 凹唇壁蜂 Osmia excavatu Alfken

分布辽宁、河北、山东、北京、陕西、江苏、浙江等地。徐环李、周伟儒等 1984 报道该蜂访花速度快、工作时间长、传粉能力强，是我国北方果树的优良传粉昆虫。

形态特征（图 5-2）

成蜂　雌体长 12~15mm，黑色，腹部具铜色光泽；体密被灰黄色长毛，头部颜面及胸部背板中央被毛灰白色但杂有黑色长毛，腹部具金黄色腹毛刷，腹部背板端缘毛带色浅；唇基明显突起，中央具倒三角形凹陷、凹陷光滑但中央具 1 纵脊，两侧角各 1 短角状突起；前翅有两亚缘室。雄虫体长 10~12mm，头、胸及腹部第 1~2 节背板密被灰黄色长毛，腹部第 1~5 节背板缘端有白色毛带，第 3~6 节背板有稀疏的灰黄色毛，并杂有黑毛；与雌蜂的主要区别在于触角长达腹部第 1 节，腹部第 7 背板端缘圆、平切状，体毛较长而密、多灰白色，无腹毛刷。

卵　长圆形，长 3~3.5mm，白色透明。1/4 斜埋于花粉团中，外露部分略下弯曲。

幼虫　老熟幼虫体粗壮，C 形；体表白色半透明，体长约 12~17mm。

蛹　前蛹期乳白色，头胸小，腹部肥大弯曲。化蛹初黄白色，后色渐加深为暗黑色。茧椭圆形、茧壳坚实、暗黑色，顶端 1 个乳突，外被白色丝膜层，顶端丝膜较厚、覆盖茧的前端及乳突，中层茧壳深红褐色，内层为胶质软膜、茶褐色。雌茧 4.6mm×9.9mm，雄茧 3.9mm×8.4mm。

生物学习性

生活史　1 年 1 代，在石缝或木质建筑物的孔洞筑巢，人工驯化后最喜在内径 6~6.8mm 的芦苇管或纸巢管内筑巢。各虫态历期分别为，卵期 9~16d，幼虫 14~33d。幼虫取食完花粉团后也调转身体使头朝向巢管口，1~2d 后吐丝、约 2d 完成结茧，前蛹期 66.4d，8 月上旬和中旬化蛹，蛹期 19.2d，于 8 月下旬至 9 月上旬羽化，滞育越冬成蜂约经过 180d 至翌年 2 月下旬出蛰活动，成蜂活动约为 40d 后死亡。

习性　该蜂对低温要求不严格，在 10 月份只要经过 10℃ 以下短时间的低温即能打破滞育、破茧出巢。气温较低及多雨天气成蜂出巢慢，反之则快。雄蜂先于雌蜂出巢。雄蜂出巢后在巢箱附近飞巡，或停留在巢箱上，一旦雌蜂破茧而出，便争相与之交配，交配多在晴天的 10~16h 发生、历时 30min。交配后的雌蜂选好巢管后即进行清理、采土、营巢，对巢管内径要求为 5~8mm。1 管内有 4~8 个、多达 12 个花粉团及小室，花粉团前部呈斜面状，斜面处产卵 1 粒，完成筑巢后，约用 3d 在近巢口 3~5cm 处用泥土构筑 2~3 层保护壁、再用泥土封口。该蜂具有扩散营巢习性，在营巢箱中的营巢率占 73.6%，扩散至 20m、40m 处营巢的分别占 15.3% 和 3.5%；早春气温达 12~13℃ 以上时即起飞，日工作时间达 12h；访花于杏、李、樱桃、桃、梨、苹果以及白菜、萝卜、油菜及多种野生菊科植物上，但专一性较强。

(3) 紫壁蜂 *Osmia jacoti* Cockerell

分布山东、河北、内蒙古等地的局部地区，也是我国北方果树的优良传粉昆虫。

形态特征

成蜂 雌体长 8~10mm，黑色，具紫色光泽，被红褐色长毛，腹部具红褐色腹毛刷，腹部第 1~5 节背板边缘的毛带红褐色；唇基正常、无角状突起，前翅 2 个亚缘室。雄体长 6~7mm，头及胸被毛浅黄色，腹部第 1~5 节背板端缘的毛带白色，腹部第 7 节背板端缘中央 1 半圆形凹陷，无腹毛刷。

卵 长圆形，长 2.5mm，1/3 埋入花粉团中。

幼虫 老熟幼虫体粗壮，乳白色，呈半透明状。体长 7~11mm。

蛹 前蛹乳白色，头胸较小，腹部肥大弯曲；化蛹初由乳白色变为黄白色，后渐加深至黑褐色。茧在巢管内交错排列，形状因巢管内径而异，内径 5~6mm 时茧为长圆形，6.5~6.7mm 为菱形、松子状。茧壳坚硬、暗红色，外被丝膜黄白色，茧端突略被丝膜覆盖、茧突处 1 个赤红色小圆点，内层胶质软膜为褐色。雌茧 3.9mm×7.6mm；雄蜂茧长 3.8mm×6.5mm。

生物学习性

生活史 1 年 1 代。在山东威海 3 月底至 4 月上旬陆续破茧出巢，5 月下旬果树谢花后陆续死亡。卵期 12~15d，幼虫多在 5 月中、下旬孵出，幼虫期 13~15d；幼虫食完花粉团后也调转身体，当天即结茧，结茧历期 2.3d，前蛹期 81.3d；8 月下旬至 9 月中旬化蛹，蛹期 17.1d，于 9 月中、下旬成蜂羽化、滞育越冬，翌年的 2 月下旬出蛰，越冬期约 160d。早春成蜂出茧较晚、活动期温度较高，活动期约 50d，幼虫取食时间也比前两种壁蜂短，繁殖期快于角额壁蜂。雌雄比约 1:1.2。

习性 交配、营巢、访花等习性与凹唇壁蜂相似。紫壁蜂在气温 14~15℃ 时开始出巢，16~17℃ 时开始营巢活动，日工作时间约 9h，选择内径 4~7mm、尤其是 5.5mm 的巢管营巢。雌蜂定巢后咬碎蛇莓叶片或豆科植物叶片成叶浆筑巢、构筑保护壁及堵塞管口。花粉团前部呈斜面状，每巢室中 1 个花粉团和 1 粒卵，卵产于花粉团的斜面上，一巢管有花粉团 10~15 个、最多达 17 个。

5.3.2 饲养管理

壁蜂的饲养技术简便，不需人工饲喂，只需开花前为其准备巢管、巢箱，并放置果园内,花后将巢箱或巢管取回,在自然条件下保存即可。

5.3.2.1 巢管

我国北方利用较多的为凹唇壁蜂、角额壁蜂,紫壁蜂只在局部地方用于为果树授粉。不同种的壁蜂对巢管内径的要求不同,紫壁蜂为 5~6.5mm,凹唇壁蜂为 6~7mm,角额壁蜂为 6~6.8mm(图 5-3)。

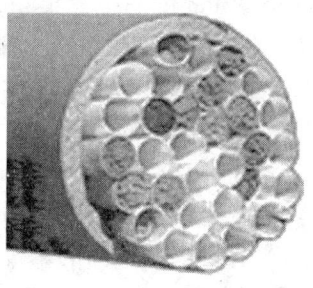

图 5-3 巢 管

芦苇巢管 选择适当内径的芦苇,截成 16~18cm 长的芦管,管的一端留节,另一端开口,管口用砂轮磨平或烫平、不留毛刺,将管口染色后每 50 支成一捆,其中红、绿、黄、白 4 种颜色管口的支数分别为 20:15:10:5。

纸巢管 内层用牛皮纸,外层用报纸,选择所需要直径的竹棍、玻璃棒或其他金属棒作轴心,卷成壁厚 1.5mm、长 16cm 的纸管,管口磨平,另一端封闭,封闭端口时不要用自制的普通浆糊和商品浆糊,要用胶水或白乳胶作粘糊剂。其余制作方法同芦苇巢管。

5.3.2.2 巢箱

巢捆式的巢箱 在硬纸箱外面包裹塑料薄膜制成纸箱,或用木板或用砖石砌成永久性的 20cm×26cm×20cm 的巢箱;其上、下、左、右及后面封闭,前面开口,顶部遮风檐长度不得少于 10cm。在巢箱底部架设木条等物、留出 1~2cm 的距离,以免遇上大雨时积水浸湿巢管;然后在木条上安放 3 捆巢管后,再放突出于巢管 1~2cm 的硬纸板,如此叠置、安放另一层巢管,每箱安放巢管 300 支;并在巢管层与箱顶间留出 5cm×10cm 大小的空隙,供安放茧盒放蜂之用。最后将巢捆牢牢地固定在巢箱中,以免巢捆活动影响壁蜂营巢(图 5-4)。

图 5-4 巢箱架

多层巢管排列的阶梯式巢箱 将约 30 支巢管整齐地用胶水固定在硬纸板上,巢管口前留 1cm 宽的檐;该檐供人工撒授粉树花粉,使壁蜂出巢访花时将其带到目标果树的花朵上授粉,以提高授粉率。再按上层的硬纸边缘与下层的巢管口平齐,将 8~10 层巢管呈阶梯状叠放在巢箱内。在无授粉树的苹果园及坐果率低的桃园中,采用阶梯式巢箱比巢捆式巢箱更能提高授粉效果。

蜂茧盒 群体释放壁蜂为果树授粉时,要按定数将蜂茧分装在纸盒内,放蜂时将其放入巢管箱顶部预留的空隙中。根据预留空隙的大小,蜂茧盒的高×宽不应大于 5cm×10cm,并清洁干净、无异味,盒的一侧要穿 3 个直径 0.65cm 的小孔以供壁蜂破茧后爬出。

5.3.2.3 管理与释放

(1) 巢箱在果园中的设置

壁蜂有野生独栖习性,角额壁蜂、凹唇壁蜂和紫壁蜂的有效授粉范围只有

60m左右，距蜂巢越近的果树其坐果率越高。山区果园实行集中与分散相结合的方法设巢，即在果园内每隔80m设一大巢箱，在两大巢箱之间设一中等巢箱，在大、中巢箱间及放蜂边缘区的果树行间每20m设一个小巢箱。平原果区则每隔26~30m设一中等巢箱，无授粉树或授粉树少的果园，提倡用阶梯式巢箱，以便在巢管前的硬纸板上撒目标树的花粉，提高壁蜂的授粉效率。初放或在局部果园中释放壁蜂时，其种群小，可在放蜂边缘区设置100~200支/箱的小巢箱，以接受散蜂，提高壁蜂的回收率及放蜂边缘区果树的坐果率。

巢箱应设置在地势低洼、避风向阳、前视野开阔等处，密植果园应在行距较宽或在缺棵处设置巢箱，山地果园切勿选择高坡顶风处设置巢箱。在果园中选好位置后可用30cm高的木棍搭架，或用砖砌约30cm高的台基安置巢箱，巢箱口要面向东南。

(2) 巢管的回收、保存与取茧

每年在果树开花前将巢管入箱，初花时将茧盒放在巢管上面，全部谢花后5~7d将巢管收回。巢管的在回收及运送巢管时切勿震动，震动可使发育中的壁蜂幼虫、蛹受到损伤而死亡。在收回巢管装袋、运输及室内贮存等一系列过程中都要平放巢管，不得任意将其直立，以免管内花粉团变形，影响壁蜂的正常生长发育或致其死亡。

巢管回收后的管理直接影响释放前成蜂的存活率。收回壁蜂巢管或巢箱后，按管内蜂茧的丰赢程度分捡归类、50~100支捆扎，装入纱布或塑料网袋，挂于阴凉、通风干燥、干净的空房内贮藏即可，切忌贮存于堆放粮食和杂物的房间。

为能控制成蜂出茧的时间，在其解除滞育之前，应将蜂茧从巢管中剥出，冷藏于0~4℃下；解除滞育之后只能在冷库中剥茧，若在温度较高的场所剥茧，成蜂易立即出茧活动、飞失；在当年10月至翌年3月都可剥巢取茧，但最适时间应在壁蜂尚未解除滞育的春节前。

从巢管中剥出茧后，可每500个装入纸袋或罐头瓶中冷藏保存。夏季至越冬前应清理巢管，将蜘蛛类、蚂蚁类以及躲在巢管中的各种鳞翅目和鞘翅目昆虫清净，以免其危害正在管内发育的壁蜂。冬季至春季释放前在壁蜂贮存场所不得加温，以免使其逐渐解除滞育而发育；为保证其安全过冬天，贮存场所的温度不应低于-15℃。

(3) 蜂茧的释放

释放时间 不同地区或同一地区的平原及山地、或坡向不相同的山地果园，同一果树的开花时间常相差3~5d，甚至更长。因此，要依据当地果树的开花期、贮存蜂茧的温度、成蜂出巢活动期等因素确定蜂茧的释放时间。若果园中的树种不同，为保证所有果树开花时都有强盛的壁蜂种群为其授粉，应实行2次性放蜂；杏树花蕾露红时为第1次最佳蜂茧释放期，梨树初花时则为第2次释放适期。单一树种的果园实行1次性放蜂，即在果树开花前7~8d释放蜂茧；若已提前将蜂茧的贮存温度升高或已从冰箱中取出蜂茧在处存放于阴凉，可在开花前的3~5d释放；绝不可待果树开花时才释放，这样将使成蜂出茧时果树的盛花期已过,使壁蜂的访花营巢期与果树花期不遇,影响授粉效果及壁蜂的正常繁衍。

释放数量 果园的类型不同放蜂量应该有区别。①幼龄果园、盛果期结果大年的果园应当少放,一般蜂茧释放量为 900 头/hm^2。②授粉树少的果园、坐果率低的果园、结果小年的果园应当增加放蜂量,即 1 200～1 500 头/hm^2。③杏、梨、苹果等花期较短,苹果梨等花期较长、但开花量较大的树种,放蜂量应增加到 2 340 头/hm^2 左右。④利用壁蜂为大棚温室的桃、樱桃、草莓等授粉时,因大棚中温度高、湿度大、无风、再无其他传粉昆虫,放蜂量以 6 000 头/hm^2 为宜。

释放方法 ①放蜂面积小的果园可采用单茧释放,即将从巢管中取出的蜂茧用镊子逐一放入巢箱中的巢管中,每巢管 1 头,注意放茧时应使茧突面向巢管口以利于成蜂顺利出巢;这种方法能使多数成蜂寻找到巢管营巢、不易飞失,但工作量大,还需每天逐巢检查及时取出茧壳,以便已出巢的雌蜂营巢。②多茧释放,将从冷藏设备或贮藏地取出的蜂茧,分装于制好的纸盒中,再放入巢箱已预留的空间内,注意茧盒有小孔的一侧必须向外,每天务必打开茧盒清除茧壳,释出未出盒的成蜂;该法节省劳力、工作量小。③如由于各种原因使壁蜂提前出茧可采用成蜂释放法,如专门释放成蜂时可在果树开花以前将蜂茧移入 12℃ 以上的室内,纱罩,待出茧成蜂交尾后,收集交配后的雌蜂、分装于制好的小纸盒内并封上纸盒的小孔继续在低温下保存;当果树初花时将成蜂盒置于巢箱上预留的空间中,再打开小孔即可;成蜂的释放尽可能在晚上进行,经过一晚上,安静下来的成蜂于第二天即出盒访花,否则成蜂受惊后常远走高飞。

(4) 释放后的管理

蜂茧成蜂释放后,田间管理的好坏将直接影响其授粉效果、繁殖量和回收率,常用的措施如下。

挖坑提供湿润的泥土 角额壁蜂、凹唇壁蜂、叉壁蜂和壮壁蜂都是采集湿泥土构筑巢室,为了缩短壁蜂取土、筑巢时间,促其尽快速访花营巢,可在巢箱附近挖 40cm×40cm×40cm 的深坑,坑底垫塑料薄膜和黏土,3～5d 灌水 1 次,坑面覆盖一半以减少水分蒸发,为壁蜂筑巢提供泥土。

协助成蜂破茧出巢 蜂茧经过冬、春季长时间的裸露贮藏,茧壳变得较为坚硬,常有成蜂难以破茧出壳。释放蜂茧后每天早晨在逐箱检查、清除出蜂茧壳的同时,可将茧盒及蜂茧在清水中浸泡约 20s,待水淋干后再放回巢箱内,这样可软化茧壳利于成蜂出茧。在放茧 5～7d 后如仍有部分成蜂不能破茧而出,可于第 8d 人工剖茧、助其飞出,以提高壁蜂的利用率;方法是用小剪刀在茧突下剪一小口,再用小镊子将茧盖揭掉,成蜂即可顺利地出茧活动;但在正常出茧期内切勿人工破茧,以免使成蜂受伤残废、减弱活动能力或死亡,或使成蜂受惊而飞逃。

防止雨水淋湿巢箱 在果园安置巢箱后,为防因风雨造成损失,除在纸巢箱外包裹塑料薄膜防水外,还应在巢箱上搭设一较大的防雨棚,以免淋湿巢管、巢管中的花粉霉烂变质、引起壁蜂幼虫死亡,影响壁蜂的繁殖数和下年蜂种的来源。

5.3.2.4 壁蜂天敌的防治及资源保护

壁蜂出茧活动期及在巢管发育、越冬期间，易遭受各种天敌的危害，也易遭受农药的伤害，应加强防治和管理。

成蜂的天敌主要有雀鸟类、爬行动物类、蜘蛛类及昆虫类。距离村庄较近的果园天敌主要是麻雀、家燕；在果园潮湿的沟边和洞穴处常有各种蛙类扑食取土筑巢的雌蜂，在沙地果园中常有旱蜥、蜘蛛类等扑食在巢箱附近休息或活动的成蜂。在荒山多石、周边荒草面积大的山地果园中，蜘蛛种类多、数量大，其中以跳蛛和结网蛛的危害较大。不管是山地果园或是平原果园，停留在巢箱支架或果树上的食虫虻科 Asilidae 的盗虻，都能捕食成蜂造成危害。

卵期的天敌主要有蚂蚁类、叉唇寡毛土蜂 *Sapyga coma* Sugihara、蜂螨及夜间进入巢管取食花粉团的多种小型蛾类。在贮存期间，皮蠹科的谷斑皮蠹 *Trogoderma granarium* Everts 及花斑皮蠹 *T. variabile* Ballion 尤其对存放在纸箱和木橱中的壁蜂危害更重。

(1) 壁蜂天敌的防治

适时提前剥巢取茧，可清除各种鳞翅目幼虫、皮蠹科幼虫与成虫及螨类的危害。对遭受蜂螨和粉螨危害的蜂茧，应用清水冲洗掉茧壳上的各种螨，放于麻纸上阴干，单独存放、冷藏。剥巢取茧及释放蜂茧是消灭叉唇寡毛土蜂的最有效方法。

清除蛙类和蜥类动物的危害　蛙类和蜥类动物喜欢在果园中的流水沟、水坑、田埂及梯田壁等潮湿的天然洞穴中栖息，这些地方也是壁蜂构筑巢时采取湿土的场所。因此在释放壁蜂前及壁蜂活动期间要注意清除这些动物，以减少壁蜂的损失。

清除鸟类的危害　对雀鸟活动较多的果园，应在蜂巢前设鸟网以阻止各种鸟类对壁蜂的捕食危害。早晨 7：00~8：00 壁蜂陆续出巢后，在巢箱附近的地面、杂草和树上停留晒太阳，这时易遭受各种鸟类的危害，应当设法将驱赶雀鸟。

盗虻和叉唇寡毛土蜂的防治　捕食壁蜂的盗虻及在蜂巢前活动的叉唇寡毛土蜂，飞行快速、敏捷，可用捕虫网捕杀；对钻入壁蜂巢管的叉唇寡毛土蜂，可用吸虫管从巢管中将其吸出、杀死。

对蜘蛛类的防治　对蜘蛛种类和数量较多的果园、大棚等，应在释放壁蜂茧前 10 天喷 1 次杀螨剂消灭之，或人工灭蛛。在成蜂活动期内，要注意清除和消灭蜂巢及果树上的结网蛛及躲在巢箱及其附近的跳蛛。

对蚂蚁类的防治　对近土面的巢箱支架或永久性巢箱的坐基上涂以机油或黄油，阻止蚂蚁上爬、为害，蚂蚁较多时可 3~5d 涂 1 次。也可用花生饼、花生米炒熟的碎粉或芝麻饼 250g、猪油渣 100g、炒香的麦麸 150g、蜂蜜或食糖 150g、90% 结晶敌百虫 25g，加水少许后混合均匀，制成敌百虫毒饵毒杀。毒饵的施用方法是，在每 1 巢箱附近的地面上、挖 1 小穴，每穴内放毒饵约 20g，穴上覆盖瓦片以防雨水及壁蜂接触毒饵中毒。

(2) 农药伤害的预防

可采用下述办法解决果树花前喷药对野生和释放的壁蜂伤害。①利用捕食性昆虫防治果树花前害虫，种植白香草木犀以保护和招引天敌如草蛉类、花蝽类、六点蓟马及食蚜蝇等，间种豆科绿肥植物除为天敌生存和繁殖提供场所外还能控制苹果叶螨和蚜虫的为害；或将废弃的巢管安放在果园中的房檐、墙壁、田壁上，以招引螟蠃筑巢、捕食蛾类幼虫。②利用抗生素防虫治病、减少药害，如用链霉素、土霉素防治细菌病害，用灰黄霉素防治苹果花腐病，用中生菌素防治苹果轮纹病等，用杀虫抗生素阿维菌素、华光菌素和浏阳霉素防治果树、蔬菜害虫等。③用选择性强的农药防治果树病虫害，如用灭幼脲、伏杀磷、三氯杀螨醇、灭蚜松等，但也应在果树开花前15d施药；或采用隔行喷施、地面施、涂茎施药以降低药害。

(3) 栖息地及资源保护

保护各种传粉壁蜂的栖息地，是增加自然界授粉昆虫的有效措施。在清理果园中的树枝、竹管和芦苇管时，一旦发现有泥土或叶浆封闭的孔洞，不要随意拆毁或烧掉，可将其集中存、来年释放。果树开花前及开花期，尽量不使用剧毒农药，避免杀伤授粉壁蜂。

在果园中种植开花植物为早出茧的壁蜂提供花粉与蜜源，以减少壁蜂的飞失、增加壁蜂的回收量。可供选择种植的在4月上、中旬果树开花前开花的种类有蔓菁、白菜、萝卜、油菜、草莓等，在果树行间每隔26~30m处栽种3~5株即可。也可在蜂箱附近扦插开花早的果树花枝，为早出茧的壁蜂提供食物。

5.3.3 传粉作用

壁蜂腹部具有发达的腹毛刷，在每次出巢采约90朵花的花粉过程中，腹毛刷携带不同株、不同花的花粉进行异花授粉。

(1) 提高授粉果树的坐果率

壁蜂是我国北方果树的优良传粉昆虫，利用壁蜂对杏、李、樱桃、梨和苹果等果树授粉可提高其品质和产量。

为杏树授粉 1988年山东威海用壁蜂授粉的坐果率为48.3%，是其他方式10.3%~21.9%的1.2~3.7倍。西北农林科技大学昆虫研究所用凹唇壁蜂授粉的坐果率为36.38%，是对照区9.45%的2.85倍。

为李树授粉 西北农林科技大学实验的坐果率为26.09%，是自然授粉3.93%的5.64倍；陕西省礼泉县后寨南园实验坐果率为75.39%，是自然授粉45.67%的1.65倍。

为樱桃授粉 角额壁蜂或凹唇壁蜂为樱桃授粉效果都很明显，西北农业大学昆虫研究所实验的坐果率为65.02%，是自然授粉32.8%的1.98倍。

为桃授粉 石家庄果树研究所以阶梯式巢箱用凹唇壁蜂为仓方早生桃授粉，其坐果率为26.3%，比对照区24.3%和以巢捆巢箱19.4%的增加2%~6.9%。

1997年北京市平谷县科协对冈山白大桃试验的坐果率为62.14%，是自然授粉10.99%的5.65倍。西北农林科技大学昆虫研究所在陕西省礼泉县后寨北园为沪桃005授粉的坐果率为69.84%，比照区的63.63%增加6.21%。

为梨授粉 1990年江苏省沛县植保站实验的坐果率为46.3%，较自然传粉的28.8%增加17.5%。1992年河南省郑州市园艺场用凹唇壁蜂与人工受粉相组合时砀山梨的坐果率为50%，单独人工授粉时坐果率为35%，凹唇壁蜂的坐果率为13.9%，自然传粉的坐果率为9%。

为苹果授粉 富士系列、新红星系列等品种自花授粉能力弱。①对富士系列，凹唇壁蜂、角额壁蜂和紫壁蜂授粉的坐果率分别为45.3%、42.7%和22.6%，是自然授粉11.4%的2.97倍、2.75倍和1.98倍。②对红星系列（包括新红星、红香蕉），凹唇壁蜂授粉的坐果率为41.7%~46.7%，是人工授粉20.4%~31.4%的1.49~2.04倍，是自然37.27%的1.25倍；角额壁蜂授粉的坐果率为20.9%~38.6%，是自然13.2%~15.9%的1.58~2.4倍。③对国光，山东省栖霞农牧局应用凹唇壁蜂、角额壁蜂和紫壁蜂授粉的坐果率分别为70.6%、46.1%和59.8%，比自然授粉的23.1%提高3.1倍、2倍和2.6倍。④对元帅，山东省栖霞农牧局使用上述3种壁蜂的坐果率为71.1%、53.3%、54.5%，比自然的16.9%提高4.2倍、3.15倍和3.2倍。⑤对其他品种，凹唇壁蜂与角额壁蜂混合释放为王林苹果授粉后坐果率提高1.82倍，玫瑰红坐果率提高1.41倍，金矮生坐果率提高1.72倍，秦冠坐果率增幅1.26~1.45倍。

(2) 提高果品质量

壁蜂传粉对果品质量的提高主要表现是，使子房发育正常、结子量增多，减少畸形果，果实的单重增加，改善果实的酸度、着色度、含糖量等。

对苹果质量的提高 ①壁蜂为富士苹果授粉后单果种子数、单果重、果形指数、着色度、可溶性固形物、维生素C含量、可溶性糖分别为9粒、233.08g、1.16、2.63、11.93%、3.47mg/100g、8.20%，分别比自然授粉的增加了0.4粒、22.27g、0.02、0.29、0.20%、6.44%和7.89%；果实硬度7.91 kg/cm^2、可滴定酸（苹果酸）0.34%分别比自然授粉的降低了17%和19.05%。②为国光苹果授粉的单果种子数、果重、横径、正果率、一级果、总糖含量、糖酸比分别比自然授粉的增加3.5粒、12.4g、0.4cm、36%、64%、0.017%、2.27。果实硬度及总酸含量则降低0.9kg/cm^2、0.076%。

对梨质量的提高 北京市农林科学院畜牧兽医研究所，利用壁蜂为鸭梨授粉，使单果含种子数为增加0.6粒，横径增大0.33cm，果重增加21.59g；三吉梨增加种子1.2粒，横径未变但果重增加5.2g。

对杏质量的提高 河北省农业技术师范学院用凹唇壁蜂为昌黎泗涧杏树园授粉，单果横径、纵径分别增大0.122cm和0.212cm，果重增加5.34g。

(3) 其他作用

①提高果树顶部坐果数。释放壁蜂为果树授粉，能提高树冠顶部中心主枝的结果数，使果实在果树的上部、中部和下部分布较为均匀，叶果比和枝果比更加

趋于合理，果实生长发育较为整齐，接受阳光照射也较为充足，更能发挥单株果树的增产潜力。如凹唇壁蜂为国光苹果授粉后，树冠顶部中心主枝结果数占整株的 23.2%，而人工授粉区只占 7.1%；角额壁蜂授粉的占 21.0%，紫壁蜂授粉的占 19.5%。②减少幼果生理性脱落。苹果谢花以后，幼果一般发生 3 次生理性落果，引起生理性落果主要与花的授粉程度有密切关系，授粉不良生理性落果严重，授粉充分生理性落果少。富士苹果生理性落果期结束之后，在 8 月初由壁蜂、蜜蜂及自然授粉的落果率为 13.87%、16.48%、20.60%；秦冠品种的则为 3.09%、14.76%、26.16%。③提高果树产量。利用壁蜂授粉可使杏、樱桃、桃及低产苹果园等成倍地增产。山东省蓬莱县利用凹唇壁蜂为 6~7 年生的那翁、红灯等大樱桃授粉使产量提高 3 倍，招远市玲珑镇鲁格庄果园为 13.3hm^2 红富士苹果授粉使总产量由 225~290t 上升到 550t，再及时疏果后产量达 750t，一级以上的果品从过去的 60% 提高到 80% 以上。

5.4 切叶蜂类

切叶蜂是另一类可为农作物授粉的野生蜜蜂，该蜂因其切取植物叶片作为筑巢材料而得名。豆科植物如苜蓿、三叶草等的蝶形花器构造特殊，蜜蜂等昆虫难以打开其弹粉装置而不能为其授粉，切叶蜂的口器则适宜打开这类花器官为其授粉。切叶蜂常难以驯化、种群数量小、多无法利用，但原产于西亚和欧洲的苜蓿切叶蜂 *Megachile rotundata*（Fabricius）则是喜欢群居的半家养蜂，可在人工筑巢材料中筑巢、繁殖后代，能在苜蓿开花期释放、授粉、回收贮藏供来年使用，已被许多国家所利用。该蜂喜在气温较低、阳光充足、雨水稀少的气候环境下栖息，适应性较强、易管理，授粉能力强，种群增长比较快，适合于在我国西北、华北、东北等广大苜蓿生产地使用，还可为几十种作物传粉；20 世纪 80 年代末北京农业大学从加拿大引进苜蓿切叶蜂后，已在吉林、黑龙江和新疆等地推广使用。

5.4.1 种类与分布

切叶蜂分布于我国东北、华北、西北以及南方等地区。包括引进、应用广泛的苜蓿切叶蜂，我国记载的种类现有 21 种，各种类的分布及访花植物如下。

访花植物为荆条的包括：细切叶蜂 *Megachile spissula* Cockerell 分布于东北、华北、华东、华南及日本和朝鲜半岛，双叶切叶蜂 *M. dinura* Cockerell 分布于东北、河北、山东、江苏、安徽、浙江、四川、福建、台湾，条切叶蜂 *M. faceta* Bingham 分布于福建、台湾、广东、云南及缅甸和印度。

访花植物为紫云英的包括：蒙古切叶蜂 *M. mongolica* Morawitz 分布于西藏及蒙古，萨切叶蜂 *M. sauteri* Hedicke 分布于西藏、台湾，西藏切叶蜂 *M. xizangensis* Wu 分布于新疆、西藏，黑毛刷切叶蜂 *M. nigroscopula* Wu 分布于西藏，丽切叶蜂 *M. habropodoides* Meado-Waldo 分布于青海、新疆、西藏及印度，拟拉达切叶蜂 M. rupshuensis Cockerell 分布于西藏。

访花植物为芝麻的包括：小突切叶蜂 M. disjuncta Fabricius 分布于我国福建、广西、广东、云南及印度、缅甸和日本，拟小突切叶蜂 M. disjunctiformis Cockerell 分布于东北、内蒙古、河北、山西、山东、江苏、浙江、江西、四川、广东、台湾及日本。

北方切叶蜂 M. manchuriana Yasumatsu 分布于内蒙古、河北、山东、东北，访花植物为豆科、苜蓿；粗切叶蜂 M. sculpturalis Smith 分布除西北外的全国各地及日本、朝鲜半岛，访花植物为苜蓿；双色切叶蜂 M. bicolor Fabricius 分布于除北方地区外的其余省份及缅甸、印度，访花植物为四季豆。

其余6种访花植物较杂，即平唇切叶蜂 M. conjunctiformis Yasumatsu 分布于东北、华北、华东、华南、四川，访花植物为荆条、大豆、花生、芝麻；淡翅切叶蜂 M. remota Smith 分布于吉林、河北、山东、江苏、浙江、江西、四川、福建，日本、朝鲜半岛，访花植物为荆条、苜蓿、牵牛花；中国切叶蜂 M. chinensis Radoszkowski 分布于辽宁、内蒙古、河北、山东、河南、甘肃、青海、新疆，访花植物为中槐、水柳、千屈菜；拟丘切叶蜂 M. pseudomonticola Hedicke 分布于江苏、浙江、江西、福建、台湾，访花植物为中槐、水柳；拟蔷薇切叶蜂 M. subtranquilla Yasumatsu 分布吉林、河北、山东、江苏、浙江、江西、湖南、湖北、四川、福建、台湾，访花植物为蔷薇、苜蓿、荆条；达戈切叶蜂 M. takoensis Cockerell 分布河北、山东、江苏、浙江、江西、湖南、台湾、广东、云南及日本，访花植物不清。

其中研究较为清楚的是中国切叶蜂、细切叶蜂、淡翅切叶蜂、平唇切叶蜂、小突切叶蜂及拟小突切叶蜂。有潜在利用价值的可能属于访花植物为豆科类、芝麻的种类。

5.4.2 苜蓿切叶蜂的形态与生物学

形态特征（图5-5）

成蜂 体长7~10mm，灰黑色，前翅有2个几乎等大的亚缘室。雌蜂头部颜面有灰白色毛，上颚长大于宽，上颚端齿多数刀片状，用以切割植物的叶片或花瓣边缘；腹部长卵圆形，末端较尖，可见6节，腹部腹面各节都有成排的银灰色鬃毛，形成用以携带花粉的"花粉刷"。雄蜂颜面被浓密的黄毛，胸部背面也有较多的黄毛；上颚端齿尖锐，不能切叶；腹部可见7节，粗短、两侧略平行、末端近方形，腹面只有稀疏的短毛，不形成采粉的花粉刷。

卵 长卵圆形，乳白色，表面光滑。

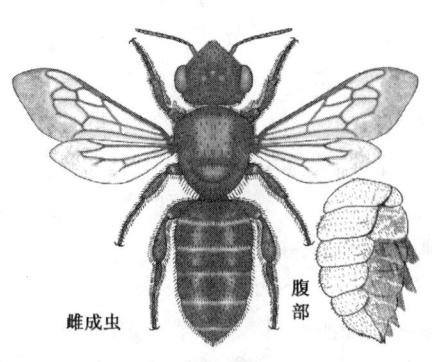

图5-5 苜蓿切叶蜂

幼虫　乳白色，头小、褐色，无足，体弯曲、多皱纹，具稀疏的淡色短毛。

茧　近圆形，头端平截，末端钝圆，黄褐色。

蛹　离蛹，皮薄而透明，初期乳白色，以后复眼渐呈粉红色至黑色，后期蛹体全呈灰黑色。

生物学习性

苜蓿切叶蜂不营社会性生活，但又要求与同类住得很近，愿在人类提供的蜂巢箱中生活，是少数几种能够大量家养的昆虫之一。

生活史　在加拿大1年1代，在吉林白城地区1年1代，但在北京部分地区1年至少2代，非越冬代约1月即完成生活史。在28℃和55%的相对湿度下，卵期2.2d，1、2龄幼虫取食2.1d，3龄幼虫1d，4龄幼虫3.5d，静止2.5d后开始吐丝做茧1.5d，卵至茧共需12.8d；温度为35℃时发育历期为9.6d。在茧内虫体与粪粒相隔，以预蛹状态越冬，来年春或初夏开始羽化，成虫活动时间约40d。

习性　羽化后的成蜂大部分在距离蜂箱30~50m的范围内活动，雄蜂较雌蜂早羽化1~2d，雌蜂羽化出茧即与蜂箱附近等待的雄蜂交配、一生交配一次，雄蜂可多次交配；交配后的雌蜂立即取食苜蓿的花粉与花蜜，在蜂箱中寻找合适的巢孔、切叶筑巢。筑巢多从蜂箱的边角处开始，并有群集现象；第1巢筑好后，即采集花粉和花蜜，将其混合成花粉团即蜂粮填于巢室中，制作蜂粮时头向里进入巢孔、吐出花蜜，再倒转身体用后足从花粉刷上刷下花粉；在蜂粮装满巢室的2/3时，采集少量花蜜放于室中，然后产卵1粒，浮在蜜上，最后切2~3张圆形叶片封住巢室。接着按同样的步骤和方法筑第2、3…个巢室，各巢室头尾相接，直到填满巢孔为止，150mm长的巢孔最多可筑15个巢室，最后在巢孔的入口处叠置10~50张的圆形叶片封住巢孔。一般受精卵产在巢孔深处的巢室中、发育成雌蜂，非受精卵则产在靠近巢孔处的巢室中、发育成雄蜂，雌雄体比为1:1.5~2；巢孔较长，直径较大，雌蜂比例常较大。

黑色对雌蜂很有吸引力，蜂箱表面可涂成黑色，并用蓝色油漆画出一些图形，以增强其对巢址的识别能力、提高筑巢效率。该蜂喜光、喜温暖、喜少雨但有灌溉的栖境，低温或高温、多雨尤其狂风暴雨对其不利。

5.4.3　苜蓿切叶蜂的饲养与管理

(1) 饲养设备

繁殖苜蓿切叶蜂的主要设备包括蜂箱、防护架、孵蜂箱、孵蜂盘、脱茧机和冷藏室（箱）等（图5-6）。

蜂箱　一般用18.5mm厚的松木板做成1个方型的框子，中央用木板隔开，背面用胶合板封闭，箱中放4叠共约200块蜂巢板，每板有巢孔2 000~3 000

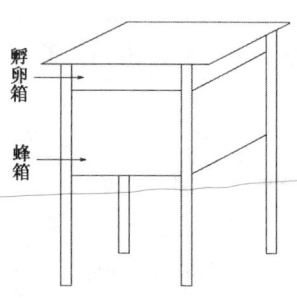

图5-6　防护架

个。蜂箱的大小要搬运方便，并要根据其中所放蜂巢板的长度和数量而定。

蜂巢板 一般用优质松木或椴木锯成宽 133mm、长 130~150mm、厚 12mm 的木块，也可用聚苯乙烯泡沫塑料压制而成。每块板的两面都用半圆型的刀片刨出 12~13 条直沟，并在板的两边刨出半径为 2mm 的榫和槽，每块板面的沟必须完全对称、两块板才能拼合成 12~13 个圆形巢孔，巢孔以直径 6.4~7.0mm、长 130~150mm 为最佳。制好蜂巢板后在其前面刷上黑漆及天蓝色图案，后面用纤维板衬以棉丝等物叠置。

防护架 用 4 根长木条做一可架入蜂箱的方形框架，背面及两侧用胶合板封闭，下面留 4 条腿，再用胶合板封闭顶部、留出遮雨檐，顶板下留出放孵蜂盘的空间，其高度要高于孵蜂盘。

孵蜂箱 是把冬贮蜂茧放在其中孵育、羽出成蜂，并在植物开花初期将成蜂释放到田间的设备。要求能控制温、湿度和光照，使蜂的发育进度能按预定计划进行。

孵蜂盘 是孵蜂箱中的长方形小木盒，上面有金属丝网封闭、并有 1 个可开合小盖。其大小可视孵蜂箱而定，但材料要轻、薄，板规格一致，便于使用。

冷藏室 温度要能控制在 5℃ 左右，便于贮藏越冬蜂茧。

(2) 管理技术

初春蜂茧还在冬贮时，用 2.5% 的次氯酸盐溶液浸泡蜂箱、巢板、孵蜂盘 5min，取出、晾干、修理、叠好以防变形，巢板刷黑漆后放入蜂箱中；聚苯乙烯板用蒸汽消毒。同时修理和加固安装防护架，颜色不明显要重新刷漆。

在孵蜂过程中孵蜂箱温度、相对湿度分别控制在 29~30℃ 及 65%~70%。同时要根据气候的变化适时调节温度，保证蜂的发育进度和植物期开花相吻合。

放蜂先将浸有 25% 蜂蜜水的纸巾盖在孵蜂盘的纱网上喂食，再选择晴朗无风的早晨放蜂，如果天气不好最好不要放蜂。

待传粉完毕后要及时收蜂、脱茧，密封于冰箱或冷藏室进行冬贮，后供来年使用。

(3) 病虫害及天敌防治

随着蜂群的扩大和用蜂年头的增加，将会有更多的寄生性或捕食性生物及病原微生物危害切叶蜂。国外已发现的苜蓿切叶蜂的天敌有几十种，其中较重要的也有十几种。国内发现的苜蓿切叶蜂的天敌主要是单齿腿长尾小蜂 *Monodontomerus minor* Ratzeburg、红花毛郭公虫 *Trichodes sinae* Chevr. 和尖腹蜂 *Coelioxys* sp.，以及一些仓库害虫等。不同地区、不同年份其天敌的种类常有变化，因此要对苜蓿切叶蜂天敌进行经常性的观察和研究。

防治方法主要是在孵蜂箱中设置黑光灯和水盘诱杀，清洁养蜂设施，杜绝脱茧与贮茧的工作间滋生仓库害虫等，可防止天敌的滋生与传播。田间则要防止鸟和蚂蚁等，对蚂蚁可使用诱杀法防止其危害，在防护架脚柱近地面处涂抹防虫胶或机油等对蚂蚁有一定的阻止作用。

蜂箱是雌蜂筑巢、产卵和幼虫发育的地方，也是寄生性天敌的主要发生场所，必须用优质材料精细制作，蜂箱及巢板的结构要严密，才能防止天敌爬入捣毁蜂巢、盗食蜂粮和杀害蜂幼虫等，确保其安全生活。

5.4.4 苜蓿切叶蜂的传粉作用和利用技术

苜蓿切叶蜂的传粉作用是当雌蜂在苜蓿花上将喙伸入花管吸蜜的同时，花的龙骨瓣即被压开，释放而出的雄蕊和雌蕊即轻轻击打在蜂的头部及胸部下面，飞溅出的花粉即粘附体毛上。雌蜂访花速度为 11~15 朵/min，在访花过程中粘附体毛上的花粉即可完成异花授粉。该蜂的活动多在 30~50m 范围内，有少数达 100m。加拿大艾伯塔省南部的苜蓿种子生产者，在 20 世纪 80 年代使用苜蓿切叶蜂授粉，苜蓿种子平均产量 340~350kg/hm²，最高可达 1 000~1 100kg/hm²，与不用蜂 50kg/hm² 产量相比增加 7~20 倍以上。我国的中国农业大学试验证明，在苜蓿初花期释放苜蓿切叶蜂 1 500~3 000 头/667m²，种子可增产 50%~100%；新疆兵团草业中心 1999 年放蜂田平均产量为 375kg/hm²，比对照田的 210kg/hm² 提高了 70%。其利用技术如下。

蜂箱在田间的安装　在放蜂前将防护架和蜂箱运到田间、安装。防护架面向正东方向，以较好的接收阳光、提高蜂箱和蜂体的温度，利于蜂出巢活动和授粉；架前应开出一块空地，便于蜂群落地吸热增温及飞行；安装要牢固和安全，以防大风吹倒或摇动，并要进行防止鸟类和蚂蚁等侵害处理。

调节施药时间　切叶蜂对一般的化学杀虫剂都很敏感，凡是对蜜蜂有毒的农药在放蜂田中都不能使用，如要防治害虫必须在放蜂前几天进行；放蜂期间如果非施药不可，则必须在夜间待蜂进入蜂箱后，把蜂箱移到阴暗、凉爽和安全的地方，再施用残效期短的农药，或在夜间用网罩住蜂箱施药。

放蜂　放蜂时间要与花期相吻合，这既利于蜂的繁殖和授粉，也能获得满意的授粉率，提高种子和蜂茧的产量；放蜂次数、每次放蜂数量可视气候、苜蓿田的大小及劳力而定。苜蓿切叶蜂羽化出第一只雄蜂 2~3d 后雌蜂开始羽化，雌蜂羽化后盖好孵蜂盘的小盖，选择晴朗、温暖、无风的早晨遮阴运到田间，放在防护架顶盖下、打开一小盖、成蜂即可飞出。如天气不宜放蜂应给喂，待气候适宜时再放蜂。该蜂上午羽化最多，下午 16：00~17：00 后常不羽化，可在傍晚前将孵蜂盘收回放入孵蜂箱中继续孵育，待次日早晨再入田放蜂，以利于成蜂集中羽化、繁殖和授粉。待成蜂全部羽化后要及时将孵蜂盘拿走，倒掉其中的空茧，防止雌蜂在这些空壳中做巢。

成蜂活动期间的管理　主要是防止雨水淋湿蜂箱和天敌的危害，要及时清理蜂箱，防止天敌的滋生和传播。

收蜂　收蜂的时间在各地有所不同，如吉林和黑龙江地区 6 月下旬至 7 月初放蜂，8 月中下旬天气变凉时收蜂。收回蜂箱后要放入较干燥、不受阳光照射、无老鼠及天敌侵袭的室内，室温在保持 20℃ 左右存放半个月以上，使未成熟的幼虫继续发育老熟。

脱茧　蜂茧的苞叶比较干燥便于脱茧，脱茧时将蜂巢板从蜂箱中整叠取出，掰开扣合的蜂巢板后，小心的剥开巢室，从巢室取出蜂茧、放入孵蜂盘中即可，大规模生产时使用效率更高的齿轮状滚筒脱茧机脱茧。聚苯乙烯巢板的脱茧是用毛笔杆或竹筷子等大小适宜的圆杆，将干燥的巢室从巢孔中捅出、再取茧。脱茧完毕后将巢板清理干净，按原样放入蜂箱中（切勿打乱图案），蜂箱要存放在清洁、干燥的室内，不能放在有粮食等杂物的仓库中，以免受到仓库害虫的为害。

测产 测产包括测蜂茧的产量和质量。用筛或去杂滚筒（风车）除去所收获蜂茧中的碎片杂物，抽样称重，求出单位重量蜂茧的平均数，然后再从样品中取出一定数量的茧逐个测试。测试时用拇指与食指拿住茧的头端，轻轻捻动，如果茧比较饱满而有弹性就是内含老熟幼虫的实茧，实茧是真正茧、构成蜂产量、可以越冬供来年使用，如果茧很硬实则是蜂粮，最后算出实茧、蜂粮、空室及空壳等的数量及百分率。质量测试即孵蜂测试，从样品中抽4~5组、每组100个茧，分别放入带盖的玻璃或透明的容器中放在孵蜂箱中孵育，自第5天起每天检查一次，记录寄生物和切叶蜂等的羽化数量及性比，羽化完毕时要对未羽化的茧进行解剖观察；最后统计出样品中雌蜂、雄蜂、寄生物和死蜂数量以及它们的比例，从而对蜂茧的质量作出评价。

冬贮 把测产后的茧充分阴干至茧的苞叶发脆时（但不能在太阳下晒干），装入结实的塑料袋或塑料桶等容器中（只装满1/2~2/3，留出一定空间），贮藏于5℃的冰箱或冷藏室中过冬。冬贮中要防止鼠类等的破坏，同时为防止闷死贮蜂，可打开容器换气2~3次，同时检验是否有发霉的现象。如茧发霉应倒出阴干，然后再装入容器中继续密封冬贮。

5.5 熊蜂类

熊蜂属膜翅目蜜蜂总科，是一类多食性的社会性昆虫，其进化程度处于从独居到营社会性的中间阶段，是许多植物特别是豆科、茄科植物的重要授粉者。全世界有300余种，广泛分布于寒带及温带，温带地区种类较多。目前，世界五大洲都有分布，在我国约有80多种，分布于全国各地，北部和西部较多。近20年来，欧洲、北美的许多国家以及日本等国致力于研究人工饲养熊蜂的周年繁殖技术，并已获得成功。这项技术成功地缩短了熊蜂的滞育期，实现了室内工厂化繁育，能满足温室授粉的需要。我国对熊蜂的研究利用起步较晚，1995年中国农业科学院蜜蜂所在我国率先完成了熊蜂的室内人工饲养和繁殖。由于熊蜂具有可以周年繁育、采集力强、耐寒性强、趋光性差、耐湿性强、信息交流不发达等特点，所以大量应用于温室和牧草的授粉。

5.5.1 种类、形态与生物学

熊蜂为大型膜翅目昆虫，也是重要的授粉昆虫。熊蜂飞行时嗡嗡作声，故英文称之为 Bombus bee，中文因其外形似"熊"而得名。我国常见的种有杏色熊蜂 *Bombus armeniacus* Radoszkowski、黑足熊蜂 *B. atripes* Smith、凸污熊蜂 *B. conv-*

exus Wang、隐纹熊蜂 B. waltoni Cockerell、缘熊蜂 B. consobrinus Dahlbom、火红熊蜂 B. pyrrhosoma Morawitz、红光熊蜂 B. ignitus Linnaeus、明亮熊蜂 B. lucorum Linnaeus、黑尾熊蜂 B. melanurus Linnaeus、乌苏里熊蜂 B. ussurensis Radoszkowski、长颊熊蜂 B. hortorum Linnaeus、短距熊蜂 B. helferanus Seidl.、林野熊蜂 B. silvarum Linnaeus、护巢熊蜂 B. hyponorum Linnaeus 等。

图 5-7 黑足熊蜂

形态特征（图 5-7）

成蜂 中到大形，体长 9～30mm，粗壮、生密毛，毛黑、白、橙黄或红等色混杂；工蜂体比蜂王小，雄蜂大小介于二者之间。头比胸狭，复眼长，单眼在顶上排成一直线；触角膝状，雄的比雌的长；口器有吻和特别发达的上颚，上颚末端圆形，下唇舌长、有毛；种类不同、吻长不一，同种的工蜂、蜂王和雄蜂常因体躯总长增大而使吻也变长，如长颊熊蜂吻长 18～19mm，而卵腹熊蜂吻长只有 7～10mm。翅长，有三亚缘室，第二个向基部尖出，缘室长约为宽的 3 倍。雌性足粗大、雄则较细，雌性后足胫节扁阔而光滑，外生长毛，有两端距；第 1 附节椭圆形，有 1 个大端刺，其边缘和内侧有短刚毛列，形成花粉篮。腹部圆球形，腹部末端具有毒腺和尾针。

卵 呈火腿肠状，长约 3～4mm，直径 1mm。

蜂群组成

熊蜂与蜜蜂相似，是社会性昆虫，由蜂王、工蜂和雄蜂构成蜂群。

蜂王 受精的雌蜂，为蜂群中惟一生殖器官发育完全的雌性蜂，由受精卵孵化后给以足量的营养物发育而来，每群中只有一只蜂王，蜂王有螫针。蜂王的职能是在早春蛰醒后到外界采食、筑巢产卵、育虫，第一批可产 4～16 粒卵。寿命可长达 1 年以上，可依赖自身的脂肪体过冬。

工蜂 为生殖器官发育不全的雌性蜂，是由受精卵发育而成的，能担负起蜂群中包括分泌蜡质、筑巢、饲喂幼虫、采集食物和守卫等，寿命仅 2 个多月，不能过冬。工蜂是熊蜂蜂群中的主要成员，授粉就是靠工蜂完成的。每一群体中通常有数十至数百只工蜂。但是在蜂群发展到后期时工蜂的生殖器官也开始发育，产下未受精卵、发育为雄蜂，这时群体开始衰败。

雄蜂 由未受精卵发育而成，在蜂王未产生之前已在蜂群中繁育，其职能是与新蜂王交配。体型较胖、无螫针、腹端有抱握器，触角按比例较长，头尾部几乎呈圆形，与蜂王和工蜂易于区别。部分种类的雄蜂和工蜂与蜂王有明显的体色差异。

生物学习性

熊蜂是单只蜂王休眠越冬，第 2 年春筑巢产卵，先育出工蜂。随着蜂群的壮大，一般在夏秋季育出雄蜂和新蜂王，处女王交配后再进入休眠越冬，如此往复繁衍。幼虫蜕皮多次，快成熟时吐丝作坚韧的丝质袋，化蛹后丝质袋即成为椭圆形蛹壳。从卵发育成成蜂需要 3～4 周，土黄熊蜂 *B. terrestris*（Linnaeus）的卵期、幼虫期及蛹期分别为 4～6d、10～19d、10～18d。

选巢 来年春冬眠的蜂王蛰醒后，体质纤弱、呆滞、卵巢很小，经过约 3 周的补充营养和飞翔锻炼，体质渐健壮、卵巢发育完全，具备了产卵能力，开始低飞于树篱、河岸或荒芜地表寻找合适的筑巢地点。巢址因蜂种各异，有的巢址为被老鼠或其他小哺乳动物废弃的地下洞穴，如宝石熊蜂，有的是稻草捆或干草丛内及腐朽的树根下等地表处，有是废弃的鸟窝或村舍的茅屋顶等地上处。

筑巢与产卵 蜂王在巢址上常用纤维等材料先建直径 2～3cm 的窝，再觅食、并将花蜜吸入蜜囊，带回巢中吐于巢窝的纤维上，以便天气不良时食用。然后泌蜡建造第一个可膨胀的巢房，即造一个能装入花粉的浅蜡杯、并产卵多粒位于其上，卵平躺或相互连接；产卵方式也因种各异，一些种在花粉团上打孔垂直产卵，一些则产于花粉团外表。再泌蜡包裹卵形成一个巢房，蜡由雌蜂第 4～5 腹板间的蜡腺分泌。建造巢房的同时，用 1～2d 在靠近巢室的通道口上建一宽约 1cm、高约 2cm 的贮蜜杯，贮备食物供天气不良时食用，此时采回的花蜜则被吐入贮蜜杯中。幼虫在蜂巢中生长时，巢房也随之膨胀且改变形状，蜂王用反刍吐出的办法从巢房顶部饲喂幼虫，包括随后羽出的工蜂不停地为巢房添蜡；有些种类的幼虫总被蜡房所包裹，另一些如明亮熊蜂、土黄熊蜂的巢房顶部有不规则的小孔。直到第 1 代工蜂孵出前所有工作均由蜂王完成。第一批工蜂出房后即参与巢房建设及采蜜、花粉、水，饲育幼虫，使蜂巢快速加大；不久蜂王就无需离开蜂巢，只在巢里产卵并帮助工蜂哺育幼虫。

幼虫的发育 温度、湿度和食物是影响熊蜂发育的三个重要因素，同种因温湿度、食物供给量和质量不同其发育时间也不一样，春季只有一只蜂王采集饲料、食物贫乏，第 1 代工蜂体则较小。当工蜂帮助蜂王采集和哺育新幼虫时，获得充足的花蜜、花粉和水的幼虫则成长为新蜂王，否则发育为工蜂。

当有多批工蜂出房后，蜂群不断壮大，蜂王产卵率提高，开始产生 10～500 个数量不等的有性个体。遗传对蜂的繁育特性是决定性的，一些种群只产生雄蜂或仅产生蜂王，另一些既产生雄蜂又产生蜂王，还有一些则在产生雄蜂和蜂王前老群体就死亡；但环境条件对其后代的性别也有很大影响，如饲料缺乏、气候不良、病虫害以及蜂王产卵力的减弱等。一般蜂群发展到达高峰时出现雄蜂和蜂王，此后就不再培育新一代工蜂幼虫，老蜂王由少数老工蜂陪伴着在蜂巢里面休息，直到工蜂全部死亡。

成蜂 新蜂王出房后约 5d 即婚飞，有的种类是雄蜂爬在巢门口等待处女王飞出交尾，有的雄蜂则降落草丛或者嫩枝上、留下香味标记等待处女王交尾；但交配通常在飞翔中进行，蜂王一生只交配一次。交配后的蜂王仍迷恋母群，并不断地去食花蜜和花粉，待体内的脂肪体积累充分时，便离开母巢寻找适宜的场所蛰居越冬。成蜂的足除可用于营造巢室外，也用于体毛上收集花粉粒并打扫到后足的花粉筐内；其腹部末端的尾针是防御和攻击的武器、能螫人，但熊蜂的尾针能进行连续螫刺而不会死亡。巢内温度高时，成蜂扇动翅可调节巢内温度和湿度；其飞翔速度达 50~60km/h 以上，飞行距离达 5 000m 以上。

5.5.2 饲养管理

我国各地都有熊蜂资源，可根据当地作物及授粉对象确定驯化对象，驯化饲养要根据熊蜂的生物学特性进行，如果人工条件满足其生存，就可以进行周年饲养。

捕捉蜂王和驯化 不同种类的熊蜂王蛰醒时间不同，但多在春季 4 月下旬出巢采粉，可在荒山、荒坡野生开花植物较多的地方捕捉、采集蜂王，将其直接放入已备好的巢箱内，网罩巢箱，关闭巢门 24h 后打开巢门，让其在网笼内飞翔和采食。注意每个笼只能饲养一个种类的熊蜂王。当熊蜂繁殖量达到一定程度，并且正常活动时，可在目标授粉作物开花期释放。释放时在夜晚进行，将巢箱封闭、避免强烈震动，轻轻移入目标田即可。

巢箱 欧洲国家普遍使用的巢箱有三种类型。Ⅰ型，用木料制造成 15cm×12cm×12cm 的箱子，箱盖 15cm×12cm，距离箱底 5cm 高的中央开 1 个直径 2cm 的圆洞为蜂群的进出口。Ⅱ型，为 30cm×25cm×25cm 的箱子，箱体外面涂黄色或蓝色防水漆，其余与Ⅰ相同。Ⅲ型，为实木料作成 30cm×12cm×12cm 的验用巢箱，箱内分成两个等大的小室，小室的隔板上开个直径 2cm 的洞，外壁也开 1 个直径 2cm 的蜂群进出洞，为减少气流、两个洞不要相对，在每室的侧壁上开 1 扇小窗、钉上纱网，以便巢箱内通风；内室为巢箱，外室放人工饲养器，便于饲喂。

飞翔笼 制 1 个 120cm×60cm×90cm 的框架，用白色尼龙网罩上，网罩要缝上两条拉链便于在网笼内取放物品，笼底铺上数厘米厚的泥炭，永远保持它潮而不湿，笼顶盖一塑料布以助于保持笼子的凉爽；笼内放置饲喂器，内装满 1∶1 糖浆或蜜汁供熊蜂采食；为补充花粉，用蓝或黄纸叠成花瓣状、里面倒放一粘有花粉的小毛刷供熊蜂采食；有条件时也可将正在开放的鲜花盒放置笼内，提供天然饲料。一笼可放置三个巢箱，各箱的巢门面向不同的方位；巢箱安放好后不要随意移动，以免蜂王拒绝进入移动的巢箱。对饲养中的蜂群要经常进行观察和管理，注意补充饲料、防治病虫害。

5.5.3 授粉特点及效果

(1) 授粉特点

熊蜂可作为为牧草及温室授粉昆虫，应用熊蜂与利用其他昆虫授粉一样具有省工省力、代替人工授粉、降低授粉成本的优点。与其他授粉昆虫比较，其特点如下。

可以周年繁育 在任何季节及人工控制的条件下缩短或打破蜂王的滞育期，都可以根据需要而繁育授粉蜂群，从而解决冬季温室作物应用昆虫授粉的难题。

采集力强 熊蜂的足具有专门适应采集花粉的特殊构造，如花粉刷、花粉梳、花粉耙和花粉筐等；其周身密布绒毛、易于粘附花粉，每只熊蜂常粘附数以万计的远超过其他昆虫的花粉粒；其飞行距离在5km以上，对蜜、粉源的利用比其他蜂种更高效。

有较长的吻 蜜蜂的吻长5~7mm，而熊蜂的为9~17mm。长吻类的成蜂常喜欢在花冠深的作物上采集花蜜，因而在对深冠管花朵的植物如红三叶草、豌豆、番茄、辣椒、茄子等授粉时效果更加显著；但也用上颚咬破花冠吸取花蜜，或咬穿坚硬土壤理出巢房、营造巢室。

声振大、能够经受强烈的撞击 熊蜂飞行时声振大，这对于如西红柿、草莓、茄子等只有当受到振动时，花朵才能释放花粉并进行授粉的作物则是理想的授粉者。再如苜蓿花必须被弄弯后才能释放授粉，熊蜂的个体比较大，则用头部撞击苜蓿花朵、然后从中采蜜、授粉。

能够忍受恶劣的天气 雨天和大风天气熊蜂也能搜寻采集食物；在蜜蜂不能出巢的低温、低光照的阴冷条件下，熊蜂也照常出巢采花、授粉。

趋光性差、信息交流系统不发达 在温室内，熊蜂不像其他蜂种那样对着玻璃乱飞，当温室窗户打开时也很少飞到温室外搜寻食物。熊蜂不像蜜蜂那样具有灵敏的信息交流系统，对发现的食物源，相互之间不传信息，这意味着熊蜂常不大可能从一种作物转移到另一种食物源更丰富的作物上采花、授粉。

(2) 授粉效果

与其他授粉昆虫一样，熊蜂的授粉也可以改善果菜品质、降低果菜的畸形率，避免了为增产而使用激素所产生的化学污染。

熊蜂访花行动敏捷，是温室中传粉效率最高的媒介昆虫。熊蜂的工蜂为温室樱桃、番茄授粉时对每朵花的采访时间为7.2s，一只蜂日访花1500~2000朵，1000m^2温室只需10只工蜂即可完成全部的授粉工作。但蜂群进入传粉场地的时间是否适时对传粉效果有直接的影响，所需蜂群的数量取决于作物的面积、分布状况、长势、花量以及蜂群的群势等。一般蜂群距作物越近，传粉效果越好，也可用带有目标作物花香的糖浆饲喂蜂群，以提高其传粉效果及访花的专一性。

美国利用熊蜂为温室甜椒授粉后，在果实体积、重量、种籽产量、成熟时间等指标方面均有显著效果，也改变了果品等级、提高了大果的百分比。日本应用熊蜂对番茄授粉除增产20%外，坐果率稳定提高，果实均匀而大，维生素C及柠檬酸含量均高于使用植物生长调节剂的单性果实；新西兰达出口标准重量的甜瓜其90%是由熊蜂授粉的，波兰用熊蜂为温室雄性不育的黄瓜品种授粉，种子产量达345kg/hm^2，显著优于切叶蜂与蜜蜂，且优果的产量是切叶蜂与蜜蜂的1.9~2.5倍。荷兰建有3个向国内外有关客户出售商品性熊蜂的授粉公司，每年有500 hm^2以上的番茄利用熊蜂进行授粉。

1998年我国成功地人工繁育了熊蜂，已在北京、上海和山东建有3个熊蜂繁育基地，北京、上海、山东、河北、吉林和深圳等地也先后利用了熊蜂授粉技术。北京市巨山绿色食品中心、朝来农艺园、平谷县植保站及上海孙桥现代农业联合发展有限公司，1999 年以来应用熊蜂为温室西红柿、辣椒、彩椒、茄子、冬瓜、丝瓜、樱桃、桃等授粉，其中以西红柿的增产最为明显，达 20%～30% 以上，冬瓜和丝瓜增产约 20%，其产品售价也为普通产品的 3～4 倍。

5.6 其他传粉昆虫

自然界中的传粉昆虫 Pollinators 或喜花昆虫 Anthophiles 种类很多，除膜翅目的蜜蜂、壁蜂、切叶蜂、熊蜂外，鞘翅目、鳞翅目、双翅目等类群中也有许多传粉的种类。

(1) 蝴蝶

蝴蝶是白天活动的鳞翅目昆虫，许多白天开放的花朵都是靠蝴蝶传粉的。蝴蝶有敏锐的视觉，嗅觉不敏锐，善于识别红颜色，靠辨别颜色来确定花朵的位置，且在花间活动时常降落在花朵上。因此以蝴蝶传粉的花常有很鲜艳的颜色，常无浓烈的气味，但有便于蝴蝶停留的直立、辐射对称、呈喇叭形的花冠。

蝴蝶和蛾一样具有细长和可卷曲的吻，不亲自喂养其幼虫，在花间寻觅的蜜液只供自身需要。因此它们采访的花朵常有较大的蜜腺，蜜腺常深藏在狭窄的花冠管或距内，例如马缨丹 *Lantana camara* L.、醉鱼草 *Buddleja lindeyana* Fort. 及菊科头状花序上的管状花等。

(2) 蛾类

蛾是夜间活动的鳞翅目昆虫，有敏锐的嗅觉，也有辨别颜色的能力。它们采访的花都在夜间开放而在白天闭合或凋谢，花色通常为白、红或褐黄色，这些花在夜间常散发出浓烈的香气来吸引蛾类，其花中的蜜常比蜂或蝶传粉的花多；如重瓣栀子 *Gardenia jasminoidea* Ellis var. *fortuniana* Lindl、百合 *Lilium longiflorum* Thunb. 'Hinomoto'、洋素馨 *Cestrum nocturnum* L. 等。蛾飞翔活跃，但只在花的周围飞扑而不降落在花朵上，只以细长的喙伸入藏于狭长的花冠管或距内的蜜腺吸取蜜液，喙管也用以收集花粉。因此靠蛾传粉的花通常是平展的或是下垂的，一般是两侧对称，花药常为"丁"字形，很容易被蛾的飞扑活动震荡而散放出花粉。

(3) 胡蜂

桑科的榕属有 1 000 多种，无花果 *Ficus carica* L. 是其中之一。榕属的隐头花序是胡蜂传粉的，该花托内有雄花、长花柱的雌花、短花柱的瘿花。雌胡蜂将产卵器伸入瘿花的子房壁而产卵于其上，同时也爬在雌花上试图以同样的方法产卵，因花柱长而产卵器达不到子房壁而不能产卵，但将雄花的花粉带到了雌花的柱头上起了传粉的作用。

(4) 甲虫

甲虫传粉常见于热带，该类昆虫多不善于飞翔，往往是靠其在花上笨拙的爬行动作而采集花粉作为食料并传粉。甲虫采访的花朵通常很少有可见的吸引标志，也无特殊或固定的形状，花通常较大、扁平或为浅杯状，无深的或长的管，有时闭合但容易进入，花的颜色一般为绿色或淡白色，常有浓烈的气味，热带夜间的花香及浓烈的气味常吸引甲虫传粉。如热带和亚热带的壳斗科植物的花有很浓的氨味，这些花的雄蕊和雌蕊通常外露，并有很多花粉、蜜腺或其他可食物质吸引甲虫采食；此外木兰属 *Magnolia*、伞形花科、玉蕊科、王莲 *Victoria amazonica*（＝ *V. regia*）Sowerby、魔芋 *Amorphophallus titanium*（Becc.）Becc. ex Arcang. 等都是甲虫传粉的植物。

(5) 蝇

蝇体小、口吻短，从各种不同的来源而取得食物，它的传粉活动一般不规则、不可靠。蝇常能全年活动，而蜜蜂、壁蜂或熊蜂等重要的传粉者则只在一定的季节里活动，所以在一定的气候条件下，蝇仍然是某些植物的重要传粉者，但常只限于采访较原始的花（图5-8）。靠蝇传粉的花具有简单而整齐的花被，花冠无管或管很短，花的颜色浅而暗淡，通常无蜜腺标志，也无气味，蜜腺外露、蝇易吸蜜，雄蕊和雌蕊外露便于蝇类传粉。如兰科的翼柱兰属 *Pterostylis* 中每一种都有专一的蝇作为传粉者。

图5-8　食蚜蝇访花

腐生蝇在腐肉、尸肉、粪堆上产卵、觅食或活动，而有些植物是专靠腐生蝇传粉的，它们用"欺骗"的方法，用模拟的气味、颜色或形状引诱来访蝇觅食或产卵而达到传粉的目的。若干个高度进化的植物属于这一类，其花的外形很相似，如萝藦科、马兜铃科、梧桐科、大花草科、天南星科、水玉簪科等及较原始的多心皮植物番荔枝科。这类植物的花常为辐射状、灯笼状，在较长的花冠管上有拟似在花上爬动的腐生蝇状的黑色斑点或活动的毛或丝状附属物，花色通常为棕色、紫色或绿色，气味似腐败的蛋白质、腐肉或粪便的恶臭，没有蜜腺及其他初级吸引物，如马兜铃属 *Aristolochia*，菝葜 *Smilax herbacea* L. 及某些天南星科植物的花。

(6) 蚂蚁

蚂蚁传粉的现象多见于干旱炎热的地区，如热带的大戟科植物，其花很小、无柄，不易看见，靠近地面开放，花粉量少，花粉粒具黏性，花外有很小的蜜液量少的蜜腺，不会吸引较大的昆虫，而蚂蚁则喜欢在这一类植物上采蜜、传粉。这类花的胚珠数量很少，同一时间内花朵开放的数量很少，但常见几个植株聚生在一起以便于异株异花受精。

蚂蚁还对一些热带植物的传粉起间接的促进作用，例如大花老鸦嘴 *Thunbergia grandiflora*（Roxb. Ex Rottl.）Roxb.、刀豆属 *Canavallia*、鸢尾属 *Iris*、牵牛属 *Pharbitis*、木槿属 *Hibiscus*、红木 *Bixa orellana* L. 等植物有花外蜜腺或花瓣具有驱

避剂，蚂蚁只在这些花外活动及采蜜，但并不替这些花朵传粉，而是充当所谓"蚂蚁卫士"的作用。在南美巴西如果可可树上出现"蚂蚁卫士"，则可可的产量将会提高。

复习思考题

1. 试述昆虫传粉在农林生产上的意义。
2. 简述昆虫传粉的增产机理。
3. 如何配置蜂群为目标植物授粉？
4. 温室传粉应该注意哪些问题？
5. 阐述壁蜂的饲养管理及利用技术。
6. 简述切叶蜂的饲养管理及利用技术。
7. 比较熊蜂传粉与蜜蜂传粉有何异同点？

本章推荐阅读书目

昆虫与植物的关系．钦俊德著．科学出版社，1987
果树壁蜂授粉新技术．周伟儒编著．金盾出版社，2002
蜜蜂授粉．邵有全著．山西科学技术出版社，2001
植物与环境．王铸豪主编．科学出版社，1986
Insect Pollination of Crops. Free J B. Academic, 1970

第6章 天敌昆虫

【本章提要】 天敌昆虫是人类在控制各类害虫当中能够利用的生物资源。鉴于此,本章介绍了人类利用天敌昆虫资源控制害虫的历史,有利用价值的捕食性和寄生性天敌资源的分类类群,天敌昆虫资源的利用方式,及2种捕食性、寄生性天敌的人工繁育和利用技术。

地球上已被命名的昆虫已达115万种左右,占动物界已知种类的2/3。在这样一个庞大的类群中,有约85%的种类可以为植物传粉,48.2%的植食性种类是生态系统食物链中的基本单元,17.3%的腐食性种类是自然系统中必不可少的高效"生态垃圾"清洁工;还有相当一部分种类是可以直接或间接为人类提供经济产物的食用、药用、工业原料昆虫。但是,昆虫当中也有相当一部分是人类、家畜的卫生害虫和农林业害虫,给人类的生活、生产造成损失。为治理这些害虫,世界各国几乎每年都投入了巨额的人力、物力,用以消除或减轻其造成的危害。

天敌昆虫是自然界制约害虫的重要力量,昆虫纲有30%左右的种类是农林害虫及其他有害生物的重要捕食性或寄生性天敌。正是这些天敌昆虫无时无处不在自然界中发挥着它们的重要生态功能,才将那些有害生物的危害控制在一定范围之内,使得能造成较大经济损失的害虫种类占不到昆虫总数的1%,从而有效地维护了各种生态系统的稳定和平衡。因此,从生物资源角度讲,天敌昆虫也是人类控制害虫的危害时可以利用的生物资源。

6.1 人类利用天敌的历史

天敌昆虫是农林生产中的特殊资源,人类很早就认识了其实用价值,真正认识并加以利用的以我国最早。但总体上讲,人类利用天敌的历史可以划分为下面三个阶段。

起始阶段 这一阶段从人类利用天敌开始止于19世纪末叶。人类对于自然界物种间相互制约、竞争的现象在远古时代就有所认识并有文字记载,在中国最古老的诗歌总集《诗经》中便有"螟蛉之子,蜾蠃负之"的诗句,记述了膜翅目的胡蜂对于蛾类幼虫的捕捉行为;《庄子》中也有"螳螂捕蝉,黄雀在后"的寓言故事。人类利用天敌的历史亦可以追溯到古代,中国人民早在1 700年前就已懂得利用天敌昆虫进行有害物种的防除,如公元304年左右西晋末年的嵇含在

《南方草木状》记载"交趾人以席囊贮蚁,鬻于市者,其巢如薄絮,囊皆连枝叶,蚁在其中,并巢同卖。蚁赤黄色,大于常蚁。南方柑橘若无此蚁,则其实为群蠹所伤,无复一完者矣。"这说明,当时广东的果农已经懂得在柑橘园中放养黄猄蚁 Oecophylla smaragdina (Fabricus) 来防除柑橘害虫,并因此而贩卖黄猄蚁以获取利润;公元 877 年唐末刘恂在《岭表异录》、公元 1401 年元代俞贞木在《种树书》、公元 1139 年宋代庄季裕在《鸡肋集》等当中都对这一利用天敌防治害虫的方法有所记述。公元 1078~1085 年宋代沈括在《梦溪笔谈》中记载"元丰中,青州界生子方虫,大为秋田之害。忽有一虫生,如土中狗蝎,其喙有钳,千万蔽地,遇子方虫则以钳博之,悉为两段,旬日子方皆尽,岁以大稔。其土旧曾有之,土人谓之'旁不肯'"。1036~1103 年苏东坡亦记载"子方虫为害甚于蝗,有小甲虫见辄断其腰而去,俗谓'旁不肯'"。1957 年据周尧教授考证,"旁不肯"即是步行虫,属于鞘翅目步甲科昆虫;而"子方虫"即"蚜虫",乃是今天位列我国农作物最严重十大病虫害第二的粘虫 Pseudaletia separata (Walker)。国外有关这方面的记载则极少,其最早的文献见于 16 世纪。

科学认识和利用阶段 有目的地、科学地使用天敌资源防治有害生物可以追溯到 19 世纪末期,这一阶段是以美国昆虫学工作者 A. Koebele 从澳洲引进澳洲瓢虫 Rodalia cardilalis (Mulsant) 用以防治加利福尼亚的吹绵蚧而开始的。虽然在此前人类已经开展了一些天敌昆虫的引入工作,但都因成效不甚显著而未引起人们的太大注意。引进澳洲瓢虫对吹绵蚧的控制成功,使人类利用天敌防治害虫进入了科学的时代,至二战(1937 年)为止,有许多国家建立了大批与生物防治有关的研究机构或推广组织,并进行了许多生物试验和技术推广,利用害虫的天敌资源控制害虫无论在理论上还是在实践方面都取得了飞跃性的进展。

综合利用阶段 这一阶段自 20 世纪 50 年代开始一直延续至今。随着二战后有机合成杀虫剂的出现及人们对合成杀虫剂依赖,人类对天敌资源的利用开始低落。可是不到 10 年,由于大量使用农药污染环境,许多害虫不但产生了抗药性,许多以前处于次要地位的其他害虫也变成了主要害虫。在这种情况下,美国一些学者提出了综合防治的害虫治理策略,利用天敌资源控制害虫从此又再次得到了重视,于是新的利用方法和新技术日渐增多,应用的领域也随之扩大,不少天敌产品已经成为了有效防治害虫的工具。

我国现代意义的天敌利用历史和害虫的生物防治开始于 1949 年以后。早期在利用赤眼蜂防治甘蔗螟、利用金小蜂防治在仓库越冬的害虫棉红铃虫、利用平腹小蜂防治荔蝽,以及应用白僵菌等防治大豆食心虫、松毛虫、菜青虫等方面,取得了一定的进展。到了 20 世纪 60 年代,由于大量使用杀虫剂,放松了对害虫天敌的利用和研究。1975 年以后,对害虫天敌的利用和研究力量得到了加强,取得了如通过繁殖释放赤眼蜂防治稻纵卷叶螟、玉米螟,利用瓢虫防治绵蚜、利用周氏啮小蜂防治美国白蛾,以及应用微生物农药治虫等成就。

6.2 捕食性天敌昆虫资源

6.2.1 捕食性天敌昆虫的概念

捕食性天敌昆虫主要是指那些能够通过捕食来控制其他有害节肢、软体动物种中有害种类的昆虫。一般情况下，捕食性昆虫较其捕食对象（寄主）体型略大，且行动迅速；可以在寄主的各个发育阶段即卵期、幼虫期、蛹期及成虫期进行捕食，主要吞噬猎物的卵周质和卵黄、肉体，或吸食其体液，捕食性天敌昆虫在发育过程中一般要捕食多个寄主。同种捕食性天敌昆虫，其成虫和幼虫的食性一般均为肉食性，且寄主相同。它们的口器一类是咀嚼式口器如瓢虫、步行甲等，可以简单地咀嚼、吞食猎物；另一类是刺吸式口器如猎蝽、草蛉幼虫等，主要吸食猎物的体液，而且有些种类在吸食前会通过口器向猎物体内预先注入一些毒素或麻醉物质，使取食对象很快瘫痪或失去反抗能力。

6.2.2 捕食性天敌昆虫资源的主要类群

在昆虫纲中捕食性天敌资源包括蜻蜓目 Odonata、螳螂目 Mantodea、广翅目 Megaloptera、脉翅目 Neuroptera 中的几乎全部种类；半翅目 Hemiptera 的隐角亚目 Cryptocerata，鞘翅目 Coleoptera 的肉食亚目 Adephaga，双翅目 Diptera 的虻科 Tabanidae、食虫虻科 Asilidae、食蚜蝇科 Syrphidae，膜翅目的胡蜂科 Vespidae、蚁科 Formicidae 等当中的部分种类。

根据捕食性天敌昆虫捕食对象的广泛程度，可将其划分为多食性 Polyphagous、寡食性 Oligophagous = Sternophagous 和单食性 Monophagous 三类，但这种划分有时界限并不明确。广食性类群的寄主范围广泛，捕食对象通常包括许多不同目的其他昆虫或小型动物，如蜻蜓、螳螂等。寡食性类群通常只取食一些生活习性相似的或近缘的单科类群，例如主要取食蚜虫食蚜蝇。单食性类群取食范围更窄，一般只取食 1~2 种其他昆虫或小型动物。便于利用的捕食性天敌，基本上都是寡食性或单食性的种类。

由于有些捕食性天敌昆虫的寄主范围较大，因而在不同的环境下，它们的"角色"可能会有所转换。如水生鞘翅目昆虫龙虱以水中的其他小型动物甚至鱼苗为食，当其捕食对人类有害的其他水生动物时是有益的；但是当其种群数量过大则会对淡水渔业养殖造成危害。因此要利用捕食性天敌昆虫，就必须充分了解其生物学习性，并要对其可能带来的益害后果作出适当的评价。

(1) 蜻蜓目 Odonata

世界已知 5 000 余种，中国 400 余种，均为捕食性。前、后翅脉序不完全相同者，静止时两对翅左右平展，一般称为蜻蜓；前、后翅形状及脉序几乎完全相同者，静止时两对翅一般立于背上，称为豆娘。大多数蜻蜓体长 30~90mm，少数种类可达 150mm；体形细长，头部下口式、口器咀嚼式，翅面网状。该类昆虫一生经历卵、稚虫、成虫三个阶段。成虫陆生，稚虫水生，通称水虿，均取食活的猎物，但降低猎物虫口密度的能力一般有限。在一些特殊的境域如稻田生态系统，蜻蜓已被当作一类重要的捕食性天敌而加以利用，也是水域生态环境质量监测的动物指示物种。但在淡水养殖水域，该类群的稚虫捕食鱼卵及幼小鱼苗，会造成一定的经济损失。

(2) 螳螂目 Mantodea

世界已知约 2 200 种，中国 100 余种，均陆栖性，分布于极冷地带以外的绝大部分地区。渐变态，成、若虫形态相近，成虫多有保护色，部分具拟态现象；卵块包裹于由附腺分泌物形成的卵鞘之中。体中到大型，头大、三角形，口器咀嚼式，前足捕捉足，前翅覆翅，后翅呈扇状。成虫、若虫均为捕食性，几乎可以猎食所有昆虫，尤喜食蝗虫、双翅目幼虫、鳞翅目幼虫以及同翅目昆虫等，同时也存在较为普遍的自相残杀现象。因较难饲养，还未见利用（见图 2-7）。

(3) 捕食性半翅目 Hemiptera

世界已知半翅目昆虫约 38 000 种，中国约 3 100 种。渐变态，体型大小差异悬殊，体躯略扁平，口器刺吸式，前翅半鞘翅。捕食性半翅目的种类用以捕捉猎物的足通常发达，口器喙部发达、粗壮，有些还可以分泌具有麻醉作用的毒性物质，可在短时间内使猎物丧失活动能力(图 6-1)。

隐角亚目 Cryptocerata　水生或半水生，多生活于静水或其旁的湿地上，取食各种小型动物。触角短小，多隐于头部下方的凹沟之中；前足多为捕捉足，中、后足多为游泳足，有些种类腹末还具 1 对长呼吸管。该亚目的捕食性类群主要有蝎蝽科 Nepidae、负子蝽科 Belostomatidae、潜蝽科 Neucoridae、蟾蝽科 Gelastocoridae、蜢蝽科 Ochteridae 等，但利用价值有限。

显角亚目 Gymnocerata　栖境及食性比较复杂。触角较长，在头背面可见。其中水生或半水生类群水黾科 Gerridae、水蝽科 Mesoveliidae、尺蝽科 Hydrometridae 等，多在水表面活动，取食水中浮游的甲壳类及其他小型动物，许多种类是水田害虫的重要天敌。有保护和利用价值的重要捕食性类群如下。

盲蝽科 Miridae　体小至中型，多无单眼。大部分为植食性，部分捕食蚜虫、螨类等小型动物及虫卵，部分植食兼及捕食

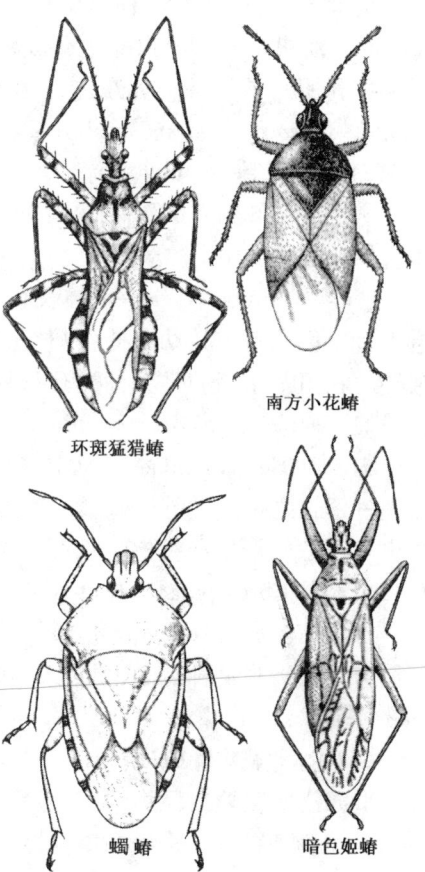

图 6-1　半翅目天敌昆虫

性。常见的捕食种类如捕食蚜虫的食蚜黑盲蝽 *Deraeocoris punctulatus* Fallén、捕食飞虱及叶蝉的黑肩绿盲蝽 *Cyrtorrhinus lividipennis* (Reuter) 等。

猎蝽科 Reduviidae　体小到大型，前胸背板有横沟、前足狙捕足。多捕食其他昆虫及蜘蛛和多足类等。鳞翅目幼虫的常见天敌种类有黄足猎蝽 *Sirthenea flavipes* Stål、环斑猛猎蝽 *Sphedanolestes impressicollis* (Stål) 等（图6-1）。

姬蝽科 Nabidae　体中小型、细瘦。均捕食性，捕食蚜虫、叶蝉、盲蝽、跳甲、蝶蛾幼虫及卵等。常见种类如花翅姬猎蝽 *Prostemma hilgendorffi* Stein、暗色姬蝽 *Nabis stenoferus* Hsiao 等（图6-1）。

花蝽科 Anthocoridae　体小，椭圆形，背面扁平。主要捕食蚜虫、介壳虫、粉虱、蓟马、木虱、螨类等。常见的种类有小花蝽属 *Orius*、细角花蝽 *Lyctocoris campestris* (Fabricius) 等，是农田和果园中的有效天敌（图6-1）。

蝽科 Pentatomidae　体小到大型，多椭圆形，背面较平。大多数为植食性，部分为捕食性，常见捕食鳞翅目幼虫及某些甲虫的种如益蝽 *Picromerus lewisi* Scott、蠋蝽 *Arma chinensis* (Fallou)（图6-1）。

（4）广翅目 Megaloptera

全世界已知约300种，中国约70种。成虫体粗长，翅宽大，翅展可达150mm。幼虫水生，成虫陆生，成、幼虫均为捕食性；但因食性杂、较难饲养，还未见利用。常见种类如东方巨齿蛉 *Acanhacorydalis orientalis* (McLachlan)、中华斑鱼蛉 *Neochauliodes sinensis* (Walker) 等。

（5）脉翅目 Neuroptera

全世界已知约4 000种，中国约600种，均是重要的捕食性天敌昆虫。有利用价值的类群如下。

粉蛉科 Coniopterygidae　体长仅2~3mm，翅展3.5~10mm，体表及翅面均覆盖有白色蜡粉。其幼虫捕食蚜虫、粉虱、介壳虫、螨类及虫卵。中国已知70余种。农田及果园的常见种类有双刺粉蛉 *Coniopteryx bispinalis* Liu et Yang、彩角异粉蛉 *Heteroconis picticornis* (Banks) 等。

褐蛉科 Hemerobiidae　小到中型，多为黄褐色，前翅多有褐色斑纹，触角长度超过翅长之半或约等于翅长。幼虫与草蛉相似，捕食蚜虫、木虱、红蜘蛛、介壳虫等，蔗田常见种有梯阶脉褐蛉 *Micromus timidus* Hagen。

草蛉科 Chrysopidae　体多中型，草绿色，触角丝状。幼虫名蚜狮，捕食蚜虫、木虱、粉虱、介壳虫等。该类群是应用最广泛的捕食性天敌资源之一，可人工饲养繁殖，常见种有大草蛉 *Chrysopa setempuctata* Wesmeal、中华草蛉 *C. sinica* Tjeder 等。

（6）捕食性鞘翅目 Coleoptera

世界已知鞘翅目昆虫约35万种，中国记载约7 000种。水栖、陆栖，植食、尸食、粪食、腐食、寄生、捕食性。其中重要的捕食性类群如下。

肉食亚目 Adephaga　均为捕食性，但人工较难饲养、繁殖，常见类群如下。

虎甲科 Cicindelidae　体中型，具金属光泽和斑纹；头比前胸宽，下口式；

善于飞行。幼虫穴居，成、幼虫均捕食性。常见的种类有中华虎甲 *Cicindela chinensis* Degeer、杂色虎甲 *C. hybrida* Linnaeus 等（图6-2）。

步甲科 Carabidae 体中小型至大型，头前口式，头比前胸窄，后翅常退化，不能飞行。成、幼虫均捕食各种小型昆虫及其他动物。常见种有金星步甲 *Calosoma chinense* Kirby 和谷贪步甲 *Harpalus calceatus*（Duftschmid）等（图6-2）。

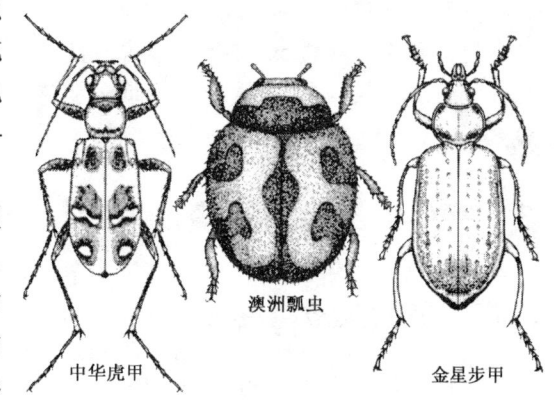

图6-2 鞘翅目天敌昆虫

龙虱科 Dytiscidae 多中到大型，体扁、长卵圆型，中、后足为游泳足，雄虫前足为抱握足。成、幼虫均水生，捕食其他水生昆虫、软体动物及鱼苗等。常见种类有黄边龙虱 *Cybister japonicus* Sharp 等（见图2-9）。

多食亚目 Polyphaga 捕食性的有萤科 Lampyridae、花萤科 Cantharidae、郭公甲科 Cleridae 等，但有利用价值的类群如下。

芫菁科 Meloidae 头宽于前胸、下口式，后头细如颈；鞘翅柔软，末端分歧；复变态类。成虫主要危害植物，幼虫捕食蝗卵，可进行保护并利用（图2-10）。

瓢甲科 Coccinellidae 世界已知约5 000种，我国500多种。体多为卵圆形，头部被前胸背板覆盖，鞘翅多有斑点。部分植食性、多数捕食性，捕食蚜虫、介壳虫和螨类等。许多种对控制害虫有很好的效果。常见种有七星瓢虫 *Coccinella septempunctata* Linnaeus、澳洲瓢虫 *Rodolia cardinalis*（Mulsant）等（图6-2）。

（7）捕食性双翅目 Diptera

世界已知双翅目昆虫约12万种，我国5 000余种。捕食性类群包括虻科 Tabanidae、食虫虻科 Asilidae、蜂虻科 Bomybyllidae、长足虻科 Dolichopodidae，但有利用价值的仅食蚜蝇科。

食蚜蝇科 Syrphidae 色彩鲜艳，形似蜜蜂或胡蜂。幼虫多捕食蚜虫、介壳虫、粉虱、蓟马等，为重要的天敌昆虫。常见的种类有黑带食蚜蝇 *Episyrphus balteatus*（Degerr）、斜斑鼓额食蚜蝇 *Scaeva pyrastri*（Linnaeus）等。

（8）捕食性膜翅目 Hymenoptera

世界已知膜翅目昆虫10万种以上。捕食性的类群有肿腿蜂科 Bethylidae、螺蠃蜂科 Eumenidae、泥蜂科 Sphecidae、蛛蜂科 Pomphilidae 等，其中许多种可捕捉鳞翅目、鞘翅目等的幼虫以及其他小型动物，并将其携回巢中供子代食用；皆因难于饲养、食性杂，未见在害虫防治应用。蚁科 Formicidae 昆虫中，很多种类为捕食性，最早被利用的即黄猄蚁。捕食性蚂蚁是防治害虫的有效资源之一（见图2-3）。

(9) 捕食性动物

常见的害虫捕食性天敌资源，除捕食性天敌昆虫外，还有蛛形纲 Arachnido 的蜘蛛和食虫螨类，两栖纲 Amphibia 的蛙类和蟾蜍，以及众多的食虫鸟类、兽类等。

6.3 寄生性天敌昆虫资源

6.3.1 寄生性天敌昆虫的概念

寄生性天敌昆虫 Parasitoidea，parasite 是指那些在某一发育阶段或终生寄生于其他昆虫或动物体内、体表，摄食寄主营养物质的昆虫。与捕食性天敌昆虫相比，寄生性天敌昆虫的个体总小于寄主，一生仅食用 1 头寄主，寄主的死亡过程较慢，成虫一般只搜索寄主并在其体表产卵或体内产卵；幼虫则为肉食性，足及眼常退化，在寄生期多不能离开寄主而生活。但是，少数寄生性天敌昆虫如螟卵啮小蜂 *Tetrastichus schoenobii* Ferrière，成虫期多为捕食性，小幼虫期寄生于 1 粒三化螟卵内，尔后总要捕食附近的 2~3 粒螟卵才能完成发育。

生殖方式 寄生性天敌昆虫与寄主的生活史及生活习性有相似性，生殖类型较多，多数为两性生殖 Bisexual reproduction。但孤雌生殖 Parthenogenesis 也较普遍，孤雌生殖主要有单倍体产雄孤雌生殖 Arrhenotoky、产雌孤雌生殖 Thelyotoky、产雌雄孤雌生殖 Amphiterotoky、多胚生殖 Polyembryony 4 种类型。胎生 Viviparity 则是另一种形式上的孤雌生殖。

寄生类型 据寄生性天敌在寄主上的取食部位可区别为外寄生 Ectoparasite 及内寄生 Endoparasite；按其在寄主体上的个体数量则分为单寄生 Monoparasitism 和多寄生 Polyparasitism 或群居寄生；依据寄生性昆虫在寄主体上种类的多少则划分为独种寄生 Eremoparasitism 及共寄生昆虫 Synparasitism；按寄主范围的大小则有单食性寄生 Monophagous parasite、寡食性寄生 Oligophagous parasite 及多食性寄生 Polyphagous parasite；据其寄生后经历寄主虫态的多少可区别为单期寄生昆虫和跨期寄生；按能否在寄主上完成发育则分为完寄生 Hicanoparasitism 和不能完成发育的过寄生 Hyperparasitism；按寄主被寄生后是否立即死亡可分为立即死亡的抑性寄生和慢性死亡的容性寄生。此外，寄生于寄主上的为原寄生 Protoparasitism，而在原寄生昆虫寄生的则为重寄生 Epiparasitism，重寄生有二重寄生、三重寄生，甚至四重寄生。

6.3.2 寄生性天敌昆虫的主要类群

昆虫纲中具有寄生习性的类群主要见于捻翅目、鞘翅目、鳞翅目、双翅目及膜翅目，其中利用广泛的均属膜翅目和双翅目的种类。

(1) 捻翅目 Strepsiptera

世界约 4 000 种，中国约 20 种，主要分布于古北区和新北区。群雌雄异型，雄虫体长 1.3~1.5mm, 前翅如平衡棒；雌虫体长 2~30mm, 幼虫状。主要寄生于叶蝉、飞虱、蜂、蚁等, 但对一些捕食性或传粉昆虫具一定的危害性, 利用意义不大。

(2) 寄生性鞘翅目 Coleoptera

仅寄居甲科 Leptindidae、大花蚤科 Rhipiphoridae 和羽角甲科 Rhipiceridae 为典型的寄生性昆虫；隐翅甲科 Staphylindidae、郭公甲科 Cleridae 和长角象甲科 Anthribidae 中部分种为寄生性；其他科中亦有少数种寄生性或非典型的寄生性。寄生性的甲虫, 寄主范围较狭窄, 卵产于寄主体外或远离寄主。以 1 龄幼虫寻找寄主, 并潜入其被覆物中或体内寄生。除个别种类如幼虫期寄生于天牛幼虫的花绒坚甲 *Dastarcus helophoroides* Fairmaire 外, 其余种类利用价值有限。

(3) 寄生性鳞翅目 Lepidoptera

仅少数科如寄蛾科 Epipyropidae, 举肢蛾科 Heliodinidae 和夜蛾科 Noctuidae 中的少数种为寄生性。其中寄蛾科幼虫为同翅目的蝉、叶蝉、蜡蝉、飞虱等的外寄生性天敌, 北京举肢蛾 *Beijingga utila* Yang 幼虫寄生于槐花球蚧 *Eulecanium kuwanai* (Kanda) 体内。

(4) 寄生性双翅目 Diptera

能够寄生于昆虫及其他节肢动物上的双翅目昆虫约 21 科, 泛称寄生蝇。但不易人工繁殖, 可进行保护利用, 重要科如下。

头蝇科 Pipunculidae 体小, 胸部少毛, 翅狭长、透明或略带红褐色、腹部多黑色。主要以幼虫寄生于叶蝉、沫蝉、飞虱等同翅目害虫, 成虫多见于花草间, 飞行迅速。如寄生于农田害虫黑尾叶蝉的黑尾叶蝉头蝇 *Tomosvaryella oryzaetora* (Koizumi)。

隐毛蝇科 Cryptochetidae 该科仅 22 种, 亚洲 9 种。体粗短、黑色, 具蓝或绿色金属光泽, 密被黑色短毛, 翅透明、前缘具 3 个缺刻, 腹部端部渐尖。均是蛛蚧科 Margarodidae 的内寄生天敌昆虫。

蜣蝇科 Pyrgotidae 全世界约 330 种。头部在触角上方稍突出, 翅较长；腹部基部狭窄、雄性呈棍棒状, 雌性产卵弯弓状。幼虫寄生于金龟子体内, 成虫喜傍晚活动, 可以灯诱。

麻蝇科 Sarcophagidae 世界已知约 2 500 种。体中小型蝇类、灰色, 胸部背面具灰色纵条纹, 腹部常具银色或金色粉斑。多为腐食性, 部分种产卵或直接产幼虫于寄主体表或体内, 以幼虫营寄生生活, 主要寄生于直翅目、脉翅目、同翅目、半翅目、鞘翅目、鳞翅目、双翅目、膜翅目昆虫及其他节肢动物或软体动物。

寄蝇科 Tachinidae 小至中型, 体粗壮, 多鬃毛。雌虫产卵（少数直接产幼虫）于寄主体表、体内或其附近的地面, 幼虫寄生于鳞翅目、鞘翅目、膜翅目等农林害虫幼虫及半翅目、鞘翅目、直翅目等昆虫的成虫体内, 寄生能力强。

长足寄蝇科 Dexiidae 形态与寄蝇相似, 但足较长。主要寄生于鳞翅目和鞘翅目（如蛴螬）幼虫。

(5) 寄生性膜翅目 Hymenoptera

膜翅目中的寄生性种类统称寄生蜂，除尾蜂科 Orussidae 属于广腰亚目 Symphyta 外，其余均属于细腰亚目 Apocrita。在防治害虫中，寄生蜂类是利用最多的天敌资源，许多种类可人工繁殖和利用。

尾蜂总科 Orussoidea 其中的尾蜂科 Orussidae 是广腰亚目中惟一的寄生性类群，世界已知约 70 种，我国仅台湾和海南有报道。体长 8～14mm，体形圆筒状、色暗，腹部时呈赤褐色，头顶具颗粒状突起，产卵管长丝状。以 1 龄幼虫外寄生于天牛、吉丁虫等蛀干害虫的幼虫以及树蜂幼虫的体表，尔后钻入寄主体内取食。

钩腹姬蜂总科 Trigonalyoidea 有寄生行为的见于下 2 科，但利用不多。

钩腹蜂科 Trigonalidae 已知约 90 多种。体小型或中型，体长 10～13mm，腹部略扁，多具色彩，形似胡蜂，但触角长丝状，雌蜂腹部末端向前下方呈钩状弯曲。产卵于叶腹面，待叶蜂或鳞翅目等寄主的幼虫将卵摄入体内后，卵才孵化，随后穿透寄主肠壁进入体腔；如寄主体内已有寄生者，则可转移至寄生者体内成为重寄生者而完成发育。

举腹蜂科 Aulacidae 世界已知 150 余种，我国南北均有发现。体中等大小，腹部棍棒状，着生于并胸腹节前背方。寄生于天牛、吉丁虫及树蜂幼虫。

姬蜂总科 Ichneumonoidea 其中的姬蜂科和茧蜂科是最为常见的资源天敌。

姬蜂科 Ichneumonidae 体多纤弱，腹部细长，产卵管有鞘。多寄生于鳞翅目、鞘翅目、双翅目、膜翅目、脉翅目及毛翅目等的幼虫和蛹上，常见但较难利用，如松毛虫黑点瘤姬蜂 *Xanthopimpla pedator* Fabricius（图 6-3）。

茧蜂科 Braconidae 体长多 2～12mm，产卵管较长，腹部基部有柄或无柄。寄主几乎涉及全变态类的所有目及部分不全变态类昆虫，人工繁殖应用较多，如酱色齿足茧蜂 *Zombrus sjostedti*（Fahriinger）（图 6-3）。

小蜂总科 Chalcidoidea 体小，长仅 0.2～5mm、少数可达 16mm；触角多为膝状，翅脉极退化。除少数科为植食性外，其余绝大部分为寄生性。寄主几乎包括昆虫纲各目及蛛形纲等其他节肢动物。在天敌利用当中，小蜂是最受重视的一个类群。该总科包括 18 科，重要科如下。

小蜂科 Chalcididae 所有种类均为寄生性，寄生于鳞翅目、双翅目，少数寄生于鞘翅目、膜翅目及脉翅目、同翅目等昆虫。常产卵于寄主幼虫期及预蛹期，少数产于卵期，均在寄主蛹期羽化。多为容性单寄生，少数为重寄生、聚集寄生，如黑角洼头小蜂 *Kriechbaumerella nigricornis* Qian et He（图 6-3）。

金小蜂科 Pteromalidae 为小蜂总科的一个大科，寄主范围极广，几乎涉及昆虫纲绝大多数的目，少数还可寄生于蜘蛛，少数为捕食性，极少数为植食性，如黑青小蜂 *Dibrachys cavus*（Walker）（图 6-3）。

旋小蜂科 Eupelmidae 寄生于鞘翅目、鳞翅目、双翅目、直翅目、同翅目、半翅目、脉翅目等昆虫，绝大多数常原性单寄生于其他昆虫的卵期、幼虫期、蛹期。如平腹小蜂属 *Anastatus* spp. 能有效寄生于半翅目和鳞翅目害虫的卵，人工繁殖放该类小蜂防治荔枝蝽象效果甚好。

跳小蜂科 Encyrtidae 几乎能寄生于有翅亚纲所有目的昆虫，多数寄生于介壳虫、螨、蜱、蜘蛛等，少数兼有捕食习性，可人工繁殖利用。

蚜小蜂科 Aphelinidae 主要寄生于同翅目害虫，易人工繁殖应用。

姬小蜂科 Eulophidae 主要寄生于双翅目、鳞翅目、鞘翅目、叶蜂及一些寄生蜂，部分种类是控制叶蜂的天敌。

赤眼蜂科 Trichogrammatidae 全部卵寄生于鳞翅目、鞘翅目、膜翅目、脉翅目、双翅目、半翅目、缨翅目、革翅目、直翅目等昆

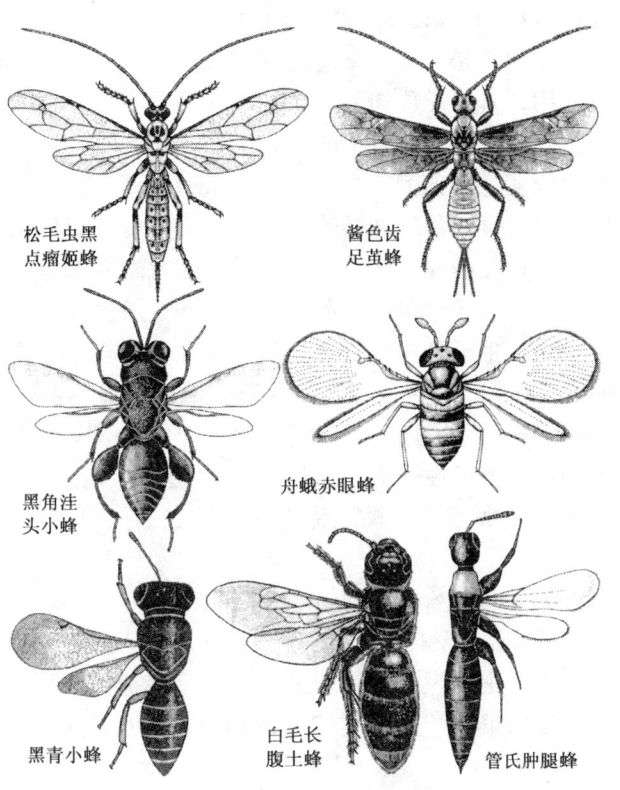

图 6-3 膜翅目天敌昆虫

虫，但以鳞翅目为主，是控制鳞翅目害虫的有效天敌资源。我国已能够用人工虫卵批量生产，如舟蛾赤眼蜂 *Trichogramma closterae* Pang et Chen（图 6-3）。

缨小蜂科 Mymaridae 均内寄生于同翅目叶蝉总科和飞虱科，以及鞘翅目的象甲科和龙虱科等虫卵内。已有多种可人工繁殖利用。

细蜂总科 Proctotrupoidea 体微小至极小，色暗或金属色，部分无翅，产卵管针状。多为原寄生，少数重寄生，总体利用价值较低。重要类群如下。

锤角细蜂科 Diapriidae 多寄生于双翅目，少数寄生于鞘翅目及白蚁、蚂蚁。

缘腹细蜂科 Scelionidae 寄生于多种害虫及蜘蛛卵内，部分种有利用价值。

广腹细蜂科 Platygasteridae 主要寄生于双翅目昆虫，尤其是造瘿的瘿蚊科及其相近科的昆虫，以及介壳虫、粉虱、象甲、叶甲卵等。

青蜂总科 Chrysidoidea 主要寄生类群有青蜂科 Chrysididae、肿腿蜂科 Bethylidae 和螯蜂科 Dryinidae。

螯蜂科 Dryinidae 体长 2.5～5.0mm，雄蜂有翅、部分雌蜂无翅，似蚂蚁。寄生于角蝉、叶蝉、沫蝉、蜡蝉等昆虫，部分种类兼具捕食性，不易利用。

青蜂科 Chrysididae 寄生于竹节虫目、鳞翅目等幼虫及蛹上，未见利用。

肿腿蜂科 Bethylidae 体长 1～10mm，略扁平，部分雌性无翅、或雌雄均无翅，略似蚂蚁。主要寄生于鳞翅目、鞘翅目及部分膜翅目幼虫，部分种如管氏肿

腿蜂 *Scleroderma guani* Xiao et Wu 可人工饲养控制天牛小幼虫（图6-3）。

胡蜂总科 Vespoidea 食量大，幼虫寄生性，成虫捕食能力强，可进行保护性利用，寄生类群如下。

钩土蜂科 Tiphiidae 中国已知近90种。体细长，7～13mm，多黑色，被毛暗色或淡色。独栖，常将卵产于寄主节间膜处，多寄生于鞘翅目的金龟子、虎甲，以及直翅目的蟋蟀等老龄幼虫。如日本金龟钩土蜂 *Tiphia popilliavora* Rohwer 曾被引入美国控制从日本传入美国的日本丽金龟。

土蜂科 Scoliidae 体长9～36mm，黑色、多毛，有黄白、橘黄、红色斑点或条带。寄生于鞘翅目幼虫，我国南北方均较常见的白毛长腹土蜂 *Campsomeris annulata* Fabricius 曾被美国输入以防治从日本传入的日本丽金龟（图6-3）。

蜾蠃科 Eumenidae 我国已知90余种。形似胡蜂，但上颚闭合时相互交叉。独栖、营狩猎性寄生，猎物多为鳞翅目、鞘翅目、膜翅目幼虫。我国人民早在3 000年前就发现了蜾蠃将鳞翅目幼虫捕回巢中的现象，即"螟蛉之子，蜾蠃负之"。

泥蜂总科 Sphecoidea 其中的泥蜂科 Sphecidae，被毛稀、体光滑裸露，部分头部或胸部被密毛、或腹部被毛带，体色常暗。多独栖、少数聚居，多为狩猎性寄生，寄主多为鳞翅目幼虫，可进行保护性利用。成虫常先刺螫猎物使其麻痹，然后携回巢中产卵于其体上，幼虫孵出后取食仍然存活的寄主，最后致使寄主死亡。

6.4 天敌昆虫的保护和繁育技术

人类利用天敌资源控制害虫已有很长的历史，已从利用实践过程中总结了利用不同类型天敌的方法。那些在自然界能有效控制害虫危害，但还难以人工饲养的种类则主要采用保护其栖境、采取扩大其种群数量的方法加以利用；对于那些易人工饲养繁殖的则可饲养利用，但也要注意保护其栖境、以利于提高利用效果。

6.4.1 增加天敌昆虫种类和数量的基本方法

任何生态系统都是以营养链相互关联起来的复杂系统，其中天敌昆虫是掣衡有害生物的自然力量，尤其在生态系统组成相对简单的农、林生态系统中，天敌更是可持续、低成本抑制害虫种群数量增长的重要因子。不论哪种天敌昆虫，只有当其种群数量达到一定程度时，才能有效地对害虫的种群数量起到控制作用。有效地利用天敌昆虫控制害虫不仅是害虫生物防治中的课题，也是昆虫资源开发和利用中的任务之一。

(1) 营造并维护有利于天敌生存繁衍的生态环境

每一种生物群落都有其特有的结构、功能、多样性及稳定性，只有了解其中引起害虫及天敌种群的涨、消因素，才能有针对性地使用那些利于天敌繁衍、而不利于害虫繁殖的措施。

在农林生态系统中，造成天敌种类及其种群数量减少的多数原因，就是长期大规模单一种植、滥用农药，使得物种多样性大为降低，充足的食物使害虫得以大量繁衍，而天敌则因环境不适或缺少过渡寄主而减少或消亡，害虫突发的可能性增强，自然制约害虫的力量被削弱。农林生态系统是人类构建的非自然系统，人工能够调控其结构、转化其功能和多样性。可保护天敌的主要措施如下。

增加农林生态系统的物种多样性　对于农田生态系统，可以通过改变种植结构、多种作物间作、轮作，在田边、地头保留一定数量杂草，设置防护林带等措施，提高其物种的多样性，为天敌的生息提供较好环境。对森林生态系统，可以实施对各类林地的保护措施，采取乔、灌、草立体结构模式营造混交林，以增加其物种及群落组成的丰富度和复杂性。

采取增加生态系统中的天敌数量的措施　在各种具体的、局部生态环境中，可使用相应的农林栽培、经营措施，以促进天敌种群数量的增长。如人工保护天敌越冬场所，在食物暂缺时为天敌提供食料，有意识地为有补充营养习性的天敌栽植蜜源植物，改良天敌生息的土壤、植被等小环境等，可使其免受不良因子的侵害，种类及种群数量得到有效增长。

使用不伤害天敌的害虫治理措施　防治害虫时尽可能减少盲目性的乱用农药的方法，多使用如对农田进行翻耕、灌溉、适时收割，对林木进行修剪、抚育，抗虫品种等能降低害虫密度的措施。确实有必要使用农药时，则应选用毒性小、降解快、残留少的农药，合理选择施药时间和施药方法，或将化学农药与其他生物制剂结合使用，以保护天敌或使其少受伤害、发挥其对害虫的控制作用。

(2) 有针对性地进行天敌的人工引入、繁殖和利用

依靠上述保护措施常难以在短期内使天敌的种类和数量快速增加。能较快地使某生境中天敌增多的方法包括天敌的助迁、诱引、室内人工饲养和繁殖、释放等。

天敌的助迁和诱引　助迁和诱引某生境外部天敌以弥补其种类和数量的不足，是助长天敌种群数量的有效方法。如我国古代利用黄猄蚁 *Oecophylla smaragdina*（Fabricius）防除柑橘害虫，就是人工助迁天敌昆虫的实例；再如可在棉田中竖立钻有小孔的竹竿、麻杆、蓖麻杆等，用以引诱蜾蠃前来筑巢，借助其为子代捕食鳞翅目幼虫的习性，有效控制棉田的害虫；还可收集瓢虫将其释放，用以控制蚜虫。

天敌的引进、人工繁殖及释放　人工室内饲养、繁殖和释放天敌昆虫是利用本地天敌、引进外地天敌以增加天敌种类和密度的有效方法。具体程序如下。

掌握害虫的特性　易于爆发成灾的突发性有害生物，多数是缺乏天敌的制约或受制约力度较小；原有的处于次要地位的有害生物种群数量骤增，可能是生态条件不利于天敌的生息，致其爆发、发生危害。如果要采取引进天敌的手段防治上述两类害虫，则必须首先明了其爆发的原因和生物学特性，制定不同的天敌引进对策。对外来有害生物，采用引进天敌进行防治成功的可能性较大；而对当地原有的次要害虫，使用引进天敌的措施成功的可能性常较小。

确定害虫的原产地或分布区 引进天敌时，也要确定需要防治的害虫的原有分布区或原产地，为筛选天敌和选择引进或搜集天敌的地区提供依据。在确定天敌的搜集地区时，应优先考虑那些与引进地区有一定地理隔离、气候条件又比较相似的地区，这样所引进天敌的在当地定居存活的可能性较大。

天敌的搜寻和选择 为了避免引进天敌的盲目性，应对选定的引进地或搜集区内天敌的种类进行比较全面的调查，从中选出优势种和对害虫控制效率高的种类。那些在原产地的非优势种，也有可能在新的生活环境中上升为优势种群，对防治对象产生很好的控制作用。但优良的天敌多是寄主范围比较狭窄的专性寄生或寡食性种类，生活周期较短，与寄主的生活周期相吻合，繁殖能力和适应性强。

引进天敌的检疫、繁殖培养和评价 一些引入的天敌，常会因生境的改变使其主要寄主发生变化，或伴随目标天敌的引入也引进了其重寄生性天敌，那些重寄生性天敌很可能会对当地的天敌造成巨大危害。因此在引入天敌时必须进行一定时间的检疫培养，并在模拟环境中小规模放飞，对防治的效果进行评价。只有完成并顺利通过这一环节后，才能扩大引入天敌的繁殖和野外释放。

6.4.2 天敌昆虫的人工繁殖技术

天敌的人工繁殖是有效扩大其种群的有效方法，常用的包括：①利用天敌的自然寄主（猎物）进行繁殖，即野外采集目标害虫或其他天然寄主人工饲养、繁育天敌。如用柞树叶喂养柞蚕，然后用柞蚕卵繁殖赤眼蜂等。②利用半合成饲料或人工饲料培养、繁殖天敌。如用麦芽、麦胚、豆胚、玉米糊、大豆浸渍液、猪肝粉、肉粉、蜂蜜等原料，适当添加蔗糖、无机盐、奶粉、酵母、氨基酸、维生素、琼脂、水等物质配制的半合成饲料或人工饲料，饲养捕食性天敌昆虫。

不同的天敌昆虫，人工繁殖时的方法也不同，但繁殖的方法都是根据其生物学习性及人们能够创造的繁殖条件而确定。本节仅介绍寄生性天敌赤眼蜂及捕食性天敌瓢虫的人工繁殖技术，其他天敌的人工饲养和繁殖技术可参阅相关书目。

6.4.2.1 寄生性天敌赤眼蜂的人工繁殖

赤眼蜂是赤眼蜂科赤眼蜂属 *Trichogramma* Westwood 的总称，卵寄生，生活史短，便于人工繁殖，是应用广泛的天敌之一。主要寄生于鳞翅目昆虫，寄主范围较广泛，一个种类可选择多种昆虫的卵作为寄主，而同一寄主中可发现多种赤眼蜂，但不同的种类对寄主仍有选择性。如较常见的松毛虫赤眼蜂主要寄主是松毛虫和柑橘卷叶蛾的卵，也可寄生于林木、农田、果园的多种鳞翅目害虫的卵。

赤眼蜂的个体发育过程基本相似，从卵到成虫羽化均在寄主卵内度过，幼虫以寄主卵内物质为食（有自相残杀现象），接近前蛹期时停止取食，翅芽等翻出体外后即进入蛹期、羽化为成虫。一般产卵后 46~60h 结束幼虫期，前蛹期约 45~60h，蛹期 2~3d，世代历期约 10d。

(1) 影响人工繁殖赤眼蜂的因子

营养　赤眼蜂在寄主卵内发育所需的营养均来自于寄主的卵。它的中肠与后肠直到成虫期才真正相通，幼虫期所摄入的食物几乎全部被吸收，成虫期才排粪，故而对食物营养的要求比较高，营养物质的组成及浓度等对幼虫后期的生长发育有重要影响。在人工卵或较大的寄主卵内如果营养液过多，其中发育的幼虫不能将食料全部摄食，老熟幼虫或前蛹将因被浸泡于营养液、不能继续发育而死亡；相反，当卵内营养物质不足时，卵内的幼虫则会相互残食，影响室内繁殖效率。调节母蜂与寄主卵的比例，使每只卵内所寄生幼虫的头数适宜时可避免上述这两种现象的发生。如每枚蓖麻蚕卵内出蜂头数以 30~40 头为宜，柞蚕卵内出蜂头数 50~60 头为宜，松毛虫卵内出蜂头数 20 头为宜。另外，以蜜糖作为成蜂的补充营养源可有效的延长其寿命，增强其繁殖能力。

温度　温度影响赤眼蜂的发育速度。赤眼蜂发育的适宜温度多在 20~30℃ 之间，最适宜温度约为 27℃，发育起点温度约在 10℃。

其他因子　湿度对成虫的影响也较明显，其发育的相对适宜湿度在 70%~100% 之间。在寄生状态下，如果湿度太低则会造成寄主卵的失水而影响其正常羽化，过高则易引发霉菌、对幼虫的发育不利。赤眼蜂成虫有正趋光性，在室内常趋向有光线的地方；强光下，成虫活跃，能量消耗大，寿命短；适当遮黑、避免阳光直射，能适当延长成虫寿命。风及气流常影响成虫的飞行、交配和寻食等，但对幼虫的影响相对较小。

(2) 赤眼蜂的大量繁殖

人工繁殖所需基本设施　主要包括养蜂室、繁蜂箱、蜂箱架等设备。

寄主　①蓖麻蚕的新鲜卵是赤眼蜂繁殖的良好寄主。秋末冬初可收茧取卵、冷藏，以备来年早春使用；或早春饲养一批春蚕，取卵繁蜂。②柞蚕卵。秋蚕收茧后，取雌茧低温贮藏，以备来年春季取卵繁蜂用。③米蛾卵。可用麦麸、米糠、玉米粉、面粉等饲喂米蛾，收卵后冷藏用以繁蜂。④人造虫卵。

蜂种的选择与采集　根据防治对象以及投放地的生态环境等，确定赤眼蜂的种类及品系。采集地确定后，将所采集到的被寄生的寄主卵装入小玻璃管中、出蜂，经过鉴定将同种蜂集中、接种到所选择的寄主卵中，繁育出生产种蜂。

扩大繁殖　将寄主卵用无毒的胶水粘在纸片上制成卵卡，供成蜂产卵寄生繁殖。赤眼蜂大量繁殖的技术现已达到了机械化的生产规模，可在短时间内繁育出大量成蜂用于大田或林间防治害虫使用。

复壮　在室内采用同一种寄主繁殖时，随着繁殖世代的增加，蜂种常会退化；这主要是由于营养驯化以及室内养殖的成蜂，在产卵前飞翔活动不充分等原因所致。因此，繁育过程中应尽量采用新鲜的寄主卵饲喂，繁殖一定世代后改用其他寄主繁殖，在适宜条件下将接种卵卡置于室外进行适当的变温锻炼，或变更繁殖器具以利成蜂飞翔锻炼等，可以使蜂种复壮、防止退化，保持其原有的生物学特性。

(3) 赤眼蜂的放飞

释放方法有两种。成蜂释放，即室内羽出成蜂后，先饲以蜜糖，然后直接在无风无雨的上午，选取适合的地点将其释放到田间或林地。预蜂释放，即将快要羽化的蜂卡按布局分别放入能够防雨、防晒、防虫的放蜂器中，待其羽化后自放蜂器中飞出，寻找新寄主。

6.4.2.2 捕食性天敌瓢虫的繁殖技术

瓢虫是鞘翅目瓢虫科昆虫的统称，其中约82%的种类是许多害虫的捕食性天敌、18%是植食性，为数不少的捕食种类已被成功地用于害虫的防治。

瓢虫的世代历期长短与种类、所在地区和季节等有关，但一般都比较短。其在羽化后或结束越冬后数天内即可开始交配，交配数分钟到5~6h不等，一生交配1次。交配后约1周雌虫开始产卵，产卵期可持续数月，多数种卵聚产、成卵块，少数单产于寄主附近。卵3~10d即开始孵化，但未受精卵很快即干瘪而不能孵化。幼虫出壳12~24h后开始进食，一般4龄，少数种在秋季3龄、春季4龄，个别种5龄。幼虫成熟后在叶面、叶背、树干、地表、地下等处化蛹，随后羽化，夏季成虫寿命1~4个月。在温带1年1~2代，多以成虫越冬，部分以蛹越冬，有世代重叠现象；热带地区则可连续发育，世代较多。

(1) 影响人工繁殖瓢虫的因子

食料　人工繁殖瓢虫的食料，一种是用天然饲料如蚜虫等喂养，另一种是用人工饲料喂养。天然饲料的喂养效果较好，但比较繁琐、饲养量有限。

气温　瓢虫对气候的要求不严格。但夏季的高温不利于瓢虫的发育和繁殖，应注意适当降温。

越冬　瓢虫有冬眠习性。越冬期将其贮存于地窖、气温稍高时予以适当的饲喂等，可改善其越冬条件、提高存活率。

天敌　在瓢虫聚集越冬或越夏期间，聚集处种群数量过大易导致饲料相对缺乏，引起相互残杀，因此应注意分散其群体。瓢虫亦有多种寄生性或捕食性天敌对其造成危害，如寄生蜂、寄生蝇、蚂蚁、蜕螂、蜻象、草蛉、螳螂、食蚜蝇等，在人工饲养繁殖时要避免有害天敌的侵食。

(2) 瓢虫的大量繁殖

人工繁殖所需基本设施　主要包括养殖成虫的玻璃缸或纱笼、饲料放喂槽等，越冬贮藏室如地下室或地窖等。

饲料　①天然饲料。可根据拟养瓢虫的种类，种植萝卜等喂养蚜虫，再以其作为瓢虫食料。②人工饲料。饲养瓢虫的饲料配方甚多，可用蜜蜂蛹或幼虫+蜂蜜等，柞蚕蛹+猪肝+蜂蜜等，麻雀肉+蜂蜜等，或啤酒酵母粉+柞蚕蛹+麦乳精+葡萄糖+胆固醇等，饲育幼虫及成虫。

虫种的招引或采集　在瓢虫的迁飞期，气候温暖时在合适的地点设置招引箱，收集虫种；或在瓢虫迁飞聚集在背风向阳的山洞石缝中越冬时，采集虫种；也可"春捕春繁"，即在春季当越冬的瓢虫复苏但未外飞扩散时采集和繁殖。无论何时采获种虫，均应将其保藏在适宜条件下，待其解除休眠后，即可进行人工饲喂、大量繁殖。

扩大繁殖　将采获的成虫放置于玻璃缸或养虫纱箱中群体饲养，饲养器中要设置一些用折叠纸作成的隔离物，以免虫口聚集过多而自相残杀。同时每天或每隔 1d 饲喂 1 次，在投放饲料的同时，还应喂以清水。

田间或林地释放　经过大量繁殖，虫口达到一定数量后，即可根据需要，选择适合的虫态（卵、幼虫、成虫）适时、适地释放，以捕食防治对象。

复习思考题

1. 简述人类利用天敌的历史。
2. 捕食性天敌与寄生性天敌有何区别？
3. 当前生产上应用最多的天敌主要有哪些类群？
4. 如何有效地增加天敌昆虫的种类和数量？
5. 试述引进天敌昆虫时的步骤及注意事项。
6. 举例说明捕食性与寄生性天敌昆虫的人工繁殖方法。

本章推荐阅读书目

森林害虫生物防治. 东北林学院主编. 东北林学院出版社，1983
害虫生物防治. 福建农学院主编. 农业出版社，1980
害虫生物防治的原理与方法（第二版）. 蒲蛰龙. 科学出版社，1984
昆虫人工饲料手册. 王永年等. 上海科学技术出版社，1984
中国生物防治的进展. 农牧渔业部植物保护总论编写组. 农业出版社，1984
害虫防治的生态学方法. Horn J. D 著，刘铭汤等译. 天则出版社，1991
生物防治. Bosch R, Messinger P S.（1973）著，林保等译. 科学出版社，1977

第 7 章　环境监测型资源昆虫

【本章提要】 本章介绍了生物监测的基本概念、特点、理论依据和研究简史；常用于生物监测的水生昆虫和土壤昆虫主要类群；水污染对水生昆虫的生物学效应；水质生物评价常用的生物参数和指数，以及水生昆虫作为水质生物评价的方法等。本章还通过土壤昆虫所具有的特征，介绍了对土壤污染进行生物监测的方法，及土壤动物对土壤有机物质分解的作用方式和常用的实验方法等。

随着人类对环境资源需求的不断提高，城市化进程的快速发展和人口的急剧增长，环境问题已成为当今全球最为关注的问题之一，恢复和保护环境的生物完整性是当前许多国家环境保护计划的主要目标，生物监测就是从生物学角度为环境质量的监测和评价提供依据。本章重点将介绍水生和土壤环境监测型资源昆虫在生物监测中的应用原理、方法和评价技术。

7.1　利用昆虫资源监测环境质量的原理

生物监测是利用生物的分子、细胞、组织器官、个体、种群和群落等对环境污染程度所产生的反应，及其对特定污染物的抗性或敏感性综合地阐明环境状况，从生物学的角度为环境质量的监测和评价提供依据。长期生长在污染环境中的抗性生物，能够忠实地"记录"污染的全过程，反映污染物的历史变迁，提供环境变迁的依据；而对污染物敏感的生物，其生理学反应和生态学行为能够及时、灵敏地反映较低水平的环境污染，提供环境质量的现时信息。因而在污染监测中，生物监测是一种既经济、方便，又可靠、准确的方法。

生物监测与生态监测间有十分密切的联系，但它是以活的生物作为指示器检测水和土质甚至大气质量的状况，评价其对生物生存的优劣程度。其中用生物的方法评价水及土壤环境不只是描述其现状，说明其受污染后生物群落结构的变化趋势；还在于希望有害物质还未达到受纳系统之前，就能以最快的速度将其检测出来，以免破坏受纳系统的生态平衡；或是能侦察出潜在的毒性，以免酿成更大的公害。

7.1.1　生物监测中的生物及其特点

生物监测方法包括生物生态学监测，如群落生态、种群生态和个体生态，生物测试如急性毒性测定、亚急性毒性测定和慢性毒性测定,以及分子、生理、生化指标和污染物在生物体内的行为等。生物监测已经从传统的生物种类、数量和行为的描述向现代化的自动分析方向发展,从单纯的生态学方法扩展到与生理、生化、毒理学和生物体残留量分析等领域。

在生物监测中,能对环境中的污染物产生特定的定性反应、显示污染物的存在与否的生物为"指示生物",既能够反应污染物的存在与否又能反映污染物量的生物即"监测生物",监测生物必然是指示生物,但指示生物不一定是监测生物。

(1) 生物监测常用的生物类群

用于评价水环境质量的生物包括细菌、浮游动物、藻类、高等水生植物、鱼类和大型底栖无脊椎动物等。水体中常含有许多致病细菌,可造成大范围的疾病流行,大肠菌群常被用作水质粪便污染的指示菌。浮游动物中的许多类群,如轮虫对水中有机物的含量和 pH 值的大小的变化很敏感;溞类对许多毒物高度敏感,如它对有机磷杀虫剂的半致死浓度每升只有几微克,因而是常用的毒性试验生物;浮游动物中的原生动物在水中的分布和水污染相关,因而可在原生动物种类耐污值和群落污染值的基础上,以其群落污染值划分水质的范畴;水体富养化可使藻类中的蓝藻类群异常繁殖,出现"水华"现象,因而可用于湖泊的富营养化监测;水生态系统中的食物链顶级类群即鱼类,对水体的化学污染反应比其他种群更加敏感,其变化也可综合反映水中其他生物的变化。土壤生物监测中常用的类群有双尾目、弹尾目、步甲、隐翅虫以及金龟甲、双翅目等。

(2) 生物监测的特点

生物监测能综合反映环境质量状况,具有连续监测的功能,能获得较多的信息,监测灵敏度高。下述以水生生物进行的水质生物监测,即可说明生物监测具有的特点及其与理化监测的区别。

理化监测侧重于分析污染物种类、浓度及污染物总量的控制,由于其已具备较先进的手段和方法,可快速而灵敏地测试出污染物的种数和数量。但和生物监测相比较其缺陷在于:第一,监测项目有限,用于监测水质的化学指标一般虽然包括如汞、铅、锌等金属化合物、pH、硫化物、氟化物、有机化合物、化学需氧量(COD)、高锰酸盐指数、矿物油等;但不能对水中所有物质的变化进行全面监测,很难反映受污染的实际情况。第二,只能反映采样瞬时的污染物浓度,测出单独某一物质对环境的影响;但对于理解由污染物产生的破坏性帮助不大,故所得结论常常不能正确反映水质的生物学状态。第三,不能正确反映污染物之间的协同作用、累积效应和对生物潜在的长期影响;水环境中许多种化合物常以混合状态存在于水体中,它们之间存在协同、拮抗等各种复杂的作用,并相互作用而产生综合污染,因而其对生物的有害效应浓度往往用现有理化监测及分析手段无法测出,但生物监测却能在这方面显示优势。

生物监测主要研究生物对污染物的反应,以及人为干扰与生态环境变化的关系,分析干扰因素在生态环境变化中的作用,为受损生态系统的恢复和重建、人与自然关系的协调、生态系统保护以及可持续发展提供科学依据。因此，生物监测恰好可以弥补理化监测的不足，其优越性为：第一，能反映环境中各种污染因子对生物的综合作用，尤其是各种污染物之间的协同作用；如当水体中铬含量为 0.001mg/L，单独作用对生物无毒性；但与砷、汞同时存在时，便可因协同作用而产生毒性效应。第二，水生生物群落特征可反映污染物的积累效应，能对水环境短期的和历史性的影响做出反应。第三，对由点源污染如工厂、发电厂、污水处理厂，和非点源污染如农场、森林、城市、街道引起的水质变化均较灵敏。第四，方法简便、成本低；不需购置理化监测必需的昂贵精密仪器和相应的药品，适宜在较大范围内定点监测人类干扰对生态环境的影响，对监控非点源污染尤其适宜。

生物监测因自身因素也具有局限性。不能像仪器那样精确地监测出环境中污染物的种类、数量及浓度，通常反映的是各监测点的相对污染或变化水平；受生物生长规律影响，同一生物指数在一年中会出现季节性变化；自然与人为因素对生物的综合干扰，常使评价结果的准确性受到影响。

生物监测和理化监测在环境监测中的地位和作用都非常重要，生物指数和理化指标之间相辅相成的，在实际使用中只有将二者结合起来才能全面反映污染或人为干扰对环境、生态系统的影响。

7.1.2 污染的生物效应及生物监测的依据

生物与环境是统一的，环境因素在质和量上的变化也将引起生物质和量的变化，因而可以用生物指标来评价环境质量。土壤和水环境中存在大量的生物群落，各类生物之间，生物与其赖以生存的土壤或水环境之间存在着相互依存又相互制约的密切关系，当环境受到污染而使土壤或水体的质量发生改变时，栖息其中的不同生物因对环境的要求和适应能力的不同，产生的反应也是不同的。

(1) 污染的生物效应

不同类型的污染源引起的理化效应和生物效应是不同的，水污染源的类型对水体的理化和生物效应如下。

有机污染（生物性污染） 由生活废水以及牧场、饲养厂、食品与油料加工厂、造纸厂等排放的废污水引起。理化效应主要是因有机物质腐烂、藻类滋生，造成 BOD 上升、水体溶解氧浓度下降。生物效应的表现则是，水生微生物和污水生物大量繁殖，使敏感种的数量、种类下降、生命力和繁殖能力下降，而耐污种数量上升，捕食性种类下降；物种多样性下降，物种总丰富度常上升。

在生活污水污染的河流中，底栖动物组成以耐污种类如以颤蚓、红摇蚊等为主。如由于发展养鱼业及生活污水流入武汉东湖，近 20～30 年间该湖中的浮游动物从 203 种减到 171 种、底栖动物从 113 种减到 26 种，除放养的鱼类外，原有 60 余种鱼已难见到；自 1959 年起，因连续多年将制糖、造纸污水大量排入嫩江，导致冬季冰下缺氧，出现周期性大量死鱼现象。

化学污染（包括重金属） 无机和有机化合物污染，主要由于工厂副产品，农田杀虫剂、除草剂、化肥的流失等。理化效应是，该类化学物质中的有毒物质在水中积累，或直接干扰生物的新陈代谢，或造成水体溶氧量减少、溶解盐类增加，水的硬度和pH值发生变化。生物效应是使水生生物出现急性中毒、慢性中毒（生命力、繁殖能力下降）、对有毒物质产生生物富集效应，或物种多样性和丰富度下降，或捕食性种类的死亡而使某些草食性种类数量上升。

工业废水中的有毒重金属元素及其化合物如金属汞、无机汞和有机汞，在低浓度时可使鱼类行动失调和感觉功能降低、鳃器官坏死、体表黏液增加，高浓度时会直接引起鱼类死亡；水溶性的硫酸铜、硝酸铜和氯化铜对鱼类也有很大毒性。通过各种途径进入水体的农药，特别是不易分解的农药如DDT、六六六等，不仅对鱼类等水生生物有直接的毒害作用，还可通过食物链富集影响人体健康。在酚严重污染的水体中，毛翅目昆虫无一能生存。

泥沙污染 来源于森林砍伐、雨水冲刷、土地耕作、建筑施工等任何致使泥沙暴露的因子，均可导致水体的泥沙污染。其理化效应在于泥沙在河床基质上的沉积，填满石块间隙，降低栖境的异质性及稳定性，破坏水生生物的生境。生物效应则是导致水生生物群落中大量生活于基质表面的集食者死亡，大量适应于泥沙中生活的种类替代对泥沙敏感的滤食者和在石块表面、石块空隙间生活的种类，使水体中的物种多样性、丰富度下降，但对捕食性种类影响较少。

热污染 工厂、电站的冷却水是水体热污染的主要来源。该理化效应是，水体中溶解氧的浓度下降，影响生物的新陈代谢速率、加速其死亡。生物效应为，当水温高于30℃时物种多样性、丰富度均明显下降；绝大多数水生动物都是变温动物，其体温可随水温升高而升高，当体温超过一定温度时即引起体内酶系统失活。枝角类、桡足类以及许多水生昆虫的幼虫对热污染的耐受力很差，水温的升高易导致其死亡。水温的升高也会引起水生植物种群组成的改变，硅藻是喜低温的种类，水温达25℃时则会被绿藻代替。

(2) 生物监测的依据

生物与环境间的统一性和协同进化关系是在长期发展中形成的。某一区域内生物特征的变化既是该地环境变化的一个组成部分，同时又可作为环境发生改变的指示和象征。

生物的相对适应性 以生物为手段进行生态监测的可能性源于生物的相对适应性。适应性是指生物在各种环境中的生活适宜能力，适应也是长期演化、生存选择的结果，生物的多样性也包含了适应的多样性。如在特定环境条件下，某一空间内的生物群落结构及其内在关系是稳定的，因人为对该环境的干扰而使某种或某类生物在该区出现、消失或数量发生异常变化，就是生物对环境变化适应与否的反映。生物相对适应性即生物为适应环境会发生某些变异，这种特性也使生物群落发生着各种变化，但其适应能力有一定的范围或生态幅，环境变化如超过这个范围，就会对生物产生不同程度的损伤。生态监测指标的群落结构特征参数包括多样性、丰富度、均匀度以及优势度和群落相似性等。

生物学富集 Biological enrichment 生物的富集能力是生物种群从周围环境中

浓缩某种元素或难分解物质的程度。生物通过富集，可使某种元素或某种难分解物质在其体内的含量极大的超过该物质在环境介质中的浓度；农药、化肥，某些人工合成的化学物质等进入环境后，会被生物吸收和富集，并会通过食物链在生态系统中传递和放大；当这些物质超过生物所能承受的浓度时，就会对生物乃至整个群落造成影响和损伤，并通过各种形式表现出来。污染的生态监测就是据此来分析和判断各种污染物在环境中的行为和危害的。

同一生物对环境的要求相同　以生物的富集能力为依据的生态监测结果易受多种原因的影响而呈现较大的变化范围，但不同地区同一生物类群对某种环境压力或对某一生态要求的需求基本相同，这一生命属性的共同性和其相对稳定性使得这样的生态监测结果具有了比性。鉴于各类生态系统的基本组成成分是相同的，因此在对同一地区不同生态系统、或不同地区同一类型生态系统的环境质量、或人为干扰效应的生态监测结果进行对比时，可用群落的结构和功能指标，如群落的系统结构是否缺损，能量转化效率、污染物的生物学富集等。

(3) 生态系统健康的标志

保护环境中生物系统的完整性是维护生态系统健康的基础，环境的污染影响到生态系统各个层次的结构、功能和动态，使生物多样性在遗传、种群和生态系统三个层次上受损，进而导致生态系统退化。严重污染的共同性是将不同类型的生态系统最终变成基本没有生物的死亡区，即使是一般的污染也会改变其生态系统的结构、导致功能的改变。因此20世纪70年代末在全球生态系统已普遍出现退化的背景下产生了生态系统健康的概念，并在河流评价中建立和使用的生物完整性指数 Index of biotic integrity（IBI），就是这种思想在水生生态系统健康评价实践中的体现。

7.2　水生昆虫与水环境的监测

生物监测及其研究以对水体环境设立的生物监测方法和指标体系最多。水生生物群落结构的变化特征、物种类型与个体数量的变化及受损的程度，水生生物体内毒物富集和积累等，均可作为受损水体的监测手段。其中以水生昆虫为主体的大型底栖无脊椎动物是水质生物评价中应用最为广泛的生物类群之一。

7.2.1　水质生物监测

水质生物评价是自德国科学家 Kolkwitz 和 Marsson（1908，1909）提出的污水生物系统 Saprobien System 时开始的，该系统根据特定的、单一生物指示种的出现与否评价水体受有机污染的轻重程度。他们认为，每种生物对环境有特殊的要求，只有当水体中存在这些环境条件时这个种类才能生存，据此将河流分成多污带、α-中污带、β-中污带和寡污带等，每个带都有其各自的物理、化学和生物学特征。其中欧洲以浮游植物 Plankton 和周丛生物 Periphyton 为主要指示生物，美国则以大型底栖无脊椎动物为指示生物。

从 20 世纪 70 年代起，人们发现不同的水质条件下生物群落的多样性是不同的，利用整个群落的物种组成和其结构的变化评价水质更为可靠；于是，各种多样性指数被广泛用于评价水质，强调定量采样和复杂的统计分析。但人们很快就发现这类指数有不少缺点，多样性指数随即遭弃用，其主要原因如下：①指数值易受采样方法、鉴定水平以及河流自身生境和生物多样性的影响。即使是未污染河流，其指数值也有较大变化，并非所有未受干扰的群落都具有较高的多样性，在低温、贫营养的小溪流中，其多样性是很低的。②忽略了不同生物类群污染忍耐力 Pollution tolerance 的差异。当两个分别由耐污种和敏感种为主组成的水体其多样性指数值相同时，不能准确判断水体受污染状况。③中度有机污染 Moderate pollution 的水体多样性指数不降反升。一些受中度有机污染的水体，由于耐污生物的大量滋生，多样性指数不降反升。

德国、英国和意大利等首先开展了生物指数和记分系统研究，1978 年欧共体委员会正式决定推荐扩展生物指数 Extended biotic index（EBI），常用的如 1964 年英国的 Trent 指数 Trent biotic index，1970 年苏格兰的 Chandler 记分系统 Chandler's Score System，1968 年法国的 IB 指数 Indice biotique，1978 和 1979 年英国的 BMWP 记分系统 Biological monitoring working party score，及比利时指数 Belgian Biotic Index（BBI）。EBI 类型的指数是建立在分类单元耐污能力基础上的多样性指数，用其进行生物评价时既考虑了生物种类多样性和个体数量，又考虑到了生物本身对污染忍耐能力的差异，增加了评价的准确性，因而逐渐被其他国家所采用。

20 世纪 80 年代初北美提出了水质生物监测的快速评价法，以定性或称半定量法采样 Semi-quantitative collection method，并结合多个生物指数综合评价水质。其优点是省时、省力、省费用，结果简便易懂。最早用于快速评价的生物是鱼类，80 年代后期使用大型底栖无脊椎动物的快速生物评价法被美国环保局正式列入生物监测条例。

然而，用多个生物指数反映生物群落状况时，各指数的功能常会出现重复或矛盾的现象。为克服这种缺陷，1981 年美国的 Karr 提出将多个生物指数信息整合为一个指数，即生物完整性指数 Index of biotic integrity（IBI），对河流进行生物学评价，IBI 指数在 90 年代后期得到了广泛应用；目前已建立起以鱼类为基础的 F-IBI 指数 Fish-Index of biotical integrity 及其评价标准，和以底栖动物为基础的 B-IBI 评价指数 Benthic-Index of biotical integrity 及其评价标准。美国的多数州已使用多度量指数法 Multimetric approach 进行水质生物评价，IBI 评价法已成为水体生物监测的主体，用底栖动物进行评价的有 44 个州，用鱼类进行评价的 29 个州，用藻类进行评价的 4 个州，使用 1 个以上生物类群进行水质评价的有 26 个州。

此外，也可建立预测模型，通过比较测试点与模型预测底栖动物群落组成之间的差异程度，判断水环境质量状况、进行水环境生物评价，如澳大利亚的 AusRivAS 预测模型 Australian river assessment scheme 和英国的 BEAST 预测模型

Benthic assessment of sediment。

我国以大型底栖无脊椎动物进行水质生物监测开始于 20 世纪 70 年代后期，先后有 10 多位学者从不同的角度对利用底栖大型无脊椎动物评价水质进行了研究，充分肯定了我国底栖动物在水质生物评价中的重要作用和广阔的应用前景。1993 年由国家环保局组织编写了《水生生物监测手册》，1994 年由美国 Dr. John C. Morse 和杨莲芳等组织国内外 30 多位昆虫专家编著了《中国水生昆虫及其在水质监测中的应用》(Aquatic Insects of China Useful for Monitoring Water Quality)。

7.2.2 水生昆虫和大型底栖无脊椎动物

在水环境中的动物包括水生昆虫和其他无脊椎动物，它们在水体的生物监测中具有相同的意义。

(1) 大型底栖无脊椎动物

底栖动物指生活史的全部或大部分时间生活于水体底部各种小生境的水生动物类群，它们爬行于石块表面、隙缝间、水生植物表面，或穴居于淤泥内，是水生态系统的一个重要组成部分。一般将不能通过 40 目（即 0.5mm 孔径）筛网的动物，称为大型底栖动物 Macrozoobenthos 或大型底栖无脊椎动物 Benthic macroinvertebrates，其特点是种类多、数量丰富、生活周期长、活动场所比较固定、易于采集和识别。不同种类的大型底栖无脊椎动物对水质的敏感性差异较大，受外界干扰后群落结构的变化趋势经常可以预测，它们在水生态系统的物质循环和能量流动中有重要作用。该类群包括节肢动物的甲壳纲、昆虫纲等，环节动物的水栖寡毛类、蛭类，软体动物的螺类、蚌类，线形动物的线虫，扁形动物的涡虫等。

水生昆虫是底栖动物中的一个主要类群，种类和数量在无污染或受污染极小的水体中都是最多的；在大多数淡水生境中，水生昆虫的种类和个体数常占大型底栖无脊椎动物的 60%~95%。即使是在污染较重的长江下游干流（南京至江阴江段）的底栖动物区系中，水生昆虫种类仍然占 44.8%。

(2) 水生昆虫

水生昆虫 Aquatic insects 是指一类某个或几个生活史阶段必须在水中或与水体有关的环境中完成的昆虫。水生昆虫约占昆虫总数的 3%，几乎在任何类型的淡水水体中都可找到水生昆虫。水生昆虫可分为全水生和半水生两大类。全水生的主要类群有蜉蝣目、襀翅目、蜻蜓目、毛翅目、广翅目的全部种类，部分双翅目如摇蚊、蚊、水虻、蚋及大蚊等，部分鞘翅目如扁泥甲、长角泥甲、龙虱、水龟虫等，水生膜翅目如潜水姬蜂，部分半翅目如划蝽、仰泳蝽、蟾蝽、水黾蝽等，部分鳞翅目如草螟亚科的水螟 *Eoophyla* 和水螟亚科的斑螟 *Parapoynx* 等；半水生的类群有弹尾目如紫跳虫等和直翅目如蚤蝼、菱蝗等（表 7-1、表 7-2）。按照水生昆虫在水体中的栖息位置，又可分为漂浮生物如驰行于水面的黾蝽、尺蝽、豉甲，自游生物如生活于水中的龙虱、水龟虫、划蝽，底栖生物如爬行、匍匐、附着、穴居在水域底部石块间的蜉蝣、襀翅虫、石蛾、扁泥甲等，或攀缘在水生维管束植物上的蜻蜓、蚊虫等。

表 7-1　昆虫与水环境的关系（J. V. Ward　1992）

目	与水环境的关系	生活史各阶段的主要栖境			
		卵	幼虫	蛹	成虫
弹尾目	2	A, T	A, S	—	S
蜉蝣目	1	A	A	—	T
蜻蜓目	1	A, T	A	—	T
半翅目	2	A, T	A, S, T	—	A, S, T
直翅目	3	T	S	—	S
襀翅目	1	A	A	—	T
鞘翅目	2	A, T	A, T	T	A, S, T
双翅目	2	A, T	A	A, T	T
膜翅目	2	P	P	P	A, T
鳞翅目	2	A	A	A	T
广翅目	1	T	A	T	T
脉翅目	2	T	A	T	T
毛翅目	1	A, T	A	A	T

注：1～3 全部种类均为水生昆虫、部分为水生昆虫、部分为半水生昆虫，A 水生 aquatic，T 陆生 terrestrial，S 半水生 semiaquatic，P 寄生水下寄主的寄生蜂 parasitic on aquatic host。

表 7-2　世界及我国对水生昆虫的研究现状　　　　　　　　　　　　　　个

	Europe	C. Amer.	N. Amer.	China	World
蜉蝣目	217	113	650	250	2 250
蜻蜓目	127	448	650	400	5 500
襀翅目	387	20	540	313	2 300
半翅目	129	636	404	264	3 300
广翅目	6	21	43	70	250
脉翅目	5	7	6	2	50
鞘翅目	1 072	935	1 494	730	6 000
毛翅目	895	274	1 369	1 000	11 000
鳞翅目	5	?	635	?	?
双翅目	4 000	?	5 547	?	?
种类合计	6 843	>2 454	11 338	>3 029	>30 650

7.2.3　水质生物监测中底栖动物的采样方法

依据采样性质，美国将淡水底栖动物的采样方法分为两类，即多用于底栖动物生态学研究的定量法 Quantitative collection method，和主要用于底栖动物水质生物评价研究半定量法 Semi-quantitative collection method。

采样工具有彼得逊 Peterson、波纳 Ponar 等采泥器，人工基质，三角拖网、索伯网 Surber net、抄网 Sweep net、踢网 Kick net 或手网 Handle net，抄网包括 D

形网 D-frame net 和三角形网 Triangular net 两种（表7-3）。

表7-3 常用采样工具及其适用范围

采样工具	定量/半定量	适用水体	底质类型
人工基质	定量/半定量	各种水体	所有类型
Peterson 采泥器	定量/半定量	河流、湖泊	软底
索伯网	定量/半定量	溪流	所有类型
踢网	半定量	溪流	所有类型
抄网（D形、三角形网）	半定量	溪流、河流、湖泊	所有类型
拖网	半定量	河流、湖泊	软底
枯叶采样桶	半定量	溪流、河流、湖泊	枯枝落叶堆

(1) 快速评价标准化采样法——半定量采样法

标准化定性采样法 Standard qualitative method 适用于大部分河流和污染水体的水质评价，为目前北美 EPA 推荐的水质生物评价的主要方法之一，每样点由 10 个综合样组成；除大河需要 Peterson 采泥器外，通常仅需踢网和 D 形抄网两种采样工具（图7-1）。

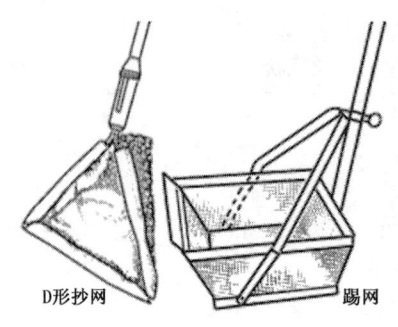

图7-1　2种水网

溪流采样法　水深不超过 1.2m。包括 2 个急流区的踢网样；1 个静水—缓流区的枯枝落叶样；1 个沙样；3 个沿堤岸边的抄网样；2 个周丛生物样，即洗刷 10 余块浸在水体的石块和圆木以采集固着栖息的摇蚊等个体较小的底栖动物；1 个目测采样，即限时采集样点生境内石块、圆木、落枝上的水生昆虫等。

大河采样法　水深超过 1.2m。包括 3 个抄网样，2 个周丛生物样，1 个枯枝落叶堆样，1 个目测采样和在水深超过 2m 区域的 3 个 Peterson 采泥器样点。

(2) 简化标准定性采样法

即 EPT 采样法。EPT 是蜉蝣目 Ephemeroptera、襀翅目 Plecoptera 和毛翅目 Trichoptera 的总称，该方法需急流踢网样、抄网样、枯枝落叶样、目测样各 1 个。当样点数量大或遇突发污染事件时，此采样方法尤其有用，但 EPT 采样法所提供的水质信息不如快速评价标准化采样法充分。

(3) 样本的挑选——亚样选取法

亚样挑选法 Sub-sampling method 即在田间仅需从原始样本中选取代表性样本参与评价，限定每样点亚样的总个体数常为 100~200 头，每分类单元限定可选取个体数的最大值常为 10~15 头。如按常规取样方法采得的个体数不满 100~200 头时，应通过增加取样面积或取样时间来补足。鉴于我国河流水生昆虫资料的缺乏，可采用每样点选取亚样 200 头，以增加样点种类多样性的信息量。

此外，对湿地、河口等生境尚无统一的采样方法。为获得尽可能多的种类，每样点采抄网样 3 个、重复 3 次，周丛生物样 3 个，目测样一个。对可涉水的河口地段用抄网采 10min，不能涉水区用采泥器采取 3~4 个样。

7.2.4 水质生物监测的评价方法

以生物监测法评价水质的方法包括毒理学指标、指示生物法、个体数量或生物量指标法、种类多样性法、生物指数法和综合指数法等。

（1）指示生物法

指示生物法 Indicator Organism 是利用指示生物来监测环境的一种方法，凡能对水环境中的某些物质及污染物、或环境条件的改变能较敏感而快速地产生明显反映的生物均可作为指示生物，该指示生物对环境条件的适应范围较窄或很窄，它的存在与否及存在量即可反映该环境条件的质量优劣。水体常因富营养化而导致低溶氧，低溶氧与富营养化的指示生物基本相同，如指示水体中溶氧量较低的生物包括前突摇蚊 *Procladius* sp.、摇蚊 *Chironomus* sp.、龙虱、颤蚓等，指示富营养化的生物有多足摇蚊 *Polypedium* sp.、纹石蛾 *Hydropsyche* sp.，指示有毒物质的有环节摇蚊 *Cricotopus* sp. 等。

利用指示生物进行水质评价时首先要确定各种生物的指示性，欧洲和日本等国家在这方面研究得较多。如日本用指示生物法将水质分为 4 级，各级的指示生物为：极清洁级的有䙡翅虫、溪蟹、涡虫、原石蛾、舌石蛾、扁蜉、鱼蛉、蚋、网蚊等；清洁级的有纹石蛾、长角纹石蛾、蜻蜓、扁泥甲、长臂虾、萤虫、拟钉螺、日本沼蚬等；轻污染的有蝎蝽、钩虾、泻螺、水蛭等；重污染的有红摇蚊、克氏鳌虾、毛蠓、尾鳃蚓、萝卜螺等。调查采样时仅需用抄网、踢网或利用目测方法在所有的小栖境定性取样，也可采用简化标准定性采样法调查取样。

（2）生物指数法

生物指数和相关的参数　由于在同一水质范围内存在着多种指示生物，可用各种计算方法去反映这种群落的特征，定量地描述污染的情况，因而生物指数是指示性和多样性的结合，常见的有 Trent 指数、BI 生物指数和 Hilsenhoff Biotic Index（HBI）生物指数等（表 7-4）。

与群落结构和功能相关的数量指标即各种生物参数，较能全面地反应环境变化对目标生物个体、种群、群落的数量与结构和功能的影响，如总分类单元数、EPT 分类单元数、滤食者和粘附者比率等，也可作为度量水质生物评价中的参数，从而有效地评价和监测环境质量。常用的 4 类生物参数约有 50 种，包括与群落结构和功能有关的参数，与生物耐污能力有关的参数，与生物的行为和习性有关的栖境参数（表 7-5），多度量指数和完整性指数 Multimerics and index of biotical integrity（表 7-6）。使用者可根据监测的要求而选用，但选择和对资料进行分析的方法恰当与否将影响水质评价的准确性。

表 7-4 与耐污能力有关的生物指数

生物参数	计算方法和说明
生物指数（Chutter, 1972）BI	$BI = Sum(a \times b)/N$ a = 某分类单元的个体数，b = 该分类单元的质量值，N = 样本总个体数
HBI 耐污生物指数（1977, 1982）	$HBI = SumTV_i N_i/Total\ N$ TV_i = 第 i 个分类单元的耐污值，N_i = 第 i 个分类单元的个体数，N = 样本总个体数
科级水平生物指数（1988）FBI	$FBI = SumFTV_i N_i/Total\ N$ FTV_i = 第 i 个科耐污值，N_i = 第 i 个科个体数，N = 总个体数
NC 耐污生物指数（Lenet 1993）NCBI	$NCBI = SumTV_i N_i/Total\ N$ TV_i = 第 i 个分类单元的耐污值，N_i = 第 i 个分类单元的丰富度（1, 3, 10），N = 样本总个体数
Beck 指数	Beck 指数 $= 2A + B$，A = 清洁水体指示生物分类单元数，B = 耐污指示生物分类单元数
佛罗里达指数	佛罗里达指数 $= 2A + B$，A = 清洁水体指示生物分类单元数，B = 轻污染水体指标生物分类单元数（指示生物根据耐污能力，从清洁至重污分为 5 个类别）
Trent 生物指数 TBI	根据采样点出现的指示生物种类数的多少，确定 Trent 生物指数值
Chandler 记分制	根据采样点出现的指示生物及其个体数量的多少，确定各指示生物应得分值，通过累加后的总分值评价水质
BMWP 记分系统	累加采样点出现各指示生物的分值，根据总分值（TS）或平均分值（ASPT）的大小评价水质。$ASPT = TS/n$，n = 参加记分的指示生物分类单元数
比利时生物指数 BBI	根据采样点出现的指示生物种类数的多少，确定 BBI 生物指数值

分类单元丰富度：1 = 稀少（1~2 头标本），3 = 一般（3~9 头标本），10 = 丰富（≥10 头标本）。

表 7-5 与群落结构及功能有关的部分生物参数（Modefied from Resh, 1993）

生物参数	计算方法和说明
总分类单元数	根据分类水平，所有能鉴定出的分类单元总数
EPT 分类单元数	E = 蜉蝣目，P = 襀翅目，T = 毛翅目；三目的昆虫分类单元总数
毛翅目分类单元数	底栖动物类群中毛翅目昆虫的种类数
蜉蝣目分类单元数	底栖动物类群中蜉蝣目昆虫的种类数
襀翅目分类单元数	底栖动物类群中襀翅目昆虫的种类数
敏感类群分类单元数	分类单元（属、种）耐污值≤3 的为敏感类群
耐污类群分类单元数	分类单元（属、种）耐污值≥7 的为耐污类群
摇蚊分类单元数	底栖动物类群中摇蚊昆虫的种类数
双翅目分类单元数	底栖动物类群中双翅目昆虫的种类数
水生昆虫分类单元数	底栖动物类群中水生昆虫的种类数
软体及甲壳动物分类单元数	底栖动物类群中软体动物和甲壳动物的种类数
敏感类群%	敏感类群个体数/样点底栖动物群落总个体数
耐污类群%	耐污类群个体数/样点底栖动物群落总个体数
EPT%	（蜉蝣目 + 襀翅目 + 毛翅目）个体数/样点底栖动物群落总个体数
优势分类单元%	个体数最多的一个分类单元的个体数/样点底栖动物群落总个体数
撕食者%	撕食者个体数/样点底栖动物群落总个体数

(续)

生物参数	计算方法和说明
滤食者%	滤食者个体数/样点底栖动物群落总个体数
集食者%	集食者个体数/样点底栖动物群落总个体数
香农指数	$H' = -\sum (n_i/N) \log_2 (n_i/N)$，$N = S$ 个种类的总个体数，$n_i =$ 第 i 种的个体数
粘附者%	水生昆虫粘附者个体数/样点底栖动物总个体数
攀附者%	水生昆虫攀附者个体数/样点底栖动物总个体数

表 7-6　多度量指数和完整性指数（综合性指数）

生物参数	计算方法和说明
SCI 指数	由总分类单元数、EPT 分类单元数、摇蚊分类单元数、优势分类单元%、集食者%、滤食者%等6个生物指数组成
CPMI 指数	由总分类单元数、EPT 分类单元数、蜉蝣%、HBI 指数和粘附者%等5个生物指数组成
LMII 指数	由 HBI 指数、摇蚊%、集食者%、（寡毛类/蛭类）%和双翅目分类单元数等5个生物指数组成
B-IBI 指数	由总分类单元数，蜉蝣目、襀翅目和毛翅目分类单元数，长生活史分类单元数（long lived taxa richness）、敏感类群%、耐污类群%、依附者%、捕食者%和前三位优势分类单元数%等10个底栖生物指数组成

Resh, 1993; Karr, 2000。

BI 指数水质评价系统　含生物种类耐污值参数的 BI、HBI、FBI 和 NCBI 指数常被单独用来建立评价系统，耐污值 Tolerance value = TV 是指生物对污染因子的忍耐力，以 0~10 表示（表 7-7）；根据底栖动物耐污值的高低可将其分为 3 类，TV≤3 为敏感类群，3~7 是中间类群，TV≥7 为耐污类群。该指数既考虑了生物种类的多样性和个体数量，又考虑了生物本身耐污能力的差异，因而在多样性指数相同的情况下，可通过分析底栖动物群落中敏感类群、中间类群和耐污类群的结构特点，更准确地判断水质受污染的程度。

如 1977 年 Hilsenhoff 确定了美国威斯康星州 200 余个分类单元的耐污值即经验值，1987 年建立了 HBI 生物指数水质评价体系（表 7-7），1988 年又建立了科级水平的生物指数 FBI 分级标准（表 7-8）。

表 7-7　HBI 水质生物评价分级标准（Hilsenhoff　1987）

BI 指数	水质级别	有机污染程度
0~3.5	最清洁	无有机污染
3.51~4.5	很清洁	轻微有机污染
4.51~5.5	清洁	一些有机污染
5.51~6.5	一般	较明显有机污染
6.51~7.5	轻污染	明显有机污染
7.51~8.5	中污染	极明显有机污染
8.51~10	重污染	严重有机污染

表 7-8　FBI 水质生物评价分级标准（Hilsenhoff, 1988）

BI 指数	水质级别	有机污染程度
0～3.75	最清洁	无有机污染
3.76～4.25	很清洁	可能有轻微的有机污染
4.26～5.00	清洁	可能有一些有机污染
5.01～5.75	一般	有较明显的有机污染
5.76～6.50	轻污染	有明显有机污染
6.51～7.25	中污染	非常明显的有机污染
7.26～10	重污染	严重有机污染

1993 年 Lenat 根据美国北卡罗来那州各类型水体的 2 000 余个底栖动物资料，通过累积分位数法 Cumulative Percentiles，确定了 500 余种主要底栖动物分类单元的耐污值即试验值，并分别建立了适合该州 3 个生态区（山地、丘陵和平原）的 BI 生物指数（0～10）水质评价标准（表 7-9）。

表 7-9　BI 生物指数（0～10）水质评价标准（NC, USA 1994）

水质级别	山地	丘陵区	沿海平原区
极清洁	<4.05	<5.19	<5.47
清洁	4.06～4.88	5.19～5.78	5.47～6.05
一般	4.89～5.74	5.79～6.48	6.06～6.72
轻污染	5.75～7.00	6.49～7.48	6.73～7.73
重污染	>7.00	>7.48	>7.73

由于生物学属性的可塑性和分布的地域性，BI 指数有较强的地域局限性，只有基本确定本地底栖动物类群的区系及其耐污值，才有可能建立 BI 指数评价系统。我国的科学家已暂定了 300 余种底栖动物的耐污值，并已着手建立我国的 BI 指数水质评价分级标准。

(3) 综合指数法

标准化水质快速评价法 Rapid Assessment Approaches　该法常选用 8～10 个生物参数，通过对各指数提供的信息进行综合，借以完成对水质级别的评价。这种评价法适用于监测受点源或非点源污染后水质级别的变化，也可用于记录某一地区水质的长期变化状况。因而采用半定量（定性）采样，样本来自不同小生境如急流、缓流、静水、堤岸边、石块表面、植物根垫、枯枝落叶和水生植物等；为节省时间用标准化的亚样选取法，仅从原始样本中挑取代表性样本参与评价；使用多个生物指数综合评价水质，评价方法和结果易为公众理解；注重对采样点栖境质量的评价，并将其作为判别水质时的重要参考。

1989 年美国环保局采用 8 个生物参数和 3 级记分标准进行了中级水平的快速水质生物评价，并将水质区分为无污染、中污染、重污染 3 级（表 7-10、表 7-11）；首先分别计算监测点和参照点各参数值的百分比，根据表 7-10 中提供的记分标准得出监测点各参数所得分值和 8 个参数的累计总值，然后计算其与参照点各参数累计总值（6×8）的百分比，据表 7-11 评定水质级别。

表 7-10　中级水平评价的记分标准（Plafkin, etc. 1989）

生物参数	记分标准		
	6	3	0
总分类单元数（监测点/参照点）	>80%	40%~80%	<40%
科级生物指数（参照点/监测点）	>85%	50%~85%	<50%
刮食者与滤食者比例（监测点/参照点）	>50%	25%~50%	<25%
EPT 丰富度与摇蚊丰富度比例（监测点/参照点）	>75%	25%~75%	<25%
优势科比例（监测点/参照点）	<30%	30%~50%	>50%
EPT 分类单元数（监测点/参照点）	>90%	70%~90%	<70%
群落相异性系数	<0.5	0.5~4.0	>4.0
撕食者比例（监测点/参照点）	>50%	25%~50%	<25%

表 7-11　中级水平生物评价标准（Plafkin, etc. 1989）*

分类标准	无污染	中污染	重污染
（监测点/参照点记分总值/参照点总值）%	>79	29~72	<21

* 无污染与中污染级别之间，中污染和重污染级别之间均有 7% 的可调节比例，此时，栖境质量评估和理化指标等将作为判别水质时的重要参考。

其他方法　2003 年前后研究较多的如使用多度量指数 Multimetrics 或生物完整性指数的多度量法，及多变量法 Multivariate methods 等均属综合指数评价法范畴。美国已使用多个生物指数对水质评价的有 26 个州，已建立多度量指数的有佛罗里达州的 SCI 指数 Stream condition index，大西洋中部海岸平原的 CPMI 指数 Costal plain macroinvertebrate index 等。

7.3　土栖昆虫与土壤环境的监测

随着人类利用和改造环境能力的提高，不可避免地带来了一系列的环境问题。其中一类是因工业生产、交通运输和生活排放的有毒或有害物质所引起的环境污染，另一类是由于人类对自然资源的不合理开发和利用而引起的生态环境的破坏。环境污染是指人为排放的有毒和有害物质破坏了环境自身的生态平衡，改变了原生态系统的正常结构和功能，使其向不利于工农业生产和人类生活的方向演变。为了改变这环境恶化的状态，人类不仅要优化和恢复已退化了的生态环境，更重要的是要预防新的污染，提倡清洁生产，搞好环境监测，减少污染源，土壤生物监测是其中的另一个重要组成部分。

7.3.1 土壤生物监测的原理

有关土壤污染的生物监测文献和资料较少，研究和描述较多的是生长在污染土壤上的植物形态特征的变化及其对环境污染物耐受性的监测，亦利用少数土壤动物种类和数量的变化进行土壤的监测研究。

生活在土壤中的动物是土壤污染的敏感指示生物，应用土壤动物监测土壤污染的研究已引起许多国家的重视。1985 年召开的国际生物监测学术会议、1988 年召开的第十届国际土壤动物学术会议以及近年召开的第十一、十二届国际土壤动物学术会议，均把土壤污染对土壤动物的影响列为专题进行讨论。

栖息在各种土壤中的土壤昆虫能够反映土壤环境的细微变化，可通过对不同地点土壤昆虫群落的调查和比较，加以综合判断，依其群落的独特指数（PC）即可作为环境污染和土壤恶化的指标。

土壤昆虫之所以可以被用作监测污染的生物指示物，原因在于土壤昆虫具有较高的生物多样性，土壤昆虫自成一个独特的生态群体，大多类群的土壤昆虫对人为因素影响的反应十分相似；此外，由于对污染耐受性最好的类群是植食性昆虫、寄生虫和特化的捕食者，最敏感的则包括土壤中腐食性和非特化的捕食性昆虫。

昆虫在土壤动物中占有相当高的生物量和物种多样性，大多数昆虫类群在早期发育阶段都与土壤和枯枝落叶层有关，只有一部分类群才是真正地生活在土壤之中，如双尾目、原尾目、弹尾目、缨翅目、膜翅目的蚂蚁及鞘翅目中的最常见的步甲科和隐翅甲科。

7.3.2 土壤昆虫对污染的反应特点

不论污染物来源如何，不同污染物在环境中的污染行为及它们对土壤环境和昆虫群落的影响都有许多相似性，不同的土壤昆虫类群对于人为影响也具有相似的反应和变化模式（表 7-12）。

表 7-12 不同影响因素下土壤昆虫群落的主要变化模式

影响因素	变化模式
高速公路的影响	腐食性昆虫（双翅目幼虫）、非特化捕食者（步行虫、隐翅甲科）多度减少，捕食者、寄生虫、植食性昆虫、食根性昆虫（线虫、象甲科、金龟子科）的多度增加。在小腐食性种类丰富的地区，食尸性昆虫减少。在中度胁迫下，物种多样性增加
重金属污染	敏感类群的多度和物种多样性减少，昆虫对重金属的积累和存储能力通常按以下顺序降低：环节动物，陆生甲壳动物（等足目和端足目），蛛形纲动物（蜘蛛、螨类）；半变态昆虫，全变态昆虫。在被重金属污染的路边生态系统中，最敏感的类群是步行虫和隐翅甲科。重金属浓度较高，能够导致物种潜在生殖力的降低

(续)

影响因素	变化模式
稀有元素污染	普遍引起中型动物区系（所有昆虫幼虫，甲虫的成虫，隐翅甲科，蜘蛛，线蚓）和植食性昆虫种群多度的降低。物种多样性减少（隐翅甲科，双翅目幼虫，步行虫）
中子和 γ 辐射	线蚓、昆虫幼虫、甲虫类的多度减少；活跃的分散类群（成体甲虫）的活动增加；土壤深层的物种多样性减少；弹尾目的密度维持在较高水平
硫化物污染	经过一次大规模的散布硫化物，10d 后土壤动物的总体多度减少，暂时生存下来的有蜘蛛、线蚓类、蚯蚓、倍足纲、线虫等。30d 后，线蚓和线虫的多度减少，而捕食者多度增加。90d 后，土壤动物的营养型类群的总体多度减少。再次散布硫化物，30d 后，土壤动物的多度增加，90d 后，群落结构发生了改变：倍足纲、线蚓、双翅目幼虫的多度增加，蚯蚓的多度减少
氟化物污染	步甲和隐翅甲的多度和生物量减少。吸食植物的类群的多度、生物量增加。蚁窝的数量、平均体积、工蚁的平均体重、蚁窝的平均大小都有所减少；落叶层中的昆虫和腐食性种群的多度减少
水泥和石灰烟尘污染	双翅目幼虫、弹尾目和步甲的多度减少，这种最显著的变化可以从落叶层和土壤上层中无脊椎动物中观察到
原油污染	在污染密集地区，土壤生物大量消失。原油溢出后的第 1 天就可以发现非常显著的影响。相对于原生动物门和线虫纲的动物来说，昆虫是一个非常敏感的群体
石油工业污水污染	土壤动物尤其是弹尾目的多度减少；物种多样性减少，优势度结构改变。土壤表层 5cm 中的节肢动物被消灭
杀虫剂的应用	土壤生物的多度及物种多样性减少；对杀虫剂最敏感的是益虫：隐翅甲和步行虫类；某些植食性和腐食性种群的多度增加；在一些害虫种群中可以从它们的一些世代中发现基因抗性的发展过程

如所有的化学药品进入环境的途径基本相似，即主要污染源是大气沉降，它使污染物进入水库，然后人们用水库中的水灌溉、进而引起土壤和植物的污染；污染物沉积在土壤和植物的表面时，它们所表现出的物理、化学性状也十分相似。尽管有时化学污染物以气相存在，但污染物主要还是以分散的气溶胶或凝结物的形式存在。不同污染物的相似污染行为，是由污染物在土壤内和植物表面的分布、分配的普遍法则所决定的。

对各种各样的污染环境，土壤中有些种类的昆虫是敏感型，有些种类则是耐污型；一般的规律是，如果一个物种易受到一种污染物的伤害，那么通常情况下它也易受到其他污染物的伤害，这即是无脊椎动物类群对不同类型的化学污染物表现出或多或少的相同反应的原因。

利用土壤昆虫监测被污染的环境，可在生物个体水平上比较其有机体化学组成的变化，形态的变异，以及生物体实际和潜在的生殖力；在种群水平上可重点观察种群基本特征，如密度、空间结构、性比、年龄结构等的改变；也可以利用遗传学、分子生物学技术对不同污染环境中种群的种内多样性进行分析，对比个体发育中死亡率的差异，或者在群落水平上利用物种丰富度、相对多度（属、科、目等）物种的多样性等评价土壤环境质量。

7.3.3　土壤生物监测的方法

对土壤污染进行生物监测的一种可以利用的方法是测量生物体内这种污染物的浓度。如果生物体内所残留的永久污染物与环境中的这种污染物浓度成比例，那么这种方法则特别有效。对于土壤中难降解的杀虫剂、有机卤素复合物、多环芳香烃和重金属离子的测定即是如此。

一种化学物质对环境的危害并不完全和它在无机环境如土壤、水和空气中的浓度成正相关，多数情况下化学污染物残留量的大小或多或少与生物对其吸收率成正比；如果某化学物质在体内存留的时间非常短如许多杀虫剂、或者化学物质受到了强的生理调控，它在体内的残留量就不会与吸收率有直接的关系。化学物质对生物的任何影响常是通过各种方式进入其体内后而发生的，虽然测定进入生物体内时很困难，但这种测定是说明其对生物影响的依据。

因此，通过测量生物体内污染物的浓度而对土壤的污染进行生物监测时，这类污染物应当在动物体内有一个可以测量到的残留量，动物对这种化学物质的代谢或排泄速率应当与吸收的速率一致，同时污染物在生物体内的残留量不应被其生理作用所调节，只有这样在生物体内的浓集程度才与它在环境中的存在量有相关性。

金属污染在物种间的变化很大（表7-13），这种变化与动物贮存和排泄金属污染物的生理机制有关，为此1996年Janseen将土壤无脊椎动物按其对污染物的吸收率和消化率分为5类。由于那些含有毒素残留量高的物种不一定就最危险，因而一种毒素是否有害还不能以残留量为标准；从体内形成残留到发生危害的过程中，生物体内毒素的积累量及其毒性可用生态毒理性Ecotoxicity研究中的体内致命浓度、体内临界浓度表示。

表7-13　不同种类的土壤无脊椎动物对镉的吸收和排泄

类别	动物类群	残留量	吸收量	排泄量
1	等足类 Isopods	高	高	低
	蜗牛 Snails	高	高	低
2	马陆 Millipedes	中	中	?
	蜈蚣 Centipedes	低	低	?
3	双尾类 Diplurans	高	?	低
4	弹尾类 Collembola	低	低	高
	步甲 Carabids	低	中	很高
	蚂蚁 Ants	低	?	?
	蟋蟀 Crickets	低	低	低
5	伪蝎 Pseudoscorpions	高	高	低
	盲蛛 Harvest men	高	中	?
	甲螨 Oribatid mites	中/高	中/高	低
	革螨 Gamasid mites	高	高	?
	蜘蛛 Spiders	高	高	?

(1) 体内致命浓度

残留污染物对生物的危害以污染物的致死浓度 HC，即可导致生物死亡的污染物的最低浓度值表示，为了避免特殊个体的影响常测定的是半致死浓度 LD_{50}，但 LD_{50} 随环境的改变而发生变化。因此，在实践中测定的多是生物体内污染物残留量对其的致死浓度，或称体内致死浓度 Lethal Body Concentrations (LBC)。

当受试动物吃了污染的食物或者被暴露于污染的环境中时，其体内的污染物的浓度会一直增加，直到该动物对污染物的吸收和消化处于平衡状态时，其体内的污染物浓度直接与外界浓度成正比；如果外界浓度过高则动物体内的浓度将在一定的时间内达到 LBC，反之动物体内的浓度会在 LBC 以下达到平衡、不致死亡。因此，致命体内浓度可通过生物体内不断增长的金属浓度及死亡率来测定。种类不同其体内致命浓度也不同，即使有亲缘关系的物种间 LBC 也没有相似性。如由金属镉污染引起的等足类动物（欧洲等足虫、欧洲潮虫）LBC 数较高（表 7-14），两种弹尾类昆虫则较低，另外 1 种弹尾类昆虫、1 种螨类、1 种倍足类动物（欧洲马陆）则是中等的。

表 7-14　几种土壤无脊椎动物对镉（Cd）污染的体内致命浓度（LBC）

物　种	LBC（μg/g）
长角弹尾虫 Orchesella cincta	37
鳞虫北弹尾虫 Tomocerus minor	75
裔符弹尾虫 Folsomia candida	387
螨类 Platynothrys peltifer	234
欧洲等足虫 Porcellio scaber	2 117
欧洲潮虫 Oniscus asellus	4 582
欧洲马陆 Julus scandunavius	153

引自 Crommentuijn。

如果当某种动物对进入体内有毒物的排泄率一直为零时，随着其暴露在污染介质中时间延续，其体内污染物的浓度会以线性比例增长，半致死浓度 LC_{50} 则一直降低到零、不趋向一个定值。原因在于这种动物能将吸收的每一个金属离子都保留在体内，因此在污染物浓度很低的情况下，经过一定的时间其体内的金属离子浓度也会达到 LBC，届时如果也到了该动物的自然寿命，测定 LC_{50} 及 LBC 也就失去了意义。此外一种金属的 LBC，可能要受到另一种的干扰，如当体内锌的浓度高时镉的毒性有可能会小一点；LBC 可能会受到动物耐受性的影响，如因其耐受机制而使 LBC 升高时，不同一块地里的同一物种动物的 LBC 就不能进行比较。

(2) 体内临界浓度

估计污染物对生物的危害还可用临界浓度即无作用剂量 No Effect Concentration（NEC）表示。临界浓度是未对生物的生理功能造成不可逆损伤的污染物的最高浓度值，若污染物高于临界浓度则会影响其生长发育。临界浓度值也会随环境的变化而改变，因此只有测定生物体内污染物的残留量对其产生的危害，才能确定体内临界浓度 Internal Threshold Concentrations（ITC）。表 7-14 中的 6 种土壤无脊椎动物体内镉的临界水平约是 $1.7\mu g/g$（LC_{50} 的 5%）。

表 7-15　3 种无脊椎动物对镉的 β 值（毒物残留量的生物指示指数）

物　种	污染区		对照区	
	Q（$\mu g/g$）	Q/LBC	Q（$\mu g/g$）	Q/LBC
欧洲等足虫 Porcellio scaber	65.1	0.026	12.0	0.006
长角弹尾虫 Orchesella cincta	1.50	0.041	0.36	0.010
螨类 Platynothrus peltifer	15.0	0.064	1.43	0.006
群　落		$\beta=0.044$		$\beta=0.007$

引自 Atraalen, N. M.　　Q——体内平均残留量　　LBC——体内致命浓度。

测定体内临界浓度的另一个方法是生物指示指数法 Bioindicator Index for Toxicant Residues β，β 为体内平均残留量 Q 与 LBC 的比值，$\beta=Q/LBC$；体内高残留量的物种并不一定处于最危险的状态（表 7-15），危险性最大的 β 值最高。β 的最高值是 1，当 $\beta=1$ 时表示这个种群的每个个体的体内残留量均达到了 LBC，$\beta \geqslant 1$ 意味着这个种群中每个个体的体内残留量已经达到或超过 LBC，生态系统将瓦解，在 $\beta \leqslant 0.01$ 时为"可以忽略的危险"；这样就可以根据 β 值划分出高危险区（$\beta=0.1 \sim 1.0$）和低危险区（$\beta=0.01 \sim 0.1$）。

7.3.4　农药污染与生物监测

用喷雾方式使用农药防治病虫害和消灭杂草时，大约只有 5% 的农药落在植物体上，其余直接或间接落在地面、残留在土壤中，对土壤生物产生毒害，阻碍了土壤生态系统的物质循环，导致农田生态系统中敏感生物种类减少、耐污染种类相对增多，影响了农业生态系统的结构与功能。

农药污染影响土壤动物的新陈代谢、产卵量及孵化力，土壤动物群落的种类组成和数量分布，使土壤动物的种类和数量明显的减少（常见类群和稀有类群的减少或消失）。

弹尾类等优势类群适应性广、耐污能力强成为了污染区土壤动物群落的主体，而双尾类、直翅类、啮虫类、同翅类、半翅类、缨翅类、鳞翅类、革翅类等稀有动物类群在农药重污染区极少分布。即使对弹尾类昆虫中其影响也是不同的，球角跳科和棘跳科在轻污染区和重污染区均较多、是强耐污类，鳞跳科和等节跳科只在轻污染区较多、难见于重污染区。

对农药污染的生物监测一般采用绝对致死浓度（LD_{100}）和半致死中量（LD_{50}）进行测定；LD_{50} 较少受个体敏感程度差异的影响，能够比较确切地反映一种污染物的急性毒性作用，因而使用较多。半致死中量（LD_{50}）的测定时间持续范围为 $24 \sim 96h$，当污染物在 96h 内不引起实验动物的死亡时即为毒性不显著，但应根据动物的生态、生理、解剖等综合分析结果才能确定污染物是否无毒。如甲胺磷对蚯蚓在24h时半致死浓度为13.7mL/L、48h时为5.4mL/L、72h时为3.9mL/L，蚯蚓在甲胺磷溶液中的安全浓度为0.2517mL/L，生物安全浓度 $=LD_{50-48h} \times 0.3/(LD_{50-24h}/LD_{50-48h})^2$。

7.3.5 重金属污染与生物监测

人体和其他生物体内的许多酶依赖蛋白质与金属离子的络合才能发挥其作用，因而需要微量元素如锌、铜、锰、钴等；但对于不需要的金属离子、甚至当必不可少的微量元素过多时都能破坏这种蛋白质与金属离子的平衡，削弱或者终止某些酶的活性；重金属与蛋白质结合导致有机体中毒、不能被排泄掉，引起生物富集。

重金属污染源自冶金、化工为主的废物排放，它可与土壤中的矿物相结合而被固定，当其累积量超过了土壤耐受值，不仅对土壤动物产生毒害、影响土壤的结构和理化性质，而且富集在食物链中最终对人类形成潜在危害。

土壤动物对重金属污染的反应敏感，因而可通过调查污染区土壤动物群落结构、分布、污染指示种以及对重金属的富集作用，为土壤质量评价和土壤污染监测提供生物学指标。在污染区土壤动物的群落一般仍以螨类和弹尾类为优势类群，但随污染程度的加重其种群数量则递减、优势类群的优势度则随污染程度减轻而增加，种类和数量的减少主要是对污染敏感的类群减少或消失。土壤动物具有垂直分布的特点，在非污染区土壤动物的种类和数量有明显的垂直递减规律，而污染区则不明显。

7.3.6 放射性污染与生物监测

放射性核素均具有一定的半衰期，在其自然衰变过程中会放射出具有一定能量的射线，持续地产生危害作用。采用任何化学、物理或生物的方法，都无法有效地破坏这些核素、改变其放射的特性。放射性污染物的危害通常并不是立即显示表现的，经过一段潜伏期后才能显现出来。

放射性污染物主要是通过射线的照射危害人体和其他生物体，该射线主要有α射线、β射线和γ射线。人类和其他生物一直适应于生活在天然辐射源产生的辐射环境中，它们并不会产生危害。人工辐射源如核武器试验和原子能利用所产生的放射性污染则不同，它创造出了生物从没有遇到的辐射生境，因而能够造成危害；但正常情况下人类活动并不会造成严重的放射污染，这种污染往往是由事故造成的，如1986年前苏联的切尔诺贝利核电站爆炸泄漏事件。

以指示生物监测放射性同位素的污染时，该类指示生物密度高及新陈代谢水平要高、长期与人为因素相接触、可收集大量样品、对有关因子敏感，并且常是非迁徙性动物种群如蚯蚓、多足类、等足类、土壤节肢动物等。观测土壤动物群的变化是了解人为辐射对陆地生态系统作用的重要组成部分，每平方米的土壤动物群其种群密度达数以十万计，它们的活动可导致放射性核素发生生态迁移。

放射性同位素如^3H、^{14}C、^{106}Ru、^{131}I、^{137}Cs很容易与动物组织结合而在食物链中转移，铀和钍的裂变产物及半衰期分别为28.4年、30年的^{90}Sr和^{137}Cs可迅速被生物体同化而为动物富集，因此其危害也相对较大。森林地面^{90}Sr的含量比土壤中低，但土壤中的放射剂量并不对土栖生物的生长和发育产生损害；相反在辐射污染后土栖生物的种群密度常下降，其原因是它们在发育的最敏感期即胚胎期受到了辐射的伤害；当辐射剂量从几百到几千拉德（1拉德 = 10^{-2}戈）后会引起雌雄昆虫的个体不育、卵的毁灭，当这种损害与环境的不利因子同时作用时，即使较低剂量的辐射也易引起死亡。

蚯蚓不仅受外部辐射，还受所吞食的已被污染的土壤的辐射；受放射污染的土壤中其放射性核素的含量要比生长在该土壤上的植物高1~2个数量级，因此研究和评价放射性污染对生物的危害时最常选用的动物为蚯蚓。如栖息在受镭辐射的土壤中的蚯蚓，其皮肤上皮分泌黏液的细胞数增多、细胞体增大。

7.4 土壤昆虫与有机物质的分解

土壤中的各种生物对土壤的形成、发育、结构等起着重要的作用，但最重要的是参与有机物质的分解，土壤中有机物质经过分解即可被植物作为营养物质加以利用，促使营养物质的再循环。如蚯蚓的活动可以使草原牧草增产17%，再施用牛粪则可增产93%。

分解作用是指死的有机物质逐步降解的过程，它包括物理的、化学的和生物的作用，是碎裂、异化和淋溶三个过程的复合，其中以生物为主导、掺有物理作用的异化过程是核心。

7.4.1 影响有机物质生物分解过程的因素

土壤有机物质的生物分解作用取决于参与分解的生物种类、待分解的有机物质及理化环境三个方面。

(1) 分解者

分解过程是由许多种生物共同在土壤中完成的，参加这个过程的土壤和部分地表生物统称为分解者。种类繁多、数量巨大的土壤动物只间接参与这个过程，真正的分解者主要是细菌、放线菌和真菌。土壤微生物通过分泌细胞外酶，把有机物质分解为简单的分子，然后再吸收利用。

生活中有一段时间要在土壤中度过的动物即土壤动物。土壤昆虫包括弹尾目、原尾目、双尾目、缨尾目、直翅目、蜚蠊目、等翅目、革翅目、啮虫目、同翅目、半翅目、缨翅目、鞘翅目、膜翅目、鳞翅目、双翅目等的幼虫及成虫，但最重要的为弹尾目、等翅目、鞘翅目等。

弹尾目昆虫和螨类是所有土壤动物群落中的优势类群。大部分生活在有机质丰富的土壤中的弹尾类体长0.3~1.0mm，其中取食真菌的为食菌性，取食植物碎屑或腐烂有机质的为腐食性，既可取食真菌也可取食有机物碎屑的为杂食性。

等翅目昆虫即白蚁和一些双翅目昆虫、甲虫幼虫都是土壤中能分解木材纤维素的较大型土壤动物。如白蚁取食木材，共生于其消化道中的鞭毛虫产生纤维素酶、将纤维素分解为单糖而供白蚁吸收利用。白蚁在温带土壤中所起的作用不大，在热带则起着清除纤维素物质的重要作用，也是土壤的翻动者，在半荒漠地区其洞口和地下通道有助于雨水渗入土壤的深层。

鞘翅目昆虫（甲虫）当中部分或一生生活于土壤中，或仅幼虫期在土壤中，或生活在表土层或枯枝落叶、朽木中。如日本有35科的甲虫属土壤昆虫，我国浙江天目山和湖南衡山的土壤甲虫有18科，但最常见的为步甲科、隐翅甲科、叩甲科、朽木甲科等。

(2) 待分解的有机物质

待分解有机物质的理化性质对其被分解的速率有明显的影响。物理性质包括表面特性和机械结构，化学性质则随其化学组成而不同。有机物质的相对表面积越大越有利于分解。动物性有机物质比植物性有机物质易分解；植物的不同部位被分解的速度也不一样，落叶要比枯枝易分解。

待分解有机物质的 C:N 比值是测量生物降解性能的指标。参与生物分解的微生物最适 C:N 大约是 25:1 ~ 30:1，大多数植物性有机物质 C:N 为 40:1 ~ 80:1，而动物性有机物质则接近于微生物分解时所需要的最适 C:N 比值。

(3) 进行分解时的理化环境

温度高、湿度大时土壤中的有机物质被分解的速率高，相反分解速率则低。有机物质很容易在土壤中积累，其原因是高温高湿环境有利于微生物的生长繁殖、进而有利于有机物质的分解。表示一个生态系统分解特征最常用的是分解指数 k，$k = I/X$（I 为年输入死有机物质总量，X 为系统中死有机物质现存总量）。在湿热的热带雨林中分解指数 k 可高达 6，而在冻原仅为 0.03。

7.4.2 土壤昆虫在有机物质分解过程中的作用

不同类型的土壤动物在有机物质分解中作用的方式均不相同。体宽 0.1mm 以下的原生动物、线虫、轮虫、跳虫和螨等小型土壤动物，不能碎裂枯枝落叶，属粘附生活型，对有机物质的分解主要是直接作用。体宽 0.1 ~ 2.0mm 的跳虫、螨、线蚓、双翅目幼虫和小型甲虫等中型土壤动物，大部分都能进攻新落下的枯叶，但对碎裂的作用不大，其作用主要是调节微生物数量的多少，对大型动物的粪便进行处理和加工；但白蚁是个例外，由于其消化道中有共生微生物，能够直接影响有机物质的分解过程。体宽大于 2.0mm 的多足动物、等足目动物、蚯蚓等大型动物是碎裂植物落叶和翻动土壤的主力，对有机物质的分解和土壤结构有明显的影响。

土壤动物在有机物质分解过程中虽有直接作用和间接作用，但其直接作用是次要的，主要的间接作用表现如下。

撕碎 食碎屑性土壤动物如弹尾类昆虫、马陆、等足目动物、蚯蚓等的取食活动可以将枯叶等有机物质组织破坏、形成穿孔，使落叶的暴露面积增加十余倍，方便了微生物的侵入和分解。

物质转化　腐食性土壤昆虫食量大、粪尿量大、同化效率低、呼吸消耗量低、组织生长效率高，多数个体小、寿命短、生殖能力强。其同化效率大约只达10%，大量的、未能消化吸收的物质通过消化道而排出，其粪尿中所含的大量有机物质与当初食用时的比较已发生了重大的变化，更容易被土壤微生物进一步分解。土壤昆虫在其生长和生殖过程中，将大量的植物性有机物质转化为动物性有机物质，大大降低了有机物质的 C:N 比值，也更有利于土壤微生物的分解。

食菌作用　土壤昆虫中不少种类以细菌、真菌或放线菌为食，这些昆虫在取食过程中虽然消费了部分菌体，但这些多是生命力衰弱、分解能力低的菌体。如丝状真菌能够穿透并侵入有机物质深部、或附着在待分解有机物质的表面，若附着的菌体都是一些新生的、分解能力强的菌体则分解速度就快，若附着的菌体是一些衰老的、分解能力差的菌体则分解速度就慢。因而土壤昆虫的取食可以促进土壤微生物的新老交替，使土壤微生物保持较强的分解能力。

7.4.3　常用的研究方法

土壤动物及土壤昆虫分解作用的测定和研究，大体可以分为定性和定量两个方面。定性主要是确定某些类群是否有分解作用、取食哪些有机物质，定量则是要确定土壤动物或其中某些类群在有机物质的自然分解中所起作用的大小。但土壤微生物和土壤动物的作用总是混杂在一起，所以对土壤动物分解作用的测定和研究总还不能完全摆脱微生物作用的影响，尤其是在定量方面。

(1) 落叶面积损耗实验

测量不同植物落叶及被分解程度不同的叶片面积后，一般用 1cm×1cm 的大网眼铁丝网夹好，放于林中新鲜落叶层下，定期检查样品损耗的面积，即可以确定土壤动物对不同落叶的摄食、损耗或分解的速度（也可以用于室内测定实验）。在室内可单独饲养各种可能啃食落叶的土壤动物，测定它们对落叶的择食性和取食量，收集其排泄物，测定呼吸量，计算其同化率，从理论上探讨它们对落叶分解的功能，作为分析它们在自然界中分解作用的参考；此外，不同动物啃食落叶的痕迹是不同的，使用室内实验所得每个物种啃食痕迹的模式可提高对野外实验分析的深度。

(2) 有机物损耗率测定实验

利用尼龙网袋埋置待分解有机物质（网袋法），常用于定量测定和研究土壤昆虫在有机物质分解过程中的作用。即将装有待分解有机物质的尼龙网袋埋放在土壤中，或将有待分解有机物质装入有孔塑料瓶中、外加尼龙网袋再埋入土壤。所使用的网袋孔径不同，允许出入的土壤动物大小则不同，从而可估计小型、中型和大型土壤动物对分解的相对作用；若排除土壤动物，微生物的单独分解速度则明显缓慢。该测定结果是土壤动物和土壤微生物两者分解作用的总和，如采取措施排除土壤微生物的作用可获得土壤动物单独作用时的效果；或排除土壤动物的作用后，将测定结果与土壤动物和微生物的作用总合进行对比，再推算出土壤动物的作用效果。

在落叶被分解的不同阶段,生境和食物源的变化使不同种类的跳虫在网袋和土壤间进行内外迁移。在分解的淋洗阶段,跳虫种类少、数量小;在养分固定阶段其数量增加,种群多由优势类群和生活于土表的种组成,土表生活的杂食性种类一般取食生长在地表落叶层内的真菌,并促进了菌丝体的活性,随后跳虫的密度随着落叶的分解而下降;随分解过程的继续,在养分活化期腐殖质中的各种跳虫的数量渐增,这些种类或取食植物碎屑或为杂食性或以叶表的动物排泄物为食而参与有机物的矿化作用;杂食性种类可根据食物的可获得性而转变食性,因而在落叶分解过程中出现的频率就高,持续时间也长。

(3) 研究实例

以网袋法比较栗林和山毛榉林两种森林土壤枯叶的分解过程表明,栗林中不同孔径网袋内枯叶的失重量差别不大,其分解主要是由于微生物的异化和淋溶作用;山毛榉林中的大孔径网袋内枯叶失重量较高,其原因是由于土壤动物取食活动所造成的。

在亚热带地区青冈 *Cyclobalanopsis glauca* (Thunberg)、马尾松 *Pinus massoniana* Lambert、麻栎 *Quercus acutissima* Carruthers 三种不同林相内的落叶分解过程中,跳虫群落是稳定的同时又是变化的。跳虫群落的稳定性与土壤环境的稳定性有关,这种稳定性可以保持20年之久,土壤环境是由植物的凋落物及其分解来建立和维持的;变化是由生境、食物源和外界环境因素决定的,即落叶残存量的变化改变了生境、落叶中碳和氮含量的变化使食物源得到变化;因此在落叶不同的分解阶段,适应生境和食物的跳虫种类组成就不相同,从而导致了群落的演替和变化。

采用沙袋法研究土壤动物对玉米秸秆的分解表明,蜱螨亚纲的螨类和弹尾类昆虫为土壤动物群落的优势类群,20目及40目网袋、施氮肥等4个处理组玉米秸秆的残留量变化趋势基本一致;分解过程的第一阶段为第1~3个月,第二阶段为第4~8个月,第三阶段为第9~12个月。前3个月分解速度较为缓慢,随后分解加速、残留量下降迅速,之后分解速度又渐减缓;一年后玉米秸秆的残留量约为初始重量的1/2~1/3,分解指数 k 为2~3,加入适量氮肥可以提高分解速度达20%以上;土壤动物的存在有利于植物营养元素的缓慢淋失,其参与分解过程可使待分解物中的绝大多数重要营养元素呈富集趋势。

在热带森林生态系统的土壤中,白蚁种群的大小对枯枝落叶分解过程具有举足轻重的作用。如在广东小良人工阔叶混交林中,没有白蚁的对照组其枯枝落叶的消耗率均在50%上下,而有白蚁入侵的处理组则约为80%,观察期间白蚁的摄食率为15.29%~40.80%,其年摄食量为82.8~444.5 g/m^2,但其他土壤动物对枯枝落叶的消耗影响较小。

复习思考题

1. 生物监测、指示生物、监测生物、生物指数、生物耐污值的基本概念。
2. 生物监测的主要理论依据是什么？
3. 为什么某些类群的水生昆虫和土壤昆虫可作为污染监测的指示生物？
4. 如何通过测量生物体内污染物的浓度，对土壤污染进行生物监测？
5. 土壤动物在有机物质分解过程中有哪些作用方式？
6. 有机物损耗率测定实验的原理是什么？如何应用？

本章推荐阅读书目

水生生物监测手册. 国家环保局《水生生物监测手册》编委会. 东南大学出版社，1993

环境生态学. 金岚主编. 高等教育出版社，1992

中国亚热带土壤动物. 尹文英等. 科学出版社，1992

中国土壤动物. 尹文英等. 科学出版社，2000

土壤动物研究方法手册. 张荣祖等. 中国林业出版社，1998

日本河川水生生物水质判定手册. 浦野纮平，谷田一三等. 日本水环境学会发行，2000

Aquatic Insects of China Useful for Monitoring Water Quality. Morse J C, Yang L-F, Tian L-X. HoHai University Press，1994

Aquatic Insect Ecology 1. Biology Insect Ecology. Ward J. V. John Wiley & Sons, Inc., 1992

第8章 生物技术研究用资源昆虫

【本章提要】 本章介绍了昆虫仿生学的研究内容，昆虫在遗传学研究中的应用范围、在杀虫剂毒理研究中的作用、在法医鉴定中和医学研究中地位，及昆虫杆状病毒表达系统、转基因昆虫与昆虫转基因技术、虫源抗菌肽和昆虫干细胞的研究和利用前景。

昆虫是地球上最繁盛的生物类群，是人类可以利用的重要生物资源之一。与其他动物一样，昆虫也可作为探索动物学当中普遍生物规律的研究材料，如进行遗传及基因利用、发育与代谢、干细胞研究，作为仿生模板生物、医药及杀虫剂开发的实验动物等。但与其他动物相比较，以昆虫作为生物技术研究中的试验动物不易引起人文、宗教、法律等方面的社会问题，并且其个体小、易群体大量饲养、成本低。因此昆虫在仿生学、遗传学、杀虫剂毒理学、医学及法医学、分子生物学等方面的应用更加广泛。

8.1 昆虫仿生学

仿生学 Bionics 是 20 世纪 60 年代形成的一门综合性边缘科学，也称生物模拟学，是建立在生物学、电子学、生物物理学、控制论、高等数学、自动学、心理学等基础上，通过研究生物的物质结构、功能、能量转换和信息流动与控制机理等特征，从而将它们用于工程或机械技术系统以解决相关问题的一门科学。

昆虫的种类千差万别，形态结构与功能各异，长期的演化使其能巧妙地利用各种生物学结构实现特殊的功能。因此模仿昆虫的结构和功能，促进高科技产品的创造和发明已成为仿生学研究的一个重要内容。对昆虫的仿生不仅促进了仿生学技术的发展，也促成了昆虫仿生学的形成。昆虫仿生学的研究成果已经在医学、军事、航天、教育、工业制造、建筑、人工智能及影视等领域得到了广泛的应用。

8.1.1 昆虫与仿生学

昆虫个体小、种类多、数量大、分布广，具有惊人的适应能力，在长期的进化过程中形成了很多优良的特性。如蜻蜓具有高超的飞行技巧，苍蝇具有灵敏的嗅觉器官。昆虫具有多种通讯方式、具备典型的并行处理中枢神经系统，很多种类具有拟态与保护色等，在杀虫剂的胁迫下通过数代的繁衍即可对其产生抗性。

所有这些特性均为仿生学研究和仿生技术的开发提供了丰富的模板材料。

人类在工程设计、机械制造、生物技术产品开发中遇到的很多技术难题，都可以在对昆虫的研究及模仿利用中找到解决方案。如在飞机发展史中，高速飞行的飞机常因颤振问题而导致机毁人亡，该问题一度成为了阻碍航空业发展的主要障碍，后来设计师发现在机翼前缘近翼端处安装一个加重装置可以解决颤振，这种加重装置与蜻蜓翅痣的作用如出一辙。再如太空中的人造卫星因温度的骤升骤降而使许多仪器无法正常工作，阳光下飞行的蝴蝶也面临体温升高过快的问题，而蝴蝶能通过自动变换鳞片的受光角度克服阳光对体温的影响，受此启发，航天工作者将人造卫星的控温系统制成了叶片正反两面辐射、散热能力相差很大的百叶窗样式，在每扇窗的转动位置安装了对温度敏感的金属丝，随温度变化这些金属丝可调节窗的开合，从而解决了维持人造卫星内部温度恒定的难题。又如，仿照昆虫复眼的成像方式出现的"立体全像技术"可帮助医生在手术中对病人进行实时观察，提高手术的成功率；模仿蛾类的羽状触角制成的电视天线大大提高了信号的接收能力；在军事、医学、航空、航天上被广泛应用的蝇眼照相机一次可拍摄1 000多张照片；利用复眼式雷达可以同时跟踪多方位的多个目标，可极大的提高防御和攻击作战能力；根据昆虫感觉器官触角设计的触角电位仪同样也可以用来进行环境质量监测等。

8.1.2　昆虫仿生学的研究内容

昆虫仿生学是根据科学技术发展中碰到的难题，通过研究昆虫的体躯结构、构成体躯的物质、功能、能量转换和信息流动与控制等特征，将其模式化，为新技术设备的设计制造和新产品的创造发明提供思路或设计模板，或者使人造技术系统具有昆虫的某些特性，最终达到解决科学技术问题的目的，如机器人、微型飞机。

用昆虫进行仿生研究同样也具有生物原型、数学模型和硬件模型三个相关联的问题。生物原型是仿生的基础，建立硬件模型是最终目的，而数学模型则是这两者之间必不可少的桥梁。

昆虫仿生学也涉及3个方面的研究内容：①寻找昆虫模型，即根据需要解决的问题，从昆虫当中找出相应的特性，对其进行深入研究。如探索昆虫复眼、嗅觉系统的结构与功能，研究昆虫脑与神经系统的控制机理、激素的化学结构、昆虫飞行过程中翅的扇动方式以及飞行中的能耗特点等。②建立数学模型，即将昆虫某一特性数值化、模式化，为建立硬件模型提供依据。③建立硬件模型，即根据数学模型提供的参数，或者直接根据昆虫的模型，设计制造出具有仿生功能的产品。

在昆虫仿生学中得到广泛利用的种类，主要有蝴蝶、蛾类、苍蝇、蜻蜓、蜜蜂、甲虫、跳蚤等。随着昆虫仿生学与其他相关学科研究的不断深入，更多的昆虫将成为仿生研究中的利用对象。但就一种昆虫而言，其仿生研究内容可能涉及到它的身体构造、器官的结构与功能、行为、激素、声音、筑巢昆虫的巢穴结构等；仿生应用范围包括构造与功能仿生、分子仿生、能量仿生、信息与控制仿生、声学仿生、行为仿生等多个方面。其中对昆虫复眼的结构与功能、嗅觉器官的结构与功能、飞行结构与行为、信息素等方面进行的研究和利用较多。

8.1.3 昆虫仿生研究的一般步骤

仿生学不是对生物的某些特殊结构、特殊机能进行简单的复制和模仿，而是通过对生物系统的优异技能和特殊本领的研究，从中得到有益的启发，再创造出生物系统无法比拟的新技术。在仿生学中，广泛地运用类比、模拟和模型方法是仿生学研究最突出的特点，昆虫仿生学的研究也不例外。

昆虫仿生学的研究主要有三个步骤：①对昆虫的某种结构和功能进行仔细的研究，在清楚了解其结构和功能关系的基础上，除去一些无关因素并加以简化，提出一个生物原型。②将有关生物模型的实验资料翻译成数学语言，用数学公式表述之，变成具有普遍意义的数学模型。③根据这个数学模型或直接根据生物模型，用电子线路、机械结构、化学结构等多种手段制作出可以在工程技术领域进行实验的实物模型。然后经过反复实验，特别是经过生物实验的验证，改进并发展成各种技术模型，最终将生物系统工程模拟成为技术装置。

任何仿生的研究，既要尊重生物原型，又不能拘泥于生物体而走向单纯形式上的仿生的误区。没有生物的原型，就不可能有模拟的工程系统，也就没有仿生学。在昆虫仿生学研究中，选择合适的昆虫模型是研究成功与否的关键，而对模型的选择则取决于对昆虫研究的深度与广度。

由于昆虫生物系统的复杂性，明晰其某种系统的机制需要相当长的研究周期，而且解决实际问题还需要多学科长时间的密切协作，这成为了限制昆虫仿生学发展速度的主要原因。

8.1.4 昆虫仿生的研究与应用

近几十年来，随着科学技术的发展和昆虫学研究的深入，昆虫仿生学在很多方面都得到了快速的发展，被模仿的特性和研究内容如下。

(1) 视觉仿生

昆虫复眼中的小眼数目因种类而不同，家蝇1个复眼有4 000多个单眼，蜻蜓的有28 000个。复眼的视觉特点是近视，对活动的物体极敏感，成像方式为并列式或重叠式。如螳螂等昆虫能在0.05s的瞬间，计算出飞过眼前昆虫的方向、速度、距离并能准确的捕捉它。昆虫复眼独特的结构与功能使其在仿生学中受到了重视。

蜜蜂的复眼在晴天能以太阳定位、阴天能以天空反射的偏振光定位，据此而研制的偏振光导航仪已广泛用于航海；据甲虫的视-动反应机制研制的空对地速度计也已应用于航空。美国利用昆虫复眼加工信息及定向导航原理，研制出仿昆虫复眼的末端制导导引头工程模型，我国开发的仿复眼智能制导系统也具有类似的功能。据昆虫复眼的结构而研制的多孔径光学装置系统，用于作战武器时更易于搜索到目标。据某些水生昆虫小眼之间有相互抑制作用的原理研制的侧抑制电子模型，已用于各类摄影系统，拍出的照片可增强图像边缘的反差而突出轮廓，还可提高雷达的显示灵敏度，也可用于文字和图片识别系统的预处理。模仿复眼成像原理发展的仿生信号采集技术已应用于焊管、钢材的在线自动超声检测。

(2) 运动仿生

广义的昆虫运动仿生包括两方面：①仿照昆虫的某些器官研制传感器或微机械零部件。如研究昆虫的视觉原理，将其应用到机器人的视觉中，达到回避障碍物的目的；研究昆虫飞行机理，用于微小飞行器的设计与制造。②利用昆虫的某些器官直接制成传感器用于测量。如利用昆虫触角的嗅觉传感器，通过控制昆虫飞行直接将其用于侦察或测量。狭义的昆虫运动仿生仅指对昆虫翅和足的仿生。

翅的仿生　具有特殊用途的微型飞机研制，是昆虫翅功能的仿生研究之一。①苍蝇的平衡棒是保持苍蝇体躯平衡的导航仪，在飞行中它以一定的频率进行机械振动，以调节其飞行的运动方向；据此原理研制成的振动陀螺仪，大大改进了飞机的飞行性能，可使飞机自动停止危险的滚翻飞行，在机体强烈倾斜时还能自动恢复平衡，即使在最复杂的急转弯时也可确保飞行安全。②蜻蜓具有高超的飞行能力，能在很小的推力下翱翔，向前或向后及左右两侧飞行，其翅的振动可产生局部的不稳定气流和涡流而抬升其躯体；研究蜻蜓翅的飞行机理对于直升飞机的设计制造以及虫形飞机的研究均具有重要的参考意义。

足的仿生　模仿昆虫结构和运动方式，因地制宜地选择或创造车辆及新的行走机械，可获得最经济的合理效果。昆虫具有6足，能够保证在复杂的环境表面保持平衡并完成行为活动。日本研制的6足机器人，美国和我国研制的用于探索月球、火星等未知环境的6足探测器其原理即取材于昆虫。

(3) 嗅觉仿生

昆虫具有高度发达的极其灵敏的嗅觉感受系统，通过对其嗅觉系统的构造与功能的研究与模仿，有可能使人类找到解决很多社会问题的方案。如苍蝇的嗅觉灵敏而快速，它能将气体物质的刺激立即变成神经脉冲；模仿苍蝇嗅觉器官的作用机理，研制的灵敏度很高的小型气体分析仪，已广泛应用于对宇宙飞船、潜艇和矿井等场所气体成分的检测，其检测结果的安全系数更为准确和可靠。其原理还可用来改进计算机的输入装置，用于气体的色层分析，研制出高灵敏度的生物传感器将用以检测农副产品中的农药残留。

(4) 昆虫行为仿生

昆虫的行为多种多样，其行为活动也是仿生研究和利用的范畴之一。如人类很早就注意到了萤火虫的发光现象，萤火虫发光器位于腹部，由发光层、透明层和反射层所组成；发光层拥有几千个发光细胞，它们都含有荧光素和荧光酶两种物质。萤火虫的发光是将化学能转变成光能的过程，其发光的化学反应式为：

$$ATP + 荧光素\ LH_2 + O_2 \xrightarrow{荧光酶} 磷酸腺苷\ AMP + 氧化荧光素\ LO + 焦磷酸\ PP + H_2O + 光$$

萤火虫发出的光是冷光，具有不发热、不产生辐射、不会燃烧、不产生磁场等特点，发光效率为现代电光源效率的几倍到几十倍。据萤火虫的发光原理所发明的日光灯，使人类的照明光源发生革命性的变化。近年来又从萤火虫的发光器中分离出了纯荧光素和荧光酶，又人工合成了荧光素，从而获得类似生物光的人工冷光。该类人工冷光已用于如利用萤光检查食物中细菌的含量，在含有易爆性瓦斯的矿井中用萤光灯照明，在弹药库中作为指示灯、水下作业清除磁性水雷的发光灯等。据萤火虫发光的电子转移反应机制可以解释腐蚀、光合作用现象，也促进了激光器的开发与利用。

屁步甲在自卫时，可喷射出具有恶臭的高温液体，以迷惑、刺激和惊吓敌害。解剖发现，该甲虫体内的 3 个小室中分别储有二元酚溶液、双氧水和生物酶；二元酚和双氧水流到第 3 小室与生物酶混合后即发生化学反应，瞬间就成为 100℃ 的毒液，并迅速射出。二战期间受此原理启发，德国人制造出了一种功率极大且性能安全可靠的新导弹型发动机，使之飞行速度加快、安全稳定、提高了命中率；美国据此也研制出了易于生产、储存、运输，安全且不易失效的二元化学武器。

模仿蚂蚁搜索食物的行为特征而发展出来的蚂蚁算法是一种全局优化仿生算法，该通用型随机优化方法在机器人行走路径规划中已得到了应用；它通过在移动机器人的活动空间规划出一条最优路线，以减少能耗、缩短行动时间、提高工作效率。

(5) 巢穴结构仿生

很多昆虫是高明的建筑大师，它们的巢穴结构既节省材料又具有很多优点。对昆虫巢穴的研究可启发人们改善建筑设计或发明新的建筑材料。

蜂巢由一个个排列整齐的六棱柱形小蜂房组成，每个小蜂房的底部由 3 个相同的菱形组成，这些结构与近代数学家精确计算出来的菱形钝角 109°28′、锐角 70°32′ 完全相同，是最节省材料的结构，且容量大、极坚固；蜂窝体系也具有节省隔音材料、采光好和通风效果佳等优点。受蜂巢的启发，用各种材料制成的蜂巢式夹层结构板，具有强度大、重量轻、不易传导声和热的优点，成为建筑及制造航天飞机、宇宙飞船、人造卫星等的理想材料。同时，根据蜂巢六边形的结构，结合水稻自身生长特点而发明的水稻旱育超稀植几何插秧法，具有简单易行、易于推广、省工省时、省种子量的优点，既降低了成本，同时又增加了产量。

(6) 分子仿生

昆虫激素的研究和人工合成与利用是昆虫分子仿生的内容之一，现已有超过 400 种昆虫的性信息素的结构被鉴定，其中多数已能人工合成。根据信息素的化学结构仿生合成的信息素及其类似物在防治害虫和昆虫的行为与生理研究中发挥了很大作用。使用性信息素防治害虫时具有使用剂量低、专一性强、不污染环境、害虫不易产生抗性等特点；如防治上使用鳞翅目害虫性信息素已有几十年的历史，有的甚至成为治理害虫的主要手段。昆虫生长调节剂在害虫治理中也得到了广泛应用，如灭幼脲、扑虱灵等，其中昆虫保幼激素类似物不仅用于害虫防治，还可用于养蚕业以提高蚕的产丝量。

此外，昆虫听觉系统的仿生研究也取得了不少成果，如根据声波机理制成的声音诱捕器或超声波驱逐器在害虫的防治中已有应用。

昆虫的仿生研究和应用并非仅局限于上述范围，复杂系统的仿生往往涉及到昆虫的多个特性，例如在虫形飞机的研究中，既需要研究昆虫翅的运动机理，也需研究昆虫神经系统对飞行的控制机理，涉及的仿生就包括翅的仿生和控制与信息仿生。随着昆虫仿生学的发展，对昆虫的综合性仿生研究与利用会越来越多。

8.1.5　昆虫仿生学的发展趋势

随着现代科学技术的进步，人类对昆虫学研究的不断深入进一步促进了昆虫仿生发展。总体而论，昆虫的仿生产品的开发特点一是微型化，二是智能化。

开发微系统与微制造仿生技术　微型机械具有很多优点，如微型飞行器可用于侦察和干扰敌军雷达，进入核爆或生化污染区进行检测，在地震倒塌现场寻找幸存者和遇难者，研究害虫的群体行为等。但微型机械并非大型产品的缩微，微机械在动力、传动、结构、控制等多方面均与普通机械有很大的不同，适合普通机械制造的理论在微机械制造中不一定适应。因此，在微机械制造中，就需要微机械的仿生设计新理论的指导。如微型飞机开发与制造中常遇到固定翼及旋翼中存在升力不足的问题，而模仿昆虫开发扑翼飞机则有可能解决这类问题；昆虫为微型飞机的研制提供了绝好的模型，研究昆虫的身体构造、适应力和运动机理，可完善现有的空气动力学理论，为微型飞行器的设计找到新途径。

仿生机械、仿生系统智能化　现代仿生学的发展已不限于结构模仿和简单的功能模仿，而是解析其结构与功能的关系，为机械制造和新产品的发明提供设计原型。如在仿生制造方面，模仿昆虫体壁形成过程，可发展自生长成型仿生制造技术；进行与仿生机械相关的生物力学原理研究，可将昆虫运动仿生研究与微系统的研究相结合，并开发出智能仿生机械和结构，用于军事、生物医学工程和人工康复等方面；信息技术特别是计算机和新一代生物电子技术在昆虫学上的应用，可模拟昆虫的感应能力而研制检测物质种类和浓度的生物传感器，参照昆虫神经结构能够开发出模仿大脑活动的计算机等。

国外从 20 世纪 90 年代初就已认识到创新要回归自然，传统的仿生学研究已被赋予了更多的高技术内涵，新兴先进材料制造技术、微系统、微制造乃至分子马达等相继出现，使得仿生学研究正在更深层次上推动高新技术及其产业的发展。

8.2　遗传研究用昆虫

昆虫在遗传学的发展中具有重要的地位，一直被认为是进行遗传学研究的最好材料之一。早在 1887 年，Balbiani 就在摇蚊 *Chironomus* sp. 中发现了多线染色体，1902 年 McClung 在研究昆虫时观察到两种不同的精子含有不同数量的染色体，并推测染色体在性别决定中起作用，认为昆虫的性决定出现在受精之时。摩尔根以黑腹果蝇 *Drosophila melanogaster* Meigen 为材料，不仅证实了孟德尔的遗传规律，发现了基因的连锁和互换规律，还创立了细胞遗传学。其他遗传学家以果蝇、蝗虫等为材料，发现了染色体的缺失、易位、重组、突变、性染色体与性别决定等，促进了分子遗传学的形成与发展。因此，昆虫遗传学的研究与普通遗传学的形成和发展息息相关，更为细胞遗传学的形成与发展奠定了基石；即使在当今，昆虫的分子遗传学研究仍在整个动物界处于领先地位。

可作为遗传学研究材料的昆虫种类非常丰富，这些昆虫包括黑腹果蝇、蝗虫和异色瓢虫 *Harmonia axyridis*（Pallas）以及其他双翅目、鞘翅目、直翅目、半翅目、鳞翅目和膜翅目的很多种类。

8.2.1 昆虫在遗传学研究中的优势

实验模型是科学研究的载体，选择适合的生物模型对遗传学研究的成功起着决定性的作用；但由于动物和植物间存在有明显差异，许多从植物研究得来的结果也并非完全适合于动物。

昆虫与植物材料相比，具有个体小、易饲养、易获得、生活周期短等特点。如果蝇的成虫体长仅 3~4mm，在实验室中饲养所需空间很小，饲养成本低廉；其世代历期短、繁殖力强，在 25℃ 条件下 10~14d 即可完成一代，因此在短时间内可繁殖大量个体进行试验研究；假如用豌豆作遗传学材料，1 年仅能收获 1 次，即使采取加代繁殖技术，1 年也只能获得 3 代。昆虫与噬菌体、线虫等相比，其个体大，性状（如果蝇的复眼颜色、刚毛数量等）表现明显，容易观察，同人类的遗传性征非常趋同，而且试验中易于操作。

由于将昆虫作为遗传研究材料具有明显的优势，而果蝇是遗传学研究的模式材料，本节将以果蝇为代表介绍昆虫在遗传学研究中的作用。

(1) 可产生大量的突变体，为研究提供丰富的材料

在自然条件下的饲养过程中，果蝇可自发地、不断地出现突变体，如从 1909 年到 1915 年，摩尔根和他的助手们就已发现了 85 种果蝇突变型，这些突变型跟野生的果蝇在诸如翅长、体色、眼色、刚毛形状、复眼数等性状上都有区别。在诱导条件下，由于果蝇对 X 射线的辐射敏感性，经 X 射线照射后的突变发生率成百倍地增长，在后代表型中出现了多种多样的特殊性状。利用自然条件和辐射诱导产生的这些突变体作为实验材料，就比以前更有可能进行广泛的杂交试验，更深入地探索遗传的机制。

(2) 染色体数目少，唾腺染色体特殊，易于基因定位

果蝇具有二倍体的染色体组，并且只有 4 对不同的染色体。第一对是性染色体，其他三对为常染色体。其中第 2、3 两对常染色体包含了近 80% 的遗传信息，第 4 对常染色体很小，只包含近 2% 的遗传信息。4 对染色体（3 对大型和 1 对小而圆点形染色体）的形态、大小及着丝点位置等均易于区别，其相对较小的染色体组使试验操作要更容易。

果蝇的正常细胞染色体非常小,长度仅为 10~15μm,而 3 龄幼虫的唾腺染色体长度约是通常染色体的 100 倍。由于染色体多次复制而细胞分裂被阻止,复制的染色体未能被分开,就形成很粗的多线染色体,多线化使染色体的细微结构增强,相同的染色体并排起来,形成界限分明的横纹,这些横纹的大小和形态差异很大,甚至在很短的染色体区段内也有特异的可鉴别的横纹,一个染色体的任何变化都会在横纹图式的变化上反映出来。利用唾腺多线染色体,不仅可对染色体变化进行细胞学鉴定,还可对基因活性的差异进行研究。

(3) 果蝇是生物学中研究的最全面透彻的生物之一

果蝇是生物学中研究的最早、最系统、最全面的生物之一。长期大量的研究使得人们对其生物学、生态学、生理学等各方面都有了深入的了解。随着对果蝇基因组序列的持续研究,果蝇的遗传背景也被全面揭示,所有这些均为进一步利用果蝇开展分子遗传学研究打下了坚实的基础。

(4) 果蝇与哺乳动物具有更多的同源基因,其研究结果的适用范围广

果蝇的遗传基因数目仅比酵母的多一倍,但酵母只是一个单细胞真菌,而果蝇是多细胞生物体。与线虫和酵母相比,果蝇的基因与哺乳动物的更为接近;果蝇 60% 的基因与人类相同,人类由基因突变、交换、扩增和缺失而导致疾病的 289 个基因中,60% 都可以在果蝇中找到,和癌症有关基因的 70% 都也可在果蝇中找到。因此,果蝇的遗传学研究结果可作为进行其他哺乳动物相关研究的先导,也对人类的发育遗传学研究等具有不可估量的参考价值。鉴于果蝇的这些优点,果蝇不仅在经典遗传学的研究中发挥了重要作用,也在细胞遗传学和分子遗传学领域中得到了广泛应用,现已成为了生物学和医学研究的重要工具。

8.2.2 昆虫在遗传学研究中的利用

以昆虫为遗传材料所取得的研究成果,不仅为进行其他动物的遗传学研究提供了基础,也可为解释生物的各种生物学、行为学、生态学、生理学的遗传机制及基因调控提供思路,还能为害虫的可持续治理及昆虫资源的开发提供新的方法和途径。昆虫在遗传学研究中的主要利用如下。

(1) 揭示生物遗传规律

摩尔根以果蝇为遗传研究材料而对遗传学发展所做出的巨大贡献已如前述,但昆虫在揭示遗传规律方面的贡献并不仅限于此。昆虫种类繁多,研究表明昆虫具有多种多样的性染色体类型和两性遗传方式,如蝗虫的性染色体为 XO 型,蝴蝶和蛾类为 ZW 型,而蜜蜂和蚂蚁等社会性昆虫呈单倍至二倍型性决定模式,即雌性由受精卵发育而成 ($2n$),雄性由未受精卵发育而成 (n)。对昆虫性别遗传规律的揭示可增进人们对昆虫的很多现象与行为的认识,如对蜜蜂研究发现,工蜂与蜂王的染色体均为 $2n=32$,但是仅由于幼虫期营养条件的不同,可导致其中部分个体发育为无生育能力型,另一类则发育为有生育能力型。

(2) 以果蝇为模式动物开展发育生物学研究

探讨基因对发育的控制机理，可推动其他动物的相关研究。果蝇则提供了一个研究细胞生物学及发育过程的重要模型系统，黑腹果蝇的发育与控制策略可作为研究其他动物发育的范例。果蝇发育模式和行为与哺乳动物也有很多相似的地方，如它的早期心脏发育与脊椎动物的早期发育模式极为相似，也会对酒精、可卡因和其他毒品上瘾等。将果蝇作为研究脊椎动物心脏发育的模式动物，通过对果蝇心脏发育基因的研究，可加速揭示人体心脏的发育机理，并为进一步筛选并克隆出新的心脏发育基因提供参考。

(3) 指导并寻找其他动物的同源新基因，并研究其功能

果蝇体中很多调控发育、行为等活动的基因在其他动物中都存在同源基因。果蝇基因组序列已得到了全面而详细的研究，进一步完善在果蝇基因组计划中发展起来的技术，可以指导并寻找在其他动物体中的同源新基因，并对其功能进行研究。

8.2.3 黑腹果蝇

果蝇科昆虫多数生活在热带及亚热带地区，全世界已知约 1 000 多种。黑腹果蝇 *Drosophila melanogaster* Meigen 为世界性分布种，是遗传学研究中常用的实验材料。

(1) 形态特征与生物学习性

形态特征（图 8-1）

成虫　体小，3～4mm，雌虫稍大于雄虫。复眼红色，触角第 3 节圆形或椭圆形，触角芒羽状。前缘脉具 2 个破折痕，亚前缘脉细弱，臀室小；前足第 1 跗节具有较黑且粗的刺组，称为性梳。胸部和腹部具条纹或斑点。雌虫腹部末端较为尖细而突出，雄虫腹部末端较圆钝。雌雄个体的腹部末端均有黑色环纹。

幼虫　共 3 龄，白色，蛆状，各龄幼虫除大小外形态上无明显区别，一般利用口钩的体躯大小区别龄期。

生物学习性

1 年多代，完成 1 个世代所需的时间因环境条件而不同。在 25℃ 恒温条件下，由卵孵育到成虫平均需要 11d；在 18℃ 下需要 22d，16℃ 下则需 30d。

成虫常见于熟透的瓜果及腐败植物上，舐吸糖蜜物质以补充营养，卵产于发酵烂果的表面。幼虫喜孳生于腐烂的果实、垃圾或醋缸等场所，多数以烂果中的酵母为食，末龄幼虫多爬到培养基表面或湿度适宜处化蛹。

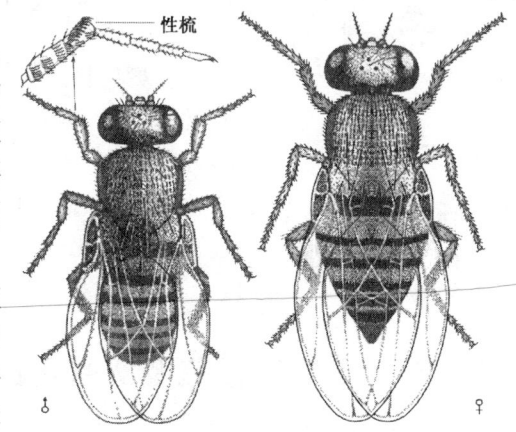

图 8-1　黑腹果蝇

雄虫羽化后 12h 可达性成熟，雌虫羽化后 8h 可达性成熟。雌虫一生只交配 1 次，雄虫则可交配多次。雌虫的产卵量约 200～700 粒，产卵的速度与温度有关，在 25℃ 下每小时可产卵 2～20 粒，在 16℃ 下产卵速率仅为最适条件下的 1/5，超过 32℃ 则停止产卵。

除了温度外，过度拥挤与食物不足也会影响到其发育。在最适条件下，卵的发育历期为 1～2d，幼虫 5d，蛹 5d，成虫寿命 30～50d。在不供给食物的情况下，成虫可存活约 50h，在不供水的情况下，寿命不超过 24h。

(2) 采集方法

果蝇的采集常采用诱集瓶诱捕，即取一个 500mL 的广口瓶，向瓶内放入占其体积 1/3 的腐烂水果或甜酒糟。将诱集瓶口打开放在垃圾堆旁或水果市场一角，也可放在厨房。一段时间后如发现瓶内已诱入了果蝇，可迅速盖住瓶口，然后用滴管向瓶内加入适量乙醚，待其麻醉后取出即可进行培养。

(3) 培养技术

饲养条件　培养的适宜温度为 20～25℃，相对湿度为 60%～80%。所需仪器、器具及试剂包括恒温培养箱、干燥箱、灭菌锅、麻醉瓶（50 mL 广口瓶）、饲养瓶（口径与麻醉瓶口大致相同的平底试管）、解剖镜、放大镜、白瓷板和毛笔等。

培养基制备　饲料配方有多种，常用的是水 750mL、洋菜 15g、玉米粉 100g、糖浆 135g 和少许酵母粉。制备时将洋菜切成小片放入 500mL 水中，加热煮沸，另用 250mL 水将玉米粉调成糊状，待洋菜溶化后倒入玉米糊，加入糖浆搅拌混合均匀，冷却后再加入少量酵母粉。制备好的培养基应分别盛入饲养瓶，封盖保存、待用。

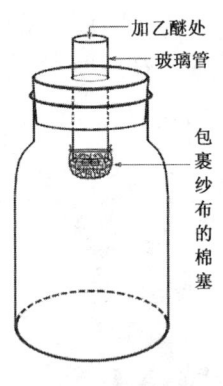

图 8-2　果蝇麻醉瓶

需注意的事项　①饲养瓶、棉花塞均需高温蒸汽或水煮或火烘烤等方法消毒，以防食料发霉。②培养基制备后，在每饲养瓶中放入果蝇 5～10 对待其产卵，24h 后让果蝇飞出（用灯光诱出），以保证瓶内均是 24h 内所产的卵。③取放果蝇成虫时，应先将其麻醉，待其昏迷时再挑入一纸袋内，然后将纸袋放入饲养瓶中。④麻醉时打开饲养瓶和麻醉瓶口，将饲养瓶倒叩放在麻醉瓶口上、轻敲，待果蝇落入麻醉瓶后立即盖好，再向麻醉瓶内滴入少许乙醚，麻醉约 30s，被麻醉的果蝇翅和体呈 45°角翘起；若麻醉时间过长会引起死亡，过短则果蝇将很快苏醒而飞散（图 8-2）。

8.3　杀虫剂毒理研究及实验用昆虫

化学防治仍然是害虫综合治理中的重要手段，在杀虫剂研究、开发和利用中，昆虫作为实验材料的地位是其他动物无法替代的。以昆虫为实验材料可进行化合物活性的筛选，以昆虫为载体可进行杀虫剂毒理学研究，为最终合理地利用杀虫剂提供指导。随着害虫抗药性问题的日渐突出，如何避免和克服害虫的抗药性也是杀虫剂毒理研究中的内容之一，利用生物技术探索害虫抗药性产生、形成和发展机制及遗传规律，对于科学地制定害虫抗药性治理策略具有重要意义。

农药的创制已从传统的单纯的随机合成、雷同合成途径，进入到了合理设计、优化研究与合成的阶段，从分子水平阐明杀虫剂的作用机理以促进农药的创制已成为当前毒理学发展的主要方向，而昆虫分子生物学则是杀虫剂毒理学研究的基础。因此，本节主要介绍昆虫在杀虫剂毒理研究中的用途、主要研究方法、常用试虫的饲养技术。

8.3.1 昆虫与杀虫剂毒理研究的关系

杀虫剂毒理研究包括杀虫剂毒力测定，杀虫剂的作用方式、杀虫机理，及害虫抗药性机理研究等内容。昆虫在杀虫剂毒理研究中的主要用途如下。

(1) 筛选有杀虫活性的化合物、明确活性物质对昆虫的作用方式

昆虫是进行杀虫剂生物筛选的必选材料。生物筛选简而言之就是利用供试生物筛选出对该生物具有杀伤等效果的化合物，杀虫剂筛选研发中的试虫就是昆虫。生物筛选具有多方面的意义，如要在众多的供试化合物中发现有杀虫活性的先导化合物，必须依赖生物筛选提供的各种信息；在对先导化合物进行优化和分子设计、特别是构效关系研究中，也必须依赖生物筛选所提供的定量活性资料（毒力）；对候选化合物的筛选也必须依赖生物筛选结果对其是否有商业化开发价值做出评价。此外，生物筛选还可提供毒理学数据，而这些数据反过来又给新农药的研究与开发提供新的思路。

杀虫剂对昆虫的作用方式是多种多样的，了解杀虫剂的主要作用方式，对选用正确的筛选方法、对将要开发为商品的农药的施药技术、效果评价等都有重要意义。如果只有胃毒作用而无触杀、熏蒸及内吸作用，那么在生物筛选中，供试昆虫就必须选用能将饲料和药剂直接摄入消化道的鳞翅目、鞘翅目等咀嚼式口器的昆虫；如果选用蚜虫、飞虱等刺吸式口器的试虫，就无法进行筛选。同样，如果一个化合物无内吸作用，也就不能加工成粒剂施于土壤中防治作物上的蚜虫、螨类。因此，在杀虫剂活性物质筛选的最初阶段，需要利用昆虫对供试化合物的作用方式进行测定。

(2) 进行杀虫剂作用机制研究

同一种杀虫剂对不同昆虫的作用效果、不同种杀虫剂对同一种昆虫的杀虫效果都存在较大差异。了解杀虫剂对不同类型昆虫的杀虫机理对于有效地发挥杀虫剂的防治效果具有十分重要的意义。杀虫剂虽然有神经毒剂、呼吸毒剂、化学不育剂等之分，但具有相同机理的不同杀虫剂其作用的靶标也可能不同。因此，以昆虫为载体测定各种杀虫剂的作用靶标，可以阐明其作用机制，并为不同杀虫剂之间是否可以轮换使用、是否可以引起害虫的交互抗性等提供依据。

昆虫是进行杀虫剂作用机制研究必然的生物载体。杀虫剂进入虫体后存在代谢问题，通过对杀虫剂在虫体内代谢过程中所发生的化学变化的研究，能阐明杀虫剂作用（或选择作用的）的特点、作用过程、结构的转变以及产生毒性的原因，为新农药的设计、研究开发抑制解毒酶、活化增毒代谢的增效剂提供参考。

(3) 进行害虫抗药性的检测与评价

迄今为止已发现超过 500 种的昆虫和螨产生了抗药性，产生抗药性的化合物多达 300 余个，害虫抗药性的迅速发展带来了一系列的环境问题和社会问题。如频繁的轮换用药使害虫种群中聚集的抗性基因增多、害虫产生抗性的速度加快，导致研发新杀虫剂的难度和费用大大增加，合成新药的速度跟不上害虫产生抗性的速度，有效的杀虫剂越来越少。另外，为了控制害虫，人们不得不增加杀虫剂的用药量，致使防治成本增加、环境污染的形势更加严峻。

为了克服或避免、减缓害虫产生抗药性，首先必须对害虫的抗药性进行检测和评价，其次要分析害虫抗药性产生的分子基础与遗传规律，以便为害虫抗性的治理提供依据。对害虫抗药性的研究必然要以抗性害虫为对象，但是在害虫抗性检测和评价中，往往需要选择同一种类的大量敏感个体进行对照试验，这些敏感试虫具有评价田间自然种群的抗性发展水平的作用，从而成为一类特殊的资源昆虫，即害虫抗药性检测与评价中的标准试虫。

8.3.2 杀虫剂毒理研究的主要方法

以标准试虫进行杀虫剂的毒理研究时，常采用下述三种方法。

杀虫剂毒力测定方法 杀虫剂毒力测定中常根据其作用方式和试虫取食习性的不同，采取不同的测定方法。如胃毒剂常采取无限取食法、饲料混药饲喂法、培养基混药法、土壤混药法等。触杀剂可采取浸渍法、喷雾或喷粉法、药膜法等。熏蒸剂常采取广口瓶法、二重皿法、药纸熏蒸法等。而内吸剂则可采取根系内吸法、叶部内吸法、种子内吸法等。

生理生化分析法 常采用酯酶同工酶、电生理技术、组织化学法分析杀虫剂对虫体组织生理和代谢的影响，研究杀虫剂对昆虫的作用机制。如利用酯酶同工酶分析技术结合酯酶活性比较，明确了酯酶活性和酯酶同工酶的差异是苦皮藤素 V 对粘虫和小地老虎幼虫选择毒性的机制之一。电压钳位法是目前研究药剂对神经膜离子通透性和测定电导性的常用方法，也是研究和验证 DDT 和拟除虫菊酯类杀虫剂作用机理的重要手段。

分子生物学方法 常采用逆转录 PCR（RT-PCR）、印迹技术、DNA 重组技术和杂交瘤技术等从分子水平阐明杀虫剂的作用机理。

8.3.3 杀虫剂毒理研究中的主要昆虫

在杀虫剂毒理研究中选用的试虫的种类因国家、地区及研发公司的不同而异。被选用的昆虫一般要求具有以下特点：①可人工饲养、繁殖力强、不互相残杀，通过定向控制饲养条件，可保证数量充足、质量良好。②具有一定的代表性和经济意义，如代表重要农业害虫的目、科或不同取食特性和敏感性，或是在分类上有一定意义。③群体的生活力和抗药性稳定、均匀一致，便于移取处理等。

我国常用的种类有粘虫 *Pseudaletia separate* Walker、玉米螟 *Ostrinia furnacalis* (Guenée)、小菜蛾 *Plutella xylostella* (Linnaeus)、棉蚜 *Aphis gossypii* Glover、米象 *Sitophilus oryzae* (Linnaeus)、淡色库蚊 *Culex pipiens pallens* Coquillett、朱砂叶螨 *Tetranychus cinnabarinus* (Boisduval)、杂拟谷盗 *Tribolium confusum* Jacquelin du Val、棉铃虫 *Helicoverpa armigera* (Hübner)、二化螟 *Chilo suppressalis* (Walker)、褐飞虱 *Nilaparvata lugens* Stål、豆蚜 *Aphis craccivora* Koch、家蝇 *Musca domestica* Linnaeus、榆掌舟蛾 *Phalera fuscescens* Butler、棉小造桥虫 *Anomis flava* Fabricius 等。本节只介绍粘虫和玉米螟的饲养方法。

8.3.3.1 粘虫 *Pseudaletia separata* Walker（图8-3）

粘虫属鳞翅目 Lepidoptera 夜蛾科 Noctuidae。该虫具有不滞育、容易饲养、生活周期短、繁殖量大、经济重要性高等特点，适于作杀虫剂的胃毒、触杀、综合性残效等毒力测定及杀虫剂毒理学研究，也适新化合物的筛选试验。粘虫主要取食禾谷类作物，饲养时可用玉米叶、小麦叶、半人工饲料饲养。

(1) 饲养条件及用具

饲养时适宜温度为 22~27℃，成虫要求相对湿度为 70%~80%，湿度不能过低，否则对成虫寿命及产卵均有不良影响。

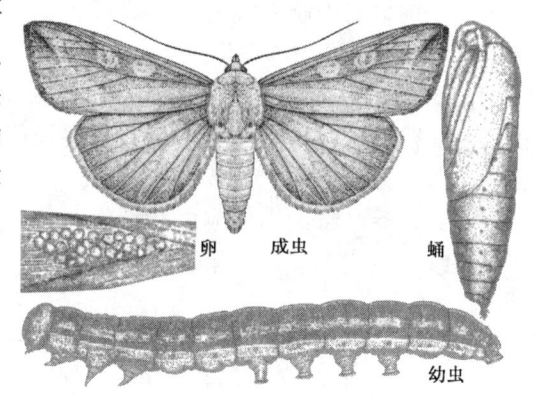

图8-3 粘 虫

成虫饲养箱　为长75cm、宽50cm、高55cm的木制方形箱，前边为两扇玻璃门，以便清洗消毒，右边中间开一圆孔，装上直径20cm、长30cm的长布袖一个，以便取放成虫、饲料和草把。成虫饲料为10%蜂蜜水。

产卵接收器　用稻草扎成高约20cm的草把，每隔2~3d检查一次产卵情况。

幼虫饲养器　用木板制成长20cm、高9.5cm的木框，上下开口用白布扎好。幼虫饲料为新鲜玉米叶或小麦叶。

老熟幼虫及蛹的饲养器　用木板制成长15cm、高9cm四面开小方孔的木盒，底部用防潮纸及硬纸板固定，放入容积为2/3的潮湿土以便幼虫化蛹，上面盖玻璃板，便于观察蛹的羽化。也可用玻璃养虫缸代替木盒。

(2) 饲养方法

卵的收集　成虫羽化后需要及时收集，剔除畸形蛾。配蛾箱相对湿度为80%~90%、14h/d 光照，箱中放置盛有10%蜂蜜水的饲喂盘、盘口用粗孔铁砂网覆盖以免成虫取食时淹死。3d 后将草把置入配蛾箱中待其产卵，每天检查一次产卵情况，一般成虫羽化4d后即可收集到卵。将同一天产的卵从草把上剪下，集中放入250mL烧杯中，3~5d即孵化；当卵块发黑、将要孵化时，放入一些新鲜玉米叶，供孵化的幼虫饲用，同时起到保湿作用，烧杯口要用白布覆盖并扎紧。收集的卵也可放入冰箱内保存、待用。

幼虫的饲养　幼虫2龄时即可移入幼虫饲养器内，饲养温度为22~27℃，湿度为70%~80%。如果采取玻璃缸饲养，则需用黑棉布将容器口扎紧、不能光照。幼虫密度不宜过大，一般10cm^{2}内的幼虫头数1龄应为110头，2龄50头，3龄25头，4龄10头，5龄4头，6龄1.5头。3龄前根据取食情况更换玉米叶，3龄后必须每天更换饲养缸（盒）、玉米叶或人工饲料，5龄后移入老熟幼虫饲养器内待其化蛹、羽化。饲养过程中要注意预防幼虫疾病，保持饲养环境的清洁，发现病虫应立即清除销毁，用具、虫箱要用喷洒4%福尔马林或漂白粉、石灰粉等定期消毒。

人工饲料的配制方法为（表8-1）：①将玉米粉、麦胚粉、大豆粉在120℃高压下灭菌30min。②将酵母粉、山梨酸、亚麻仁酸油、复合维生素加灭菌水60mL充分混匀。③将琼脂加水350mL煮沸溶化，将热琼脂倒入灭菌后的玉米粉、麦胚粉和大豆粉中充分搅匀；待温度降至约50℃时，再将酵母粉等所配混合物倒入、充分混匀，分装冷却备用。

成虫饲养　将羽出的成虫及时移入成虫饲养箱内，饲养箱内放置饲养盘、悬挂一块纱布供成虫歇息，箱子透光处用黑布遮蔽。

表8-1　玉米粉半人工饲料配方

成　分	用　量	成　分	用　量
水	410mL	山梨酸	1g
玉米粉	100g	对羟基苯甲酸甲酯	2g
麦胚粉	37g	琼脂	12.5g
大豆粉	37g	1%甲醛	2mL
酵母粉	10g	复合维生素	4g
肌醇	0.16g		

朱丽梅等，2001。

8.3.3.2　玉米螟 *Ostrinia furnacalis*（Guenée）（图2-20）

玉米螟属鳞翅目 Lepidoptera 螟蛾科 Pyralidae。幼虫可以集体饲养，适用于杀虫剂的初筛试验、毒力测定以及杀虫剂毒理学的研究，也可用于抗药性研究。

(1) 饲养条件及用具

饲养的最适宜温度为20~28℃，相对湿度在70%以上为宜，成虫要求湿度更高。所用的饲养用具包括罐头瓶、塑料盖、培养皿、养虫笼等。

(2) 饲养方法

幼虫饲养　幼虫的饲养可用罐头瓶或其他类似容器，将容器的塑料盖打孔4~5个，粘上铜纱以利通气，最后用酒精对饲养用具清洗消毒，或放在120~160℃烤箱中烘烤30min。之后将配制好的人工饲料放入瓶内，再将已经变黑的卵块稀疏地放在人工饲料上，每瓶约 300~400 粒。初孵幼虫发育至 3 龄后再分瓶饲养，夏季每瓶 30 头，冬季 80 头。

饲料的配置方法为（表 8-2）：①将大豆粉、山梨酸和 JSMD 置于同一容器内，加入自来水 4 000mL，再加 1% 甲醛、搅拌，放置 20~30min，使其充分吸收。②将白糖、Vc 和红霉素置于另一容器中，加水 3 000mL，拌匀后加入玉米粉和酵母粉，搅拌后放置 20~30min，使其充分吸收。③将第 1、2 步的混合物合并，充分搅拌 3~5min 即可。JSMD 饲料的结构适合各龄幼虫的取食习性，故不需要任何切割操作即可接种蝇卵。

表 8-2 幼虫的 JSMD 人工饲料配方及配制方法

成 分	用 量	成 分	用 量
大豆粉	1200g	山梨酸	40g
玉米粉	1440g	1% 甲醛	16mL
酵母粉	720g	JSMD	800g
白糖	600g	红霉素	12g
Vc	40g	水	7000mL

蛹　将瓶内饲养所得蛹按照化蛹时间分别放入不同的培养皿内，然后放入干燥器内。干燥器的下层放饱和食盐水，以保持相对湿度约为 75%。

成虫饲养　每天早晨检查一次，将羽出的成虫取出放入笼内，用 5%~10% 蜂蜜水饲喂，相对湿度保持在 100%。成虫喜欢在光滑的表面产卵，所以在笼子顶部用铁纱窗托一张蜡纸供其产卵。每天检查一次产卵情况，将产下的卵剪下来保存、待用。

8.4　法医昆虫与医学研究用昆虫

随着昆虫遗传学的发展以及分子生物学技术的应用，昆虫作为重要的医学研究材料，在帮助人们进行疾病的致病机理研究、药物毒性研究及法医鉴定等方面有着重要的作用。本节主要介绍昆虫在法医鉴定与医学研究中的应用。

8.4.1　昆虫与法医鉴定

不同种类的腐食性昆虫在尸体上出现的时间各有差别，不同的死亡方式也会引起它们的侵入和繁殖位置不同，观察这些昆虫在尸体上的行为，可帮助人们找到隐藏的尸体，或帮助人们推断死亡的原因、尸体出现的时间等，为法医鉴定提供依据。法医昆虫学或医学犯罪昆虫学，就是利用昆虫学知识和其他节肢动物对暴力犯罪、意外死亡及非法毒品买卖等做出科学的分析判断，为侦查提供线索，为审判提供证据。

将昆虫用于法医鉴定的历史较早，如在南宋时期、1186~1249 年宋慈的《洗冤集录》中就有依据蝇类确定作案凶器而破案的记载。昆虫在法医鉴定中成功应用的案例随着法医昆虫学研究的不断深入而迅速增加，如1850~1959年的相关报道仅3篇，1960~1969年为6篇，1970~1979年有11篇，1980~1992年则增至41篇，近年来的数量更多。

8.4.1.1　昆虫用于法医鉴定的理论依据

利用昆虫可以对死亡时间、地点、原因及其他事实真相进行分析判断，其主要理论依据如下。①腐食性昆虫对动物尸体的分解、腐烂速度有很大影响，该类昆虫不仅直接取食动物的尸体，而且在尸体上、尸体中的不断活动帮助了大量微生物进入尸体，从而加快了尸体的崩溃，这是法医昆虫学一切工作的基础。②昆虫种类繁多，分布广泛，感觉灵敏，活动能力强，不同种类和近缘的无脊椎动物常有规律地先后抵达尸体，在尸体上常呈现特定的演替性，这种演替规律可用来推断尸体的死亡时间。③昆虫的生长发育速率主要取决于环境温度，根据环境温度等条件可较准确地推算其发育历期，从而推断死者的死亡时间。④不同昆虫都有其一定的地理分布范围和适生场所，根据尸体上的昆虫种类可推断死亡地点，为尸体是否曾被转移等提供依据；如位于某地的尸体上一般应该存在的昆虫却未发现，则表明可能存在着某些人为的干扰因素，这即可为案件的调查提供线索。⑤昆虫的发生及其行为具有一定的规律，这些规律也能为判断案情提供依据。⑥化学药品可通过食物链而转移、甚至富集，毒物致死剂量、尸体内脏或肌肉内毒物含量、尸体上蝇类幼虫或蛹内的毒物含量等三者之间存在着一定的相关性，研究药剂（品）的分布转移规律，可为判断死亡原因提供根据。⑦人体寄生昆虫和螨类在溺水时间超过一定界限时可导致死亡，但在一定时间内出水可以复苏，根据不同种类的成活与死亡状况即可推断溺水时间。

8.4.1.2　尸体上发生的昆虫类群

很多目的昆虫都可以与尸体发生联系，但有重要意义的主要是双翅目、鞘翅目、鳞翅目和膜翅目昆虫，其中以双翅目和鞘翅目昆虫最为重要。

一般地在尸体分解早期和中期的昆虫群落以蝇类为主，中期和后期则以甲虫为主；优势种则因地区而不同，也随季节变化而变化。在北京春季以丝光绿蝇 *Lucilia sericata* (Meigen) 和红头丽蝇 *Calliphora vicina* Robineau-Desvoidy 为优势种，夏季以丝光绿蝇、大头金蝇 *Chrysomya megacephala* (Fabricius) 和肥须亚麻蝇 *Parasarcophaga crassipalpis* (Macquart) 为优势种；秋季则以丝光绿蝇和红头丽蝇为优势种。杭州室外尸体上的常见昆虫有33种，其中巨尾阿丽蝇 *Aldrichina grahami* (Aldrich)、丝光绿蝇、南岭绿蝇 *Lucilia bazini* Séguy、大头金蝇、肥须亚麻蝇等为优势种类，但2~4月的优势种为巨尾阿丽蝇，5~6月为南岭绿蝇，7~9月为大头金蝇，10月为丝光绿蝇，11月为肥须亚麻蝇。

由于蝇类是尸体上最早出现的类群，利用蝇类的生长发育规律推断死亡时间也是最有效的方法，国内外的研究也主要集中在蝇类的有关方面。

8.4.1.3　昆虫在法医鉴定中的应用

目前，昆虫在法医鉴定中的应用主要集中在估计死亡时间、推断死亡原因、死亡场所与抛尸场所三个方面。

(1) 估计死亡时间

在尸体开始出现并分解的过程中，出现在尸体上的昆虫区系在不断地发生演替，虽然演替的序列和不同类群出现的时间随温度及周围环境而变化，但到达的次序较固定，如蝇类总是最先到达尸体。通常可根据蝇类的卵、幼虫或蛹的发育历期来推断死亡时间；也可根据几种昆虫或尸体上的昆虫区系演替来推断死亡时间。如美国在西南部的灌木林中曾发现一衣着完整的白人男尸，尸体的胸部和背部有多处小口径弹痕，少量血从其左鼻孔渗出，部分地盖住了左眼；从左眼表面查到蝇类的一小堆卵，其中有若干粒已孵化，饲养鉴定为次生锥蝇 *Cochliomyia macellaria*（Fabricius）；根据气候条件和有关此蝇的发育生物学知识，判定这些蝇卵产于人死后的 24~36h；后经证实，该男子确实是在其尸体被发现前约 36h 被其同伴所杀害。

(2) 进行死亡原因分析

不同死亡方式会造成昆虫种类的侵入和繁殖位置不同。例如，死前有伤口或遭损毁时，伤口处的昆虫数量会比其他部位的多；因此可根据昆虫在尸体上的感染及侵入位置可判定死亡原因，或重建死亡前所发生的事件。

如美国在马里兰州郊区曾发现一衣着完整的青年女尸，女尸已中等程度腐败，在胸部和颈部有许多蝇蛆，两手心也有蛆虫，起初认为是药物过量所致，现场和尸检时未采集昆虫标本；调查者后来要求昆虫学者提供证据，结果通过重新审查尸体照片，将蝇类虫态、龄别与失踪时间对比，根据大量蛆虫集中于胸、颈、手心等现象，判断该女尸死前先有外伤；重新尸检时即在蝇蛆大量发生处发现戳伤，最终确定死亡原因为他杀。再者，如果死者曾遭捆绑或药物控制无法行动时，在衣服或床单上常会含有粪便或尿液并引来某些特定蝇类，对这些昆虫进行鉴定可提供受害者临死前或死时的相关线索。另外，通过对尸体上蝇类的感染位置或检测蝇蛆体内的有毒物质含量，则可推断死亡是否与药物有关；如农药马拉硫磷常被用于自杀，死者口中存在的马拉硫磷会使发生在其中的蝇类繁殖数量明显减少。如果在尸体上找不到任何昆虫，则表明尸体可能曾被冷冻或被密闭容器隐藏或曾被深埋。

(3) 推断死亡场所与抛尸场所

蝇类发达的嗅觉使其往往在尸体的掩埋地附近大量聚集，据此可找到掩埋尸体的场所。如在美国印第安纳州中南部，某被害人尸体被扔入某农场的井内，井又被废弃物彻底填埋；但当调查人员驱车进入该场的一个堆木场时，根据大量蝇类集中在一堆旧轮胎周围飞舞的现象，还是很快就找到了井的位置和井底的尸体；尸检未见昆虫，只是腐尸气味传出后招引了大批蝇类。

通过比较尸体上的昆虫种类与周围环境中昆虫的群落组成，可判断尸体出现的第一现场。如依据尸体上的昆虫种类估计出的死亡时间较长，而据尸体下方土中的昆虫种类估出的时间又较短，则表示尸体曾被移动过。

此外，昆虫作为法医毒理学材料（如蝇蛆、蝇蛹）也具有明显的优点，如因尸体已高度腐烂，传统的毒理学材料如血液、尿液和固体器官无法得到时，尸体上仍有昆虫存在、甚至长时间存在，则可用尸体上的昆虫代替传统的毒理学材料，对昆虫的毒理学进行分析，以帮助推断死亡原因，修正死后间隔时间，提高推断结果的正确性和精确性，并提供其他某些重要的背景材料。

8.4.1.4 法医昆虫学的主要研究内容与方法

我国在法医昆虫学方面的发展与西方国家相比有很大的差距，目前的主要研究内容如下：①开展各地区不同环境条件下尸食性昆虫种类和分布调查，并研究不同环境条件对尸体上昆虫区系的影响。②进行尸食性昆虫的形态和显微、超微结构及生物学、行为学和生态学研究。③明确蛆虫体长、体重与温度、时间的关系。④研究不同环境条件下尸体的腐败情况和速度。⑤研究脂肪含量、衣服有无、暴晒或遮阴、风速、浸水等对尸体温度的影响及蛆虫大量滋生与尸体温度升高的关系。⑥搞清尸体对土表、土中昆虫区系的影响，及尸体对其下方及周围植物的影响。⑦开展法医昆虫毒理学研究，明确各种毒物在高等动物及其尸体以及蝇类体内的转移、分布规律，探明各种毒物致死剂量、尸体内脏与肌肉内毒物含量及蝇类幼虫或蛹内毒物含量三者之间的关系，明确毒品对昆虫生长发育的影响。

研究方法上，国内多采用猪尸体或新鲜脏器，人为设置不同的环境条件，通过持续观察记录尸体上出现的昆虫种类、虫态、数量并采集所需标本，进行种类、分布以及群落演替规律调查。同时，以室内饲养法进行蝇类的生物学、生态学研究，利用生化技术、分子生物学技术进行种类鉴定与毒理学分析。

法医昆虫学已逐步形成一门成熟的学科，许多新技术在分类学、生物学、生态学、生理生化和分子遗传方面的应用使得其研究方法大为改善，研究内容也逐步深入，推断结果的精确度已大幅度提高。

8.4.2 医学研究用昆虫

昆虫作为医学研究模型，可用于人类遗传病的机理与防治技术开发研究，也是新药开发与生产中必不可少的遗传试验模型。

(1) 昆虫可作为医学研究的模型

昆虫与哺乳动物之间存在着进化上的保守性，在昆虫中已被广泛研究的并具有重要功能的同源基因，可在哺乳动物中采用同样的方法进行分离并研究其功能，因此昆虫作为医学研究用模型动物有助于揭示很多疾病的发病机理，并为疾病的预防和治疗提供思路。基因工程使得人类能够治疗某些遗传病，但遗传病的有效治疗是建立在精确诊断、杜绝可逆性组织损伤及对人体代谢生理学详细了解的基础上。

利用果蝇与人类的同源性基因，探索遗传病的致病基因、作用和遗传方式，可为基因缺陷所导致的遗传病的精确诊断提供依据，因此医学研究中常用的模型动物即果蝇，其用途为：①可通过控制果蝇发育的表型，找到并分离出哺乳动物中那些控制突变表型的新基因，这将对癌症研究、细胞周期及信号传导的研究起到指导作用。②果蝇具有类似人体生物钟的守时基因，研究果蝇的生物钟基因，有助于揭示人类的时差症、失眠及夜游症等的发病机理。③同样以果蝇为材料进行分子遗传学研究，能够为阐明诸如阿尔茨海默病、亨廷顿舞蹈病、帕金森氏病和肌萎缩性侧索硬化等人类神经退行性疾病（HND）的致病机理提供重要线索。④还可通过研究环境中氯仿、镉元素含量及过量摄入氯化钠等对果蝇产生的遗传效应，分析这些物质对人体健康可能造成的影响。

同样，昆虫体内的特殊物质也在医学研究中有利用价值，如将从萤火虫体提取出腺苷磷酸，再将它与癌细胞结合，即可测量癌细胞内腺苷磷酸所发出的光强度，进而可获知癌细胞的生长进度及其活跃情况。在医学研究中，还可利用ELISA、DNA杂交等技术，探测昆虫体内的病原和抗体，了解有关基因的结构和表达、细胞的分化以及病原与宿主害虫间的互作机制，为医学昆虫的防治，乃至人类传染病的控制提供帮助。如利用果蝇研究疟原虫在宿主体内寄生发展的过程，将果蝇细胞内的一段基因去掉后，观察其对疟原虫生长的影响，可鉴别出对疟原虫在宿主体内生存至关重要的因素，开发出更有效的药物和疫苗；甚至对蚊子进行基因改造使之具备抗疟原虫感染的能力，从而控制疟疾的发生与流行。

（2）果蝇的遗传试验是新药物筛选中必需的重要程序

果蝇检测系统在化学物质致突变的筛选中，具有经济、快速、敏感和特异等优点。因此，欧美多个国家将果蝇伴性隐性致死（SLRL）试验列为新药物的筛选程序；在国内，果蝇的寿命实验也是验证保健品功能的标准方法之一。

此外，还可以利用昆虫细胞培养制备生物制剂，生产廉价的治疗性蛋白。如用蝴蝶细胞生产人源化鼠单克隆抗体，可用于治疗同种移植物的排斥反应、类风湿性关节炎、多发性硬化症等与自身免疫有关的疾病。

8.5 分子生物学研究用昆虫

现代分子生物学及生物技术，不仅促进了昆虫学在分子和细胞水平上的发展，使人类能在分子水平上揭示昆虫生命活动的本质，也使人类对昆虫资源的开发和利用有了新的认识。昆虫分子生物学的研究内容非常广泛，与昆虫资源的开发和利用密切相关的包括基因克隆及结构和功能分析、昆虫细胞培养与重组病毒研究、转基因抗虫作物、转基因昆虫及其技术等。目前研究较多的主要是昆虫杆状病毒表达系统、转基因昆虫及昆虫免疫因子的利用、昆虫干细胞的研究等。

8.5.1 昆虫杆状病毒表达系统的研究与利用

昆虫杆状病毒表达系统是世界基因工程四大真核表达系统之一，该系统可用于外源基因的表达。

8.5.1.1 昆虫杆状病毒表达系统概述

以杆状病毒为载体在昆虫细胞中表达外源基因的系统是20世纪80年代发展起来的真核表达系统。该系统通常以苜蓿银纹夜蛾多粒包埋型核型多角体病毒（AcMNPV）作为表达载体，AcMNPV感染昆虫细胞后，在感染的晚期，核多角体基因可编码产生多角体蛋白，多角体蛋白包裹病毒颗粒可形成包涵体。多角体基因启动子具有极强的启动蛋白表达能力，用于构建杆状病毒的转递质粒。将多角体基因的启动子组装入质粒，在其下游插入多角体基因的两端侧翼序列，在其侧翼的中间加入多克隆位点，再克隆入外源基因的转递质粒与野生型 AcMNPV 共转染昆虫细胞后，可将同源重组人源基因插入到野生型病毒的相应位置。重组杆状病毒多角体基因被破坏后，在感染细胞中不能形成包涵体，利用这一特点可挑选出含重组病毒的昆虫细胞，用重组病毒感染培养的昆虫细胞、昆虫幼虫或蛹，外源基因即可在病毒启动子驱动子下表达、产生出人们所需要的蛋白。

(1) 昆虫杆状病毒表达系统的优缺点

大量生产基因表达产物，通常以大肠杆菌等原核生物为受体，生产方便、成本低，但由于原核生物表达系统对表达产物不能分泌和正确修饰，产物往往缺乏活性、还存在内毒素问题。但以杆状病毒为载体，以昆虫细胞或虫体为受体的表达系统可克服以上缺点，因此昆虫杆状病毒表达系统已成为了最有前途的真核生物表达系统之一。该系统具有的优缺点如下。

表达产量高 对外源基因容纳量大，可以同时表达多个外源基因，对外源基因的表达量往往是其他系统的几十至几百倍。

时序效应 晚期基因表达是在病毒粒子形成之后，所以即使表达产物是细胞毒性蛋白，也不会对病毒复制产生明显的影响。

后加工过程较完全 能识别信号肽，表达产物能正确切割并分泌到胞外，杆状病毒在真核细胞中复制，保证外源基因产物具有后加工作用，使之成为具有生物活性的蛋白产物，较细菌表达系统有明显的优势。

成本低廉 成熟的细胞株和昆虫大批量饲养为基因产物表达和大规模生产提供了良好的生物反应器，而昆虫细胞大规模培养的成本远低于哺乳动物细胞。

安全性 杆状病毒只能在无脊椎动物内复制，对人、畜、植物安全。

杆状病毒表达系统的主要缺点 ①瞬时表达，即每轮蛋白质的合成都必须再感染新鲜培养的细胞。②糖基化问题，即在昆虫细胞中形成的糖蛋白相对简单，多不分枝侧链，且甘露糖成分高，因而产生的糖蛋白在聚丙烯酰胺凝胶电泳（PAGE）中泳动率较大，分子量往往小于天然糖蛋白。

(2) 已建立昆虫细胞株系的有关昆虫

已在杆状病毒表达系统中能建立昆虫细胞株的主要是来自鳞翅目的夜蛾科、毒蛾科、天蛾科、菜蛾科以及灯蛾科等的昆虫，如草地贪夜蛾 *Spodoptera frugiperda*（JE Smith）、粉纹夜蛾 *Trichoplusia ni*（Hübner）、斜纹夜蛾 *Spodoptera liture*（Fabricius）、甜菜夜蛾 *S. exigue*（Hübner）、甘蓝夜蛾 *Mamestra brassicae*（Linnaeus）、舞毒蛾 *Lymantria dispar*（Linnaeus）等。某些双翅目昆虫如黑腹果蝇、伊蚊 *Aedes sp.* 中也建立了细胞株。最早用虫体表达外源基因的是家蚕的活幼虫和蛹，草地贪夜蛾、甜菜夜蛾等夜蛾科幼虫也被用于表达外源基因。

(3) 昆虫细胞培养和虫体在杆状病毒表达系统中的作用

昆虫细胞和虫体是杆状病毒表达系统的重要组成部分，为外源基因的表达提供了平台。昆虫细胞培养是 20 世纪 30 年代发展起来的技术，从 20 世纪 60 年代首次报道建立了持续性的昆虫细胞株和昆虫培养基以来，建立昆虫细胞株已经成为一种常规的工作，数以百计的来自不同昆虫的细胞株得以建立。此外，随基因工程的发展，使培养昆虫细胞的目的从原来的生产病毒杀虫剂和进行体外病理研究转为生产具有重要医学和农业价值的各种重组蛋白。

较成熟的用于表达外源基因的杆状病毒载体只有 AcMNPV 和家蚕核型多角体病毒（BmNPV）两种。BmNPV 寄主范围很狭，而 AcMNPV 的寄主范围则很广，可感染几个科的鳞翅目幼虫。已建立的 AcMNPV 的主要宿主细胞系有来自草地贪夜蛾的 Sf-21、Sf-9 细胞株，粉纹夜蛾的 TN-386、High five 细胞株等。上述细胞系与哺乳动物的相比优点较多，如 Sf-21、Sf-9、High five 可悬浮培养，并能在无血清培养基中培养，更利于对表达产物的纯化。此外，经细胞获得重组病毒后，还可在宿主昆虫幼虫、蛹体内进行表达，这更是哺乳动物所难比拟的。

8.5.1.2 昆虫杆状病毒表达系统的用途

由于杆状病毒表达系统所具有的优越性及表达系统的不断完善，该表达系统的用途如下。

(1) 进行生物杀虫剂的研究与生产，改善生物杀虫剂的性能

昆虫细胞培养已经用于增殖昆虫病毒直接生产生物农药。在昆虫病毒生产中将利尿激素基因、保幼激素基因、促前胸腺激素基因重组到杆状病毒基因组中，可以缩短病毒杀虫剂的致死时间，提高杀虫剂的即效性。针对杆状病毒杀虫剂杀虫谱太窄的缺点，将 BmNPV 的 DNA 片段（600 个碱基，含病毒宿主域遗传因子）重组入 AcNPV，扩大了病毒的寄主范围。将对昆虫具有高毒力的 Bt 伴孢晶体蛋白基因（cry）转入杆状病毒基因组，当病毒进入昆虫体后，cry 基因得到表达，产生的伴孢晶体蛋白能迅速导致寄主死亡；由于昆虫病毒能在昆虫体内复制并具有垂直传播特性，同时也能传播 Bt，因此，制成的新型制剂具有杀虫活性更高而花费更少的优点。

(2) 以昆虫幼虫或蛹体为生物反应器生产外源基因产物

杆状病毒表达系统可以高效地表达经济价值很高的外源基因，昆虫体是表达系统中理想的生物反应器。自 1983 年 Smith 在昆虫细胞中首次表达成功人体的 β-干扰素后，用昆虫杆状病毒系统表达的外源基因产物即蛋白质已有数百种。如利用昆虫生物反应器生产的猫干扰素、艾滋病疫苗等已经进入市场或临床试验阶段；将家蚕幼虫或蛹活体作为生物反应器，生产人畜生物药品、疫苗、畜禽鱼生长促进剂等，可提供 α-干扰素、鸡马立克病毒糖蛋白-9 抗原等药品和疫苗；萤火虫的荧光素酶基因是基因工程中的高效报告基因，利用杆状病毒表达系统获得的荧光素酶基因产物是检测 ATP 的灵敏试剂，在食品业中已用于了微生物检测。此外，昆虫细胞株系还用于测定化学药物、微生物杀虫剂的毒力及昆虫病理学、毒理学的研究；杆状病毒在介导外源基因转入哺乳动物方面也可发挥其作用。

8.5.2 转基因昆虫与昆虫转基因技术的利用

将携带外源基因的 DNA 导入昆虫基因组中的技术即昆虫转基因技术，所获得的具有新导入基因表现型特性的昆虫即转基因昆虫。昆虫转基因技术具有广泛的用途，如将从昆虫中已分离出的基因再导入其他昆虫个体，可在个体水平上验证目的基因的功能；也可将转基因昆虫及其技术用于害虫的遗传防治、益虫的改良、生产生物制剂等。

8.5.2.1 昆虫转基因的基本方法

为获得稳定表达的纯合转基因后代，一般将尚处于单细胞状态或前胚盘期的胚胎作为外源基因的转入对象。幼虫和蛹体也被作为转入受体，但只能用于外源基因在当代个体中的表达，难以获得纯合转基因后代；如以培养的昆虫细胞作为外源基因的转入对象，则较容易进行外源基因的导入和转基因细胞的筛选。

(1) 外源 DNA 进入受体昆虫的主要方法

外源基因进入昆虫体内是基因表达的前提，目前所使用的导入方法主要有以下几种。

机械法　常用微量注射法，也可用扎卵法或基因枪导入法。微量注射法常采用 $15\sim25\mu m$ 的针尖，通过精确控制扎入深度和注射量将 DNA 注入昆虫体；扎卵法是以直径约 $10\sim100\mu m$ 的钨针携带目的 DNA 直接扎入卵；基因枪导入法是采用高速钨弹将携带的 DNA 打入虫卵。

生物学方法　包括交配孔注入法、浸泡法和核型多角体病毒（NPV）介导法。交配孔注入法是将 DNA 先注入交配囊，然后使之在卵受精时随精子进入卵细胞。浸泡法是将卵浸泡于外源基因 DNA 中，部分 DNA 经卵孔进入卵内，再进行孤雌生殖处理，使其发育分化。核型多角体病毒（NPV）介导法是将外源基因重组到 NPV 基因组中，再用 NPV 感染鳞翅目的幼虫或蛹即可。

电转移法　包括电激法和脉冲交变电泳转移法。电激法即通过瞬息高压，造成细胞膜穿孔，使外源 DNA 由穿孔进入，该法多用于细胞系；脉冲交变电泳转移法即由脉冲交变电场介导外源基因由卵壳上的气孔进入卵内。

基因打靶法　是利用同源重组技术进行定点突变，并筛选定点整合个体，该法主要用于胚胎干细胞。

在上述方法中，应用最多的是适用于双翅目、膜翅目等没有坚硬卵壳昆虫的微量注射法。对于家蚕等鳞翅目昆虫，可采取上述各种方法，其中以扎卵法较为常用。

(2) 外源基因导入昆虫基因组的方法

将外源基因导入昆虫基因组的方法主要有两种，即直接法和转座子（Tn）介导法。

直接法　是将含有目的基因、启动子和其他有关调控系列的 DNA 直接注入受体昆虫早期的胚胎。该法将基因整合到昆虫基因组中的随机性大、转移效率低，主要应用于尚未找到合适 Tn 的昆虫类群。

Tn 介导法　是利用 Tn 移动的性质，将外源 DNA 装入转座子，再导入生物基因组中。该法转移效率高，但目前只能用于已经开发出有效转座子的双翅目昆虫。

8.5.2.2　转基因昆虫及昆虫转基因技术的应用

害虫的遗传防治　害虫的遗传防治将是转基因昆虫应用的一个广泛领域。其原理是通过将昆虫转座子与对害虫有害的基因和有关启动子连接，构建一个复合转座子（TAC）。在昆虫转座子的引导下将 TAC 插入害虫的基因组，形成转基因昆虫。转基因昆虫与野生型种群交配后 TAC 随昆虫的交配传递到子代，并以高速率在世代间传递、扩散，如反复释放转基因昆虫则可加速这一扩散过程。经过数个世代以后，TAC 即可扩散到害虫种群的所有个体，TAC 中对昆虫有害的基因在启动子调控下表达后，可使害虫的种群数量迅速下降，甚至最终彻底消亡。

益虫的改良　将昆虫转基因技术应用于家蚕、蜜蜂及天敌等益虫的改良也具有广阔的前景。如将与农药抗性有关的基因转入蜜蜂、蚕和天敌昆虫，可使这些益虫对化学农药产生抗性，有效地降低化学农药对这些昆虫的不良影响，如目前正在尝试将对新霉素、潮霉素和有机磷农药有抗性的基因的转导入资源昆虫的研究。或将某些优良性状基因，如能产生天然绿色的天蚕丝素基因导入家蚕，可使家蚕吐出天然绿色的蚕丝或表现出其他的优良新性状。

用转基因昆虫作为生物反应器生产目标蛋白　这是转基因昆虫研究和应用的另一个重要方向。如家蚕和野蚕具有适合大量生产特定蛋白质的丝腺，家蚕又是最容易饲养的昆虫，因此人类有可能开发出利用家蚕丝腺大量生产人、畜生长激素和干扰素等蛋白质的技术。

8.5.3　昆虫在分子生物学其他研究方面的利用

8.5.3.1　昆虫免疫因子的利用

体液免疫是昆虫免疫体系的重要组成部分。体液免疫因子包括先天性免疫因子，如凝集素、类免疫球蛋白和原酚氧化酶等，后天性免疫因子如抗菌肽（蛋白）和抗真菌肽等。许多昆虫的免疫因子如抗菌肽、酶、毒素等，具有重要的杀菌效果和医疗作用，如来源于蜜蜂和胡蜂的蜂毒素可用于治疗风湿性和类风湿性关节炎、痛风等疾病，源于芫菁科昆虫的斑蝥素和源于蝴蝶的异黄嘌呤等，被证明为有抗癌活性的成分等。利用基因工程技术，可使昆虫抗菌肽、寄生蜂抑制寄主的免疫因子等，在新型抗生素、药物、杀菌剂的开发或转基因抗病虫动植物的培育及生物合理杀虫剂研制等领域得以产业化。

(1) 昆虫抗菌肽的利用

昆虫抗菌肽 Antibacterial peptide（ABP），是由诱导因子诱使昆虫血淋巴产生的由 30 多种氨基酸残基构成的小分子量蛋白质，自 1962 年 Stephens 等发现昆虫抗菌肽以来，现已从昆虫体内获得了天蚕素 Cecropins 类、分子内具有二硫桥的昆虫防御素 Insect defensins 类、富脯氨酸及富甘氨酸的 4 类 100 多种抗菌肽。家蚕、蓖麻蚕 *Philosamia cynthia ricini*（Donovan）、惜古比天蚕 *Hyalophora cecropia*

(Linnaeus)、烟草天蛾、麻蝇 *Sarcophaga peregrina* (Robineau-Desvoidy)、绿蝇 *Phormia* sp.、黑腹果蝇、蜜蜂、粉甲 *Zophoba* sp. 等昆虫均能产生各种抗菌肽。

虫源抗菌肽只作用于原核细胞而对真核细胞无害，分子量小、热稳定、水溶性好、无免疫原性和广谱抗菌等特点，可抑杀某些真菌、病毒及原虫，并对多种癌细胞及动物实体瘤有明显的杀伤作用，但不破坏正常细胞，因此抗菌肽可望被开发为抗菌、抗病毒和抗肿瘤新药。

开发新型抗生素和杀菌剂　昆虫抗菌肽是新一代抗生素的理想原料。抗菌肽的作用机理不同于传统的抗生素，它能杀死已产生耐药性的病原菌突变种，且在使用中不易引起病原菌产生具抗性的突变种。其次，传统抗生素的治疗对机体常是有害的，能刺激机体内毒素的释放，有时还会造成脓毒休克；但使用抗菌肽时无此副作用，它可抑制细菌产物诱导产生对人体有害的细胞因子。因昆虫抗菌肽能明显抑杀动植物的病原体，也是用于研制新型生物农药的重要原料，因此在农业生产上进行转基因动植物的研究，可以对农牧业生产、生物防治、抗病虫品种的选育、卫生害虫的防治发挥相应的作用。

将抗菌肽基因导入动植物体内，为获得抗病虫生物体提供了有效途径　如将天蚕素B类似物SB-37的基因转入烟草中，可推迟烟草青枯病的发病时间，并降低发病率和死亡率。我国在将抗菌肽基因转入水稻植株以抵抗螟虫危害的研究中，已获得了重要进展。此外，将抗菌肽基因转入动物体可明显提高动物的抗病能力，如用腺病毒为载体将人LL-37基因导入鼠体内后，转基因鼠血清及肺中的LL-37含量显著增加，对内毒素及大肠杆菌抵抗力显著提高。

为虫媒病的防治提供新途径　近年来通过遗传工程方法，将对病原生物有抑制作用的抗菌肽基因导入传播介体蚊虫中，使其在蚊虫体内高效稳定的表达，从而可切断病原物的传播途径。

(2) 其他免疫因子的利用

昆虫的防御体系除了抗菌肽外，凝集素和毒素也将得到广泛地应用，昆虫酚氧化酶前体系列亦有望被开发为医疗器械污染的检测药品。

家蚕、甜菜夜蛾、竹节虫 *Extatosoma tiaratum* Macleay、粘虫、双叉犀金龟和家蝇等很多昆虫均含有凝集素。凝集素能专一地与某些单糖和寡聚糖结合而凝集细胞，因此凝集素已在科学和医学研究中被应用。

毒液是寄生蜂主动干扰抑制寄主免疫血细胞的主要因子之一，对寄生蜂毒液的研究可用于开发生物合理杀虫剂。外寄生蜂的蜂毒主要作用于寄主神经细胞触突而使寄主麻痹，但也具有扰乱寄主内分泌、营养代谢及阻止生长发育的功能。内寄生蜂毒液大多是非麻痹型的，其主要功能是干扰寄主的免疫，维护自身生存并对自身卵萼液中的多态DNA病毒（PDV）起增效作用。

8.5.3.2　昆虫在干细胞研究中的应用

干细胞是一类具有自我更新和分化潜能的细胞，是在细胞分化过程中保留的部分未分化的原始细胞，这些细胞在生理需要时可按照发育途径通过分裂而产生分化细胞。干细胞具有多潜能和自我更新的特点，在生物体发育过程中，凡需要不断产生新的分化细胞及分化细胞本身不能再分裂或组织，都要通过干细胞所产生的具有分化能力的细胞来维持机体细胞的数量，即生命体是通过干细胞的分裂来实现细胞的更新以保证其持续发育和生长。因此，开展干细胞研究，利用干细胞构建各种细胞、组织、器官作为移植器官的来源在疾病治疗方面具有广阔的应用前景。昆虫在干细胞研究中的应用主要有两方面。

对果蝇干细胞的研究可为人类干细胞的研究提供重要的参考　干细胞的活动受邻近支持组织细胞控制，这些细胞构成特异性的微环境，通过细胞间的信号控制干细胞分裂的时间和方式；如在果蝇的胚胎干细胞中，已发现了这种由基质细胞构成的微环境。对果蝇干细胞特异性的微环境和组成细胞、基质细胞与干细胞信号的研究，将有助于揭示如何增殖大量健康的、有功能的人类干细胞，用于医疗需求。

以昆虫细胞生产人干细胞因子，可促进干细胞的利用　例如 SCF 是一种糖蛋白，是近年发现的作用于造血早期的多功能细胞因子，它能刺激造血干细胞、T 及 B 淋巴细胞前体的增殖，刺激黑色素细胞的增殖，并在生殖细胞的形成过程中起某种作用。以杆状病毒为载体，草地贪夜蛾细胞为宿主，对可溶性人干细胞因子（hSCF）cDNA 进行表达，即可获得具有应用价值的 SCF。

复习思考题

1. 什么是昆虫仿生学？昆虫仿生学研究的内容主要有哪些？
2. 果蝇为什么被作为遗传研究的模式材料？
3. 昆虫在杀虫剂毒理中有何应用？
4. 昆虫在法医鉴定及医学研究中有何意义？用于法医鉴定的昆虫类群主要有哪些？
5. 在分子生物学研究中昆虫可解决哪些问题？
6. 什么是昆虫细胞表达系统？该系统在生产上有何用途？
7. 转基因昆虫有哪些用途？
8. 昆虫的免疫因子有何利用价值？

本章推荐阅读书目

军事仿生谈．鲍中行．国防大学出版社，1990
农药生物测定技术．陈年春．北京农业大学出版社，1991
模仿生物显奇效——仿生学的故事．陈延熹．上海科学普及出版社，1996
昆虫分子科学．程家安，唐振华．科学出版社，2001
法医昆虫学．胡萃主编．重庆出版社，2000
农药试验技术与评价方法．黄国洋．中国农业出版社，2000
杀虫剂作用的分子行为．唐振华，毕强．上海远东出版社，2003

昆虫抗药性的遗传与进化．唐振华，吴士雄．上海科学技术文献出版社，2000
仿生学漫话．王谷岩．北京出版社，1979
农药学原理．吴文君．中国农业出版社，2000
昆虫遗传学．张青文．科学出版社，2000
昆虫毒理学．赵善欢．农业出版社，1993

第9章 蜜蜂产业

【本章提要】 养蜂是资源昆虫中最大的产业之一。本章阐述了我国蜜蜂产业的历史发展、蜜源植物的地理区划、我国蜜蜂的品种，蜜蜂的生物学、饲养管理、病敌害的防治，及蜜蜂的产品等。

养蜂是历史悠久的益虫饲养产业之一。蜂产品包括在食品、医药等方面有广泛用途的蜂蜜、蜂毒、蜂王浆、花粉、蜂胶等。饲养蜜蜂不仅不与农林业争田、争水、争肥，不用饲料、投资少、见效快、收益大，而且蜜蜂在采集花蜜和花粉的同时还能显著提高泌蜜植物的授粉率及产量，因此养蜂是世界许多国家相当重视、给予鼓励和扶持的特殊产业。

9.1 我国的蜂业概况

我国现饲养蜜蜂约 700 多万群，年产蜂蜜约 20×10^4t、蜂王浆 3 000t、蜂花粉 5 000t、蜂蜡 1 000t、蜂胶 500t，蜂毒、雄蜂蛹、蜂王幼虫等蜂产品的产量也相当可观，是世界第一养蜂大国，也是世界第一蜂产品出口大国。

9.1.1 我国的养蜂历史及蜜蜂产业的发展

我国的养蜂历史十分悠久，在远古就已开始，在距今已 3 000 余年的商代早期的甲骨文中就出现了"蜜"字。公元前三世纪战国时期的《山海经·中次六经》记有："缟羝山之首，曰平逢之山，南望伊洛，东望榖城之山，无草木，无水，多沙石。有神焉，其状如人二首，名曰骄虫，是为螫虫，实为蜂蜜之庐。其祠之：用一雄鸡，禳而勿杀。"这是迄今为止有关记述人类也是我国"原洞养蜂"史实的最早文献。

蜜蜂的人工饲养，应始于对野生蜜蜂的蜂蜜与虫蛹的采食而逐渐发展起来的。随着远古时代人口的增长、森林植被的破坏和掠夺式的采集，致使野生蜂的产品逐渐枯竭，采集难度不断增大。于是，人们开始尝试对树洞、岩洞等处的蜂群略加照顾，在洞口立上标志，以示蜂窝有主，日后按时采集，这就是最初的"原洞养蜂"。原洞养蜂存在各洞较为分散、远离住所、不能及时采集和管理等许多不便，于是人类将可搬动的附有蜂巢的一段空树干移回住所，让其中的蜜蜂繁殖和酿蜜，到时再采收其中的蜂产品，这样"原洞养蜂"逐渐向"移回住所养蜂"转变。公元147~188年汉灵帝时代我国的家庭养蜂就已经相当发达，出现了有文字记载的第一位养蜂家姜岐，公元215~283年皇甫谧在《高士传》中记述："姜岐，字子平，汉阳上邽人也。……遂以畜蜂、豕为事，教授者满天下，营业者300余人，辟州从事不诣，民从而居之者数千家"。

公元1320~1400年元代政治家刘基在《郁离子·灵邱丈人》中总结了我国当时蜂群管理的原则："昔者丈人养蜂也，园有庐，庐有守，剡木以为蜂之宫，不罅（漏裂），不庮（腐朽）。其置也，疏密有行，新旧有次。坐有方，庸有乡。五五为伍，一人司之。视其生息，调其暄寒。巩其构架，时其谨发（启闭）。蕃则从之析之，寡则与之裒之，不使有二王也。去其蛛、蟊、蚍蜉，弥其土蜂、蝇豹。夏不烈日，冬不凝澌，飘风吹而不摇，淋雨沃而不溃。其取蜜也，分其赢而已矣，不竭其力也。于是故者安，新者息"。这138字的蜂群管理记述，比波兰养蜂家齐从氏（J. Dzierzon）1845年发表的13条养蜂原则还要早500多年。

到了清朝，我国养蜂者就已认识到收蜂以芒种前为佳，晚秋收蜂则越冬期容易死亡，收蜂后蜂群飞逃的预兆，蜜蜂采花蜜对花无害，对三型蜂的发育及变态已基本了解清楚；当时在江苏、浙江、广东一带相继出现了带有原始继箱的中蜂改良箱，约有15%的地方志已有养蜂记载。至清朝末年，我国中蜂饲养量达20万群，以浙江、福建、江苏、山东养蜂最多，其次是河北、吉林、广东、广西、四川、贵州等地，每群蜂年产蜜平均约5kg，产蜡0.3~0.5kg。

19世纪末20世纪初，新法养蜂知识通过报刊、译著传入我国，如1876年10月至1877年3月《格致汇编》期刊连载的《西国养蜂法》，《农学报》1898年27~35期上刊载日本花房柳条著、藤田丰人译的《蜜蜂饲养法》，1908年和1909年广州《农工商报》和《广东劝业报》分别介绍的《蜜箱之制造》、《春季蜜蜂之处理法》等。1903年清政府还将养蜂列为高等农工学堂的教学内容之一。

1912年安徽合肥的龚怀西、1913年福建闽侯的张品南、1914年天津农事试验场、1917年江苏无锡的华绎之等先后从国外引进了意大利蜜蜂。其中张品南先生对我国现代养蜂事业影响最大，他不但办有养蜂试验场，还受聘在福州省立高级农林学校讲授养蜂学多年，开办过养蜂函授班，主编、出版有《中华养蜂杂志》、《养蜂大意》，译有《养蜂管理法》和《实验养蜂历》。

1949年新中国成立时全国饲养的蜜蜂仅50万群，其中意大利蜜蜂和其他西方蜜蜂约10万群，年收购蜂蜜8 000t。1957年据16个省（自治区、直辖市）的统计，全国西方蜜蜂发展到35万群，其中意大利蜜蜂占84%，东北和新疆黑蜂占16%。当时国营农场饲养的约4万群，占11.4%；农业生产合作社饲养的约15万群，占42.9%；家庭副业饲养的约13万群，占37.1%；个体专业饲养的有2万群，占5.7%；公私合营养蜂场和养蜂生产合作社饲养约1万群，占2.9%；在农村还有100万群用传统方法饲养的、主要分布于全国各地广大山区（以华南、西南和西北较多）的中蜂。1977年全国养蜂达389万群，收购蜂蜜6.7×10^4t，出口蜂蜜1.74×10^4t，已排名世界第三养蜂大国。1980年超过美国，位居世界第二位。1992年苏联解体后至今，我国一直保持着世界第一养蜂大国的地位,已超过全世界养蜂总量的 1/8。

9.1.2 我国蜜源植物的分布及地理区划

蜜源植物是指具有蜜腺而且能分泌甜液并被蜜蜂采集酿造成蜂蜜的植物;粉源植物是指能产生较多的花粉、并为蜜蜂采集利用的植物;蜜粉源植物是指既有花蜜又有花粉供蜜蜂采集的植物。在养蜂生产中,常把蜜源植物、蜜粉源植物以及粉源植物统称为蜜源植物,它是蜜蜂食物的来源,是发展养蜂生产的物质基础。

我国蜜源植物种类繁多、分布广,春、夏、秋、冬四季都有相应的蜜源植物开花泌蜜。已知能被蜜蜂利用的有 10 000 种以上,能采到商品蜜的有 100 多种。了解并掌握蜜源植物的分布和开花泌蜜的规律,是科学养蜂的必要基础。

据调查,我国 24 种最主要的蜜源植物分布面积达 $2\,700 \times 10^4 \mathrm{hm}^2$,其中农田栽培蜜源约占 60%,森林草地蜜源约占 30%。按四季划分,春季蜜源占 35.8%、夏季蜜源占 21.5%、秋季蜜源占 27.4%、冬季蜜源占 15.3%。全国各省区基本都有 5 种以上的具备发展养蜂业条件的主要蜜源植物,其中蜜源植物比较丰富、养蜂潜力比较大的地区有河南、湖北、陕西、黑龙江、河北、四川、山东、内蒙古、辽宁、吉林、江苏、安徽和广东,这些地区是我国蜂产品的主产区。

依据所处地理位置的不同,蜜源植物在开发利用上大致可划分为 4 个区域:长江以南地区以春季蜜源植物为主,兼有初夏、秋、冬蜜源植物,但 8~9 月蜜、粉都比较缺乏;长江以北至长城以南的广大地区,以夏季蜜源植物为主;长城以北地区和东北、西北等地,以夏季和秋季蜜源植物为主;南方温暖湿润的热带亚热带山区是冬季野生蜜源植物的主要分布区。

我国蜜源基地分为 9 个区,它们是林区以椴树为主、农区以向日葵为主的东北区,以枣树、荆条为主的华北区,以刺槐和枣树为主的黄河中下游地区,以油菜、牧草和荞麦为主的黄土高原区,以棉花、油菜和牧草为主的新疆区,以油菜、紫云英为主的长江中下游地区,以荔枝、龙眼和油菜为主的华南区,以油菜为主的西南区,以野桂花、山乌桕为主的长江以南丘陵区。

9.1.3 我国蜜蜂的主要经济品种

我国经营饲养的蜜蜂,主要有中华蜜蜂(中蜂)、意大利蜜蜂(意蜂)、东北黑蜂和新疆黑蜂(蜜蜂的授粉效益详见第 5 章)。

(1) 中华蜜蜂 *Apis cerana* Fabricius

分布于我国除新疆以外的所有其他地区,其分布北线至黑龙江省的小兴安岭,西北至甘肃的武威、青海省乐都和海南藏族自治州,西南线至雅鲁藏布江中下游的墨脱、摄拉木,南至海南省,东到台湾省;以云南、贵州、四川、重庆、广西、福建、广东、湖北、安徽、湖南、江西等地数量最多,全国饲养量 200 多万群，约占全国蜂群总数的1/3。

成虫　工蜂腹部因地区不同而呈黄或偏黑色，吻长约5mm；蜂王或腹节具褐黄色环、而整个腹部呈暗褐色，或腹节无褐黄色环而呈黑色；雄蜂多为黑色。南方蜂种一般比北方的小，工蜂体长10～13mm、雄蜂11～13.5mm，蜂王13～16mm；产卵盛期的蜂王卵巢特别膨大，其腹末三节常伸出翅后（图9-1）。

图9-1　中华蜜蜂

卵　卵如香蕉状，乳白色、略透明，稍粗一端是头部、另一端是腹部。卵上附有黏液，细端粘于巢房底部中央，粗端向着巢房口。

幼虫　初孵小幼虫新月形。大幼虫不具足，体呈"C"形，色白晶莹，随着生长，渐呈小环状。

蛹　蛹分为幼蛹和成熟蛹。老熟幼虫蜕内的幼蛹具触角、足、翅、复眼和成虫的口器，胸节、腹节仍保留幼虫的特征；蛹体由白色略透明渐变为黄褐色、中胸膨大，但胸部和腹部之间还未细缩，复眼粉红色。蛹成熟具胸腹节、螫针，复眼紫红色。

该蜂飞行敏捷、嗅觉灵敏、出巢早、归巢迟，日外出采集时间比意蜂多2～3h，善于利用零星蜜源；造脾能力强，喜欢新脾、爱啃旧脾；对蜂螨和美洲幼虫腐臭病抗性强，但易染中蜂囊状幼虫病、易受蜡螟危害；喜迁飞，在缺蜜或受病敌害威胁时易弃巢迁居，易发生自然分蜂和盗蜂；不采树胶，分泌蜂王浆的能力较差；蜂王日产卵量比西方蜜蜂少，群势小。主要亚种包括东部中蜂、海南中蜂、阿坝中蜂及西藏中蜂。

(2) 意大利蜜蜂 *Apis mellifera* Linnaeus

该蜂种原产意大利，因适应于我国大部分地区的气候和蜜源，自20世纪初由日本和美国引进后，在各地推广极快，1970年以前我国绝大部分地区饲养的西方蜜蜂都是意大利蜜蜂。工蜂被毛淡黄色，第2～4腹节的背板有变化较大的棕黄色环带、黄环多为2个，吻长6.3～6.6mm。蜂王的腹部多为黄色至暗棕色、尾部黑色，少数全黄色。工蜂体长12～13mm、雄蜂14～16mm、蜂王16～17mm。该蜂性温驯，产卵力强，育虫节律平缓，分蜂性弱、群势大；工蜂采集力强，善于利用流蜜期长的大宗蜜源，蜂王泌浆力强；产蜡多，造脾快，保卫和清巢力强。盗性较强，定向力较差，在高纬度地区越冬较困难，消耗饲料多，抗病力较弱。蜜房封盖呈干型或中间型。

定地结合短途转地的放蜂时每群年产蜜达50kg以上，丰年可达70kg；长途转地的蜂场一般年群均产蜜约100kg，最高的可达150kg，试验群的产量曾超过200kg。20世纪80年代以来，浙江省选育出的王浆高产"浆蜂"品系，在短途转地放养时单群年产蜂王浆超过4kg，最高达10kg以上。

(3) 东北黑蜂 Apis mellifera ssp.

较接近卡尼鄂拉蜂 Apis mellifera carnica Diek.，带有欧洲黑蜂 A. mellifera mellifera Linnaeus 的血统，是 19 世纪末至 20 世纪初由俄罗斯引进我国黑龙江与吉林两省山区，经自然选择和人工培育而成。详见第 2 章。

(4) 新疆黑蜂 Apis mellifera mellifera Linnaeus

也叫欧洲黑蜂，带有高加索蜜蜂 A. mellifera caucasica Gorbatchev 的血统，于 20 世纪初由俄国引进，现主要分布在新疆维吾尔自治区的伊犁、塔城及阿勒泰地区的特克斯、尼勒克、昭苏、伊宁、布尔津等地。工蜂棕黑色、少数在第 2~3 腹节背板两侧有小黄斑，吻长 6.03~6.44mm，初生重 109~127mg；雄蜂纯黑色，蜂王有纯黑和棕黑两种。该蜂在新疆已有近百年的饲养历史，对当地气候、蜜源等自然环境具有极强的适应性，能充分利用大片和零星蜜源，丰年群产蜜约 150kg，歉年 50~80kg。抗寒力强、越冬性能好，体形大，采集力强、爱采树胶；分蜂性弱，繁殖快，特别能抗螨害；性暴躁，爱螫人；流蜜期蜜、卵争巢，影响蜂王产卵。

除上述品种外，我国近年推广和饲养的优良蜂种还有松丹 1 号双交种、喀（阡）黑环系杂交种、卡尼鄂拉蜂、松丹 2 号双交种、黄环系蜜浆高产蜂、澳意蜂、美意蜂、高加索蜂、喀尔巴阡蜂、长白山中蜂等。

9.2 蜜蜂的形态特征与生物学习性

9.2.1 形态特征

蜜蜂的外部的形态特征及结构的大小是设计养蜂设备的依据，了解其体内器官的构造的功能则是对蜂群进行科学管理的基础。

(1) 外部形态

头部　工蜂头部的前面观呈三角形，复眼近肾脏形，头顶 3 个单眼呈倒三角形排列，触角膝状，唇基近梯形。雄蜂头部近圆形，蜂王头部则呈心脏形。蜂王、工蜂、雄蜂每只复眼约有小眼 3 000~4 000、4 000~5 000、8 000个，小眼面呈六角形。工蜂和蜂王的触角鞭节为 10 节、雄蜂 11 节；鞭节上有众多的感觉器如感觉毛、栓状突、板块感受器。感觉毛和栓状突主要司触觉，板状感受器则司嗅觉；工蜂、蜂王、雄蜂触角上有板状感受器分别有 5 000~

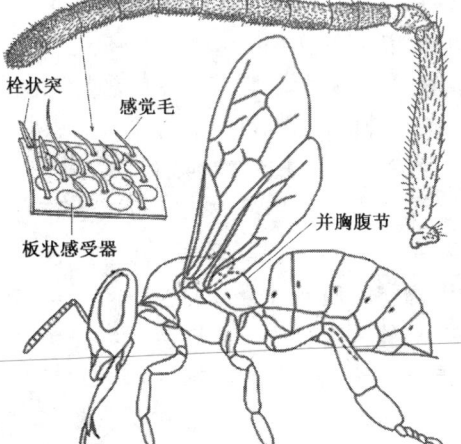

图 9-2　工蜂的形态及触角

6 000、2 000~3 000及3万多个，因此雄蜂对蜂王的性引诱物质特别敏感（图9-2）。

口器 嚼吸式口器的上颚用以咀嚼固体食物，下颚和下唇延伸组成吮吸构造。工蜂的上颚端部粗钝而中部略小，用以咀嚼花粉、筑巢、清巢、御敌，并在吸食时支持喙基，及抱握折屈时的喙；蜂王的上颚约与工蜂的等长，但基部粗壮而端部锐利，羽化后能自内啮开王台封口处厚实的半茧爬出台外（图9-3）。下颚的前颏延长成槽状片状，其前壁与舌后壁围成涎窦，涎管开口于涎窦的底部。下唇的中唇舌是由许多骨环与膜环相间而成、能弯曲伸缩的一根多毛管道，其腹面内凹成涎道，涎道末端为匙形的中舌瓣，下唇须四节；雄蜂的舌短、不能自食其力（图9-3）。喙在吸食时由下颚和下唇并合在中唇舌与下颚的外颚叶间形成食物道，口前腔与食物道相通。食窦和涎窦兼有吮吸和反吐的功能，并适于酿蜜和哺喂幼虫、蜂王、雄蜂及其他工蜂。

胸部 蜜蜂的胸部分为前胸、中胸、后胸和并胸腹节4节。前胸背板呈衣领状，其两侧向后扩展成后缘具毛并覆盖在第一对气门上的背板叶；气管壁虱病应在此处检查；蜂王和雄蜂的胸高比工蜂大，这一差距是设计隔王板、隔王笼、雄蜂幽禁器或幽杀器的根据。

工蜂的前足具有刷净触角的净角器，基跗节内侧的跗刷用于刷集头部、眼部和口部的花粉粒；中足的跗刷则用于清理、刷集胸部的花粉粒，胫节近端部的内侧的胫距有清理翅部和气门的作用。工蜂后足用于集中和携带花粉，胫节端部的一列硬刺称为花粉耙，胫节外侧由许多又长又硬的毛所包围、形成花粉筐，所采集的花粉或蜂胶即成团积存于此处；基跗节基部外侧的耳状突和花粉耙具有耙集和推挤花粉，使之积聚在花粉筐中的作用；基跗节内侧的9~10排硬刺即用以梳集花粉的花粉栉，其他刺则可戳取蜡囊中的蜡鳞（图9-3）。雄蜂不具采集花粉的构造。

雄蜂的翅比工蜂发达，蜜蜂的翅除飞翔外，还能扇风、调节巢内温度和湿度、蒸发蜜内水分，以及发送信号气味和信号音波的作用。

腹部 第一腹节合并于胸部，腹部的第一环节为第二腹节。工蜂和蜂王腹部6节，雄蜂7节。工蜂腹部具有蜡腺、臭腺和螯刺（图9-3），雄蜂不具蜡腺和臭腺；蜡腺细胞在工蜂出生后第3~5d起开始发育和泌蜡，12~18日龄最发达；蜡腺分泌的液状蜡质与空气接触后便凝结成用以筑造巢房的蜡鳞。臭腺则能分泌特殊气味的挥发性物质，用以招引同类。

雌工蜂的产卵器特化成为螯刺，一对内产卵瓣演变并合成一根腹面具沟的中针，成对的腹产卵瓣演变组合成螯针，中针与螯针闭合成一毒液道，与接受毒腺分泌液的毒囊相通（图9-3）。当螯刺刺入敌体后，螯针和中针上下滑动，使针越刺越深，由于螯针具有逆齿而不能退出，最终整个螯刺连带基部的毒囊等一并断裂，留在敌体上，失却螯刺的工蜂不久便会死亡。不用时，螯针收藏于第7腹节折入的刺囊内，并纳于背产卵瓣之间。蜂王的螯刺也具有不如工蜂发达的毒腺和毒囊，只在与其他蜂王搏斗或破坏王台时才施用，其卵乃由已特化为螯刺的产

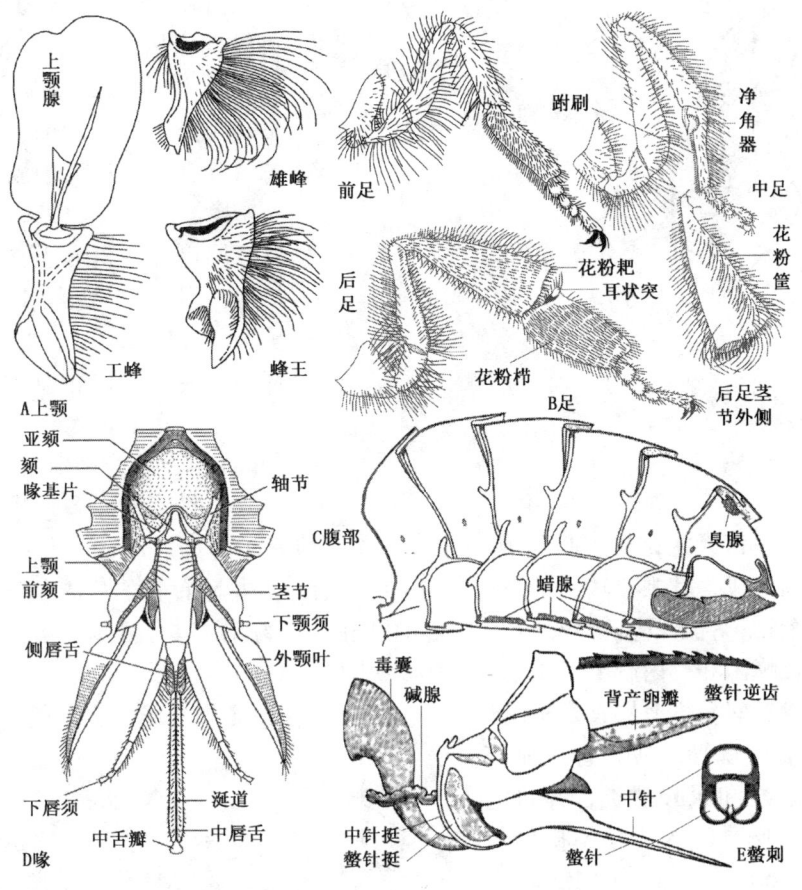

图 9-3 工蜂的上颚、喙、足、腹部及螯刺

卵器基部的生殖孔产出。

(2) 蜜蜂的内部解剖

蜜蜂的体腔充满着流动的血液被称为血腔,消化道位于体腔中央、贯通前后,循环系统是开放式的、背血管位于体腔的背中央,中枢神经系统的腹神经索位于体腔腹面中央,吸呼系统的开口即气门位于胸、腹部的两侧;腹部的消化道和背血管之间由膜状背膈隔开,消化道和腹神经索之间由腹膈隔开。

分泌腺 上颚腺是位于上鄂基部的一对囊状腺体,开口于上鄂内侧,分泌软化蜡质的液体及参与王浆组成的激素;蜂王的上颚腺比工蜂发达,能产生大量的在群体中起外激素作用的物质。头涎腺位于头腔的背侧,胸涎腺位于胸腔的腹侧;两对涎腺以4根导管通入涎管、开口于涎窦,涎液经涎道流至中舌瓣。胸涎腺在幼虫期就已具备,为丝腺的变形物,头涎腺形成于蛹期。涎液中含有转化酶,混入花蜜中后能促使蔗糖的转化,经浓缩酿成蜂蜜,并可作为糖粒的溶剂。成对的王浆腺又称为口腺、咽腺和舌腺,位于头部,由两串非常发达的葡萄状腺体所组成,管道分别通至口片的两侧,分泌的王浆积聚在口前腔、用以哺喂幼虫和蜂王,雄蜂无王浆腺(图9-4)。

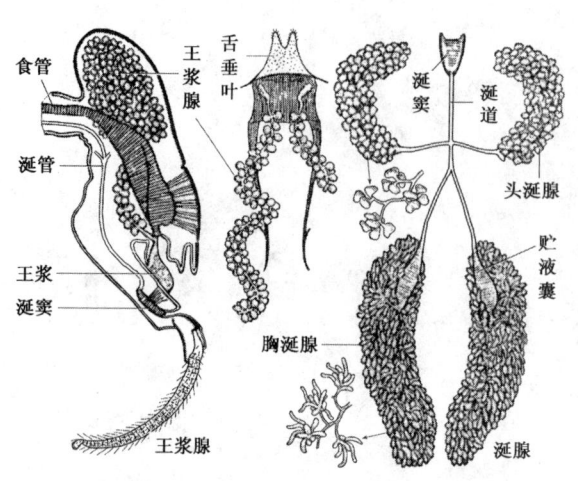

图 9-4 腺 体

消化系统 蜜蜂的前肠担负摄食作用,由咽、食管、蜜囊和前胃组成,咽膨大为食窦;当前胃后端的前胃瓣紧闭时,食物不能进入中肠而贮藏于蜜囊,若蜜囊收缩时蜜汁则反吐回口腔;蜜囊正常的容积是 14~18μL,吸满蜜汁后可扩大至 55~60μL,蜂王和雄蜂的蜜囊不发达。中肠又称为胃,是蜜蜂消化食物和吸收养分的主要器官;中肠后端收缩,外周环生许多马氏管;幼虫的中肠呈盲囊状,与后肠隔绝,直至幼虫期结束时才和后肠相通。后肠由小肠、直肠组成,其主要功用是吸收食物中的水分,并排除食物的遗渣和新陈代谢的含氮废物;直肠的基部环列 6 根隆起的圆柱状直肠腺,其分泌物能防止粪便腐烂,对蜜蜂困守巢内越冬意义很大(图 9-5)。

排泄器官 排泄器官是马氏管,是一组开口在中肠和后肠交界处的 80~100 余条的细长盲管,马氏管从血液中吸收尿酸和尿酸盐类,并将它们送入后肠,混入粪便,排出体外(图 9-5)。

循环器官 蜜蜂的背血管是循环系统的惟一管状构造,其后部为心脏、前部为动脉,其后端封闭、前端开口入头腔。心脏由 5 个连续膨大的心室所组成,在静止时,每分钟跳动 60~70 次,在活动时约为 100 次,飞行时则高达 120~150 次。动脉则仅仅是引导血液向前流动的简单血管,是从心脏前方的第一心室开始,向前延伸入头部、开口在脑下方的细管。血液为近无色的体液,由血浆和相当于高等动物的具有吞噬入侵微生物功能的白血球组成;血浆具有凝血作用,能促进伤口愈合(图 9-5)。

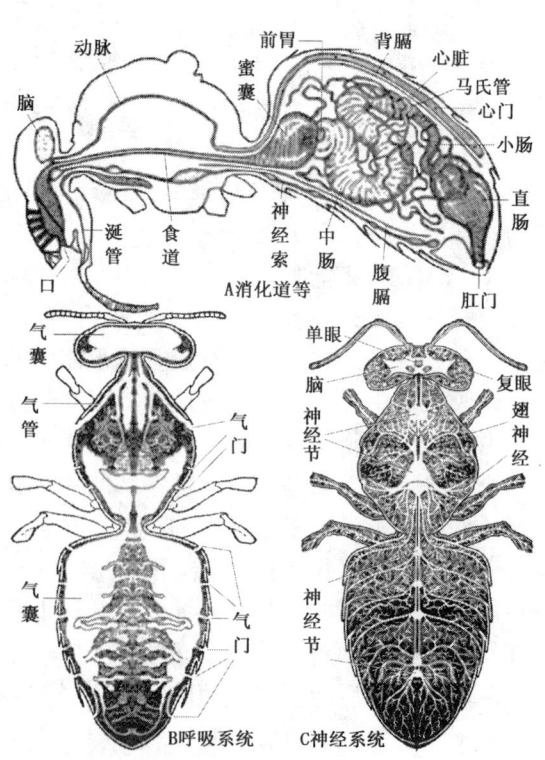

图 9-5 消化道、呼吸及神经系统等

呼吸系统　蜜蜂通过直接贯穿全身组织和细胞中的气管系统进行呼吸,呼吸系统包括气管、微气管、气门和气囊等构造(图9-5)。其每分钟呼吸运动可达40~150次,在低温或休止时,呼吸缓慢,在高温或活动时,呼吸急剧。蜜蜂胸部有气门2对、腹部8对,除第二对气门外其余各气门都具有过滤构造。气管的分支侧纵干演变成了很发达的气囊,气囊的张、缩,可以增强管内的气体流通,可增加飞行中蜜蜂的浮力。气管由粗到细,直至管径为1μm以下的微气管。微气管末端封闭,里面充满液体,分布在组织或细胞间,直接输送氧气。

神经系统　蜜蜂的中枢神经系统包括一个脑和一条腹神经索。工蜂的脑最为发达,雄蜂次之,蜂王最差。腹神经索包括胸部的2个神经节和腹部的5个神经节。交感神经系统则包括一些位于前肠的后头神经节,以及由这些神经节所发出的神经;后头神经节侧面有两对内分泌器官即心侧体和咽侧体,咽侧体产生参与控制蜕皮过程的保幼激素。周缘神经系统遍及身体周缘,包括感觉器官的细胞体和通入中枢神经系统的传入神经纤维,以及中枢神经系统通到反应器官的传出神经纤维(图9-5)。

生殖系统　雄蜂和蜂王的生殖器官发育完全,工蜂的则已退化,仅在特殊情况下才会产卵。雄蜂的生殖器官如图9-6。蜂王的一对呈梨形卵巢位于腹腔两侧,工蜂的则仅具3~8条(意蜂偏少,中蜂偏多)卵巢管的卵巢及受精囊的痕迹(图9-6)。

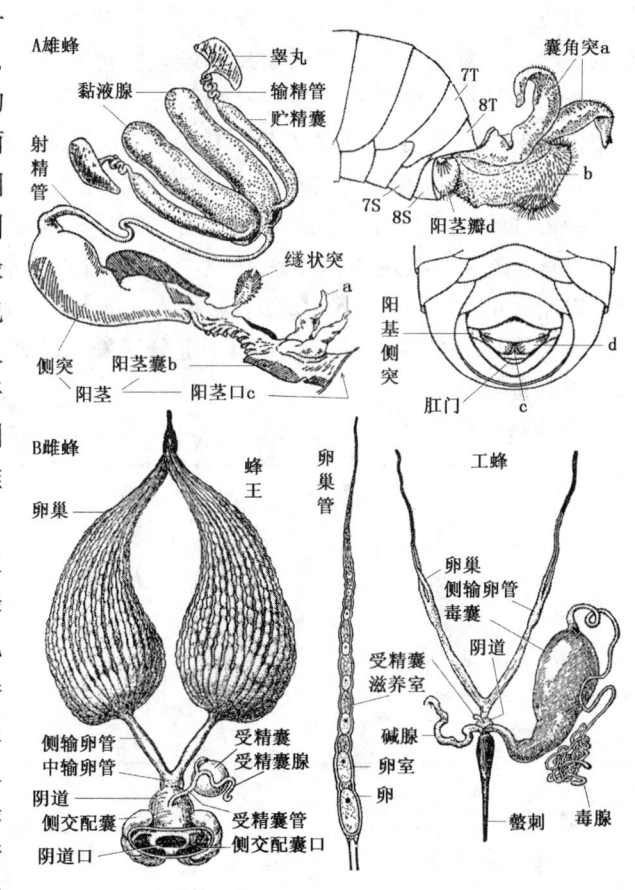

图9-6　雄蜂及雌蜂的生殖器官

9.2.2　生物学习性

(1) 蜜蜂的发育

蜜蜂的个体发育经过卵、幼虫、蛹和成虫四个时期。东北和西北地区约在2月底至3月上旬开始产卵,华北地区约在2月上、中旬,长江中下游只在11

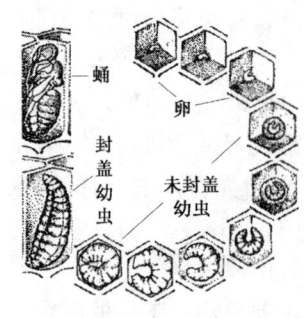

图 9-7 工蜂的发育阶段

至 12 月停产。卵期 3d，初孵幼虫平卧于巢房底，孵化后 3d 内所有幼虫食料都是王浆；3d 后工蜂和雄蜂幼虫食蜂蜜和花粉的混合物，而蜂王的幼虫则一直都食用王浆。幼虫长大后，则伸向巢房口。工蜂在工蜂和雄蜂的幼虫孵化后第 6d、7d 末将其巢房口封上一层蜡盖，幼虫则在封盖房中继续发育 3d 后停食，卷曲虫体头朝向巢口渐伸直；同时幼虫将中肠中积存的粪便排在巢房底部，然后吐丝作茧。蛹期 1d，老熟幼虫蜕皮后蜕并不脱除，幼蛹在蜕内发育至成熟蛹后才脱去蜕皮。羽化后成蜂咬开巢房盖出房，吸食蜂蜜和水分、膨胀身体、展翅、外骨骼变硬。封盖至出房阶段的幼虫和蛹，统称为封盖子（图 9-7）。

与其他昆虫一样，蜜蜂发育速率与环境温度有关，但其胚胎和胚后的发育基本在恒温的巢内进行，发育速率相对稳定。发育历期，是预测群势、控制分蜂、人工育王、采蜜群组织、毁弃王台、培育适龄越冬蜂等的重要依据（表 9-1）。

蜂群在年发育过程中，多发生在蜜粉充足、蜂多群强的春末夏初常要分蜂或分群，这是蜂群体自然繁衍的一种本能。分蜂通常发生在王台封盖后的 2~5d 内，以晴天的 10:00~15:00 为最佳期。分蜂时老蜂王连同一部分工蜂和少数雄蜂飞离原巢、另寻新巢，原巢留下部分工蜂和即将出房的处女王，以及众多的封盖子和食物。

表 9-1　中蜂与意蜂的发育历期　　　　　　　　　　　　　d

型别	蜂种	卵期	未封盖幼虫期	封盖期	出房日期
蜂王	中蜂	3	5	8	16
	意蜂	3	5.5	7.5	16
工蜂	中蜂	3	6	11	20
	意蜂	3	6	12	21
雄蜂	中蜂	3	7	13	23
	意蜂	3	6.5	14.5	24

(2) 工蜂的生活和习性

除越冬蛰伏期外，工蜂的正常寿命约 5 个星期，强群所培养的工蜂寿命比弱群的更长、工作力也强，在主要流蜜期中如果工作很紧张，也会加速蜜蜂的衰老死亡。工蜂在生命的前期担任巢内工作、后期担任巢外工作，如果老蜂大量死亡，新蜂又接替不上，蜂群就会垮掉。

工蜂可分为幼、青、壮、老四个时期，分泌王浆之前的是幼年蜂，担任巢内主要工作时期的是青年蜂，从事采集工作的是壮年蜂，采集后期身上绒毛已磨损、呈光秃油黑的工蜂是老年蜂。幼蜂和青年蜂为内勤蜂，壮年蜂和老年蜂则为外勤蜂（表 9-2）。从卵产下开始到幼虫封盖，每幼虫每天约被哺育蜂探视 1 300 次，整个幼虫期被饲喂达 1 万次以上；一只越过冬的工蜂可育虫 1.12 只，春天

表 9-2　工蜂的日龄及工作

日龄	活动及工作
1~3d	可担负保温孵卵、清理巢房、协助蜂王产卵等工作
4d	能调制花粉、喂养大幼虫
6~12d	分泌王浆、喂养小幼虫。开始第1次排粪，晴暖午后涌出巢门做认巢飞翔（闹巢）
13~18d	主要担任清理巢箱、拖弃死蜂或残屑、夯实花粉、酿蜜、使用蜂胶筑造巢脾等
17d 后	开始采集工作。20日龄后其采集力充分发挥，直至老死。也部分担任守卫御敌工作

的新蜂虽可育虫3.85只，但实际育虫能力接近于1:1。北方地区秋后的工蜂在出房时巢内已经停卵，则经数月冬蛰于来春才开始哺育幼虫和出巢采集。完全用幼蜂组成的小群，即使工蜂仅有数日龄也能从事采集，老年蜂在必要的时候也能重新泌蜡和吐浆育虫。

筑巢时工蜂用后足抽取蜡鳞再用前足转至上颚、混入上颚腺分泌物，揉软成为可塑的蜂蜡。蜂蜡用于修补旧巢脾、对巢房封盖、建造新巢脾，但只有在大流蜜期蜜粉充足时蜂群才会泌蜡造脾，筑造1个工蜂房需50片蜡鳞、1个雄蜂房则需120片蜡鳞。

当蜂群失去蜂王，巢内又无条件培养新王时少数工蜂也能够产卵，但只能孵化出雄蜂；部分中蜂群失王后，巢础的一边工蜂在"改造王台"，而另一边的却产卵；工蜂产卵的初期也是一个巢房产卵1粒，随后往往在一房产数粒卵，卵常东歪西斜，这种幼虫封盖后房盖格外突出。对这种情况应注意及时处理。

(3) 蜂王的生活

产生　蜂王的产生途径有3种。①群势旺盛的工蜂常在巢脾的下缘和边缘筑造王台数个至十几个，培育新王，进行分蜂，此即自然分蜂。②当蜂王衰老或伤残时，弱群中的工蜂常在接近巢脾中部仅造1~3个王台，培养新王进行交替，不进行分蜂，原来的老王在新王出台前后数日则死去，即自然交替。③蜂王突然失亡约1d时，工蜂即紧急将蜂房中3日龄内的10余个幼虫培育成蜂王，但当第1只蜂王出台后，其余王台将全部遭到破坏，此即急迫改造。意蜂王的寿命2~5年，第2年产卵最多，但到后半年其产卵力已渐衰退，在第2年流蜜期后应及时更换蜂王；中蜂王的衰老更快，应当年年更换。

出台　在新王出台前的2~3d内工蜂咬去王台端部的蜂蜡、露出王茧，蜂王只须从内部将茧咬一环裂缝即可出台。但刚羽化的蜂王常在王台内停栖数小时，并从裂缝处伸喙向工蜂求食。初出台的蜂王腹部稍长，略似产卵王，1~2d后腹部收缩、灵活、畏光，常即潜入密集的工蜂堆中。当数次检查不到处女王时，可从另蜂巢抽调一框卵虫脾放入该群内，如见工蜂改造王台，即已失王，反之则处女王尚在群中。

除母女蜂王自然交替及自然分蜂外，群内几乎不能容忍有另外的蜂王共存，两蜂王相遇时必要决斗，另一王则要被螫死。因此，一只健全的新王出台后常先巡行各巢脾，寻找其余的王台，如果不被工蜂阻挠，则咬毁未出台的王台，用螫针将其中的王蛹刺死，工蜂则拖弃其尸体、毁除王台壳。

交尾　性成熟的雄蜂和处女王的交配行为是在飞行中完成的。羽化后3d处女王出巢试飞，5~6d性成熟后婚飞，6~13日龄，但多在第8~9日龄交尾。交尾不只关系到蜂王和雄蜂而且关系到整个群体，因此蜂王交尾时蜂群正常采集飞行几乎停止。蜂王婚飞多在14：00~16：00，此时工蜂簇拥蜂王，部分工蜂在处女王和巢门之间成行排列，部分工蜂聚集于巢门口举腹扇风散发气味招引蜂王；处女王出现巢口后工蜂则驱使、逼迫处女王起飞，常有一小批工蜂伴随处女王起飞；交尾可发生在离蜂场10km以外，在交尾场可见一簇雄蜂追逐处女王，在低空急速移动、旋转。蜂王起飞后聚集巢口的工蜂仍继续猛烈扇风举腹、散发气味、招引返巢蜂王，以免其错投它巢。交尾返巢的蜂王螫针腔常拖带着一小段白色线状物即"交尾标志"，此乃雄蜂黏液腺排出物等堵塞螫针腔所致，工蜂则继续追随蜂王触觅或用上颚拉出"交尾标志"。

蜂王的交尾飞行常发生在14：00~16：00，气温高于20℃以上，无风或微风的天气，气候越好，雄蜂越多，越有利于交尾，反之仅接受少量精液，产卵后通常提早被交替。处女王多在第一次飞行时即完成交尾，一次婚飞可连续和7~10只雄蜂交配，并可重复进行婚飞，但产卵后终生不再交配，产卵后的蜂王除非随同自然分蜂或蜂群迁飞，绝不轻易离巢，如要对蜂王进行剪翅处理应在产卵后分蜂之前进行。

产卵　蜂王通常在交尾后2~3d或在重复交尾14h后开始产卵，一般每巢房产卵1粒，工蜂房和王台产受精卵，雄蜂房则产未受精卵。产卵巢房缺少时如蜂王产卵力强盛，则在所有空巢房产遍1次卵后，会在其中重复再产。如有空巢房但蜂王却在有卵巢房中重复产卵，或蜂王未经交尾而开始产仅能育成雄蜂未受精卵，及老、弱、伤、残的蜂王应将其及时淘汰。

蜂王一般都从蜜蜂最集中的巢脾开始产卵，产卵范围常以螺旋形顺序扩大，形成椭圆形的"产卵圈"，再依次扩展至相邻的巢脾。中央巢脾的产卵范围最大，两侧的依次稍小，整巢中的产卵区则常呈椭圆形球体。蜂王的产卵力与品种、亲代性能、个体生理条件、蜂群内部状况、饲料有关，食料的供应又决定于群势、蜜粉源以及气候等条件。意蜂王的产卵力很强，以封盖子12日为周期，日平均产卵1 587粒、最多达2 000粒以上，1 000粒卵约相当于产卵蜂王的体重即0.3g；因此在产卵期内的蜂王四周总是环护着哺育蜂，以王浆轮流吻接吻地喂饲蜂王。产卵力乃是制定巢箱容积的基本依据。一只强群中的优良蜂王年产卵可达20万粒以上，一个意蜂强群则可拥有5万~6万只工蜂，一个中蜂强群也可拥有近3万只工蜂。

(4) 雄蜂的生活

雄蜂一般出现于晚春和夏季，消失于秋末，每巢数百只以至上千只，由于不具螫针，其命运取决于工蜂；虽然有机会与蜂王交尾的雄蜂十分有限，但众多的雄蜂乃是保证蜂王得以选择并顺利完成交尾的重要条件。

群势旺盛产生分蜂热时，雄蜂是由正常蜂王所产，但也可由工蜂、未交尾或受精囊的精子用尽后或生殖器官不正常的蜂王所产生。培育1只雄蜂幼虫需要相当于培育3只工蜂幼虫的饲料，且成年雄蜂不劳动，所以在那些不需要配种的蜂场中应设法限制雄蜂的产生。

意蜂及中蜂的雄蜂出房后约7d才能飞翔，在第5～20d（若由卵算起则在第36～51d）是交尾的最适宜时期即"雄蜂青春期"。意蜂的雄蜂常在晴暖的14:00～16:00，中蜂则晚1～2h出巢，"嗡嗡"作响飞游，易识别，其出游的时间、天气条件与处女王一致，但在与蜂王交配后即丧生。蜂王或工蜂如误入其他蜂巢常遭守卫蜂攻击，但分蜂季节的雄蜂误入它巢时却不受拦阻，此即雄蜂无群界。

在蜜源充足时其寿命可达3～4个月，如流蜜期过后或新王已经产卵，工蜂即将雄蜂驱逐于边脾或箱底，甚至拖出巢外饿死；如群内失王或蜂王还未交尾、或蜂王伤残衰老时，工蜂在秋冬季节并不驱逐雄蜂，而保留它们在巢内过冬。

9.2.3 蜜蜂的采集及信息传递行为

蜜蜂采集和贮存饲料、守卫蜂巢、泌蜡筑巢、哺育蜂子、分蜂繁殖、信息交换、调节巢内温湿度、处女王和雄蜂的婚飞和交配、蜂王产卵等都是蜜蜂的行为。蜜蜂对各种刺激的反应是机械性的，大部分都是无条件反射行为。

(1) 采集

蜂群生活所需要的所有物质如花蜜、花粉、水、树胶和矿物质等都是工蜂采集而来，其采集飞行最适温度是15～25℃，气温低于8℃时则不能出巢采集。意蜂的采集半径为2～3km，最远为3～4km，若附近无蜜源也能到7km以外去采集。中蜂的则多不超过1km。

花粉的采集与蜂粮酿造　工蜂采集花粉时口器、3对足和全身的绒毛都起作用，在花上用喙润湿、舐沾花粉，用足扒动花药使花粉脱离花药、粘于足和身体上，飞行间隙则用前足将花粉推进花粉筐。花粉团被携回巢内，工蜂用足将其铲落到巢房内，内勤蜂头部则伸入巢房将其咬碎夯实，吐入少量蜂蜜润湿，再经乳酸菌的作用即可酿成蜂粮；当巢房中蜂粮贮至约70%时，工蜂即在蜂粮上覆盖一层蜂蜜、封蜡上盖、长期贮存。1只采粉蜂1d可采10次，每次采粉量为12～29mg，气温低于12℃或高于35℃、风速每小时达20km时均不利于采粉。

花蜜的采集与蜂蜜酿造　蜂蜜是工蜂采集植物花朵内的花蜜，在巢内经过5～7d的不断扇风蒸发浓缩，使其中水分降到15%～21%，同时花蜜中的蔗糖也被蜜蜂所分泌的酶素分解，转化为葡萄糖和果糖，最后浓缩加工酿制而成的浓稠甜液。一只蜜蜂蜜囊的载蜜量约20～40mg，需要数百朵甚至上千朵花才能吸满，一次只能携回20mg的花蜜，生产1g蜂蜜工蜂要采集约1 500～1 600朵花的花蜜，每采满一个蜜囊要飞行3km，制造1kg的蜂蜜则需飞行5万～6万次、36万～45万km、访花几百万到上千万朵。

采集蜂携花蜜回巢后，吐进1只或数只内勤蜂的蜜囊，内勤蜂则将其吐于喙上，在混合唾液的同时蒸去部分水分，再将花蜜分散于巢房中；每巢房先装入

1/3 的花蜜，然后用翅膀扇风，蒸发水分，待先装入巢房的花蜜酿制后，再将巢房装满，继续酿造使其成熟，然后封上蜡盖、贮存。蜂群中每天出巢采蜜的蜂数及每只蜂出巢的采集次数和采蜜量，与天气、蜜源、群势、采集蜂本身的状况有密切关系。

采水活动与水的利用　蜜蜂采水主要用于稀释成熟蜜、调制幼虫饲料、降低巢温、调节巢内相对湿度等需要。在流蜜期其所采回巢的含有大量水分的花蜜基本能够满足蜂群对于水分的需要，但在大量培育幼虫、维持巢内适宜的温度和湿度、蜜源缺乏的早春和盛夏则需频繁采水，越冬期蜂群除靠蜂蜜中的水分外还需吸收空气中的水分。因此，蜂群在干旱地区越冬时巢内应安置水盒，利用棉纱带提供水分。

蜂胶的采集与利用　从植物叶芽和枝干上采集树脂时，工蜂用上颚咀嚼并将其和上颚腺的分泌物混合，然后用足转入后足的花粉筐带回巢内。所采胶主要用于涂刷巢房，堵塞孔洞、裂缝，封缩巢门，粘固巢框，包埋无法搬动的小动物尸体以防止腐烂等。西方蜂种具采胶特性，而中蜂则不采胶。

(2) 传递信息

蜜蜂以蜂舞和释放信息素两种方式传递信息。蜂舞是蜜蜂传递各种信息的一种方式，当蜜蜂在距离蜂箱 100m 以内发现食物时跳圆舞，但不表示方向；在离蜂箱 100m 以外发现食物时则跳摆尾舞，并表示距离和方向；此外还有警报舞、清洁舞、欢乐舞、按摩舞等舞蹈形式。

信息素是昆虫外分泌腺体向体外分泌的多种化学通讯物质。它借空气或接触传递，作用于同种的其他个体后引起特定的行为或生理活动。蜜蜂的信息素主要有以下几种。

蜂王信息素　蜂王分泌的化学通讯物质。蜂王上颚腺信息素组分很复杂，其主要的成分反式 9-氧代-2-癸烯酸具有抑制工蜂的卵巢发育、控制工蜂建造王台、在交配飞行中引诱雄蜂、刺激雄蜂发情，可使自然分蜂的蜂群不致飞散的作用；而反式 9-羟基-2-癸烯酸可以吸引雄蜂、抑制建造王台、可使蜜蜂安静地聚集在一起。背板腺信息素也具有吸引工蜂、抑制工蜂卵巢发育的作用。跗节腺信息素则是用足垫将其散布在巢脾表面，显示蜂王存在的信息。王浆酸是蜂王浆中的一种具有生理活性的有机酸，为反式 10-羟基-2-癸烯酸，它有刺激蜂王卵巢发育和代谢的作用。

引导信息素　由工蜂第 7 腹节背板内的臭腺分泌的芳香物质，在几千米以外即可引起蜜蜂的反应，其主要成分是牻牛儿醇、橙花醇、法呢醇、柠檬醛、牻牛儿酸和橙花酸等。它具有使分蜂群结团及标识作用，能使外出的工蜂和蜂王准确无误地返回自己的蜂巢，一只工蜂在蜜源和水源地释放该信息素时可引导其他工蜂前去采集。

示踪信息素　工蜂也能释放示踪信息素，如留在花间的信息素可引导其他蜜蜂前去采集，留于巢门口时可帮助返巢蜜蜂找到入口。

告警信息素　蜜蜂受到侵扰时所释放，由工蜂螫针毒腺分泌，其主要成分是乙酸异戊酯、乙酸正丁酯、乙酸正己酯、乙酸正辛酯等20多种物质，挥发性强，能迅速传递告警信息，很快激起蜜蜂的螫刺反应和自卫行动。由工蜂上颚腺分泌的主要化学成分是2-庚酮，当工蜂用螫刺进攻时，常用上颚咬住敌人，并将这类化学物质留在其上，以引导其他蜜蜂前去攻击。守巢的工蜂也用上颚在入口处释放这种告警信息素，用以驱避企图入侵的其他昆虫。

9.2.4 自然因素对蜂群的影响

温度、气流、日照、湿度、雨雪等气象因子，直接影响蜜蜂巢内生活和巢外飞翔、排泄、采集等活动，同时也影响蜜源植物的生长、开花、流蜜和散粉。

(1) 温、湿度对蜜蜂的影响

温度对蜜蜂生命活动的影响最大，单一蜜蜂在静止状态时其体温与周围环境的温度极其相近，中蜂与意大利蜜蜂个体的安全临界温度分别为10℃和13℃。温、湿度还影响植物的泌蜜量、蜜汁蒸发速度以及花粉的黏性，间接地影响着蜜蜂对花蜜和花粉的采集。

飞翔的最适气温是15～25℃，气温低于14℃以下时则逐渐停止飞翔，成年蜂生活的最适气温是20～25℃，气温达30℃时出勤减少、40℃以上时除少量采水蜂外几乎停止出勤。蜂群育子的最适巢温是34.4℃，当子脾温度低至34℃时即紧密地聚集在子脾上使子脾保持于35℃左右，随蜂巢变暖则又渐扩散开；如果巢里没有子脾，巢温则变化于14～32℃之间。蜂群中封盖子的幼虫在巢温20℃持续11d、25℃持续8d即死亡，因此在气温达28℃时工蜂开始在巢门口振翅扇风降低巢内温度；27℃时成蜂能羽化但都立即死亡，30℃时推迟4d全部羽化，35℃时可正常羽化，37℃时工蜂的发育期缩短3d，但封盖子幼虫大量死亡或多发育不全，40℃时即全部死亡。正常的蜂群常年都保持着团集状态，气温接近6～8℃时所有蜜蜂都集结形成冬团、吃蜜运动产热，冬团外围约7℃、中心为24～30℃。

蜜蜂在巢内发育的最适相对湿度为35%～45%，短时间湿度的升降对其影响不大。越冬期最适宜的相对湿度为75%～80%，空气过分干燥时会促使巢内的贮蜜失水结晶，以致蜜蜂无法取食，使越冬蜂死亡。

(2) 其他因素对蜜蜂的影响

气流即夏季的台风和暴风、冬春秋的寒流，对蜜蜂的生活影响相当大。风速达17.6km/h时出巢减少，达33.6km/h停止出巢；台风及暴风会毁坏蜜源、吹倒蜂箱，致使在野外采集的蜜蜂遭袭而丧生；寒流来临时蜜蜂在巢内缩团，使外缘子脾受凉而影响发育甚至引起死亡，如果主导气流长期正对巢门，会使巢温大量散失，群势难以发展。在大风地区，蜜蜂外出采集时贴近地面飞行，蜂群有明显偏集到上风向的习性，蜂场应布置在蜜粉源的下风向，使蜜蜂空腹逆风而去，满载后顺风而归。

日照条件好或日光直射巢门，蜂群出巢活动多；日照时间长对增加蜂群的蜜粉产量十分有益，同时对加强蜜源植物的光合、加速植株营养积累和及时达到开花期都十分重要,但越夏与越冬期间不宜让阳光直照巢门,以减少蜜蜂出巢和损失。

在盛花期当蜜蜂纷纷外出采集时,如果突然发生阵雨和暴雨,会使在外采集蜂顷刻之间遭到惨重损失;雪在北方对室外越冬的蜂群有保温作用,但在长江以南雪过天晴少数工蜂趋光出巢则会冻死在外。

9.3 蜜蜂的饲养管理

我国在数千年饲养蜜蜂的过程中,发明了为数众多的专用器械,同时在对蜂群详细观察的基础上总结出了不少管理方法。

9.3.1 养蜂的基本装备

养蜂设备包括三类,即蜂箱、巢础及其他专用生产设备和工具,具体如下。

(1) 蜂箱

蜂箱一类是以向上叠加继箱的方法扩大蜂巢的重叠式,另一类是以侧向发展的方法扩大蜂巢的横卧式。重叠式蜂箱较适于蜜蜂的贮蜜习性、搬运方便,适合于专业化生产使用的标准蜂箱和定地转地两用蜂箱。

标准蜂箱是由十个巢框、箱身、箱底、门挡、副盖、箱盖以及隔板组成的,必要时可再叠加继箱;继箱与箱身通用,有的继箱只有箱身的一半高即浅继箱。蜂王产卵盛期常把卵圈扩展至框边,于是就将贮蜜区推上继箱,加隔王板后继箱便成为单纯的贮蜜区(图9-8)。

标准蜂箱的巢框可容纳7 200~7 400个意蜂工蜂的巢房,除了满足蜂王产卵外,尚余一半的位置供贮存粉蜜。箱身由四块22mm厚的木板合接而成,箱底为558mm×413mm的"冂"形外框;箱盖又称雨盖或大盖,副盖又称内盖或子盖。该类蜂箱是为适应蜂群转地而改良的蜂箱,在箱体的前、后壁,开设可以启闭的通气纱窗,但其缺点是遮光效果较差,白天运蜂会使蜜蜂见光骚动不安;也可在副盖和箱底的中央开设配有闸板的纱窗,形成上下通气的方式,但调节闸板不方便,通气性稍差。为便于长途转地饲养、追花夺蜜,两用蜂箱应尽可能减少附件,并提高各部件的利用率,做到一箱多用(框槽结构、纱窗、门挡及巢门等如图9-9)。

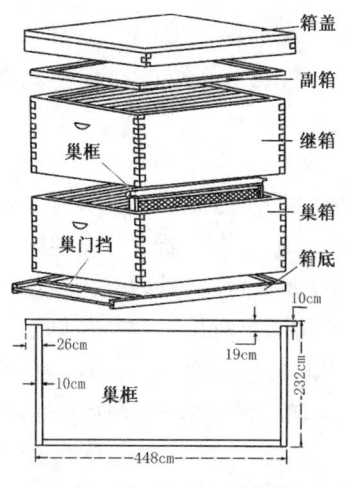

图9-8 标准蜂箱及标准巢框

(2) 巢础

巢础是供蜜蜂筑巢脾的基础,它是利用蜂蜡片或塑料片,经巢础机压印成初具巢房底部和房基的薄板。每张巢础由几千个排列整齐、相互衔接的六角形房眼组成,房眼的准确性与整齐度对蜜蜂筑造巢脾有着密切的关系；优质巢础不易出现雄蜂房，劣等的不仅造成许多雄蜂房与不标准巢房，还使蜜蜂个体发育受到影响。意蜂巢础的房眼宽度为 5.31mm，每 100cm² 中有 851 个工蜂房；中蜂巢础的房眼宽度为 4.61 mm，每 100cm² 有 1 243 个工蜂房。无论哪种巢础都可压成浅房巢础、深房巢础和特浅房巢础。特浅房巢础是由精密巢础机轧制而成，房底特薄，专供生产巢蜜用；浅房巢础即普通巢础，房基不高，用于筑造贮蜜和育虫巢脾，蜜蜂筑脾比较费时，有时还会改造成雄蜂房；工蜂对深房巢础稍加筑造即可供蜂王产卵，造成雄蜂房的机会少，多用于筑造育虫巢脾（图9-10）。

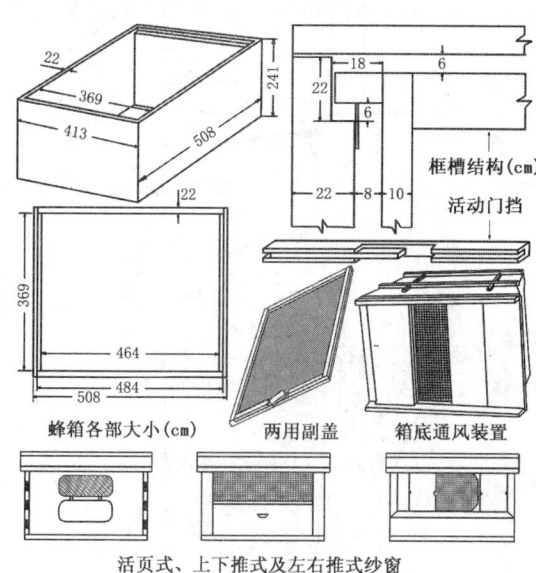

图9-9 箱身大小、框槽结构、活动巢门挡、纱窗形式及箱底通风装置

(3) 摇蜜机

摇蜜机又称分蜜机。自从19世纪中叶摇蜜机出现之后，早先毁巢取蜜的方法即被淘汰，这不仅提高了巢脾贮蜜的周转率，也使蜂蜜产量激增。分蜜机主要有换面式、活转式和辐射式等三种类型。摇蜜机由桶身和中间的转动架及齿轮构成，当转动架在桶内旋转时，蜜脾上的贮蜜在离心力的作用下，由巢房甩出而汇集在桶内，使蜂蜜从巢脾中分离出来。换面式分蜜机有二框式和三框式两种，其框笼固定，分蜜时需要提脾换面，但体积小、携带方便；活转式有两框和四框两种，蜜脾在机内可随框笼活转换面，但体积较大、携带不便；辐射式分蜜机的蜜脾竖插在转动架上，分蜜时要用马达带动（图9-11）。

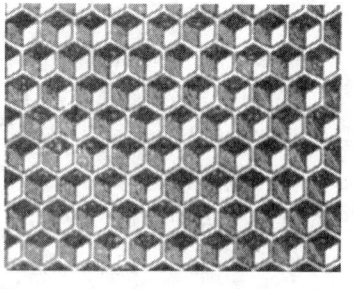

图9-10 巢 础

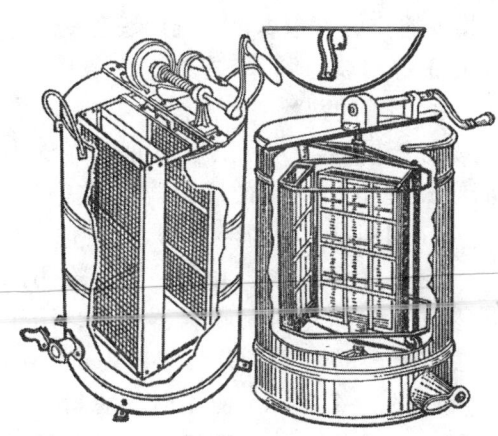

图9-11 两框换面式及活转式分蜜机

(4) 其他用具

面网　面网是保护头部和颈部免遭蜂螫的用具，用白色通气的棉纱、尼

龙帐纱或玻璃纱制成,前脸用黑丝编织,套在草帽或白色塑料帽上使用(图9-12)。

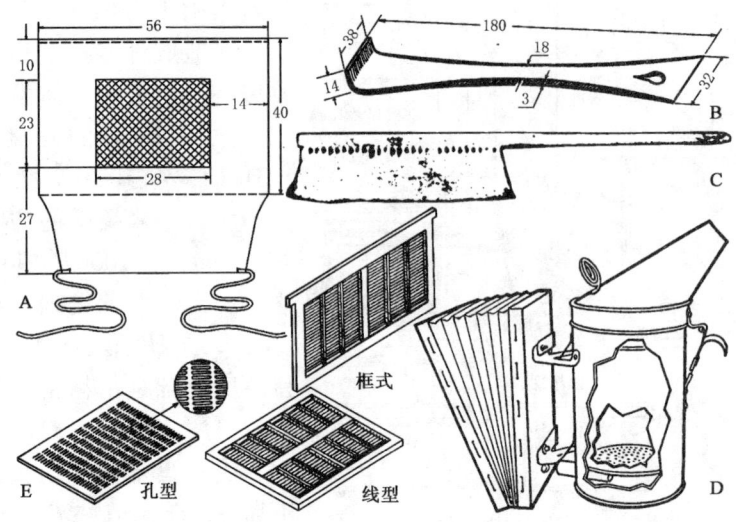

图 9-12　面网 A、起刮刀 B、蜂刷 C、喷烟器 D、隔王板 E

起刮刀　用纯钢锻打而成,用以撬动副盖、继箱、巢框、隔王板、刮铲蜂胶、赘脾及箱底污物,并能起钉子和钉钉子(图9-12)。

喷烟器　是用以镇服或驱逐蜜蜂的器具。由内盛干草枯叶点燃加盖的发烟筒,下边具通风孔、能鼓风促进闷烧发烟的弹簧风箱组成(图9-12)。

蜂刷　用以刷除脾面上蜜蜂的用具,由白色马鬃或马尾制成(图9-12)。

隔王板　隔王板是用于限制蜂王产卵与活动范围的器具,在蜂巢内能分隔出育虫区和贮蜜区,使虫、蛹、花粉等不致于和蜂蜜混杂,便于取蜜和提高蜜质;其孔洞的宽度,由蜂王和工蜂胸部的厚度所确定,孔洞宽度为4.14mm时既适用于意蜂也适用于中蜂(图9-12)。

雄蜂、蜂王幽闭器　是防止杂种或劣种雄蜂外出交配,安置于有分蜂迹象的蜂群巢门上,阻止蜂王跑出,防止自然分蜂,预防大型胡蜂、天蛾和蛙类等敌害的用具。为高60mm、长宽与巢门起落板相等的"门"形木框,框内装有铁丝隔王栅,工蜂即可自由进出隔王栅,雄蜂、蜂王等则被幽阻(图9-13)。

雄蜂幽杀器　由雄蜂、蜂王幽闭器和一组倒置的网状脱蜂器构成,雄蜂出游前安置于巢门口,隔王栅阻止雄蜂外出而使其爬至圆锥状的脱蜂器中被幽禁、饿死(图9-13)。

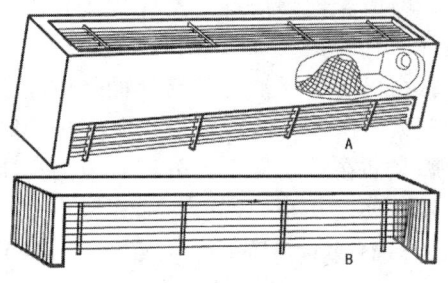

图 9-13　幽杀器 A 及幽闭器 B

花粉团收集器　由上层的花粉团刮除器和下层的花粉团收容器组成,用于西方蜂的脱粉器孔径为4.8~5.0mm、中华蜜蜂的为4.2mm。使用时将脱粉器放于巢口,携粉回巢的蜜蜂经过脱粉器孔时其后足的花粉团无法通过，即被截留在巢外（图9-14）。

饲喂器 框式饲喂器是用塑料制成的大小似标准巢框的扁形长盒，每盒可装强群约 1h 能吸尽的饲料 1.5kg，使用时将其置于巢内边框紧靠巢脾处。巢顶饲喂器是用塑料或木料制成，每次可装糖液 10kg，用于强群的越冬饲养，携带不便，不适于奖励饲养和弱群使用，使用时叠加在强群的巢箱上（图9-14）。

割蜜刀 以纯钢片制成，用于切除封盖蜜脾上封盖蜡和产浆王台口（图9-14）。

蜂王诱入器 用于给无王群诱入蜂王的器具。全框诱入器用木料和 10 目的纱网制成，可容纳进一个巢脾、且能插入蜂箱内。使用

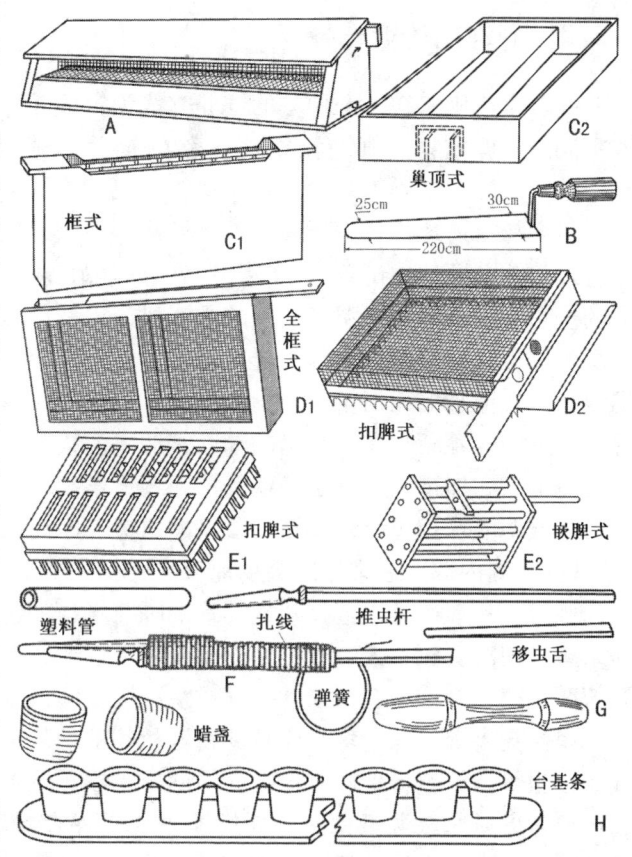

图9-14 花粉团收集器 A、割蜜刀 B、饲喂器 C、蜂王诱入器 D、囚王笼 E、弹力移虫针 F、蜡盏棒 G、人工台基 H

时将其他巢中具蜂王及工蜂的半蜜脾置于其中、插入无王群内，经 1~2d 蜂王被接受后撤出。扣脾诱入器是用铁皮和 10 目的纱网制成（图9-14）。

囚王笼 用于限制蜂王产卵、囚禁老王、待新王交尾成功后再除去老王的器具。扣脾囚王笼采用塑料制成，隔王栅的宽度可使工蜂自由进出，使用时罩住脾上的蜂王，轻轻下按，笼齿即插入巢脾内。嵌脾囚王笼采用塑料和竹丝制成，四周均为隔王栅，窄侧面有一可抽开的供装入和释放蜂王的小门，使用时将其装在巢脾近上梁处或吊挂在两脾之间（图9-14）。

蜡盏棒 沾制蜡盏用的木制模型棒，用质地细密的木材制成直径约 13mm、长 80mm、两端为半球形的小圆棒，大小两端可用于沾制不同的蜡盏（图9-14）。

人工台基 为人工育王或生产蜂王浆使用的人造蜡盏，或 20~26 个塑料盏连成的台基条（图9-14）。

弹力移虫针 由牛角移虫等构成。使用时薄而光滑的牛角移虫舌顺着巢房壁伸入巢房底时，舌片尖端就会弯曲滑入幼虫底部把幼虫带浆托起，将其转入台基底部中央时用食指轻压弹性推虫杆的上端即可（图9-14）。

9.3.2 养蜂的场地选择

蜂群常年固定在一个地方的饲养方式为定地养蜂,该养蜂地即固定场地。随着不同地蜜源植物的开花泌蜜而迁移的饲养方式为转地放蜂,其场地为临时场地。

固定场地的选择 选择固定养蜂场地必须经过现场勘察和周密调查,必要时应将蜂群放在预选地试养1~2年,然后才能确定取舍。理想的固定场地应有丰富的蜜粉源、良好的水源、适宜的小气候,以及环境幽静、交通方便,不易发生山洪和塌方,并应地势高燥、光照适度、冬春向阳、夏秋难于曝晒、空气较湿润、有常年流动的无污染的小溪和河沟,该场地周围全年至少有1~2种主要蜜源、粉源整年不断、花期交错的辅助蜜源。海拔高、气温偏低的山地,易产生强大气流的狭谷地带,易积水的低洼沼泽地,广阔的水库、湖泊和被污染的水源附近,与蜜源隔水相望处,铁路或公路的道旁,距离工矿、畜禽饲养场和其他蜂场2~3km范围内都不适宜作固定场地。

临时场地的选择 选择转地养蜂的临时场地的选场原则与固定场地一样。选择采蜜场地时要注意人、蜂是否安全,了解主要蜜源植物的面积和生长情况、蜜源流蜜规律、蜂群分布及密度,气候情况应了解雨水是否充足、有无冻害、花期有无旱涝灾害等。采粉场地应掌握粉源植物的面积和集中程度,当地连续雨天的气象预报等。繁殖场地应有连续交错的丰富粉源及辅助蜜源,供水条件良好,早春还要考虑避风保温条件。越夏场地主要是保存蜂群的实力,应选择遮荫、通风、胡蜂等敌害少处,既有辅助蜜源且有防风林带的海滨,或海拔相对较高、有零星蜜粉源的山林等地。

9.3.3 养蜂的基本技术

饲养蜜蜂必须熟练掌握养蜂的基本操作技能,包括排列蜂群、检查蜂群、合并蜂群、诱入蜂王、解救围王、修造巢脾、饲喂蜂群、移动蜂群和收捕蜂团等。

(1) 排列蜂群

在防蜂场地蜂群的排列应以管理方便、便于蜜蜂采蜜、不易引起盗蜂为原则。蜂箱间距1~2m,排间距2~3m,前后排蜂箱相互交错散放、单箱排列、双箱或多箱并列,或沿路箱挨箱"一条龙"排列。蜂箱要架高约20cm,前低后高、相差3~5cm,以免地面的潮气沤烂箱底及敌害侵入箱内,防止雨水流进箱内,便于蜜蜂清理箱底;巢门宜朝南或偏东南、西南,门前不可有高的障碍物和杂草垃圾,巢门不要对着路灯、诱虫灯,以免蜜蜂受灯光的刺激而造成损失。

转地放蜂途中在车站、码头、路边等待运输而临时放置蜂群时,应将蜂箱紧挨排成一圈且巢门一律朝向圈内。试验蜂群应按组、同组在同一个地方单箱排列,组间有自然屏障或增大组间距。有处女王的交尾群应分散放在蜂场外围目标清晰处,巢门要相互错开以免其交尾归来时错投它群。

(2) 检查蜂群

检查蜂群是了解其实际状况,以采取相应的管理措施利于繁殖或生产。

箱内全面检查 即打开箱盖,逐个提检巢脾,了解群内的脾、蜂、王、子、蜜、粉、病等情况,及有无自然王台和分蜂热。但对蜂群的正常生活及巢内的温湿度影响较大,以每 10～15d 一次为宜、且操作时间越短越好。春季应选择气温 14℃ 以上、晴暖无风的天气,夏天宜在早、晚,大流蜜期在蜜蜂出勤少时,盗蜂较多时应在早、晚进行。

箱内局部检查 即有针对性地从蜂巢的某个部位提检一个或几个巢脾,对蜂群的某些情况作出推断。只要看边脾上有无存蜜,或隔板内侧第三个巢脾的上角有无"角蜜"即可了解巢内有无饲料;若从蜂巢中央提出巢脾,其巢房内有直立的卵则蜂王健在,若无卵且工蜂在巢脾上或框架上振翅不安则已失王;若蜂巢偏中部的封盖子脾整齐、幼虫滋润而鲜亮则蜂子发育正常,幼虫干瘪、变色、变形或有异味则发育不良或患病;隔板内侧第 2 巢脾的产卵圈达到边缘、有蜜蜂 80%～90%、边脾为蜜脾,则需添加空脾,如蜂少而无子则应抽脾、紧缩蜂巢,如巢脾上有新蜡则表示蜂群有修造新脾的能力。

检查蜂群时要背向阳光站于蜂箱的侧面,轻轻地揭开箱盖、推开隔板,垂直地从箱内提出巢脾,不要使巢脾互相撞擦以免挤伤蜂王和工蜂。提检巢脾时要保持垂直状态,以免所贮花蜜、花粉从巢房内掉落。查看完后以同样的方法放回箱内,调整好巢脾的位置、摆好蜂路、还原隔板、覆盖,及时将检查的结果做好记录。为避免蜂螫,查群时应穿浅色服装,身上不要有蒜、葱、酒、香皂、汗臭等强烈刺激气味,不要振惊蜜蜂,如见有骚动、尾部上翘发臭则应待其安静后再行检查;如蜂群比较暴躁,可用卫生球粉抹手、或用喷烟器适量喷烟,然后再提脾检查。如被螫应忍痛将脾放好,用指甲反向刮去螫针,或用清水或肥皂将被螫处洗净擦干,然后再查;切不可因被螫而摔丢巢脾、拍打奔跑,引起更多的蜜蜂追螫(如图 9-15)。

箱外观察 巡视蜂场由蜂箱外部的现象来推断蜂群的内部状况的箱外观察,是根据蜜蜂在箱外的状态、行为及箱内发出的声音等来判断蜂群的状况。如蜂群情况正常,不应随意开箱打扰;如情况异常,应仔细观察、判断,必要时再开箱检查。

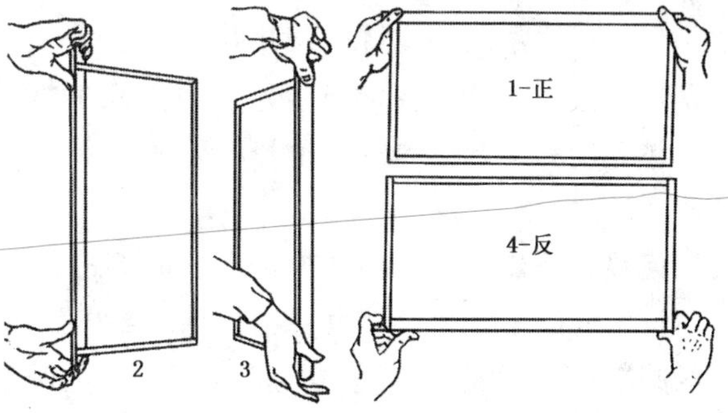

早春如在巢门前发现无头无胸的碎蜂尸即该群已遭鼠害,天气晴暖但部分工蜂在巢门前振动翅膀、来回爬动而不安则已失王。阴雨天气蜂群很少活动,如见工蜂不断从巢门飞出或爬出、或在箱底蠕动,巢门有被工蜂拖出的死蜂、蛹及幼虫,则该群箱内饲料耗

图 9-15 翻转巢脾的步骤

尽、蜂群濒于饿死。如见蜜蜂颜色黑暗、腹部膨大、飞翔困难，巢门前和箱外到处排有稀粪，则患下痢病。巢前地面有缺翅和发育不全的幼蜂，则可能发生螨害、或束翅病（芝麻花期）。见有携带花粉和花蜜的蜜蜂在地上打滚而死、死后伸喙、腹部弯曲，则为农药中毒。在繁殖期返巢蜂携带大量花粉则巢内育虫情况较正常，如工蜂胡须状聚集垂挂于巢门、工蜂消极怠工，则即将自然分蜂。植物开花后蜜蜂采集繁忙、巢门口拥挤、归巢蜂腹部饱满沉重即蜜源已开始流蜜，如出勤稀少、巢口守卫森严，门前或缝隙处老壮年蜂围绕飞翔、互相咬杀，则蜜源稀绝或流蜜结束、发生盗蜂。

在越冬期自箱巢口或用皮管插入巢门内听之有轻微、柔和、匀调的声音，或用手指轻弹箱壁有"嗡"声、且马上消失即越冬情况正常。若指弹蜂箱后蜂群有"唰唰"声即巢温过低，有"嗡嗡"声则箱内太热，喧闹数分钟则越冬不正常、或失王、或通风不良；若温度适宜而个别蜂群声音大则可能是通风不良，如见蜜蜂爬出蜂箱并有强烈的呼呼声可能是室温高或是室内干燥，个别蜂群有嘶叫声则可能是箱壁裂缝太多致箱内温度偏低或箱内有鼠害。若从橡皮管内听到的声音很弱即群蜂或严重削弱，或饥饿昏迷，应立即抢救。冬团在蜂巢前部和下部的声音大、后部和上部的声音小，用声音判断蜂群情况时还要注意强弱群之间的差别。

（3）合并蜂群

当蜂群群势太弱难以继续生存和发展，或者失去了蜂王、蜂王衰老不宜再用而又无新蜂王或成熟王台补充，或流蜜期来临而群势尚未强大不利采蜜生产，或育王结束时仍有小交尾群，均应及时将这样的两个或两个以上的蜂群与正常的蜂群合并。每群蜂都有独特的气味，蜜蜂能够敏锐地辨别自己的伙伴或它群的成员，如将两个蜂群任意合并，常会互相斗杀。合并时应在傍晚蜜蜂即将停飞时进行，将弱群并入强群、无王群并入有王群，合并前要彻底清查和毁除其余王台，若两群都有王可在合并前1~2d淘汰或提走品质差的蜂王再合并；若失王已久、巢内老蜂多、子脾少，应先补给1~2框卵虫脾再合并。

直接合并法　早春、晚秋气温较低的流蜜期，蜜蜂活动较弱时采用该法。先将原群的巢脾放在蜂箱的一侧，再将被合并群的蜜蜂连脾提来放到另一侧，彼此之间保持一框距离；或将被合并群放在隔板外，第2天再将两群的巢脾靠近。若向两群的巢脾喷些稀薄的蜜糖水、再喷几下烟，使两群的气味混合即可安全合并。越冬期和早春巢内没有子脾、天气较冷时，将两群蜜蜂放在一起，也不会互相咬斗。

间接合并法　在外界缺少蜜源、失王过久、蜂多、卫巢斗杀性强时用该法。先不让两群的蜜蜂直接接触，用打有许多小孔的报纸或铁纱盖等将并入同一继箱中的脾隔开，约经2d、待其气味互通，可先喷蜜水或喷烟后再合并。如果用卧式蜂箱合并蜂群，可将两群蜂分别放置于报纸或铁纱隔板两侧，被合群不开巢门，待1~2d后撤去隔离物合并。

(4) 诱入蜂王及蜂王的解救

引种或蜂群失王、分蜂、组织双王群以及更换低劣或衰老蜂王,都需要给蜂群诱入蜂王。在工蜂忙于采集的大流蜜期对诱入的蜂王易接受,被诱入蜂王的行为习性与原来的蜂王相似时易成功;当蜂群里还有产卵王、处女王、王台或产卵工蜂时对诱入的新蜂王不易接受,蜜源缺少、巢内贮蜜不足、天气恶劣时较难诱入蜂王。如给无王群诱入蜂王应先将巢脾上所有的王台毁除,更换蜂王时应提早0.5~1d提出要淘汰的蜂王,在缺蜜期则应提前2~3d用蜂蜜或糖浆连续饲喂蜂群,对失王较久、老蜂多子脾少的蜂群应提前1~2d补给卵虫脾,强群则应将蜂箱撤离原位,并分离出部分老蜂后再诱入蜂王。

间接诱入蜂王 该法比较安全。将蜂王连同几只幼蜂捉进扣脾式蜂王诱入器,再扣于既有蜂蜜又有空巢房的巢脾上,抽出诱入器底板,将脾放回原群,经过一昼夜或数天,待原来紧围在诱入器上的工蜂已经散开并开始饲喂蜂王即成功,放出蜂王即可。凡是引种蜂王,在其王笼放入蜂群前,应驱尽其中的工蜂。如使用全框诱入器将更安全,且在诱入过程中不影响蜂王正常产卵,无王强群诱入蜂王时依照合并蜂群的做法即可。

直接诱入蜂王 在大流蜜期将蜂王直接放在巢脾上,或对蜂王喷少许蜜水,或向蜂路喷些蜜水,或喷少量的烟雾再放到无王群的框梁上让其爬进巢内;或从无王群内提出1~2脾蜂抖落在巢门口(在抖蜂之前后向蜂群内喷蜜水或抹蜜水于蜂王身上),乘混乱之际将诱入的蜂王放入乱蜂之中让其一起爬入巢门;或将新蜂王连同其巢脾提到老王群旁,轻轻捉走老劣王,在不惊扰新王的情况下用纸片将新蜂王轻移到老王原来的位置处;或采用合并蜂群的方法换王。诱入王的蜂群数天内应少开箱检查以免使蜂王受惊、导致工蜂围王,诱王期间要进行奖励饲喂,每天进行箱外观察,如蜜蜂采集正常、巢门前无死蜂、箱底无蜂球即成功。

解救围王 蜂王被许多工蜂包围在脾面或箱底形成一个紧密的蜂团即围王,如不解救蜂王就会被闷死、咬死或刺死。蜂王被围可能是检查蜂群操作不慎、引起蜂王惊慌、行动不自然,或因蜂种不同使直接诱入的蜂王和交尾后错投别群的处女王有异味,或由于盗蜂、治螨、施用农药、敌害侵袭等导致蜂群混乱所致。解救时一般采用向蜂团喷洒清水或稀薄蜜水,或将蜂团投入水中,或向蜂团浇浓蜂蜜使围王的工蜂散开,如个别工蜂死死咬住蜂王不放只能喷水或投入水中使其松口。被解救出的王若没有受伤和被再围的危险,用稀薄蜜水或糖浆喷洒全群后再将其放于所在脾插回原处;如果还有被围危险即用诱入器扣于脾上到被蜂群接受后再释放,如已致残应淘汰,如为它群的处女王应寻找原群,对原群喷稀蜜水后再放入。

(5) 修造巢脾

转地饲养的蜂场每标准箱群蜂应配备巢脾约20张、定地蜂场25~30张,卧式蜂箱则以满箱为原则。一张巢脾常只能用1~3年,使用陈旧巢脾使培育出的工蜂体格变小、生活力减退、易感染疾病。

蜜蜂能否造脾取决于泌蜡,而泌蜡量又决定于流蜜、蜂量及蜂巢中空间大小。每千克蜜蜂一生约泌蜡500g，每分泌1kg蜂蜡需消耗3.5～3.6kg以上的蜂蜜，外界蜜粉源丰富时才能满足蜜蜂泌蜡所需要的大量营养；巢内有添加巢础造脾的空间、饲料充足、蜂王产卵力强、有大量不同日龄的子脾时适宜造脾。当有王群无分蜂倾向，群内又有大量的12～18日龄的适宜泌蜡的蜜蜂及各种不同日龄的蜜蜂和子脾时蜜蜂则能多造脾、造好脾。造脾时巢础蜡质要纯净，厚薄均匀，房基深度和大小一致。

镶装巢础 按图9-16所示在巢框两侧边条各钻3～4个孔眼，穿上24号铁丝，拉紧、固定。埋线衬板平放于桌上，衬板上铺一层纸或用湿布抹湿衬板，将巢础镶进巢框的槽内，用熔化的蜂蜡粘牢置于埋线衬板上，再用埋线器沿着铁丝滑动，使铁丝埋入巢础中；巢础要镶得平整、完整，其边缘与下梁距5～10mm、与边条距2～3mm。如将6～8V电源变压器的输出端分别跟巢框上的铁丝两头接通、产生热量，铁丝埋入巢础内速度快、埋线牢固。

图9-16 巢框穿线、巢础的埋线

添加巢础框 当巢内的巢脾框梁上出现白色新蜡时，傍晚可在镶好巢础的巢框上喷洒少许蜜水，将其插入蜂群内的蜜粉脾和子脾，或蜜粉脾和封盖子脾、蜜粉脾与未封盖子脾之间。中、小群所造巢脾质量较好，无雄蜂房，中等群势的可每次加1框，待造到60%～70%时再加新巢础框；强群所造新脾常有很多雄蜂房，1次可同时加2～3框，也可加在子脾之间或继箱内；也可先把巢础框加到中、小蜂群和新分群中修造，待巢房加高到2～3mm时再提出加于强群完成。如外界无主要蜜源或巢内饲料不足而又急需造脾，可在巢础上均匀涂刷上一层熔化的蜂蜡，利于工蜂造脾。

巢础框加进蜂群后第2天要检查、了解造脾情况，如已造至70%～80%即可调予蜂王产卵，育过子的巢脾才能坚固好用；如巢础坠落、脱线或破损、严重扭曲，应及时抽出另加巢础框。越冬用脾必须是育过几代子的脾，反之不宜越冬蜂保温，次年春蜂王也不喜在其上产卵。

修造雄蜂脾 培育大量雄蜂是人工育王中的重要环节。在外界蜜粉源充足、气温在20℃以上时可用雄蜂巢础镶框、修造，也可将较老的工蜂脾切去1/2或1/3插入强群中修造得到雄蜂房巢脾。转地蜂场可在转地间隙，在强群继箱或巢脾旁添加装巢框、修造；到达转运地后，抽出并保留已修造较好的、尚未完成的则继续留在群内修造。修造好的雄蜂脾待蜂王产一批未受精卵、雄蜂出房后抽出保存。

巢脾的保存　巢脾在不使用的情况下应从蜂群中抽出，用起刮刀将巢框上的蜂胶、蜡瘤等清理干净，按蜜脾、花粉脾、空脾及新旧程度和质量优劣等分类、消毒杀虫后，贮藏在干燥、清洁、密闭、没有药物污染处妥善保管，不致其发霉、积尘、生巢虫、招引老鼠和盗蜂。刚取过蜜的巢脾要放回蜂群，让蜜蜂舐吸干净后抽出。生产季节如蜂群下降可抽出大部封盖蜜脾，用继箱堆放在中等非生产群的巢箱上留作越冬饲料用，这样上爬的蜜蜂可对其进行清理和加工，避免发生巢虫。

对已染病严重的巢脾应淘汰化蜡。二硫化碳处理时将分类后的巢脾分别按每继箱 7~8 张、每 7~8 个继箱叠成一垛放置，最上面的 1 个空继箱中放入盛二硫化碳的器皿，每箱体用 5mL，再用纸条密封箱垛、熏蒸；若用硫磺熏蒸，箱垛最下面的空箱体放入硫磺，每箱体用 3~5g。蜂螨严重时可用甲酸熏脾，每 5 个箱体一垛，在最上层继箱框梁上铺卫生纸，纸上按每层箱体洒 10mL 的甲酸，密封熏蒸，同时也可加入二硫化碳熏杀蜡螟。孢子虫、阿米巴病严重时用冰醋酸熏杀，每个箱体用 95% 的冰醋酸 20mL，方法同甲酸，该法也有杀死蜡螟卵、幼虫的作用。上述药物熏脾均对人体有害，宜在无人居住的室内进行，也要注意防火。在北方如将巢脾在安全的房内冷冻一个冬天也起到杀虫灭菌的作用。

(6) 蜂群的饲喂

保持巢内有充足的饲料是培养强群的基本措施，饲料包括蜂蜜或糖浆、花粉和水。但蜂蜜是蜜蜂的主要饲料，一个正常蜂群年消耗 70~100kg 蜂蜜。

喂蜜或糖浆　当巢内贮蜜不足、外界缺乏蜜源时，应在短期内给予大量的蜂蜜或糖浆使其备足饲料，此即补助饲喂。为了避免引起盗蜂，可先喂强群，然后再用强群的蜜脾补给弱群。越冬和早春繁殖期补喂蜜脾时应增温到 25~35℃，将其下方的蜜盖割开，喷少许温水再加到边脾处，并将多余的空脾抽出；补喂蜂蜜或糖浆则按 4 份蜂蜜加 1 份饮用水、文火化开、放凉；或用 2 份白糖加 1 份饮用水、搅拌，在傍晚灌入饲喂器或灌入空脾内，每次 1.5~3kg，直至喂足。

当外界蜜源较差、蜂巢内贮蜜比较充足时，则给予少量稀蜜水或糖浆，使其造成外界有流蜜的错觉，以刺激蜂王产卵和工蜂育子，促进繁殖或生产王浆，此即奖励饲喂。早春的奖励饲喂开始于粉源或主要蜜源开花泌蜜前 45d，当外界蜜源能维持蜂群的生活时停止；当巢内封盖蜜多时可逐步割开蜜盖亦可扩大产卵圈，封盖蜜不多时则用 50% 的糖浆或蜜水于每天傍晚给喂 100~250g/巢，若出现蜜压子圈时应减少喂量或次数、暂停几天或 2 天喂 1 次。秋季则宜在繁殖适龄越冬蜂的阶段进行，人工培育蜂王时应在组织哺育群后、移虫前 3d 开始直到王台封盖为止。在气温低、群势弱或易发生盗蜂时，用放置有漂浮物的饲喂器在巢内饲喂，可防止蜜蜂采食时淹死；在气温适宜、群势较强时，傍晚可在巢门前用瓶式饲喂器饲喂，200~250g/d，次日早上撤回，以防盗蜂发生。不要用来路不明的蜂蜜饲喂，以防蜂群感病，也不宜用有异色或色深的糖浆饲喂产王浆的蜂群，以免影响王浆的质量。

饲喂花粉　花粉是蜜蜂蛋白质、脂肪、维生素、矿物质的来源，培育一只蜜蜂约需花粉120mg，一群蜂年消耗花粉达20~30kg。缺乏花粉时幼蜂因营养不全其舌腺、脂肪体和其他器官发育不正常，蜂王产卵减少甚至停产，幼虫发育不良甚至不能发育，成年蜂也会早衰，泌浆、泌蜡能力降低。新鲜的天然花粉营养最好，贮藏时间延长则降低，患病蜂群所采花粉未经消毒不能使用；使用代用品时要考虑到蜜蜂的可口性、营养、对蜂王产卵及工蜂育子影响、防腐性、无污染性等。常用的代用品包括加热处理的黄豆粉与适量的蛋氨酸、赖氨酸、酵母粉等混合物，及豆乳粉、食用酵母、脱脂奶粉、蛋黄粉等掺以维生素、微量元素的混合物。

给喂储备的花粉脾时应喷上稀蜜水或糖浆，再加入边脾处；或在蜂花粉或花粉代用品中加少许糖粉，温水润湿、搅拌均匀、形成松散的细微粒，装进空脾的巢房内，揉实后，在脾面上喷、刷一层蜂蜜，再入巢；或将加少许蜜或糖浆与花粉用温水润湿、搅匀，做成饼状或条状，挂放在蜂巢的框梁上；蜂场5km内无其他蜂时，也可将润湿的花粉末或花粉代用品放在蜂场适当位置处让蜂自由采集；或将奶粉用开水化成奶汁或将豆浆放入10倍的糖浆中、拌匀，用饲喂器饲喂，1次/2d，100~200mL/次，第2天应及时清洗，以防变质。

喂水　当一中等蜂群巢内有大量幼虫时1d需水约200~250mL，外界气温低时采水蜂常被冻死，转地期间如缺水则会发生拖弃幼虫的现象。早春或晚秋气温低，不应开箱喂水，以防巢温散失或发生盗蜂，可在箱蜂巢门的适当位置放一个盛水皿，皿内放置伸至巢门内的纱布条或脱脂棉条即可。温暖季节可在蜂场上用内置漂浮物的木盆、瓦盆、瓷盆等喂水，转地时可在空脾上灌水，放在巢外供其饮用，运输途中可经常向巢门缝隙喷水或向纱窗适量喷水。越冬期若饲料蜜结晶，蜜蜂常爬到巢门口甚至外爬、外飞，应于晴暖的中午在隔板外加装盛水的饲喂器，器内的纱布条一端搭在框梁上给水。若用磁化水、矿泉水、麦饭石水还可提高蜂王浆的产量。

喂盐　在外界无蜜粉源时，可和喂水结合起来给蜂群适当给喂食盐，即在水中加入0.5%细食盐即可。

(7) 短距离移动蜂群

蜜蜂具有很强的识别方位能力，即使几十乃至上百群蜂排列在一起它们也能准确地返巢，但总有部分迷失巢穴。因此在短距离移动蜂群时适宜采取的方法如下。

逐渐迁移法　即每天傍晚或早晨逐步地移动蜂箱，向前后移动时每次可约1m，向左右移动时每次不要超过0.5m。

直接移位法　当将蜂群运到新址后，先向箱内洒水，推迟开启巢门的时间，以促使蜜蜂识别新的环境。同时在原址放几个弱群或几个带有巢脾的蜂箱，于傍晚将所收容的散蜂送到新址，待再无蜂飞回原址时即撤去空箱。

间接移位法　除初冬或冬末可直接迁移外，其余使用间接移位法较稳妥。即在傍晚先将蜂群搬到距离原场和新场址约5km处，放养约15d后再运到新场址。

幽闭法　将蜂群由原场址迁到新场址以后，关闭巢门、打开纱窗，揭开纱盖上的覆布连续幽闭 2~3d，然后再开启巢门、关上纱窗、盖覆布。该法仅适宜在春秋气温低时的短距离迁移，幽闭期间蜜蜂要在巢内消耗大量的饲料，天热时易闷死蜜蜂。

(8) 分蜂和逃群的收捕

分蜂、敌害侵袭、缺蜜或患病等原因常会使蜜蜂飞离原巢另觅新巢，飞逃开始时先有少量蜂离巢、盘旋于蜂场上空，不久蜂王随大量蜜蜂出巢，几分钟后离巢蜂在附近的树上或建筑物上结成蜂团，然后蜂团散开即远飞新栖地。

在飞逃刚开始而蜂王尚未离巢时应立即关闭巢门，或在巢门前放一个蜂王幽闭器阻止蜂王出巢；然后打开箱盖从纱盖处向蜂巢洒水，等蜜蜂安定后再开箱将蜂王捉入诱入器扣在脾上，并根据巢内的具体情况进行处理。

若是分蜂应毁除巢内的自然王台，在原群旁放一空蜂箱，从原群提出一张封盖子脾、一张蜜脾和几张空脾或巢础，将扣着蜂王的巢脾放于空箱内释放，组成一个临时蜂群，待蜂王恢复产卵 2~3d 后，再次清除原群内的王台，将临时群并入原群。

若为缺蜜、患病飞逃，应在原群旁边放一个空蜂箱，将副盖或大盖平放斜搭在空箱巢门前的踏板上；从外群提来一张子脾、一张蜜脾和几张空脾或巢础放入空箱，先将扣着蜂王的巢脾提出，连蜂带王抖落在空箱前的副盖或大盖上，让其涌入空箱，再以同样方法提出其他巢脾后对患病原箱消毒、销毁病脾。

当大批工蜂及蜂王已飞逃巢外在蜂场上空飞行时，应将涂有蜂王浸液（淘汰蜂王或处女王放入 95% 酒精内浸泡而成）的收蜂笼挂在蜂场上空，招引飞蜂于笼内结团，待蜂团安静后移入备有蜜脾、子脾和空脾的蜂箱中。

分蜂的工蜂和蜂王已飞至树木或建筑上结团时，将有蜜的子脾或巢脾绑于一长杆上，举送到蜂团处，待蜜蜂、蜂王上脾后将蜂王扣在脾上，其他蜂即会随王飞回。或将收蜂笼用长杆挑至蜂团上方，再用另一长杆所绑的布团或泡沫塑料轻轻上托蜂团，驱赶蜜蜂入笼，然后按上法入箱。如蜂团已结在较低的小树枝上，直接将放有蜜脾、子脾和空脾的蜂箱去盖后放在蜂团下面，用力振动树枝，使蜂团振落入箱。收捕蜂团时要先捕捉蜂王，如蜂王惊飞，则要待其飞回后再收捕。

(9) 盗蜂的处理

盗蜂是到其他蜂群去盗窃蜂蜜的蜜蜂，受盗蜂攻击的蜂群防御力差、群弱、无王、病害严重或是交尾群；被盗巢内的贮蜜可被盗光，部分工蜂因斗杀而伤亡，蜂王被咬死，整个蜂群被毁。开始可能是一群盗一群，逐渐发展成几群盗一群，或者互相乱盗，或者蜂场之间互盗。

盗蜂的识别　如巢门前面蜜蜂丛集、混乱、慌张爬行、互相搏斗、有较多死蜂，蜂箱周围众多蜜蜂盘旋飞绕、寻觅缝隙、企图钻入，弱群巢口出入的蜜蜂突然增多、行动急速惊慌、进巢蜂腹部很小、出巢蜂腹部膨大，即发生了盗蜂。在被盗群的巢门口向蜜蜂身上撒一些面粉或米粉，观察粘带白粉蜜蜂飞入的蜂巢即可查清盗蜂群。

盗蜂的起因和预防　盗蜂发生的原因包括外界缺乏蜜源、巢内贮蜜不足或脾多蜂少、群势强弱不均、长时间开箱检查、喂蜜时蜜汁洒在箱外及地面，或巢门过大、蜂箱裂缝致他群蜜蜂容易钻入，巢脾、蜂蜡和摇蜜机保存不严密等。因此，流蜜期即将结束时应留足饲料，抽出多余空脾、紧缩蜂巢、使蜂群密集，无王群要及时合并或诱入蜂王，缺蜜期要缩小巢门、堵实箱缝，尽量少开箱检查，饲喂时要将洒于地、蜂箱的蜜汁或糖浆擦净或用土埋严，蜂蜜、巢脾、蜂蜡、摇蜜机等物要严密保藏。

盗蜂的制止　个别蜂群发生轻微盗蜂可缩小巢门至只能通过1~2只蜜蜂，并用杂草、带叶的小树枝等物掩蔽巢门，或在巢门周围涂些煤油、石碳酸等驱避剂，或用喷烟办法驱逐盗蜂。

如盗蜂已攻入被盗群，应关闭其巢门并搬到离蜂场3~4km以外处再打开巢门，在原址放一空箱，箱内放2~3张空巢脾，作盗群蜜蜂的盗性就会消失；数天后将原群移回、搬走空箱。或将作盗群的蜂王关进诱入器，或提走蜂王，使其处于无王不安状态，待盗性消失后再放回蜂王。或直接将作盗群与被盗群互调箱位，其盗性也会消失。

如分不清作盗群，则关闭被盗群的巢门移至较远的阴凉处隐藏，揭去覆布，打开纱窗挡板，在原址放一个里面有数粒卫生球或浸有煤油等异味布块的空箱，驱赶盗蜂；或者在空箱内放几张空巢脾，巢门插入一个内径1cm、长约20cm的竹筒或厚纸筒，并用泥将筒口空隙糊严，盗蜂进去后不易出来，饥饿2d后在傍晚开箱释放；然后搬走空箱、回归原群、整理蜂巢。

若全场大部蜂群起盗、一片混乱，应将全场蜂群转移到5km以外处，缩小巢门，7d后再将蜂群运回；或先记下各群的箱位，将蜂群搬入室内，保持黑暗、通风，打开巢门，在蜂场上留数个弱群以收容各群出勤回归及从暗室飞出的蜜蜂，晚上关其巢门，运至5km以外处放置7d；室内的3~4d后搬出，按原位放好，切勿放错位置。

(10) 人工育王

交尾群（核群）是处女王在交尾期间和交尾后的临时群体，将标准巢箱用2~3块闸板隔成3~4个小区，每小区所开的巢门分别朝向箱的不同方向即成交尾箱，巢门处的箱壁贴上不同颜色、不同形状的纸以便蜂王在交尾期间识别蜂巢。交尾箱应放在远离他群、空间较开阔，并有小树或土堆或人工设立的标志物处，交尾箱间距应在2.5~3m以上，切勿整齐放置，以免蜂王交尾返回时误入他巢。在诱入成熟王台的前1d，在交尾箱内的每小区各放1张蜜粉脾和1~2张带青幼年工蜂的巢脾，抖入工蜂以补充交尾群的蜂量，借以保持30~34℃的巢温，保证蜂王正常产卵，小区顶覆布、盖严以免蜜蜂串通互咬，在诱入王台前要剔除急造王台。

处女王的培育普遍采用移虫育王法。移虫前将安上蜡盏的育王框放在育王群内，让工蜂整理蜡盏，2~3h后取出，用蜂刷扫落蜜蜂，再拿到清洁、明亮、室温25~30℃、相对湿度为80%~90%的室内移虫，如湿度不够可向地面洒水。再将从母群中提出产卵后第4天的卵虫脾，扫落蜜蜂后放于屋内的空巢箱中。然后将粘有蜡盏的王台条并排放在桌上，用洁净的圆头细玻璃棒或细竹棒向蜡盏里点上米粒大小的稀王浆，随即用湿毛巾覆盖保湿。待3个王台条上的蜡盏点完王浆后，从空巢箱中取出卵虫脾，用移虫针将孵化12～18h的小幼虫按图9-17所示轻轻挑起移入蜡盏底部、抽出移虫针。1幼虫只能用移虫针挑1次，若1次未挑起则应另选1幼虫房挑取，每蜡盏只能移入1幼虫，待1个王条台上所有的蜡盏中都移上幼虫后按上述方法保湿，所有王条台移好后即将育王框箱立即送入育王群中去哺育。

移虫后第11天即处女王羽化出房的前1天，每个交尾群诱入粗直的王台1个；即从育王群中提出育王框，喷烟驱散或用蜂刷扫落工蜂，在温暖的室内用小刀从王台条上割下王台，轻稳端正地倒嵌在交尾群巢脾中部、两巢脾之间。第2天淘汰死王台和质量不好的处女王、补入备用王台，处女王出房后至产卵前应不再检

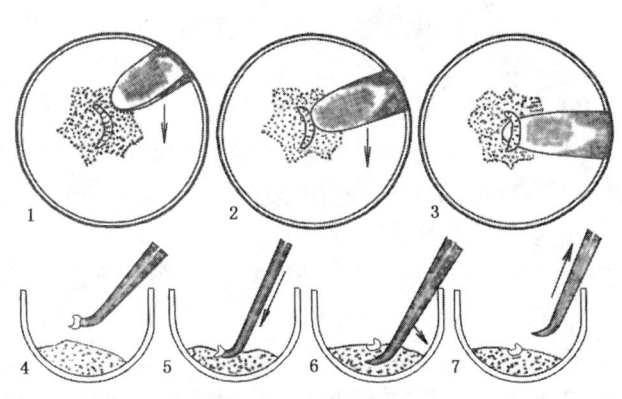

图9-17 从工蜂房中移取幼虫（1～3）、幼虫移入蜡盏（4～7）

查，确需检查则应在10：00以前和18：00以后进行。若巢门外有蜜蜂互咬或有少量死工蜂则应开箱检查，如蜂王被围应立即解救；若蜂王已受伤即淘汰，再诱入一个成熟王台，或与相邻的交尾群合并；不是因低温、阴雨等所影响，约半月仍不交尾产卵的初女王也淘汰掉。在交尾群的管理中不能进行奖励饲喂，以免发生盗蜂。已经开始产卵的可暂留于交尾群内观察，留用产卵多、产卵圈整齐、体形大的蜂王，淘汰产雄蜂卵或产卵差的蜂王；提走蜂王后若需继续利用交尾群，可酌情补充一些青幼年工蜂和封盖子脾，1～2d后可重新诱入成熟王台。

9.3.4 繁殖阶段的管理

在春季或夏末秋初，蜂王恢复产卵到蜂群发展壮大时为蜂群的繁殖阶段。该阶段的管理包括促蜂排泄、紧脾开产、科学饲喂、适时扩巢、控制分蜂、防治病害等。

(1) 促进蜜蜂飞行排泄

蜜蜂在越冬取食期间不能随时出外排泄，粪便积存在后肠中，在北方长达4～5个月越冬期内积粪量可达体重的50%。冬末随气温升高及积存粪便的刺激，蜜蜂活动加快，致使蜂团中心温度上升，引起蜂王产卵；蜂王开始产卵后蜜蜂就将子脾区的温度维持在34～35℃，于是饲料消耗成倍增加，腹中积粪量越多。

北方地区，应在早春蜜粉源植物开花前20～30d安排蜜蜂飞行排泄。放飞排泄前应先清扫蜂场，在晴暖无风、气温达8℃以上时取下蜂箱上部的外保温物及

箱盖，让阳光晒暖蜂巢可促使蜜蜂出巢飞行；室内越冬的应搬出蜂箱，2～3 箱为 1 组排列，放飞排泄后就地包装，不必再搬回室内。在放飞排泄时要认真进行箱外观察，了解各群的活动及越冬情况，对不正常的蜂群应优先开箱检查、处理。高寒地区在蜂群排泄后，应用硬纸板或木板斜立于巢门前，再盖上草帘，以免蜜蜂受阳光直射飞出而冻死；在天气晴暖时可再放飞排泄 1～2 次，外界气温适宜时即撤去巢前的遮光物。

长江中下游如冬末春初多阴雨，也应在天气晴暖时打开箱盖晒箱、翻晒箱内的保温物以降低其湿度，同时应采取措施控制蜜蜂的飞行活动，以免因气温突降使外出蜜蜂死亡。

(2) 及时检查蜂群，控制螨害与病害

在蜂群排泄期可利用晴暖天气对蜂群进行全面检查，清除箱底的死蜂、蜡屑、下痢斑点和痕迹，抽出多余空脾，加入粉脾，补充蜜脾，合并无王群和弱小群，记录各群的蜂数、饲料贮备、脾数、蜂王等情况。检查蜂群时应在气温较高的 10：00 至 14：00～15：00 进行，避免冻死蜜蜂；对所抽出的巢脾等要及时送回室内保存，防止引起盗蜂。一旦起盗应立即停止工作，待蜂群安静后再检查。

早春的子脾是蜂螨最集中处，检查蜂群时应抽出这类封盖子脾，集中治螨，并在原群中插入浸有氟胺氰菊酯的片条；如果发现其他疾病，应立即换箱换脾、进行治疗，以控制病害的蔓延；对所换下的蜂箱、巢脾、隔板、纱盖等均要刮洗干净，严格消毒后再用。

(3) 蜂巢保温

早春的早、晚常有寒潮侵袭，应采取相应的保温措施以促进蜂群的发展。

紧脾缩巢 巢内巢脾过多、蜂群小、蜜蜂分散，不利于保温。在第 1 次开箱检查时应抽去多余的脾，有 3～4 框蜂的只留 1 张脾、5 框蜂以上的留 2 张，巢脾间的蜂路要加大到 12mm 以上，脾外不留隔板，仅箱外保温，箱内不加保温物。对于只有 1～2 框蜂的小群可双群同箱，每群都只留 1 张巢脾，共同装于一巢内用隔板分隔，两脾应紧靠隔板，但要留有供蜜蜂活动的距离，便于共同产热、保温。这样可使蜂群集中，利于蜂王产卵，较好地调节巢温，使幼虫得到很好的哺育，培育出体质健壮的新蜂，相应地延长老蜂寿命。

箱外与箱内保温 箱外保温时将蜂箱"一"字形排放，箱底垫 5～6cm 厚的干草，两侧和背后用草帘围成风障，两箱间的空隙用干草堵实，箱盖上铺厚草帘，在箱排四周沿箱底培土一层以防雨水浸湿保温物；在北方地区，箱前也要用草帘围上，只留开口于侧旁的巢门。然后用塑料薄膜将整个保温物与蜂箱盖严，白天在蜜蜂活动时将前侧的薄膜掀起，傍晚再放下，以防冷空气从巢门侵入。

箱内保温时用草捆或其他保温物将隔板外的空隙填实，上框梁处再用覆布盖实，温暖晴天的中午应将箱内保温物取出翻晒以保持干燥；随群势增强、外界气温逐渐升高且日趋稳定，且见巢门外出现许多蜜蜂振翅扇风或聚集成团不进巢时，应将巢内的保温物全部撤出来，并逐步撤除箱外保温物。

巢门是蜜蜂出入和空气对流的通道，天气晴暖时可适当扩大巢门，早晚或低温时应缩小巢门,但其大小以不妨碍工蜂出入为宜。

(4) 科学饲喂

早春蜂王开始产卵后所消耗的蜂蜜、花粉、水和无机盐日益增多。为防止采水蜂冻僵在巢外,应在巢门喂水或用饲喂器在巢内喂水,并适当地喂些食盐。当子脾与蜂数接近后,每巢脾上的存蜜量应控制在约占巢脾面积1/3(0.5kg)的范围内(边角蜜),如巢内有贮蜜条件则可奖励饲喂以刺激蜂王产卵,反之如缺蜜而又无贮备蜜脾时先补充喂足后再奖励饲喂。奖励饲喂量不能压缩蜂王的产卵圈,寒潮侵袭、阴雨连绵时要停止,以免刺激蜜蜂大量出巢飞行。检查蜂群时要加入携有120~150g的花粉脾,或饲喂花粉饼及其他的花粉代用品。这样的连续给喂直至蜜粉源植物开花、巢内储有充足的花粉为止。

(5) 适时扩大产卵圈和蜂巢

产卵圈的大小和完整程度反映蜂群的发展速度。若产卵圈受到外围封盖蜜的限制,应用快刀由前向后或由里向外割开蜜盖,使蜜蜂把贮蜜移到巢脾的外缘;此时如巢内蜂多于脾或蜂脾相称,应将中间的子脾相互调头以扩大产卵圈。如出现蜜粉压子、粉与子交错的脾,应将其提到边脾的内侧,将要出房的老封盖子脾调到蜂巢中央,以便羽出新蜂的巢房能及时被蜂王产卵而不致被花粉所占用。同时添加边脾、供采蜂贮存花粉。阴雨天可将存有花粉的边脾提出让蜜蜂集中消耗子脾上的花粉,天气转晴时再将抽出的边脾返还。

适时增加巢脾或巢础框、扩大蜂巢,是早春加速蜂群发展的关键。在紧脾开产后如群内所有的巢脾都成为面积达70%以上的子脾、且封盖子达半数以上、蜂多于脾时则加第1张脾;此后当所加巢脾上子脾的面积达到底部时则继续加脾,使每个巢脾上的蜂量维持在占其面积的60%~70%;当群内巢脾达到9框时应暂停加脾,使工蜂逐渐密集,促其达到蜂脾相称或蜂多于脾,为育王、分群、加继箱、组织生产群等奠定基础。

蜂群处于新、老蜂更替期时应加入使用过1~2年的巢脾,外界有蜜粉源、蜂群处于迅速增殖期时加新脾或半旧脾,大量进蜜进粉时即可加巢础框,阴雨连绵饲料不足时应加入蜜、粉脾。蜂王不喜在厚度超过25mm的巢脾上产卵,使用巢脾时要用快刀将其两面各切除一小层。空巢脾应加在蜜粉脾和子脾之间或子脾的外侧,当蜂王在空脾上产卵时可移至巢中央;无边脾的可先加在边侧,1d后再提至巢中央。

(6) 抽强补弱均衡群势、提早育王适时分群

蜂群如出现蜂多子少、哺育蜂过剩,或蜂少子多、哺育蜂不足时,应将哺育蜂不足的卵虫脾抽出加至哺育蜂过剩的群,或者将两群中的封盖子脾进行对换、补给弱群,当强蜂群发展到8框以上时该操作可分2~3次完成。这样可助所有蜂群均衡发展,使全场同步上继箱,利于王浆的生产和采蜜。

提早育王可按时完成人工分群计划、增加生产群数。但一次提出许多交尾群,会影响原群的正常发展,应当分期分批从两个以上强群中各抽1个带蜂的封盖子脾培育蜂王。

(7) 解除分蜂热

蜂群准备分蜂的表现即分蜂热，当巢内出现封盖王台、蜂王腹部缩小甚至停止产卵是其征兆，解除方法如下。

调入卵虫脾 从有分蜂热的蜂群中提出全部封盖子脾，抖去蜜蜂，与新分群或弱群中的卵虫脾对换，这样蜂群哺育负担加重，分蜂热即受到抑制。

加空脾 对流蜜期到来时发生分蜂热，可将继箱和巢箱全部换上空脾或部分巢础，提走全部子脾或封盖子脾、留下卵虫脾，毁掉子脾上王台后分别放入他群；当蜂王恢复产卵、工蜂正常工作后，再调回部分子脾以防蜂龄失调、群势下降。

调换蜂群位置 流蜜期如发生分蜂热，先毁除全部王台，用扣脾诱入器保护小群的蜂王，再将有分蜂热的强群与弱群交换位置，使回飞的强群蜂转移到弱群中、加强弱群的群势；数小时后如弱群巢口无被咬死的工蜂、小群安静，即可放出蜂王；第2天如小群的蜂量仍不足，则用空脾或从有分蜂热的强群内提出封盖子脾给予补充。

更换新蜂王 在毁除有分蜂热的全部王台后，移巢至一侧，在原址另放1装满空脾的巢箱，再从原群中提出全部封盖子脾（带蜂不带王）放入继箱，随即加于准备好的巢箱上，诱入1只新蜂王或成熟王台。在该继箱上加副盖或带有覆布的铁纱盖后，再向上加1继箱、开1个巢门，放入原群的蜂王和其余巢脾。这样原群的外勤蜂归巢后即进入到下面的箱体内，分蜂倾向自然消失，工蜂重新开始积极工作；原群的蜂王亦不中断产卵，可随时将原群与新分群合并，或适时更换蜂王。

9.3.5 越夏与越冬的管理

对蜂群进行越夏和越冬管理，主要是保持和为培育强壮的生产群打好基础。

(1) 蜂群的越夏管理

我国不同地区的蜂群越夏期差别很大，要使蜂群能继续发展，巢内的老蜂要少、新蜂要多、蜂王年轻、饲料充足、群势合理，同时要遮荫和防御敌害。

群势太弱，越夏后难以恢复，过强则饲料消耗太多，因此越夏蜂群以6框左右为宜，对于不足的或过强的要调整群势，使全场所有群势基本均衡。越夏期间群内要经常维持2个蜜脾、1个粉脾和1~2个子脾，每足框蜂应保持2~3kg的蜂蜜和适量的花粉，不足的则补喂留足，使蜂王能够继续产卵以保持群势的稳定；或将蜂场转移到有瓜菜、芝麻、玉米等夏季蜜粉源充足处，蜂王即不会停止产卵。越夏时蜂群要放在阴凉、通风处，或搭凉棚遮荫，或在巢箱的纱盖上加空继箱阻隔太阳直晒、扩大散热空间，多喂水以减少蜜蜂为采水、扇风等而减短寿命。要经常巡视蜂场，拍打来犯胡蜂，捣毁其巢穴，垫高蜂箱以防止蛙类夜间吞食巢门前的蜜蜂。

如华南地区6月中下旬到9月上旬为蜂群越夏期（蜂群无越冬期），蜂王产卵力衰退较快、基本停产休息，只有在春季培育健壮多产的新蜂王更换老蜂王，才能为越夏培育大量的适龄新蜂。

(2) 蜂群的越冬管理

越冬期要做好适龄越冬蜂的培育,优质越冬饲料的贮备,保温和异常情况的处理等工作。北方的越冬场地应选择于背风、向阳、干燥、安静、远离家禽家畜活动处;在南方如能将蜂巢置于温度较低的室内,则利于蜂王停卵、蜂群结团、减少其活动、延缓衰老死亡,保持越冬蜂群的实力。

培育适龄越冬蜂群 凡秋季参加过大量采集和哺育工作的工蜂大都过不了冬,适龄越冬蜂就是羽化出房后还没有参加过采集和哺育工作,而又进行过飞行排泄的蜜蜂;培育适龄越冬蜂是蜂群安全越冬、翌年春繁和生产的基础,因此入冬前适龄幼蜂愈多愈有利。培育越冬蜂应在防治蜂螨后,蜂场周围有较为丰富的蜜粉源植物时进行,否则应转场培育,若只有粉源时则要奖励饲喂。最后一个流蜜后期,及时抽出封盖的大蜜脾留作越冬饲料,只有当贮蜜压缩产卵圈时才可取出贮蜜、扩大产卵圈,并在蜂王产卵区加入 1~2 年的旧巢脾以保证蜂王产卵;蜜源结束后抽出多余的巢脾,保持蜂脾相称,注意保温。后期应及时迫使蜂王停止产卵,以免越冬蜂因工作而衰老,削弱其越冬实力;蜂王停产时间应在最后一批幼蜂出房后能飞行排泄时为好,华北约在 9 月中、下旬,长江中下游地区为 11 月上、中旬。促使蜂王停产时,可用囚王笼将蜂王囚在蜂巢中部,当气温下降到使蜂群基本停止活动时再放出;也可采用饲喂越冬饲料、压缩产卵圈、扩大蜂路,夜间扩大巢门、降低巢温,蜂王即停产。

保障饲料充足 在最后一个大流蜜期后要留足蜂群的越冬饲料,选留的封盖蜜脾要平整、无雄蜂房、繁殖过数代、重约 2~3kg,并存放在室内的空蜂箱里。北方越冬的蜂群每框蜂需留 1 个整蜜脾,严寒地区留 1.5 个,冬季转地到南方的留 0.5~1 个。将未封盖蜜脾放在蜂巢外侧,巢脾间距保持 8~9mm 可促使蜜蜂及时封盖,而不致将蜜房壁加高。如所留蜜脾不够用,在 9 月下旬至 10 月上旬、高寒地区 9 月中旬则必须补喂;喂晚时则不能酿熟和封盖,冬季易结晶,引起蜜蜂患下痢病。补喂要在 3~5d 内喂足喂完,否则易发生盗蜂,补喂蜂蜜时可加水约 10%,白糖则加水约 30%,以减轻蜜蜂酿蜜的负担。

越冬蜂巢的放置 布置越冬蜂巢应在早晚见蜂群趋于结团时进行,蜂量不足 4 框的半蜜脾要放在闸板的两侧、大蜜脾放于其外侧,以双群同箱越冬;有 5~6 框蜂的蜂群以单群平箱越冬,蜜脾布置同前;蜂量多时加继箱越冬,每箱体各放 8~9 个巢脾,饲料的 80% 放在继箱内,蜜脾布置如前述。所有越冬蜂巢的布置应脾多于蜂,以利于蜂团随气温的升降而伸缩。越冬蜂团通常结在蜂箱的前部靠近巢门处,随温度逐渐降低蜂巢前部的贮蜜很快即被消耗,冬团逐渐向蜂箱的后部移动;当蜂团基本停止活动仅有个别蜂中午出巢时应将蜂团调至蜂箱的后部。如加继箱越冬的将继箱调头,平箱越冬的将脾互调位置并同时调头、调整好蜂路。在越冬期内不要轻易检查,晴天低温时要遮荫以避免蜜蜂飞出冻僵;天气晴暖时,取掉遮荫促使蜜蜂进行最后的排泄飞行;越冬蜂群宁冷勿热,保温不宜过早过厚。

室内越冬 寒冷地区为减少饲料消耗，蜂群可放进室内以地上、地下、半地下等形式越冬。蜂群入室前要灭鼠，并驱杀蜂场与越冬室周围的老鼠。越冬室的长度按蜂群数量而定，高度约240cm，蜂箱可单排、并排放置；墙壁厚30～50cm，并设有进、出气孔；越冬室要保温性能良好、温差小、干燥、防雨雪、无震动、保持黑暗。当室外背阴处结冻不融化时可在越冬室内摆好距地面不低于40cm的放蜂架，按强群在下、弱群在上将蜂群分三层摆放于架上，在摆放前将靠冬团一侧的覆布折起一角以利通风。入室的当天要打开墙壁上的进、出气孔或在室内放冰，将室内温度降到0℃以下，待所有蜂群都结成冬团后再维持一定的室温；最初数天巢门可放大一些，蜂群稳定后则关小，并在第1、3层各挂一个温度计，干湿球温度计挂在中层。意蜂越冬室的温度控制在-5～-7℃，东北黑蜂-5～-10℃，相对湿度保持在74%～85%，越冬室的温度可用启闭墙壁上的进、出气孔进行调节，这样存活率高、耗蜜量小、病害少。如湿度特别大时应将覆布的一角折起或打开上部巢门，或在地面撒吸水性强的草木灰、木屑等，如过于干燥可在室内悬挂浸湿的麻袋或向地上洒水，必要时从巢门给蜂群喂水。

入室初当室温变化不大时10d，室温易升高时1～3d查看蜂箱1次。进入越冬期2个月后应每月掏一次箱底（勿惊扰蜂群）的死蜂，如蜂尸缺少头部即箱内可能有老鼠，死蜂霉烂成块则箱内过于潮湿，蜂吻整个伸出在外即饥饿所致，腹部膨大、全身黑亮、粪便稀且气味很臭即发生下痢病，死蜂中混有大量结晶糖粒则蜂蜜结晶，如果箱底死蜂很多则巢脾上的蜂蜜可能已被吃光。对于饥饿不能活动的蜂群应搬到温暖的室内，向蜂体上喷适量温蜜汁，待其全部苏醒后，取出空脾换入微温的蜜脾，或用微加热后成熟的蜂蜜灌脾，或用白糖4份和热蜜1份揉成的糖饼放在框架上让蜜蜂舔食，切忌用稀薄糖浆喂蜂群。如为甘露蜜引起的下痢，换上好蜜脾即可；若少数蜂群严重下痢而外界气温又不适宜排泄飞行，应将蜂群先搬入约17℃的室内，关闭巢门1～2h，然后再搬入较明亮的温度在20℃以上的室内，摆在窗前、打开巢门放蜂排泄，并换脾换箱；然后挡上窗帘，只留巢门处有光亮，促使蜜蜂进入新箱，关闭巢门、逐渐降温，当蜂群安静后送回越冬室。如全室蜂群均下痢则越冬饲料有问题，应更换所有饲料或立即包装转地到南方，使蜂群转危为安。

室外越冬 严寒地区、黄河中下游和淮河以北蜂群如采用室外越冬，管理简单，不易患下痢病，死亡率低，若群强、蜜足、温度适宜、不伤热（冬团不散）即能顺利越冬。在华北地区单箱群势不能低于5框、双群同箱每群不少于2框，在地面结冰以后即可包装、越冬，包装时用干稻草或麦秸等包装箱外，仅留巢门。只要最低气温不达-10℃以下即不必用围墙保温，箱前壁也可不包装，在排泄飞行前均要注意遮光以防低温晴天时蜜蜂飞出冻死。如越冬期有蜂飞出即箱内温度过高，可适当扩大巢门通风，必要时撤去部分保温物以便散热。越冬中、后期可每15～20d掏死蜂一次，掏死蜂时如巢门结冻、箱中蜂尸未结冻即巢内正常温度；如巢门未结冻或挂霜则巢内温度偏高，应通风，反之减弱通风；如需要则可在2月前后扒开上部的保温物逐箱检查一次，然后再重新包装好。

如当地最低气温约在 -40℃ 可采用围墙包装越冬，越冬前砌高 660mm、宽 760mm 的 "п" 形围墙，在围墙里垫好干草等保温材料后再搬入蜂群，巢口一面用挡板遮挡，挡板与箱体间填充 70~85mm 的保温材料，只留出巢门，箱间填入 20mm、箱上 100mm、箱后和箱下 100mm 的保温材料，最后在箱顶抹上 20mm 厚的泥土。包装时要折起蜂箱覆布后面的一角，并放入长 200mm、粗 70mm 的草把通气，草把上端位于箱上泥土层之下。用草把包装时要在当天完成，用锯末包装时 3 次完成，以防伤热，同时要堵严孔隙防止老鼠侵入。当最低气温下降到 -20~-30℃ 时即可培雪保温，除蜂箱前壁外其余处培雪厚度 20~30cm；春季融雪开始时先清除箱上部积雪，排泄飞行前 15d 再清除其余的积雪。如春季继续用围墙保温，围墙内每组以 3~7 群为宜，蜂群过多则不利排泄飞行。

高寒地区如在室外用帆布覆盖蜂群越冬时，贴地面要铺一层旧麻袋，箱顶覆盖小草垫或麻袋片，巢门缩小 1~2cm。40 群以下按双层双列巢门相对放置，40~80 群按三层三列、边列巢门向内，180 群以上可采用四层三列式摆放，列间过道均为 50cm。当夜间气温下降到 -5~-15℃ 时，帆布仅盖箱顶；-15~-20℃ 时，四周覆盖帆布；-20℃ 以下时用帆布覆盖严实，并用雪或重物压牢，巢群内温度不要高于 -5℃，否则应通风。春季气温渐暖后注意散热，雨水后撤垛，将蜂群摆成南北走向的单层，气温上升到 5~8℃、晴暖无风时掀折帆布于箱顶，让蜜蜂自由排泄，晚间仍放下帆布并压牢。

长江中下游各省越冬期很短，当气温下降到约 10℃ 时，将巢门缩小到约 30mm，并将前后纱窗用草纸堵住，气温下降到 8℃ 时在箱盖覆盖一层草垫，外界气温下降到约 4℃ 时在框梁上盖一层覆布，气温下降到约 0℃ 时将巢内两侧空间用保温物填满即可。越冬期可用扣王笼扣起蜂王，尽量少开箱，加宽蜂路，设法不让工蜂出巢飞翔，避免冻死；开春再紧脾放王，加强保温，结束越冬期，进入春繁期。

9.4 蜂产品的生产和管理

蜜蜂的产品主要有蜂蜜、蜂王浆、蜂花粉、蜂蜡、蜂胶、蜜蜂虫蛹和蜂毒。蜂蜜、蜂王浆、蜂花粉和蜜蜂虫蛹是营养保健食品，蜂胶和蜂毒可作为药品原料，而蜂蜡则主要用于化工原料。

9.4.1 蜂蜜

新鲜成熟的蜂蜜是透明或半透明的黏稠胶状液体，比重约 1.4，在贮存过程中多数会出现结晶现象、比重增大。蜜源植物种类不同，蜂蜜的色、香、味也不同，淡色蜂蜜香味清纯，深色蜂蜜香味则浓烈。

(1) 我国常见的蜂蜜品种

刺槐（洋槐）蜜　主产淮河流域、华北平原、辽宁南部等地；水白色、透明状，具芳香味，不易结晶，为上等蜜。蜜中含刺槐甙和挥发油，可止咳、防腐和抗菌。

椴树（菩提树）蜜 主产东北和西北，是东北地区的主要蜜种；浅琥珀色，薄荷味，结晶细腻，为上等蜜；含有特殊芳香味的麝子油醇，可镇静、止咳、抗菌、安眠及治疗支气管炎等。

荆条蜜 主产华北及东北南部山区，是华北地区的主要蜜种；浅琥珀色，草香味，结晶细腻、色白，为上等蜜。荆条花期也是多种药用植物的流蜜期，因此荆条蜜的药用价值较高。

枣花蜜 全国各地都能生产枣花蜜，该蜜琥珀色、甜度大、不易结晶，有特殊的清香味，用枣花蜜调制成的中成药经久不坏，也为上等蜜。

紫云英蜜 紫云英泌蜜量大，是南方地区的主要绿肥；该蜜淡白、微显青色，清香可口，甜而不腻，不易结晶，为上等蜜。

荔枝蜜 荔枝泌蜜量大，主要分布在华南的广东、广西和福建；该蜜浅琥珀色，有荔枝香味，味浓甜，结晶粒状，为上等蜜。

油菜蜜 油菜泌蜜量大，在南方各省种植面积很大；该蜜浅琥珀色，有混浊，有油菜花香味，味甜润，易结晶，结晶细腻、色白。

龙眼（桂圆）蜜 桂圆泌蜜量大，主要分布在华南的广东、广西和福建；该蜜琥珀色，有龙眼香味，味甘甜，不易结晶，晶粒细腻，为上等蜂蜜；蜜中约含蛋白质1.7%，是我国蜂蜜中蛋白质含量最高的一种。

柑橘蜜 柑橘是南方地区的主要果树，柑橘蜜浅琥珀色，味甜微酸，有柑橘香味，结晶粒细，为上等蜜。

柃（野桂花）蜜 野桂花主要分布在湖南、湖北、广东、广西、福建、江西、云南、贵州山区。柃蜜水白色，味清香，甜润爽口，不易结晶，结晶粒细腻，为上等蜜。

葵花蜜 葵花泌蜜量大，主产东北、西北和华北等地区，种植面积较大；该蜜浅琥珀色至琥珀色，有葵花香味，甜度较高，易结晶。

荞麦蜜 荞麦泌蜜量大，主要产华北、西北、东北等地；该蜜棕红色，有浓烈的臭味，味甜而腻，晶粒很粗，虽为蜂蜜中的次品，但药用价值较高。

苕子（毛叶苕子）蜜 毛叶苕子是南方水稻区的绿肥；苕子蜜浅琥珀色，味清香，结晶乳白，不如紫云英蜜甜。

乌桕（木蜡树）蜜 乌桕分布较广，泌蜜量大；该蜜浅琥珀色，有轻微的醇酸味，甜中略酸，润喉较差，结晶粒粗。

八叶五加（鸭脚木）蜜 八叶五加主要分布在广东、广西、福建、云南、贵州等地；该蜜琥珀色，味芳香，结晶黄色，尾味稍苦。

野坝子（皱叶香薷）蜜 皱叶香薷以云南和四川的西昌地区居多，鲜蜜浅琥珀色，液体状，结晶洁白、细腻，逐渐变硬，故有"硬蜜"之称。

(2) 蜂蜜的主要成分

蜂蜜中约70%的成分是易被人体吸收的单糖类，因此食用蜂蜜有消除疲劳、增强体力的功效。其主要成分有：①含糖70%~80%，其中葡萄糖、果糖约占总糖的 80%~90%，还有麦芽糖、蔗糖、棉子糖、甘露糖、乳糖、阿拉伯糖等，不同蜂蜜中各种糖的组成有很大差别。②含有丰富的 B 族维生素及维生素 A、维生素 C、维生素 D、维生素 K、维生素 H、烟酸、胆碱、泛酸和叶酸等。③含有铁、铜、钾、钠、锰、镁、磷、钙等矿物质元素，其一般含量为 0.04%~0.06%；蜂蜜中的矿物质含量除与蜜源植物有关外，还与土壤中矿物质含量有关。④不同蜂蜜所含氨基酸的种类有所不同，但均含赖氨酸、组氨酸、精氨酸、天门冬氨酸、苏氨酸、谷氨酸、脯氨酸、甘氨酸、丙氨酸、胱氨酸、缬氨酸、蛋氨酸、异亮氨酸等，其含量变幅为 0.0008%~0.0375%。⑤蜜蜂采集花蜜时也将花分泌的芳香物质同时采回，蜂蜜中含有的芳香物质愈多其气愈浓，反之其味道则平淡；如荆条蜜具有较浓的草香味，荔枝蜜有浓厚的荔枝香味，荞麦蜜具有刺激性臭味等。⑥酸类包括苹果酸、乳酸、蚁酸、柠檬酸、琥珀酸、草酸、丁酸、戊酸、酒石酸、柠檬酸等，酸类的总含量约占蜂蜜的 0.1%。⑦所含酶类主要有淀粉酶、氧化酶、还原酶、过氧化氢酶、转化酶、磷酸脂酶等。⑧每 100g 蜂蜜中约含乙酰胆碱 1 200~1 500μg，因此食用蜂蜜能消除疲劳、振奋精神。⑨抑菌素在蜂蜜中的含量为 0.1%~0.4%，但遇热和光照后其活性即失去。⑩除含有上述成分外，蜂蜜中还含有色素、树胶、蜡质，钾、钙、铁、镭、锰、锌、锂、镁，钠、硫、磷、铜、镍等，尤其钾、钙、铁含量多，因此被认为是碱性食物。

(3) 蜂蜜的生产

采蜜期的工作包括培育适龄采集蜂、修造足够的巢脾、组织强大的采蜜群、酌情控制蜂王产卵、适时取蜜等。

培育适龄采集蜂及组织采蜜群　工蜂羽化出房后 14~20d 才从事外勤工作，主要流蜜期开始前 51d 至流蜜结束前 29d 出房的工蜂都是适龄的采集蜂，不适龄的新蜂不但不采蜜还要消耗饲料。因此应在主要流蜜期前及时采取扩巢、饲喂和调入哺育蜂等，充分发挥蜂王的产卵力和工蜂的哺育力，培育出更多的适龄采蜜蜂。

主采蜜期每箱要达到 20 足框的采蜜蜂，定地蜂群则要在蜜源开花 15d 前有 15 足框以上的蜜蜂、10 框左右的子脾；否则应在前 20d 利用副群的封盖子脾及其幼蜂补充主群；如采蜜期即将到来可将副群与主群并放在一起，开始流蜜时把副群搬走，使其的外勤蜂飞入主群，迅速加强主群的采集力。也可将副群的蜂箱放在主群上面，只用铁纱副盖隔开，在与主群巢门同向的副盖边条上、下及侧边条上方各开一巢门，平时只打开与主群巢门同向的上巢门，流蜜开始后将其关闭、打开下巢门，副群的外勤蜂归巢时即集中到主群内，或将主副群合并使之成为强大的单王采蜜群。

修造巢脾　主要流蜜期间采蜜群平均需 18~20 张巢脾贮蜜，定地和小转地蜂场需要更多，所有这些巢脾应在采蜜期前利用辅助蜜粉源修造完成。修造贮蜜脾时可将巢础只造到 60%~70% 时即抽出，再加入巢础框继续修造，以积累更多的半成脾，在大流蜜期将半成脾加进蜂群后很快即被筑成完好的贮蜜脾。

酌情控制蜂王产卵 流蜜期多为15d，在此期间若蜂王仍大量产卵将会使许多工蜂不能投入采集工作。所以应在流蜜开始前5~7d，使巢箱内仅留蜂王、9~10张脾卵虫脾和封盖子脾，主箱上与继箱间加隔王板，其余封盖子脾放入继箱内，不足的加空脾补足8个；如蜜源流蜜量很大，可向上加继箱。或在主流蜜期开始前10d内，用成熟王台更换采蜜群的蜂王以增加采蜜量，但该法不能在全场的蜂群、秋季的最后蜜源期施行，以防处女王不能按期交尾、产卵，使蜂群因断子而衰亡。也可用空脾换出生产群中的部分幼虫脾放入副群，减轻生产群中内勤蜂的负担，增加采蜜量；但被抽出的幼虫脾一旦封盖后必须返还，以免生产群的群势下降。在主要流蜜期达1月以上，或两个蜜源期相衔接，或以生产蜂王浆为主时，不宜限制蜂王产卵；前期可采蜜、繁殖并重，到后一个蜜源时再限制蜂王产卵，以增加产量。

适时取蜜 流蜜期如不及时取蜜、加入空脾，工蜂所采花蜜无处存放，降低产蜜量，易诱发分蜂热；过早取蜜则其含水量高，营养价值和酶值低，易发酵。巢内已贮满蜂蜜、蜜房还未封盖时应添加空脾或巢础框，当贮蜜脾满蜂蜜或多数封盖蜜房呈鱼眼状时即应及时取蜜。取蜜时间应安排在蜂群大量进蜜之前进行，若蜂场中蜂群多时，可分组于早晨先用空脾换出蜜脾然后再取。原则上只取生产区的蜜，不取繁殖区特别是幼虫脾上的蜜，切忌"见蜜就摇"，在流蜜后期要注意留足巢内饲料。

单花种蜂蜜的采收 蜜蜂采自某一种植物的花蜜可酿成单花种蜂蜜，如荔枝蜜、刺槐蜜、椴树蜜、油菜蜜、荆条蜜等。该类蜜具有特殊的香味和颜色，价格和养蜂效益相对较高。当某一主要蜜源植物开始流蜜时，应将箱内所有巢脾的贮蜜全部摇出"清框"或"清脾"作杂花蜜处理；此后巢内所贮的、在该蜜源植物流蜜结束前摇出的蜂蜜，即为完全来自该单一蜜源植物的花蜜。

9.4.2 蜂王浆

蜂王浆因蜜源而不同，新鲜蜂王浆多呈乳白色、淡黄色、微褐色，半透明、乳浆状而有朵块，有光泽，微黏、手感细腻，无气泡及杂质，口感微甜、酸、涩和辛辣，具独特的蜂王浆香气，越新鲜的色泽越好、香气越浓、朵状块也越多。蜂王浆能溶于浓盐酸或氢氧化钠，部分溶解于水后呈悬浊液，部分溶解于乙醇而产生白色沉淀，静置后分层；其比重约为1.08，大于水而小于蜂蜜，pH值3.5~4.5，常温下易变质。

(1) 蜂王浆的成分

①一般含水量62.5%~70%，干物质占30%~37.5%；干物质中蛋白质占36%~55%，糖占20%~39%，脂肪占7.5%~15%，矿物质占0.9%~3%，维生素占1%，此外还有无机盐、有机酸、酶、激素及其他生物活性物质。②蛋白质有2/3是清蛋白，1/3是球蛋白，其含量与人体血液中的清蛋白、球蛋白比例相同；王浆干物质中的水溶性蛋白质约占15%~20%，水不溶性的约占15%，透析性的约占16%~20%。③所含氨基酸有20多种，其中人体必需的8种，以

游离形式存在的12种游离氨基酸约占干物质的0.8%。④葡萄糖占含糖总量的45%，果糖占52%，麦芽糖占1%，龙胆二糖占1%，蔗糖占1%。⑤脂肪酸主要有皮脂酸15%，羟基癸烯酸25%，羟基癸烷酸5%，软脂酸5%，油酸5%，及磷脂、糖脂、蜡、苯酚、胆固醇等。⑥维生素以B族维生素含量最丰富，此外还有烟酸、泛酸、肌醇、叶酸、生物素等多种。⑦矿物质主要有钾、钠、钙、铁等常量元素，以及铜、锌、锰、钴、镍、硅、铬、金、砷等微量元素。⑧除含有琥珀酸等多种有机酸外，还含有自然界其他物质中所没有的王浆的代表物质之一王浆酸，即1.4%的10-羟基-Δ^2-癸烯酸，其纯品呈白色晶体；王浆酸在新鲜的王浆中多以游离形式存在，性质比较稳定，有极强的杀菌、抑菌作用，并有较高的抗癌功能。⑨酶类主要有异性胆碱脂酶、抗坏血酸氧化酶、酸性磷酸酶、碱性磷酸酶，此外还有脂肪酶、淀粉酶、转氨酶等重要酶类。⑩激素主要有性激素、促性激素、肾上腺皮质类固醇、肾上腺素以及类胰岛素等。因此蜂王浆对于治疗风湿病、神经官能症、更年期综合症、性机能失调、不孕症等有重要的作用。

另外，蜂王浆中乙酸胆碱的含量达1mg/g，还含有三磷酸腺苷（ATP）、二磷酸腺苷（ADP）、黄素单核苷酸（FMN）、黄素嘌呤二核苷酸（FAD）等核苷酸，以及一些已知名和未知名的物质。

(2) 蜂王浆的生产

蜂群中哺育蜂过剩时即筑造自然王台培育蜂王，蜂王浆的生产则是利用人造台基，移入小幼虫，让工蜂吐浆饲喂，然后再取出蜂王幼虫，收集台基内剩余的王浆。生产王浆是养蜂的主要产品和主要收入项目之一。意蜂的泌浆能力相对较强，浙江浆蜂是其中产浆量最高品种；东北黑蜂、新疆黑蜂和卡尼鄂拉蜂也可用于王浆生产，中华蜜蜂泌浆力最差，不宜生产王浆。王浆生产中的主要环节如下。

供移幼虫的培育　生产王浆需大量的小幼虫，在移虫前5d可将单王群或双王群中的蜂王，用框式隔王板或蜂王产卵控制器限制在1张脾上产卵，以取得整脾供移的幼虫供应群；此后每隔2~3d取出蜂王，另加空脾让蜂王继续产卵。将所取出的卵脾加于巢内孵化，即可定时获得整批供移小幼虫。

提高移虫的接受率　将由3~5条塑料台基条组成的王浆框放入巢内，经过蜜蜂清理12~24h后，可提高移虫的接受率。在王浆框中移好幼虫后，应尽快放入产浆群继箱中的两个幼虫脾之间，使其接受哺育蜂和饲喂。如所移幼虫已死，应在移虫后0.5~1d提出补移小幼虫。

组织产浆群　春天当蜜粉源植物开花、群内饲料日趋充足时，即可用隔王板将巢箱与继箱隔开，巢箱两侧放入蜜粉脾及数张封盖子脾和空脾，将蜂王留在巢箱内组成繁殖区；继箱中部放2框小幼虫脾，其两侧放1~2框封盖子脾和蜜粉脾，按每足框蜂7~10个台基量的比例放入移好幼虫的王浆框，组成无王产浆区和产浆群。王浆生产群如采用双王群时产卵量大、哺育蜂多、泌浆能力强，提高王浆的产量。调整蜂巢时应在繁殖区留足提供产卵的空间，促进蜂王产卵，培育更多的哺育蜂。

适时取浆 蜂王幼虫孵化90~96h后王台内积蓄的王浆最多,若王浆框中移入的是孵化后48h的幼虫,应在移虫后48h取浆。取浆前先清净取浆场,用75%酒精消毒取浆用具和贮浆容器;然后取出王浆框,抖落或刷去工蜂,用薄刀片顺台基口削去王台条加高部分的蜂蜡,逐一轻轻钳出但不要钳伤幼虫;再用竹片、塑料刮浆片或真空泵吸浆器取出王浆;取浆后应随即移入幼虫(若台基内壁赘蜡较多,可用刮刀旋刮干净后移虫),再放入产浆群。取出的王浆应及时过滤除杂,冷冻贮藏。

延长产浆期 早春如补喂花粉或人工代用花粉,喂水,加强保温,提前紧脾繁殖等,可提早养成强群,生产王浆。一旦开始产浆应不间断生产,如缺乏蜜粉源时或只有辅助粉源时应坚持每3d奖励饲喂2次糖浆,200~500g/次,这样南方一年可生产7个月,华北可生产4~4.5个月。

9.4.3 蜂花粉

由蜜蜂所采的花粉称为蜂花粉,花粉是蜜蜂所需的蛋白质、维生素和脂肪的主要来源。蜂花粉含有蛋白质、碳水化合物、脂肪、维生素、矿物质和生物活性物质等,干燥后的蜂花粉团粒直径为2.5~3.5mm,含水量8%以下,但极易吸湿返潮和霉变,应密闭包装贮存。各种蜂花粉团粒的坚硬度、颜色和味道互不相同,有黄、淡黄、白、灰、灰绿、橘黄、橘红、褐、黑等多种颜色,如油菜、向日葵、玉米、南瓜、丝瓜、棉花等植物的花粉为黄色、稍甜、略有苦涩味,较坚硬、芝麻、党参的较松散、白色、较甜、味香淡,紫云英、茶树的为橘红色,乌桕、野玫瑰的为橘黄色、蚕豆、蒲公英的为褐色,虞美人的为黑色。

(1) 蜂花粉的成分

①含蛋白质15%~20%,几乎含有人类迄今发现的所有氨基酸,部分以游离形式存在,能直接被人体所吸收,氨基酸的含量高,很少有食物能与其相比。②碳水化合物主要是葡萄糖、果糖、蔗糖、淀粉、糊精、半纤维素、纤维素等。③含类脂约9.2%,其中皂化脂0.7%~10.2%,非皂化类脂0.8%~11.9%,其中不饱和脂肪酸占60%~80%;含烃类0.06%~0.58%,类固醇0.36%~3.40%,3-卜羟固醇0.12%~6.11%,极性化合物0.15%~0.48%。④含有维生素B_1、维生素B_2、维生素B_3、维生素PP、维生素B_6、维生素B_C(叶酸)、维生素C、维生素H、维生素E、维生素P、维生素A等,且含量高,是多种天然维生素的浓溶物。⑤含有丰富的钙、磷、钾、钠、镁、硫、铁等,及碘、钥、硅、钨、锌、锰、钴、铬、镍、锡、硼、钡、铝、镓、锟、钛、铝、铰、铅、砷、铀等微量元素。⑥已鉴定出的酶达80多种,主要有转化酶、淀粉酶、磷酸酶、过氧化氢酶、还原酶、果胶酶、肠肽酶、胃蛋白酶、胰酶、脂酶等,它们对摄入人体的营养成分有促进分解和重新合成作用。⑦激素主要有雌激素、促性腺激素等,因此用其治疗男、女不育症可收到理想的效果。⑧核酸含量达21.2mg/g,是富含核酸的鸡肝和虾米的5~10倍。⑨还含有丰富的黄酮类化合物

和多种有机酸、色素,以及抗菌、抗病毒类物质和一些未知的成分。

(2) 蜂花粉的生产

蜂花粉生产群必须是有王群,蜂王产卵力要强,能长期保持群内有较多的幼虫,以刺激蜜蜂采粉,因此在生产前45d就应开始培育大量的适龄采集蜂。

在蜂群活动季节只要外界有粉源蜜蜂都会采集花粉,当外界粉源充足、群势强大时就可用脱粉器坚持不断地脱粉,2~3h/d采收蜂花粉,同时要保持蜂箱前壁清洁,以免杂物沾污花粉团。新鲜花粉团含水量常在15%~40%之间,易发霉、发酵,质地疏松,易散团,应及时干燥至含水量达5%以下后密封贮存。

产粉期间应保持巢内贮蜜充足,不致使大量的采集蜂去寻找和采蜜;也要喂足糖浆,抽出花粉脾,使群内保持贮粉不足、仅够饲用,并坚持奖励饲喂以刺激其采粉的积极性。只要粉蜜源不太差就不应随便迁场,以免影响蜂蜜和蜂花粉的正常生产。蜜源开始流蜜时要及时取下脱粉器,以利于蜂蜜的生产。秋季在向日葵、荞麦花期取下脱粉器时,还要缩小巢门,预防盗蜂。

9.4.4 蜜蜂虫蛹

已形成规模生产的蜜蜂虫蛹主要是雄蜂蛹和蜂王幼虫。蜂王幼虫又称蜂王胎,是蜂王浆生产的副产品,化学成分与蜂王浆接近;含有丰富的蛋白质、氨基酸、多种维生素、脂肪、胆碱类、激素、酶等营养和生物活性物质。新鲜蜂王幼虫含水量约78%~82%,干物质中蛋白质含量约占48%、脂肪15%,维生素A和D的含量丰富,维生素D含量超过鱼肝油和蛋黄,达6 130~7 430IU/100g。

雄蜂蛹是雄蜂发育至20~22日龄时的虫态,蛹体的头、胸、腹分明,足长成,翅未生,体色乳白至淡黄,复眼淡紫色至紫色。雄蜂蛹是正在被开发利用的营养价值极高的美味食品,其富含蛋白质、碳水化合物、脂肪、矿物质和维生素等营养物质,含水量约80%,干物质中粗蛋白的含量约55%~63%,碳水化合物3.68%~6.86%,粗脂肪15.74%~21.54%。

生产雄蜂蛹的群势要强,饲料要充足,健康无病。生产前先用普通巢框镶嵌上雄蜂巢础,在强群中筑造雄蜂脾,若外界蜜源不足则要适当给予奖励饲喂,使所造雄蜂脾中的雄蜂房整齐、牢固。

生产蜂蛹时将雄蜂脾放入蜂王产卵控制器内后,加在幼虫脾与封盖子脾之间,让工蜂清理;次日捉入蜂王进行产卵,36h后提出蜂王产卵控制器,返还蜂王于原处,将雄蜂卵脾放入继箱无王区里孵化、哺育。或用框式隔王板在强群的一侧隔出可容3个巢脾的小区,各放入已产满卵的卵虫脾和新封盖子脾1张,将雄蜂脾加到该两脾间,迫使蜂王在雄蜂脾上产卵,36h后取出蜂王并返还原处。如在双王群内生产,一只王用于产雄蜂卵,另一只仍正常产受精卵,则不会对蜂群及王浆等正常生产造成影响。

当雄蜂蛹达21~22日龄时提出其脾,抖去蜜蜂,使脾面呈水平状态,巢口向上,用木棒在上梁上敲击数下,则巢脾上半面的蛹下沉;然后用锋利的长条割蜜刀削去一薄层蜂房封盖(不要削去蛹的头部),再将脾面翻转,对准下面的收集托盘，用木棒敲击上梁，雄蜂蛹即脱落在托盘里；依照同样方法再脱出蜂脾另一面的蜂蛹，个别未脱出的则用镊子夹出，取蛹后的脾可以重复使用。

新鲜的雄蜂蛹易氧化变黑，应在采收的同时用不透气的聚乙烯塑料袋分装，排除袋内空气密封后放入冰箱内冷冻保存；或将新鲜蜂蛹投入35%的盐水中煮沸15~20min，捞起沥干后用密封包装、冷冻保存，即可保持蛹体坚实、色泽乳白。

9.4.5 蜂蜡

蜂蜡是白色或浅黄色固体，有蜂蜜香味，比重0.954~0.964，熔点62~67℃，沸点300℃，能溶于苯、甲苯、松节油、氯仿等有机溶剂，微溶于乙醇，不溶于水。蜂蜡具有易燃性、可塑性、滑润性及防水、防锈、绝缘和不裂解等特性，在医药上可用作栓剂、包衣和剧毒与刺激性强的药物的赋形剂，还可与其他药物混合制成治疗烫伤、止痛等药物；还可制作防腐、防锈及润滑剂，应用于化工、印刷、制革、光学仪器、纺织、造纸、铸造、油漆等方面。中蜂蜡一般比西蜂蜡鲜艳，但中蜂蜡的酸值为5~8，而西蜂蜡的酸值达16~23。

(1) 蜂蜡的成分

蜂蜡的主要成分是高级脂肪酸和高级一元醇合成的酯类，包括14%~16%碳氢化合物、31%直链-羟基一元醇类、3%二醇类、31%羟基酸类和6%的其他物质。蜂蜡在加热至90~100℃时，熔化了的表面会出现泡沫，这种泡沫会一直上涨而溢出容器。沸腾时的蜂蜡随即分解成二氧化碳、乙酸以及其他简单的挥发性物质，而不是蒸汽。

(2) 蜂蜡的生产

蜂蜡也是养蜂的产品之一，每2万只工蜂一生能泌蜡1kg，一个强群在春夏两季可泌蜡5~7.5kg。蜂蜡来自旧巢脾，更新一张巢脾约可收获65~80g蜂蜡，只有多造新脾更换旧脾才能生产更多的蜂蜡。蜜蜂采蜜时要将贮蜜巢房加高后再封盖，因此在主要采蜜期应加宽巢脾间隙，留足蜜蜂加厚蜜脾的蜂路，取蜜时将加厚部分连同蜜盖一起割下来也能增加蜂蜡产量。

当巢脾数量已满足需要后就可在继箱内的蜜脾之间加采蜡框收蜡，即拆去主巢框上梁，在巢框高度的2/3处钉一活动横梁，在该梁下侧面贴一条巢础，其下方再镶装巢础，蜜蜂就会造脾供贮蜜和产卵用，每群可分散放置这样的采蜡框2~3个；蜜蜂所造的该巢脾既可贮蜜，又可割取蜂蜡。取蜡时待梁上部分的脾造好时取下活动梁，只留2行巢房、割去其余，熔成蜡块，再次安放、造脾、割房。或利用蜂群转地时在继箱和巢箱的最外侧加空巢框让蜜蜂造赘脾，到达新场地后割取赘脾、取蜡。检查蜂群时应随时收集巢内的赘脾、蜡屑、分蜂台基、雄蜂房盖、割下的蜂房，将其及时熔成蜡块，以免发生霉变和蜡螟蛀食。

9.4.6 蜂胶

蜂胶是蜜蜂采集的树脂与其自身分泌物的混合物，呈棕红色、棕黄色、棕褐色带青绿色或灰褐色的黏性固体，比重 1.112~1.136，具有芳香气味，味苦，有很强的杀菌防腐作用；其中约含 55% 的树脂和树香，30% 的蜂蜡，10% 的芳香挥发油，5% 的花粉等杂物。蜂胶组成成分因蜜蜂所采树脂种类的不同而有所差异。常见的蜂胶有桦树型、杨树型、桉树型、香树型、松树型、混合型等多种类型。

（1）蜂胶的成分

主要成分有黄酮类化合物，酸、醇、酚、醛、酮、酯、醚、烯、烃、萜类化合物，以及维生素、多糖、酶类、脂肪酸、甾醇类化合物等。蜂胶中含量丰富的黄酮类、萜烯类、酶类及有机酸等对癌细胞有协同抑制作用及杀菌和抗氧化作用，已被作为天然广谱抗菌素、天然免疫增强剂和天然抗氧化剂，用于防治糖尿病和心血管病，治疗皮肤病、口腔溃疡、提高免疫力等，及作为植物灭菌药剂；在食品及饲料添加剂中可作为天然防腐剂、保鲜剂。①黄酮类化合物有白杨素、杨芽黄素、刺槐素、芹菜素、柳穿鱼素、良姜素、高良姜素、鼠李素、异鼠李素、鼠李柠檬素、山萘素、岳桦素、槲皮素及其衍生物、乔松素、松球素、樱花素、异樱花素、柚皮素等 20 多种，其中 5,7-二羟基-3′,4′-二甲基黄酮和 5-羟基-4′,7-二甲基双氢黄酮是蜂胶中独特的黄酮成分。②酸类化合物有苯甲酸、对羟基苯甲酸、茴香酸、栓皮酸、对香豆酸等。③醇类化合物有苯甲醇、3,5-二甲氧苯甲醇、2,5-二甲氧苯甲醇、桂皮醇、松柏醇、桉叶醇、α-桦木烯醇、乙酰氧基-α-桦木烯酸、甜没药萜醇、α-萜品醇、萜品-4-醇、愈疮木醇等。④酚、醛、酮、脂、醚类化合物有丁香酚、香荚兰醛、异香兰醛、苯甲醛、β 环柠檬醛、4,5-二甲基-4-苯-Δ^2-环己烯酮、对香豆酸脂、咖啡酸脂、环己醇苯甲酸脂、环己二醇苯甲酸脂、松柏醇苯甲酸脂、对香豆醇香草酸脂、苯甲醇阿魏酸脂、苯乙烯醚、对甲氧基苯乙烯醚等。⑤烯、烃、萜类化合物有蒎烯、β-愈疮木烯、α-雪松烯、α-依兰油烯、杜松烯、鲨烯等。⑥维生素有维生素 B_1、维生素 PP、维生素 A 等。⑦还含有多糖、酶类以及脂肪酸、甾醇类化合物等。生命必需的 38 种化学元素中，蜂胶含有 34 种，即氧、碳、氢、钙、磷、氮、钾、硫、钠、氯、镁、铁、锰、钴、铜、钼、锌、氟、铝、锡、硅、砷、硒、钛、钒、铬、镍、钡、锆、锑、镉、银、铅、锶。

（2）蜂胶的生产

利用蜜蜂采胶以固定巢脾和堵塞蜂巢缝隙的特性，可生产蜂胶。即在框梁上横放几根木条，再覆盖白棉布，覆布与上框梁间隙 0.3~0.5cm，蜜蜂即在覆布上积聚蜂胶。定期收取覆布、冷置，待蜂胶变脆后用木锤敲下；或将有胶的覆布平放在干净的硬木板上，晒软后用起刮刀刮取；取完蜂胶后按原来的方式将覆布放回蜂巢，10~20d 后又可取胶。检查蜂群时也可用起刮刀直接从纱盖、继箱箱口边沿、隔王板、箱壁、巢脾框耳等处刮取蜂胶，去杂，捏成小团存放。蜂胶中的芳香物质易挥发，应及时将所采蜂胶密封保存，并注明采收日期和产地。

9.5 蜜蜂病敌害的防治

蜜蜂的病害包括幼虫期的病害及成年蜜蜂的病害，螨害主要有大蜂螨、小蜂螨和武氏蜂盾螨，其他敌害主要是蜡螟、胡蜂和蚂蚁。

9.5.1 蜜蜂幼虫病害及防治

(1) 美洲幼虫腐臭病

二类动物疫病。又名烂子病、臭子病，是细菌性传染病。西方蜜蜂易感染，中蜂具有抗性。分布极广，危害性大。

病原 为幼虫芽孢杆菌 Bacillus larvae White，生长最适温度为37℃。该菌的芽孢在干病虫尸体中、干枯培养基上能存活7～15年、15年，在0.5%过氧乙酸、0.5%次氯酸钠、4%福尔马林溶液及100℃的沸水、煮沸的蜂蜜中可存活10min、30～60min、30min、15min、40min以上。

发病规律 常年均可发病，夏秋高温季节流行，病虫和病尸是主要传染源，清理巢房和病尸的工蜂带菌后再通过饲喂将病原菌传播给健康的幼虫。患病蜂群轻者影响繁殖和生产力，重者造成全群甚至全场蜂群覆没。病菌从消化道侵入幼虫体内，再进入血淋巴大量繁殖，引起幼虫发病死亡。调整群势、混用蜂具、迷巢、盗蜂以及蜡螟、蜂螨的寄生等都会造成本病的传播。

症状 2日龄幼虫感染后至4～5日龄时发病（症状不明显），封盖后幼虫死亡，同一脾面上同时具有卵、幼虫及蛹。死亡的封盖子巢房盖色深、下陷，常被工蜂咬破，病尸初呈浅褐色、褐色、最后棕黑色；虫尸腐败后呈胶状，有腥臭味，用镊子挑取可拉成2～3cm长的细丝；干尸呈黑色鳞片紧贴在巢房壁上不易清除。对疑患该病的蜂群应抽出封盖子1～2张仔细检查，若幼虫死于封盖后，封盖巢房具有上述典型症状即可诊断为该病。蜂场内一旦发现患病蜂群，应检查全场蜂群，及时扑灭该病。

防治 对感病蜂群应及时隔离、就地治疗，喷洒0.1%新洁尔灭对蜂体消毒，换箱换脾，提出染病子脾予以销毁，适当给药。弱群患病时应换箱换脾。搬开原病箱后在原位置撒上石灰粉消毒，再放置用福尔马林熏蒸消毒24～48h的蜂箱，内装用3%乙酸浸泡24h的巢脾；逐脾抖病群的蜂于巢门口干净的纸上，向蜂体喷洒0.1%的新洁尔灭溶液后用喷烟器驱蜂入箱，烧掉巢口的纸、病脾，其余巢脾、蜂箱、隔板等均用3%～5%的食用碱溶液浸泡24h。换箱换脾后的病群按每10框蜂0.5g磺胺类药物或0.25g红霉素粉末，再加到300～500mL糖浆或80～100g的湿花粉中混匀（水:饲料=1:1；下述病害防治中所用饲料均与此相同），每天喂1次，连续给药5d。与病群密切接触的蜂群用磺胺类或红霉素预防，药量为治疗量的1/2，1次/2d，连用3次。处理完病群后要用肥皂洗手，换去工作服（要消毒、清洗）后再接触健康蜂群。其余蜂群均应密集群势、保持群内饲料充足，以提高蜂群的自身抗病性；待所有病群全部治愈后方可搬场转地,以免疫情扩散。

(2) 欧洲幼虫腐臭病

二类动物疫病。

病原 为蜂房球菌 *Melissococcus pluton* (White) Bailey et Collins,该菌能长期存活于死虫干尸中,中蜂普遍发生,西方蜂中也有发生。病虫体内还可分离到次生的能加速幼虫死亡的蜂房芽孢杆菌、粪链球菌和尤瑞狄斯杆菌。

发病规律 南方3月初至4月中旬的春繁期、8月下旬至10月初的秋繁期发病。病菌主要经消化道侵入体内,在中肠腔内繁殖,病虫粪便排出体外后污染巢房,内勤蜂清洁巢房、清理虫尸和哺育幼虫时传播至健康幼虫;部分患病幼虫虽可化蛹,但蛹难以成活。蜂群间的传播则由调整群势、混用蜂具、盗蜂和迷巢引起。

症状 1~2日幼虫龄染病潜伏2~3d,3~4日龄未封盖时死亡。患病幼虫体无光泽、蜷曲、浮肿发黄、体节逐渐消失,或紧缩于巢房底,或虫体两端伸向巢房口;虫尸腐烂时有黏性及酸臭味,但不能拉丝;干燥虫尸深褐色,易从巢房中取出。发病初幼虫死去即被工蜂清除,蜂王再次产卵,子脾上空房与不同日龄的幼虫一起掺杂,严重时巢内无封盖子,幼虫全部腐烂发臭,蜜蜂离脾飞逃。提出子脾检查时如见幼虫死于未封盖期,具有如上典型症状,即为该病。

防治 子脾受凉与饲料不足是诱发本病的主要原因。防治时应加强饲养管理,必要时施药物治疗。春、秋繁殖季节为避免子脾受凉与饲料不足,摆放蜂箱应使位于巢门背风面以避免子脾受凉,强群要蜂脾相称,弱群要蜂多于脾或进行合并,保证巢内饲料优质、充足。一旦发病每10框蜂用0.25g红霉素或0.25g先锋霉素粉末,加到300~500mL糖浆或80~100g的湿花粉中混匀,每天喂1次,连续喂5d。

(3) 蜜蜂囊状幼虫病

病原 又名尖头病、囊雏病,病原为肠道病毒属的囊状幼虫病毒 Sacbrood Virus = SBV,侵染幼虫并传染;西方蜜蜂感染后常可自愈,东方蜜蜂抗性较弱,易造成严重损失。囊状幼虫病毒在59℃热水中只能生存10min,阳光直射4~7h即被杀死;在室温干燥条件下及王浆中、病虫尸体内、腐败虫尸内、蜂蜜里、蜂粮中可存活3周、1个月、7~10d、5~6h、100~120d;残留在巢房壁上夏季能存活80~90d、冬季则90~100d。

发病规律 在南方多发生于2~4月与11~12月,北方多发生于5~6月,天气骤变或饲料不足是发病的诱因。通过消化道感染是其侵入蜜蜂体内的主要途径,工蜂食入被病虫污染的蜂粮或在清理病虫时成为健康带毒者,病毒在工蜂体内增殖,饲喂幼虫时感染健康幼虫;外勤蜂采回被病毒污染的花粉和花蜜,盗蜂、迷巢蜂、雄蜂、蟑螂和巢虫等携毒,使用被病毒污染的饲料,混用蜂具和调整群势等使其在蜂群间传播。

症状 2~3日龄幼虫最易感染,感病成年蜂一般无症状。病毒从消化道侵入幼虫体内后,在中肠细胞、脂肪细胞和气管等组织、特别是王浆腺中大量增殖，潜伏期 5~6d，患病幼虫死于封盖之后。死幼虫呈囊状，尖头，头部上翘，白色，无臭味，体无光泽，表皮增厚，体内含颗粒液体；在巢房里死幼虫体色渐变成黄褐色至褐色、最后成棕黑色干片，易与巢房脱离。发病初期少数死虫被工蜂清理，蜂王又重新产卵，同一脾面上可见卵、虫及蛹。若在巢门前地面上或见工蜂从箱内拖出疑似病死幼虫，应开箱仔细检查，若症状与上述相同即为该病。

防治 对囊幼虫病应从加强饲养管理入手，实施药物治疗和预防性给药。气温较低的春季应适当合并弱群，提高蜂群的清巢和保温能力，发病季节对饲料不足的蜂群要人工补足饲喂蛋白质饲料及多种维生素。患病蜂群要先紧脾，抽出患病严重的子脾化蜡，再行换王或幽闭蜂王、断子一段时期，以利工蜂清理巢房；药物治疗每 10 框蜂用 0.1g 病毒灵或 0.1g 盐酸金刚烷胺细末，调入 300~500mL 糖浆或 100~150g 的湿花粉中喂蜂，1 次/d，连喂 5~7 次后停药 4~5d，后再喂 5~7 次。对与病蜂有密切接触的蜂群，用同样药物 2d 喂 1 次，连喂 3 次。被病蜂污染的蜂箱、蜂具和衣物要严格消毒；操作后用肥皂洗手，再接触健康蜂群。

(4) 蜜蜂白垩病

二类动物疫病。

病原 又称石灰质病，病原为蜜蜂球囊菌 *Asosphaera apis* (Maasen ex Claussen) L. S.，侵染幼虫并传染，仅危害西方蜜蜂。温度 30℃、相对湿度达 80% 以上时适于该菌生长，其孢子在干燥状态下可存活 15 年；春末夏初多雨潮湿、昼夜温差较大时易发生和流行。

发病规律 主要通过孢子传播。蜜蜂幼虫食入病菌孢子后，如肠道厌氧或幼虫抗性下降即开始萌发、增殖，菌丝穿透围食膜侵入真皮细胞，继而在体腔内增殖，穿破体壁时体表则充满菌丝，菌丝生长需要氧气。

症状 3~4 日龄幼虫吞食该菌孢子后最易感染，患病后虫体肿胀并长出白色绒毛状菌丝、充满巢房，虫体皱缩、变硬、成白色的块状。待长出子实体后虫尸暗灰色，或具黑色斑块，或黑绿色，虫尸易从巢房中取出。房盖常被工蜂咬开，巢门前能找到块状干虫尸。开箱检查时如见子脾不整齐，卵、幼虫及蛹同存，巢房内有白色块状物，病虫症状如上述即为白垩病。

防治 应通过饲养管理措施来消除发病条件和增强蜜蜂抗性。蜂箱摆放于地势高、光照充足、干燥通风、能避雨处，蜂箱要前低后高以防箱内积水，箱内潮湿时略打开箱盖通风以降低其湿度，同时有计划地剔除老脾、注意调整群势，避免用陈霉或来路不明的花粉喂蜂以防其带菌传染。一旦发病应立即喷洒 5%~10% 漂白粉液对地面、蜂箱、巢脾和蜂体消毒，或在地面撒布石灰粉，然后洒水；或每天用 0.1%~0.2% 新洁尔灭喷蜂、脾及箱内，每次应使蜂体蒙上一层薄雾为止，连喷 3d。或每 10 框蜂用 10 万单位的霉菌素细末，调入 500mL 糖浆中喂蜂，每天 1 次，连喂 4~5d；也可用大黄苏打片 5 片、氧氟沙星 3g 共研成粉末，调入 2 000mL 的糖浆中傍晚每群饲喂 100~150mL，1 次/d、连喂 7d，如病情严重则停药 3~4d 后再喂 7d；还可每 10 框蜂用山梨酸钾或丙酸钙粉末 1g，调入 80~100g 的湿花粉中混匀，连喂 7d，如需要停药，3~4d 后可再喂 7d。

9.5.2 成年蜂病及防治

(1) 蜜蜂败血病

病原 病原是蜜蜂败血杆菌 *Pseudomonas apiseptica*（Brnside），多见于西方蜜蜂。该菌在蜜蜂尸体中、潮湿土壤中、阳光直射和福尔马林蒸汽中、沸水中可存活 30d、8个月以上、7h、3min。蜜蜂败血杆菌广泛存在于自然界特别是污水和土壤中。

发病规律 本病为急性传染病，多发生于春、夏季，可通过各种途径传播。高温潮湿，蜂箱内外及放置蜂箱处不卫生，蜂场低洼潮湿，越冬室湿度过大，饲料含水量过高，饲喂劣质饲料等均为本病的诱因。蜜蜂在采集污水或爬行、飞行时可被该菌污染，病菌接触节间膜或气门而侵入体内。

症状 初始症状不易察觉，病蜂烦躁不安、拒食、爬出巢外无力飞翔，死蜂不多，但病情发展很迅速，只需 3~4d 就可使全群蜜蜂死亡。死蜂色暗而软、迅速腐败、关节处解体而各部位分离，血淋巴呈浓稠的乳白色。

防治 防治的关键在于预防。环境和饮水要卫生，防止蜜蜂外出采集污水，放群场地及越冬室要干燥、向阳、通风；对场地可用5%漂白粉液泼洒地面消毒。一旦发病应立即治疗，按每10框蜂 0.25g 土霉素或 0.1g 氟哌酸粉末，加到 500mL 的糖浆中混匀，每天喂一次，连续喂 5~7d；患病严重的还应换箱、换脾，并用5%漂白粉液浸泡带菌蜂箱和巢脾。

(2) 蜜蜂副伤寒病

病原 病原是无芽孢杆菌类的蜜蜂副伤寒杆菌（蜂房哈夫尼菌）*Hafnia alvei* Moller，多发生于西方蜜蜂。该菌在沸水中、40%福尔马林蒸汽中只能存活 1~2min、6h。

发病规律 为冬末春初常见的传染病（下痢病），病原主要生存于污水坑中，蜜蜂采水时病菌从消化道进入体内，在肠道繁殖，通过粪便排出体外污染蜂巢和饲料，使其他健康蜜蜂染病；潜伏期为 3~14d，死亡率高达 50%~60%。调换巢脾、迷巢蜂、盗蜂可使本病蔓延。场地阴冷潮湿、气温骤降、多雨是发病诱因。

症状 无特殊的外表症状，病蜂腹部膨大、体色暗、行动迟缓、体质衰弱、时见肢节麻痹、腹泻等，患病严重的箱底或巢门口死蜂遍地（与其他的成年蜂病相似），病蜂在早春排泄飞行时排出许多非常黏稠的深褐色粪便；但箱内饲料贮备充足、全部巢脾均被粪便污染，排泄物大量聚集之处气味难闻；病蜂消化道呈灰白色、肿胀无弹性，充满深褐色的稀糊状粪便。诊断主要看发病季节、下痢症状、病蜂后肠的积粪，符合上述的即为本病。

防治 采取留用优质越冬饲料，场地要背风、向阳、干燥，场内有清洁水源，晴暖天气促蜂飞翔排泄等可以预防。一旦发病，按每10框蜂 0.05g 氟哌酸或 0.5g 复方新诺明粉末，加到 500mL 的糖浆中混匀，每天饲喂1次，连续饲喂 7d。

(3) 蜜蜂慢性麻痹病

病原 该病又名瘫痪病、黑蜂病，病原是肠道病毒属的慢性蜜蜂麻痹病毒 Chronic Bee Paralysis Virus = CBPV。该病毒在 30℃ 时致病性最强，在蜂尸中其活性达 2 年，在 4℃ 时附着在尸体表面的数天即丧失活力（约 10% 的病毒颗粒活力约达 2 个月），90℃ 时 0.5min 即死亡。

发病规律 该病传染性强，春、秋季为发病高峰期，发病时间由南向北、由东向西逐渐推迟。南方 1～2 月、江浙 3 月、东北地区最早 5 月、西北 5～6 月即见发病，适宜的发病气温为 15～20℃，相对湿度为 50%～65%。病毒多集中于病蜂头部的脑、上颚腺、王浆腺等处，腹神经节、肠、蜜囊也含病毒，病毒颗粒在上述组织的细胞中增殖，破坏其功能。病蜂在喂食、取食的过程中传毒于其他健康蜂，蜂螨的寄生或饲养管理不当等使蜂体表皮破损时则引起伤口感染、发病。

症状 大肚型的症状为，腹部膨大、蜜囊充满液体、失去飞行能力，倦怠、行动迟缓、身体和翅颤抖不停、翅和足伸开呈麻痹状态，缓慢爬行于地面或集中于巢脾框梁和蜂箱底部，常被健康蜜蜂追咬；在早春或晚秋气温较低、群势较弱以大肚型为主。黑蜂型的体瘦小、腹部正常、绒毛脱光，体发黑，翅常缺损，身体和翅颤抖，失去飞行能力，不久衰竭死亡；夏、秋气温较高、群势较强、活动旺盛、追咬频繁时以黑蜂型为主。解剖可见蜜囊膨大、充满蜜汁，中肠呈乳白色、失去弹性，后肠常充满黄褐色稀粪，腹神经节失去原有的光泽，灰黄色。

防治 可采取驱杀病蜂、治理螨害、药物治疗予以防治。每群用升华硫约 10g 撒到病群的蜂路、框梁或蜂箱底部以驱杀病蜂，及治理螨害（参见本章）可有效的控制病情发展。按每 10 框蜂 0.1g 病毒灵或 0.1g 盐酸金刚烷胺粉末，调入 300～500mL 的糖浆中喂蜂，1 次/d，连喂 5～7d，停药 4～5d 再喂 5～7d。

(4) 蜜蜂螺原体病

病原 病原是蜂螺原体 *Spiroplasma melliferum* Clark et al.，侵染成年蜂并传染。

发病规律 该病由南向北随蜜源植物开花而渐北移，江苏、浙江 4～5 月为发病高峰期，油菜花结束后病情趋于好转；华北 6～7 月的刺槐和荆条花期为发病高峰期，尤以刺槐花后期严重。蜜蜂采花时接触到花表面的螺原体并将其携回蜂群，其他蜂食入含螺原体的蜂蜜、花粉即有可能感病，还可通过蜂相互摩擦等在蜂箱中传播。

症状 主要危害青壮年蜂，病蜂在蜂箱周围爬行、不能飞翔，或三五成堆聚于土凹或草丛里，或双翅展开、吻吐出，似中毒症状，但病蜂不旋转翻跟斗。本病一旦与孢子虫病、麻痹病混合感染，病情明显加重，蜂箱周围死蜂遍地，群势锐减。如见上述症状，再取病蜂用 0.85% 氯化钠溶液擦拭其体表、无菌水冲洗 2～3 遍，置研钵加少量无菌水研磨后离心（100r/min）5min，取上清液于载玻片上，1 500 倍显微镜下如有大量螺旋状、运动的菌体，即可确诊为该病。

防治 要阻断该病原的侵袭很困难，加强饲养管理、增强蜂群的体质，提高蜂群自身的抗病力最为重要。一般长期转地的蜂场发病率高，连续生产王浆的蜂群发病重。一旦发病，按每10框蜂用0.1g红霉素或0.05g氟哌酸粉末，调入500mL糖浆中喂蜂，1次/d，连续5~7d。被药物污染蜂蜜应在喂药结束后15d内摇出留作饲料，或作为工业酒精原料，不得流入食品市场。

(5) 蜜蜂孢子虫病

又名微粒子病，二类动物疫病。

病原　病原是蜜蜂微孢子虫 *Nosema apis* Zander，成年蜂普遍发病，是破坏中肠上皮细胞的肠道传染病。病蜂寿命缩短，采集力、哺育力和泌蜡量显著下降。微孢子虫的孢子耐受冷冻、冻干和微波处理，在蜂蜜和蜂房里、蜜蜂干粪内、蜂尸里、水中可存活1年、2年、5年、约100d，在60℃的蜂蜜、25℃的4%福尔马林液、10%漂白粉液、2%石炭酸水液中1h、1h、10~12h、10min即可杀死孢子。

症状　症状常与蜜蜂麻痹病、饥饿、杀虫剂中毒和下痢病相似。患病初无明显症状，后期病体瘦小，两翅散开，萎靡不振，螫刺反应丧失，少数腹部膨大，前胸背板和腹尖变黑，腹部1~3节背板深棕色，常被健康蜜蜂追咬，多爬在框梁、箱底板或蜂箱前的草地上，不久死亡；中肠呈灰白色、环纹模糊、失去弹性。冬末和春季成蜂大量减少，蜂王丧失或被交替。如将中肠置于载玻片上、滴半滴无菌水，盖上盖玻片后轻轻压挤，在400~600倍显微镜下可见大量长椭圆形、淡蓝色的孢子。

防治　经常检查蜂群，及早发现可疑症状，及时采取措施；注意培养健壮的适龄越冬蜂，饲料应优质、充足，室外越冬场地干燥、向阳，室内越冬时室温保持2~4℃；春季提早出室或促使蜜蜂在室内排泄飞行。一旦发病，在每1 000g的糖浆中加1g柠檬酸或3~4mL米醋，每群约喂500g，每隔3~4d喂1次，连续喂4~5次。

(6) 蜜蜂阿米巴病

病原　病原是马氏管变形虫（阿米巴）*Malpighamoeba mellificae* Prell，危害成年蜂并传染，西蜂、中蜂均受害。阿米巴是一种形状可变的单细胞体，通过被污染的饲料和饮水进入蜜蜂消化道，再寄生于马氏管上皮细胞间隙，发育繁殖3~4周后如遇不良条件（营养不足、低温等）即形成孢囊；其在马氏管内的发育繁殖造成堵塞，使排泄功能紊乱，其代谢产物毒害蜜蜂肌体、破坏上皮细胞，使其他病原侵入，因而常与孢子虫病并发。

症状　病蜂腹部膨大、时见下痢症状，体质衰弱、无力飞行，不久死亡。病群发展缓慢、群势渐弱，采集力下降。若与孢子虫病并发，死蜂数量增加。将病蜂消化道置于载玻片上，若中肠变成棕红色、后肠膨大积满黄色粪便，即疑似该病；取中肠、小肠及马氏管，加无菌水后镜检，若马氏管膨大、近于透明状，管内充满如珍珠般孢囊，压迫马氏管后可见到孢囊散落在水中，即为阿米巴病。

防治　蜂场内放置清洁饮水，群内有充足的优质饲料，是预防该病的重要措施。一旦发病，按每1 000g糖浆加1g柠檬酸或3~4mL米醋调匀，每群喂500g，每隔 3~4d 喂 1 次，连续喂 4~5 次。

9.5.3 蜜蜂螨害及防治

危害蜜蜂的螨类主要有大蜂螨、小蜂螨和武氏蜂盾螨。

(1) 大蜂螨

二类动物疫病。大蜂螨 *Varroa jecobsoni* Oudemans 寄生在成年蜂体上吮吸其血淋巴，使其体质衰弱、烦躁不安，影响哺育、采集和寿命；潜入封盖的子房内产卵繁殖，吮吸幼虫和蛹的血淋巴，使被害虫蛹不能正常发育而死亡，幸而出房的也翅足残缺、失去飞翔能力；被害严重的蜂群，群势迅速下降，子烂群亡。

形态特征（图9-18）

卵为乳白色，卵圆形，0.6mm×0.43mm，初产即见形如拳状的 4 对肢芽。前若螨乳白色，刚毛稀疏，4 对附肢粗壮，体渐变大、近圆形。前若螨蜕皮即为后若螨，其体渐成横椭圆形，体背具褐色斑纹。雄成螨体呈卵圆形，0.88mm×0.72mm，导精管明显；雌成螨 1.11~1.17mm×1.60~1.77mm，横椭圆形，深红棕色。

生物学习性

大蜂螨的生活史分为体外寄生期和蜂房内的繁殖期，完成一个世代必须寄生于蜜蜂的封盖幼虫和蛹。大蜂螨由蜜蜂接触而传播，主要危害西方蜜蜂，东方蜜蜂虽被寄生但不造成危害。如果发现蜂箱前有翅膀残缺的幼蜂，应开箱抓取若干较稚嫩的工蜂检查其腹部两侧，看是否有大蜂螨寄生，再挑取若干封盖子，看蛹体是否有大蜂螨寄生，若有，即可诊断为大蜂螨危害。

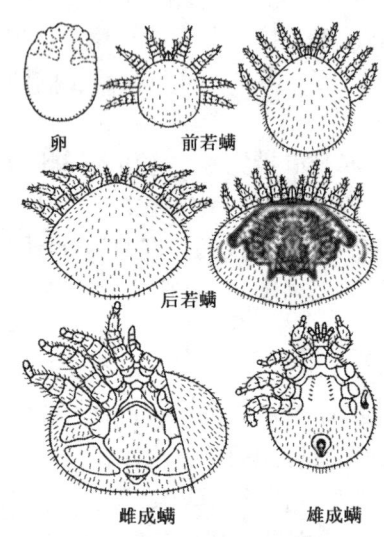

图9-18 大蜂螨

防治 该螨的防治应在断子期进行，平时若蜂螨寄生较高时要人为制造断子期，此时大蜂螨暴露在蜂体和巢脾上，易于有效扑灭。气温在 16℃ 以上时用 2% 的草酸水溶液，直接提脾喷于蜂体两侧，每脾喷 10~12mL，螨害严重的 12d 后再喷治 1 次即可；草酸对皮肤和黏膜有强烈的刺激作用，操作时要注意防护，喷药后用肥皂或稀苏打水清洗接触到药液的皮肤。非断子期可将浸渍有氟胺氰菊酯（螨扑）药液的木片或塑料片，插入箱内第 2 个蜂路中，强群 2 片、弱群挂 1 片，保持 3 周为 1 疗程。该法药效长，能将陆续出房的螨类相继杀灭。

(2) 小蜂螨

二类动物疫病。小蜂螨 *Tropilaelaps clareae* Delfinado et Baker 主要寄生在子脾上，危害封盖后的老幼虫和蛹，使幼虫无法化蛹、或蛹体腐烂于巢房，幸而出房的幼蜂翅残而不全，受害幼虫乳白色或浅黄色，表皮破裂，组织化解，但无特殊臭味。

形态特征（图9-19）

卵近圆形，似紧握的拳头，0.66mm×0.54mm。前若虫椭圆形、乳白色，0.54mm×0.38mm，体背刚毛细小。后若虫卵圆形，0.90mm×0.61mm，体背生细小刚毛。雌成螨卵圆形、浅棕黄色，前端略尖、后端钝圆，0.97mm×0.49mm。雄成螨卵圆形，淡黄色，0.92mm×0.49mm，背板与雌螨相似，导精趾狭长而卷曲。

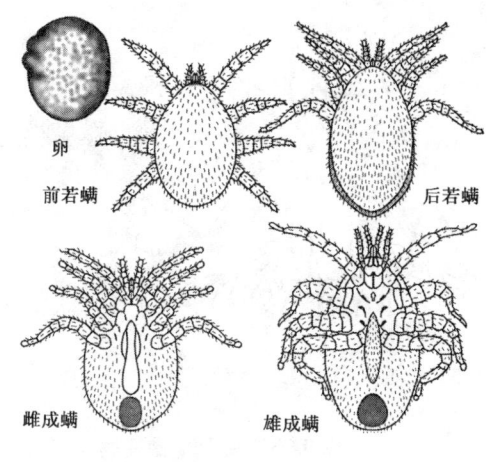

图9-19 小蜂螨

生物学习性

一生分为卵、幼虫、若虫和成虫4个阶段。小蜂螨发育期短，仅6d，繁殖速度比大蜂螨快，部分新成螨常咬破房盖（被咬处有针孔样的穿孔）转房繁殖危害，因此造成烂子比大蜂螨严重，若防治不及时，极易造成全群覆灭。对可疑蜂群应开箱提出封盖子脾、抖掉蜂，观察封盖上有否穿孔，脾面上是否有小蜂螨快速爬行；若有应挑开穿孔封盖，取出虫蛹仔细观察予以确定。

防治　升华硫防治小蜂螨效果较好，可将其均匀地撒在蜂路和框梁上，或用双层纱布将药粉包起直接涂抹于封盖子脾上。也可在升华硫中掺入适量的细玉米面、细米粉或滑石粉调匀后装入广口瓶中，瓶口用双层纱布包起轻轻抖动撒施。一般每10框蜂用升华硫3g，每隔5~7d用药一次，连续3~4次为一个疗程；如大蜂螨和小蜂螨共同危害，最好用螨扑与升华硫磺同时防治。用药时不要撒入幼虫房，撒抹要均匀，用药量要适宜，以防杀死幼虫，引起蜜蜂中毒。

（3）武氏蜂盾螨

二类动物疫病。武氏蜂盾螨 *Acarapis woodi*（Rennie）又名武氏恙螨、气管螨、壁虱。寄生于成年蜂的气管中，危害很大。受害成蜂烦躁不安，寿命缩短，青壮年蜂大量死亡，群势急剧下降。盗蜂、迷巢蜂、合并蜂群会造成传播。该螨为对外检疫对象，在许多国家已普遍发生，我国尚未发现，应严加防范；一旦发现疫情，应及时报告主管部门和检疫部门，以便采取措施予以扑灭。

形态特征（图9-20）

雌成螨呈椭圆形，123~180μm×76~100μm，侧观由头至腹部均有横纹，体背有背板5块。雄成螨椭圆形，96~100μm×60~63μm，背部有背板2块。

生物学习性

一生均生活在蜜蜂的气管内，其发育经过卵、幼螨、预成螨和成螨4个阶段。对可疑病群，应取出50只蜜蜂，在16倍解剖镜下剪去头部和前足，挑开前胸背板，检查前胸气管。健康蜂的气管为浅黄色或白色，病蜂的气管有棕褐色或黑色斑点；在100倍下变色气管中若有螨存在，即可确诊为武氏蜂盾螨。

防治 该螨可采用硝基苯合剂或冬青油（水杨酸甲脂）熏蒸防治。按硝基苯：汽油：植物油＝5：3：2，各取其量混合均匀，每群每次取3mL、洒于吸水纸上，傍晚放在群内框梁上，每隔3d用药1次，连续3次为一个疗程；或每群用冬青油6mL，按同样方法施药防治。

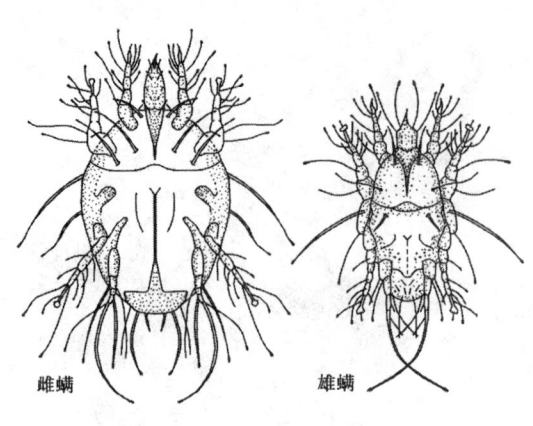

图 9-20　武氏蜂盾螨

9.5.4　蜜蜂敌害的防治

(1) 蜡螟

危害特征　危害蜂群的蜡螟有大蜡螟和小蜡螟两种，其幼虫称巢虫、绵虫、隧道虫，均潜入巢脾取食蜂蜡，伤害幼虫和蛹；如蛹被害后工蜂即打开房盖，清除白色死蛹（白头蛹）。中蜂有咬脾的习性，箱底常堆有蜡屑，易招引蜡螟产卵危害；西方蜜蜂无咬脾习性，几乎难见巢虫危害。如子脾上有白头蛹，将脾对着强光若见巢房底部有隧道、道中有巢虫时即为蜡螟危害。

防治　加强饲养管理、饲养强群和清洁蜂箱是防治蜡螟的主要措施。巢虫喜食旧脾，应经常造新脾、淘汰旧脾，及时清除蜂箱内的碎蜡屑及修补箱内缝隙，保持箱内清洁，铲除巢虫滋生的环境；对淘汰的旧脾和收集的碎蜡要及时熔化成蜡块，防止滋生巢虫。被巢虫侵害的巢脾，可用镊子夹出巢虫杀死；若系空脾，可将巢脾浸泡于凉水中淹死巢虫。

(2) 胡蜂

危害特征　胡蜂是蜜蜂的重要敌害，危害蜜蜂的主要有金环胡蜂、墨胸胡蜂、黑盾胡蜂、基胡蜂、黑尾胡蜂和黄腰胡蜂。防治胡蜂的最好方法是摧毁蜂场周围的胡蜂巢，扑打和捕捉来犯胡蜂；或将敷药后的胡蜂放其回巢，污染其巢穴，毒杀其余胡蜂。在胡蜂捕食蜜蜂严重季节，部分常到蜂群巢门口捕食骚扰蜜蜂，当第一只胡蜂认准蜜蜂巢后常招来许多同伴捕食，因而要注意扑打第一只来犯的胡蜂。

防治　药剂毒杀胡蜂时可选用有机氯类的林丹、毒杀酚等，及有机磷类的敌百虫、对硫磷、甲苯对硫磷等粉剂。在100～150mL的广口瓶内预置农药粉剂约1g，将网捕的胡蜂诱入瓶中、盖上瓶盖，待其粘满药粉后打开瓶盖放飞，该胡蜂归巢后即污染其蜂巢，毒杀其同伴。

(3) 蚂蚁

危害特征　蚂蚁分布很广，达 5 000 多种，在高温潮湿的森林地区最多。危害蜜蜂的主要是大黑蚁和棕黄色家蚁；害蚁常由蜂箱裂缝或弱群巢门侵入箱内，盗食或搬运蜂蜜、花粉和蜡屑，甚至在箱盖下营巢等扰乱蜂群的生活，致使蜜蜂群势削弱，或全群弃巢飞逃。

防治　蚁害的防治可采用驱避、预防和毒杀等方法。用明矾或硫磺粉及经微火烘烤过的鸡蛋壳粉，撒在蚁路上和蜂箱周围可驱避蚂蚁，促其举巢搬迁。将垫高蜂箱的蜂箱架的 4 条腿插在水碗中（经常保持碗中有水），在水面上滴几滴柴油或煤油，可以预防蚂蚁上箱危害。用硼砂 60g、白糖 400g、蜂蜜 100g 充分溶于 1 000mL 水中后分装于小碟内，置于蚂蚁经常出没的地方可诱杀之；或将灭蚁灵（十二氯五环癸烷）毒饵撒在蚁路上，害蚁将其拖回巢中共同食用时可导致全巢蚂蚁产生慢性胃中毒而死。

复习思考题

1. 简述我国蜂业发展的历史与现状。
2. 简述我国蜜源植物的分布。
3. 简述蜂群的组成及三型蜂的生活。
4. 影响蜜蜂生活的自然因素主要有哪些?
5. 蜜蜂饲养应掌握哪些基本技术?
6. 简述蜂群的管理要点。
7. 简述蜜蜂病害、螨害及敌害的诊断与防治。
8. 简述各种蜂产品的主要性状与成分。

本章推荐阅读书目

蜂产品加工学．陈崇羔编著．福建科技出版社，1999
中国蜜蜂学．陈盛禄主编．中国农业出版社，2001
中国蜂业．陈耀春主编．中国农业出版社，1993
养蜂学．福建农学院主编．福建科技出版社，1981
蜜蜂机具学．龚一飞主编．福建科技出版社，1996
中国蜂业简史．乔廷昆主编．中国医药出版社，1993
蜜蜂病敌害防治．吴杰主编．中国农业出版社，2001
养蜂手册．中国农科院蜜蜂研究所主编．中国农业出版社，1998

第 10 章 家 蚕

【本章提要】 本章介绍了在我国已有 5 000 多年产业化历史的资源昆虫——家蚕的发展历史，当代主要蚕产区、优良蚕及桑品种，养蚕的关键技术，上蔟、采茧技术，主要病害预防技术，蚕丝及蚕副产品的利用方式等。

家蚕 *Bombyx mori* Linnaeus 是人类利用最早的昆虫之一。习惯上多数人常将已有悠久产业化历史的与正在开发和研究的资源昆虫相区别，但是按照拓展后的资源昆虫学概念，家蚕也是资源昆虫之一。与蜜蜂不同的是经过长期饲养、驯化和筛选，野生的蚕已经被改造成了"圈养"昆虫，并且具有了包括寄主即桑在内的品种选育、饲养、管理、产品加工、副产物的综合利用等一整套蚕桑产业技术。因此了解家蚕的产业化技术，对于能够驯化为类似于家蚕的其他资源昆虫的开发利用甚至研究有着现实的借鉴意义。

10.1 蚕桑产业及其历史

我国的蚕桑产业经过数千年的发展，形成了现今年蚕茧产值约达 50 亿元、加工生产总产值约达 100 亿元的蚕桑工业体系，蚕桑产业已成为许多地区的支柱产业之一。

10.1.1 我国的养蚕历史与现代的蚕桑产业状况

桑树在中国是广泛分布的植物，以桑叶为食料的桑蚕（又叫野蚕）随着桑树的分布而在各地生育和繁殖。我们的祖先最早利用桑蚕茧，一说是人们食用茧中的蚕蛹，一说是蚕茧经雨水淋湿，茧壳可以抽成绵丝，从而捻成比麻线更为光滑、华丽的丝线，发展为以茧缫丝，开拓了衣服原料的又一来源。

(1) 我国的养蚕历史

古代没有文字，地下文物的发掘是探索蚕业起源的最有力的证据。近代在河南省荥阳县青台村一处文化遗址的儿童瓮棺内，发现了距今 5 000 多年前用以包裹儿童尸体的罗织物、已经碳化的丝织品；1958 年在浙江省吴兴县钱山漾新石器文化遗址发现有公元前 2 715 ± 100 年已碳化或半碳化的丝线、丝带和绸片，2000 年在福建省崇安县武夷山白岩崖东方古越族祖先苗族的一个船棺内发现有距今 3 860 ± 100 年烟色丝织品。此外不少古籍上的记载和迄今在西南少数民族地区对蚕茧利用的事实说明，中国养蚕已有5 000多年的历史，这还不包括家蚕被饲养以前对野生蚕的利用和驯化的时期（图10-1）。

公元前21世纪的夏代，在当时相当于今河南、河北、山东、湖南、湖北、江苏、浙江、安徽等省的9个州中已有6个州生产蚕丝。公元前11世纪至前3世纪的西周和东周时代，养蚕业向西北扩展到山西、陕西、甘肃和四川等省，山东和河南是全国蚕业最繁荣的地区；秦汉时期四川省的蚕业也已发达，至公元3世纪时养蚕在魏、蜀、吴三国已较普遍。东汉、晋、唐以来，北方战乱频繁，随北人南移的增多，带去了北方先进的养蚕技术，促进了南方养蚕业的迅速发展，至10～13世纪的宋代，江南已成为全国养蚕业的中心，四川省蚕业仍保持一定的比重。

图10-1　王祯《农书》茧馆

元代的蒙古贵族对中国的统治虽极短（1271～1368年），但对全国蚕业的破坏极为严重，铁骑所到之处，"耕桑变为草莽"。至明代采取了奖励养蚕的政策，又因以蚕丝为主的海外贸易繁荣，养蚕业得以恢复和发展。清代自鸦片战争以后，开辟通商口岸，蚕丝是各资本主义国家争夺的商品，丝价提高，刺激了全国各地尤其是江浙太湖流域蚕业的发展。民国时期，蚕业在全国有了较大发展，1931年蚕茧产量曾达220kt以上；此后，由于世界经济市场不景气、日本丝与中国丝在国际上的竞争以及日本帝国主义对中国的全面侵略，以致蚕业一蹶不振，至1949年时全国产茧仅39kt。

（2）桑园的培育

周代，大面积栽植桑树的形式有高干乔木和养成低干桑之分，并了解到土质、肥水与桑树生长发育有关系。汉代创造了桑子和黍子混播间作培育桑苗、建造新桑园的方法。至6世纪记载了压条繁殖桑苗的经验，桑品种已分成荆桑、女桑、黄鲁桑和黑鲁桑等。12世纪时在江、浙已推广桑树嫁接繁殖，当时浙江的桑品种已有青桑、白桑、拳桑、大小梅、红鸡爪等。13世纪，扦插、埋条和各种嫁接培苗已十分完备，13～14世纪浙江发展的中干桑拳式养成法是划时代的进步，其合理的群体结构为高产桑园奠定了基础，以致17世纪在浙江竟出现了亩产春叶1 400kg的高水平。河泥、土杂肥、厩肥、除虫等桑园培育技术的应用，兼之与大农业的密切配合，产生了太湖流域的"农、畜、桑一体"、珠江流域的"桑基鱼塘"生态蚕桑经营模式，桑基鱼塘即在低洼水网地区挖塘筑基、种桑养蚕，蚕沙喂鱼，塘泥又作桑基肥料。

(3) 蚕种的选育及养蚕技术

中国蚕种选育和繁育，向来采用群体中优中选优和近亲交配的方法，注意淘汰病弱蛾、病弱蚕和卵，以维护强健的种系。远在公元前 11 世纪已饲养有一、二化性蚕，公元前 1 世纪饲养有多化性蚕，6 世纪蚕的眠性有三眠和四眠之分，蚕体斑纹及茧色有白、黄多种，12 世纪时江、浙蚕茧出丝率有 6% 的记载，难能可贵的是 17 世纪已观察到了不同茧色、不同化性品种间杂交出现的杂交优势。

中国最迟在公元前 3 世纪已在加温的蚕室内饲养。3 世纪采用小蚕期恒温饲养，注意眠起时调节温湿度，总结和掌握了蚕期中"桑、火、寒、暑、燥、湿"各个环节的丰富经验。13 世纪已在农村中推广桑叶粉、米粉、绿豆粉等添食方法。15 世纪对蚕病的发生和有传染性有了认识，但很早就重视了对蚕室、蚕具采用石灰和石碱清洁以及阳光曝晒消毒。

蚕蔟之用茅草、菜子秆、竹枝，进而用定型的湖州把、伞形蔟和竹枝花蔟，尤其是蔟中加温排湿，远在 6 世纪就受到重视，"出口干"是 15 世纪科学上蔟的总结，对提高蚕茧质量有很大作用，至今仍在沿用。

1898 年在浙江省杭州市创办了中国第一所蚕业学校"蚕学馆"，聘任日籍教师和留日教师，传授日欧先进蚕桑技术，讲授土壤、肥料、消毒防病、制种、养蚕等方法，随着毕业学生分赴各地而传播全国，使数千年的中国传统蚕桑生产技术进入实践科学的行列。20 世纪二三十年代，各省纷纷创建蚕桑大专、中等技校，自中央至地方相继设立了各级蚕业改进与试验研究机构，各蚕区县亦成立了蚕业指导所，筹建小蚕共育室，对推广、普及消毒与防病、使用改良蔟具、使用杂交蚕种、饲养秋蚕等起到了积极的作用。此时，中国蚕桑专业人才辈出，科研成果陆续为生产上所采用，全国形成了较完整的蚕业教育、科研、生产体系的雏形。

(4) 1949 年以后养蚕业的发展

蚕业政策 1949 年新中国成立后，在人民政府进行的国民经济恢复和改造工作中，确定了"积极恢复，迅速发展"的蚕业生产方针，建立了自中央至省、县各级蚕业管理机构，发放贷款，指派蚕桑技术人员指导生产，组织蚕农成立小蚕共育室，扩建蚕种场，蚕桑生产大为发展，至 1952 年年产茧量比 1949 年增加了 1 倍多。1954 年中央召开全国桑蚕、蚕丝会议，确定"大力发展蚕丝生产"的方针，根据第一个五年计划的要求，在 1955 年农业合作化高潮的推动下，许多省区不仅巩固和扩大了原有的蚕区，并迅速向山区和丘陵地带发展新蚕区，全国蚕区从建国初期的 14 个省，扩大到了 27 个省、市。1958 年开始的第二个五年计划仍将蚕业生产列为重要内容，是年 2 月在中央召开的全国桑蚕、柞蚕生产会议上提出了"加强领导，全面规划，大力发展，飞速跃进以支援工农业生产和国家建设"及"巩固老蚕区，发展新蚕区"的蚕业指导方针，全国桑园面积迅速扩大，各项设施和管理工作随之配套，为以后蚕业的稳定发展奠定了基础。迄今全国除青海和西藏外，都有蚕业生产。1988 年全国产茧 440kt，桑园面积

$34\times10^4\text{hm}^2$，散植桑 380 万株。

研究与教育 新中国成立以来，中央和各养蚕省区相继建立了蚕业研究机构，开展了诸多研究和技术推广工作，蚕桑院校培养出大批人才，形成了一支强大的技术队伍。在栽桑方面选育出了 40 多个高产优质、具有特殊抗逆能力的桑品种，取得了育苗方法、病虫害防治技术与新药剂、培育密植速生桑园的丰产栽培技术措施等多种成果。在蚕种方面对春用品种进行了 4 次大的更换，茧丝内在质量不断提高；对夏秋品种完成了单纯强调体质强健向体质、茧质并重的过渡，目前各省区都推广有本省育成的蚕品种，国家也制定了养蚕技术标准，为蚕业的持续丰产提供了可靠的质量保证。在蚕病防治上研究和推广了多效和广谱的蚕室、蚕具及蚕体消毒药剂，调节蚕体生理和补充营养的添食研究成果已在生产上取得了明显的经济效益。如浙江省嘉兴地区近年大面积亩桑产茧 200kg 的丰产方，就是实施各项先进的综合配套技术的体现。

目前面临的问题 ①在农业结构调整过程中，因栽桑养蚕花费劳力多、效益相对较低、蚕茧生产供大于求，已经出现了滑坡的局面。②在全行业蚕茧及缫丝质量于短期内难以大幅度提高，对参与国际竞争形成了潜在影响。③目前已经形成的区域化布局、规模化经营、产业化运作的氛围，随市场国际化进程的加快、国有资本逐步退出蚕业领域等，蚕桑产业要开创出一个新的局面，其科技进步必须以质量为基础，向新、奇、特方向发展。④蚕种生产是该产业的基础之一，面对行业的发展态势，要保障该行业的稳步发展，必须确定新的品种选育目标，注重蚕种场的改革、产销管理、提高质量与经济效益等。

10.1.2 蚕桑产业的地理区划

我国蚕桑以四川、重庆、浙江、江苏、广东等地为最多，四大蚕产区如下。

四川、重庆蚕产区 四川省和重庆市气候温和，少见霜雪，全境雨量充沛。年平均气温在 16~18℃，年降雨量 1 000~1 250mm，无霜期约 300d。各地都有栽桑养蚕的习惯。蚕区主要分布在嘉陵江、涪江、沱江流域的南充、绵阳、重庆等地区。该区已普遍植桑于田坎、路旁、溪畔和房前屋后，大多养成中干树型，这种四旁植桑法多不与粮棉争地。全年养蚕 3~4 次，以春蚕和中秋蚕的数量为多，该区 1984 年产茧达 100kt，居全国首位。

浙江、江苏蚕产区 浙江、江苏两省属于温带，地处长江下游平原。全年气温 15~18℃，无霜期 250~275d，年降水量 1 000~1 500mm。浙江省蚕桑生产遍布全省 70 个县（市），其中以湖州市郊区、海宁、桐乡、德清、余杭、嘉兴市郊区等最多，占全省产茧量的 80% 以上，有"丝绸之府"之称。江苏省蚕桑生产，以海安、丹阳、吴江、如皋、东台、大丰、无锡等地较多；近年来苏北的南通、盐城、淮阴地区发展较快，产茧量已超过苏南。江浙蚕区桑田大多集中成片，矮干密植，肥培管理好，全年可饲养春、夏、早秋、中秋、晚秋五期蚕，但多以春蚕为主。饲养中实行蚕种统一配发，共同催青，小蚕共育，推广方格蔟，提高了蚕茧的盒（张）产量和蚕茧质量，是我国生产优质茧的主要基地。

广东、海南蚕产区 广东、海南省处于亚热带，气温较高，炎热时间多，低温时间短，雨季长，湿度大，年平均气温20～24℃，年温差约15℃。全年无雪，降霜仅有1～3次，年降雨量1500～2000mm。桑树周年只休眠2～3个月，在海南省有"常年绿"之称。广东荆桑发芽早，成熟期短，再生力强，一年可多次采叶，蚕期从3月下旬至11月上、中旬，全年可养蚕7～8次，以夏蚕饲养量大；在全省56个县虽普遍养蚕但主要集中于珠江三角洲的顺德、南海、中山县，很早就形成了"桑基鱼塘"的特有经营方式。近年来珠江三角洲老蚕区的产茧量有所下降，而廉江、阳春、德庆、罗定、英德等县逐年增加，年产茧量已超过500t，亩产蚕茧有的达100kg以上。

其他蚕产区 除上述四大主要产区外，还有山东、安徽、湖北等蚕区。①山东省是我国的老蚕区，主要在鲁中、鲁南一带，以昌潍地区为重点，其中以临朐的泰安、济宁等地区最发达。山东省历史上以粮桑间作为主，桑树一般为鲁桑，该桑抗寒性强，适于养成高干或乔木桑，采伐方法用留枝留芽法，全年养蚕2～3次，亦可养多丝量品种。该地除桑蚕外，还是我国主要柞蚕产区之一。②安徽省亦是我国老蚕区，解放前遭受摧残破坏，濒临绝境，全省只剩下零星的桑园，年产茧仅有100t，解放后蚕桑生产恢复和发展较快，主要产区有金寨、歙县、绩溪、青阳等县。③湖北省蚕区主要分布在黄岗地区的罗田、英山、麻城等县。湖南省蚕产区以往集中于常德、澧县一带，近年来向洞庭湖滨的华容、岳阳一带发展。④广西壮族自治区，气象条件与广东相似，一年可多次养蚕，主要分布在钦州、南宁、平南、蒙山、桂平一带，桑树大都栽在河滩地或丘陵地，栽植形式类似广东。⑤云南省蚕区四季如春，气候适宜，主要蚕区在楚雄、蒙自一带，全年可养多丝量品种。⑥新疆维吾尔自治区，是我国西北边疆的主要蚕区，以南疆喀什、阿克苏、尤以和田地区较为发达，天山及昆仑山水可供桑园灌溉，桑树一般养成高干或乔木，栽植的主要品种有黑桑、白桑等。⑦山西省的晋东南，陕西省的安康、汉中、商洛，河北省的承德、唐山，河南省的郸城等地，东北的辽宁、吉林、黑龙江，华东的福建，西南的贵州以及甘肃、内蒙古等地也有一定数量的蚕桑生产。⑧台湾省具有热带、亚热带气候特点，气温高，雨量充沛，土地肥沃，蚕桑生产主要分布在屏东、台东、花莲、台南等县。全年可养春蚕2次、夏蚕1次、秋蚕2次、晚秋蚕1次。

10.1.3 家蚕的主要生产用品种

近几年来全国各地先后育成了一批春用和夏秋用新蚕种，对提高蚕茧产量和质量起了很大作用。优良的蚕桑品种是蚕茧增产的内在因素，了解和掌握优良品种的性状，在饲养过程中采取合理的技术措施，充分发挥其优势、克服其缺陷，才能达到增产蚕茧和提高质量的要求。选用蚕品种要根据季节、地区和当地技术条件来决定，春季叶质好，气候适宜，有利于获得稳产、高产，应选用多丝量的蚕种。夏秋季一般饲养耐高温、体质强健的蚕种。中、晚秋时饲养的蚕种要根据当地气候和叶质情况而定，气候正常、叶质好的地区，可饲养春用蚕种。各地主要的蚕桑品种及性状如下。

(1) 春用蚕品种及性状

苏 5 × 苏 6（正反交） 该品种是中×日、欧杂交的二化性多丝量品种，好养、高产、丝质优、出丝率高，已在长江流域、黄河流域、东北地区试繁推广。卵孵化齐一，孵化率高。正交蚁体黑褐色，反交灰褐色，每克蚁蚕 2 200～2 300 头。各龄眠起整齐，但需待起齐后饲食，给食不宜过早。小蚕期用桑要新鲜、适熟偏嫩，促使发育齐一、大小均匀。大蚕食桑旺盛，体质健壮，体大而均匀，青白色。小蚕期稍短，5 龄期较长，但全龄期与华合×东肥相仿。老熟较齐，营茧快，多结上层茧，双宫茧较多。茧大而整齐，长椭圆形，茧色洁白，皱缩中等，茧层率在 24% 左右，茧层量及茧价高。茧丝长，解舒及净度均高，纤度在 3D 左右。盒（张）蚕产茧约 45kg，需用叶 700～750kg，产值比华合×东肥高 10% 以上。

菁松×皓月（正反交） 本品种是中×日杂交的二化性多丝量品种，适合春期和中、晚秋期饲养，体质健壮，发育整齐，易饲养，结茧量高，茧丝质优。卵灰绿色，卵壳黄色，正交约 1 600 粒/g、反交茧约 1 700 粒/g。蚁体黑褐色，较安静，蚁蚕约 2 300 头/g；反交有逸散性，蚁蚕约 2 100 头/g。小蚕趋光性强，眠性快，处理容易，蚕体均匀，起蚕活泼，逸散性强；大蚕趋密性强，蚕体大而强壮，体色青白。各龄食桑活泼，不择叶、不踏叶。5 龄期约 8.5d，先食桑缓慢、饷食 1～3d，后 5～6d 食桑较快且旺盛，给桑要饱，用桑宜适熟偏老。熟蚕淡米红色，老熟齐，营茧快，喜结上层茧，上蔟宜适熟偏生，防过密。茧形大而均匀，茧椭圆形稍带微束腰，茧色洁白，皱缩中等，茧层率在 25% 左右，有少数薄头茧。缺陷为大蚕期在蔟中抗湿力差，须通风排湿，以减少蔟中死蚕与不结茧蚕。茧丝长在 1 400m 以上，解舒良好，纤度细，净度优。盒蚕全龄用桑 725～750kg，产茧 45～57kg，茧约 440 粒/kg。

781×（782×734） 该品种为中×（日×日）三元杂交种，是四川省春、秋兼用的主要蚕种。正交卵呈灰绿色，卵壳淡黄色，约 1 600 粒/g，蚁蚕约 2 200 头/g。蚁蚕逸散性强，爬行迅速，尤其反交，故感光不宜过早。小蚕易密集打堆，孵化、眠起齐一，但饷食过早，发育不齐，易落小蚕。大蚕形体较大，普通斑纹，食桑旺盛，食量较大，需防闷热湿重。茧形椭圆，大而均匀，茧色洁白，茧层率 23%～24%，盒蚕产茧量 34～35kg，1kg 茧用桑量春季 15～16kg、秋季 18kg。

新菁×朝霞（正反交） 本品种系中×日二化性一代杂交品种，适用于两广头造和七造饲养的二化白茧种。正交卵色灰绿色，卵壳淡黄色，卵约 1 800 粒/g，蚁蚕 2 400～2 500 头/g；孵化欠齐一，蚁蚕逸散性强，要早收蚁；各龄眠起齐，老熟一致，就眠反应较慢，加眠网可稍迟，并需及时分批；食桑缓慢，大蚕体白色、细长、结实，抗高温能力强，抗湿性稍差。茧形较小、长椭圆形，易产生穿头茧，上蔟不宜过密，茧色洁白，茧层率 21%～22%。

华合×东肥（正反交） 为中×日杂交的多丝量品种，适宜于我国长江流域、华北、东北等地的春季和晚秋季饲养。是一个好养、优质、高产的品种。盒蚕产茧可达 50kg 以上，茧约 400 粒/kg。蚁体黑褐色，正交较安静，蚁蚕约 2 400 头/g；反交喜爬散，2 300 头/g。各龄食桑活泼，眠性较快，蚕体匀整。小蚕趋光和趋密性强，要注意扩座、匀座。大蚕体青白色，蚕体大而壮实。5 龄后期约 7~8d，吃叶多而狠，全龄约 25~27d。老熟尚齐，易结下层茧，湿度大时易发生不结茧蚕。茧形大，均匀，浅束腰，茧色洁白，茧层率约 22%，茧丝长约 1 000m，解舒良好，净度优，惟纤度偏粗。

杭 7×杭 8（正反交） 是中×日杂交的二化性多丝量品种，适于春季饲养、体质强健、抗病力强、茧丝质优。卵孵化齐一，反交种孵化稍差。正交蚁蚕黑褐色，较安静，2 100~2 200 头/g；反交种蚁体暗褐色，行动活泼，有逸散性，2 250 头/g。各龄眠性慢，眠起尚齐，少数发生 3 眠蚕，故小蚕期饲养温度以不超过 28℃为妥，用叶也不能太嫩。小蚕食桑稍慢，5 龄食桑旺盛。盒蚕产茧约 50kg，用桑约 750kg。大蚕体青白色，蚕体大，粗壮结实，全龄期约 25~27d。老熟尚齐，营茧较快，多结上层茧，蔟中如遇低温多湿，不结茧蚕多，下茧亦增加，解舒不良；如遇高温或上蔟头数过密，则双宫茧增多。茧色白，茧形大而匀，椭圆形，部分带微束腰，缩皱中等，茧质比华合×东肥优良，但解舒率低、解舒丝长。

浙蕾×春晓（正反交） 这是一对优质、高产、好养的春蚕品种。杂交优势强，孵化齐一，蚁蚕黑褐色，正交较文静，反交活泼。正交蚁蚕约 2 300 头/g，反交约 2 200 头/g。小蚕期有密集性和趋光性，要注意扩座、匀座。眠起齐一，眠性快，加眠网要适当偏早。各龄眠起后活泼，少食期食桑缓慢，给桑不宜过多；盛食期食桑快而猛，5 龄蚕体粗壮结实而匀整，青白带米色，食桑不踏叶，应充分给桑饱食。全龄期比华合×东肥约多 6h，熟蚕体带粉红色，老熟齐而快，喜营上层茧，双宫茧多，上蔟宜适熟偏生，稀上匀上，尽量用方格蔟，以减少双宫茧发生。茧大而匀整，茧色洁白，缩皱中等，正交茧约 470 粒/kg，反交茧约 460 粒/kg，茧层率约 25%。

川蚕 3 号（正反交） 本品种是南 6×（苏 13×蜀 13）三元杂种。卵色紫灰，欠齐一，有堆积卵但不影响孵化，不受精卵正交比反交略多，蚁蚕约 2100 头/g；反交卵色灰绿，蚁蚕 2 200~2 300 头/g。孵化齐一，蚁蚕黑略带棕色。各龄眠起蚕体色带黄，尤其 3 龄眠起蚕更显著。发育齐，食桑旺，就眠快而齐，将眠蚕有向四周爬行现象，眠期时间略短，龄期亦短。老熟齐一，营茧快，浮丝少。正交多结下层茧，要适熟上蔟；反交多结上层茧，茧形长椭圆，茧色白。次茧、下茧、同宫茧少。茧丝质优良。

(2) 夏、秋用品种及性状

（苏 3×秋 3）×苏 4（正反交） 为（中×中）×日三元杂种，适合于江苏、四川等省夏、中秋、晚秋季饲养。正交卵灰绿色，约 1 600 粒/g，蚁蚕约 2 600 头/g，孵化齐一；反交卵灰紫色，卵约 1 900 粒左右，蚁蚕约 2 400 头/g，孵化欠齐。各龄眠起尚齐，小蚕眠性较快，大蚕较慢。食桑缓慢，壮蚕体青白色,粗壮结实,斑纹花白相混、花多白少,白蚕体型略小。盒蚕产茧30~35kg,用桑550~600kg。老熟不够集中,应适熟上蔟。茧型匀整,长椭圆形,洁白色,茧层率20~21%,鲜毛茧出丝率5%~16%,丝质好。

浙农1号×苏12(正反交) 是中×日的二化性茧种,孵化齐一。正交卵灰绿色,卵黄淡黄色,约1700粒/g;蚁蚕黑绿色,较安静,约2200头/g。反交卵灰紫色,卵壳白色,1600~1700粒/g;蚁蚕淡褐色,喜爬散,蚁蚕约2000头/g,孵化欠齐。各龄眠起齐一,蚕体大小均匀,结实强健,抗高温,5龄食桑旺盛,不踏叶,全龄期19~20d。上蔟齐一,结茧快,较易结双宫茧,须避免过熟上蔟。茧椭圆形,大小匀整,浅束腰,茧层率20%~21%,产茧量高,茧丝质较好,茧丝稍长,惟解舒率稍低。

广农3号和广农4号 广农3号即137×秋303;广农4号即137×403。137由两个广东多化性品种613和107杂交而成。秋303和403均由日本系统的二化性品种115南为亲本,杂交选育而成。

广农3号和4号 适于广东省夏、秋季(5~8月)饲养的多化性品种,广东省多化性品种历来有净度差、不能缫高级生丝的缺点,该两品种的育成使其蚕丝质有较大幅度的提高,但缺点是丝的纤度偏细。广农3号的净度在90分以上、生丝等级在两A级以上,而广农4号生丝等级稍低,两品种间产量差别不大。广农3号对多湿的环境适应性较好,适于在5、6月雨水较多的季节饲养;广农4号对高温干燥的适应性强,适于在7、8月气温高的季节饲养,其抗病尤其对病毒病抵抗力强,但如食嫩叶容易发生软化病;该两品种蚕体青灰色,生长发育及老熟快,饲养时应注意通风换气,要及时上蔟,做好蔟中管理,减少双宫茧的发生。茧椭圆形、白色,缩皱中等,茧衣少。全龄期约经过17~18d。

群芳×朝霞(正反交) 是一对含有多化性血统的二化性夏、秋蚕种,在夏秋高温季节食桑快而猛且耐粗食,好养,发育快,茧层率和出丝率较高。大蚕体青白色,5龄6~7d,全龄期20~21d。蚕体不大,但眠起整齐齐一,处理容易。老熟齐,营茧快,熟蚕不安定,喜乱爬,"爬山蚕"较多,要及时上蔟,且上蔟要偏稀,及时拾清游蚕另上蔟。茧椭圆形匀整,茧层较厚,茧丝较长,丝量较多,丝性较好。

新抗×科明(正反交) 为二化性品种,四眠。正交卵色灰绿或灰色,卵壳黄或淡黄色,秋制种再出卵和不受精卵稍多,卵约1680粒/g;蚁体黑褐色,性文静,蚁蚕约2240头/g。反交卵灰紫色,卵壳白色,1610粒/g;蚁体黑褐色,有逸散性,约2150头/g。孵化齐一,孵化率在95%以上。小蚕有趋光群集性,发育较慢;大蚕期发育快,眠起齐,食桑旺,不踏叶,桑叶利用率高。蚕体青白,体型较大,上蔟齐涌,营茧快,多结上层茧,茧形椭圆,大小匀整,茧层厚,皱缩普通,平均全茧量1.81g,茧层量0.347g,茧层率20.66%,万头产茧量17.25kg,茧丝长10.77m,解舒丝长739m,解舒率68.83%,茧丝纤度2.53D,净度91.08分,干茧出丝率39.42%。

芙蓉×湘晖(正反交) 具多化性血统,适合夏秋季饲养,孵化齐一、发育快、抗高温、好养、产量高、茧质好、丝质优。正交卵灰绿色，卵壳黄色，1 650粒/g，蚁蚕2 300～2 400头/g，蚁蚕趋光逸散性较强，故感光收蚁不能过早。小蚕有密集性，生长发育快，各龄眠起齐一，需及时做好匀座扩座工作。全龄经过日期与"群芳×朝霞"相仿，但5龄期稍长。大蚕体型粗壮，体色青白，行动活泼，盛食期食桑旺盛，食桑量较多，老熟齐一，营茧较快，大多在上层结茧，熟蚕背光密集性强，如蔟室光线明暗不匀和上蔟过密，易结双宫茧；茧粒较大，长椭圆形，大小较匀，茧色好，缩皱中等，茧层率21%～22%，茧丝长1 000m以上，茧丝的解舒、纤度、净度等较优良。

10.1.4　我国桑树资源的地理区划及桑园的培育

我国绝大多数地区都可栽桑养蚕，经过数千年的栽培和驯化，及桑树对不同地理环境的适应，我国桑树分布区的地理区划、桑树的种质资源、优良品种及桑树养成方法如下。

(1) 桑树资源的地理区划

珠江流域广东桑区　包括广东、广西、海南、福建等地，热带亚热带季风湿润气候。桑树发芽早、发条多，抗旱、抗寒性弱，树型较小，叶薄、色淡。

长江下游火桑区　包括浙江、江苏、安徽、湖北等地，中亚热带湿润气候。桑树3月中下旬发芽，5月上旬成熟，发芽较多、枝粗而直，叶大而厚，叶面较平滑，养成乔木型，不耐砍伐。

太湖流域湖桑区　包括镇宁以南、杭州弯以北、天目山以东的广大平原地区，中亚热带湿润气候。桑树3月下旬至4月上旬发芽，5月中旬成熟，发条较多、枝粗，叶大而厚，叶面有泡皱；属中晚生桑，养成低、中干型。

长江中游摘桑区　安徽南部、湖北及湖南部分地区，中亚热带季风湿润气候。桑树发芽稍迟于而成熟稍早于湖桑，发条少、枝粗，叶很大，叶面有泡皱，养成乔木型。

四川盆地嘉定桑区　四川平原及川南地区，暖温带和亚热带气候。桑树3月中下旬发芽，5月上中旬成熟，发条较少、枝粗而长，叶大而厚，叶面平，不耐寒、湿，养成中干型。

黄河下游鲁桑区　山东及河北、山西、辽宁南部地区，冬春季干燥、夏季多雨、气温低。桑树发芽及成熟近于湖桑，发芽较少，枝粗短，叶较小，抗旱耐寒；养成中、高干或乔木型，不宜连年夏伐。

黄土高原格鲁桑区　包括山西、陕西、河南、甘肃、宁夏，内陆温带季风干燥气候。桑树发芽、成熟稍早于湖桑，多为中生、中熟桑，发条多，枝细长而直，叶小、色深，耐旱，养成中干或高干型。

新疆白桑区　大陆性沙漠气候。桑树发芽稍迟于而成熟稍早于湖桑，多为晚生、中熟桑，发条多，枝细长而直，叶小、色深，耐旱、抗寒，养成乔木型。

东北辽桑区　包括辽宁、吉林、黑龙江、内蒙古等地，寒温带半湿润或半干旱气候。桑树发芽及成熟稍早于湖桑，发芽多，枝细长，叶小、色深，耐寒，养成乔木型。

(2) 桑树的种质资源及优良桑树品种

我国是世界桑树种类最多的国家，现已知约 17 种，即分布全国，以浙江、江苏、山东栽培最多的鲁桑 *Morus multicaulis* Perr.；分布全国，以东北、西北、西南栽培最多的白桑 *M. alba* Linne.；分布朝鲜及我国广东、广西、福建东南部，以珠江三角洲栽培最多的广东桑 *M. atropurpurea* Roxb.；分布中国、朝鲜、日本山地，栽培极少的山桑 *M. bombycis* Koidz.；分布朝鲜及我国辽宁、河北、湖北、四川、贵州、云南山地，但栽培甚少的蒙桑 *M. mongolia* Schneid；分布浙江、江苏、安徽、湖北及日本，但栽培甚少的瑞穗桑 *M. mizuho* Hotta.；野生于四川、安徽、湖北、浙江、贵州山地，栽培甚少的华桑 *M. cathayana* Hemsl.；分布我国新疆及叙利亚、黎巴嫩，在我国新疆西南有栽培的黑桑 *M. nigra* Linne.；分布马来西亚、印度及野生于我国西南、华南，但栽培甚少的长果桑 *M. laevigata* Wall.；野生于四川、云南、贵州山地，栽培甚少的川桑 *M. notabilis* Schneid；分布华北及我国南部地区可做砧木或栽培的鸡桑 *M. australis* Poir.；野生于湖北、湖南、贵州、广东、广西山地，栽培甚少的长穗桑 *M. wittiorum* Hand-Mazz.；分布四川，栽培甚少的大叶白桑 *M. balba* var. *macrophylla* Loud.；野生于我国及朝鲜南部的唐鬼桑 *M. nigriformis* Koidz.；野生西藏南部的细齿桑 *M. serrata* Roxb.；野生云南的滇桑 *M. yunnanensis* Koidz.；野生东北、华北、西南、华中山地的鬼桑 *M. mongolica* var. *diabolica* Koidz.。

经过数千年的栽培驯化和近代的人工培育，我国各地现有良桑栽培品种约 202 个（表 10-1）。

表 10-1　各地栽培的桑树品种

省（自治区）	品种名称
广东	伦教 40 号、伦教 109 号、沙二、北区 1 号、试 11 号、圹 10、伦教 408 号、伦教 540 号、广东荆桑、抗青 10 号、大 10、圹 10×伦 109、沙二×伦 109
广西	青茎牛、红茎牛、钦二、长滩 6 号、常乐桑、沙油桑、润竹桑、恭竹桑、花白叶
海南	科考 1 号、科考 2 号
云南	云桑 1 号、云桑 2 号、云桑 3 号、云桑 708
台湾	青皮台湾桑、红皮台湾桑
贵州	道真桑
江西	黄马青皮、向圹油皮桑
浙江	荷叶白、团头荷叶白、湖桑 197 号、桐乡青、大墨斗、大种桑、白条桑、睦州青、菱湖大种、温龄真桑、早青桑、早火桑、璜桑 14 号、农桑 8 号、大中华、红沧桑、红顶桑、望海桑、嵊县桑、乌桑、吴兴大种、红皮大种、荷叶大种、剪刀桑、富阳桑、红头桑、真肚子桑
江苏	湖桑 7 号、湖桑 32 号、育 2 号、育 237 号、育 151 号、育 711 号、育 82 号、丰驰桑 7307、凤尾芽变、湖桑 35 号
安徽	大叶瓣、小叶瓣、青阳青桑、麻桑、7707、华明桑、金寨藤桑、竹青桑、佛堂瓦桑、绩溪大叶早生、绩溪小叶早生

(续)

省（自治区）	品种名称
湖南	7920、牛耳桑、澧桑24号、大叶桑、小叶桑、一叶桑、仙眠早、葫芦桑、瓢叶桑、压桑
湖北	青皮瓦桑、红皮瓦桑、青皮藤桑、红皮藤桑、马蹄桑、南漳黄桑、早叶桑、圆叶瓦桑、裂叶瓦桑、青皮黄桑、白皮黄桑、白皮桑、远安11号
四川	大花桑、黑油桑、大红皮、白皮花桑、峨眉花桑、川桑6031、南1号、小冠桑、转阁楼、甜桑、葵桑、雅周桑、插桑、冕宁桑、嘉陵16号、塔桑、北桑1号、实钻11-6、窝窝桑、保坎61号
山东	大鸡冠、小鸡冠、黄鲁头、蒙阴黑鲁、黑鲁采桑、梧桐桑、劈桑、选792、油匠啋啋、大白条、小白条、梨叶大桑、临朐黑鲁、黑鲁接桑、黄芯采桑、杨善黑鲁、大红袍、珍珠白、大白椹、三岔黄鲁、胶东油桑
河南	芍桑、洛阳山瘩、林县鲁桑
河北	梓椤桑、牛筋桑、径井鲁桑、铁耙桑、易县黑鲁、黄鲁桑、小碗桑、大碗桑、江米棋子、大黑桑、东光大白、大白鹅、老牛筋
山西	黑格鲁、白格鲁、黄格鲁、阳城1号、黄克桑、红头格鲁、梨叶桑、端氏青、白皮窝桑、红皮窝桑、大荆桑、晋城拆桑
陕西	胡桑、秦巴桑、关中白条、藤桑、流水1号、甜叶桑、子长甜桑、吴堡桑、陕305
新疆	和田白桑、雄桑、粉桑、洛玉、疏勒白桑、吐鲁番白桑、伊宁白桑、药桑
辽宁	风桑1号、辽桑1号、辽家桑、接桑、鲁11号
吉林	吉湖4号、延边秋雨、延边鲁桑、小北鲁桑
黑龙江	选秋1号、依兰桑、双城桑

(3) 桑园的培育

建立桑园是发展蚕业的基础，栽桑前要根据当地实情况，合理布局，尽量集中连片安排和规划，桑园要远离厂区、免受污染，所选用的桑苗应是优质高产的适生良种。

普通桑园 该桑园地较平整、土质较好，植桑1.2万~1.5万株/hm^2，树干养成后可年产桑叶25.5~36t/hm^2，养蚕32~40张。

速成桑园 植桑2.25万~3.0万株/hm^2，树干养成后可年产桑叶39~48t/hm^2，养蚕48~60张。普通桑园和速成桑园均可采用一步成园的方法建设，即先密植、后逐年移植、定苗成园，所移出的大苗可另建新桑园。

非密植桑园 土质较差或不适合建成片桑园的地区，按植桑地的类型，可区别为株间距1.5~2.0m的地梗桑、河堤桑，及根据具体情况确定栽植密度与方法的丘陵山地桑、滩地桑、盐碱地桑园等。

其他类型的桑园 根据特殊需要还可建设其他类型的桑园，如大蚕场的小蚕专用桑园，土地较多时按0.6万~0.9万株/hm^2建成可机耕间作的桑园，如桑多蚕具少按0.5万~0.8万株/hm^2建成屋外育桑园，繁育桑树品种时可按0.75万~1.2万株/hm^2建成专门的采穗桑园。

(4) 桑树树型的养成

培育产叶量大、叶质好的桑树是养好蚕的重要条件。桑树养成即人为的培育一种符合生产要求的桑树树型的剪定型式。我国桑树养成主要形式如下。

低干拳式、无拳式养成法 植苗后在离地面 15~20cm 处剪去主干，经 3 年连续对侧生枝的剪伐，可培育成主干高 70cm、有主侧枝 4~6 根、每侧枝有枝条约 10 个的低干桑。养成后每年在固定部位剪伐枝条（拳式剪定）即成拳桑，如提高 3~5cm 剪伐则成无拳桑。

中干桑养成法 植苗后离地面 35cm 剪定，经 4 年培育，养成主干高 70~150cm，有 1 级枝 2~3 根、2 级枝 4~6 根、3 级枝 16~24 根，每年在所留 3 级枝条的基部剪伐即成中干拳式桑。

高干桑养成法 基本方法与中干养成法相同。经 5 年培育养成具 4 级枝 30~40 根、主干高 150cm 以上的高干桑。

其他桑树的养成法 我国各地蚕桑产区的桑树养成法很多，养成的树型如广东的地桑、江浙的无干密植桑、四川的伞形桑、浙江的"步步高"和剪养桑、山西的出干桑、山东的留枝留芽桑、陕西的绥德桑、湖北的罗田桑、新疆的砍伐桑等。

10.2 家蚕的形态特征与生物学习性

10.2.1 形态特征（图 10-2）

成虫 翅展 39~43mm，灰白色。触角栉齿状，背面白色，腹面灰黄色，栉毛灰褐色。前翅外缘顶角后方内凹，横线不明显，端线及翅脉灰褐色；反面中室端横脉明显。腹部背中央具长白毛丛。

卵 椭圆形、略扁平、卵孔端稍尖，1.29~1.43mm×1.03~1.18mm，紫、灰、褐、绿、橙、黄、赤、白等色。初产卵常淡黄绿色，越年卵茶褐色；初产时表面隆起，后中央出现浅凹即卵窝，如卵窝呈三角形则为死卵。一化性万粒卵重 6.9~7.5g，二化性 5.2~5.8g，多化性更轻；一般每克卵相当 2 200~2 400 头蚁蚕。每盒（张）蚕需卵 10 g。

幼虫 老熟蚕体长 45~65mm，长圆筒形，清白色、暗褐色。常见的普通斑包括中胸背中央一眼状斑，腹部 2、5 节背面分别有 1 对半月斑及星状斑，具普通斑的称形蚕或花蚕；其他色斑包括黑缟即各环节均具黑色带；虎斑即各环节具赤褐与黑色相间的斑纹；部分背面若干环节生瘤状突；完全不生斑纹的叫姬蚕、白蚕。中后胸隆起，胸足爪黑褐色。腹部 10 节，第 3、4、5、6 节及腹末具足各一对，趾钩双序半环式；第 8 腹节背中央 1 尾角；雌虫 8、9 节腹面各一对乳白

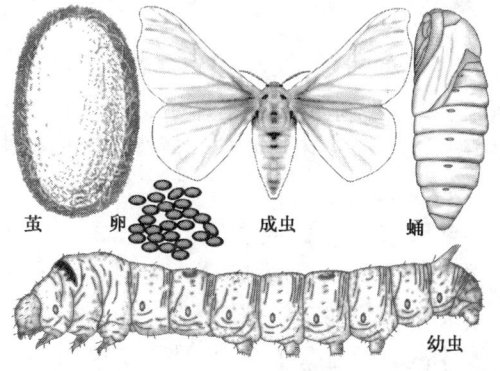

图 10-2 家蚕的形态

色点状突，即生殖芽；雄虫生殖芽位于第 9 节腹面前缘中央，瓢形。前胸及第 18 腹节两侧具椭圆形黑色的气门。解剖构造为：体腔中央从头部口器直到肛门纵走一条粗大的消化道，在消化道的中肠与后肠之间着生排除代谢废物的马氏管，消化道腹面的左两侧有二根弯曲的分泌绢丝的丝腺。消化管下面、蚕体腹面正中线处有一条锁链状的神经索，背面正中线有一条前细后粗的背血管。

蚁蚕 即初孵幼蚕，头部相对较大，体色暗黑，胸足近黑色，体表多具毛的瘤突，外形似蚂蚁。

蛹 纺锤形，长 15~30mm，头部较小。初化蛹时复眼无色，后褐色、黑色。前胸节近六角形，后胸最短。前、中足端部可见。雄蛹第 9 腹节腹面具 1 小点，雌蛹第 8 腹节腹面具 1 纵线。气门椭圆形。

10.2.2 家蚕的生活史

家蚕是完全变态的昆虫，一生经过卵、幼虫（蚕）、蛹和成虫（蚕蛾）四个阶段，约 40~50d（图10-3）。

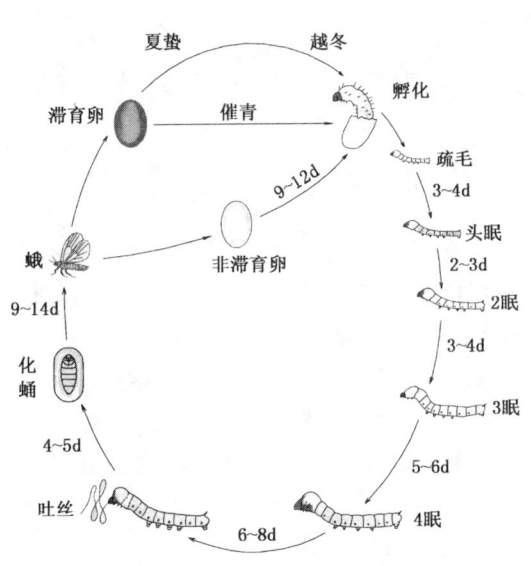

图10-3 家蚕的生活史

卵期 雌雄蚕蛾交配后，产下受精卵，卵内先形成胚胎，胚胎发育为幼虫而孵化，幼虫取食生长发育为成虫，再产卵，如产出的卵到来年春才孵化，即一化性；有的卵则经过 8~9d 就孵化，再按上述规律循环一次，即年可饲养 2 代，即二化性；多化性年可繁育 3~8 代。要使处于停育或滞育期的卵根据养蚕的需要而孵化，必须进行适当的处理，即催青。

胚胎发育 在25℃下，受精卵产出后15h形成胚盘，20h后特定区域的胚盘增厚、并与其余的胚盘脱离成为陷入卵黄的独立组织即胚带，胚带也称胚子。当发育至32h后，胚子伸长，侧观尾端向卵内弯曲，呈鱼钩状。胚胎在以后的发育阶段如表10-2。

幼虫期 通常称为蚕，是取食桑叶积累营养的生长阶段。从卵内孵化出来的蚁蚕经取食后进入蜕皮期，此时不食不动，叫做眠蚕。蚕是以眠来计算它的"年龄"的，每结束一次眠期，蜕去旧皮后，便进入了新的龄期。蚕一般 4 眠即蜕皮 4 次，经过 5 个龄期，到 5 龄的末期老熟为熟蚕后吐丝结茧；因催青及饲育中其他因素的影响，也有 3 或 5 眠蚕。通常把 1~3 龄称小蚕期（或称稚蚕期），4~5 龄称大蚕期（或称壮蚕期），整个幼期约 19~27d。蚕的比重与产茧量有关，

表 10-2　家蚕的胚胎发育阶段

阶段名称	发育特征
鱼钩胚	开始发育至32h，胚带伸长，侧观尾端向卵内弯曲，呈鱼钩
甲胚子	头褶大而圆、顶端稍凹，尾褶小。一般为滞育后期开始的发育
乙胚子	乙$_1$即滞育期后，略见环节。乙$_2$即伸展期，环节明显
丙胚子	丙$_1$即最长期前，可见18环节
	丙$_2$即最长胚子期，胚长达卵周长的3/4，第1、2环节略见纵沟（神经沟）
丁胚子	丁$_1$即肥厚胚子期，胚体缩短，神经沟全清楚
	丁$_2$即突起发生期，2～7环节各1对突起
戊胚子	戊$_1$即突起发达前期、头褶先端1对突起，2～7环节突起稍发达
	戊$_2$即突起发达后期、各突起形成器官
	戊$_3$即缩短期，前4环节缩成头部，后2环节成尾部，外观"s"形
	戊$_3$胚子进入对反转期即为己$_1$胚子。反转期终了即己$_2$胚子
己胚子	略具蚕的形态、气管着色时即气管显现期，为己$_3$胚子
	头部变黑，卵外观具黑点为己$_4$胚子，也叫点青期
	卵外表呈青色为己$_5$胚子，也称转青期，隔日即孵出蚁蚕

以比重大于1时最好，而熟蚕丝腺中丝液的多少和体内蜕皮激素含量有关。

蛹期　熟蚕约经2～3d吐丝结茧期，及2d的前蛹期即在茧内蜕皮化蛹，蛹期约10d。蛹体从乳白色渐变黄褐色时，便是采茧的适期。

成虫期　蛹期结束后即羽化成蚕蛾。出茧雌蚕蛾分泌家蚕醇引诱雄蚕蛾交配，不久即产卵，每雌蛾产卵500～600粒。雄蛾寿命1～2d，雌的为3～4d。

10.2.3　发育与环境的关系

卵期　当越年卵产出、发育3～4d至鱼钩状后再发育3～4d即进入滞育期，如不经过冬季的低温阶段则不能继续发育。卵期的滞育与温、湿度的关系见表10-3。

幼虫期　幼虫期的发育起点温度多为7.5℃，部分在8.5～14℃。1龄发育适温25～27℃，2～4龄22.5～27.5℃，5龄22.5～27℃，但眠起蚕在发育过程中如遇极端低温可导致发病率增高。在适温范围内，温度越高，蚕育越快；30℃以上的高温和18℃以下的低温，对蚕儿的正常发育都有不良影响。蚕长期处于高温中则呼吸过旺、养分消耗过多、体质虚弱、易生病，长期处于低温中则行动迟滞、食桑量小、发育缓慢、体重轻、结茧小。

蚕对湿度的适应范围比较广泛，但空气湿度的高低直接影响蚕体内水分的新陈代谢，间接影响桑叶凋萎的快慢及蚕座病菌的繁殖速度。湿度太高，蚕体积水过多、虚胖、易发病，高温、多湿对蚕的危害更大；在高温的情况下排湿，可以减轻不良影响。湿度过低，蚕体水分发散多、体温下降、新陈代谢作用减退、生长慢、结茧小。小蚕期蚕体水分蒸发快、对水分需求较多，其适宜的相对湿度为80%～90%，而大蚕期为70%～75%。

表 10-3　滞育与温、湿度及光线的关系

发育期	条件与发育倾向		说　明
卵期（催青）	25℃以上，滞育	15℃以下，发育	
	15~25℃多湿，滞育	15~25℃干燥，发育	影响自反转期至转青期
	15~25℃，光照18h，滞育	15~25℃光线暗，发育	
幼虫[饲育期] 小蚕	高温，滞育	低温，发育	1龄受影响>2龄>3龄
	多湿，滞育	干燥，发育	15~25℃催青
	光线亮，滞育	光线暗，发育	
幼虫[饲育期] 壮蚕	低温，滞育	高温，发育	4龄受影响>5龄，15~25℃催青
	干燥，滞育	多湿，发育	
	光线暗，滞育	光线亮，发育	4龄受影响>5龄，25℃以上催青
吐丝及化蛹期	低温，滞育	高温，发育	初期影响大于后期，15~25℃催青
	光线暗，滞育	光线亮，发育	初期影响大于后期
产卵初	低温，滞育	高温，发育	15~25℃催青，低温处理卵5d，则继续滞育

蚁蚕对普通光线有明显的趋光性，对100lx以上的强光表现负趋光性；到一龄末期趋光性就减弱，以后各龄逐渐变为背光性，老熟结茧时背光性特别强。因此，养蚕过程中，要注意蚕室光线保持均匀，防治强光照射而引起座蚕或蚕蔟中熟蚕的分布稀密不匀。适量的紫外线及红外线照射可增加体重、产茧量及减少死亡率，但1 400μW/（m²·min）以上的紫外光及过高的红外线照射则增大死亡率。一天中的光照时间对蚕的发育有显著的影响，明6h、暗18h的光周期可促进蚕的成长、缩短龄期经过时间，但茧重略有减少。

吐丝结茧期　熟蚕在24~25℃时经50~60h完成吐丝结茧过程，化蛹前后对高温的抵抗力弱，28℃处理即对化蛹造成损害，32℃以上损害更大；70%~75%的相对湿度最有利于化蛹。一般蛹占茧重的75%，蚕层占24%，茧衣占0.8%。茧丝中的丝素占70%~80%，丝胶约25%，蜡质0.4%~0.8%，碳水化合物1.2%~1.6%，色素0.2%，灰分0.7%。茧丝直径约10~15μm，单根茧丝由约100根直径1μm的细丝组成（图10-4）。

蛾期　适宜蛾期活动、交配、产卵的温度范围为24~28℃，湿度为60%~80%。

桑叶对蚕发育的影响　桑叶是蚕惟一食料和营养物质的直接来源，使蚕饱食良桑是取得蚕茧丰收的基本条件。

小蚕期是打好体质基础的重要时期，生长速度较快，必须注意严格选择质地柔软、富含水分和蛋白质的适熟叶给喂。如给喂小蚕期的叶质较差，会

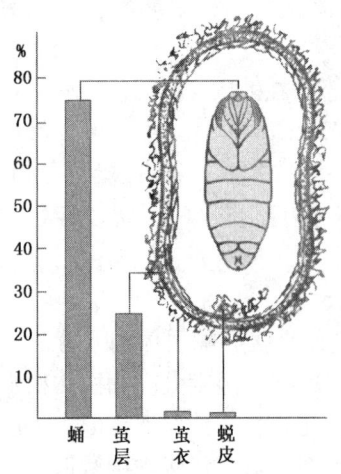

图10-4　茧各部分的比率

致其虚弱，以后即使给喂良叶，也难以恢复健康。大蚕期特别是五龄期，是蚕体内绢丝物质迅速形成的时期，使大蚕饱食营养丰富的桑叶，才能获得产量高、丝质优的蚕茧。养蚕过程中，如果经常喂给日照不足或未成熟的桑叶，蚕体虽然肥大，但体质虚弱，易诱发蚕病；如果经常喂给过于老硬的桑叶，则易使蚕发育不齐、体瘦小，产茧量低。给喂凋萎叶时，因其营养价值低、含水量不足，易导致蚕营养不良、诱发蚕病，因此当桑叶含水量少时可适度的喷水增湿。

桑叶中的蛋白质含量对蚕的吐丝量有一定影响，在蛋白质中色氨酸的多少尤其重要，因为蚕对其他氨基酸的吸收都与色氨酸的吸收量成比例。蚕对碳水化合物利用效率最高的是各类糖分，对桑叶中的淀粉等消化率低，但桑叶经过一定时间的贮藏淀粉可转化为糖类。桑叶中的维生素 B、C 不足可使蚕发育不良、体质虚弱、不能化蛹而死亡、产卵量减少、卵的孵化率降低。

空气质量对蚕的影响 蚕室内人、蚕、桑叶呼吸、桑夷、蚕沙发酵及蚕室内升温材料燃烧所产生的二氧化碳等不良气体，对蚕的发育是有害的。因此，蚕室尤其是在大蚕期要经常注意换气，以保持空气新鲜。蚕室内的气流对蚕的影响同样很大，小蚕期气流过大，桑叶容易凋萎；大蚕期则需要较大的气流，以利蚕体中过多水分的发散；夏、秋蚕期常遇高温多湿，加强蚕室通风是十分必要的，即使在30℃以上高温的情况下，如有 0.4~0.5m/min 的气流，也能显著减轻高温对蚕的危害。

10.3 饲养技术

10.3.1 催青技术

滞育卵产出后在24℃中经 36~40h 处理，再在46℃条件下用比重为 1.075 的盐酸液浸渍 4~6min，或用高压氧、电、卵面摩擦、48~60℃热水浸渍等催青处理，都可使胚子不进入滞育而发育孵化。但生产上常要根据养蚕季节和时间需要，对已经在低温下保存的滞育卵进行催青处理，这种将解除滞育的卵保护在一定的环境条件下，使胚子能顺利地按预定的日期孵化的过程称为催青。蚕种是特殊的农林生产用"种"，为保障催青后发放的蚕种质量，我国现在实行蚕种库统一催青、发放制度。

(1) 蚕种催青适期

蚕种出库后必须按照"催青技术标准表"的操作程序，在专用的催青室进行催青。催青适期依据桑树发芽情况，结合当地历史资料及气象预报而定。桑园为晚生桑时以桑树开放 3~4 叶、早生桑以开放 4~5 叶为春用蚕种的催青适期，即江苏、浙江、安徽等省一般以 4 月中旬催青为宜，在山东、河北等省以 4 月下旬为宜。夏蚕通常在 6 月 10 日左右出库浸酸，早秋蚕在 7 月 20 日左右浸酸，中秋蚕在 8 月 20 日左右浸酸，晚秋蚕在 9 月上、中旬出库浸酸催青。

(2) 催青的条件及过程

春季当蚕种出库后,先在15℃的温度下保持到全部胚胎进入丙$_2$期,然后升温至20℃,从丁$_1$至戊$_2$在22~25℃条件下保护3d,从戊$_3$至己$_2$在25~26℃下保护3d,己$_3$至孵化在26℃的温度保护4d。同时自戊$_3$到己$_4$之前,每日除自然光照射12h以外,辅以人工光照6h,己$_4$、己$_5$时则昼夜给予黑暗处理,收蚁当日在黎明时骤然给予光线刺激以促进孵化齐一。在上述处理过程中干湿球差保持在1~2的范围内。

为保证大批量蚕种经催青处理后的效果一致,催青过程中要求所有蚕种必须感温均匀。所以必须每天按一定顺序上下、左右、前后调换蚕种位置1~2次,对散卵除调种外,还要进行摇卵;在调种的同时也要换气,戊$_3$胚胎前每日换气1~2次,戊$_3$以后每日上、下午各换气1~2次,每次换气约10min。

夏秋季当蚕种浸酸后可在自然温度条件下催青,但最好在25~27℃的恒温及75%~80%的湿度条件下催青,温度过高时注意降温。高温季节应在夜间运种。

(3) 春季气温降低时的应急措施

在催青过程中,应经常观察桑树生长情况。如果天气中途转冷,桑叶生长迟缓,则需要延缓催青进程,以延迟收蚁时间。延缓催青进程的方法如下。

胚胎发育不超过丁$_2$阶段时的冷藏 当胚胎发育不超过丁$_2$阶段时,在5℃下冷藏抑制,抑制时间不超过15d。或按既定温度继续催青,在催青后期低温抑制。

胚胎已过丁$_2$阶段时的处理 此时,应继续升温,待蚕卵全部到达转青期并见有少数苗蚁时,在5℃下冷藏处理,冷藏期不超过7d。

胚胎在反转期(己$_1$)以前的处理 保持原来温度不变,继续催青至转青期再低温冷藏;这时如降温易引起茧形不齐、茧质下降等不良后果。

(4) 催青进度的胚胎解剖检查

先配制浓度为15%~20% NaOH或KOH溶液、煮沸,取30~40粒卵盛在钢丝布或小纱网制成的小瓢内投入该溶液中,见卵呈赤豆色时即将小瓢提起,投入清水中充分清洗;然后放在盛有清水的培养皿中,用吸管吸水、冲卵,促使卵壳和胚胎分离,解出胚胎用吸管吸到载玻片上,即可检查。

(5) 适时发种和补催青技术

发种以蚕卵转青齐一为适期,发种前催青室温度要逐渐降低至自然温度。路途较远的可在点青时发种,距离近的见苗蚁后发种,如室内、外温度相差不大,在10:00到14:00发种,对运送蚕种有利。夏秋期气温较高,要尽可能地在夜间领种、运种。

蚕农领到蚕种后,为保证蚕卵孵化齐一,应补催青1~2d才可收蚁。补催青需掌握如下技术:①领种前1d,小蚕室须先加温(炕床、炕房要经过试灶)补湿,排除不良气体。在气温与室温比较接近的中午前后去领种,此时室温应保持约21℃。②蚕种进室后再逐渐升温到26℃,并尽量保持恒温,相对湿度保持在

80%~84%。③将卵平铺在垫有白纸的蚕匾里,铺成30cm×30cm大小面积。④卵面覆一小红网,继续遮光。⑤第2天早晨收蚁,如转青不齐,可遮暗并略降低温度,保持恒温至第3天早晨收蚁。

10.3.2 收蚁技术

在收蚁当日早晨5:00左右揭去盖在蚕卵上的遮光物,开灯感光,7:00开始收蚁,8:00结束(第一次给桑完毕)。目前常用的收蚁方法有下列几种。

网收法 在压卵网上再覆上一张收蚁网,然后撒上小方块叶,经10~15min,蚁蚕爬上后,把收蚁网提到另一只垫好白纸的空匾里,再用防僵粉进行蚁体消毒(或在加网前进行蚁体消毒),然后给桑。

纸包法 每盒蚕种准备50cm见方的红、白纸各一张,下垫红纸、上盖棉纸,然后将四边折起、压平、面积为35cm×40cm。拿出蚕种、打开折好的纸,将卵倒在红纸上摊平,重新包好,保持黑暗。在收蚁的早晨感光1h后,打开纸包,蚁蚕全停在白纸上,然后进行蚁体消毒、收蚁给桑。收蚁时揭一张,收一张,以防蚁蚕逃逸。第一日收蚁后,对未孵化的蚕卵要继续补催青;收下来的蚁蚕要保温、保湿饲养。

稻草芯收蚁法 每盒蚕种准备好长40cm左右稻草端部的细草芯4~5根,(如草芯短,要多准备几根),剥光草衣,用1%的漂白粉消毒、晒干,另外每张种准备一只收蚁网压平待用。收蚁当日感光1h后,进行蚁体消毒,并将准备好的草芯横放在卵面上,草芯起到压卵壳的作用,然后加一只压平的收蚁网,网上撒小方块叶,10~15min后待蚁蚕全部爬到网上后,用鹅毛压住草芯,将收蚁网轻轻向另一方抬起,移到另一只垫好白纸的空匾内,定座(将蚕整理成一定面积)、给桑,给叶2~3次后卷出收蚁网、扩座。

10.3.3 小蚕与大蚕的饲养

10.3.3.1 小蚕饲养

小蚕饲养技术难度相对较大,最好采取小蚕共育的办法集体饲养,3龄后再分散饲养;小蚕共育利于节约桑叶、劳力,实施增强小蚕体质及贯彻防治蚕病的技术。小蚕期饲养技术要点见表10-4,采桑应适熟偏嫩,将桑叶切成方块喂养;同时为使蚕发育整齐,眠起后应早止桑、迟饷食,饷食也称开始给桑;如遇就眠不齐应加网提青,使青蚕和眠蚕分开,止桑后在眠座撒焦糠或石灰使蚕座干燥,眠起后先撒防僵粉再加网给桑。桑叶采、运及各龄用桑量见蒋猷龙等《中国蚕桑技术手册》。小蚕共育可采用下述办法。

炕床育 炕床的地下部设加热道,炕面铺洗净后用漂白粉液消毒的黄沙3cm,炕三面建墙、以幔封顶、正面悬挂薄膜或薄膜门即成饲养室;在后墙离地面30cm处及幔顶各开12cm^{2}的换气洞2个。炕床保温、保湿性能良好,温湿度平稳,蚕发育快而齐,能保持桑叶长时间鲜绿,夏秋蚕期受外界温度影响少,起防高温作用。但在饲养过程中要合理掌握温度,根据白天和黑夜外界温度的变化加热、使温度平衡；每日要上下、前后调匾1~2次，促使小蚕发育均匀、眠起齐一；补湿时将洁水喷于黄沙即可。

表10-4 小蚕饲养技术要点

龄期	第1龄	第2龄	第3龄
饲养温度（℃）	27~28	26~27	25~26
相对湿度（%）	85~90	80~85	75~80
每昼夜给桑次数	3	3	3
每盒蚕种蚕座面积（m²）	-	为1龄的2倍	为2龄的2倍
除沙	可不除沙	中期中除1次	起除、中除各1次

炕房育 利用原来的小蚕室，用地下加热道加温，在炉膛上方放置沙槽，槽内堆放可浇水补湿的洁净黄沙；如于蚕室兼用，可在小蚕室内用竹木和塑料薄膜隔成临时的炕房。炕房容量较大，饲养量多，饲养时可在炕房内或炕房外方便操作，但保湿效果稍差、燃料消耗较大。饲养时要随时注意温湿度的变化及时补湿加温，或在蚕座上加盖塑料薄膜或防干纸保湿。

围台育 在蚕架四周及架顶围上塑料薄膜作成围帐，蚕架下装一条烟道加温，烟道上面铺黄沙补湿。围台育设备简单，饲养过程随时检查薄膜是否漏气、温度是否达到要求，黄沙上要随时洒水补湿。

防干纸覆盖育 在加热道上放置沙盘，将蚕匾置于沙盘上后用防干纸或聚乙烯塑料薄膜覆盖，塑料薄膜坚韧耐用、易消毒、透气性差，如用塑料薄膜覆盖时应每隔3cm需打一直径为1mm的孔以便通气。

10.3.3.2 大蚕饲养

小蚕达3龄以上时即可分散饲养。过去养蚕日给桑达6~8次以上，现日给桑已减少为3~4次。春蚕饲养技术要点见表10-5，湿度控制在70%~80%为宜，秋蚕饲养温度保持在29℃左右为宜。早、晚选采适熟桑，贮桑时贮桑室要清洁。给桑采用片叶、芽叶或条桑，并要及时换气、排湿、良桑饱食。

表10-5 大蚕饲养技术要点

项目	第4龄	第5龄	备注
饲养温度（℃）	24~24.5	23~24	眠中降低0.5~1
干湿球差（℃）	3	3	眠中后期干湿差2.5
每昼夜给桑次数	片叶、芽叶3~4次	条桑2~3次	
每盒蚕种蚕座面积（m²）	14	27	条桑育第4龄9m²，第5龄20m²
除沙	起、眠各1次，中除2次	起除1次，中除每日1~2次	地面条桑育不除沙，撒石灰粉隔沙。蚕台条桑育可下部抽条除沙

(1) 常用的大蚕饲养方法

室内蚕匾育 蚕室内用梯形架或三脚蚕架插放长方蚕匾或大圆匾，每盒蚕种蚕匾约30只。该法能充分利用空间，养蚕数量多，但给桑、除沙等操作时需将蚕匾逐一抽出，用工量较大，每日需除沙1~2次。使用除沙网时可减少用工量1/2以上。

室内简易蚕台育 用竹木和绳索搭成5~6层可以自由升降的简易活动蚕台，或3~4层的固定蚕台，铺上芦帘或麻秆帘，再铺白纸或除沙网饲养。该法成本低，给桑、除沙操作方便，空间利用率略低于蚕匾育。使用该法养蚕时上层蚕粪等易落到下层，所以应该注重蚕座的干燥、防病及蚕室的通风换气。

室内地面育 即地面做成1.5m宽的畦条，再撒一层风化石灰，上铺一层干燥的稻草，将大蚕放稻草上饲养。也可架设跳板、满地放蚕饲养。该法给桑方便，节省劳力和蚕具，在夏、秋高温季节地面温度低，还具有防高温的优点，但蚕室利用率低，更应注意蚕体消毒。

此外在无饲养室时还可采用室外土坑育、室外蚕台育、室外地面育等方法饲养。

(2) 遇不良气候时的应急措施

养蚕期间，如遇不良天气，应采取应急处理措施。在高温多湿时，经常开放门窗，促进空气流通，做到蚕架、蚕匾及蚕座内的蚕头稀，并采用多次薄饲、勤除沙，在蚕桑夷下多撒稻草等干燥材料。高温适湿时在屋外搭凉棚，采用多次薄饲，注意通风换气。高温干燥时在小蚕期可用湿匾或防干纸覆盖，多挂湿帘、湿布。多次薄饲、给桑前叶面喷水增湿，在每天早上或晚上进行除沙。适温多湿时采用微火排湿，加强通风换气，勤除沙，多撒干燥材料。适温干燥时在室内挂湿帘、湿布，或在蚕座上覆盖湿匾。低温多湿时生火补温、通风换气，减少每次的给桑量，多撒吸湿材料及防僵粉。低温适湿及低温干燥时生火补温、同时补湿。

(3) 贮桑技术

小蚕期贮桑方法 ①缸贮法，贮桑时在缸内放气笼、缸底盛清水、上置竹垫，再将桑叶理齐、叶柄向下、盘放在气笼四周，缸面盖湿布。该法保湿性好、贮叶量少，适于1~2龄用叶。②领条贮桑法，贮桑时在低温多湿处放大圆匾、四周用领条围起，内放桑叶，上盖湿布、塑料薄膜或湿匾。该法贮桑叶较多，适于3~4龄用叶。③沙贮法，贮桑时在蚕匾内放细黄沙，沙内喷清水，桑叶理齐后将叶柄插进沙中。该法保湿性能好，适于1~3龄用叶。

大蚕期贮桑方法 ①畦贮法，抖松桑叶，将桑叶在室内堆成畦状，畦间稍留空隙，作为通道，每平方米可贮桑2~2.5kg。②竖立法，该法适于条桑贮桑，将桑条梢端向上，逐捆沿墙壁竖立室内。

(4) 养蚕期桑叶余、缺调剂技术

余叶 在第5龄中期每盒蚕种取保幼激素（738或增丝灵或增丝素）30mg、加清洁水2.5kg，搅拌均匀后均匀地喷洒在蚕体表面，可使第5龄期延长约1d，采用此法可增产蚕茧约10%，但需备足1d左右的桑叶量。

缺叶 当缺叶量较少时，在见熟前取40mg的蜕皮激素、配水2.5kg、搅拌均匀，喷洒在供1盒蚕种一次用量的桑叶上、给桑；当缺1~2d叶量时，在最后剩余的1~2次桑叶上，连续喷洒蜕皮激素1~2次，给桑；遇到严重缺叶时，可用2支蜕皮激素配2.5kg清水，喷洒在最后一次剩余的桑叶上，给桑。待蚕食尽桑叶后，上蔟营茧。

(5) 眠起处理

眠起过程中加网除沙、止桑饷食等技术处理，对培育健康蚕、促进发育齐一、获得高产至关重要。

饱食就眠、适时加网　眠前给桑要饱，加网时蚕座应达该龄期的最大面积。1龄加网适期为群体多数体壁呈炒米色，部分个体粘附蚕粪，0.1%将眠；2龄为多数个体渐呈乳白色、体壁发光、蚕体肥短、出现"蚕驮粪"现象，0.5%将眠；3龄为体壁转乳白色、肥短、体壁发光，0.1%的蚕就眠；4龄为体壁转乳白色、肥短、体壁发光，约0.5%的蚕就眠。

严格分批、拾清迟眠蚕　适时加眠网后，春蚕1~3龄经8~12h、4龄不超过15h，秋蚕1~3龄经7~9h、4龄不超过12h即止桑，再在4~6h后拾清迟眠蚕。对于发育不齐的群体及时提青，避免在同一批饷食的蚕匾内出现起蚕、眠蚕、青头共存的局面。

控制眠中环境　眠中温度应比食桑中低0.5~1℃，干湿球差2~2.5℃，见起蚕后干湿球差1.5~2℃；对易发生半脱皮蚕的品种，干湿差保持1~1.5℃。眠中避免风吹、震动，保持光线均匀，对起蚕后逸散性强的应适当遮光。

适时饷食　群体中出现起蚕后，以1%见起时间或50%盛起时间作为推算适时饷食的参考标准。中国种起蚕活动迟，头部颜色淡，应防止饷食过迟；日本种起蚕活动早，头部颜色深，要防止饷食偏早。高温时饷食可适当提早，低温时饷食应适当推迟。在严格分批提青的基础上，可在基本没有眠蚕时饷食。对提青得到的健康、发育迟缓的小蚕可饲喂优质桑叶，促其发育。

(6) 上蔟技术

上蔟前按计划搭好蔟室，备齐蔟具等，各种蔟具的规格、上蔟方法及技术如下。

蜈蚣蔟　每条长35cm的蔟绳上捆绑、排列长约26cm的稻草或麦秆蔟枝90~100根即成蜈蚣蔟，盒（张）蚕用量40条。上蔟时用竹竿或芦帘架起蜈蚣蔟，捉熟蚕上蔟。或蚕初熟时人工拾取上蔟，待出现40%熟蚕、给桑后再将蜈蚣蔟置于蚕座上，熟蚕即自动上蔟结茧。适熟上蔟时，要轻拾、轻放、使蚕在蔟中稀密均匀，蔟中上蚕量以450~500头/m²为宜，上蔟后勤换气、排湿。

伞形蔟　将每20根长约60cm的稻草自基部捆为1束，上蔟时插放芦帘上、打开成伞形，10g蚁蚕用750~800束，上蚕量360头/m²，其余同蜈蚣蔟。

折蔟　即将稻草、竹篾条等编制成网眼直径为3cm、具17~18峰折的波浪形片网，峰高约10cm、峰间距约7cm，10g蚁蚕用60只。上蔟时重叠放置片网、调好网间距，两端用麻线固定后上蔟。

纸板方格蔟　用硬纸板制成长55cm、宽40cm、高30cm的蔟片，每蔟片等距分布4.5cm×3cm×3cm孔格156个；再用2.5cm×1.6cm木材制成1.2m×0.6m、1.12m×0.55m的长方形框架两个，两木框以短边相套成十字、固定，木框长边每隔10cm各装固定夹10只即成回转蔟架,蔟架也可用芦帘和竹竿搭成,或直接将蔟片层放在芦帘上。10g蚁蚕用蔟片160~180只。上蔟时将蔟片平铺地上,每片均匀放熟蚕约150头后插入架内。也可事先将蔟片插入架内,然后将熟蚕投入蔟片间。

上蔟后蔟室温度保持在24℃左右,相对湿度约60%(干湿球差3℃),光线明暗均匀;当80%蚕定位做茧时,提出不进蔟蚕另行上蔟。上蔟20~24h后,及时通风、排湿。采茧后将可利用的蔟具在火上烤去乱丝、或日晒、或用毒消散熏烟消毒,整理存放。

(7) 采茧和选茧

采茧适期为摇动蚕茧听到清脆声响、茧壳内蛹体转成黄褐色,即24℃时春蚕上蔟后第7~8d,27℃下秋蚕上蔟后的第5~6d。

采茧时应随采、随选,分别收集。①凡茧层坚实有弹性,茧色洁白有光,茧行整齐大小均匀的是上茧。②两条蚕做成的茧即双宫茧。③茧内蚕未化蛹即死去,或蛹体腐烂、茧层已污染的即烂茧。④下脚茧包括茧层上有黄褐色斑点的黄斑茧,茧层表面有蔟具印迹的柴印茧,茧形不正常的畸形茧,茧层浮松的绵茧,茧层极薄无弹性的薄皮茧,茧层有孔洞的穿头茧,及蝇蛆茧、蛾口茧等。

适时采下的茧,尽量在当日即分级出售,做到不售夜茧、毛脚茧或嫩蛹茧以及潮茧;否则应平铺在蚕匾内,以免发热。未烘制的茧在运送过程中应使用散热性好的包装物装载,以免发热变质,并要防止日晒、雨淋和震动。

10.4 蚕种繁育

蚕种是特殊的农、林生产"种",蚕种繁育都在专门的蚕种厂或指定的蚕区进行,蚕种生产、发种的各个环节都有专门的行政部门进行监管,以保证其质量和供应。

优良蚕品种的选用、繁育和推广,是发展蚕茧生产最经济、最有效的手段。蚕种繁育与育种既有区别又相互联系,蚕种的繁育是育种工作的继续。其任务就是将正在使用的品种和已育成的新品种进行大量繁殖,并根据蚕茧生产的需要确定蚕种繁育计划,满足蚕农对蚕种的需要,同时在各级蚕种集育过程中保持和提高蚕种的优良特性、克服不良性状,保障蚕种的质量。

选用和推广优良蚕品种,只是蚕茧综合增产措施的前提,要使优良蚕种发挥其效益还必须有其他相应的饲养、管理等措施相配合。任何优良蚕种都不是完美无缺的,但优良蚕种应当符合社会经济的发展和市场对茧丝品质的需求。

10.4.1 蚕的育种和品种繁育

(1) 品种的分类

我国已使用的蚕种包括中国种、日本种、欧洲种及热带种。中国种幼虫无斑纹、发育快,茧椭圆形或近球形,茧色分白、黄、红、绿等;茧质(丝长、细度、解舒度）优良，三眠或四眠，一化、二化或多化性。日本种幼虫有斑纹、发育慢，茧椭圆微束腰，多白色、部分绿或黄色，同宫茧多；茧丝粗、丝稍短，四眠，一化或二化性。欧洲种幼虫常有斑纹、卵粒大、龄期较长，蚕体大，抗逆力差；茧大、浅束腰、多白色或肉色，丝粗、稍短、胶多、解舒优良，四眠，一化性。热带种幼虫多无斑、体小、龄期短、抗逆力强；茧小、纺锤形、黄、白或绿色；茧疏松、茧衣多、丝细、丝短，四眠，多化性。

其中三眠蚕以中国和朝鲜种较多，该类型幼虫龄期短，茧小、丝细；四眠蚕为最多见的饲养种；五眠蚕由四眠蚕所分离育成，龄期长，茧大、丝粗。而一化性种适应较寒冷地区饲养，龄期长，茧大、丝优，但体质弱、不适应在高温多湿环境下饲养；二化性适宜在温暖地区饲养，龄期比一化性短，茧质稍差，体健、适应在高温多湿的夏秋季饲养；多化性适应高温地区饲养，龄期短，体健，茧小、丝质差。

(2) 育种

如上所述，不同类型的品种各有优点，因此家蚕的育种就是根据蚕业生产、养蚕地区的不同和市场的需要，利用各品种的优良遗传特性对当地的蚕种进行改良，培育出品质更好的蚕种。对优良蚕品种的要求为，体质强健（多以虫蛹率为指标），收茧量高（以万头为单位），春用种茧层率及出丝率分别达24.5%及19%以上、夏秋种达21%及15.5%以上；春用种茧丝长度、解舒率及茧丝纤度分别达1 350m、75%、2.7~3.1D，夏秋种则分别达1 000m、70%、2.3~2.7D；小颣净度不低于93分，茧层练减率在26%以下，产卵性要求公斤茧制种量高。

家蚕的育种和其他育种程序基本相同，首先要确定育种目标，根据目标选择育种材料，再固定优良性状，然后选配优良杂交组合育种，最后进行新品种的扩繁、应用、鉴定和推广。基因工程技术已在家蚕品种培育中开始应用，这将会进一步缩短育种的周期，获得性状更好的优良品种。

(3) 蚕种的繁育

蚕种繁育制 蚕种采用三级繁育制即原原种、原种和普通种，或四级制即原原母种、原原种、原种、普通种（一代杂交种），生产用的均是普通种。原原母种实行单蛾育、异质杂交，原种采取1g蚁量育、异质交配，普通种使用4g卵育、按组合交配，异质即同品种异蛾区、异地、异季、异品系等。其繁育系数为1只母蛾制成原原种30只蛾，1g原原种卵制原种卵12张（盒），4g原种制普通种60~80张。蚕种繁育中对环境、条件的要求，蚕种的保护和处理详见1986年浙江农业大学主编的《养蚕学》。

蚕种繁育的特点 ①蚕的生活周期短、繁殖系数高，一般情况下40~60d即可完成一个世代，每只母蛾产卵数多达300~800粒。②对原种与普通种的要求不同，原原种是纯种，原种一般是纯种、但也有杂交原种，普通种是一代杂种或多元杂种；一代杂种具有强大的杂种优势，纯种无或优势弱；因此饲养纯种，对技术处理及环境的要求等比普通种要高。③蚕种的有效贮藏时间较短，蚕种贮藏 1 年有效，调节的幅度小，且蚕种的生产季节性强，一般在春、秋两季繁育生产，因此必须按年、按饲养季节制定蚕种繁育计划才能达到供需平衡。

10.4.2 近年来我国蚕种生产的新技术

新中国建立以来随我国养蚕业的发展，蚕种的生产有了很大进步，蚕种生产纳入了国家计划，国家通过引种、新品种培育等项目的实施已多次更换了我国的蚕种；通过推广先进的蚕种生产技术，建设蚕种生产基地，满足了蚕桑发展的需要。1989 年全国即有蚕种场 320 所，年产原种 50 万张，普通种达 1 600 万张。

创办原蚕饲养区　1951 年浙江省德清县首先创办原蚕饲育蚕种场，即蚕农饲养原蚕，国家收购种茧、制种。这种繁育方式投资小、成本低、收效快、效益高，可在短期内迅速扩大蚕种生产，满足蚕桑发展的需要。目前这一制种形式已遍及全国，生产的普通种约占全国总制种量的 70% 以上。

散卵蚕种的普及　由于散卵蚕种经过盐水选卵、淘汰不良卵，使装盒卵量规格化，提高了蚕种品质。20 世纪 50 年代中后期，江、浙两省普通种已全部采用散卵蚕种，以后其他各省也相继实行。

转青卵黑暗保护与简化催青技术的推广　1963 年江苏省采用转青卵黑暗保护技术、促使蚕卵孵化齐一，1976 年浙江农业大学蚕桑系简化催青试验成功。这二项蚕种催青技术已在全国各省普遍应用推广。

多化性品种生产越年种成功　一般无滞育期多化性品种只产不越年蚕卵，要产生越年种较困难。1975 年广东省伦教蚕种场在用无滞育期九白海和秋 303 品种为材料，在高温催青条件下，对蚕期采用短光照和变温饲养的方法，获得了 90% 的越年卵，解决了多化性品种冬季保种的困难。

早采茧技术的应用　1955 年江苏省镇江蚕种场创造了蚕种生产的早采茧技术，该技术的推广不仅减少了缩尾蛹、死笼率，而且提高了发蛾率，增加了产卵量，提高了对蔟室的利用率。

蚕种保护技术的改进　现应用的提高蚕种孵化率的技术包括，采取延长有多化性血统秋制蚕种的高温处理时间、适当推迟浴种期以增强耐冷藏能力，浴种后至入库前保护在 5℃ 下；1961 年起杭州蚕种冷库春用种由单式冷藏改为复式冷藏，使夏用蚕种可延至早秋用；春制早秋用种其冷藏期限短、孵化率低，现改用即时浸酸后冷藏；以及广东采用的滞育卵冷藏，延长冷藏有效期等。

革新和应用新蚕种生产机具　如加温降温采用空调机、电热升温与自动补湿装置，蚕种浸酸采用自动控温电热卵浴浸酸槽；散卵快速干燥装置，散卵自动称量器，削茧机，群体磨蛾机，蚕网、蚕蔟、散卵盒、散卵框、铝框塑圈等。

蚕种繁育制度的建立和改革　1955 年我国建立了较先进和完善的蚕种四级繁育制度，1959 年又实行由四级繁育改为三级饲养四级制种的繁育制度，进一步提高了设备的利用率、降低了成本。并且由于蚕种场生产设备的改进，20 世纪 80 年代普通种的生产由一年春、秋期 2 次增至春、早秋、中晚秋期 3 次，扩大了蚕种生产能力。

蚕品系整理与优良蚕品种的更换与推广　①1951年华东蚕研所对当时生产上应用的瀛翰、瀛文、华8、华9、华10等5个品种的28个不同品系进行整理，选出10个优良品系，确定了统一的杂交方式，从此结束了解放前蚕品种、品系的混乱局面。②建国以来，我国在生产上所使用的蚕品种大约每隔10年即更换一次。

10.5　蚕病的防治

10.5.1　病毒病的识别和防治

病毒病是最常见的一类蚕病，约占蚕病总发病率的80%，主要包括血液型脓病、中肠型脓病和浓核病3种。

(1) 血液型脓病

血液型脓病又称体腔型脓病、核型多角体病（NPV）。各龄都会发生，但多见于3龄之后，特别在5龄中期到熟蚕前后发病更多。

病原　病原体为核型多角体病毒，病毒粒子杆状，显微镜检多角体为四角形或六角形，自然状态下其致病活性可达1年以上。多在蚕的血球、真皮、脂肪和器官等细胞的核内繁殖。

症状　患病蚕的典型症状是蚕体色乳白、全身肿胀、狂躁爬行、皮肤易破，常爬到蚕匾边缘落地流出白色脓血而死。如眠期发病则出现不眠蚕，其体壁紧张发亮，不食桑，不断爬行直到流脓死亡；在眠中或将蜕皮发病则少数病蚕足及气门变黑，背部两侧出现对称性的黑褐色圆形病斑；在各龄饷食后发病则生长停止、体色乳白、体壁松弛多皱、体躯缩小，前一节的节间膜向后一节套叠，不见转青，直到死亡；在4、5龄盛食期发病则节间膜或各环节后半部高起、形如竹节，高起部分和腹足呈出乳白色；五龄后期到上蔟前发病则全身肥肿发亮、体色乳白，环节中央肿胀拱起、状如算珠，俗称脓蚕。

发病规律　潜伏期小蚕一般3～4d，大蚕4～6d。病程约3～5d，属亚急性病害，小蚕及各龄蚕均易感染，眠前发病较多。感染途径一是病毒由体壁伤口侵入，二是病毒随桑叶一起被蚕食下。对病蚕尸体不及时处理，养蚕时操作粗放、蚕座过密，易助长本病的发生；气温不高的春夏和晚秋季、通风不良、比较湿闷的蚕室易发本病。野蚕和桑螟等感染血液型脓病后能与蚕交叉感染。

防治方法　①对养蚕、贮桑、上蔟等场所用漂白粉、消特灵等氯制剂，或福尔马林、石灰水消毒。消毒时药液应配准，喷洒周到、达湿润状态。发现脓病蚕时要及时丢进石灰消毒缸，并用防病一号等消毒剂对蚕体、蚕座消毒，对被血液型脓病污染了的蚕座，重撒新鲜石灰粉，并隔桑夷、除沙。②蚕座不宜过密，饲养操作要细致，扩座、除沙、上蔟等动作要轻，避免使蚕体受伤。③及时分批提青，对迟眠蚕另行饲养，严格淘汰病态蚕。④及时防治桑园害虫，减少野外传播源。⑤病蚕桑夷及蚕沙不能作家畜、鱼塘饲料，应在远离蚕室、桑园处集中制成堆腐熟肥；旧蔟应集中消毒或烧毁，勿使其病原污染养蚕环境。

(2) 中肠型脓病和浓核病

中肠型脓病又称胃肠型脓病或质型多角体病（CPV），而浓核病（DNV）过去曾俗称空头病。这两种病症状非常相似，其共同特点是春季发病少、夏秋发病多，潜伏期长，病程长。

病原 中肠型脓病原体是质型多角体病毒，病毒粒子为球形，在中肠圆筒形细胞的细胞质内繁殖；镜检中肠型脓病蚕的中肠后部可见到大小不等、折光性强的六角形或四角形的多角体；该病毒对自然环境的抵抗力强，通常能成活1年以上。浓核病的病原体是一种不形成多角体的细小球形病毒，在中肠圆筒细胞的细胞核内繁殖；镜检中肠涂片不见多角体，仅见大量细菌；自然条件下易失去活力。血清学检验可将二者区分。

症状 病蚕发育迟缓，色黄，体瘦小，食桑不旺，群体大小差异明显，病蚕常散伏在蚕座四周残桑中。进而出现空头、排稀、吐水、缩水、肠胃空虚等症状，死后尸体软化腐烂，发病严重时蚕室内可闻到异常臭味。中肠型脓病蚕发生空头时，蚕体平伏，发病后期胸尾萎缩而腹部仍保持原有肿胀状态、并排出白色黏粪，中肠后半段乳白色、肿胀并多横皱。而浓核病蚕发生空头时则头胸昂起，发病后期全身萎缩软瘪多皱，排出污褐色稀粪或污液，中肠不呈乳白色、充满黄褐色污液。

发病规律 这两种蚕病的发病规律大致相同，都属慢性疾病，从感染到发病约需两个龄期。病蚕尸体和蚕粪内含有大量病毒，是主要的传染源，极易在蚕座内传染。蚕龄越小越易感染，同一龄期又以起蚕和将眠蚕抵抗力较弱，盛食期抵抗力较强。夏秋期高温闷热、桑叶质量差，易助长发病。野蚕和桑蟥感染中肠型脓病后能与蚕相互感染。桑螟是浓核病毒的中间寄主，也蚕发生相互感染，但有的蚕品种不感染浓核病。

防治方法 ①蚕室、蚕具彻底消毒，饲养过程中对桑夷、蚕沙和蔟草及时消毒和处理以避免病原扩散。②精心饲养小蚕，增强蚕的体质；严格分批提青，隔离或淘汰病、小蚕，杜绝健、病蚕及大小蚕混育，以防蚕座感染。③用新鲜石灰粉或防病一号等蚕体、蚕座消毒剂定期消毒，可减少本病的发生。④及时防治桑园害虫，避免病原污染桑叶。

10.5.2 真菌病的识别和防治

常见真菌病有白僵病、黄僵病、绿僵病和曲霉病等4种，其中以白僵菌最为常见。

(1) 白僵病

病原 引起白僵病的病原体是球孢白僵菌 *Beauveria bassiana* (Balsamo) Vuillemin。发病后期蚕血变白，镜检可见血液中有大量圆筒形短菌丝。

症状 发病初期无特别症状，但反应迟钝、呆滞，随后部分蚕体出现分散的黑褐色针状或油渍状病斑；临死时稍吐液或下痢，死后头胸部前伸，尸体逐渐由软变硬，多出现针状病斑，尾部数节显桃红色；死后尸体上逐渐长出白色菌丝，覆盖整个蚕体，然后菌丝上长出一层白色丝状孢子。眠中发病时多数半蜕皮或不蜕皮而死，尸体污褐色，半蜕皮死蚕因出血而显潮湿，尸体易腐烂或只有局部长出菌丝和孢子。病蛹死前失去弹性、环节不能扭动，死后蛹头部逐渐下陷变尖，最后全身干瘪变硬，节间膜处及气门长出白色菌和丝状孢子。

发病规律 潜伏期一般 1~2 龄 2~3d，3 龄 3~4d，4 龄 4~5d，5 龄 5~6d。悬浮于空气中的分生孢子散落到蚕或蛹的体壁表面，在常温多湿条件下经 8~24h 发芽侵入蚕、蛹体内，在体内大量繁殖夺取蚕体营养并分泌菌毒素引起死亡。蚁蚕、各龄起蚕和嫩蛹最易感染。温度 25~28℃、湿度 90% 以上有利于孢子发芽。多种桑树害虫也会感染本病，病虫能与蚕相互传染。

防治方法 ①饲养前和饲养过程中严格对蚕室、蚕具消毒。②用防病一号、蚕座净、漂白粉石灰防僵粉等蚕体和蚕座消毒粉剂，在收蚁、各龄起蚕饷食前及熟蚕上蔟前对蚕体消毒；如上一眠期见发病，可在各龄盛食期给桑前再对蚕体消毒。也用防僵灵 2 号（抗菌剂 402）浸蚕网，用硫磺熏烟蚕室消毒。③一旦发病应及时除去病、死蚕以防重复传染，同时每天施用防僵药消毒一次直到不见僵蚕出现为止。④对僵蚕集中烧毁或处理，对受污染的蚕沙、旧蔟做堆肥，严防病原扩散。⑤消灭桑虫、杜绝桑叶污染。⑥养蚕区严禁施用白僵菌粉等真菌农药防治森林或大田害虫。

(2) 黄僵病

病原 引起黄僵病的病原体是白僵菌 *Beauveria bssiana* (Balsamo) Vuillemin 中的 1 个血清型。

症状 症状与白僵病大致相仿，但蚕体上常出现黑褐色大圆形病斑，尸体由软变硬，尾部数节甚至整条死蚕呈紫红色，菌丝覆盖蚕体并长出孢子后僵蚕带淡黄色。有时出现病斑的蚕会经过蜕皮而自愈，即自愈性感染。

发病规律和防治方法 与白僵病相同。

(3) 绿僵病

病原 病原为绿僵菌 *Metarhizium anisopliae* (Metschnikoff) Sorokin，分生孢子卵圆形，该菌侵入蚕体后形成豆荚形短菌丝，使血液变浊，镜检临死前的病蚕血液即可见短菌丝。

症状 病蚕腹侧面或背面时有较大的、黑褐色的不规则圆形、椭圆形或云纹状的轮纹斑，斑外围色深、中央色淡，凡出现病斑的蚕最终必死无疑。眠前发病时体壁紧张、不易破、苍白色，狂躁，常不能就眠。眠中发病时的常不能蜕皮而死，初死茶褐色。死后头胸常前伸，体柔软，乳白色，继而由软变硬，但体色不变。随后尸体上长出短而细密的菌丝层及鲜绿色孢子层。

发病规律 多在晚秋蚕期发生。孢子发芽约需 12~24h，侵染后潜伏期长于白僵病，病程 7~10d。一般 1 龄感病，3 龄显病症。桑虫亦发病较多，常污染桑叶而使蚕感病。

防治方法 参照白僵病。一旦蚕座内出现了长满绿色分生孢子的病死蚕，再进行蚕体消毒，效果不佳，因此早消毒、预防。

(4) 曲霉病

病原 病原体为曲霉菌类，包括黄曲霉 *Aspergillus flavus* Liuk、寄生曲霉 *A. parasiticus* Speare、溜曲霉、米曲霉、赭曲霉。分生孢子球形，黄绿色或褐色，孢子发芽后寄生在局部体壁上，镜检血液内无菌丝。

症状 蚁蚕感病后前期的病症很难察觉，在头眠除沙或起除沙时于桑荑及蚕沙中可见布满黄绿色或褐色小绒球状孢子丛的死蚁蚕。大蚕感病后前胸侧或尾部两侧常见 1~3 个不定形黑褐色病斑，病斑中部色深、周边渐淡、手触较硬；本病常自大蚕肛门处侵入，使侵入部附近出现硬块、白色菌丝和孢子，其余部分软化腐烂。老熟蚕感病后常死于茧中，茧外常见菌丝，造成霉茧。蚕卵被寄生后则形成霉死卵，中央凹陷后很快干瘪。

发病规律 曲霉菌广泛存在于自然界，因此在条件适宜的高温湿闷、即 30℃ 以上高温，100% 多湿时常见发生。卵、1~3 龄起蚕及熟蚕为易感期，其他各龄发生感染后多能蜕皮自愈。病程小蚕 2~3d，大蚕 7~10d。

防治方法 参照白僵病。

10.5.3 细菌病的识别和防治

包括黑胸败血病、灵菌败血病、猝倒病和细菌性胃肠病。高温多湿季节多见发病。

(1) 黑胸败血病

病原 病原体为一类杆菌，包括气单胞杆菌 *Acromonas* sp.、芽孢杆菌 *Bacterium* sp. 等，多数能形成芽孢，菌体长杆状。

症状 该病是一种急性病，病蚕死前看无明显病症。感病蚕常在不超过 24h 死亡，将死时大多要吐肠液、蚕体缩小、胸部膨大，吐水严重的蚕中肠前部破裂，体外见一青黑色的油浸状大斑块。病蚕死后头胸伸长，胸部变黑，黑色逐渐扩展到全身，内脏迅速液化腐烂，最后只留下一层体壁，体壁破后流出酱油样臭液。病蛹腹部变软，全身发黑腐败，流出黑褐色臭液。病蛾腹部略肥大或扁瘪，触角和两翅不振动，不久即死，全身软化；触角、翅脉及节间变黑、足、翅及触角一触即落，体壁也易破裂，流出污液。

发病规律 病菌通过体壁伤口侵入蚕体，在血液中迅速繁殖使蚕致死。气温越高，病势进展越快，30℃ 以上高温天气，最易发病。

(2) 灵菌败血病

病原 病原体是沙雷氏菌（灵菌）*Serratia marescens* Ishitsuka et al.，菌体短杆状，不形成芽孢，繁殖时产生紫红色灵菌色素。

症状 也属急性病，前期无病症，死后尸体时有针刺状小病斑，尸体迅速腐烂，全身变成红褐色，稍加振动体壁即破，流出红褐色臭液。蛹、蛾感病不久即死，触角、翅脉及节间变紫红色，足、翅及触角也很易脱落，皮肤易破，流出紫红色污液。

发病规律 与黑胸败血病相同。

(3) 猝倒病

病原 病原体是苏云金杆菌 Bacillus thuringiensis Zurück 的猝倒变种,菌体长杆状、连接成长链状,形成芽孢、产生蛋白质类毒素即伴孢晶体,它能使蚕急性中毒。苏云金杆菌、腊螟杆菌等也会引起猝倒病;细菌性农药污染的桑叶也引起家蚕猝倒病,但如果病原菌从伤口侵入,表现的病症为败血症而不是猝倒病症。

症状 有急性和慢性两种症状。急性蚕病很快停止食桑和爬行,前半身抬起,吐肠液,时发生抽筋状抖动,类似农药中毒。不久病蚕腹足失去把握力倒下死亡,死蚕有暂时的尸僵现象,腹足后倒,头胸紧缩。慢性感病后约 2~3d 才逐渐停止食桑和爬行,出现空头和便秘,手触病蚕腹部可觉腹内有一硬块,尾部空、无粪粒、萎缩,病蚕常排出红褐色污液、污染肛门和尾部,随后陆续死亡。死后约 10h 体躯 4~6 环节背面出现青黑色,并逐渐向头尾两端扩散,使整条蚕变成黑褐色。

发病规律 蚕食下猝倒杆菌后,毒素在胃液中溶解,引起中毒。许多野外昆虫也受感染,并能与蚕相互传染。夏秋天气温达 30℃ 以上气温适合本菌繁殖,蚕沙、虫粪及潮湿的桑叶也是该菌的良好繁殖场所。

(4) 细菌性胃肠病

病原 病原体是以粪链球菌 Streptococcus sp. 为主的一类细菌,只在蚕体十分虚弱时才侵染。

症状 慢性症状的病蚕食欲减退、发育缓慢、群体大小不齐,病蚕有起缩、细小、空头、拉稀、吐水等症状出现,症状很像病毒引起的软化病。这类慢性症状都在 2 龄和 5 龄饷食后发生,大批饷食后如见部分蚕越养越小,将其淘汰即不再见发病。急性症状多发生在 5 龄中后期,常引起大批死亡,死前吐水、下痢严重,也出现空头症。

发病规律 蚕体虚弱和食下病原是本病缺一不可的发病条件,当蚕体强健时即使添食粪链球菌也难以致病。夏秋蚕期高温多湿,桑叶老硬或贮藏发酵后喂饲,导致蚕体虚弱、引发本病。发病后经淘汰、隔离处理和添食蚕用抗菌药物效果甚好。

细菌蚕病的综合防治 ①勤除沙、多换气,防止蚕座蒸热,保持蚕座干燥,可减少细菌繁殖。②高温干燥时节,桑叶干贮湿喂、补湿用水清洁,不大量喷水贮桑或长时间湿贮,可减少发病。③蚕座不过密,给桑、除沙、上蔟等操作细致以减少蚕体受伤机会。种蚕适期采茧,适当推迟削茧和鉴蛹期,不伤蛹,使用垫蛹材料前充分曝晒消毒;削茧、鉴蛹、捉蛾、拆对等操作细心轻柔,可明显减少败血病。④高温季节注重分批提青,掌握止桑、饷食适期,给桑保食,对减少细菌性胃肠病行之有效。⑤从 3 龄开始,各龄起蚕添食一次 500 单位的氯霉素溶液;发病第 1 天隔 8h 连续添食 3 次、以后每天添 1 次,可有效控制黑胸败血病、猝倒病和细菌性胃肠病,但对灵菌败血病无效。⑥及时防治桑园害虫,蚕田周围不使用细菌性杀虫剂防治大田害虫,不使用有菌源、农药污染的稻草等作隔离材

料；对桑树害虫的取食叶和虫粪污染叶、被细菌性杀虫剂污染叶或暂缓利用，或用含0.3%有效氯漂白粉液喷洒叶面杀菌解毒后再喂饲。⑦对病死蚕、蚕沙应及时处理，制成堆肥时充分腐熟，防止病原扩散。

10.5.4 原虫病

原虫病是危害蚕种生产的主要病害之一，原蚕种饲养区常因发生该病而销毁已制好的蚕种，造成经济损失。

病原 病原体是微孢子原虫（微粒子）*Nosema bombycis* Naegeli。孢子长椭圆形，寄生在多种组织细胞内，繁殖过程中夺取蚕的营养，使蚕逐渐衰弱导致最终死亡。

症状 感病蚕发育极度缓慢、体细小、色污暗，食桑不旺、迟眠迟起，发育很不齐一。蚕期感病症状有细小蚕、斑点蚕、半蜕皮蚕和不结茧蚕；细小蚕大多从卵里即胚种就感染病原，健康蚁蚕经2~3d即可疏毛，但感病蚁蚕收蚁后数日不疏毛、体色乌黑、部分当龄死亡、部分迟眠迟起可勉强活到2~3龄；斑点蚕的多在胸足、腹足、气门和尾角周围见小而色深的斑点，或少数个体见斑点布满整个腹面，解剖可见丝腺具许多乳白色瘤状肿小块。病蛹环节松弛，节间常具黑色小斑点。病蛾体色灰暗、鳞毛易脱、两翅形似握拳；腹部常显得特别大，透过节间膜隐约可见蚕卵。病蛾交配能力差、产的卵少，卵大小不匀、形不正、叠卵多、黏着力弱，不受精、早死及催青死卵多。

发病规律 本病的传染方式有食下传染和胚种传染两种，病程长、多能带病度过一生，但胚种传染的蚁蚕多在2~3龄死亡。5龄感病后能顺利交尾产卵，并随卵将疾病下传。病蚕粪便、吐液、蜕皮、蛹壳，以及蛾尿、鳞毛、废弃蛹蛾等是主要的传染源。野蚕、桑蟥、桑螟、桑尺蠖、桑毛虫等桑树害虫也会感病，并与蚕相互传染。

防治方法 ①制种时严格检查母蛾，防止发生胚种传染是防治本病的关键。②用对微粒子孢子有良好杀灭效果的漂白粉、消特灵等氯制剂认真消毒蚕室、蚕具，或对蚕匾及用具等用蒸汽消毒灶消毒，发病时切忌用蚕季安、蚕康宁等对本病无效的药品消毒。③加强对蚕沙、旧蔟及废弃蛹蛾的管理，严防病原扩散。④在蚕种生产区外设置保护区，并发放无毒蚕种，杜绝从外来病原污染制种区；制种区不饲养产茧用普通种，避免普通种带毒感染原种蚕。⑤强桑园治虫工作，切断野外传播及污染的渠道。

10.5.5 寄生虫

家蚕常见的寄生虫主要是多化性蚕蛆蝇和螨类，其症状、发生规律和防治方法如下。

(1) 蝇蛆

症状 被蛆寄生部位的体壁上见较大形的黑斑，黑斑一端稍尖，在此尖端部

常有淡黄色、长椭圆形蝇蛆卵壳粘附；黑斑随蛆在蚕体内生长而渐增大，被寄生处的环节多肿起、弯曲。3、4龄受害的常死于眠中。5龄蚕被害时常早熟，虽能结茧或结薄皮茧但都不能化蛹而死于茧中，老熟前全身环节肿胀、弯曲、体壁呈蓝紫色时则不能结茧。上蔟时被寄生时少数能化蛹，蛹体上也有类似病斑，但都不能化蛾。蛆在蚕体内发育成熟后，破壁或茧壳而出，成不能缫丝的蛆孔茧。

发生规律 蚕蛆蝇1年多代，广东13～14代，江、浙两省6～7代。成蝇产卵于蚕体壁上后1～2d孵化成蛆即钻入蚕体寄生，寄生在5龄蚕体上的蛆约5～8d即老熟，蚕结茧后老熟蛆破茧而出，在阴暗缝隙或松土处化蛹，约10～20d羽化为成蝇，继续产卵为害。1只雌蝇产卵300～400粒，以上午及中午产卵较多，一般在每条蚕体上产卵2～3粒，大多产卵于蚕体环节多皱处。

防治方法 ①蚕室门窗加纱网，阻止成蝇飞进蚕室危害，如蚕蛆成蝇飞进蚕室应及时扑打杀灭。②被害的早熟蚕最好与后熟蚕分开上蔟，以便及时杀死蛆、蛹，蚕茧收购站是蛆、蛹的集中场所，应注意杀灭。③给桑前用25%灭蚕蝇乳剂300倍喷撒蚕体、稍后再给桑，对1d蛆至3d蛆有杀灭效果；或配成500倍液喷撒桑叶，然后给桑。如危害较重4龄第3天，5龄第2、4、5、6天各给药1次。添食法每盒4龄蚕用原药0.5mL，5龄每5kg桑叶用原药1mL；体喷法用药量应比添食法大3倍。该药随配随用，隔日无效。

(2) 寄生螨

能为害蚕的螨类很多，但主要是球腹蒲螨 Pyemotes ventricosus Newport。

症状 蒲螨是棉花产区养蚕时常见的寄生虫之一，春、夏蚕期较多见。蚕被蒲螨叮咬后立即停止食桑，头部突伸，胸部膨大，左右摇摆，吐出肠液。1～2龄蚕被寄生后不久即死，死后尸体干瘪、不腐烂。眠中受害时，多成半蜕皮蚕。大蚕期被寄生，排出连珠粪、脱肛或肛门口流出红褐色污液等。嫩蛹受害，蒲螨则成排叮咬在蛹节间膜处，逐渐成长为黄色大肚母虱。嫩蛾期蒲螨也会寄生危害。

发生规律 一年发生10余代，卵胎生，以母螨越冬，常以棉红铃虫为中间寄主。初生幼螨长椭圆形，两端略尖，体色黄白，雄螨比雌螨体稍宽而短，针尖大小，肉眼不易见。蚕室、蚕具堆放或摊晒棉花后，棉红铃虫在其缝隙作茧，母螨伏着红铃虫体上越冬。翌年4、5月间，越冬母螨即产幼螨，每只陆续产50～150只幼螨，初产多数为雄性、后为雌性，雌雄立即交配后雄性不久即死，雌性幼螨则寻找蚕寄生为害。该螨常年危害，但以春天危害最严，以蚕架顶的匾或蚕匾四周首先受害。

防治方法 ①蚕室与蚕具如堆放、摊晒棉花或稻谷、麦草时，在养蚕前须清扫或洗晒，然后密闭按74m³用硫磺2.5kg或毒消散0.38kg熏烟；或养蚕前30天用20%乐果300倍液或80%敌敌畏3 200倍液喷洒杀螨。②养蚕期如发生蒲螨为害，必须查清和切断蒲螨来源，并用灭蚕蝇按1龄1 000倍液、2龄500倍液、3～5龄300倍液对蚕体喷洒驱螨，喷药后立即加网除沙，隔离换匾；或在蚕座撒施防病一号驱螨，撒后立即加网除沙，换匾换室饲养。③蒲螨的寄主很多，在重害区注意防治农作物害虫、消灭中间寄主，对用做隔沙材料的稻草、麦秆、砻糠等充分曝晒然后使用，可减轻该螨对蚕的危害。

10.5.6 中毒症和预防

养蚕中常见的中毒症有农药中毒和工厂废气中毒两类。农药中毒往往多为急性，发生突然、来势剧烈。具体如下。

(1) 农药中毒

有机磷农药中毒　中毒蚕立即停止食桑，在蚕匾内不断翻滚，吐出大量肠液及食下的小叶片，污染全身，腹足轮番伸缩抽搐；或肛门口排出红褐色污液及粗长粪粒，继而肛门外翻；进而蚕体缩短，头部内缩，胸部膨大，不久即死，尸体多成钩头拐杖形。敌百虫、敌敌畏、双硫磷、1059、1605 等都属有机磷农药，中毒症状均相似。

有机氯农药中毒　其中常见的有杀虫脒和杀虫双中毒。杀虫脒中毒蚕表现兴奋，到处爬行，吐出浮丝，散座蚕多，严重时整只匾内结满一张白色丝网；中毒轻的仍能成活，改善清洁桑叶饲养仍可结茧。杀虫双中毒后蚕不食不动，体色不变，也不吐丝，蚕体平伏在桑叶上、呈假死麻痹状态，轻度中毒仍有营茧可能，但多吐平板丝和结畸形茧。

拟除虫菊酯类农药中毒　当蚕发生菊酯类农药中毒时，胸部膨大，尾部缩小，大量吐液，体躯极度扭曲、或头胸尾弯向背面、或扭成螺旋形，不久死亡。轻度中毒的 1~2d 后可以苏醒，但对营茧有不良影响。

植物性农药中毒　最多见的是烟草中毒。中毒蚕停止食桑和爬行，头胸紧缩昂起，左右摇摆，上颚经常开、闭，吐出褐绿色浓稠肠液，后则倒卧在蚕座中慢慢死去。中毒轻的仅呆滞、不食桑，胸部膨大，头胸摇摆抖动，不久即能苏醒。苏醒蚕大多数仍能继续发育，对体质、茧质影响轻微。鱼藤精中毒症状很像杀虫双，蚕不食、不动、不吐水，体躯柔软平伏，腹足失力，倒卧或平伏在蚕座内约半日后陆续死亡。

中毒的原因　农田、桑园周围的果树及菜田施用农药污染桑叶，或桑园治虫后在农药残毒期内采桑喂蚕，或蚕室、蚕具或蚕用药品接触农药，或在蚕室使用农药不当，或养蚕人员接触农药后使其随衣着等带入蚕室污染桑叶、直接与蚕接触所致。

预防和处理　①养蚕与大田治虫要协调施药时间与范围，养蚕期必须防治大田害虫时要注意风向、采桑时间，尽量采用泼浇法施药，在蚕室及桑园的 100m 内不施药。蚕室及其附近不堆放农药，养蚕用品不接触农药，农用和蚕用喷雾器绝对不能混用；不用农药污染的水源清洗蚕室、蚕具及用于补湿、添食；屋外育、地蚕育在撒防蚁药剂时，应加盖一层草壳或细土，将蚕座与药粉隔离，并防止蚕座积水、使药粉随水浮起，引起蚕中毒；养蚕人员接触农药后要仔细清洗，换衣换鞋后入室养蚕；桑园 100m 以内不种烟草。②桑园治虫时严格掌握农药使用标准和残毒期，在残毒期后先采少量桑叶给蚕试吃，然后大批采叶给桑，以防蚕误食中毒。③一旦发生中毒时应及时加网除沙，隔离有毒桑叶或蚕具，换无毒桑叶和蚕具另行饲养；同时通风换气，加强管理，消毒防病，使蚕逐渐恢复体质，顺利成长上蔟。

（2）工厂烟尘、废气中毒

症状　最常见的有氟化物和硫化物中毒。氟化物中毒蚕首先表现生长缓慢、眠起推迟、发育不齐、龄期明显延长、个体大小甚至如相差几个龄期，继而出现高节蚕，静观形如竹节、极易吐水、节间膜易破、出血形成环带状黑斑，但与血液型脓病的区别是静伏在蚕座内不动，稍有振动节间又恢复正常、过后又复而高起。硫化物中毒后蚕身锈色、大小不匀、龄期延长，部分蚕体背面产生成片的大黑斑，犹如烧焦一般。工厂烟尘、废气轻度中毒蚕，体质明显下降，后期很易并发其他传染性蚕病，并严重影响蚕茧产量和质量。

中毒原因和发病规律　工厂排放的有毒烟尘附着桑叶表面、或排放的有毒气体被桑叶吸收，这些毒物在桑叶内外累积到一定数量，被蚕食下即可发生中毒。与废气接触时间长的老叶及叶缘、叶尖含氟量高，接触时间短的梢端嫩叶含氟量低，经雨水淋洗的含氟量有下降趋势，但进入叶内的氟化物不易洗脱，干桑叶含氟量超过 30mg/kg 蚕即表现出中毒症状，受害严重的一般无可救药；该中毒症状春季比较严重，凡桑园附近设有砖瓦、玻璃、冶炼、水泥、磷肥、翻砂等工厂，顺风向桑园的桑叶即会受害、发生蚕中毒，气压低、阴沉无风天气持续时间长，危害越严重。

预防和处理　①工厂布局应全面考虑、统筹安排，以免工厂排放的废气、烟尘为害蚕桑生产，有排放致蚕中毒气体的工厂应做好"三废"回收和处理工作。②建立桑叶含氟量测报点，以便根据本地不同季节与气候特点、风向变化及氟化物在桑叶内的积累规律合理安排采叶和划区用叶；重害桑叶不能养蚕，轻害桑叶须先经水洗或雨后采摘喂养大蚕。③氟化物轻度中毒时严格分批提青，改用良桑喂养，注意防病，以免大蚕后期并发其他传染性蚕病，造成更大损失。

10.6　蚕丝及蚕副产品的加工利用

养蚕除利用其蚕丝外，养蚕过程产生的蚕沙（粪便）、副产品如蚕蛹、蚕蛾等，也有开发和利用价值。如蚕蛹可用来生产蛹油，蚕蛾可用于保健品的生产，下脚料丝胶可提取丝氨酸。

10.6.1　缫丝技术的发展及茧丝的用途

缫丝的工序参见第 1 章第 2 节。我国缫丝技术的发展和进步、蚕丝的特性、用途及出口现状如下。

缫丝技术的发展　最早的缫丝方法是浸茧于热汤中，以手抽丝再卷于丝框上。周代才制成极简单的制丝工具。从汉到唐的千余年间，十分简单的缫丝车已在民间广泛运用。宋代开始使用络交装置，并有脚踏缫丝车。到元、明时期，出现煮、缫分业及烘丝等装置。清代手工制丝已经很普遍，浙江省南浔镇为我国土丝生产最早集散地，其所产的辑里丝，品质优良，驰名中外。1866年广东商人陈启源在考察法国的缫丝设备后，在广东南海县西樵简村创办了全国第一个蒸汽煮茧与集体传动的机械缫丝厂即继昌隆缫丝厂，使生丝质量明显提高，此后全国各地纷纷仿效；如1861年上海创设了英商纺丝局（丝厂），1881年湖州黄佐卿创办了公和永丝厂，1896年苏州与杭州、1904年无锡、1908年四川等地先后办起了坐缫式的制丝工厂。1928年江、浙两省开始改造旧式大篊直缫车为日本式小篊复摇式坐缫车，1930年开始设立比较先进的多绪立缫车，1955年引进了定粒式自动缫丝机，1962年江苏省在定粒式自动缫丝车基础上又研制、并于1965年定型生产了定纤式自动缫丝车即D101型自动缫丝车。多绪缫丝机在我国仍被广泛使用，但每台（20绪）年耗茧量0.5~0.6t，产值4 492~6 829元/年；而自动缫丝车年耗茧量为1~1.2t，产值10 753~15 142元/年。因此为提高我国蚕丝在国际市场的竞争能力、降低成本，提高缫丝的自动化程度十分必要。

蚕丝的特性 蚕丝具有其他纤维不能比拟的独特的优良性能，被誉为"纤维皇后"。其光泽如珍珠般的柔和、美丽；纤维细而长，光滑、轻盈、柔软，单位纤丝的短裂强度为2.5~3.5gf/d，大于羊毛纤维而接近棉纤维，断裂长度约为22~31km，断裂伸长率为15%~25%、小于羊毛大于棉，弹性恢复能力也小于羊毛而优于棉；生丝与羊毛一样为动物性蛋白质纤维，含水率仅9.91%、回潮率高达11%~16%，而尼龙为4.5%、聚脂为0.4%、奥纶为0.9%，因而蚕丝吸湿性强、透气性好。其他合成纤维即使能合成蚕丝的类似物，也仅是仿真丝而已，性能亦不及蚕丝优良。

蚕丝的用途 用蚕丝织成轻凉透明的薄纱、温厚柔软的丝绒、精美的锦缎、素雅的绸绢，既可做轻盈凉爽的夏衣，又宜做冬天御寒保暖的冬装；蚕丝与棉、毛、麻、人造纤维等混纺的丝制品具有防皱、耐洗等特点，更是上等的衣着材料。将茧或蚕丝化学处理成为水溶液，再加入咖啡、酒或果汁可成"蚕丝饮料"，如混和有机酸放置半天即成蚕丝果冻等"食用蚕丝"。以蚕丝制成的保鲜剂，其保鲜效果比一般保鲜剂高3倍。蚕丝在国防和民用工业方面也有广泛用途，如制作特殊用途的降落伞、弹药包布、外科手术的缝线，日本开发的"癌症自动诊断系统"就是以蚕丝检查是否患癌症。蚕丝也可作为电气绝缘体、粉末筛绢、高级丝素系列化妆品、丝质软垫、丝质车胎等。蚕茧的副产物也有广泛用途，如利用废绢丝做成高级的糊墙纸，既保温隔音又很美观及耐燃，色泽柔和，经久耐用。另外，蚕丝用酸降解为不同的分子量后，可用于食品，可作美容化妆品、人工皮肤、细胞附着增殖膜、酶固定化膜等。将丝心蛋白和丝胶蛋白硫酸化，可作抗血凝固剂，也有可能用于制造人工血管等。

我国蚕丝的出口 蚕丝及丝绸是我国传统的出口商品，1t 2A级生丝出口价值约5万美元。全世界现有50多个国家生产蚕茧，据统计1990年世界产茧量为731kt，其中中国占60.4%、印度13.7%、原苏联7.9%、日本3.42%，其他国家占9.6%；1990年世界生丝产量为70 920t，中国占60.7%、印度占13.7%，日本占8%，原苏联占5.8%，其他国家占11.8%。中国是世界最大的产茧、产丝国，又是出口大国，但面临的竞争也日益剧烈，因此我国应摆脱以出口蚕丝为主的传统生产方式，开发适合国际市场的附加价值高、质量优的新产品，提高蚕桑产业在国际市场的综合竞争能力。

10.6.2 蚕蛹的利用

1987年全国桑蚕产茧产量330kt，以蛹占茧重的80%计，可产264kt鲜蛹或100kt干蛹。蚕蛹含有丰富的蛋白质和脂肪。蛋白中含有20种氨基酸，其中人体必需的氨基酸，如色氨酸、赖氨酸、苯丙氨酸、亮氨酸、异亮氨酸、蛋氨酸、苏氨酸及缬氨酸等的含量占总氨基酸的40%以上，符合联合国粮农组织及世界卫生组织（FAO/WHO）的要求。脂肪中含有大量不饱和脂肪酸甘油脂，其中人体需要的油酸、亚油酸及亚麻酸等占75%以上。100kg鲜蛹蛋白质含量相当85kg瘦猪肉、96kg鸡蛋或100kg鲫鱼；100kg干蚕蛹脂肪含量相当83kg花生米或174kg大豆。因此，蚕蛹是营养价值很高的食品资源及良好的精饲料。惟一的不足是当家畜和家禽吃了蚕蛹以后，其肉会带上蛹臭味甚至家禽的蛋也含有蛹臭，但经脱臭后的蚕蛹可以基本上解决这个问题；脱臭蚕蛹蛋白具有可以部分代替大豆、花生及动物蛋白作为饲料的添加剂，如在鸡、猪等的复合饲料中约加入10%蚕蛹作为动物蛋白的来源，可明显提高饲养效率。

(1) 蚕蛹油的生产和利用

蚕蛹油为淡黄色或褐色液体，占鲜蛹9%~10%或占干物重的28%~30%，具有蚕蛹的特殊气味，凝固点6~8℃。其中不饱和脂肪酸占75%、以油酸含量较高，饱和脂肪酸占20%，含棕榈酸及硬脂酸，不皂化物约占3%，主要是磷脂及甾醇和色素。

蚕蛹油的提取方法可分为有机溶剂萃取法、压榨法及离心法等。萃取法生产蛹油时以缫丝后脱除蛹衬的蚕蛹作原料，如含水率在60%以上则需烘干，烘前用水将蛹体洗净，剔除破损的蛹体及丝缕。

蚕蛹油是多种脂肪酸和甘油脂的混合物，水分解后可制成混合脂肪酸和甘油，利用该混合脂肪酸中的油酸、亚油酸等不饱和脂肪酸，作为药物如肝脉乐、亚油酸乙酯（脉通的原料）及合成油漆的原料，或将其与醇类作用合成脂肪酸酯作为皮革加酯剂或塑料的增塑剂。蚕蛹油也用于制肥皂，不少的制皂厂都以蚕蛹油作为制皂的原料。

(2) 蛹蛋白的利用

桑蚕蛹中的蛋白质约占鲜蛹的15%、干蛹的45%~50%，脱脂蛹含蛋白75%。蚕蛹蛋白含氮量约13%，较一般蛋白的16%为低，等电点为pH4.2~4.5，可直接提取制成可溶性蛋白，也可加工成水解蛋白或复合氨基酸及作为发酵用的蛋白来源。

脱臭后的蚕蛹蛋白可用作食品添加剂，如作为蛋白质强化剂用于饼干、糕点以提高食品的营养价值等，也可添加到饮料如氨基酸蜂王浆等当中作为营养的补剂。蛹蛋白与碱及甲醛作用可生成有较高黏着性的、色泽较淡的聚蛋白，其黏胶力为30kg/cm²，可用作奶酪的原料。

蚕蛹蛋白可制成工业用黏胶剂、皮革揩光剂、橡胶乳的稳定剂。皮革工业用的揩光剂原来是以牛、羊奶酪为原料的，如以蚕蛹蛋白调制时先将硫酸化油与碳黑混合，送入三辊研磨机中反复研磨4~5次，使碳黑粒子细度达10μm以下，成为黑色的颜料浆；将蛹蛋白加入60℃水中调成浆状，加入氨水、硼砂搅拌均匀，保持60℃1h，待全部溶解后，加入苯酚，继续搅拌10min，然后用150目筛子过滤得到透明的胶状液；然后在45℃下加入颜料浆及预先溶解的胶状液，搅拌1h，使充分混合，即成黑色的皮革揩光剂。

10.6.3 蚕蛾的利用

蚕蛾含丰富的蛋白、脂肪及激素、维生素等，有较高的营养价值及滋补作用，雄蛾药用以未交尾者为佳。药用记载蚕蛾有"壮阳事，止泄精，尿血，暖水脏，治暴风，金疮，冻疮，汤火疮，灭瘢痕之效"。根据祖国医药记载及近代研究认为雄蚕蛾具有补益肝肾、扶正固本的功能，同时含有蜕皮激素、前列腺素E以及神经激素等有促进机体核酸和蛋白代谢的功能。未交尾的雄蚕蛾烘制成药粉，配以中药制成胶囊对小儿不明原因的肾炎有较好的疗效，尤其对促进C_3、C_4补体系统的功能有较明显作用。

(1) 雄蚕蛾酒

蚕蛾酒可分饮料食品及滋补两类。以雄蚕蛾为主配以可供食用的中药则成为食品饮料酒，如配以滋补及疗效的中药则成为滋补酒。蚕蛾酒中所用的中药根据各地的经验而异，如广东的蚕公蛾补酒以菟丝子、补骨脂及肉苁蓉为主，陕西的蚕公补酒以鹿寿草、杜仲、五味子及枸杞子等配制，用高粱酒浸提而成。

黑龙江的龙蛾酒的成分为：蚕蛾浸液30%、淫羊藿15%、补骨脂10%、何首乌10%、菟丝子10%、白糖1%、熟地10%、白酒5%、刺五加5%、其他4%，其配制及调制方法如下：干雄蛾50g、淫羊藿40g、酒制菟丝子35g、盐制补骨脂20g、盐制熟地20g、刺五加50g，加白酒调至1 000mL。将以上除雄蚕蛾外的6味中药切碎，加5~7倍70%食用乙醇加热回流提取两次，提取时间分别为4h及2h；分次过滤、合并滤液，浓缩回收乙醇至适量，再将含醇量调至70%，充分搅拌，静置24h，过滤；沉淀物用60%乙醇洗涤，洗液与滤液合并，回收乙醇至无醇味，得中药流浸膏。将雄蚕蛾切碎，用适量白酒密闭浸渍30d，开始每天搅拌1次，一周后每周搅拌1次，浸液压滤、减压回收乙醇，得到雄蛾浸膏。将两浸膏混合，加入适量白酒及水调至1 000mL、混匀，即得成品。

蚕蛾酒中含脂溶性维生素A、D_2、E，水溶性维生素B_1及B_2，其中B_2含量达2.23mg/L；常量元素及微量元素如锌、铁及铜等及有毒元素铅、锰、砷等含量均符合安全标准，并含有多种在传统中药中有壮腰补肾的激素。1942年日本吉田等报道桑蚕雄蛾激素对高等动物性征的恢复有一定功效，用雄蛾激素注射于去势的小鼠能促使其精囊及副腺的增生，注射或涂布于去势的公鸡使其鸡冠的面积明显增生；1984年长岛等用放射免疫法研究发现在化蛹后7d，即羽化前1d，雄蛹血淋巴中的睾丸酮类似物含量达17pg/mL，但睾丸酮类似物对蚕蛾的生理功能尚待研究。1983年曹梅讯等研究解除滞育过程中体内蜕皮酮的消长，发现柞蚕滞育蛹在20℃下当积温达90～110日度时体内蜕皮激素的含量达1 200ng/mL，以后即自行消减。蜕皮激素的这一变化规律对确定药用蚕蛹的最适利用期有指导意义。此外蚕蛾中还含有前列腺素及类似胰岛素成分。

(2) 中成药

蚕蛾还是中药的重要成分，如在已配制成的下述新中药中就有蚕蛾。

肾肝宁（天虫素）　是治疗肾炎及肝炎的药物，它是利用柞蚕蛹为原料，再配以优质的中药而制成。

五龄丸（肝康）　是以五龄熟蚕为原料配以适当中药制成的胶囊。主治慢性、迁延性肝炎，特别对白蛋白与球蛋白比例倒置的病例有效，也对肝功能损害及蛋白代谢障碍的疾病有较好的治疗效果。

龙蛾精、龙蛾丸　是以柞蚕雄蛾为主，再配以中药调制而成。具有滋肾健脾、益气补虚、添精益髓之效。

家蚕还可作为生物反应器系统生产人畜生物药品、疫苗、畜禽鱼生长促进剂等，进而开发高附加产值的养蚕业。家蚕的利用除蚕丝外，蚕蛹、蚕沙（粪）、蚕蛾通过深加工，也可以开拓新用途，变废为宝，节约资源，增加经济效益。如蚕蛹可用于生产蛹虫草，提取蛹油可作化工及医药原料，提取蛹蛋白制造食用和药用氨基酸，可用于生产食品和药品，蚕蛹还可作为畜禽及塘鱼的饲料。蚕沙（粪）可作饲料及肥料，可提取天然色素——叶绿素，作为食用色素、食品添加剂和药物原料。可提取叶蛋白，代替鱼粉及豆饼作牲畜的精饲料。可提取果胶，用于食品工业。是传统中药，可作药枕。雄蚕蛾可用于制作药酒及滋补品等。

10.6.4　蚕沙综合利用

我国年可生产干蚕沙400kt以上，但多被用作肥料及饲料。我国20世纪50年代末开始以蚕沙提取糊状叶绿素、制备叶绿素铜钠盐，以叶绿素铜钠盐为主料生产治疗肝炎等药物；至20世纪80年代蚕沙的综合利用形成了新的产业，用以生产在医药、食品及轻工业方面有广泛的用途的色素、三十烷醇、植物醇、类胡萝卜素及果胶等国家专利产品；广东、浙江、山东、江苏、四川等省已建立了蚕沙综合利用工厂，部分产品除满足国内市场外还出口创汇，改变了过去只出口原料的落后局面。但蚕沙的综合利用仍有待进一步发展，如叶绿素衍生物的深加工，叶绿素铁（钴、锌）钠盐、类胡萝卜素工艺的继续完善，蚕沙果胶品质还需改进。

(1) 提取糊状叶绿素

筛除蚕沙中石灰、泥沙、残桑枝梗后堆成小堆，使其适当发酵使蚕沙中部分蛋白质分解、以利于叶绿素的提取，但切忌发霉而使叶绿素受到破坏；然后在阳光下晾晒风干，使其含水量达10%以下后即可用麻袋包装、置于通风干燥的仓库中保藏，存放时间一般不超过一年，最好在半年内加工处理。

提取前先加水使蚕沙松散软化，加水量为蚕沙重量的30%～40%，操作时将水均匀地洒到蚕沙上，边洒边翻动；加水后堆放4～6h、软化，同时翻动数次。软化后的蚕沙以手捏之即散，又挤不出水滴为宜。软化好的蚕沙即可使用溶剂提取糊状叶绿素，抽提设备有单罐式和连续式两种。

(2) 蚕沙中叶绿素铜（铁、钴）钠盐的用途

叶绿素铜钠盐是水溶性叶绿素衍生物，在医药、食品及日用工业上有广泛的用途。叶绿素铜钠盐对机体及细胞有赋活作用和促进新陈代谢的功效，在美国药物目录中有30种以上的医药配方中有叶绿素衍生物，我国生产的叶绿素铜钠盐制剂如"肝宝"、"胃甘绿"、"升血宝"等，可治疗肝炎、胃溃疡、十二指肠溃疡、急性胰腺炎、慢性肾炎以及各种病因导致的白细胞水平下降，促进血红蛋白的合成，而叶绿素铁钠盐则能治疗缺铁性贫血，钴钠盐对恶性肿瘤病人因化疗、放疗导致的白血球减少症的疗效更佳；用其制成的外用软膏，可治疗灼伤及烫伤、水田皮炎、脉管炎、痔疮等皮肤病。在药物牙膏、香皂、发蜡及面脂中应用叶绿素铜钠盐，可起到护肤、护齿、除臭及抑菌的作用。叶绿素衍生物也是一种天然绿色素，可用于糖果、罐头、酒类及蜜饯的着色。

(3) 蚕沙中果胶的用途

果胶自1925年被发现后已广泛应用于食品工业和医药工业，蚕沙果胶是低甲氧基果胶，其药用功效更佳。果胶是一种无毒的具有生理活性的多糖物质，具有较好的降血脂、降低胆固醇和抑菌作用，能促进人体氮代谢废物的排除，治疗肠道失常症、止血药等的辅助剂以及人造血浆的增稠剂，并且是铅、汞、钴等重金属中毒的良好解毒剂和预防剂；美国的科学家研究发现，每天服食三汤匙果胶，能使血液中胆固醇的含量明显下降，从而大大减轻心脏病的危险性。果胶在食品工业中是制果酱、果冻、糖果和浓缩果汁的增稠剂，糕点松化、冰淇淋和酸牛奶稳定剂，也可作为日用化妆品的乳化剂。

(4) 蚕沙中的其他物质

蚕沙含有大量见于菠菜、甘蓝等蔬菜中的维生素K_1，维生素K_1对动物有促进氧化还原代谢和防止出血的功能，它的主要作用是在肝脏内参与合成凝血酶原，促进血浆凝血因子Ⅶ、Ⅸ和Ⅹ的合成。

蚕沙亦含有多种植物及虫蜡中的三十烷醇，三十烷醇是一种无毒、高效、低剂量的植物调节剂，国外20世纪70年代已报道该物质有促进农作物增产的特性，能促进种子发芽、增强光合作用、调节营养分配、提高结实率、增加干物质的积累等；只要喷施$0.5～1\mu L/L$，就可使水稻、玉米、小麦、大豆、花生和蔬菜等获得7%～10%的增产效果。

10.6.5 丝胶制备氨基酸

丝胶中丝氨酸的含量特别丰富，几乎达到全部氨基酸的1/3，所以丝胶是提

取丝氨酸的良好原料。丝氨酸的分子式 $H_2-\underset{|}{C}-\underset{|}{\overset{OH}{C}}-\underset{}{\overset{NH_2}{C}}-OH$，分子量为 105.06，为单斜系结晶，熔点 240℃±2℃，溶于水，微溶于乙醇，pH 中性，旋光度 α（25°）+14.45°。丝氨酸本身可作为生化试剂，在医药上是合成环丝氨酸的原料，可供治疗结核病，重氮丝氨酸是一种抗癌药物。丝胶制备丝胶的主要步骤如下。

丝胶的水解 水解 1kg 丝胶约需 66°Be 的浓硫酸 0.8~0.9kg。将浓缩后的待水解丝胶置于耐酸罐内缓慢地加入硫酸、同时搅拌。然后在 105~120℃ 下恒温加热 18~20h，即完成水解，加热过程中溶液水分损失后应补足水分。

水解液的中和 水解液放冷后用石灰浆中和，或用氢氧化钡中和、产生的硫酸钡可以回收；用氢氧化钡中和时成本较高，操作须注意安全，要除尽有害的残余钡离子。先将氢氧化钡饱和溶液慢慢地注入到上述水解液中、同时搅拌，待到 pH=9 时静置、沉淀、吸出上清液，用硫酸将上清液回酸到 pH=7 以除尽水解液中的钡离子。然后迅速过滤、澄清上清液。沉淀的硫酸钡及滤渣，可用水洗 1~2 次，收集洗液供下次洗涤之用。

脱色 中和后的水解液可用活性炭脱色。按中和液重量的 5% 加入活性炭，加热到 60℃、搅拌 1~1.5h 至水解液呈淡茶色，再用细密的滤袋过滤，滤渣水洗 1~2 次，合并滤液及洗液后在真空度为 700mmHg 及 80~85℃下浓缩直至 30°Be，降温、静置即析出结晶。取出粗结晶，用 2 倍量的热水溶解，加入 3% 活性炭、脱色、趁热过滤、浓缩结晶。最后用 95% 乙醇洗涤结晶以除去脂肪等杂质，在 60℃下烘干使结晶含水率达 0.5% 以下，磨碎、过筛即为丝氨酸成品。

丝氨酸的提纯 若需纯度较高的丝氨酸，可用磺酸型阳离子交换树脂纯化。为了便于观察，可以在离子交换树脂中加少量溴酚蓝乙醇液作指示剂。树脂装柱后用无离子水冲洗至中性，将丝氨酸用 pH3.4 的柠檬酸缓冲液溶解后上柱，柱外用夹套加温、并保持 37.5℃。洗脱时先弃去 pH3.4 的组分，再用 0.1% 的盐酸洗脱，收集洗脱液、减压浓缩、干燥，即为丝氨酸纯品。

复习思考题

1. 简述我国家蚕的饲养历史及蚕桑产业的地理区划。
2. 我国各地有哪些代表性家蚕及桑树优良品种？
3. 简述家蚕的生活史、习性，催青及收蚁的技术关键。
4. 简述小蚕与大蚕饲养的主要方法。
5. 如何预防家蚕的各类病害？
6. 如何繁育蚕种？
7. 简述蚕丝及其副产品的用途。

本章推荐阅读书目

中国蚕业区划．全国蚕业区划研究协作组．四川科学技术出版社，1986
中国蚕桑技术手册．蒋猷龙等．中国农业出版社，1991
蚕体解剖生理学．吴载德．农业出版社，1989
中国桑树栽培学．中国农业科学院蚕业研究所．上海科学技术出版社，1985
茧丝学．黄国瑞．农业出版社，1991
蚕病学．华南农业大学．农业出版社，1986
养蚕学．浙江农业大学．农业出版社，1986
蚕桑综合利用．黄自然．农业出版社，1990
家蚕良种繁育与育种学．浙江农业大学．农业出版社，1989

第 11 章 害虫资源开发及资源化管理

【本章提要】随着资源昆虫学的发展,对昆虫的开发利用已不限于传统的资源昆虫。很多人们以前认为是害虫的昆虫,从资源学的角度来看,却是一类潜在的有益昆虫。本章主要介绍了一些典型害虫,如林业大害虫松毛虫和农业大害虫蝗虫的开发利用情况,并对害虫资源化管理这一新思想进行了简单介绍,以反应本学科的有关最新进展。本章可作为有关专业的选学内容。

昆虫是地球上最大的生物资源类群,但长期以来被人类视为资源的仅限于传统的"资源昆虫",即各种能被人类直接或间接利用的、有直接经济效益的昆虫,如白蜡虫、紫胶虫、五倍子蚜、蚕、蜜蜂等,而真正将害虫当作一类生物资源进行开发和利用的事例却很少。随着资源昆虫学的发展,现阶段的昆虫资源已不仅仅是益虫资源,与传统意义上的益虫资源相比,进行害虫资源、特别是一些重大害虫的开发利用及资源化管理将具有更大的经济和生态效益。

11.1 害虫及资源化管理

昆虫和人类都是生物圈的重要组成者,对维持生物圈的动态稳定和平衡有着重要作用。最古老的昆虫化石发现于距今 3.5 亿年前的古生代中泥盆纪,人类则最早发现于距今约 200 万年前的新生代第三纪中后期。在人类出现之前,昆虫已经与它们所栖息环境中的动植物建立了密切而悠久的关系。人类出现之后,昆虫迅速占领了人类这一新的生态位,人虱 *Pediculus humanus* Linnaeus、人蚤 *Pulex irritans* Linnaeus 和家蝇 *Musca domestica* Linnaeus 是最著名的代表。昆虫与人类之间发生尖锐而错综复杂的竞争和利用的历史,可追溯至 5 000~6 000 年前人类开始栽培植物和驯养家畜的时代;自那时起,那些与人类竞争有限的植物资源和生存空间、寄生或直接传播疾病危及人类健康的昆虫,成为了人类的敌人即害虫。在 20 世纪最后 10 年之前,公众甚至包括大部分科技工作者对于害虫的认识基本上局限于它们有害的一面,将害虫和人类之间的关系仅仅局限于敌对和竞争的范畴内。因此,如何消灭害虫成为了我们长期关注害虫的焦点。从 20 世纪 50 年代开始人类在使用了数百个、近百万吨合成农药对付害虫之后,除破坏了生态平衡、污染了环境、对人类自身产生伤害以外,这种与害虫敌视到底的策略并没有解决害虫问题。

如果从资源学的角度来看，传统意义上的害虫和益虫，其实都是人类可利用的潜在生物资源。大量的研究结果表明，许多害虫是潜在的食品、化工、医药等资源生物。而且所谓的害虫大都具有时间性和空间性，并不总是害虫。重新正确认识人类和害虫之间的关系，在维持生物圈的稳定性和保护物种多样性的基础上，将所谓的害虫当作资源进行适度地开发和利用，将"有害"变为"有益"，并使人类和害虫所处的生态环境和谐起来，走可持续发展的道路，将是解决害虫问题必然的选择。

害虫资源化管理是指在维持生物圈的稳定性和保护生物多样性的基础上，将所谓的害虫看作益虫进行规模化开发利用，同时与其他无公害防治方法相结合，利用最优化原理，建立开发利用和防治途径的最佳结合模式，以期在获得最大经济和生态效益的同时使害虫种群量和危害程度降低至经济阈值，从而达到对害虫进行有效管理的策略和方法。

害虫资源化管理是在重新认识人类和昆虫之间的关系，特别是人类和害虫之间的关系之后，提出的一种害管理策略，其基础是将害虫认可为一类潜在的、可再生的生物资源。这种综合利用和无公害化防治实现最佳结合的核心，是从对害虫进行资源化管理中获得最大经济和生态效益；强调在维持生物圈的稳定性和保护生物多样性的前提下，突出害虫的资源价值，追求化害为利的有效管理模式，弱化人类和害虫之间的冲突，以达到对害虫的可持续管理。

但要将传统意义上的害虫作为有益的资源进行开发，需要进行害虫与益虫的重新认识和评估，害虫的食用、饲用、医用价值和其他可能潜在价值的分析，害虫对食物的转换效率与人类可忍受的危害程度评价，开发利用害虫时的投入—产出比，进行资源化管理时对重大害虫种群的人为可调控性，综合开发价值、生态效益评价及利用与治理的最优化管理设计，害虫资源化管理中可能出现的新问题及其解决途径。

由于害虫资源化管理是一个全新的管理策略，应该进行阐述和研讨的内容很多，限于本章节的篇幅，只介绍其中的主要问题。

11.2 松毛虫资源开发及资源化管理

松毛虫是枯叶蛾科中一类为害多种松类针叶害虫总称，是我国著名的森林害虫。其中主要的成灾性种类，因繁殖潜能大，突发性强，种群可在短期内大量扩增，成片松林针叶被暴食，如气候条件再不适宜松林生长，松树不久即成片枯死，造成巨大的损失。我国每年约有 $200 \times 10^4 \sim 267 \times 10^4 hm^2$ 松林受害，松林遭受松毛虫的 1 年危害除导致材积损失 $200 \times 10^4 \sim 267 \times 10^4 m^3$ 外，松脂亦连续减产 3 年；松毛虫大龄幼虫虫体及茧上的毒毛触及皮肤后，红肿刺痛，严重时炎症在较长的时间内难以治愈。因此松毛虫成灾后可能带来多方面的灾害。

1949 年以前的松毛虫灾害基本上处于自生自灭的状态。我国从 50 年代初即开始对这类害虫进行了有计划的调查研究，并积极开展了防治工作；自"六五"

开始至"九五"计划期间，国家多次将马尾松毛虫、油松毛虫、赤松毛虫及落叶松毛虫的综合防治研究列入了重点科技攻关项目。但由于我国纯松林的面积十分广阔，成灾的松毛虫种类多，情况复杂，加之在松林的经营管理、虫害防治策略及措施的实施等方面仍存在问题，以及不时出现有利于松毛虫猖獗的气候条件等的影响，在连年取得明显的科研成果，并大面积消除虫灾的同时，松毛虫灾害仍经常此起彼伏、连年不断。因此，进行松毛虫的资源化管理具有相当的重要意义。

11.2.1 松毛虫的主要种类

我国的松毛虫种类很多，但发生和危害的重要种类包括下述6种，其余种类参见侯陶谦《中国松毛虫》。

(1) 马尾松毛虫 *Dendrolimus punctatus* (Walker)

马尾松毛虫是典型的东洋区种类，其分布北界约在北纬32°~33°，分布于秦岭与淮河（4500℃等积温线或1月份平均0℃等温线）以南的东南阔叶混交林、常绿林、季风林和热带雨林区。南方及东南沿海海拔500m以下丘陵区的马尾松纯林，是马尾松毛虫严重成灾区。

成虫形态　体、翅颜色变化较大，有灰褐、黄褐、茶褐、灰白等色。雌成虫体色比雄蛾浅。雄虫翅展36.1~62.5mm，雌42.8~80.7mm；雄成虫触角羽状，雌为栉齿状。前翅不规则长圆形的亚外缘斑列深褐色或黑褐色，其内侧有3~4条褐色、不很明显而向外弓起的横纹，中室端1白色小斑，后翅无斑纹（图11-1）。

生活史　马尾松毛虫年发生世代数变化较大，以1年发生2~3代为多，少数地区1年4代。在常年高温地区不但世代多，幼虫越冬现象也不十分严格（表11-1）。

表11-1　马尾松毛虫在部分地区的发生世代简况　　　　　　　　旬/月

地点	发生世代	越冬代		第1代		第2代		第3代		第4代	
		出蛰	结茧	孵化	结茧	孵化	结茧	孵化	结茧	孵化	入蛰
河南固始	2~3	上/3	下/4	中/5	中/7	下/7	上/9	下/9	见		上/11
重庆	2~3	上/3	中/4	中/5	中/7	下/7	上/9	下/9	越		中/11
湖南东安	2~3	中/2	中/4	上/5	上/7	中/7	上/9		冬		中/11
江苏南京	2~3	上/3	中/4	中/5	上/7	下/7	下/9		代		下/11
广西桂林	3~4	下/2	下/3	中/4	上/7	中/7	下/8	中/9			下/11
广东广州	3~4	上/2	下/2	中/3	上/5	上/6	中/7	下/8	下/9	上/10	上/12

引自北京林学院主编《森林昆虫学》，1980。

(2) 云南松毛虫 *Dendrolimus houi* Lajonquiere

本种分布范围北起陕西石泉山地、西部达四川昌都以东、南至云南南部边境海拔1 600~3 000m的地带。本区多属山地，地形、地势、气候条件及植被变化大，分布区主要为亚高山针叶林，南部有部分热带雨林和季风林。主要危害云南松、华山松、思茅松、云南油杉等。

成虫形态　雌成虫翅展110~120mm，雄虫70~87mm。体、翅呈灰褐、黄褐、棕褐等色。雌虫前翅较宽，有深褐色弧形线4条，外缘呈弧形凸出；亚外缘斑列黑褐色，5、6斑最大；外横线呈疏齿状，中室下部色浅，中室端部白斑明显；后翅外半部色深。雄成虫体色较雌虫深，前翅4条横线常不明显，黑褐色亚缘斑列及中室端部白斑较清楚（图11-1）。

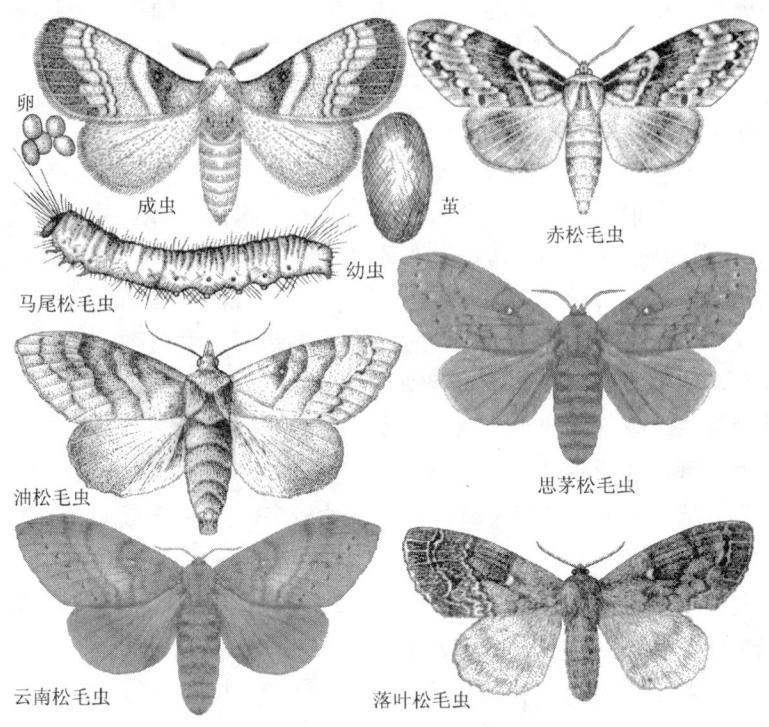

图11-1　6种松毛虫

生活史　1年发生1~2代，在云南景东1年2代，以幼虫和卵同时越冬，幼虫冬蛰不严格；在贵州1年1代，以卵越冬。越冬幼虫5月下旬开始化蛹，6月上旬出现成虫并产卵。6月中旬出现第一代幼虫，9月中旬开始化蛹，10月成虫开始羽化、产卵。第2代幼虫10月下旬出现，与一部分未孵化的卵于当年末越冬。

（3）思茅松毛虫 *Dendrolimus kikuchii* Matsumura

广泛分布于云南、四川、湖南、湖北、江西、浙江、安徽、广东、广西、福建及台湾等地。危害云南松、思茅松、马尾松、黄山松、海岸松、海南五针松、华山松、黑松、金钱松、落叶松及云南油杉等。该虫在许多省（自治区）有局部成灾的记录，在云南安宁县一带经常对云南油杉造成严重危害。

成虫形态　雌虫翅展68~75mm，雄虫53~65mm。体、翅黄褐、红褐、赭色等，触角黑褐色。前翅中室端部白斑大而明显，中、外横线齿状双重，黑褐色亚缘斑列内侧衬黄色斑，以顶角3块最明显；后翅中区具深色弧形带。雌虫中室端部白斑至外横线间有楔形褐色纹；雄虫中室端部白斑与翅基间具淡黄色肾形斑（图 11-1）。

生活史 1年 1～2 代；各地对世代的记载虽有差异，但均以幼虫越冬，发生盛期也基本相同。广西 1 年 1 代，云南昆明温泉 1 年 1～2 代、多数种群 1 年 1 代。浙江开化 1 年 2 代，越冬代幼虫 3 月上旬出蛰取食，5 月上旬至 6 月下旬为蛹期；5 月中旬至 6 月下旬为成虫期，5 月中旬见卵同时出现幼虫，卵延至 6 月下旬，幼虫至 7 月下旬全部老熟；6 月中旬至 8 月上旬化蛹，7 月上旬开始羽化成虫，同时出现卵，8 月中旬成虫与卵期结束；越冬代幼虫孵出后于 12 月上旬入蛰越冬。

(4) **落叶松毛虫 Dendrolimus superans（Butler）**

北部从大兴安岭开始，最南到北京延庆县约北纬 40°处，约和我国 3500℃ 等积温线相符，包括东北三省、内蒙古、河北北部、新疆北部阿尔泰林区。该分布区为针叶林、针叶落叶及阔叶混交林；北部年平均气温在 0℃ 以下，南部达 6℃，新疆阿尔泰林区则为 0.6℃、最低气温达 -33℃；南部年降水 300～1000mm，阿尔泰林区仅为 176.2mm。落叶松及红松为该虫的最嗜取食树种。

成虫形态 雌翅展 70～110mm，雄 55～76mm。体色由灰白至棕褐色。前翅较宽，外缘波状，倾斜度较小，内、中及外横线深褐色，外横线呈锯齿状，亚外缘线有 8 个黑斑，排列略呈"3"字形，最后两斑若连成一条直线、则几乎与外缘平行，中室端白斑大而明显；翅面斑纹变化较多，但花斑明显。后翅中间有淡色斑纹（图 11-1）。

生活史 年发生世代数少，1 年 1 代或 2 年 1 代（跨 3 年），情况较为复杂。

(5) **油松毛虫 Dendrolimus tabulaeformis Tsai et Liu**

分布北起内蒙古库仑旗，约相当于 1 月平均气温 -8℃ 等温线即北纬 43°以南，东部南端相当于 1 月平均气温 0℃ 等温线以北地区，包括河北山地及山西、陕西、甘肃南部的黄土高原及西部南端贵州的贵阳，呈岛状分布在海拔 800m 以上的山地；分布区的北部多属于暖温带落叶阔叶林，年降水量 300～1 000mm，南部的四川盆地属亚热带温湿气候，年降水量 900～1 500mm。该种危害油松等。

成虫形态 雌翅展 57～75mm，雄 45～61mm。体翅棕、褐、灰褐、灰白、棕褐等色。触角由浅黄到褐色。前翅花纹清楚，中横线内侧和锯齿状外横线外侧具浅色线纹，颇似双重纹，中室白斑小；后翅中区隐现深色弧形斑。雄虫前翅亚缘斑列内侧具淡褐色斑纹（图 11-1）。

生活史 以 1 年 1 代为主，在四川（江北）1 年 2～3 代，以 2 代为主（1987）。1 年 1 代的地区幼虫于 3 月下旬至 4 月上旬出蛰，蛹期从 6 月中旬至 8 月上旬，成虫期相应推迟约 20d，卵期与成虫历期基本一致。幼虫约在产卵 2 周后出现，于 11 月上旬左右开始越冬。

(6) 赤松毛虫 *Dendrolimus spectabilis* Butler

本种分布于燕山以南，绝大部分靠近渤海、黄海沿岸，包括辽东、山东半岛，最北达辽宁省法库，南达江苏灌云县，西达太行山。分布区基本属于温暖湿润地区，年降水量 400~1 000mm。危害赤松、黑松、油松和樟子松。

成虫形态 雌翅展 70~89mm，雄 48~69mm。体灰白、灰褐或赤褐等色。触角梗节黄色，栉节黄褐色。前翅中线及外横线白色，亚外缘斑列黑色并呈三角形。雌成虫亚外缘斑列内侧和雄成虫亚外缘斑列外侧有白色斑纹。雄成虫前翅中线与外横线之间具深褐色宽纵带（图 11-1）。

生活史 1 年 1 代，辽宁 1 年 2 代。在辽宁越冬幼虫 3 月下旬出蛰，危害至 7 月上旬开始化蛹，化蛹期持续至 8 月上旬；7 月中旬开始出现成虫，成虫期 8 月中旬结束，卵期与成虫的出现期相近。7 月下旬左右出现幼虫，11 月中旬开始越冬。但各虫期的具体出现时间，各地仍有差异。

11.2.2 松毛虫的生活习性

松毛虫的种类很多，但各主要虫种相同虫期的行为有很多相似之处，下面以卵为起始虫期加以概述。

(1) 卵期

成串或成堆产在针叶或小枝上，每卵丛有卵数十粒至数百粒。除思茅松毛虫和云南松毛虫的卵粒有环状花纹外，其他虫种的卵都色彩单调，卵的颜色从粉红到淡褐，初产卵一般色较浅，孵化前如卵粒变黑则表明多已被寄生而失效。孵化前两天，多可从卵壳外隐约看到卷曲的幼虫。已孵化的卵壳，有明显的被孵出幼虫啃食后残缺的孵化孔，有时则仅剩下残片；初孵幼虫啃食卵壳对提高幼龄虫的耐饥能力很有利。卵的孵化集中在午前，以早晨为多，最早的在凌晨 3:00 即开始孵化，盛期因虫种不同而有差异。

(2) 幼虫期

幼虫是松毛虫一生中变化最大的虫期，虫体的大小、毛被、色泽、虫龄及各龄历期、食性、取食量、结茧及越冬场所等，都各不相同。

幼虫习性 由于成虫产卵集中，幼虫也呈现群栖性，以 2 龄以前更为明显，3 龄后则开始分散。幼龄幼虫仅啃食针叶边缘，被害松针稍后即弯曲变枯。大部分虫种 1~2 龄幼虫甚为活跃，受惊扰后即纷纷吐丝坠落。由于 4 龄以前幼虫食量少，且存活率低，死亡率一般可达 75%~95%，一般不作主动扩散，但常随风飘移到附近的松树上。5 龄以后的幼虫开始进入"壮龄"阶段，取食量剧增。

幼虫的食量因种类、所在世代、雌雄差别而不同。马尾松毛虫以越冬代幼虫食叶量最大，一头幼虫一生食叶量长达 2 940cm 以上，约折合松针 200 根；油松毛虫一生取食松针 3 370 余根针叶；云南松毛虫一天最高取食松针可达 1 000cm 以上。松毛虫以末龄幼虫的取食量约占全幼虫期取食总量的 60%~70%，如赤松毛虫总食量为 3 891cm，而 9 龄虫即摄食 2 562cm；油松毛虫雌幼虫一生取食 2 751cm，而雄性则为 2 189cm。

幼虫的排粪量虽因龄期不同而有差异明显，但各龄幼虫一昼夜的排粪量却大致相同，约 70 粒。这一参数有利于用来估测高大树体上的松毛虫幼虫的数量，但还要考虑到枝干截留虫粪及其他因素对排粪量测定的影响。

幼虫的虫龄及世代分化 松毛虫幼虫的虫龄较多，从体型较小的马尾松毛虫，到较大型的油松毛虫、赤松毛虫及大型的云南松毛虫、思茅松毛虫，其虫龄数几乎是随着虫体的增大而增加。如马尾松毛虫一般 6 龄，油、赤松毛虫一般 7~8 龄，而思茅松毛虫则为 8~9 龄。由于雌虫常较雄虫多 1 龄，成熟也较晚，幼虫的取食量大，因此食物的丰歉对雌虫的存活及繁殖量的影响很大。

松毛虫常有世代分化现象。同一时期，甚至是同一卵块所产生的幼虫，常在 2~6 龄期间（一般 3~5 龄）部分幼虫食量开始减退、发育停滞而越冬；而其他未越冬的幼虫则继续完成世代的发育。此外，前一年秋季所孵出的落叶松毛虫幼虫常在夏季 5~6 月滞育，滞育幼虫虽在当年发育减缓，但抗逆性则较正常发育的幼虫强；油松毛虫、马尾松毛虫及思茅松毛虫的幼虫则在 7~8 月滞育，当年孵出的幼虫则不产生滞育幼虫、继续完成发育和繁殖。

幼虫的色型 松毛虫幼虫较普遍地存在着两种色型，体色较鲜艳、体毛稍带金黄的浅色型及体色较灰黑的深色型。研究表明，虫口密度越高深色型幼虫的比例越大，其存活率、消化系数、体重增长率、蛹重及雌虫怀卵量等都较浅色型的幼虫高，但抗逆性如耐饥饿能力却较差。在良好的营养条件下，深色型幼虫可以充分发挥其生殖潜能而增加种群数量，了解这种现象，对研究及监测松毛虫种群动态有重要的意义。

幼虫的越冬 除少数虫种在个别情况下能以卵或蛹越冬外，绝大多数的松毛虫均以幼虫越冬，越冬和出蛰幼虫的数量和质量直接影响当年松毛虫的种群数量。越冬龄期和时间虽随地域而有较大的差异，但日平均气温低于 10℃ 即开始越冬、来年日平均气温稳定于 10℃ 时出蛰。幼虫越冬时总是寻找较适于避开不良的气象因子及敌害的较隐蔽场所潜藏，但主要不是避寒而在于有效地保持机体的水分。马尾松毛虫在广东等地区潜藏于针叶丛中，华北、东北地区的松毛虫幼虫则潜藏在树皮下甚至土壤中越冬；北方地区部分松毛虫幼虫在严冬中虽被冻成"冰棍"，但在适宜的温度下仍能复苏；早春湿度的不正常变化对复苏前后虫体内水分的蒸发影响甚大，可以使幼虫的越冬死亡率达 15%~90% 以上。

(3) 茧蛹期

老熟幼虫结茧化蛹的场所因地域、虫种及发生世代等而有所不同，以在树上、地面杂灌等处为多。虫茧附有幼虫毒毛，触及皮肤可诱发炎症。蛹期约 15~20d，雌、雄比一般接近 1:1，但在松毛虫种群数量上升或消退期间，蛹的存活率、雌蛹所占比例及蛹重（与成虫的怀卵量有关）也随之增减，甚至出现大的变幅，影响繁殖量。

(4) 成虫期

羽化、交尾及产卵 松毛虫羽化的时间较为一致，即在傍晚及午夜前的 16:00~22:00 羽化，但因虫种、地域、世代等不同而有所差异。成虫虽不取食，但寿命仍可维持 4~5d，最长的如落叶松毛虫为 4~14d，雄虫寿命约短 0.5~1d。羽化后的雌虫一般在午夜前后即 24：00~2：00 分泌性外激素招引雄虫。羽化后当晚即行交尾，且多在 19：00~5：00 进行，一般一生只交尾一次，交尾 7h 以上才能完成受精过程，如少于 6h 卵则不能孵出幼虫，因此交尾持续的时间相当长，常至次晚才分开。雌成虫常产卵数次，卵多在交尾完成后的当晚 19：00~22：00 产出，产卵量可达 300~400 粒，蛹的质量对产卵量有一定影响（如表 11-2）。

表 11-2 6 种主要松毛虫蛹重与产卵量的变幅

	落叶松毛虫	赤松毛虫	油松毛虫	马尾松毛虫	思茅松毛虫	云南松毛虫
蛹重（g）	2.4~6.0	0.6~4.0	0.8~4.0	0.6~2.7	1.5~3.5	1.0~3.0
产卵量（粒）	170~400	40~910	62~405	80~600	110~470	128~712

引自侯陶谦（1987）。

大多数种类将卵产在健康或受害较轻林分的松针及小枝上，在重害林地成虫往往迁飞至周围未受害的林分产卵，但如思茅松毛虫大部分的卵却产在林下灌木及杂草上。虽大小不一、所含卵从数十粒至数百粒，但均排列整齐或成块成堆。

迁飞和扩散 松毛虫幼虫即使在缺食的情况下被迫迁移觅食，其爬行的距离也相当有限，成虫的迁飞是松毛虫扩大种群分布范围的关键途径。成虫迁飞的距离与成虫的主动迁飞能力、风、食物、光源等因素的影响有关。如风速为 0.5~1.5m/s，20W 的黑光灯对马尾松毛虫的诱蛾能力为 500m，而标记放飞的成虫当晚随风飘飞距离可达 10km。成虫飞迁的距离往往取决于适宜繁衍后代林分的远近，重灾区附近的未受害或受害轻的林分多是成虫飞迁、产卵的场所，林区灯光集中的林分也易招致危害。雄虫羽化较早，早期灯诱来的多系雄成虫；雌成虫的飞迁距离也受怀卵量的影响，在产卵一次以后，即可作较长距离的迁飞。

11.2.3 松毛虫资源的营养

松毛虫虽然是大多数人讨厌的害虫，但在某些国家和我国云南少数民族地区的哈尼族、傣族、拉祜族、佤族等，常有将云南松毛虫、思茅松毛虫和文山松毛虫 *Dendrolimus punctatus wenshanensis* Tsai et Liu 的蛹炒或炸后食用的习惯。

我国对松毛虫的科学利用研究开始于 1956 年，当时湖南省林业科学研究所将松毛虫腐熟后用作肥料，并利用松毛虫蛹提取虫油加工肥皂、工业用油等。此后中国林业科学研究院资源昆虫研究所和中南林学院昆虫资源研究所进行了松毛虫资源的综合开发利用研究，涉及的松毛虫有马尾松毛虫、云南松毛虫、思茅松毛虫、文山松毛虫和德昌松毛虫 *Dendrolimus punctatus tehchangensis* Tsai et Liu。

(1) 蛋白质和氨基酸

松毛虫各虫态均含有较丰富的营养素，粗蛋白含量高是其最大的特点。在各虫态中，成虫的粗蛋白含量最高，蛹次之，幼虫的较低，蛋白质含量约占其干物质的一半以上。与其他几种常见的食用昆虫和高蛋白食物相比，松毛虫成虫和蛹的粗蛋白含量较高,并远高于黄粉虫与中华稻蝗,接近鱼类(表11-3)。

表11-3 4种松毛虫及几种常见昆虫干粉中的营养素含量比较   %

种类及虫态		蛋白质	脂肪	总糖	几丁质	粗纤维	灰分
云南松毛虫*	蛹	58.15	22.52	6.82	7.47	—	4.98
	成虫	68.30	6.56	1.31	17.83		2.93
马尾松毛虫*	小龄幼虫	48.23	—	—	—	—	15.20
	大龄幼虫	50.01	25.02	8.50		1.22	11.15
	蛹	67.17	15.05	3.64		5.44	4.92
	成虫	72.07	9.20	3.21	—	3.21	8.42
德昌松毛虫*	蛹	61.11	21.80	0.63	9.99	—	3.47
	成虫	58.04	24.68	0.43	9.83	—	3.21
文山松毛虫	蛹	61.26	19.75	9.70	6.49	—	2.73

* 引自何剑中等(1998)。

从马尾松毛虫及云南松毛虫中测出15~16种氨基酸,氨基酸总含量均大于45%,人体必需的氨基酸含量均大于FAO/WHO优质蛋白质标准模式中的含量,即松毛虫虫体蛋白质是一类优质蛋白(表11-4、表11-5)。

表11-4 4种松毛虫干粉中的氨基酸含量   %

氨基酸	马尾松毛虫的幼虫	云南松毛虫**		德昌松毛虫**		文山松毛虫的蛹**
		蛹	成虫	蛹	成虫	
天门冬氨酸 Asp	3.33	3.24	4.05	4.13	4.20	3.93
精氨酸 Arg	—	1.71	2.77	2.15	2.52	2.13
苏氨酸 Thr	2.60	1.77	2.08	2.12	2.07	1.93
丝氨酸 Ser	4.00	17.5	2.65	2.21	2.22	2.14
谷氨酸 Glu	8.33	5.85	7.07	7.48	6.53	6.65
脯氨酸 Pro	3.33	1.57	2.14	2.25	2.30	—
甘氨酸 Gly	6.67	1.71	3.88	2.10	2.02	2.14
缬氨酸 Val*	2.33	2.07	3.67	2.47	3.39	2.06
色氨酸 Trp*	未测	未测	未测	未测	未测	未测
蛋氨酸 Met*	0.97	1.53	0.87	2.44	1.45	2.03
丙氨酸 Ala	3.33	2.85	5.14	1.50	2.00	3.04
异亮氨酸 Ile*	1.50	1.86	2.87	2.42	2.06	1.88
亮氨酸 Ley*	2.60	2.22	4.21	3.20	3.21	2.56
酪氨酸 Tyr*	2.60	2.04	3.28	2.70	2.58	2.08
苯丙氨酸 Phe*	1.17	1.76	0.67	2.06	1.90	2.00
组氨酸 His	1.53	1.15	1.95	1.38	1.26	1.23
赖氨酸 Lys*	0.77	2.11	2.90	2.70	2.83	2.69
氨	—	0.79	0.69	0.99	1.24	0.46
总和	45.06	51.73	50.89	44.3	43.78	38.95

* 必需氨基酸;** 引自何剑中等(1998)。

表 11-5　2 种松毛虫虫体中必需氨基酸的组成模式　　　　mg/g. pro.

虫种及模式	必需氨基酸含量（mg/g 蛋白质）									合计	合计无组氨酸
	组氨酸	异亮氨酸	亮氨酸	赖氨酸	蛋+胱氨酸	苯+酪氨酸	苏氨酸	色氨酸	缬氨酸		
马尾松毛虫幼虫	33.3	32.6	56.5	16.7	21.0^2	81.9	56.5	—	50.7	349.2	315.9
WHO^1 模式	16	13	19	16	17	19	9	5	13	127	111
云南松毛虫蛹**	—	52	77	59	43	106	49		58		427
云南松毛虫成虫*	—	57	62	57	17	78	41		73		400
FAO 建议标准	—	40	70	55	35	60	40	10	50	—	360

* WHO^1 模式（成人，1985）。** 引自何剑中等（1998）。

(2) 脂肪酸

松毛虫蛹与成虫脂肪酸的组成和含量明显不同（表 11-6）。云南松毛虫蛹及成虫虽然都含有 12 种脂肪酸，但前者无月桂酸、花生酸和异油酸，而后者不含癸酸、十碳-烯酸和十五碳-烯酸。其总趋势是蛹的脂肪含量是成虫的 3.43 倍，不饱和脂肪酸比成虫高 149.3g/kg；人体必需脂肪酸即亚油酸和亚麻酸接近花生油（亚麻酸 168～382g/kg）与油菜油（亚油酸 120～240g/kg、亚麻酸 10～100g/kg）。因此蛹的利用价值都远大于成虫。

表 11-6　云南松毛虫蛹和成虫的脂肪酸组成　　　　　　%

饱和脂肪酸	碳链长度及饱和度	蛹	成虫	不饱和脂肪酸	碳链长度及饱和度	蛹	成虫
月桂酸	$C_{12:0}$	—	0.2256	油酸	$C_{18:1}$	29.7706	32.8179
肉豆蔻酸	$C_{14:0}$	0.7417	0.6365	亚油酸	$C_{18:2}$	9.9585	5.9895
十五烷酸	$C_{15:0}$	0.3132	0.1796	异亚油酸	$C_{18:2}$	—	0.1859
棕榈酸	$C_{16:0}$	30.3821	36.6424	十碳-烯酸	$C_{10:1}$	0.0347	—
十七烷酸	$C_{17:0}$	0.3465	0.5470	十五碳-烯酸	$C_{15:1}$	0.1000	—
硬脂酸	$C_{18:0}$	4.3986	7.8435	十六碳-烯酸	$C_{16:1}$		
花生酸	$C_{20:0}$	—	4.1409	棕榈油酸	$C_{16:1}$	1.4878	0.8790
癸酸	$C_{10:0}$	0.0725	—	亚麻酸	$C_{18:3}$	22.2443	8.7883
合计		36.0821	50.9436	合计		63.5959	48.6606

引自何剑中等（1998）。

(3) 常量矿物元素和微量活性元素

常量矿物元素和微量活性元素也是人体的重要组成成分之一，是维持正常生理机能必不可少的物质。松毛虫各虫体均含有较丰富的矿质元素、维生素、卵磷脂，其中幼虫体内 Ca、Zn、Fe 和 Mn 的含量尤为丰富。与其他几种昆虫相比，松毛虫所含的 Na、Ca、Fe、Zn、Mn、Mg 和 Cu 的含量均较高（表 11-7 至表 11-10）。

表 11-7　马尾松毛虫干粉中矿质元素含量表　　　　　　　　mg/100g

虫态	K	Ca	Na	Mg	Zn	Fe	Cu	Mn	Co	Cd	Hg	Ni
成虫	9.91	229.56	93.57	28.20	6.86	2.18	0.50	*	0.26	0.0060		11.65
大幼虫	58.80	102.60	243.97	56.30	300.27	18.14	1.69	9.37	*	*	0.0053	0.53
蛹	381.18	39.59	133.75	193.93	37.72	4.70	2.27	0.87	*	*	0.014	*
小幼虫	270.94	75.46	451.58	120.42	1906.71	16.90	1.81	9.33	*	*	0.012	*

* 原子吸收分光光度计未测出。

表 11-8　云南松毛虫蛹的无机元素及微量元素　　　　　　　mg/kg

虫态	S	P	K	Ca	Mg	Na	Fe	Zn	Cu	Mn	Ba	Sr
蛹	3 800	7 000	9 700	2 200	1 900	97	111	66	8.32	7.09	23.8	1.27
成虫	5 500	9 800	11 200	1 500	2 400	123.09	0.20	121.66	47.11	28.11	8.54	6.24

引自何剑中等（1998）。

表 11-9　部分昆虫矿质元素含量　　　　　　　　　　　　　mg/100g

种类	Na	Ca	Mg	Fe	Zn	Cu	Mn	P
家蝇幼虫	2.00	3.41	2.70	0.23	0.44	0.03	0.20	6.24
中华稻蝗成虫	36.80	110.00	49.0	6.15	3.71	0.99	2.10	250.00
黄粉虫幼虫	0.66	1.38	1.94	0.06	0.12	0.03	0.01	6.83
黄粉虫蛹	0.63	1.25	1.85	0.06	0.12	0.04	0.02	6.91
拟黑多刺蚁成虫	–	170.00	110.00	60.00	11.61	2.62	26.26	39.96
蜂王幼虫	–	84.60	152.50	4.20	11.50	2.41	0.27	1102.00
文山松毛虫蛹	0.100	240.00	220.00	0.10	13.50	0.88	0.73	660.00

引自文礼章（1998）。

表 11-10　云南松毛虫蛹和成虫干重的维生素含量　　　　　　mg/100g

虫态	V_{A*}	VB_1	VB_2	V_C	V_D	V_E	烟酸	卵磷脂
蛹	3387	0.035	2.67	8.30	18.64	12.32	1.21	–
成虫	1608	5.40	2.27	1.75	21.3	17.04	–	82.6

引自何剑中等（1998），V_A 单位为 1μ/100g。

11.2.4　松毛虫资源的利用途径

据松毛虫资源化管理的研究现状，可采取使其种群不至于造成难以控制而造成危害的基础上，进行综合开发与利用。

11.2.4.1　松毛虫资源的利用途径

松毛虫虫体的营养综合价值很高，含有丰富的蛋白质和氨基酸，脂肪和脂肪酸，几丁质（壳聚糖），微量活性元素和维生素。因此，可予以综合开发和利用。

(1) 松毛虫蛋白质资源的开发

蛋白质资源短缺已是世界各国普遍存在的问题，我国人均膳食中动物性蛋白质的摄取量仅相当于经济发达国家的 1/5~1/8。因此，寻求新的蛋白质资源已是摆在我们面前的一项迫切任务。松毛虫作为一类优质动物蛋白资源，具有资源量大、蛋白含量高等优点，可以作为蛋白系列食品进行开发；另外，松毛虫具有高蛋白、低脂肪的营养特点，有可能是继蝇蛆和黄粉虫之后具有开发前景的潜在蛋白质饲料资源的饲用昆虫。

(2) 松毛虫几丁质和壳聚糖资源的开发

自 20 世纪 60 年代，特别是近 10 多年以来，各国对人们对几丁质和壳聚糖进行了广泛研究，欧、美学术界称其为六大生命元素之一（蛋白质、脂类、糖类、维生素、矿质元素、甲壳素）。几丁质（壳聚糖）具有降低血清胆固醇、降低血压以及调节肠道菌群等功效，是一类重要的保健功能因子。由于其天然无毒，在食品、医药、化工、生物、农业、纺织、印染、造纸、环保等众多领域已得到了广泛的应用。日本政府曾耗时 10 余年，投资 10 亿日元，开发出了疗效型的功能性产品，即可溶性甲壳素，所开发的功能性食品如减肥功能食品、降压功能食品、可食薄膜等销售量占日本功能性食品的首位。至 2002 年，我国年产壳聚糖约为 200t，远不能满足市场需要，而松毛虫生物量大，富含几丁质资源，具有相当良好的开发优势。

(3) 松毛虫脂类资源开发

从已分析的松毛虫蛹的脂肪酸组成和含量来看，含有 12 种以上的脂肪酸，其中不饱和脂肪酸所占的比例很高。因此，松毛虫蛹的脂肪酸有较高的营养价值，可开发为高级食用油、工业用油及高级化妆品的辅料等。

(4) 松毛虫其他生物活性物质的开发

松毛虫体内含有一类具有保健功能的微量活性元素及维生素。如 Fe 可预防胃癌、食管癌、肝癌；Mn 是重要的抗氧化物，具有抗肿瘤作用；Zn 被誉为"生命的火花"，能促进人体免疫力而增强抗癌功能；Cu 能预防肿瘤的发展。维生素中的 V_A 能防止上皮组织的癌变，抑制癌细胞的生长，促进机体免疫力；V_E 具有抗氧化作用，能预防衰老等。因而利用生物技术从松毛虫体内提取这些生物活性物质进行保健功能食品的开发，也将是松毛虫综合开发利用的主要模式和内容之一。

(5) 松毛虫的食用和饲用

我国山东的沂蒙地区及西南地区的农民食用松毛虫的历史很长，其方法是将采集的松毛虫蛹用香料和盐腌制，经油炸、去皮后食之，其味鲜美、具有松香气。如将其作为饲用，经过干燥、粉碎后，则可直接使用。

松毛虫食用和饲用的安全性是其资源化管理的关键之一。对马尾松毛虫幼虫经 105℃ 高温处理 2h 后，进行小白鼠经口急性毒性试验，在一天内多次经口给食、最大剂量达 11 960mg/kg，连续观察 2 周后也无死亡现象，其 LD_{50} 在 10 000 mg/kg 以上。即松毛虫幼虫可能含有的毒素活性成分的热稳定性差，经高温处理后其毒性已丧失。按照有关规定，当 LD_{50} 达 10 000mg/kg 以上时属实际无毒范围（表 11-11）。

表 11-11　马尾松毛虫幼虫经 105℃ 处理后小白鼠急性毒性试验结果

虫体体积（mL/10g）	虫体含量（g/mL）	1d 给予次数	实际给食剂量（mg/kg）	小白鼠数	小白鼠死亡数
0.25	0.1196	4	11960	6	0
0.25	0.1196	3	8970	6	0
0.25	0.1196	2	5980	6	0
0.25	0.0797	2	3985	6	0

松毛虫体内含有高价值的动物蛋白质，是一类潜在的蛋白饲料资源。用云南松毛虫成虫和蛹粉饲养小白鼠表明，蛾粉组的小白鼠平均蛋白质消耗率稍高于蛹粉组，但平均增重比蛹粉组低 4.57%，蛋白质效率比（PER）也远远低于蛹粉组；蛹粉组饲料的 PER 与大豆粕（PER=47）接近，适口性也好。但两组饲料的蛋白质真消化率 TD 都比标准饲料（TD=74）低。用松毛虫蛹粉的配方饲料喂养安纳克雏鸡 35d 表明，其效果至少可以达到或甚至超过进口鱼粉的质量（表 11-12 至表 11-15）。

表 11-12　松毛虫蛹粉饲养小白鼠 28d 的测试结果

	平均增重（g）	平均蛋白质消耗量（g）	蛋白质效率比（PER）
成虫粉组	10.03	34.28	29
蛹粉组	14.60	34.13	43

表 11-13　松毛虫蛹粉饲养小白鼠 3d 氮代谢测试结果

	摄入氮 I（g）	烘氮（g）	吸收氮 A（1−F）	蛋白质真消化率（TD）
成虫粉组	4.16	1.46	2.70	65
蛹粉组	3.76	1.64	2.12	56

表 11-14　鸡饲料配方　　　　　%

组别	I	II	III	IV	对照	组别	I	II	III	IV	对照
玉米	53	53	53	53	53	白糠	2	2	2	2	2
小麦	13	13	13	13	13	叶粉	3	3	3	3	3
蛹粉	8	10	12	14	—	油枯	4.5	4.5	4.5	4.5	4.5
鱼粉	—	—	—	—	12	豆粕	14	12	10	8	10
骨粉	2.13	2.13	2.13	2.13	2.13	食盐	0.37	0.37	0.37	0.37	0.37

表 11-15　松毛虫蛹粉饲养鸡 35d 的结果

	Ⅰ组[c]	Ⅱ组[b]	Ⅲ组[a]	Ⅳ组[a]	对照组
平均始重（g）	144	143	141	144	146
平均增重（g/只）	951	1059	1238	1247	1221
料肉比	2.13	2.09	1.95	1.99	2.03

注：肩注不同字母者差异极显著（$P<0.01$）。

11.2.4.2　松毛虫资源利用的可行性和前景

松毛虫作为林业重大害虫之一，如果把其当作一类可利用的资源来看待，在未造成较大危害时，适时进行大量采集，化害为利，变害为宝，加以利用，除能够降低其种群量和危害性、节约巨额的防治费用外，也可因降低大范围防治时对农药的使用量而减少对环境的污染，进而产生较大的经济和生态效益。或者在对松毛虫进行无公害防治的基础上进行综合利用和优化的资源化管理，将具有很大的理论和实践意义。与其他害虫相比，松毛虫的资源化管理具有以下有利因素和前景。

从营养学和资源学的角度来看，松毛虫的蛋白质含量约在其干重的 50% 以上，且氨基酸的组成模式合理，是一类优质的蛋白质资源；且含有丰富的几丁质（壳聚糖）、微量活性元素，及 V_A、V_E 等维生素，这些重要的营养素都是对人体有特殊保健作用的功能因子，因而具有极大的开发利用价值。

松毛虫是可再生的极为丰富的自然资源，我国每年受害松林的面积常达 $150\times10^4 hm^2$ 以上，其分布北至黑龙江、内蒙古、新疆，南至云南、广西、广东、台湾等地。由于其繁殖能力较强，特别是大量发生时，可利用的资源更为可观。

松毛虫与其他昆虫相比，从野外采集和收集该虫的蛹和幼虫都较方便。在大量发生危害时，虫口密度很大，分布较为集中，利于采集和加工。

11.2.4.3　松毛虫资源利用中有待解决的问题

害虫资源化管理尚处于起始阶段，松毛虫及其他害虫资源化管理的具体的实施措施和办法还远没有成熟。有待界定的主要问题如下。

"害虫"与"益虫"的定位　害虫与益虫的界定常有一定的时间性和空间性，同时也受到那个时代人类的认识和判别标准的制约，"害虫"与"益虫"的区别并不是绝对的。在某个时代从某个角度看有些昆虫对人类是有害的，但从另一个角度分析则可能是有益的。如长期以来人们都认为松毛虫是一类大害虫，但从资源学的角度来看，该类害虫则是一类潜在资源昆虫，这是对所有害虫进行资源化管理的基础。

松毛虫营养价值的进一步评价与研究　虽然部分松毛虫的营养成分分析和研究已取得了进展，如蛋白质和壳聚糖的提取等，但要达到资源开发的水平还应当进行营养价值的评价，毒素的分离、鉴定和更为可靠的安全性毒理实验。

松毛虫的防治与对资源的利用和保护　自 20 世纪 70 年代以来，我国松毛虫发生面积每年约为 $150\times10^4\sim200\times10^4 hm^2$，由松毛虫灾害造成的年直接经济损失超过 10 亿元，这还不包括环境方面的损失。我国对松毛虫虽然已连续进行了数次五年计划的攻关研究和防治，但距真正解决松毛虫的危害问题还有相当大的距离。所以进行松毛虫资源化管理必须解决的问题之一是进行松毛虫的危害分析与评价，综合利用的前提是首先要保障该害虫不会进一步泛滥成灾，造成难以控制的局面。此外，如果有了成熟的虫灾保障系统，开发时同样也将涉及资源的保护与利用问题，处理好控制、开发及资源保护这三者的关系后才能实现其资源化管理。

综合利用中的无公害防治 要实现对松毛虫的资源化管理，进行开发利用，势必要求不能使用污染这一资源的防治措施。因此，在开发利用之前，必须具有一套无公害的控制方法作为保障。

资源化管理中的防治指标 资源化管理不同于传统的害虫管理方法，因而传统意义上害虫原有的 ET 值（经济阈值）以及防治指标将都不再适用，这将要求重新确定其新的 ET 值和防治指标。

11.3 蝗虫资源的开发利用

蝗虫也是农林生产中的重要害虫之一，我国平均每 2～3 年发生 1 次蝗灾。与其他害虫相比，蝗虫成灾时虫口密度更大、极易采捕。但是在对其进行资源化管理中也存在和松毛虫一样的问题，即具体的管理措施和操作办法还没有成熟。

11.3.1 蝗虫的主要种类

在我国发生成灾、种群数量大的蝗虫主要包括稻蝗、东亚飞蝗、亚洲飞蝗 *Locusta migratoria migratoria*（Linnaeus）、沙漠蝗等。

(1) 中华稻蝗 *Oxya chinensis*（Thunberg）

国外分布于东南亚各地。国内各产稻区几乎均有分布，以长江流域和黄淮稻区发生较重。除为害水稻以外，还为害玉米、高粱、棉花、豆类及芦苇等禾本科和莎草科多种植物。

形态特征（图 11-2）

①雄成虫体长 15～33mm，雌虫 20～40mm，黄绿色或黄褐色，有光泽。位于头顶两侧及复眼后方的 1 条黑褐色纵带经前胸背板两侧直达前翅基部。前胸腹板有 1 锥形瘤状突起。前翅长度超过后足腿节末端。②若虫也称蝗蝻，一般 6 龄。1 龄若虫体长约 7mm，绿色有光泽，头大。2 龄前胸背板中央渐向后突出，绿色至黄褐色，头、胸两侧黑色纵纹明显。3 龄翅芽出现、至第 5 龄时向背面翻折，6 龄时可伸达第 3 腹节，并掩盖腹部听器的大部分。

生活史

中华稻蝗在广东 1 年发生 2 代。第 1 代成虫出现于 6 月上旬，第 2 代成虫出现于 9 月上、中旬。以卵在稻田田埂及其附近荒草地的土中越冬。越冬卵于翌年 3 月下旬至清明前孵化，1～2 龄若虫多集中在田埂或路边杂草上取食；3 龄开始趋向稻田，取食稻叶；4 龄起食量大增，成虫食量最大，能咬茎和谷粒。6 月出现的第 1 代成虫，在稻田取食的多产卵于稻叶上，常把两片或数片叶胶粘在一起，产卵于叶苞内的黄褐色卵囊中；若产卵于土中，常选择低湿、有草丛、向阳、土质较松的田间草地或田埂等处造囊产卵，卵囊入土深度为 2～3cm。9 月中旬为第 2 代成虫羽化盛期，10 月中产卵越冬。中华稻蝗在长江流域及北方地区 1 年发生 1 代。

(2) 东亚飞蝗 *Locusta migratoria manilensis* (Meyen)

我国历史上形成的历次蝗害，多数为飞蝗，特别是东亚飞蝗，该虫主要发生在我国黄、淮、海河平原地带。从历史记载的水、旱、蝗灾的发生情况分析，三者常此起彼伏，且常与三年一涝、两年一旱的旱涝灾害交叉发生。

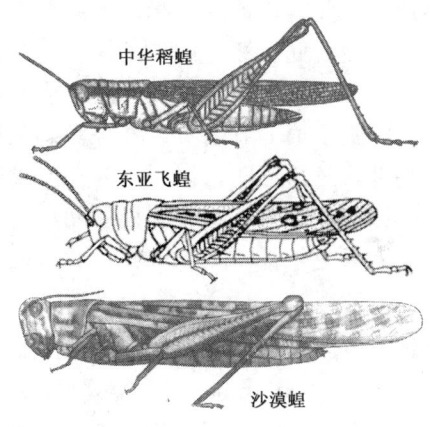

图 11-2　3 种蝗虫

形态特征（图 11-2）

雄成虫中大型，体长 32.4～48.1mm。散居型绿色，群居型黄褐色或暗褐色、前胸背板中隆线两侧具丝绒状黑色纵条纹。头大、短于前胸背板，颜面隆起宽平、无头侧窝，触角刚超过前胸背板后缘，复眼长卵形；散居型前胸背板中隆线侧观呈弧形、后缘直角形或锐角形，群居型中隆线侧观平直或中部略凹、后缘钝角形；后横沟切断中隆线，沟前区略短于沟后区。前胸腹板平坦，中胸腹板中隔长略大于宽。前翅褐色、具暗色斑点，后翅基部略具淡黄色。后足股节上侧具 2 个暗色横斑或不明显，内侧基半部黑色，内侧上隆线与下隆线间在其全长近 1/2 处非皆黑色；后足胫节橘红色，内侧具刺 11～12 个，外侧 11 个，缺外端刺。鼓膜片覆盖鼓膜孔的 1/2 以上。下生殖板短锥形，顶端略细。雌成虫体长 38.6～52.8mm，产卵瓣粗短，顶端略呈钩状，边缘光滑无细齿，其余特征似于雄性。

生活史

东亚飞蝗在我国的发生世代数因地域不同，1 年可发生 2～4 代，由于它无真正的滞育或休眠现象，发生代数的多寡决定于温度等生态条件，特别是与发育有效积温有密切的关系。

(3) 沙漠蝗 *Schistocerca gregaria* (Forskal)

沙漠蝗已知约 10 种，分布在欧洲、中亚和北非，我国仅知 1 种，分布于新疆（哈巴河、昭苏、绥定）。本属种类栖息在沙丘或沙石地带，世界蝗害发生最严重的就是沙漠蝗，其扩散区及发生区域可达 $2\,800\times10^4 km^2$，包括 65 个国家的全部或局部，约占全世界陆地表面的 20%（C. F. Heming, 1974），其中为害区约占 50%～54%；在大发生的衰退期，危害区域亦达 $1\,600\times10^4 km^2$，包括 30 个国家的全部或部分（R. Skaf., 1985）。

形态特征（图 11-2）

雄成虫体长 45.8～55.3mm，褐色。头短，侧缘隆线明显，头侧窝不明显，触角到达前胸背板的后缘。前胸背板沟前区较紧缩，沟后区较宽平，后缘呈钝圆状，中隆线低、细，被3条横沟割断，后横沟位于中部之前。前翅狭长、越过后足胫节顶端、具暗色斑点，后翅中部色暗。后足胫节内侧、跗节均为褐色，胫节内侧距长于第1节跗节，外缘具刺7~8个，内缘具刺10~11个。短锥状下生殖板端部具三角形凹口。雌成虫近似雄性，体长50.7~61mm，产卵瓣顶端略尖，下产卵瓣基部下外缘具明显的凹口。

生活史

沙漠蝗1年1代或2代，群居型一头雌成虫可产卵80多粒，散居型产卵5~158粒，卵常产于10~15cm深的较湿沙土中，一只雌成虫可产卵3次。1m^{2}蝗卵最高密度达5 000~6 000块。蝗卵在42~43℃发育最快，卵期9d，8℃以下和45℃以上时卵则不发育。当温度在20℃或低于20℃时，蝗蝻活动减弱并集中在植物上或地表；在24℃条件下蝻期约62~64d，41℃条件下蝻期仅21d。群居型蝗蝻5龄，散居型5或6龄。当蝗蝻的发生密度达到10~20m^{2}时，即可形成群居型蝗蝻，并开始聚集形成蝗群。40℃左右是沙漠蝗蝗蝻和成虫迁移的适宜温度。

11.3.2 蝗虫的营养价值

蝗虫是直翅目蝗科的一大类昆虫，又是严重危害农林作物的一类重要害虫，但在大量爆发危害时群体资源量大、容易捕捉，且其虫体内蛋白质几乎高于各类昆虫，因而具有相当大的开发价值和前景。

内蒙古草原主要蝗虫的粗蛋白质和总灰分含量见表11-16，其粗蛋白含量界于73%~92%之间。中华稻蝗含有18种氨基酸，为蛋白质总量的20.23%，其中8种人体必需的氨基酸含量为蛋白质的7.98%、占氨基酸总量的39.45%、占虫体的15.6%~16.39%，每人每天只需食用25g干稻蝗即可满足对6.35g必需氨基酸的需要；该蝗所含维生素以维生素E最高，为33.18 mg/kg，亦含有丰富的脂肪酸及微量元素。蝗虫粉的氨基酸含量与秘鲁鱼粉比较，其粗蛋白质几氨基酸含量基本相同（表11-17至表11-19）。

表11-16 内蒙古草原主要蝗虫干重的粗蛋白质和总灰分含量　　%

种类	粗蛋白质	灰分	种类	粗蛋白质	灰分
宽须蚁蝗			狭翅雏蝗		
雄性成虫	84.63	4.66	雄性成虫	84.19	4.93
雌性成虫	80.75	4.56	雌性成虫	71.69	5.62
雄性蝗蝻	78.25	4.30	雄性蝗蝻	81.06	5.00
雌性蝗蝻	85.13	5.20	雌性蝗蝻	78.75	5.78
毛足棒角蝗			小翅雏蝗		
雄性成虫	91.75	4.86	雄性成虫	79.44	4.34
雌性成虫	83.75	4.53	雌性成虫	76.63	4.64
鼓翅皱膝蝗			红翅皱膝蝗		
雄性成虫	75.75	5.20	雄性成虫	–	6.31
雌性成虫	73.19	5.89	雌性成虫	–	5.86

陈永林（1986）。

表 11-17　中华稻蝗的主要成分分析

组分	含量	组分	含量	组分	含量
水分*	73.3	油酸 $C_{18:1}$	27.1	Ca	1100
粗脂肪*	2.2	亚油酸 $C_{18:2}$	2.3	Mg	490
粗蛋白*	22.8	维生素 B_1	0.42	Fe	61.5
粗纤维*	2.9	维生素 B_2	16.2	Cu	9.9
总糖*	1.2	维生素 E	33.18	Zn	37.1
灰分*	1.2	维生素 A	3.75	Mn	21.0
软脂酸 $C_{16:0}$	25.0	胡萝卜素	5.10	P	2500
硬脂酸 $C_{18:0}$	26.1	Na	368	Se	6.6

* 乔太生（1992）。维生素及微量元素单位：mg/kg，其余单位:%。

表 11-18　中华稻蝗干粉的氨基酸含量　　　　　　　　　　　　　mg/100g

组分	含量	组分	含量	组分	含量
天门冬氨酸	1.50	精氨酸	1.15	赖氨酸	1.01
丝氨酸	0.80	脯氨酸	1.20	色氨酸	0.58
谷氨酸	2.06	苏氨酸	0.70	丙氨酸	2.02
甘氨酸	1.17	缬氨酸	1.24	酪氨酸	1.24
苯丙氨酸	0.73	异亮氨酸	1.79	蛋氨酸	0.21
组氨酸	0.54	亮氨酸	1.72	胱氨酸	0.66

表 11-19　鱼粉和稻蝗的氨基酸含量比较　　　　　　　　　　　　　%

氨基酸	秘鲁鱼粉1号	秘鲁鱼粉2号	速冻稻蝗粉	晒干稻蝗粉
天门冬氨酸	4.02	5.78	3.26	3.06
苏氨酸	1.44	2.70	1.21	1.36
丝氨酸	1.39	2.44	1.21	1.48
谷氨酸	6.41	8.57	5.08	4.69
甘氨酸	3.43	3.44	2.97	2.82
丙氨酸	2.72	3.63	4.60	4.44
缬氨酸	2.14	2.67	2.79	2.78
蛋氨酸	0.93	1.38	0.29	0.49
异亮氨酸	2.11	2.77	2.09	1.99
亮氨酸	3.42	4.50	3.75	3.42
酪氨酸	2.22	2.22	2.21	1.78
苯丙氨酸	1.76	2.70	1.26	1.44
组氨酸	0.92	–	0.96	0.60
赖氨酸	3.42	4.28	2.62	2.78
精氨酸	1.21	5.53	2.26	1.52
色氨酸	2.73	–	2.38	1.38
总和	40.27	52.67	38.94	36.03

上述营养物质含量表明，蝗虫不仅是一种高蛋白食品，还可以作为高蛋白饲料或添加剂。如果能对蝗虫采取资源化管理，则能达到防治与利用兼收并蓄的效果。

11.3.3 蝗虫的开发利用

人类食用蝗虫已早有历史记载，蝗虫除可食用外也可入药和饲用，具体如下。

(1) 蝗虫的食用

国内外许多地区都有食用蝗虫的习惯，中国人食用蝗虫有十分悠久的历史。直翅目类昆虫（蝗虫、蟋蟀、油葫芦及螽蟴）经过去翅、头，洗净后在盐水中浸泡、淋干，油煎或油炸成蜡黄色即可食用（螳螂的食用也可如此处理）。如日本将蝗虫加工成各种味道的食品或罐头出售，泰国的飞虾（油炸蚱蜢）是有名的可口小吃，墨西哥将蝗虫烹饪成各种美味食品食用，非洲土著人将蝗虫烧烤后食用；巴登马哈尔在《动物历史》一书中记载，中东人大约在公元前8世纪就有吃沙漠蝗的记录。

蝗虫在我国的食法各地不一，通常是将蝗虫去翅后用油炸、炒、煎等。民间常用麦垛堆放在麦田里收集蝗虫，中国云南等许多地方的农贸市场有农民出售晒干的蝗虫。云南民间有句俗语"蚂蚱也是肉"，可见，蚱蜢虽小，其价值并不小。近年来北京市场出现了如椒盐、麻辣蝗虫等风味小包装食品，很受市民欢迎。

在1996年10月全国昆虫学家在武汉摆的"昆虫宴"中，蝗虫是第一位的高蛋白、高营养美味佳肴。我国的蝗虫种类很多，仅刘举鹏《中国蝗虫鉴定手册》中就记载了209属654种，其中有很多可开发为高营养食品源，如我国已向日本出口蝗虫罐头和油炸飞蝗食品。

(2) 蝗虫的饲用

蝗虫应用于饲料的主要有蝗虫粉、蝗卵、活体蝗虫等。采得蝗虫后，用开水烫死晒干或烘干，粉碎，添加在饲料中，全部或部分代替鱼粉喂养畜禽成本低，或用活蝗虫喂养家禽，均有较好的效果。

我国西北地区对草原蝗虫也进行了的研究，草原土蝗表皮含有脂蛋白、糖蛋白、几丁质，体壁含有蝶呤、黑色素等，肠内含有多种酶等，完全可以代替鱼粉。利用草原蝗虫粉代替鱼粉，在蛋鸡饲料中添加14.0%后其产蛋率比添加3%进口鱼粉提高1.48%，饲料转化率提高1.48%，紫褐壳蛋提高0.62%，蛋壳坚硬光滑、破损率大大降低。20世纪50年代我国从朝鲜引进了优质冷水鱼类即红鳟，但苗种培育一直是个难题。利用蝗卵进行饲育该稚鱼后，稚鱼生长快，疾病少，管理方便，成活率高。

(3) 蝗虫的药用

昆虫是动物药的一个重要组成部分，已从入药的昆虫中获得抗癌和治疗某些疑难杂症等方面的活性物质。

《中药大辞典》及《简明中医辞典》等书记载的入药蝗虫有中华稻蝗等6种，均以全虫入药，药名为蝗虫、蚱蜢。蝗虫入药有滋补强壮、止痉、透疹、暖胃助阳、健脾运食、平喘止咳、清热解毒之功效；主治百日咳、支气管哮喘、小儿疳积、咽喉肿痛、疹出不畅、惊风等症。在《本草纲目拾遗》中称其"治咳嗽、惊风、破伤风、疗折损、冻疮、斑疹不出"。《随息居饮食谱》中称其能"暖胃助阳、健脾运食"。《救生苦海》中记录有"五虎丹用之，治暴疾气团，大抵取其审捷之功为引也"等。

复习思考题

1. 怎样正确认识昆虫和人类之间的关系？
2. 害虫资源化管理的基本思想是什么？
3. 怎样认识松毛虫的危害性和可利用性？
4. 松毛虫、蝗虫有哪些可供开发利用的途径？

本章推荐阅读书目

中国森林昆虫（第二版）．萧刚柔主编．中国林业出版社，1992
科技进步与学科发展（下册）．周光召主编．中国科学技术出版社，1997
中国松毛虫．侯陶谦．科学出版社，1987

参 考 文 献

马文珍编著.1995.中国经济昆虫志（第46册 鞘翅目：属金龟科、斑金龟科、弯腿金龟科）.北京：科学出版社

方三阳，严善春.1995.昆虫资源开发、利用和保护.哈尔滨：东北林业大学出版社

中国农业科学院蚕业研究所.1985.中国桑树栽培学.上海：上海科学技术出版社

中国农业科学院蚕业研究所主编.1994.栽桑养蚕技术大全.北京：中国农业出版社

中国农科院蜜蜂研究所主编.1998.养蜂手册.北京：中国农业出版社

中国林业科学研究院资源昆虫研究所.1999.资源昆虫学研究进展.昆明：云南科技出版社

中国科学院动物研究所.1981.中国蛾类图鉴Ⅰ.北京：科学出版社

中国科学院动物研究所.1983.中国蛾类图鉴Ⅱ、Ⅲ、Ⅳ.北京：科学出版社

中国药用动物志协作组.1979.中国药用动物志（一）.天津：天津科学技术出版社

中国药用动物志协作组.1983.中国药用动物志（二）.天津：天津科学技术出版社

尹文英等.1992.中国亚热带土壤动物.北京：科学出版社

尹文英等.2000.中国土壤动物.北京：科学出版社

文礼章.1998.食用昆虫学原理与应用.长沙：湖南科技出版社

文礼章编著.2001.食用昆虫养殖与利用.北京：中国农业出版社

王永年，郑忠庆，周永生等.1984.昆虫人工饲料手册.上海：上海科学技术出版社

王谷岩.1979.仿生学漫话.北京：北京出版社

王林瑶，张立峰编著.1995.药用昆虫养殖.北京：金盾出版社

王直诚.东北蝶类志.1999.长春：吉林科学技术出版社

王音，周序国.2002.观赏昆虫大全.北京：中国农业出版社

王辅主编.1978.白蜡虫的养殖利用.四川：四川人民出版社

王铸豪主编.1986.植物与环境.北京：科学出版社

邓明鲁主编.1981.中国动物药.长春：吉林人民出版社

东北林学院主编.1983.森林害虫生物防治.哈尔滨：东北林学院出版社

乔廷昆主编.1993.中国蜂业简史.北京：中国医药出版社

全国蚕业区划研究协作组.1986.中国蚕业区划.成都：四川科学技术出版社

农牧渔业部植物保护总论编写组.1984.中国生物防治的进展.北京：农业出版社

刘玉升，叶保华主编.2001.精细养殖经济昆虫.济南：山东科学技术出版

刘志皋主编.1993.食品营养学.北京：中国轻工业出版社

华南农业大学.1986.蚕病学.北京：农业出版社

朱弘复，王林瑶.1996.中国动物志（昆虫纲第五卷，鳞翅目：蚕蛾科，大蚕蛾科，网蛾科）.北京：科学出版社

汤祊德.1995.中国珠蚧科及其他.北京：中国农业科技出版社

严善春编著.2001.资源昆虫学.哈尔滨：东北林业大学出版社

吴文龙编著.2002.全蝎图解混养新法.北京:科学技术文献出版社
吴文君.2000.农药学原理.北京:中国农业出版社
吴杰主编.2001.蜜蜂病敌害防治.北京:中国农业出版社
吴继传主编.2001.中国蝈蝈谱.北京:中国图书馆出版社
吴载德.1989.蚕体解剖生理学.北京:农业出版社
吴燕如.1965.中国经济昆虫志(第九册 膜翅目蜜蜂总科).北京:科学出版社
张长海,刘化琴编著.1997.中国白蜡虫及白蜡生产技术.北京:中国林业出版社
张传溪,许文华编著.1990.资源昆虫.上海:上海科学技术出版社
张含藻主编.2002.药用动物养殖与加工.北京:金盾出版社
张宗和编著.1991.五倍子加工及利用.北京:中国林业出版社
张松奎,赵爱玲.1996.蝴蝶世界.江苏:科学技术出版社
张青文.2000.昆虫遗传学.北京:科学出版社
张荣祖等.1998.土壤动物研究方法手册.北京:中国林业出版社
李传隆主编.1992.中国蝶类图谱.上海:远东出版社
杨冠煌主编.1998.中国昆虫资源利用和产业化.北京:中国农业出版社
苏伦安.1991.野蚕学.北京:农业出版社
邵有全著.2001.蜜蜂授粉.太原:山西科学技术出版社
邹树文.1981.中国昆虫学史.北京:科学出版社
陈世骧,谢蕴贞,邓国藩.1959.中国经济昆虫志(第一册 鞘翅目天牛科).北京:科学出版社
陈年春.1991.农药生物测定技术.北京:北京农业大学出版社
陈延熹.1996.模仿生物显奇效—仿生学的故事.上海:上海科学普及出版社
陈树椿主编.1999.中国珍稀昆虫图鉴.北京:中国林业出版社
陈晓鸣,冯颖.1999.中国食用昆虫.北京:中国科技出版社
陈崇羔编著.1999.蜂产品加工学.福州:福建科学技术出版社
陈盛禄主编.2001.中国蜜蜂学.北京:中国农业出版社
陈耀春主编.1993.中国蜂业.北京:中国农业出版社
周汉辉等.2000.谜一般的蚁蛉.北京:中国农业科技出版社
周伟儒编著.2002.果树壁蜂授粉新技术.北京:金盾出版社
周光召主编.1997.科技进步与学科发展(下册).北京:中国科学技术出版社
周尧,路金生等编.1985.中国经济昆虫志(第36册同翅目蜡蝉总科).北京:科学出版社
周尧.1988.中国昆虫学史.杨陵:天则出版社
周尧.1998.中国蝴蝶分类与鉴定.郑州:河南科学技术出版社
周尧主编.1999.中国蝴蝶原色图谱.郑州:河南科学技术出版社
国家环保局水生生物监测手册编委会.1993.水生生物监测手册.南京:东南大学出版社
武春生编著.2001.中国动物志(昆虫纲第二十五卷,鳞翅目凤蝶科).北京:科学出版社
郑建仙主编.1999.功能性食品(第二卷).北京:中国轻工业出版社
金岚主编.1992.环境生态学.北京:高等教育出版社
侯陶谦.1987.中国松毛虫.北京:科学出版社
胡萃主编.1996.资源昆虫及其利用.北京:中国农业出版社
胡萃主编.2000.法医昆虫学.重庆:重庆出版社
赵善欢.1993.昆虫毒理学.北京:农业出版社
钦俊德著.1987.昆虫与植物的关系.北京:科学出版社

唐振华，吴士雄．2000．昆虫抗药性的遗传与进化．上海：上海科学技术文献出版社
唐振华，毕强．2003．杀虫剂作用的分子行为．上海：上海远东出版社
浙江农业大学．1986．养蚕学．北京：农业出版社
浙江农业大学．1989．家蚕良种繁育与育种学．北京：农业出版社
莫容，王林瑶．1993．蝴蝶．北京：中国农业出版社
资源昆虫编写组．1984．资源昆虫．北京：科学出版社
萧刚柔主编．1992．中国森林昆虫（第二版）．北京：中国林业出版社
黄自然．1990．蚕桑综合利用．北京：农业出版社
黄国洋．2000．农药试验技术与评价方法．北京：中国农业出版社
黄国瑞．1991．茧丝学．北京：农业出版社
龚一飞主编．1996．蜜蜂机具学．福州：福建科技出版社
湖南省蚕桑科学研究所．1980．蚕桑．长沙：湖南科学技术出版社
程家安，唐振华．2001．昆虫分子科学．北京：科学出版社
葛春华等编著．1995．实用商品资源昆虫．北京：中国农业出版社
蒋三俊．1999．中国药用昆虫集成．北京：中国林业出版社
蒋猷龙等．1991．中国蚕桑技术手册．北京：中国农业出版社
福建农学院主编．1980．害虫生物防治．北京：农业出版社
福建农学院主编．1981．养蜂学．福州：福建科技出版社
蒲蛰龙．1984．害虫生物防治的原理与方法（第二版）．北京：科学出版社
鲍中行．1990．军事仿生谈．北京：国防大学出版社
蔡青年编著．2001．药用食用昆虫养殖．北京：中国农业大学出版社
樊瑛，丁自勉．2001．药用昆虫养殖与应用．北京：中国农业出版社
潘红平，黄正团主编．2002．养蝎及蝎产品加工．北京：中国农业大学出版社
魏永平主编．2001．经济昆虫养殖与开发利用大全．北京：中国农业出版社
浦野纮平，谷田一三等．2000．日本河川水生生物水质判定手册．东京：日本水环境学会发行
Horn D J. 著，刘铭汤等译．1991．害虫防治的生态学方法．杨陵：天则出版社
Bosch R, Messinger P S. (1973) 著，林保等译．1977．生物防治．北京：科学出版社
Free J B. 1970. *Insect Pollination of Crops*. London：Academic
Guerra G P, Micheal Kosztarab. 1992. *Biosystematics of the Family Dactylopiidae with Emphasis on the Life Cycle of Dcatylopius Coccus Costa*
Morse J C, Yang L-F, Tian L-X. 1994. *Aquatic Insects of China Useful for Monitoring Water Quality*. Nanjing：Ho-Hai University Press
Straalen N M and Krivolutsky D A. 1996. *Bioindicator Systems for Soil Pollution*. Netherlands．Kluwer Academic Publishers
Ward J V. 1992. Aquatic Insect Ecology 1. *Biology Insect Ecology*. New York：John Wiley & Sons, Inc.
Worf D L. 1980. *Biological Monitoring for Environmental Effects*. Toronto：LexingtonBooks